教育部高等学校高职高专测绘类专业教学指导委员会“十二五”规划教材
全国测绘地理信息类职业教育规划教材

工程测量技术(第 4 版)

(含实训指导)

主　编　潘松庆　朱文军
副主编　曾晨曦　崔红超　田耀永
主　审　苗长伟

黄河水利出版社
·郑州·

内容提要

本书以工程测量技能教学为主线，采用技能模块化、内容项目化、细节任务化的结构，主要介绍土木工程技术类施工和管理人员所必需的测量基本理论、基本知识、基本方法和操作技能。全书将工程测量基础理论和应用技术实践相结合，在介绍传统测量仪器、测量理论、测量技术的同时，也介绍现代测量的新仪器和新技术及其在工程施工中的应用。本书与配套教材《工程测量技术实训指导》相结合，不仅突出工程测量技术在各种工程施工中的应用，也着重对学生测量的外业操作技能和内业计算能力进行全面训练。

本书主要适用于普通高校、高等职业技术院校、高等专科学校、成人教育学院、职工大学等院校的建筑工程技术、交通工程技术、地下工程技术及其相关专业的工程测量课教学，亦可供生产单位测量、施工等专业技术人员参考。

图书在版编目(CIP)数据

工程测量技术：含实训指导/潘松庆，朱文军主编.
—4版.—郑州：黄河水利出版社，2022.4

教育部高等学校高职高专测绘类专业教学指导委员会“十二五”规划教材　全国测绘地理信息类职业教育规划教材

ISBN 978-7-5509-3192-3

Ⅰ.①工…　Ⅱ.①潘…②朱…　Ⅲ.①工程测量-高等职业教育-教材　Ⅳ.①TB22

中国版本图书馆CIP数据核字(2021)第267344号

策划编辑：陶金志　电话：0371-66025273　E-mail：838739632@qq.com

出 版 社：黄河水利出版社　网址：www.yrcp.com
地址：河南省郑州市顺河路黄委会综合楼14层　邮政编码：450003
发行单位：黄河水利出版社
发行部电话：0371-66026940、66020550、66028024、66022620(传真)
E-mail：hhslcbs@126.com
承印单位：河南承创印务有限公司
开本：787 mm×1 092 mm　1/16
印张：32.5
字数：750千字
版次：2008年6月第1版　印次：2022年4月第1次印刷
2022年4月第4版

定价：69.00元(含实训指导)

第 4 版前言

这是一本主要面向普通高校和高职高专院校工程技术类相关专业的工程测量教材，以测量技能教学为主线，采用技能模块化、内容项目化、细节任务化的结构对原教材《工程测量技术》(第 3 版)进行了修订。本书共分三个技能模块，其中第一为基本测量技能模块，包括水准测量、角度测量、距离测量、点位测定和基本测量最可靠值计算及其精度评定等五个项目；第二为普通测量技能模块，包括小区域控制测量、大比例尺地形图测绘、地形图应用、点位测设等四个项目；第三为专业测量技能模块，包括建筑工程施工测量、交通工程施工测量、地下工程施工测量、变形监测与竣工测量等四个项目，此外在开头还有一个项目介绍测量基本知识。此次所出为第四版，在原有内容基础上，主要增加了当前测绘行业广泛应用的航空摄影测图和无人机测图，以及电算在导线测量计算中的应用等内容。

工程测量是一门理论和实践并重的科学技术。为了满足工程技术类相关专业人才培养目标和应用型技术人才的实际需要，本书将工程测量基础理论和应用技术实践相结合，测量工作外业操作和内业计算能力的训练相结合，重点突出测量在各种工程施工中的应用与作业技能的培养；为了在一定程度上反映现代测绘科学技术的新发展，本书在介绍传统测量仪器、测量技术的同时，也介绍现代测量的新仪器和新技术及其在工程施工中的应用；后面的项目中介绍多种工程施工测量的知识和技能，旨在贯彻以学生为中心、以就业为导向的教育方针，既扩大学生的知识面、技能面，又利于拓宽学生的就业面。

本书每项目开头列有知识目标和技能目标，每项目末尾列有小结、复习题、练习题和思考题，书末还附有测量计算有关常识及各项目练习题的答案，以便于学生对相关内容的学习、复习、理解和掌握。

本书还有配套教材《工程测量技术实训指导》一册，主要内容包括工程测量实验课、习题课和集中实训的指导，国产数字水准仪与全站仪的使用简要说明，以及工程测量实训作业的各种记录、计算表格和操作考查题选，以便于对学生的测量外业操作和内业计算能力进行全面训练。

本书由河海大学潘松庆和河南测绘职业学院朱文军担任主编并负责全书的统稿，由自然资源部职业技能鉴定指导中心曾晨曦、湖北国土资源职业学院崔红超和河南省地图院院长田耀永担任副主编，由郑州中核岩土工程有限公司苗长伟总经理担任主审。全书共分三个模块十三个项目，测量基本知识、模块一中项目五、模块二中项目四、模块三中项目三至项目四和附录由潘松庆编写，模块一中项目一、项目三和项目四由朱文军编写，模块三中项目一、项目二由曾晨曦编写，模块一中项目二和模块二中项目一由崔红超编写，模块二中项目二、项目三由田耀永编写。在本书编写过程中，河海大学章书寿教授和白忠良教授给予了具体指导，南京众集思信息技术(测绘工程)有限公司张成刚总经理提出了宝贵意见。编者谨此向章书寿教授、白忠良教授和张成刚总经理，以及其他在本书编写过程中给予热心帮助的专家表示诚挚谢忱！对于本书中引用参考文献的资料、插图的原作者表示衷心感谢。

本书适用于普通高校、高等专科学校、高职高专院校、成人教育学院和职工大学等院校建筑工程技术、交通工程技术、地下工程技术及相关专业的工程测量教学和学生自学，也可作为有关技术人员的参考用书。

由于编者水平所限，书中疏漏、错误和不足之处恳请广大师生和读者批评指正。

编　者

2022 年 2 月

第 1 版前言

近年来,在《国务院关于大力发展职业教育的决定》精神指引下,我国高等职业教育得到了蓬勃发展。为了适应这一高等教育发展的新形势,在高等学校测绘类专业教学指导委员会的规划、组织和指导下,依据高职高专测量课程教学大纲,编写了这本主要面向高职高专院校工程技术类相关专业的测量教材。

本书共分 13 章,其中第一章介绍测量的基本知识;第二~四章介绍常用测量仪器和测量的基本工作;第五章简单介绍测量误差及其处理;第六~七章介绍小区域控制测量及大比例尺地形图的测绘和应用;第八章介绍施工测量的基本工作和一般方法;第九~十三章分别介绍测量在建筑工程、交通工程、地下工程、变形监测以及房地产开发和地籍管理中的应用。

测量是理论和实践并重的科学技术。为了满足高职高专工程技术类相关专业人才培养目标和应用型技术人才的实际需要,本书将测量基础理论和应用技术实践相结合、测量工作外业操作和内业计算能力的训练相结合,重点突出测量在各种工程施工和房地产开发中的应用与作业技能的培养;为了在一定程度上反映现代测绘科学技术的新发展,本书在介绍传统测量仪器、测量技术的同时,也介绍现代测量的新仪器和新技术及其在工程施工中的应用;后面的章节中介绍多种工程施工测量及房地产测量和地籍测量的基本知识,旨在贯彻以学生为中心,以就业为导向的方针,既扩大学生的知识面,又利于拓宽学生的就业面。

本书每章开头列有学习目标和学习重点,每章末尾列有内容提要及复习题、练习题和思考题,书末还附有测量计算有关常识及各章练习题的答案,以便于学生对相关内容的学习、复习、理解和掌握。

本书还有配套教材《现代测量技术实训》一册,主要内容包括测量实验课、习题课和集中实训的指导,以及测量实训作业的各种记录、计算表格和操作考查题选,以便于对学生的测量外业操作和内业计算能力进行全面训练。

本书由高等学校测绘学科教学指导委员会主任、武汉大学 宁津生 院士担任主审,河海大学土木工程学院潘松庆教授(现在广州城建职业学院任教)担任主编。

昆明冶金高等专科学校赵文亮教授及河海大学章书寿教授和白忠良教授对本书的编写给予了具体指导。编者谨此向 宁津生 院士、赵文亮教授、章书寿教授和白忠良教授及其他为本书的编写和出版提供宝贵支持和热心帮助的专家表示诚挚谢忱!对于本书中引用参考文献的资料、插图的原作者表示衷心感谢。

本书适于高职高专院校建筑工程技术、交通工程技术、地下工程技术、房地产开发和土地管理及相关专业的测量教学和学生自学使用,也可作为有关技术人员的参考用书。

由于编者水平所限,书中疏漏、错误和不足之处恳请广大师生和读者批评指正。

编　者

2008 年 2 月

目　录

模块二　普通测量技能

模块三 专业测量技能

测量基本知识

知识目标

测量在工程建设中的任务和作用，工程测量技术课程的性质、结构和内容，工程测量技术课程的教学目标和学习要求。

有关地球的形状和大小的基本知识，测量的高程系统和坐标系统，测量的基本工作和基本原则。

一、测量在工程建设中的任务和作用

(一)测量在工程建设中的任务

测量是研究地球的形状和大小，确定地球表面各种自然和人工物体的形态及其变化，对各种地物和地貌的空间位置与属性等信息进行采集、处理、描绘和管理的一门科学和技术。

测量在工程建设中的传统任务主要包括两个方面：一是测绘地形图，二是施工放样。此外，为各种工程建筑进行变形监测也是测量的重要任务之一。

所谓测绘地形图，就是将局部地区的地物、地貌信息依据一定的理论和方法测绘成各种比例尺的地形图，以满足勘察、规划、设计、管理以及与地形条件相关的工程量计算的需要。所谓施工放样，就是将设计图纸上的建筑物或构筑物的空间位置在实地测设出来，以便于施工。而变形监测，则是通过精确测定建筑物、构筑物的沉降、倾斜或水平位移，分析其形状的变化，从而保证各种建筑施工和运营的安全。

(二)测量在工程建设中的作用

测量在工程建设中的应用十分广泛。在工程建设中，无论是工业与民用建筑工程，还是道路及桥梁交通工程，或是地铁和管道等地下工程，以及环境治理和市政建设工程等，其勘察、规划、设计的各个阶段都离不开测量提供的各种比例尺的地形图，而施工阶段则需要通过测量进行放样，以作为施工的依据。施工完毕，还需测绘竣工图，为工程提供完整的竣工资料。而无论是施工阶段还是工程建成后的运营阶段，其沉降、倾斜、位移等变形监测在工程的安全施工和运营中同样起到必不可少的作用。由此可见，测量工作贯穿于各种工程建设的全过程，测量的理论和方法对工程建设的各个阶段均起重要的测绘保障作用。

二、测量的发展简介

测量是一门古老而又年轻的学科。之所以古老，是因为由于生产和生活的需要，人类社会自古代就开始了原始的测量工作，如公元前 21 世纪的夏禹治水，埃及尼罗河泛滥后的农田整治等，均应用了简单的测量技术；之所以年轻，是因为近年来，现代科学技术如电子学、信息学、空间科学和计算机技术的迅猛发展，给测量科学技术的进步以极大的推动。

传统的光学仪器逐步被电子仪器所取代，全站仪的使用和计算机的推广应用，显著改善了测量的外业和内业。自20世纪70年代开始建立的全球卫星定位系统则给测量工作带来了革命性的变化。由全球定位技术（GPS）、遥感技术（RS）和地理信息系统技术（GIS）组成的3S技术更将测量成果提供的基础信息与各种带有空间特征的地理信息相结合，使地理信息系统的普遍推广和“数字地球”的建立应用即将成为现实，从而为测量的发展和计算机技术在测量中的应用提供了更加广阔的前景。

三、工程测量技术课程的性质、结构和内容

专门为工程建设的各个阶段提供服务的测量称为工程测量。工程测量的理论与实践是工程技术类专业学生必须掌握的基础知识和专业技能之一，因此工程测量技术课程是建筑工程、路桥工程、市政工程、地下工程等专业的一门专业必修基础课，简称测量课。

工程测量技术课程采用技能模块化、内容项目化、细节任务化的结构。其中模块一为基本测量技能，包括三种基本测量工作（包括水准测量、角度测量、距离测量）、点位测定和基本测量最可靠值计算及其精度评定五个项目；模块二为普通测量技能，包括小区域控制测量、大比例尺地形图测绘、地形图应用以及点位测设四个项目；模块三为专业测量技能，包括建筑工程施工测量、交通工程施工测量、地下工程施工测量以及变形监测与竣工测量四个项目。每个项目又以所含工程测量技能的细节划分为若干任务（具体内容详见本书后面的内容）。整个课程以技能为主线、项目为载体、具体任务为驱动，将理论和实践教学紧密结合，尤其注重理论教学的实用性和突出技能教学的可操作性。

四、工程测量技术课程的教学目标和学习要求

（一）教学目标

1. 知识目标

（1）了解关于地球的形状与大小的基本知识。

（2）熟悉测量的高程系统和坐标系统。

（3）理解测量的基本工作和基本原则。

（4）熟悉大比例尺地形图测绘的理论和数字化测图的方法。

（5）了解GNSS卫星定位测量及其他新技术、新方法在测量中的应用。

2. 技能目标

（1）能正确使用常规测量仪器（经纬仪、水准仪、全站仪）进行基本测量工作（水准测量、角度测量、距离测量、坐标测量等）。

（2）能进行小区域平面与高程控制网的外业操作及数据处理。

（3）能进行一般工程的施工放样和变形监测。

（4）能在一般工程的施工中正确应用地形图。

（5）能进行施工场地与地形条件相关的面积和工程量的测量与计算。

3. 其他目标

（1）培养艰苦奋斗的工作作风。

（2）培养在实际工作中分析问题、解决问题的能力。

(3)培养良好的团队作风和协作能力。

(二)学习要求

为了达到上述教学目标,应当对课堂讲授、实验教学以及随后的测量综合实训予以同样重视。在学习测量基本知识、基本理论和基本方法的基础上,加强工程测量外业操作和内业计算能力的综合训练,全面掌握专业所必需的各种工程测量技能,今后能胜任一般工程的施工测量工作。

五、地球的形状和大小

(一)水准面和大地水准面

地球的表面高低起伏,十分复杂。如世界屋脊珠穆朗玛峰,高达 8 844.43 m,太平洋水底的马里亚纳海沟,却深至 11 034 m。为了描述地球的形状和大小,德国著名科学家高斯首先提出了水准面和大地水准面的概念。所谓水准面,是假想处于静止状态的海水面延伸穿过陆地和岛屿,将地球包围起来的封闭曲面(见图 0-1)。由于受风浪和潮汐的影响,海水面的高度不断变化,水准面即有无数个。所谓大地水准面,是指通过平均海水面的水准面,因而大地水准面具有唯一性。大地水准面所包围的球体则称为大地体。

水准面和大地水准面具有共同的特性,即处处与铅垂线方向相垂直。所谓铅垂线方向,就是地球重力的方向。重力即地球自转的离心力和地心引力的合力,而重力的方向取决于地面的纬度和地壳内部物质的质量,纬度不同或地壳内部物质质量的变化,均会引起不同地点重力方向的改变,因而大地水准面实际上是一物理面,其形状是不规则的,难以建立一定的数学模型。这样一来,用大地体来描述地球的形状和大小就有其局限性。

(二)地球椭球

科学家们研究发现,尽管大地体不规则,但可用一个形状相似的椭球体来替代(见图 0-2)。所谓椭球体,就是用一椭圆面绕其短轴旋转而成的形体,不仅其与大地体形状大小很接近,而且其面为数学面,可以建立相应的数学模型,因而用它描述地球的形状和大小,更能满足科学研究和工程计算的需要,而这样的椭球体即为地球椭球。

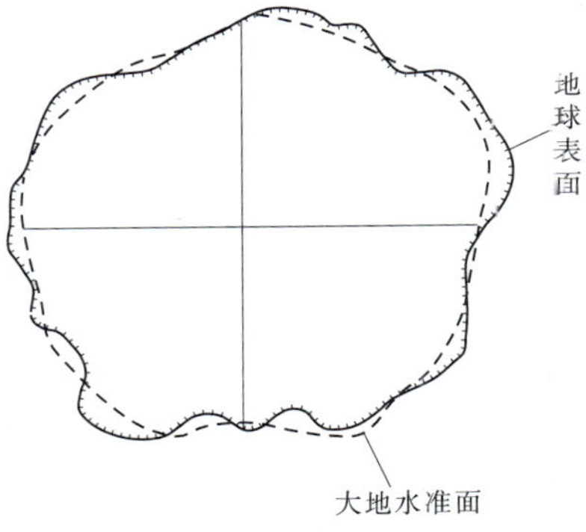

图 0-1 地球表面与大地水准面

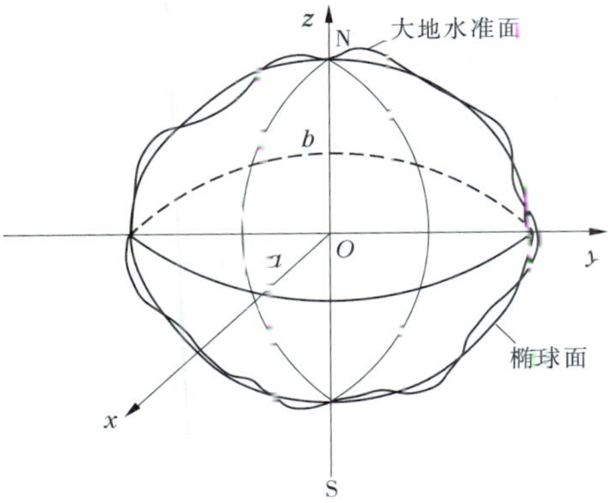

图 0-2 大地水准面与地球椭球

地球椭球的形状和大小至少需要以下三个基本参数来确定:

椭球长半轴 a

椭球短半轴　　　　　　　　　　b

椭球扁率　　　　　　　　　　$\alpha=\frac{a-b}{a}$

其中：a、b 用于表示地球的大小，α 用于表示地球的形状，具体数值可用天文大地测量、重力测量或卫星大地测量等方法来测定。世界上很多国家的学者经过长期的努力，采用本国大量的测量成果推算出了各自的椭球基本参数。20 世纪以来，世界各国的部分地球椭球参数如表 0-1 所示。

表 0-1　部分地球椭球参数

学者或椭球名称	长半轴 a(m)	短半轴 b(m)	扁率 α	推算年代和国家
海福特	6 378 388	6 356 912	1 :297. 0	1909 年　美国
克拉索夫斯基	6 378 245	6 356 863	1 :298. 3	1940 年　苏联
IUGG-75	6 378 140	6 356 755. 3	1 :298. 257	1975 年　IUGG
中国	6 378 143	6 356 758	1 :298. 255	1978 年　中国
WGS-84	6 378 137	6 356 752. 314	1 :298. 257 223 563	1984 年　美国

注：IUGG 为国际大地测量与地球物理联合会的英文缩写。

以往，地球椭球常称为参考椭球，就是因为各国推算的基本参数都是基于本国或局部的测量成果，往往对本国更为适用，而对别的国家仅有参考价值。1979 年，IUGG 综合世界上多个国家的测量成果得出的 IUGG-75 椭球更加精确，适合大多数国家推广使用，因而称为总地球椭球。

在地理学或测量学中，当研究问题的精度要求不高时，往往可以将地球视为圆球，其半径采用地球曲率半径的平均值，为 6 371 km。

（三）椭球定位

地球椭球选定以后，还需要合理地确定椭球体与大地体的相关位置，这就是椭球定位。最简单的椭球定位为单点定位，即将所选择的地面点 P 沿铅垂线投影到大地水准面上 P' 点，使椭球面与大地水准面在 P' 点相切，过 P' 点的铅垂线与椭球的法线相重合（见图 0-3）。之后再采用多点定位，根据更多地区的天文重力测量成果对单点定位的结果进行修正，从而使得大地体与椭球体在更大范围内取得相互密合的最佳效果。大地水准面和铅垂线是大地测量作业的基准面和基准线，而经过椭球定位后的参考椭球面和椭球面的法线则是大地测量计算的基准面和基准线。在椭球定位的基础上即可建立大地测量的坐标系，其原点称为大地原点。

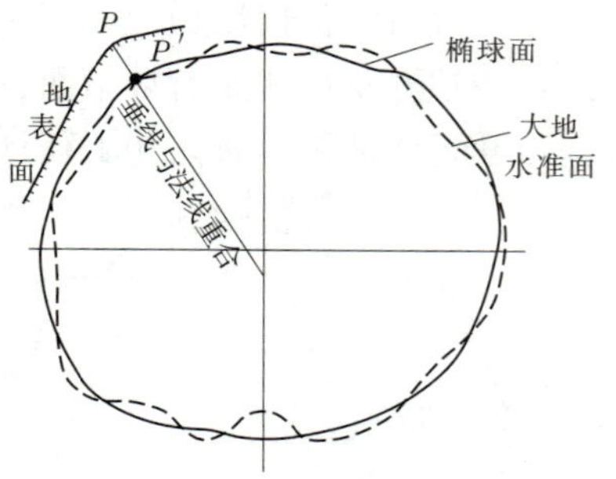

图 0-3　椭球定位

新中国成立后，我国采用克拉索夫斯基椭球，建立了 1954 年北京坐标系，其原点位于苏联普尔科沃（现俄罗斯境内）；1980 年改为采用 IUGG-75 椭球，建立了 1980 年西安坐标系，其原点位于陕西省泾阳县永乐镇。

六、测量的高程系统和坐标系统

测量工作的实质就是确定地面点的空间位置。地面点的空间位置可用其三维坐标表示，其中一维是高程，确定点的高程要用到高程系统；另二维是球面或平面坐标，在不同的测量工作中确定点的坐标需要采用不同的坐标系统。

(一) 高程系统

地面点的高程是指地面点沿铅垂线到一定基准面的距离。测量中定义以大地水准面作基准面的高程为绝对高程，简称高程，以 H 表示；以其他任意水准面作基准面的高程为相对高程或假定高程，以 H' 表示。地面任意两点之间的高程之差称为高差，用 h 表示（见图 0-4）。

$$h_{AB} = H_B - H_A = H'_B - H'_A \tag{0-1}$$

由式(0-1)可见，无论采用绝对高程还是相对高程，两点间的高差总是不变的。

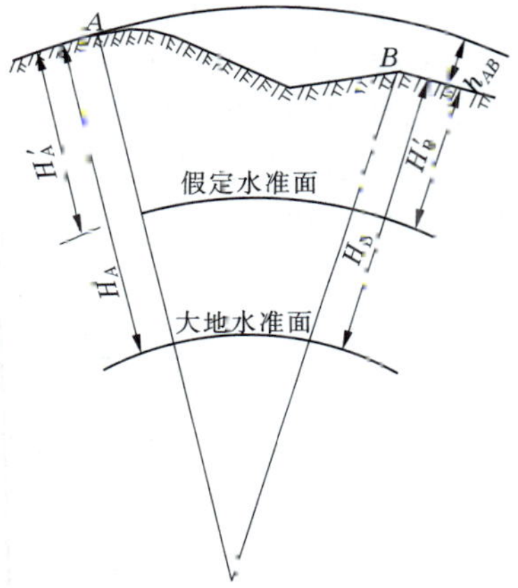

图 0-4　高程和高差

新中国成立后，我国以设在山东青岛验潮站收集的 1950～1956 年的验潮资料为依据，推算得到的黄海平均海水面作为我国的高程基准面，并在青岛市观象山港湾建立了水准原点，测定了该点至基准面的高程为 72. 289 m，由此建立了我国的高程系统，称为 1956 年黄海高程系。

20 世纪 80 年代初，有关部门根据青岛验潮站新的验潮资料，推算出新的黄海平均海水面，并测定同一水准原点至基准面的高程为 72. 260 m，由此建立了我国新的高程系统，称为 1985 年国家高程基准。由此可见，由于平均海平面即高程基准面的上升，水准原点的高程降低了 29 mm，即两个高程系统之间的常数差为 -0. 029 m。因此，在将同一点的 1956 年黄海高程换算为 1985 年国家基准高程时，应当减去 0. 029 m。

(二) 坐标系统

1. 大地坐标系

大地坐标系是以大地经度、大地纬度表示地面点的球面坐标。

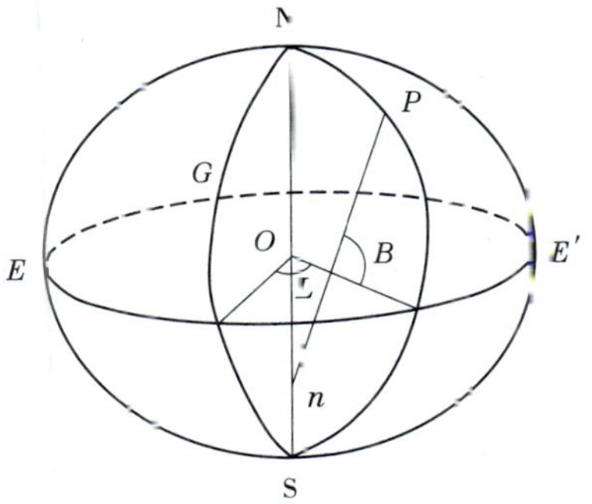

图 0-5　大地坐标系

如图 0-5 所示，将地面某点沿椭球法线投影到椭球面上 P 点，过 P 点的子午面与过英国格林尼治天文台的起始子午面之间的二面角 L 为 P 点的大地经度，简称经度，由起始子午面向东的称为东经，由起始子午面向西的称为西经，取值范围均为 0°～180°；过 P 点的椭球法线与赤道面的交角 B 为 P 点的大地纬度，简称纬度，由赤道面向北的称为北纬，由赤道面向南的称为南纬，取值范围均为 0°～90°。使用时，通常在东经和北纬的值前冠以“+”号,在西经和南纬的值前冠以“-”号,以示区别。

大地坐标系又可分为参心坐标系和地心坐标系。参心坐标系是利用参考椭球建立的坐标系,坐标原点为参考椭球的几何中心,如我国的 1954 年北京坐标系和 1980 年西安坐标系;地心坐标系是利用总地球椭球建立的坐标系,坐标原点为地球的质心,如美国 1984 年推出的 WGS-84 坐标系。

2. 高斯平面直角坐标系

在地形图测绘与工程建设的勘察、规划、设计和施工中,所用图纸一般都是绘在平面上的,数据运算一般也是在平面上进行的,因而有必要将地面上的点位和图形投影到平面上。

将球面上的图形投影到平面上需要应用地图投影的理论,高斯平面直角坐标系采用的是高斯投影。高斯投影实际上是一种横轴椭圆柱投影,即设想用一个椭圆柱套住地球椭球体,使椭圆柱的中轴横向通过椭球体的中心,将椭球面上的点位和图形投影到椭圆柱的面上,然后将椭圆柱沿通过南极和北极的母线展开成平面,即得到高斯投影平面(见图 0-6(a))。在此平面上,椭球体和椭圆柱相切的一条子午线和赤道的投影为两条相互正交的直线,即构成高斯平面直角坐标系。该子午线称为中央子午线,其投影为直角坐标系的纵轴,赤道的投影则为直角坐标系的横轴。只有中央子午线投影后的长度保持不变,而其他的图形投影后均会发生变形,且离开中央子午线越远,变形越大(见图 0-6(b))。

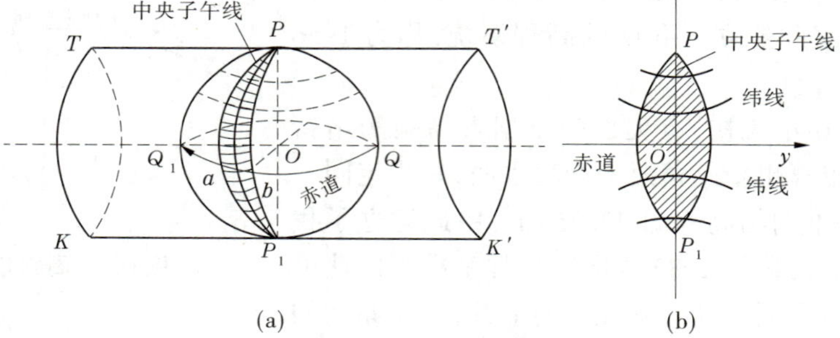

图 0-6　高斯投影

为了将这种变形限制在一定的容许范围以内,高斯采用了分带投影的方法,即将地球椭球体在椭圆柱内按一定的经度区间(经差)进行旋转,每旋转一次就构成一个狭长的投影带,每个投影带内椭球体和椭圆柱面相切的子午线就是该带的中央子午线。投影带的经差为 6°的简称为 6°带,自格林尼治天文台的起始子午线起始,共分 60 个带,编号为 1~60(见图 0-7)。各带中央子午线的经度 L_0 可用式(0-2)计算

$$L_0 = 6° \times N - 3° \tag{0-2}$$

式中　N——6°带带号。

若已知某点的大地经度 L,则可用式(0-3)计算该点所在的 6°带带号

$$N = \frac{L}{6}(\text{取整数}) + 1 \tag{0-3}$$

投影带的经差为 3°的简称为 3°带,自东经 1.5°始,共分 120 带,编号为 1~120(见图 0-7)。各带中央子午线的经度可按式(0-4)计算

$$L_0 = 3° \times n \tag{0-4}$$

式中　n——3°带带号。

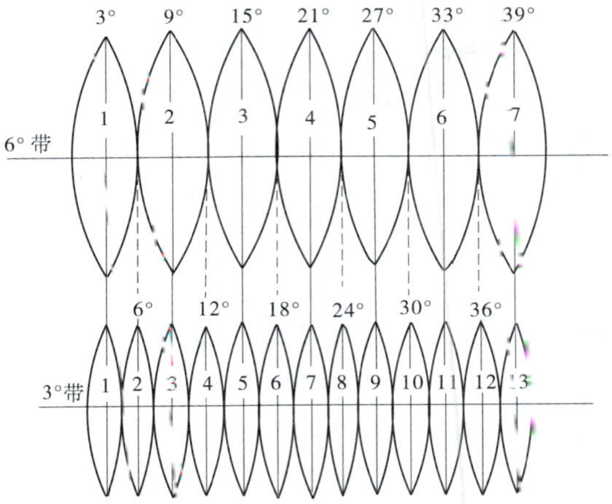

图 0-7　高斯投影 6°带和 3°带的分带方法

若已知某点的大地经度 L,则按式(0-5)计算该点所在的 3°带带号

$$n = \frac{L - 1.5}{3}(\text{取整数}) + 1 \tag{0-5}$$

我国幅员辽阔,西起东经 74°,东至东经 135°,共跨 11 个 6°带,21 个 3°带。由于我国领土全部位于赤道以北,因此所有投影带内的 X 坐标均为正值,而 Y 值在同一投影带内有正有负(见图 0-8(a))。为此,将每个投影带的坐标纵轴西移 500 km,使所有 Y 坐标均为正值,同时在 Y 坐标前冠以带号,以利于使用。设 6°带内有 A、B 两个点(见图 0-8(b)),Y_A = 18 537 680.423 m,Y_B = 20 438 270.568 m,即表示 A 点位于 6°带第 18 带中央子午线以东 537 680.423−500 000 = 37 680.423(m),B 点位于 6°带第 20 带中央子午线以西 500 000−438 270.568 = 61 729.432(m)。

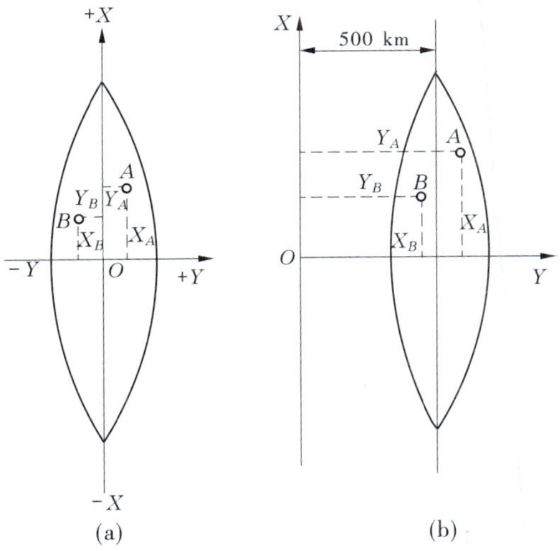

图 0-8　高斯平面直角坐标系示意图

3. 独立平面直角坐标系

当地形图测绘或施工测量的面积较小(一般指半径为 10 km 的区域)时,可将测区范围内的椭球面或水准面用水平面来代替,在此水平面上设一坐标原点,以过原点的南北方向为纵轴(向北为正,向南为负),东西方向为横轴(向东为正,向西为负),建立独立的平面直角坐标系(见图 0-9),测区内的所有点均沿铅垂线投影到这一水平面上,任一点的平面位置即可以其坐标值(x,y)表示。如果坐标原点设在测区的西南角,则测区内所有点的坐标均为正值。

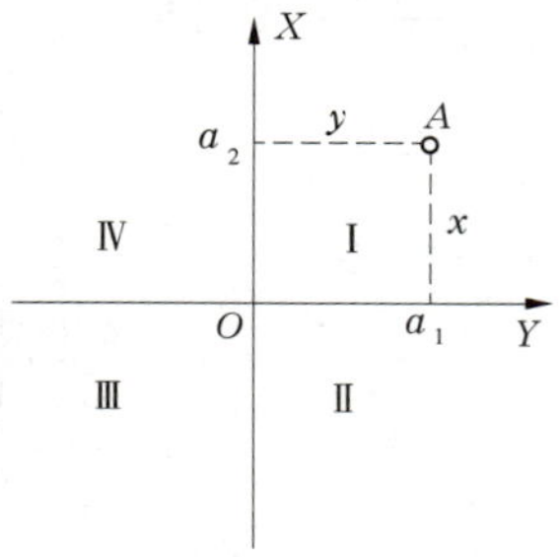

图 0-9 独立平面直角坐标系示意图

由图 0-8 和图 0-9 可见,无论是高斯平面直角坐标系还是独立平面直角坐标系,均以纵轴为 X 轴、横轴为 Y 轴,这与数学上笛卡儿平面坐标系的 X 轴和 Y 轴正好相反,其原因在于测量与数学上表示直线方向的方位角定义不同。测量上的方位角为纵轴的指北端起始,顺时针至直线的夹角;数学上的方位角则为横轴的指东端起始,逆时针至直线的夹角。将二者的 X 轴和 Y 轴互换,是为了仍旧可以将已有的数学公式用于测量计算。出于同样的原因,测量与数学上关于坐标象限的规定也有所不同。二者均以北东为第一象限,但数学上的四个象限为逆时针递增,而测量上则为顺时针递增,如图 0-10 所示。

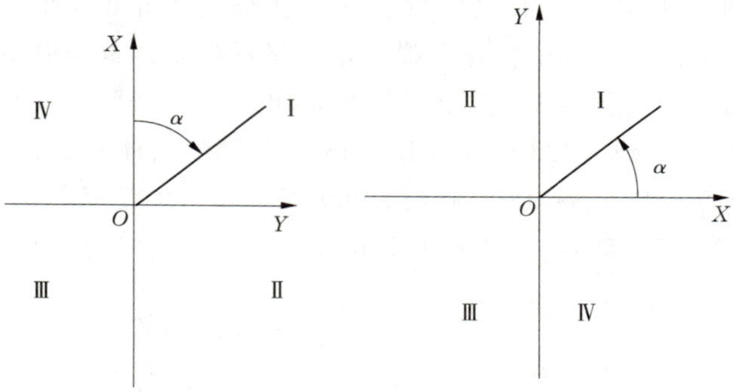

(a)高斯或独立平面直角坐标系 (b)笛卡儿平面坐标系

图 0-10 两种平面直角坐标系的比较

七、测量的基本工作和基本原则

(一)测量的基本工作

上已述及,测量工作的实质就是确定一系列地面点的空间位置,即它们的坐标和高程。如图 0-11 所示,假设已知 A、B 两点的坐标分别为(X_A,Y_A)和(X_B,Y_B)以及 B 点的高程 H_B,只要测定 BA 和 BC 在水平面上投影之间的角度,即水平角β,以及水平距离 D_{BC} 和高差 h_{BC},就可以通过计算确定 C 点的坐标(X_C,Y_C)和高程 H_C。同理,再由 C 点的坐标(X_C,Y_C)和高程 H_C 确定后续一系列点的坐标和高程时,也都需要测定相邻点之间的高差、水平距离和相邻边之间的水平角。因此,高差、水平距离和水平角是确定地面点相关位置的三个基本几何要素,而测定两点之间高差的高程测量、距离测量和角度测量就是测量的基本工作。

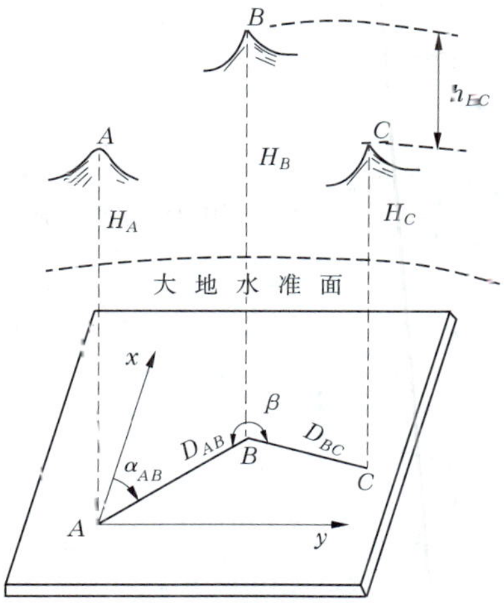

图 0-11　确定地面点位的测量工作

(二)测量工作的基本原则

无论是地形图测绘、施工放样还是建筑物的安全监测,都离不开测量的基本工作,即高程测量、距离测量和角度测量。任何一种测量工作都会产生误差,为了克服误差的传播和累积对测量成果造成的影响,测量工作必须遵循一定的原则。这一原则就是程序上"从整体到局部",步骤上"先控制后碎部",精度上"由高级到低级",即先进行整体的精度较高的控制测量,再进行局部的精度较低的碎部测量。

控制测量包括平面控制测量和高程控制测量。即首先在测区内选择 A、B、C、D、E、F 等作为控制点,连成控制网。用较精密的方法测定这些点的坐标和高程,以控制整个测区(见图 0-12(a))。然后以这些控制点为依据,进行碎部测图。即在各个控制点上用稍低的精度测定附近的房角、道路中心线和河岸的转折点等地物特征点以及山脊线、山谷线的起终点、转折点、地貌方向及坡度的变化点等地貌特征点(通称碎部点)的位置,并以控制点在图上相应的位置 A′、B′、C′、D′、E′、F′和高程为依据,将碎部点展绘到图上,然后根据碎部点的图上位置,将地物和地貌按一定的比例尺和符号绘制成地形图(见图 0-12(b))。同理,在建筑物施工测量中,也应先在施工地区布设施工控制网,以控制整个地区建筑物的施工放样。然后依据设计图纸,算出建筑物的细部点(平面轮廓点)到邻近控制点的水平角、水平距离及高差(称为放样数据),再到现场,将建筑物细部点的位置逐一测设出来,据此指导施工。

显然,由于控制点的点位精度较高,根据它测定的碎部点或测设的细部点又相互独立,一旦有了差错,仅对局部产生影响,不会影响全局,从而将误差的传播和累积尽量减小。控制网又将测区划分为若干部分,可由多个作业组同时进行测图或放样,以加快测量的进度。

此外,无论是控制测量还是碎部测量,都应遵循"责任到人,步步检核,只有在前一步工序完成检核后,才进行下一步操作"的原则,尽量在现场通过校核发现可能产生的差错,加以改正。

(a)

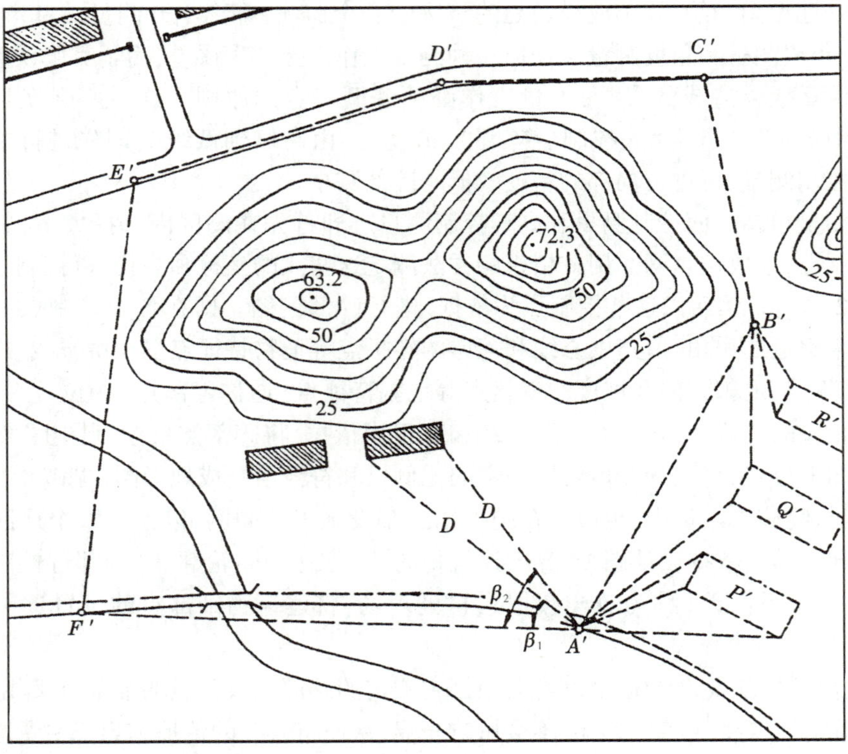

(b)

图 0-12　测量工作基本原则示意图

小 结

(1)测量的传统任务:一是测绘地形图,二是施工放样。此外,为各种工程建筑进行变形监测也是测量的重要任务之一。

(2)工程测量技术课程的主要内容、学习目的和要求。

(3)有关水准面、大地水准面和参考椭球的概念。大地水准面是平均高度的水准面。水准面和大地水准面均处处与铅垂线相垂直,因而形状不规则,地球的形状和大小用参考椭球来描述。

(4)有关平面直角坐标系统和高程系统的概念。大面积范围采用高斯平面直角坐标系,局部地区采用独立平面直角坐标系,我国的高程系统为黄海高程系。

(5)测量的基本工作包括高程测量、距离测量和角度测量。

(6)测量工作的基本原则是程序上"从整体到局部",步骤上"先控制后碎部",精度上"由高级到低级"。

复习题

1. 测量的传统任务:一是________,二是________。此外,为各种工程建筑进行________也是测量的重要任务之一。

2. ________称为水准面,大地水准面是________。水准面和大地水准面具有共同的特性:________。

3. ________称为地面点的高程,________为绝对高程,________为相对高程。两个地面点之间的高程之差称为________。无论采用绝对高程还是相对高程,两点之间的高差________。如果$h_{AB}<0$,说明A点________于B点。

4. 确定地面点相关位置的三个基本几何要素有________、________和________,而________、________和________则是测量的基本工作。

5. 测量工作的基本原则是________________,________________。

思考题

1. 测量是一门什么样的科学技术?在工程建设中有何作用?学习本课程的目的是什么?应达到哪些要求?

2. 地球的形状和大小是用什么来描述的?为什么?

3. 高斯投影是一种什么样的投影?有何特点?为了将变形限制在一定的范围以内,高斯投影采用了什么方法?

4. 地面点的平面位置如何确定？高斯平面直角坐标系是如何建立的？工程上常用的独立平面直角坐标系是如何定义的？测量上的直角坐标系和数学上的直角坐标系有何区别(包括坐标轴的定义和象限的编号)？为何会有这样的区别？

5. 地面点的三维坐标是什么？什么是我国的1956年黄海高程系和1985年国家高程基准？这两个高程系统之间的常数差是多少？

6. 测量工作应遵循的基本原则是什么？其目的是什么？

模块一　基本测量技能

项目一　水准测量

知识目标

水准测量的基本原理、水准点和水准路线、消减水准测量误差的措施。

技能目标

能够使用普通水准仪进行一般水准测量的外业观测和内业计算，以及对普通水准仪进行检验和校正。

任务一　普通水准仪的组成和使用

知识要点：水准测量的基本原理、水准仪和水准尺。

技能要点：普通水准仪的使用，地面两点高差的测定。

确定地面点高程的测量工作称为高程测量。高程测量根据使用仪器和施测方法的不同，分为水准测量、三角高程测量和 GPS 高程测量等，其中最常用的就是水准测量。

一、水准测量原理

水准测量是利用水准仪提供的水平视线来测定地面两点之间的高差，进而推算未知点高程的一种方法。

如图 1-1-1 所示，已知 A 点的高程 H_A，需求 B 点的高程 H_B，只要在 A、B 两点之间安置一台水准仪，并在 A、B 两点上各竖立一根标尺，利用水准仪提供的一条水平视线在 A 尺上得读数 a，在 B 尺上得读数 b，即可计算 A 点至 B 点的高差为

$$h_{AB} = a - b \tag{1-1-1}$$

设由 A 点测向 B 点，A 点称为后视，a 即为后视读数；B 点称为前视，b 即为前视读数。高差总是后视读数减去前视读数。当 h_{AB} 为正时，表明 B 点高于 A 点；反之，表明 B 点低于 A 点。

计算高程的方法有以下两种：

一种称为高差法，即由两点之间的高差计算未知点高程

$$H_B = H_A + h_{AB} \tag{1-1-2}$$

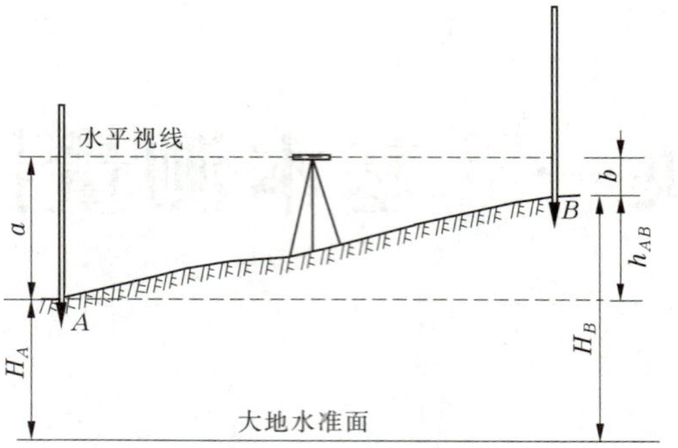

图 1-1-1　水准测量原理

另一种称为仪高法(亦称视线高法),即由仪器的视线高程计算未知点高程。先由 A 点的高程加后视读数 a,得仪器的视线高程 H_i,即

$$H_i = H_A + a \tag{1-1-3}$$

再由视线高程计算 B 点高程

$$H_B = H_i - b \tag{1-1-4}$$

由上可见,两种方法的实质相同。但仪高法往往安置一次仪器,可以测定多个未知点的高程,因而更适用于一般施工水准测量。

二、DS_3 型微倾式水准仪的组成和使用

水准仪是能够精确提供一条水平视线的仪器。水准仪按其构造的不同分为微倾式水准仪、自动安平水准仪和电子水准仪,按其精度由高至低又分为 DS_{05}、DS_1、DS_3 和 DS_{10} 四个等级,其中"D"为大地测量仪器的总代码,"S"为"水准仪"汉语拼音的第一个字母,下标的数字是指该水准仪所能达到的每千米往返测高差平均数的中误差(mm)(有关中误差的概念见本模块项目五)。本任务主要介绍 DS_3 型微倾式水准仪。

(一)DS_3 型微倾式水准仪的组成

微倾式水准仪主要由望远镜、水准器和基座三个部分组成(见图 1-1-2)。通过旋转仪器的微倾螺旋,使望远镜在竖直面上作微小转动,至管水准器气泡居中,进而达到视线水平的目的,微倾式水准仪由此得名。此外,水准仪还有必备的配套工具:水准尺和尺垫。

1. 望远镜

望远镜由物镜、目镜、对光透镜和十字丝分划板等组成(见图 1-1-3),主要用于照准目标、放大物像和对标尺进行读数。十字丝分划板上刻有十字丝(见图 1-1-4),竖丝用于对正标尺,横丝又称中丝,用于对标尺截取读数,上、下还各有一根短横丝,称为视距丝,用于测定距离。十字丝分划板装在十字丝环上,再用螺丝固定在望远镜镜筒内。

望远镜照准标尺后,根据几何光学原理(参见图 1-1-3),通过旋转对光螺旋,使对光透镜在望远镜镜筒内平移,即可调节由物镜和对光透镜组成的复合透镜的等效焦距,从而使目标 AB 倒立的实像 ba 刚好落在十字丝分划板上,再通过目镜的作用,放大成倒立的虚像 $b'a'$(也有的水准仪由于构造有所不同,在十字丝分划板上得到的和通过目镜看到

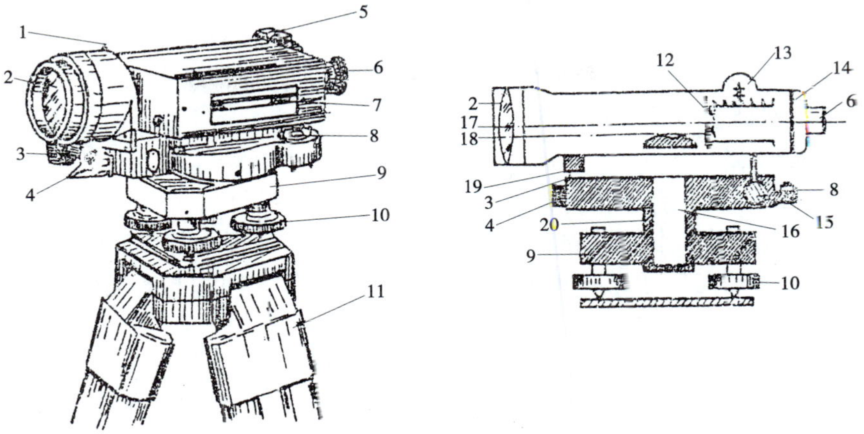

(a) 外形图　　　　　　(b) 构造图

1—准星；2—物镜；3—微动螺旋；4—制动螺旋；5—缺口；6—目镜；7—水准管；8—圆水准器；
9—基座；10—脚螺旋；11—三脚架；12—对光透镜；13—对光螺旋；14—十字丝分划板；15—微倾螺旋；
16—竖轴；17—视准轴；18—水准管轴；19—微倾轴；20—轴套

图 1-1-2　DS_3 型水准仪

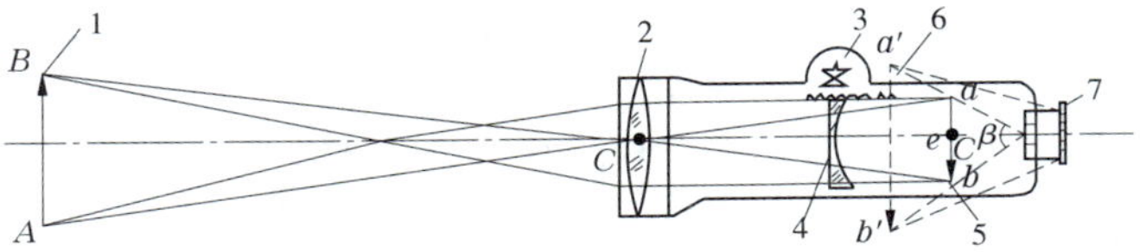

1—目标；2—物镜；3—对光螺旋；4—对光凹透镜；5—倒立实像；
6—放大虚像；7—目镜

图 1-1-3　望远镜的构造和成像原理

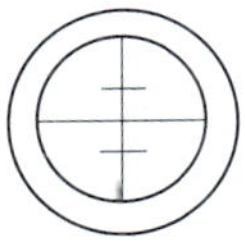

图 1-1-4　十字丝

的是目标的正像）。放大后的虚像 $b'a'$ 对眼睛构成的视角 β 与眼睛直接观测目标构成的视角 α 之比（即放大后的虚像与用眼睛直接看到目标大小的比值）称为望远镜的放大倍率，用 $V(V=\beta/\alpha)$ 表示。DS_3 型水准仪望远镜的放大倍率约为 25 倍。

物镜的光学中心（即光心）与十字丝交点的连线 CC 称为望远镜的视准轴。视准轴延伸而成为用于照准目标的视线。测量时，通过水准器的作用，使视准轴水平，就得到水平视线。

2. 水准器

水准器是用于整平仪器的装置，分为管水准器和圆水准器两种。前者用于指示仪器的视准轴是否水平，后者用于指示仪器的竖轴是否竖直。

1）管水准器

管水准器又称为长水准管（见图 1-1-5），是一个内壁磨成圆弧面的玻璃管，内装轻质液体且含有一个气泡。管面中心称为管水准器零点，过零点所作圆弧面的纵向切线 LL 称为水准管轴。管面一般每隔 2 mm 刻有分划线，相邻分划线间的圆弧所对应的圆心角值 τ

称为水准管分划值,其可用下式表示

$$\tau'' = \frac{2}{R} \cdot \rho'' \tag{1-1-5}$$

式中　R——水准管圆弧半径,mm;

　　$\rho'' = 206\ 265''$。

由式(1-1-5)可见,分划值的大小与圆弧的半径 R 成反比。分划值越小,水准管的灵敏度越高。DS_3 型水准仪的水准管分划值一般为 20″/2 mm。管水准器与望远镜固连在一起。在水准管轴与望远镜视准轴平行的前提下,当气泡两端与管面中点对称时(称为气泡居中),水准管轴即水平,视线也就水平了。

为方便观测和提高气泡居中的精度,微倾式水准仪管水准器的上方常装有棱镜系统(见图 1-1-6(a))。水准管气泡的两端通过棱镜系统的折射,投影到目镜左侧的符合气泡观测窗内,各自构成左、右半边的影像。转动微倾螺旋,两半边的影像将相对移动。当底端错开时,表示气泡未居中(见图 1-1-6(b));当底端吻合成半圆形时,即表示气泡居中(见图 1-1-6(c))。同时,由于两半边的影像将气泡偏离零点的距离放大 1 倍,因而使观测气泡居中的精度得以提高。这种装有符合棱镜的水准器又称为符合水准器。

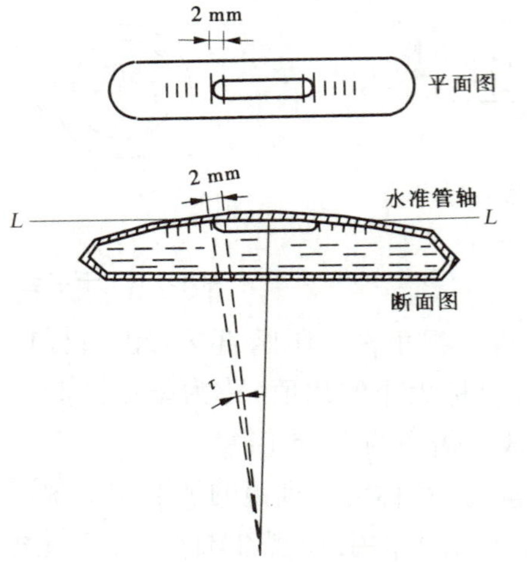

图 1-1-5　管水准器

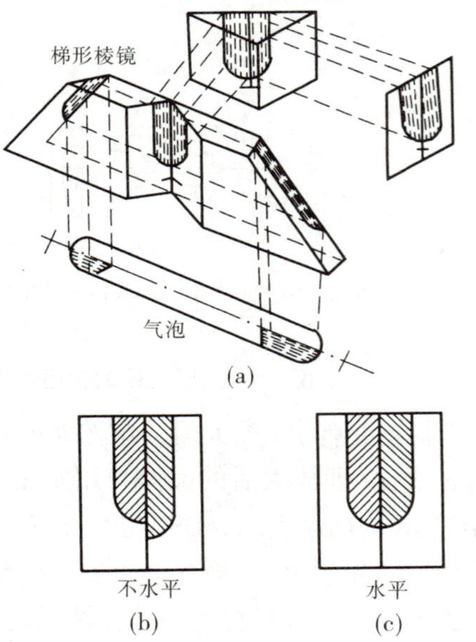

图 1-1-6　符合水准器

2)圆水准器

圆水准器又称圆水准管(见图 1-1-7),是一个装在金属外壳中内含气泡的玻璃圆盒。玻璃的内表面磨成球面,中央刻有一小圆圈。过圆圈中点即零点的球面法线称为圆水准轴($L'L'$)。当气泡位于圆圈中央时,圆水准轴即位于竖直位置。如果这时圆水准轴与仪器竖轴是平行的,即表示仪器的竖轴也处于铅垂位置。圆水准器的分划值一

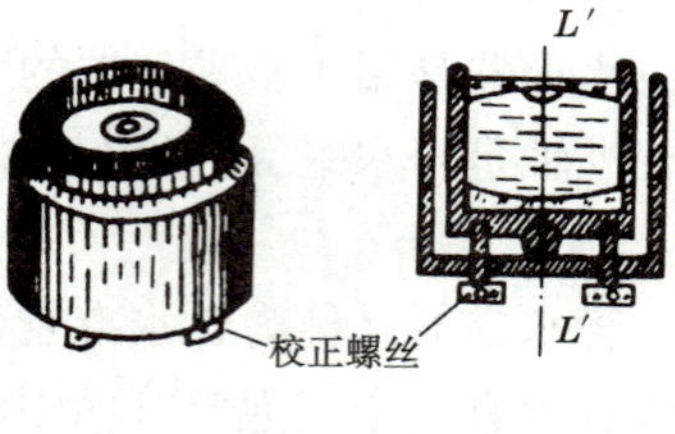

图 1-1-7　圆水准器

般不大于 8′/2 mm。显然，圆水准器的灵敏度较低，因而只能用于仪器的粗略整平。

3. 基座

基座包括轴座、底板、脚螺旋和三角压板，用于支承仪器的上部，并通过中心螺旋将仪器与三角架相连接。旋转三个脚螺旋调节圆水准气泡居中，即可使仪器粗略整平。

4. 水准尺和尺垫

1）水准尺

水准尺即标尺，是水准测量的主要配套工具，分杆尺和塔尺两种（见图 1-1-8）。

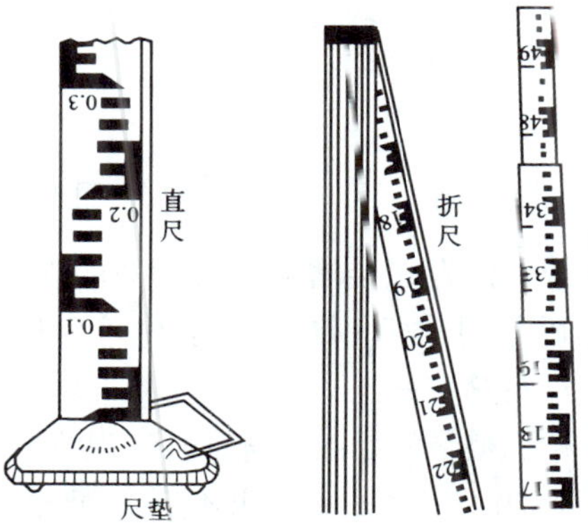

图 1-1-8　水准尺和尺垫

杆尺一般用优质木材制成，长 2 m 或 3 m，两面均刻有宽度为 1 cm 的分划线。分划为黑、白相间的称为黑面，尺底自 0.000 m 起算；分划为红、白相间的称为红面，一对标尺的红面尺底分别自 4.687 m 或 4.787 m 起算。即同一视线高度下，同一标尺红、黑两面读数应含 4.687 m 或 4.787 m 的常数差，用于检查读数的正确性。尺的侧面通常装有扶手和圆水准器，便于使立尺竖直。杆尺一般用于三、四等水准测量。

塔尺一般由木材或铝合金制成，长 5 m，分为 3 节，可以伸缩。尺面分划为 1 cm 或 0.5 cm，也分黑、红两面。其优点是便于携带，但由于接插处易磨损，使尺长精度受到影响，因而多用于一般水准测量。

2）尺垫

尺垫一般由铸铁制成，呈三角形，其中央有一突出圆顶，测量时用于支承标尺（见图 1-1-8）。

（二）DS_3 型微倾式水准仪的使用

为测定地面两点之间的高差，首先在两点的中间安置水准仪（一般不要求三点成一直线）。撑开三角架，使架头表面大致水平，高度适中，用中心螺旋将水准仪与三角架牢固连接，再按以下步骤进行操作。

1. 粗略整平

粗略整平就是通过旋转脚螺旋使圆水准气泡居中，从而使仪器的竖轴竖直。操作方法如图 1-1-9 所示，先用双手相对转动一对脚螺旋，使气泡从 a 处移到 b 处，再单独转动另一脚螺旋，使气泡由 b 处移至小圆圈中央。在转动脚螺旋时，应遵循“左手法则”，即使左手拇指运动的方向与气泡移动的方向相一致。

2. 瞄准标尺

先对目镜调焦，即将望远镜对向明亮的背景，转动目镜调节螺旋，直到十字丝清晰；松开制动螺旋，转动望远镜，利用镜筒上面的缺口和准星瞄准标尺，然后拧紧制动螺旋；转动物镜对光螺旋，使标尺成像清晰；再转动微动螺旋，使标尺影像位于望远镜视场中央；最后消除视差。所谓视差，是指当眼睛在目镜端上、下微动时，看到十字丝与目标的影像相互移动的现象（见图 1-1-10(a)），其产生的原因是目标的实像未能刚好成在十字丝分划板

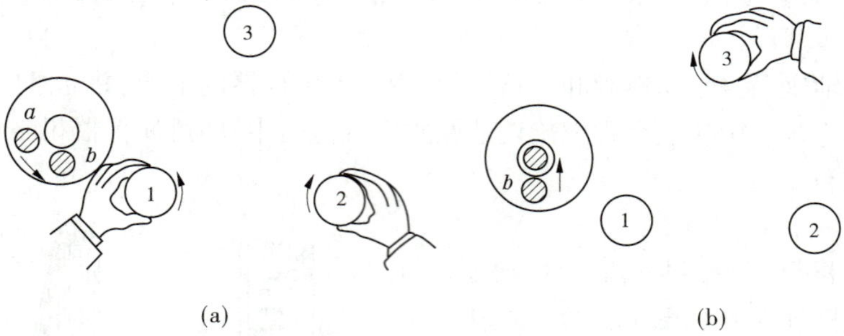

图 1-1-9　圆水准器的整平

上。视差的存在会增大标尺读数的误差，消除的方法是再旋转物镜对光螺旋重复对光，直到眼睛上、下微动时标尺的影像不再移动（见图 1-1-10（b））。

3. 精确整平

精确整平就是注视符合气泡观测窗，同时转动微倾螺旋，使气泡两半边影像下端符合成半圆形（见图 1-1-6（c）），即使管水准器气泡居中，表明水准管轴水平，视线亦精确水平。

4. 标尺读数

用十字丝中横丝在标尺上读数。以米（m）为单位，读出四位数，最后一位毫米（mm）为估读。注意，水准尺上所标的注字往往有正字或倒字之分，但不管是正字还是倒字，也不管望远镜的成像为正像还是倒像，读数总是由小数往大数读，如图 1-1-11 所示，读数为 1.948 m。如发现观测时，符合气泡影像错开，读数即不正确，应再次精平，重新读数。

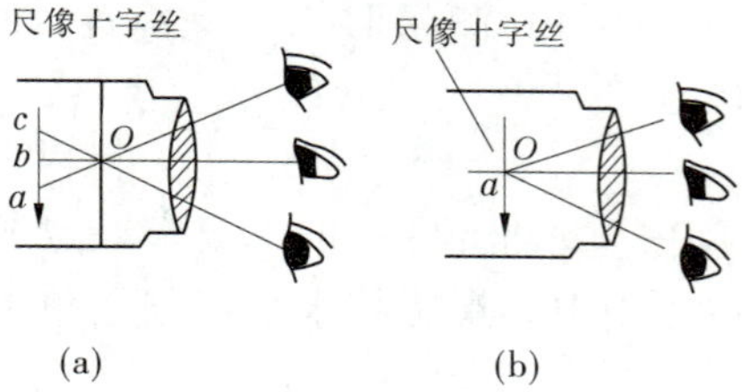

图 1-1-10　视差

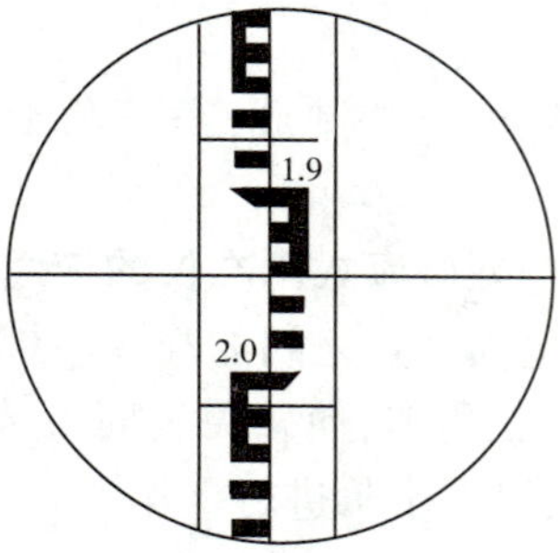

图 1-1-11　水准尺读数

任务二　普通水准测量

知识要点：水准点、水准路线。

技能要点：路线水准测量的外业观测和内业计算。

普通水准测量是指国家等级控制以下的水准测量，又称等外水准测量，常用于局部地区大比例尺地形图测绘的图根高程控制或一般工程施工的高程测量。水准测量至少应有一个已知高程点，布设一定的水准路线，通过外业观测和内业计算，求出未知点的高程。

一、水准点

用水准测量方法测定的高程控制点称为水准点，常以 BM 表示。按其精度和作用的不同，分为国家等级水准点和普通水准点。前者作为全国范围的高程控制点，需按规定形式埋设永久性标志；后者则是从国家等级水准点引测出来的，直接作为局部测区或施工场地的高程控制点，埋设永久性或临时性标志。

永久性水准点一般用钢筋混凝土制成，深埋至地面冻土线以下，顶部嵌入金属或瓷质半球形标志（见图 1-1-12(a)）。在城镇或建筑区也可将金属标志埋设在稳定的墙脚上，称为墙上水准点（见 1-1-12(b)）。临时性水准点可选用地面坚硬的地物或用大木桩打入土中，再在桩顶钉一圆头钉。永久性水准点埋设后应及时绘制点位附近的草图，标注定位尺寸，称为点之记，如图 1-1-13 所示。

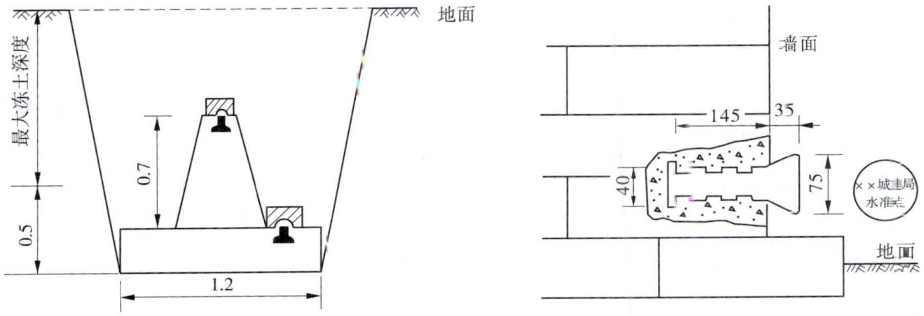

(a)水准点标石　(单位：m)　　　(b)墙上水准点　(单位：mm)

图 1-1-12　水准点

二、水准路线

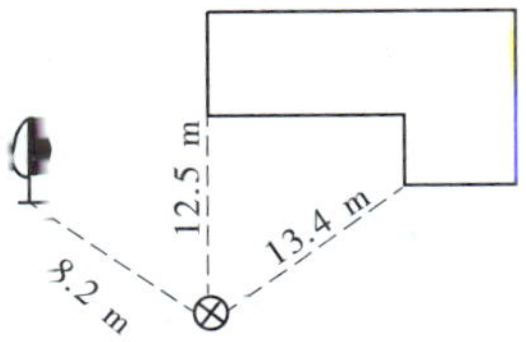

图 1-1-13　点之记

水准测量根据点位、场地及作业条件，事先应布设成一定的水准路线，既保证测量具有足够的检核，又提高成果的精度。水准路线一般有以下三种形式。

(一) 附合水准路线

如图 1-1-14 所示，从已知水准点 BM_1 出发，经各待定高程点逐站进行水准测量，最后附合到另一已知水准点 BM_2 上，称为附合水准路线。

(二) 闭合水准路线

如图 1-1-15 所示，从已知水准点 BM_1 出发，经各待定高程点逐站进行水准测量，最后返回到已知水准点 BM_1 上，称为闭合水准路线。

(三) 支水准路线

若从已知水准点出发，经各待定高程点逐站进行水准测量，既不附合到另一已知水准点，也不返回原已知水准点，称为支水准路线，如图 1-1-16 所示。

附合水准路线和闭合水准路线能对测量成果进行有效的检核，而支水准路线必须进行往、返观测，否则不能保证测量成果的可靠性。

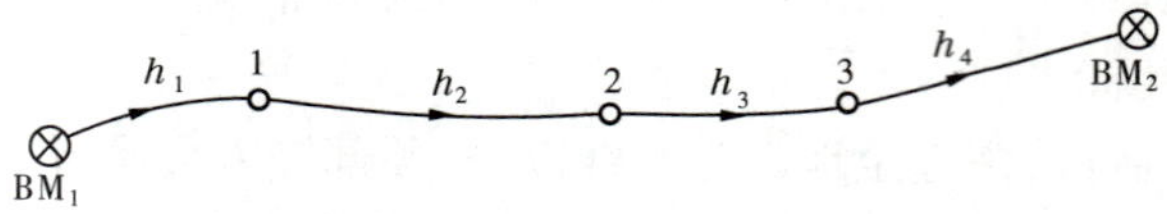

图 1-1-14 附合水准路线

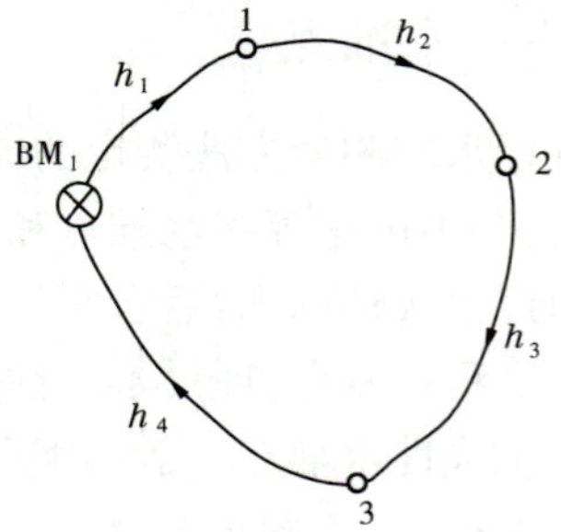

图 1-1-15 闭合水准路线

三、水准测量外业

水准测量的外业包括现场的观测、记录和必要的检核。

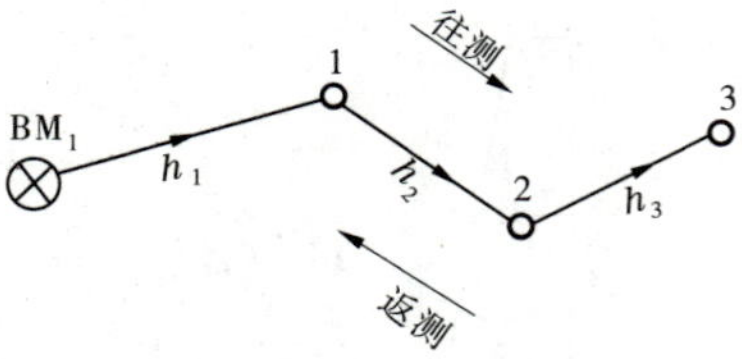

图 1-1-16 支水准路线

(一)观测与记录

如上所述,水准测量一般都是沿水准路线进行的。一条水准路线必含有若干已知水准点和待定高程点。两相邻点之间的路线称为一个测段,测段上每安置一次仪器称为一个测站。由于仪器到标尺的距离一般不宜超过 100 m,即一个测站的距离有所限制,因而每个测段一般均由若干连续的测站所组成。

以图 1-1-17 为例说明。A 为已知水准点,高程为 36.565 m,为测定未知点 1、2 的高程,布设一条闭合水准路线,分为 3 个测段,计 5 个测站。施测时,首先安置水准仪于测站(1),以 A 为测站(1)的后视点,在路线前进方向与后视距离大致相等处,选择转点 TP_1,作为测站(1)的前视点。所谓转点,是指临时设置,用于传递高程的点,其上应放置尺垫。在 A 点(不放尺垫)和 TP_1 点(放尺垫)上各立一水准尺,分别为测站(1)的后视尺和前视尺。仪器粗略整平后,瞄准后视尺,用微倾螺旋使管水准器气泡符合,读取读数 $a_1 = 2.305$ m,记入表 1-1-1 的后视读数栏。转动望远镜,瞄准前视尺,再次使管水准器气泡符合,读取读数 $b_1 = 0.875$ m,记入表 1-1-1 的前视读数栏。计算 A 点与 TP_1 点的高差为

$$h_1 = a_1 - b_1 = 2.305 - 0.875 = 1.430(\text{m})$$

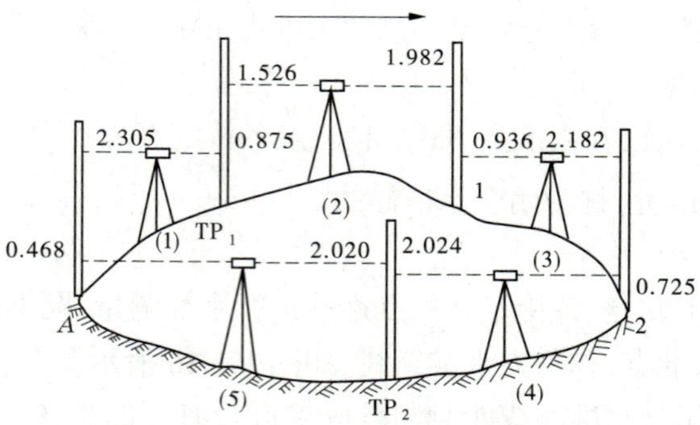

图 1-1-17 闭合水准测量示例 (单位:m)

将结果记入高差栏内。以上为测站(1)的观测和记录。

表 1-1-1　水准测量手簿

日期______　　天气______　　仪器______　　地点______　　观测______　　记录______

测站	测点	水准尺读数(m)		高差(m)		说明
		后视(a)	前视(b)	+	−	
(1)	A	2.305		1.430		H_A = 36.565 m
	TP_1		0.875			
(2)	TP_1	1.526			0.456	
	1		1.982			
(3)	1	0.936			1.246	
	2		2.182			
(4)	2	0.725			1.299	
	TP_2		2.024			
(5)	TP_2	2.020		1.552		
	A		0.468			
检核	[ ]	7.512 − 7.531 −0.019	7.531	2.982 −3.001 −0.019	3.001	

检核无误后,将仪器搬至测站(2),TP_1 点原地不动,只是将尺面转向仪器,变为测站(2)的后视尺,而将 A 点的标尺移至待定点 1,作为测站(2)的前视尺,然后进行与测站(1)相同的观测和记录,再按同样的作业程序,依次经待定点 1、2 和转点 TP_2,返回水准点 A,完成闭合路线的施测。

(二)检核

1. 测站检核

各测站高差是推算待定点高程的依据,若其中任一测站所测高差有误,则全部测量成果将无法使用。因此,每一测站都应进行必要的测站检核,检核通过后,方能搬站。测站检核的方法有变仪高法和双面尺法两种。

1)变仪高法

在同一测站上,第一次高差测定后,重新安置仪器,使仪器高度的改变量大于 10 cm,再进行第二次高差测定。两次测得的高差之差值若不超过容许值(如普通水准测量为 ±5 mm),则符合要求,取两次高差的平均值作为该测站的观测高差,否则应返工重测。

2)双面尺法

如果使用双面水准尺,在同一测站上,不改变仪器高,分别对后视尺和前视尺的黑、红两面进行读数,由此算得测站的黑面高差 $h_{黑}=a_{黑}-b_{黑}$ 和红面高差 $h_{红}=a_{红}-b_{红}$,对两者加以比较来检核成果的正确性。具体方法参见模块二项目一任务三中的四等水准测量。

2. 计算检核

为保证高差计算的正确性,应在每页记录的下方进行计算检核。方法是分别计算该页所有测站的后视读数之和[a]、前视读数之和[b]及测站高差之和[h],代入下式

$$[h]=[a]-[b] \tag{1-1-6}$$

看其是否成立。如表 1-1-1 下方

$$[h]=2.982-3.001=-0.019$$

$$[a]-[b]=7.512-7.531=-0.019$$

两数值相等,说明计算无误。

四、水准测量内业

水准测量内业即计算路线的高差闭合差,如其符合要求则予以调整,最终推算出待定点的高程。需要说明的是,内业计算一般先按已知点和未知点将整条路线划分为若干测段,每个测段由若干测站组成,事先将各测段所含测站的高差观测值相加得测段的高差观测值,再用于计算。具体的计算步骤如下所述。

(一)高差闭合差计算与检核

作为水准路线终端的水准点可得到两个高程值:一个是其已知值,另一个是由起始水准点已知高程和所有测站高差之和得到的推算值。二者理论上应相等,但由于外业测定的高差不可避免地会受到各种误差的影响,因此二者之间一般总会存在差值。这一差值即称为高差闭合差。设整条水准路线分为 n 个测段,各测段高差观测值为 h_i($i=1$、2、3、4…),两端水准点的已知高程分别为 $H_{始}$、$H_{终}$,则:

对附合水准路线而言,起点和终端的已知水准点不同,其高差闭合 f_h 为

$$f_h=\sum_{i=1}^{n}h_i-(H_{终}-H_{始}) \tag{1-1-7}$$

对闭合水准路线而言,起点和终点合而为一,因而高差闭合差 f_h 为

$$f_h=\sum_{i=1}^{n}h_i \tag{1-1-8}$$

对支水准路线而言,经往、返观测(高差符号相反),二者高差的绝对值之差即为高差闭合差,亦称高差较差,其表达式为

$$f_h=\sum_{i=1}^{n}h_{往_i}+\sum_{i=1}^{n}h_{返_i} \tag{1-1-9}$$

为了检查高差闭合差是否符合要求,还应计算高差闭合差的容许值(即其限差)。不同等级的水准测量,高差闭合差容许值也不相同。就普通(等外)水准测量而言,该容许值规定为:

平地 $$f_{h容}=\pm 40\sqrt{L}\ \text{mm} \tag{1-1-10}$$

山地 $$f_{h容}=\pm 12\sqrt{n}\ \text{mm} \tag{1-1-11}$$

式中 L——水准路线全长,km;

n——路线测站总数。

平地、山地容许值的计算有所不同,这是因为山地坡度变化大,每千米安置的测站数

难以一致，而平地坡度变化小，每千米测站数相差不大。若计算的高差闭合差大于高差闭合差容许值，则说明观测成果含有粗差甚至错误，应查找原因，予以重测。

以图 1-1-18 所示附合水准路线为例，已知水准点 BM_1、BM_2 和待定点 1、2、3 将整个路线分为 4 个测段。已知高程、各测段的观测高差之和 h_i 及测站数已填入表 1-1-2 内相应栏目（如系平地测量，则将测站数栏改为千米数栏，填入各测段千米数；表内加粗字为已知数据），然后进行高差闭合差计算

$$f_h = \sum_{i=1}^{n} h_i - (H_{终} - H_{始}) = 8.847 - (48.646 - 39.833) = +0.034(m)$$

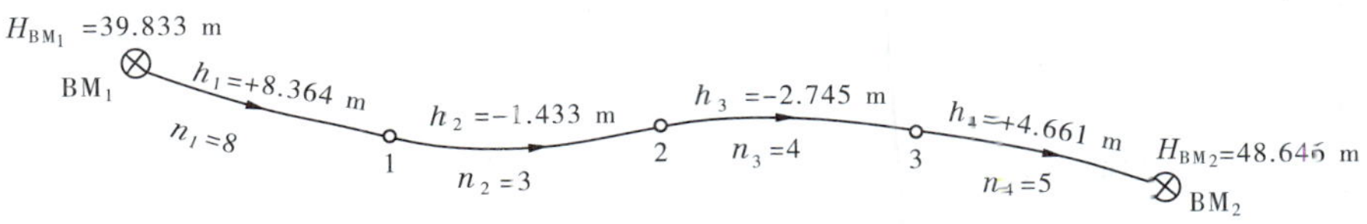

图 1-1-18　附合水准路线算例

表 1-1-2　附合水准路线计算

测段号	点名	测站数	观测高差（m）	改正数（m）	改正后高差（m）	高程（m）	备注
1	2	3	4	5	6	7	8
	BM_1					**39.833**	
1		8	+8.364	−0.014	+8.350		
	1					48.183	
2		3	−1.433	−0.005	−1.438		
	2					46.745	
3		4	−2.745	−0.007	−2.752		
	3					43.993	
4		5	+4.661	−0.008	+4.653		
	BM_2					**48.646**	
Σ		20	+8.847	−0.034	+8.813		
辅助计算	$f_h = +0.034$ m $f_{h容} = \pm 12\sqrt{20} = \pm 54$(mm)						

由于图中标注了各测段的测站数 n_i，说明是山地观测，因此依据总测站数 n 计算高差闭合差的容许值为

$$f_{h容} = \pm 12\sqrt{n} = \pm 12\sqrt{20} = \pm 54(mm)$$

计算的高差闭合差及其容许值填于表 1-1-2 下方的辅助计算栏。

（二）高差闭合差调整

若高差闭合差小于容许值，则说明观测成果符合要求，但应进行调整。所谓调整，就

是将高差闭合差予以消除，方法是将高差闭合差反符号，按与测段的长度（平地）或测站数（山地）成正比，即依式（1-1-12）计算各测段的高差改正数，并加入到测段的高差观测值中。

$$\left.\begin{aligned}\Delta h_i &= -\frac{f_h}{\sum L_i}\cdot L_i \quad (\text{平地,与各测段长度成正比})\\ \Delta h_i &= -\frac{f_h}{\sum n_i}\cdot n_i \quad (\text{山地,与各测段测站数成正比})\end{aligned}\right\} \tag{1-1-12}$$

式中 $\sum L_i$——路线总长，km；

L_i——第 i（$i=1、2、3\cdots$）测段长度，km；

$\sum n_i$——测站总数；

n_i——第 i 测段测站数。

上例中，以测站数成正比计算第 1 测段的高差改正数为

$$\Delta h_1 = -\frac{\Delta h}{\sum n_i}\cdot n_1 = -\frac{0.034}{20}\times 8 = -0.014(\text{m})$$

同理，算得其余各测段的高差改正数分别为-0.005 m、-0.007 m、-0.008 m，依次列入表 1-1-2 中第 5 栏。所算得的高差改正数总和应与高差闭合差的数值相等，符号相反，以此对计算进行校核。若因取整误差造成二者出现小的较差，可对个别测段高差改正数的尾数适当取舍 1 mm，以满足改正数总和与闭合差绝对值相等的要求。

（三）计算待定点高程

将高差观测值加上改正数即得各测段改正后高差，据此，即可依次推算各待定点的高程（上例计算结果列入表 1-1-2 之第 6、7 栏）。

如上所述，闭合水准路线的计算方法除高差闭合差的计算有所区别外，其余与附合水准路线的计算完全相同。

支水准路线计算时，一般取往测和返测高差绝对值的平均值作为测段的高差，其符号与往测相同，然后根据起始点高程和各测段平均高差推算各待定点高程。

任务三　DS_3 型微倾式水准仪检验和校正

知识要点：水准仪的主要轴线及其应满足的几何条件、水准仪的 i 角误差。

技能要点：能进行水准仪的三项检验和校正。

任何一种测量仪器都有其主要轴线。为了保证仪器的正常使用和精度要求，各轴线之间应满足必要的几何条件。所谓检验，就是逐一检定这些几何条件是否满足，如有不满足，采取相应的措施使其满足，就为校正。

一、DS_3 型微倾式水准仪主要轴线及其应满足的几何条件

如前所述，DS_3 型微倾式水准仪的主要轴线有望远镜视准轴 CC、水准管轴 LL、圆水准轴 $L'L'$，此外还有仪器的竖轴 VV——望远镜下方金属管轴的中心线（见图 1-1-19）。它们

之间应满足以下几何条件：

（1）圆水准轴平行于仪器的竖轴，即 $L'L'//VV$。

（2）十字丝横丝垂直于仪器的竖轴，即十字丝横丝 ⊥ VV。

（3）水准管轴平行于望远镜视准轴，即 $LL//CC$。比较而言，这一条件对保证水准测量的精度尤其重要，因此又称为水准仪应满足的主要条件。

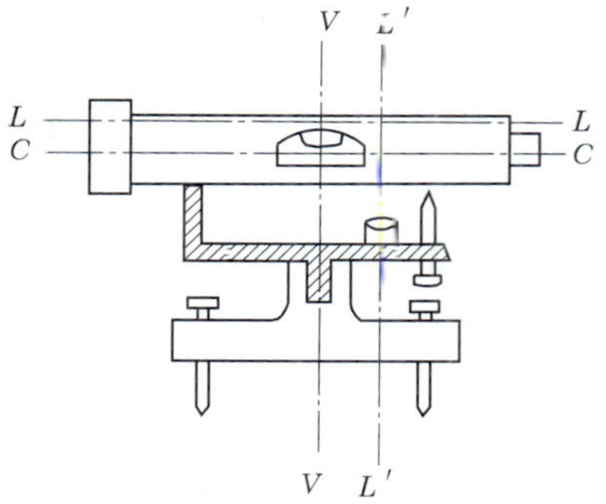

图 1-1-19 水准仪的主要轴线关系

二、DS_3 型微倾式水准仪检验和校正

（一）圆水准轴检验和校正

检验目的：使圆水准轴 $L'L'$ 平行于仪器的竖轴 VV。圆水准器是用来粗略整平仪器的。粗略整平仪器，不仅仅是使圆水准器气泡居中，主要应使仪器的竖轴竖直，这一要求只有在满足圆水准轴平行于仪器竖轴的前提下才能达到。

检验方法：首先，转动三个脚螺旋，使圆水准器气泡居中，此时圆水准轴 $L'L'$ 处于竖直位置。然后，将望远镜旋转 180°，如果气泡仍然居中，则说明仪器的竖轴 VV 与圆水准轴 $L'L'$ 平行；如果气泡不再居中，则说明 VV 与 $L'L'$ 不平行，二轴之间存有偏角 δ（见图 1-1-20（a）），在望远镜旋转 180°之后，圆水准轴不仅不竖直，而且与铅垂线之间产生偏角 2δ（见图 1-1-20（b）），气泡的偏移量正是该偏角 2δ 的等效反映。

校正方法：竖轴和圆水准轴不平行，主要是因为圆水准器底部的三个校正螺丝（见图 1-1-22）有所松动或磨损，造成圆水准器周边不等高，致使圆水准轴偏移正确位置。校正时，首先将圆水准器底部中间的固定螺丝旋松，用校正针拨动校正螺丝，使气泡向居中位置返回偏移量的一半（见图 1-1-21（a）），此时圆水准轴与竖轴之间的偏角 δ 已得到改正，两轴即平行。然后用脚螺旋整平，使圆水准器气泡居中，竖轴即与圆水准轴同时恢复竖直位置（见图 1-1-21（b））。校正工作一般需反复进行，直到仪器旋转到任何位置圆水准气泡均居中。校正完毕后注意拧紧紧固螺丝（见图 1-1-22）。

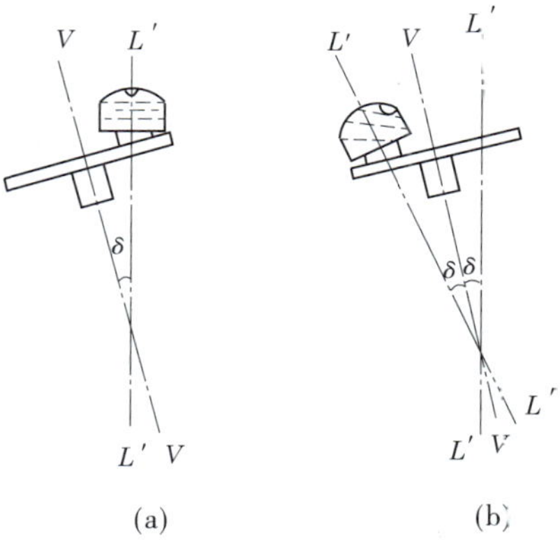

图 1-1-20 圆水准轴检验

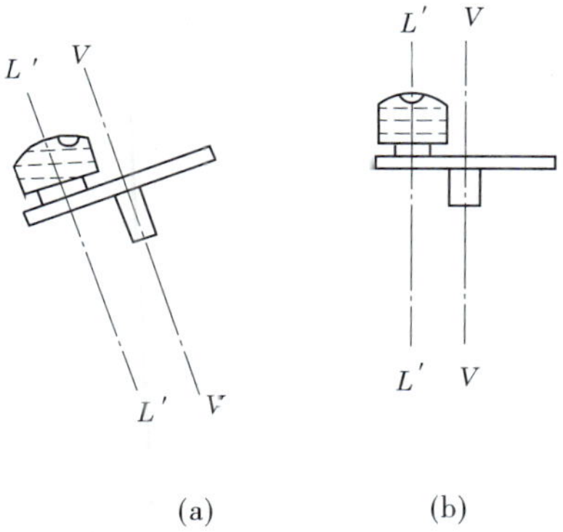

图 1-1-21 圆水准轴校正

（二）十字丝横丝检验和校正

检验目的：使十字丝横丝垂直于仪器竖轴 VV。十字丝中横丝用于对标尺进行读数

只有满足该条件，才能在仪器整平后，使十字丝横丝保持水平，从而使得标尺读数的精度有所保证。

检验方法：首先用望远镜中横丝一端对准某固定点 A（见图 1-1-23(a)），旋紧制动螺旋，转动微动螺旋，使望远镜左右移动。若此时 A 点影像不偏离横丝，则说明横丝水平，即条件满足；若偏离横丝（见图 1-1-23(b)），则说明条件不满足，需要校正。

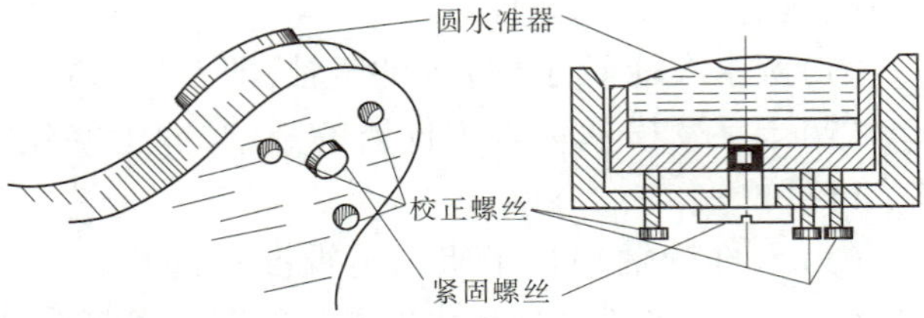

图 1-1-22　圆水准轴校正设备

校正方法：拧开护盖，用螺丝刀旋松十字丝分划板固定螺丝（见图 1-1-24），轻转分划板座，使点 A 对中横丝的偏离量减少一半，即使横丝恢复水平位置。同样，这一工作亦需反复进行，最后拧紧固定螺丝和护盖。

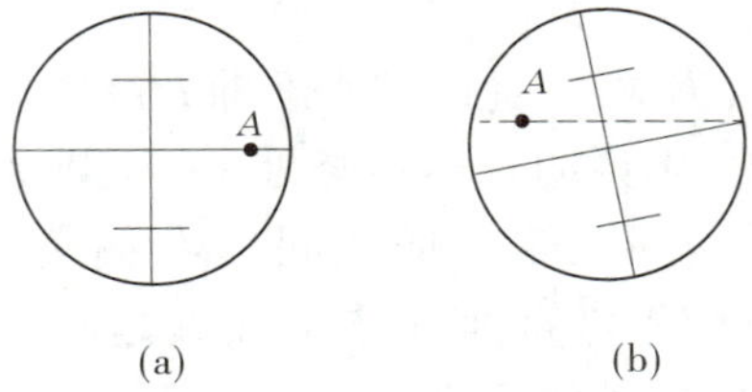

图 1-1-23　十字丝横丝检验

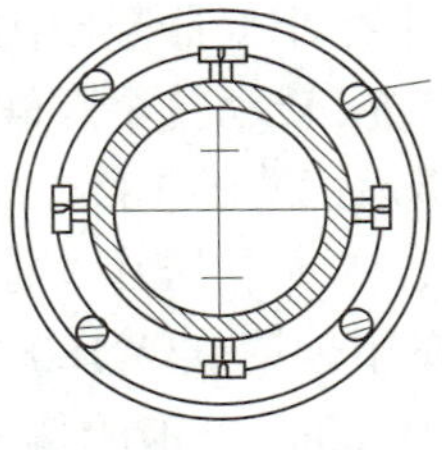

图 1-1-24　十字丝分划板校正设备

（三）水准管轴检验和校正

检验目的：使水准管轴 LL 平行于望远镜视准轴 CC。水准仪的主要功能是精确提供一条水平视线，而视线是否水平是以管水准器的气泡是否居中作为参照的。显然，只有在满足望远镜视准轴平行于水准管轴这一主要条件下，该功能才得以实现。

检验方法：水准仪的望远镜视准轴 CC 与水准管轴 LL 应保持平行。如不平行，二者之间存在偏角 i，当管水准器气泡居中时，视线即倾斜，从而使标尺读数产生误差 Δ，这一误差称为水准仪的 i 角误差（见图 1-1-25）。设仪器到标尺的距离为 D，则 i 角误差可用下式计算

$$\Delta = \frac{i'' \times D}{\rho''} \tag{1-1-13}$$

式中　$\rho''=206\ 265''$。

由式(1-1-13)可见，i 角误差既与 i 角大小相关，也和距离 D 成正比。在 i 角不变的情况下，D 越长，i 角对标尺读数的影响越大；反之，影响越小。根据这一规律，可得该项误差的检验方法和计算公式的推导如下。

在检验场地选择 J_1、A、B、J_2 四点，总长 61.8 m，分为三等份，即 $J_1A=AB=BJ_2=S=$ 20.6 m（见图 1-1-25）。设置 S 为 ρ''的可约数，可利于计算。在 A、B 点放置尺垫，以便竖立标尺；在 J_1、J_2 点作标记，以便安置仪器，然后实施以下步骤：

(1) 先在 J_1 点安置水准仪，依次照准 A、B 点水准尺，仪器精平，各尺读数四次，分别取平均得 a_1 和 b_1，设 $i=0$ 时水平视线在二尺上的正确读数为 a_1' 和 b_1'，则 a_1 和 b_1 所含的

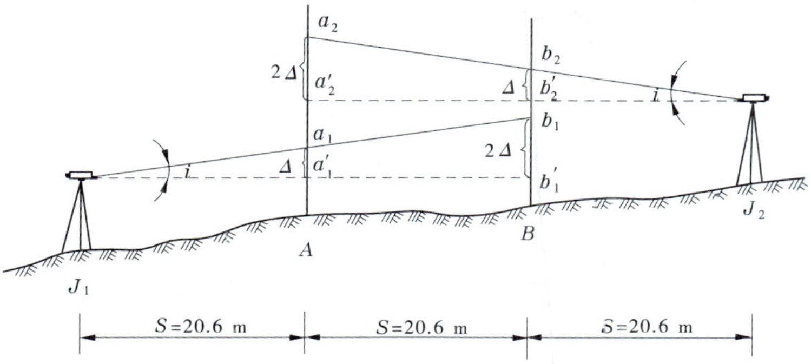

图 1-1-25　水准管轴检验

读数误差分别为 Δ 和 2Δ。

（2）再在 J_2 点安置水准仪，依次照准 A、B 点水准尺，仪器精平，各尺读数四次，分别取平均得 a_2 和 b_2，设 $i=0$ 时水平视线在二尺上的正确读数为 a_2' 和 b_2'，则 a_2 和 b_2 所含的读数误差分别为 2Δ 和 Δ。

（3）测站 J_1 和 J_2 所得 A、B 点的正确高差分别为

$$h_1' = a_1' - b_1' = (a_1 - \Delta) - (b_1 - 2\Delta) = a_1 - b_1 + \Delta \tag{1-1-14}$$

$$h_2' = a_2' - b_2' = (a_2 - 2\Delta) - (b_2 - \Delta) = a_2 - b_2 - \Delta \tag{1-1-15}$$

在不顾及其他误差影响的情况下，应有 $h_1'=h_2'$，所以由式（1-1-14）和式（1-1-15）即可得

$$\Delta = \frac{(a_2 - b_2) - (a_1 - b_1)}{2} \tag{1-1-16}$$

由图 1-1-25 可见，$\Delta = i'' \cdot S \cdot \frac{1}{\rho''}$，即有

$$i'' = \frac{\rho''}{S} \cdot \Delta$$

由于 $S=20.6\ \text{m}=20\ 600\ \text{mm}$，$\rho''=206\ 265''$，则有

$$i'' \approx 10\Delta \tag{1-1-17}$$

其中：Δ 按式（1-1-16）计算，单位为 mm；Δ 的符号有可能为“+”或“−”，i''的符号与 Δ 相同。

若 i''超过±20″，即需进行校正。

校正方法：视准轴和水准管轴不平行，主要是由于管水准器一端的上、下校正螺丝有所松动或磨损，造成管水准器两端不等高，致使两轴间存在偏角。

在测站 J_2 校正按以下步骤进行：

（1）计算此时 A 点水准尺应有的正确读数 a_2'

$$a_2' = a_2 - 2\Delta$$

（2）转动仪器的微倾螺旋，使 A 点标尺的读数由 a_2 改变为正确读数 a_2'。此时，视准轴已水平，但管水准器气泡不再符合。

（3）用校正针拨动管水准器上、下校正螺丝（见图 1-1-26），松上紧下或松下紧上，使气泡符合，视准轴与水准管轴即恢复平行。

之后，应检查 B 点标尺此时的读数是否变为正确读数 b_2'（$b_2'=b_2-\Delta$），以便对校正的效果加以验证。校正应反复进行，直至 i 角误差符合要求。

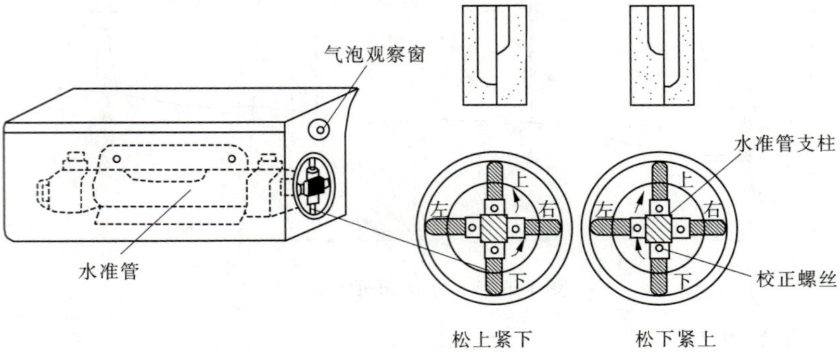

图 1-1-26　管水准器校正

任务四　消减水准测量误差的措施

知识要点：水准测量的误差来源和分类。

技能要点：采取措施消减水准测量的各种误差。

水准测量误差一般由仪器误差、观测误差和外界条件影响的误差三方面构成。分析误差产生的原因，寻找消减误差的措施，将有助于提高水准测量的精度。

一、仪器误差及消减措施

（一）剩余的 i 角误差及消减措施

i 角误差即水准仪的水准管轴与视准轴不平行产生的误差，虽经检验校正，但难以完全消除。因为 i 角误差的大小与距离 D 成正比，所以观测时注意将仪器安置于前、后视距大致相等处，即可基本消除 i 角误差对测站高差的影响。

（二）水准尺误差及消减措施

水准尺误差是由水准尺的尺长发生变化或尺面刻划及尺底零点不准确等产生的误差。事先应对尺长和尺面刻划加以检验，而对零点误差，可采用每一测段测站数均为偶数的方法加以消除。

二、观测误差及消减措施

（一）整平误差及消减措施

DS_3 型微倾式水准仪符合水准器的整平误差约为 $\pm0.075\tau''$（τ''为水准管分划值），则在尺上产生的误差为

$$m_{平}=\frac{0.075\tau''}{\rho''}D \tag{1-1-18}$$

式中　τ''——水准管分划值，DS_3 型水准仪 $\tau''=20''$；

　　D——视距，m，一般水准测量 $D=100$ m；

$\rho''=206\ 265''$。

代入式(1-1-18)可得一般水准测量因整平造成的读数误差约为±0.73 mm。由此可见,观测后视尺与前视尺读数之前均要用微倾螺旋使管水准器气泡符合,但由后视转为前视时,不能再旋转脚螺旋,以防改变仪器高度。此外,晴天观测应撑伞保护仪器,避免水准器暴晒。

(二)照准误差及消减措施

人眼分辨率的视角通常小于60″,当用望远镜照准标尺时,在尺上产生的照准误差为

$$m_{照}=\frac{60''}{V\rho''}D \tag{1-1-19}$$

式中 V——望远镜的放大倍率,DS_3 型水准仪 $V=25$ 倍;

D——视距,m,一般水准测量 $D=100$ m;

$\rho''=206\ 265''$。

代入式(1-1-19)可得一般水准测量因照准造成的读数误差约为±1.16 mm,可见视线不宜过长。

(三)估读误差及消减措施

水准尺读数时,最后毫米位需估读,其误差与十字丝的粗细、望远镜的放大倍率及视线的长度有关。使用 DS_3 型水准仪,视距为100 m时,估读误差约为±1.5 mm。各等级水准测量对仪器的望远镜放大倍率和视线的极限长度都有具体的规定,应遵照执行。阴天成像不清晰,也会使读数误差增大,应注意避免。

(四)水准尺倾斜误差

水准尺倾斜将使读数增大(见图1-1-27),若倾斜角为3°,尺上1 m处的读数会增大2 mm,视线离地面越高,该项误差越大,因此观测时水准尺一定要注意直立。

三、外界条件影响的误差及消减措施

(一)仪器下沉误差及消减措施

土壤的松软和仪器的自重可能引起仪器的下沉,使观测视线降低,从而给测量成果带来误差。如图1-1-28所示,设后视完毕转向前视时,仪器下沉 Δ_1,即使前视读数 b_1 小了 Δ_1。若再进行第二次测量,先前视再后视,从前视转向后视时,仪器下沉 Δ_2,又使后视读数 a_2 小了 Δ_2。假设仪器的下沉与时间成正比,即 $\Delta_1\approx\Delta_2$,取两次测得高差的平均值,便可消弱该项误差的影响。因此,在等级水准测量时(或在使用"双面尺法"进行测站校核时),采用"后视黑面—前视黑面—前视红面—后视红面"的顺序进行观测,就是为了使仪器下沉对黑、红面高差造成的影响符号相反,取平均加以抵消。安置仪器时,注意将脚架尽量于地面踩实,亦将有利于减少该项误差的产生。

(二)尺垫下沉误差及消减措施

在松软的土壤上设置转点,标尺的自重也可能引起尺垫下沉,使下一测站的后视读数增大,亦会造成误差。尺垫下沉的影响一般可以通过整条路线往、返观测取平均的方法加以消除,在转点上亦应注意将尺垫踩实。

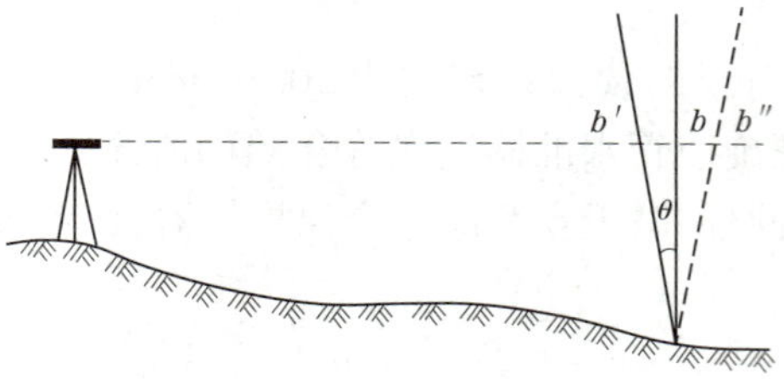

图 1-1-27　水准尺倾斜误差

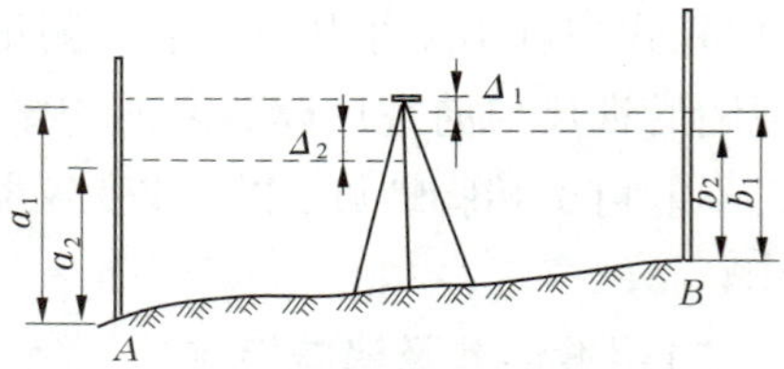

图 1-1-28　仪器下沉误差

(三)地球曲率和大气折光误差及消减措施

在用水平面代替水准面进行高程测量时,会受到地球曲率的影响,产生的误差称为地球曲率差。此外,地面上不同高度的气温不一致,造成大气的密度不同,致使光线通过不同密度的大气层时产生折射,也会使得水准仪本应水平的视线成为一条曲线,由此产生的误差称为大气折光误差。由图 1-1-29 可见,这两项误差影响的大小均与距离成正比,因此将仪器安置在前、后视距大致相等处进行观测,亦可使它们的影响基本消除。

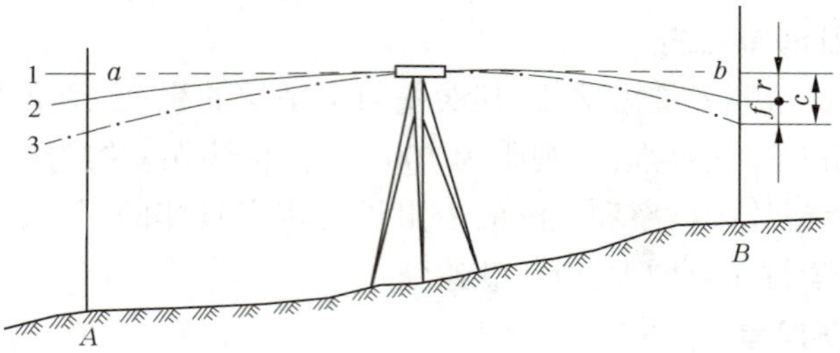

1—水平视线;2—折光后视线;3—与大地水准面平行的弧线

图 1-1-29　地球曲率与大气折光误差

(四)温差影响及消减措施

晴天温差变化大,不仅会产生大气折光,使管水准器气泡偏移,还容易形成气流跳动,给照准和读数带来不利影响,因此观测时应注意使用测伞,避免阳光直接照射仪器,中午前后阳光强烈时应停止观测。

任务五　新型水准仪

知识要点:自动安平水准仪、精密水准仪和数字水准仪的特点。

技能要点:自动安平水准仪、精密水准仪和数字水准仪的使用。

一、自动安平水准仪

用普通水准仪进行水准测量,每次读数前都必须使管水准器气泡严格居中,既费时间,又可能因忘却气泡居中而给读数造成失误。自动安平水准仪装置有自动安平补偿器,用以替换管水准器和微倾螺旋。观测时,只需粗略整平仪器使圆水准器气泡居中,通过补偿器的自动安平作用，即能得到视线水平时的正确读数，从而避免了普通水准仪的缺点。下面以 DSZ_3 型自动安平水准仪为例，介绍其构造原理和使用方法。

（一）自动安平水准仪的原理

图 1-1-30 为 DSZ_3 型自动安平水准仪的外形和结构示意图。其补偿器由一套安装在十字丝分划板和对光螺旋之间的棱镜组构成。其上方的屋脊棱镜固定在望远镜镜筒内，中间用交叉的金属丝吊挂着两个直角棱镜，吊挂棱镜在重力作用下，能与望远镜作相对偏转，下方设置有空气阻尼器，用于使悬挂的棱镜尽快停止摆动。

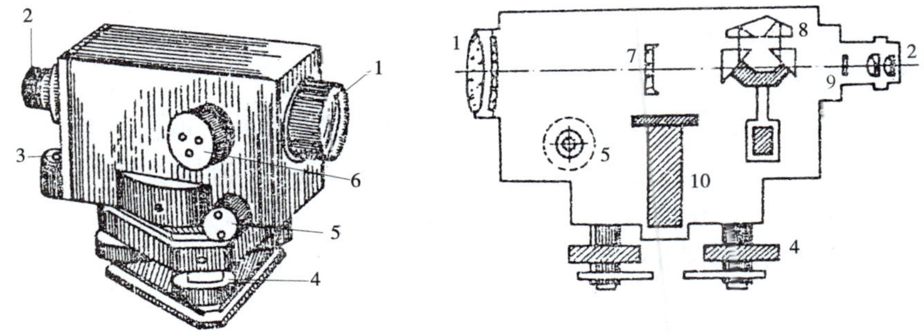

(a)外形　　(b)结构

1—物镜；2—目镜；3—圆水准器；4—脚螺旋；5—微动螺旋；6—对光螺旋；
7—调焦透镜；8—补偿器；9—十字丝分划板；10—竖轴

图 1-1-30　DSZ_3 型自动安平水准仪的外形和结构示意图

如图 1-1-31 所示，设仪器的视准轴水平时，水平视线进入望远镜到达十字丝交点所在位置 K'，得到标尺正确的读数 a_0。当视线倾斜一个小的 α 角后，十字丝交点亦随之移动距离 d 至 K 处，装置补偿器的作用就是使进入望远镜的水平光线经过补偿器后偏转一个 β 角，恰好通过十字丝交点 K，即在十字丝交点处仍然能读到正确的读数 a_0。由此可知，补偿器的作用就是使水平光线经过补偿器发生偏转，而偏转角的大小刚好能够补偿视线倾斜所引起的读数偏差。

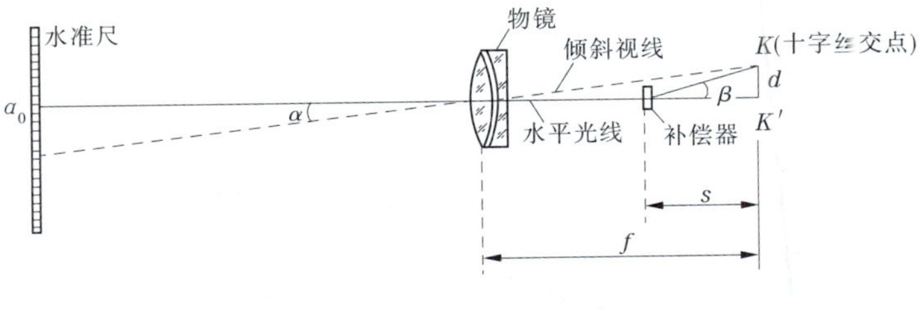

图 1-1-31　自动安平水准仪原理

因 α、β 角都很小，由图 1-1-31 可知

$$f\alpha = s\beta \tag{1-1-20}$$

即

$$\frac{f}{s} = \frac{\beta}{\alpha} = n \tag{1-1-21}$$

式中 f——物镜和对光透镜的组合焦距；

s——补偿器至十字丝分划板的距离；

α——视线的倾斜角；

β——水平光线通过补偿器后的偏转角；

n——补偿器的补偿系数，DSZ_3 型自动安平水准仪一般取 $n=4$。

仪器设计时，只要满足式(1-1-21)(亦称为补偿条件)，即可达到补偿目的。

(二)自动安平水准仪的使用

使用自动安平水准仪进行水准测量时，先用脚螺旋使圆水准器气泡居中粗略整平，再用望远镜照准水准尺，即可读数。有的仪器装有揿钮，具有检查补偿器功能是否正常的作用。按下揿钮，轻触补偿器，待补偿器稳定后，看标尺读数有无变化。如无变化，说明补偿器正常。若无揿钮装置，可稍微转动脚螺旋，如标尺读数无变化，同样说明补偿器作用正常。此外，在使用仪器前，还应重视对圆水准器的检验校正，因为补偿器的补偿功能有一定限度。若圆水准器不正常，致使气泡居中，仪器竖轴仍然偏斜，当偏斜角超过补偿功能允许的范围，将使补偿器失去补偿作用。

二、精密水准仪

高等级的水准测量或精密工程测量(如大型建筑的变形监测、大型精密设备的安装)中，往往需要使用精密水准仪。传统的精密水准仪有 DS_{05}、DS_1 型微倾式精密水准仪及精密自动安平水准仪，新型的有电子水准仪等。下面予以简要介绍。

(一)DS_1 型微倾式精密水准仪

1. DS_1 型微倾式精密水准仪的构造特点

图 1-1-32 为 DS_1 型微倾式水准仪的外形。其构造与 DS_3 型微倾式水准仪基本相同，区别主要有以下几点：一是望远镜的放大倍率增大到 40 倍，物镜的有效孔径为 50 mm，以提高照准精度；二是水准管分划值减小至 10″/2 mm，以提高整平精度；三是装有光学测微系统，其测微尺上刻有 100 个分划，通过光路放大后正好与水准尺上 1 个分划(1 cm 或 5 mm)相对应，因而最小读数为 0.1 mm 或 0.05 mm(估读至 0.01 mm 或 0.005 mm)，读数精度明显提高；四是将十字丝中横丝的半段改用楔形丝，用于夹准水准尺刻划线，以提高读数精度。

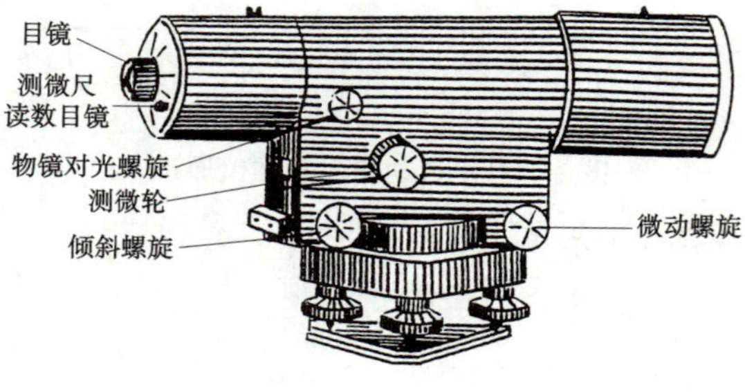

图 1-1-32 DS_1 型微倾式精密水准仪的外形

2. 精密水准尺

精密水准仪均配有精密水准尺。精密水准尺的木质竖槽内一般装有因瓦合金带，所以又称为因瓦水准尺。因瓦受温度的影响很小，可以在温差变化较大时，仍然保持尺长的稳定。精密水准尺有基辅分划尺和奇偶分划尺两种。基辅分划尺如图 1-1-33(a)所示，有两排分划，格值均为 10 mm。左面一排为基本分划，注记从 0~300 cm，底部为 0.000 m；右面一排为辅助分划，注记从 300~600 cm，底部为 3.015 5 m，即水准尺同一高度的基辅差 *K*(又称尺常数)为 3.015 5 m。奇偶分划尺如图 1-1-33(b)所示，亦有两排分划。左面一排为奇数值，仅注记分米数；右面一排为偶数值，仅注记米数，两边分米的起始处均以长三角形标注，而半分米处则以小三角形表示。因该尺两排分划间隔的实际值即分格值为 5 mm，但注记值均为 1 cm，即尺面注记长为实际长的 2 倍，所以由该尺观测所得读数和高差均须除以 2，才是其实际值。

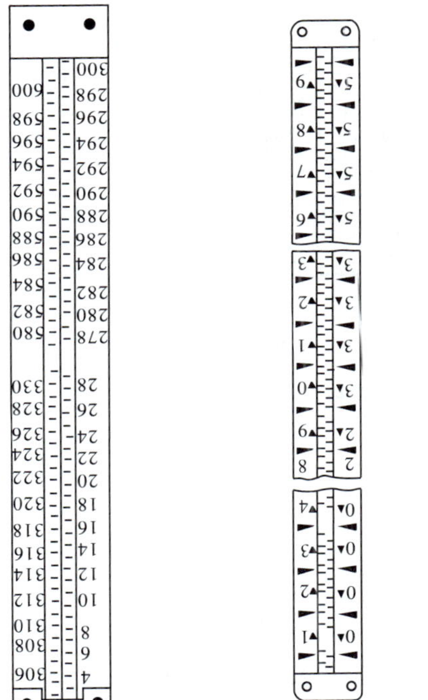

(a)基辅分划尺　　(b)奇偶分划尺

图 1-1-33　测微器的读数方法

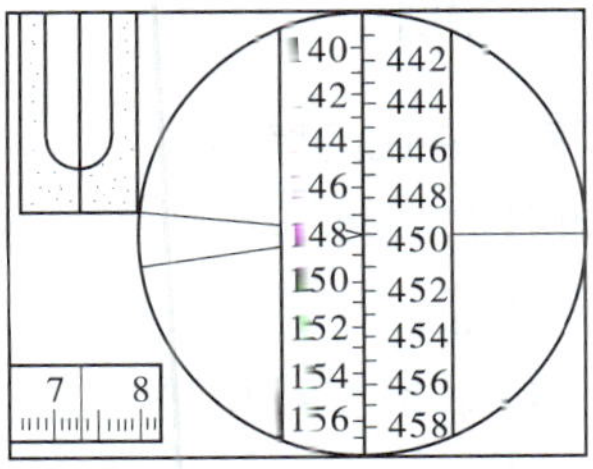

读数为 1.48 m+0.734 cm=1.487 34 m

图 1-1-34　精密水准尺

3. 精密水准仪的使用

精密水准仪的使用步骤如下：

(1)安置仪器，转动脚螺旋使圆水准气泡居中。

(2)用望远镜照准水准尺，转动微倾螺旋，使符合气泡严格居中。

(3)转动测微轮，使十字丝分划板的楔形丝准确夹住水准尺上基本分划的一条刻划，如图 1-1-34 中 1.48 m 一线，接着在望远镜内左下角的测微尺影像上读出尾数 0.734 cm，最后读数即为 1.48 m+0.734 cm＝1.487 34 m。辅助分划的读数方法与此相同。

(二)精密自动安平水准仪

精密自动安平水准仪如图 1-1-35 所示。与一般卧式水准仪不同,其外形常采用直立圆筒状。这样的外形有助于提高视线,减小地面折光的影响。望远镜的放大倍率为 32 倍,物镜的有效孔径为 40 mm,圆水准器的分划值为 8′/2 mm,自动安平补偿器的最大工作范围为±10′,当圆水准器气泡偏离中央小于 2 mm 时,补偿器即可实现正确补偿。该仪器测微器的量测范围为 5 mm,与之配套的因瓦水准尺的分格值亦为 5 mm,但所有分划注记比实际数值放大 1 倍,标尺的基辅差为 6.065 m。由于注记放大了 1 倍,所以用这种水准尺观测得的读数和高差也必须除以 2 才是其实际值。

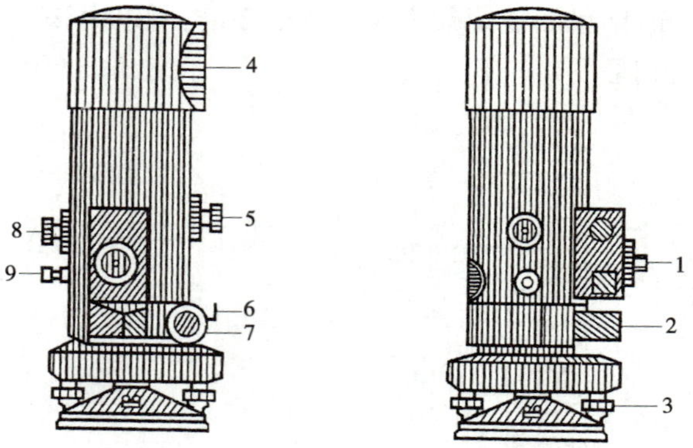

1—测微器;2—圆水准器;3—脚螺旋;4—保护玻璃;5—调焦螺旋;
6—制动扳手;7—微动螺旋;8—望远镜目镜;9—水平度盘读数目镜

图 1-1-35 精密自动安平水准仪

三、数字水准仪

(一)数字水准仪的特点

数字水准仪是一种新型的电子智能化水准仪。其望远镜中装置了一个由光敏二极管构成的行阵探测器。与之配套的水准尺为铟钢双面分划尺(亦有直尺和塔尺之分),两面刻划分别为二进制条形码和厘米分划。条形码供数字水准仪扫描用,厘米分划仍用于光学水准仪的观测读数。数字水准仪观测时,行阵探测器将水准尺上的条形码图像用电信号传送给微处理机,经处理后即可得到水准尺上的水平读数和仪器至标尺的水平距离,并以数字形式显示于窗口或以文件形式存储在计算机中。数字水准仪也装有自动安平装置,具有自动安平功能,使用时均有屏幕菜单提示,具有速度快、精度高、数据客观、使用方便等优点,有利于实现水准测量的自动化和科学化,适用于高等级的快速水准测量、大型工程的自动沉降观测及特种精密工业测量。

(二)南方测绘 DL-202 型数字水准仪

1. 测量模式

南方测绘 DL-202 型数字水准仪是一种国产新型数字水准仪,图 1-1-36 为其外形,图 1-1-37 为其配套水准尺的条形编码。

图 1-1-36　南方测绘 DL-202 型数字水准仪的外形

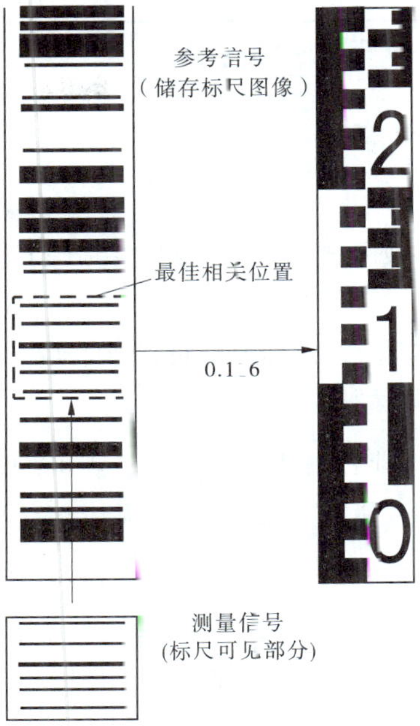

图 1-1-37　数字水准尺的条形编码

该仪器可供选择的测量模式有：

(1)标准测量。用于测量标尺的读数和仪器至标尺的距离。

(2)高程高差测量。用于测量两点之间的高差，并根据后视点的高程直接测定前视点的高程。

(3)线路高程测量。用于连续测量水准线路上每个测站的中间点高程和前视点高程。

(4)放样测量。用于根据高差、高程或视距对点位进行高程或距离放样。

(5)检验校正。用于仪器视准轴 i 角误差的检验校正。

2. 数据存储和管理

该仪器的测量数据既可以不存储，也可以采用手动存储或自动存储。存储的数据可以建立各种数据文件，通过数据管理对其进行查找、删除、检查、输出或与电脑进行数据通信等操作。

3. 基本操作

(1)该仪器亦装置有自动安平补偿器，具有自动安平功能，因此仪器的安置、粗略整平、照准和调焦与自动安平水准仪相同。

(2)开机，对数据存储模式、测量次数(可以进行多次测量取其平均数或进行连续测量)，以及是否进行标尺倒置测量等进行设置。

(3)根据需要选择测量模式，进行各种高程测量作业。

其标准测量模式、高程高差测量模式和线路测量模式的操作流程实例和屏幕显示内容分别列于表 1-1-3、表 1-1-4 和表 1-1-5。

表 1-1-3　标准测量模式的操作流程实例和屏幕显示内容

操作流程	操作	显示
1. 按 ENT 键;	ENT	主菜单 ▶测量
2. 按 ↑ 或 ↓ 键选择标准测量并按 ENT 键;	ENT	▶1. 标准测量 2. 放样测量
3. 当测量参数的存储模式设置为自动存储或手动存储时;	ENT	是否记录数据? 是:ENT　否:ESC
4. 输入作业名(在显示的英文字母 B 后面添加数字,如"1"),按 ENT 键确认;	1 ENT	作业名? ⇒B1_
5. 瞄准标尺并保持清晰,按 MEAS 键测量,多次测量则显示其平均值作为测量结果,连续测量,按 ESC 键退出;	MEAS	标准测量模式 请按测量键
6. 按 ↑ 或 ↓ 键查阅点号,存储后点号会自动递增;	↑ ↓	标尺:0. 805 0 m 视距:8. 550 m
7. 按 ENT 键确认或 ESC 键退出;	ENT 继续测量 或 ESC 退出	点号:P1
8. 任何过程中连续按 ESC 键可退回主菜单	ESC 退出	标准测量模式 请按测量键

表 1-1-4　高程高差测量模式的操作流程实例和屏幕显示内容

操作流程	操作	显示
1. 按 ENT 键;	ENT	主菜单 ▶测量
2. 按 ↑ 或 ↓ 键选择高程高差并按 ENT 键;	↓	1. 标准测量 ▶2. 放样测量
	ENT	3. 线路测量 ▶4. 高程高差
3. 记录数据按 ENT 键确认;	ENT	是否记录数据 是:ENT　否:ESC
4. 输入作业名并按 ENT 键;	数字键 ENT	作业名? ⇒H5

续表 1-1-4

操作流程	操作	显示
5. 该作业已存在，若在原先作业内存储，按 [ENT] 键，否则按 [ESC] 键重新输入文件名；	[ENT]	继续上次作业 是：ENT　否：ESC
6. 用户可以选择是否输入后视高程；	[ENT]	输入后视高程？ 是：ENT　否：ESC
	[数字键] [ENT]	输入后视高程 = 168.680 m
7. 瞄准后视标尺并保持清晰，按 [MEAS] 键；	[MEAS]	测量后视点 请按测量键
8. 显示后视点标尺和视距，可按 [MEAS] 键重复测量或按 [ENT] 键选择测量下一个点；		B 标尺：0.841 m B 视距：10.005 m
9. 瞄准前视标尺并保持清晰，按 [MEAS] 键；	[MEAS]	测量前视点 请按测量键
10. 显示前视点标尺和视距以及高程高差；		F 标尺：0.842 m F 视距：10.000 m
		高程：168.679 m 高差：-0.001 m
11. 按 [ENT] 键继续前视测量；	[ENT]	ENT：继续测量 ESC：重新测量
12. 瞄准前视标尺并保持清晰，按 [MEAS] 键；	[MEAS]	测量前视点 请按测量键
13. 显示前视点标尺和视距以及高程高差；		F 标尺：0.842 m F 视距：10.000 m
		高程：168.679 m 高差：-0.001 m
14. 按 [ESC] 键开始重新测量	[ESC]	ENT：继续测量 ESC：重新测量
		输入后视高程？ 是：ENT　否：ESC

表 1-1-5　线路测量模式操作流程实例和屏幕显示内容

操作流程	操作	显示
1. 按[ENT]键;	ENT	主菜单 ▶测量
2. 按[↑]或[↓]键选择线路测量并按[ENT]键;	[↓]	1. 标准测量 ▶2. 放样测量
	ENT	▶3. 线路测量 4. 高程高差
3. 输入作业名按[ENT]键确认;	数字键 ENT	作业名? ⇒L54_
4. 输入后视点号并按[ENT]键;	数字键 ENT	后视点号 ⇒P1_
5. 选择是否调用记录数据,记录的数据可以通过“数据管理”中的“输入点”来输入高程,如果不调用,可以手动输入后视点的高程;	ENT	调用记录数据? 是:ENT　否:ESC
	ENT	▶T01 T02
	ENT	高程:30.00 m 是:ENT　否:ESC
6. 瞄准标尺并保持清晰,按[MEAS]键;	MEAS	测量后视点 点号:P1
7. 显示后视点标尺和视距,可按[MEAS]键重复测量或按[ENT]键选择测量下一个点;	ENT	B 标尺:1.022 m B 视距:15.07 m
8. 按[→]或[←]键选择测量前视点或中间点;	[→]或[←] ENT	选择下一点类型 ▶前视　中间点
9. 输入前视点点号并按[ENT]键;	数字键 ENT	前视点号 ⇒P2_
10. 瞄准标尺并保持清晰,按[MEAS]键;	MEAS	测量前视点 点号:P2
		F 标尺:1.035 m F 视距:16.38 m
11. 按[→]或[←]键选择测量前视点或中间点;	[→]或[←] ENT	选择下一点类型 后视　▶中间点

续表 1-1-5

操作流程	操作	显示
12. 输入中间点点号并 ENT 键;	数字键 ENT	中间点号: ⇒I1_
13. 瞄准标尺并保持清晰,按 MEAS 键;	MEAS	测量中间点 点号:I1 I 标尺:1.688 m I 视距:15.86 m
14. 按 ESC 键和 ENT 键退出线路测量	ESC ENT	选择下一点类型 后视 ▶中间点 退出测量 是:ENT 否:ESC

当后视点测量完毕,按 ↑ 或 ↓ 键显示下列屏幕

B 标尺:1.022 m B 视距:15.07 m	后视点的测量值
高程 21.555 m 点号:P01	后视点的高程 后视点的点号

当中间视点测量完毕,按 ↑ 或 ↓ 键显示下列屏幕

F 标尺:1.032 m F 视距:15.07 m	前视点的测量值
高程 22.555 m 点号:P05	前视点地面高程 前视点的点号
高差 0.532 m Σ 25.003 m	本站高差 总线路长

当前视测量完毕,按 ↑ 或 ↓ 键显示下列屏幕

I 标尺:1.022 m I 视距:15.07 m	中间点的测量值
高程 21.555 m 点号:P01	中间点的高程 中间点的点号

说明:(1)存储模式设置为自动存储;

(2)在前视测量前可更改中点点号,点号递增,已用过的点号可以再次使用。

4. 注意事项

(1)立标尺处应有足够的亮度,若使用照明,应尽可能照明整个标尺;如标尺条码被树枝、树叶遮挡,或被阴影遮盖,会影响测量质量,甚至无法测量。

(2)应注意标尺的直立和使十字丝竖丝位于标尺的中央,标尺歪斜或俯仰均会影响测量的精度,甚至无法测量。

(3)标尺的背景过亮或有强光进入目镜均会影响测量,应部分遮挡物镜、目镜,以减少阳光或背景光进入物镜。

(4)作业时,应注意避免周围电磁场的干扰,不得通过玻璃窗测量,塔式标尺应注意连接的准确性。

(5)仪器长时间存放或经长途运输,使用前应注意检验校正。

该数字水准仪具体的测量操作步骤可参见《工程测量技术实训指导》附录一:南方测绘 DL-202 型数字水准仪使用简要说明。

小　结

(1)水准测量的原理:利用水准仪提供的水平视线,测定地面两点之间的高差,进而求得未知点的高程。

(2)DS_3 型微倾式水准仪的组成和使用:DS_3 型微倾式水准仪主要由望远镜、水准器和基座三个部分组成,使用分粗略整平、瞄准标尺、精确整平、标尺读数四个步骤。

(3)水准测量的路线形式有附合水准路线、闭合水准路线和支水准路线。每条路线分若干测段,每个测段又由若干测站组成。

(4)一般水准测量的外业和内业。水准测量的外业包括现场的观测、记录和必要的检核。水准测量的内业主要包括高差闭合差的计算和调整及未知点高程的计算。

(5)微倾式水准仪的检验和校正。水准仪应满足的三项条件是:①圆水准轴平行于仪器的竖轴;②十字丝横丝垂直于仪器的竖轴;③水准管轴平行于望远镜视准轴。其中第③个为主要条件。水准管轴与视准轴的偏角为水准仪的 i 角误差。在测站中应使仪器到前视尺和后视尺的距离大致相等,目的就是消除 i 角误差对测站高差的影响。在水准仪的三项检验和校正中,重点应掌握最后一项,即 i 角误差的检验和校正方法。

(6)新型水准仪包括自动安平水准仪、精密水准仪和数字水准仪。

复习题

1. 水准测量的基本原理是利用水准仪________________来测定地面两点之间的__________,进而推算________________。

2. 水准仪的使用步骤包括__________、__________、__________和__________。瞄准前,先进行目镜对光是为了________________________,再进行物镜对光是为了________________。视差是指________________,可以通过________________以消除

视差。在后视、前视中丝读数前都必须精平,其目的是____________________________。

3. ____________________称为竖轴(英文字母__),____________________称为圆水准轴(英文字母__),____________________称为水准管轴(英文字母__),____________________称为视准轴(英文字母__)。它们之间应满足的几何条件包括:①____________________;②____________________;③____________________。

4. 水准仪的 i 角误差是指____________________,它对标尺读数的影响____________________,根据这一规律,可以采用____________________的方法消除 i 角误差对测站高差的影响。

5. 水准测量的路线有__________、__________和__________等形式。

____________________称为水准测量路线的高差闭合差,附合水准路线的 f_h =____________________,闭合水准路线的 f_h = ____________________。高差闭合差调整的原则是在丘陵山区____________________,在平原地区____________________。

练习题

1. 已知后视点 A 的高程为 66.429 m,其上水准尺的读数为 2.312 m,前视点 B 的水准尺读数为 2.628 m。试求:高差 h_{AB} 为多少? A、B 两点哪一个高? B 点高程是多少? 试绘图说明。

2. 运用本项目任务三介绍的水准管轴检验和校正方法,在 J_1 点安置水准仪对 A、B 二尺读数分别为 a_1 = 1.780 m、b_1 = 1.472 m,在 J_2 点安置水准仪对 A、B 二尺读数分别为 a_2 = 1.795 m,b_2 = 1.493 m。试问:该水准仪是否存在 i 角误差? 如存在,视准轴是向上倾斜还是向下倾斜? 应如何校正?

3. 将图 1-1-38 中的水准测量观测数据填入表 1-1-6 中,计算各测站高差,并对计算结果进行检核。

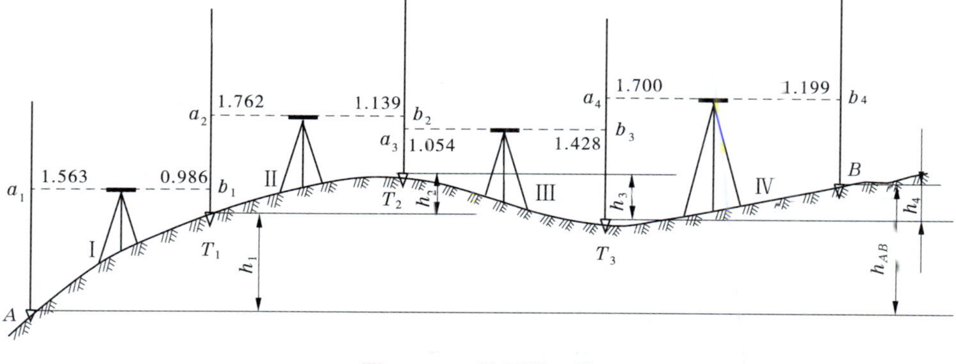

图 1-1-38 练习题 3 图

表 1-1-6　水准测量记录、计算表

测站	测点	水准尺读数(m)		实测高差 h (m)
		后视(a)	前视(b)	
Ⅰ	A T_1			
Ⅱ	T_1 T_2			
Ⅲ	T_2 T_3			
Ⅳ	T_3 B			
检核	Σ			

4. 已知水准点 BM_1 高程为 12.648 m，闭合水准路线含 4 个测段（见图 1-1-39），各段测站数和高差观测值如下所列。按表 1-1-7 完成其内业计算。

段号	观测高差(m)	测站数
(1)	+1.240	5
(2)	−1.420	4
(3)	+1.787	6
(4)	−1.582	10

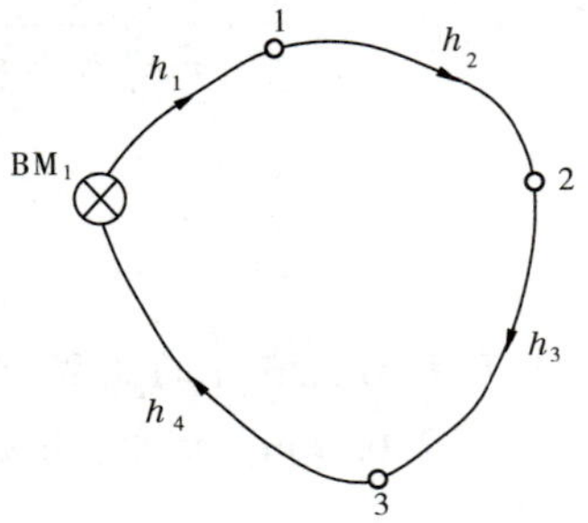

图 1-1-39　练习题 4 图

（附合水准路线的内业计算可通过习题课进行练习，见《工程测量技术实训指导》测量习题课指导之一：水准测量内业计算）

表 1-1-7　闭合水准线路计算

测段号	点名	测站数	观测高差 (m)	改正数 (mm)	改正后高差(m)	高程 (m)	说明
1	2	3	4	5	6	7	8
Σ							
辅助计算	$f_h=$ $f_{h容}=$						

思考题

1. 水准仪主要由哪几部分组成？各有何作用？何为望远镜的放大倍率？何为水准管分划值？

2. 何为水准点？何为转点？尺垫起何作用？什么点上才用尺垫？水准点上要用尺垫吗？

3. 水准仪主要轴线之间应满足的几何条件各起什么作用？

4. 水准仪的检验和校正包括哪些内容？各项检验和校正的具体方法是什么？

5. 水准测量外业中有哪些测站检核和计算检核？

6. 水准测量有哪些主要误差？观测过程中要注意哪些事项？

7. 自动安平水准仪的原理是什么？使用时应注意什么？

8. 数字水准仪有何特点？常用测量模式有哪些？操作步骤如何？

9. 何为测段？水准测量内业计算为何以测段为单位？高差闭合差的容许值为何有两种计算公式？高差闭合差调整的原则是什么？简述水准测量内业计算的步骤和具体内容。

10. 附合水准路线和闭合水准路线的内业计算有何区别？

项目二　角度测量

知识目标

水平角测量和竖直角测量的原理、测量水平角的测回法、竖直角及竖盘指标差的计算、消减角度测量误差的措施。

技能目标

能够使用普通经纬仪进行水平角测量和竖直角测量的观测、记录和计算，以及对普通经纬仪进行检验和校正。

任务一　普通光学经纬仪的组成和使用

知识要点：DJ_6 型光学经纬仪的组成及对中、整平、分微尺读数法。

技能要点：DJ_6 型光学经纬仪的使用。

经纬仪是一种普通的测量仪器，主要用于角度测量。经纬仪按构造原理的不同分为光学经纬仪和电子经纬仪；按其精度由高到低又分为 DJ_{07}、DJ_1、DJ_2 和 DJ_6 等级别，其中“D”为大地测量仪器的总代码，“J”为“经纬仪”汉语拼音的第一个字母，脚标的数字 07、1、2、6 是指该经纬仪所能达到的一测回方向观测中误差(单位为秒)。本任务主要学习 DJ_6 型光学经纬仪。

一、普通光学经纬仪的组成

各种光学经纬仪的组成基本相同，以 DJ_6 型光学经纬仪为例，外形如图 1-2-1(a)所示，其构造主要包括照准部、水平度盘和竖直度盘、基座三部分(见图 1-2-1(b))。

(一)照准部

照准部是经纬仪上部可以旋转的部分，主要有竖轴、望远镜、水准管、读数系统及光学对中器等部件。竖轴是照准部的旋转轴。由照准部制动螺旋和微动螺旋控制照准部在水平方向的旋转，望远镜制动螺旋和微动螺旋控制望远镜在竖直方向的旋转，同时调节目镜调焦螺旋和物镜对光螺旋，就可以照准任意方向、不同高度的目标，使其成像到望远镜的十字丝平面上。照准部水准管用于整平仪器。读数系统由一系列光学棱镜组成，用于通过读数显微镜对同时显示在读数窗中的水平度盘和竖直度盘影像进行读数。光学对中器则用于安置仪器，使其中心和测站点位于同一铅垂线上。

(二)水平度盘和竖直度盘

水平度盘和竖直度盘都是光学玻璃圆环，其上都顺时针刻有 0°~360°的刻划线。水平度盘位于照准部的下方，与照准部分离，照准部转动时它固定不动，但可通过旋转水平

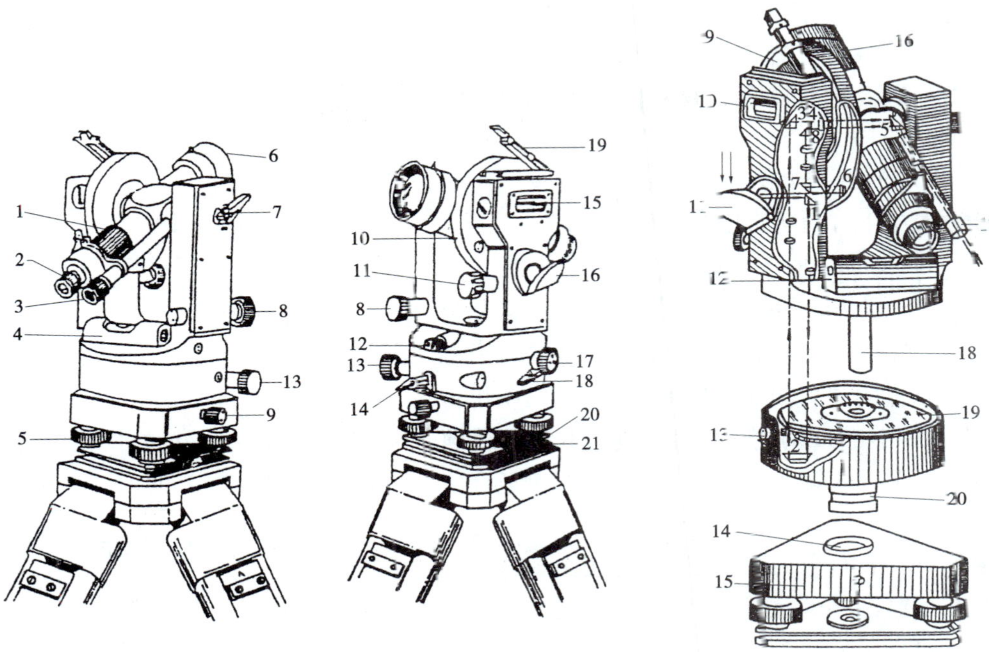

1—对光螺旋；2—目镜；3—读数显微镜；4—照准部水准管；
5—脚螺旋；6—望远镜物镜；7—望远镜制动螺旋；8—望远镜微动螺旋；
9—中心锁紧螺旋；10—竖直度盘；11—竖盘指标水准管微动螺旋；
12—光学对中器目镜；13—水平微动螺旋；14—水平制动螺旋；
15—竖盘指标水准管；16—反光镜；17—度盘变换手轮；18—保险手柄；
19—竖盘指标水准管反光镜；20—托板；21—压板

(a)外形

1、2、3、4、5、6、7、8—光学读数系统棱镜；
4—分微尺指标镜；9—竖直度盘；
10—竖盘指标水准管；11—反光镜；
12—照准部水准管；13—度盘变换手轮
14—轴套；15—基座；16—望远镜；
17—读数显微镜；18—内轴；19—水平度盘；
20—外轴

(b)内部构造

图 1-2-1　DJ_6 型光学经纬仪

度盘变换手轮使其改变到所需要的位置。当仪器整平后，水平度盘即构成水平投影面，用于测量水平角。竖直度盘位于望远镜的一端，可随望远镜一道转动，而旋转竖盘指标水准管微动螺旋使指标水准管气泡居中，即可使竖盘指标线位于固定位置，用于测量竖直角。

（三）基座

基座的轴套可以插入仪器的竖轴，旋紧轴座固定螺旋固紧照准部，可使基座对照准部和水平度盘起到支承作用，并通过中心连接螺旋将经纬仪固定在脚架上。基座上有三个脚螺旋，用于整平仪器。

二、普通光学经纬仪的读数方法

（一）DJ_6 型光学经纬仪的分微尺读数法

DJ_6 型光学经纬仪的读数系统中装有一分微尺。水平度盘和竖直度盘的格值都是 1°，而分微尺的整个测程正好与度盘分划的一个格值相等，又分为 60 小格，每小格 1′，估读至 0.1′（或 6″的倍数）。分微尺的零线为指标线。读数时，首先读取分微尺所夹的度盘分划线之度数,再读该度盘分划线在分微尺上所指的小于 1°的分数,二者相加,即得到完整的读数。如图 1-2-2 所示,读数窗中上方为水平度盘影像,读数为

$$115°+54.0'=115°54'00''$$

读数窗中下方为竖直度盘影像,读数为

$$78°+06.3'=78°06'18''$$

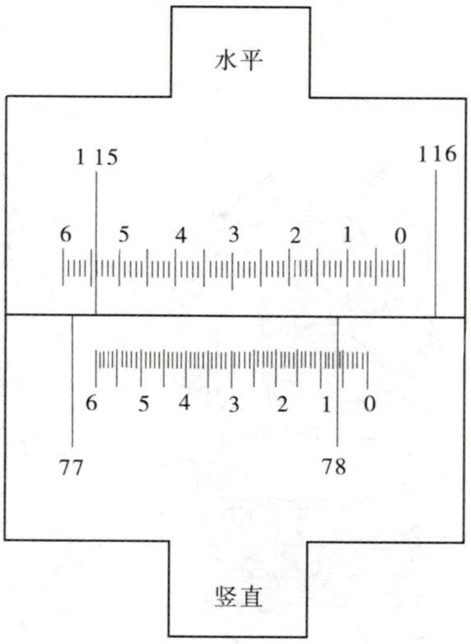

图 1-2-2　分微尺读数法

(二) DJ_2 型光学经纬仪的对径分划线符合读数法

DJ_2 型光学经纬仪的水平度盘和竖直度盘格值均为 20′,秒盘的测程和度盘格值的一半即 10′相对应,分为 600 小格,每小格 1″,可估读至 0.1″。读数系统通过一系列棱镜的作用,将水平度盘和竖直度盘的影像分别投影到读数窗中(运用换像手轮使其轮换显示),又各自分为三个小窗(见图 1-2-3)。上为度盘数字窗,左下为秒盘数字窗,右下为度盘对径两端相差 180°的分划线影像符合窗。图 1-2-3(a)所示为对径分划线符合前的影像,图 1-2-3(b)所示为对径分划线符合后的影像。当旋转测微手轮,使对径分划线由不符合(见图 1-2-3(a))过渡到符合(见图 1-2-3(b))之后,便可在其上方小窗内读到度盘上的度数(凹槽上的大数字)和 10′的倍数(凹槽内的小数字),在其左下小窗内读到秒盘上的个位分数和秒数(水平度盘和竖直度盘的读数方法相同)。图 1-2-3(b)所示读数为 150°00′+01′54.0″=150°01′54.0″,图 1-2-3(c)所示竖直度盘读数为 74°50′+07′16.0″=74°57′16.0″。

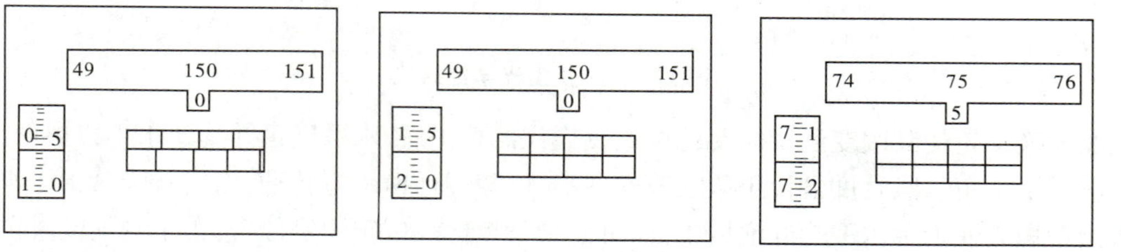

(a)对径分划线符合前(平盘)　(b)对径分划线符合后(平盘)　(c)对径分划线符合后(竖盘)

图 1-2-3　对径分划线符合读数法

三、普通光学经纬仪的使用

在测站上安置经纬仪进行角度测量时,其使用分为对中、整平、照准、读数等四个步骤。

(一) 对中

对中就是安置仪器使其中心和测站点标志位于同一条铅垂线上。传统的方法是使用悬挂在中心连接螺旋挂钩上的垂球对中,现代光学经纬仪可以利用光学对中器进行对中(见下文)。仪器对中误差,即仪器中心与地面点标志中心的偏离值一般不应超过 2 mm。

（二）整平

整平就是通过调节水准管气泡使仪器竖轴处于铅垂位置。粗略整平就是安置经纬仪时挪动架腿，使脚架头表面大致水平，再旋转脚螺旋使圆水准器气泡居中。精确整平则是先使照准部水准管与任两脚螺旋的连线平行，按照“左手法则”，旋转该两脚螺旋使照准部水准管气泡居中（见图 1-2-4（a）），再将照准部旋转 90°，旋转第三个脚螺旋，使气泡居中（见图 1-2-4（b））。反复操作，直至仪器旋转至任意方向，水准管气泡均居中。仪器整平误差，即气泡偏离中心一般不应超过 1 格。

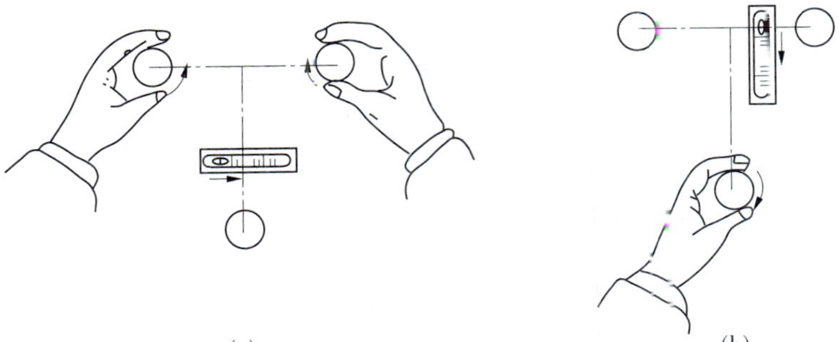

(a)　　(b)

图 1-2-4　经纬仪整平

现代光学经纬仪装有光学对中器（见图 1-2-1（a）中 12），其视线经棱镜折射后与仪器的竖轴中心相重合，操作时，可以使仪器的对中和整平同时进行。先将脚架中心大致对准测站点，架头表面大致水平，即使仪器粗略整平。旋转对中器目镜调焦螺旋，使分划板小圆圈清晰，再伸缩对中器小镜筒，使测站点标志清晰。通过旋转脚螺旋使测站点标志进入小圆圈中间。由于此时若再旋转脚螺旋调节水准管气泡，将使测站点标志偏离小圆圈，因此应通过调节脚架三个架腿的高度使照准部水准管气泡在相互垂直的方向上均居中。如果此时水准管气泡尚有少量偏移，可再稍许旋转脚螺旋，使水准管气泡居中，即精确整平。但此时测站点标志会偏离对中器小圆圈，可松开中心连接螺旋使仪器在脚架上面作少量平移，以使测站点标志返回小圆圈，即精确对中。

新型的全站仪具有激光对点功能，其对中方法参见本书模块一项目三任务五。

（三）照准

先松开照准部和望远镜的制动螺旋，将望远镜对向明亮的背景或天空，旋转目镜调焦螺旋，使十字丝清晰，然后转动照准部，用望远镜上的瞄准器对准目标，再通过望远镜瞄准，使目标影像位于十字丝中央附近，旋转对光螺旋，进行物镜调焦，使目标影像清晰，消除视差，最后旋转水平微动螺旋和望远镜微动螺旋，使十字丝竖丝单丝与较细的目标精确重合（见图 1-2-5（a）），或双丝将较粗的目标夹在中央（见图 1-2-5（b））。测量水平角时，应尽量照准目标的底部；测量竖直角时，应以中横丝与目标的顶部或预定的观测标志相切（见图 1-2-5（c））。

（四）读数

调节反光镜的角度，旋转读数显微镜调焦螺旋，使读数窗影像明亮而清晰，按上述经

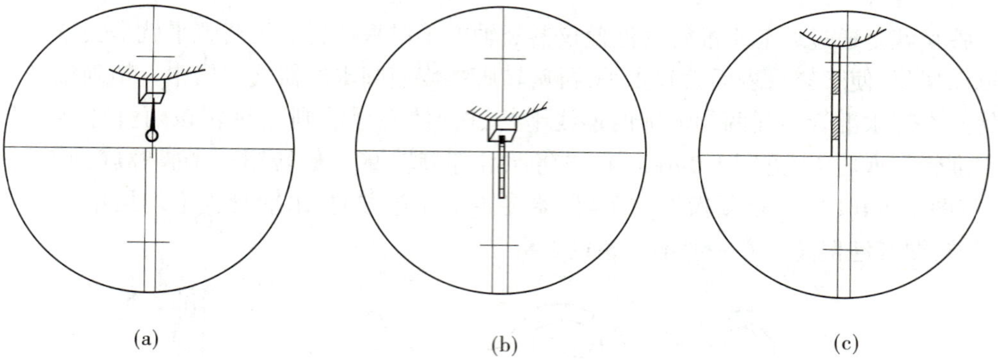

图 1-2-5 经纬仪照准

纬仪的读数方法,对水平度盘或竖直度盘进行读数。在对竖直度盘读数前,应旋转指标水准管微动螺旋,使竖盘指标水准管气泡居中。

任务二 水平角测量

知识要点:水平角及其测量原理、测回法、全圆测回法。

技能要点:能进行测回法测量水平角的观测、记录和计算。

使用经纬仪进行角度测量是一种基本的测量工作。角度测量包括水平角测量和竖直角测量。

水平角是确定点的平面位置的基本要素之一。水平角测量常用的方法有两种,即测回法和方向观测法(又称全圆测回法)。前者适用于 2~3 个方向,后者适用于 3 个以上方向。一个测回由上、下两个半测回组成。上半测回用盘左,即将竖盘置于望远镜的左侧,又称正镜;下半测回用盘右,即倒转望远镜,将竖盘置于望远镜的右侧,又称倒镜。之后将盘左、盘右所测角值取平均,其目的是消除仪器的多种误差。

一、水平角测量原理

设 A、O、B 为地面上任意三点,过 OA、OB 分别作竖直面与水平面相交,得交线 oa、ob,其间的夹角 β 就是 OA、OB 两个方向之间的水平角(见图 1-2-6)。即水平角是空间任两方向在水平面上投影之间的夹角,取值范围为 0°~360°。

经纬仪之所以能用于测量水平角,是因为其中心可安置于过角顶点的铅垂线上,并有望远镜照准目标,还有作为投影面且带有刻度的水平度盘。安置经纬仪于地面 O 点,转动望远镜分别照准不同的目标(如 A、B 二点),就可以在水平度盘上得到方向线 OA、OB 在水平面上投影的读数 a、b,由此即得 OA、OB 之间的水平角 β 为

$$\beta = b - a \tag{1-2-1}$$

二、测回法

设 A、O、B 为地面三点,为测定 OA、OB 两个方向之间的水平角 β,在 O 点安置经纬仪

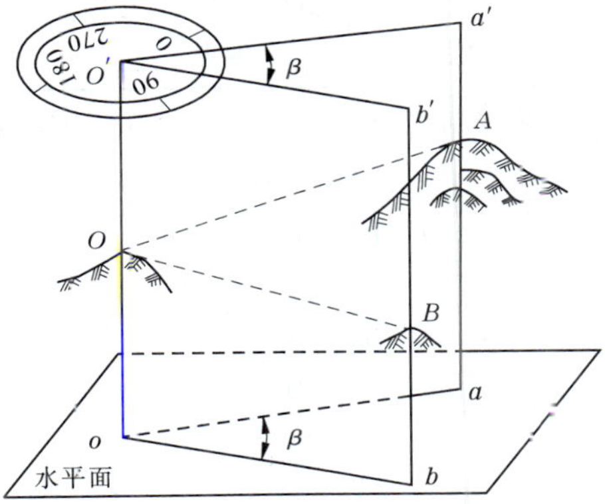

图 1-2-6　水平角测量原理

(见图 1-2-7),采用测回法进行观测。

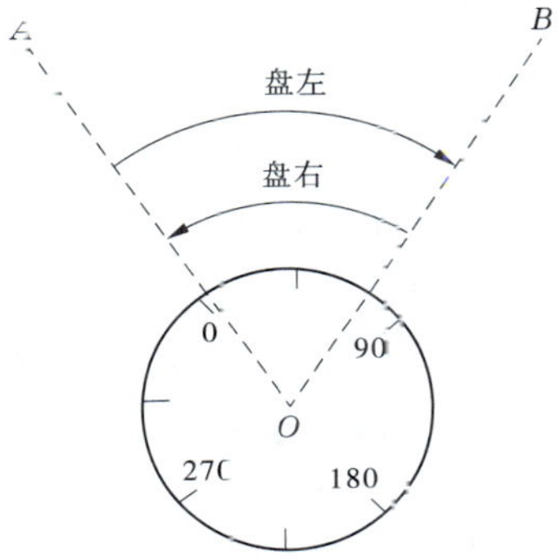

图 1-2-7　测回法观测顺序

(一)操作步骤

1. 上半测回(盘左)

先瞄准左目标 A,得水平度盘读数 a_1(设为 0°02′06″),旋松水平制动螺旋,顺时针转动照准部瞄准右目标 B,得水平度盘读数 b_1(设为 68°49′18″),将两读数记入手簿(见表 1-2-1),并算得盘左角值为

$$\beta_{左} = b_1 - a_1 = 68°49'18'' - 0°02'06'' = 68°47'12''$$

接着再旋松水平制动螺旋,倒转望远镜,由盘左变为盘右。

2. 下半测回(盘右)

先瞄准右目标 B,得水平度盘读数 b_2(设为 248°49′30″),逆时针转动照准部瞄准左目标 A,得水平度盘读数 a_2(设为 180°02′24″),将两读数记入手簿,并算得盘右角值为

$$\beta_{右} = b_2 - a_2 = 248°49'30'' - 180°02'24'' = 68°47'06''$$

计算角值时,总是右目标读数 b 减去左目标读数 a,若 $b<a$,则应加 360°。

3. 计算测回角值 β

测回角值为

$$\beta = \frac{\beta_{左} + \beta_{右}}{2} = \frac{68°47'12'' + 68°47'06''}{2} = 68°47'09''$$

如果还需测第二个测回,则观测顺序同上,记录和计算见表 1-2-1。

(二)注意事项

(1)同一方向的盘左、盘右读数大数应相差 180°。

(2)半测回角值较差的限差一般为±40″。

(3)为提高测角精度,观测 n 个测回时,在每个测回开始即盘左的第一个方向,应旋转度盘变换手轮配置水平度盘读数,使其递增$\frac{180°}{n}$。若 $n=2$,则各测回递增 90°,即盘左起始方向的读数之大数应分别为 0°、90°(见表 1-2-1)。各测回平均角值较差的限差一般为±24″。

表 1-2-1　水平角观测手簿(测回法)

日期______　天气______　仪器______　地点______　观测______　记录______

<table>
<tr><th>测站
(测回)</th><th>目标</th><th>竖盘位置</th><th>水平度盘读数
(° ′ ″)</th><th>半测回角值
(° ′ ″)</th><th>一测回角值
(° ′ ″)</th><th>各测回均值
(° ′ ″)</th></tr>
<tr><td rowspan="4">O
(Ⅰ)</td><td>A</td><td rowspan="2">左</td><td>0 02 06</td><td rowspan="2">68 47 12</td><td rowspan="4">68 47 09</td><td rowspan="8">68 47 06</td></tr>
<tr><td>B</td><td>68 49 18</td></tr>
<tr><td>A</td><td rowspan="2">右</td><td>180 02 24</td><td rowspan="2">68 47 06</td></tr>
<tr><td>B</td><td>248 49 30</td></tr>
<tr><td rowspan="4">O
(Ⅱ)</td><td>A</td><td rowspan="2">左</td><td>90 01 36</td><td rowspan="2">68 47 06</td><td rowspan="4">68 47 03</td></tr>
<tr><td>B</td><td>158 48 42</td></tr>
<tr><td>A</td><td rowspan="2">右</td><td>270 01 48</td><td rowspan="2">68 47 00</td></tr>
<tr><td>B</td><td>338 48 48</td></tr>
</table>

三、方向观测法(全圆测回法)

设在测站 O 点安置仪器,以 A、B、C、D 为目标,为测定 O 点至每个目标的方向值及相邻方向之间的水平角,可采用方向观测法进行观测(见图 1-2-8)。

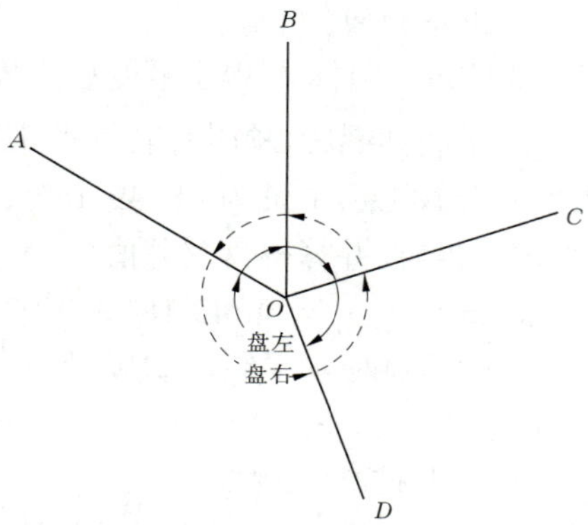

图 1-2-8　方向观测法观测顺序

(一)操作步骤

1. 上半测回(盘左)

选定零方向(如为 A),将水平度盘配置在稍大于 0°00′的读数处,按顺时针方向依次观测 A、B、C、D、A 各方向,分别读取水平度盘读数,并由上而下依次记入表 1-2-2 第 4 栏。观测最后再回到零方向 A,称为归零。由于方向数较多,产生碰动仪器等粗差的可能性也较大,通过归零,可以检查观测过程中水平度盘的位置有无变动。接着倒转望远镜,由盘左变为盘右。

2. 下半测回(盘右)

按逆时针方向依次观测 A、D、C、B、A 各方向(即仍要归零),读取水平度盘读数,并由下而上依次记入表 1-2-2 第 5 栏。

如果需要观测 n 个测回,同样应在每个测回开始即盘左的第一个方向,配置水平度盘读数,使其递增$\frac{180°}{n}$,其后仍按相同的顺序进行观测、记录(见表 1-2-2)。

分别对上、下半测回中零方向的两个读数进行比较,其差值称为半测回归零差,该值的限差列于表 1-2-3。若两个半测回的归零差均符合限差要求,便可进行以下计算工作。

(二)计算步骤

1. 计算两倍视准轴误差(2c)

两倍视准轴误差为

$$2c = \text{盘左读数} - (\text{盘右读数} \pm 180°) \quad (1\text{-}2\text{-}2)$$

每个方向的 $2c$ 值填入表 1-2-2 第 6 栏。如果所算 $2c$ 值仅为仪器的两倍视准轴误差，则不同方向的 $2c$ 值应相等。如果第 6 栏所示的 $2c$ 值互差较大，说明含有较多的观测误差，因此不同方向 $2c$ 值互差的大小可用于检查观测的质量。即此栏需要检查的不是各个方向 $2c$ 值的大小，而是不同方向 $2c$ 值互差的大小。如其互差超限（限差见表 1-2-3），则应检查原因，予以重测。

表 1-2-2　水平角观测手簿（方向观测法）

日期______　　天气______　　仪器______　　观测______　　记录______　　检查______

测回数	测站	照准点	盘左读数 (° ′ ″)	盘右读数 (° ′ ″)	2c (″)	$\frac{L+(R\pm180°)}{2}$ (° ′ ″)	一测回归零方向值 (° ′ ″)	各测回归零方向平均值 (° ′ ″)	水平角值 (° ′ ″)
1	2	3	4	5	6	7	8	9	10
1	O	A	06 0 01 00	18 180 01 18	−18	(0 01 12) 0 01 09	0 00 00	0 00 00	
		B	91 54 00	271 54 06	−06	91 54 03	91 52 51	91 52 48	91 52 48
		C	153 32 36	333 32 48	−12	153 32 42	153 31 30	153 31 33	61 33 45
		D	214 06 06	34 06 12	−06	214 06 09	214 04 57	214 05 00	60 33 27
		A	0 01 12	180 01 18	−06	0 01 15			
2	O	A	18 90 01 12	30 270 01 24	−12	(90 01 24) 90 01 18	0 00 00		
		B	181 54 00	1 54 18	−18	181 54 09	91 52 45		
		C	243 32 54	63 33 06	−12	243 33 00	153 31 36		
		D	304 06 18	124 06 36	−18	304 06 27	214 05 03		
		A	90 01 24	270 01 36	−12	90 01 30			

表 1-2-3　水平角方向观测法限差

仪器级别	半测回归零差	一测回内 $2c$ 互差	同一方向值各测回互差
DJ_2	12″	18″	12″
DJ_6	18″	无此项要求	24″

2. 计算各方向的平均读数

各方向的平均读数为

$$平均读数 = \frac{盘左读数 + (盘右读数 \pm 180°)}{2} \tag{1-2-3}$$

计算结果记入表 1-2-2 第 7 栏。因一测回中零方向有两个平均读数,应将该两个数值再取平均,作为零方向的平均方向值,填入该栏上方的括号内,如表中第 1 测回的(0°01′12″)和第 2 测回的(90°01′24″)。

3. 计算归零后的方向值

将各方向的平均读数减去括号内的零方向平均值,即得各方向的归零方向值(以零方向 0°00′00″为起始的方向值),填入表 1-2-2 第 8 栏。

4. 计算各测回归零后方向值之平均值

同一方向在每个测回中均有归零后的方向值,如其互差小于限差(见表 1-2-3),则取其平均值作为该方向的最后方向值填入表 1-2-2 第 9 栏。

5. 计算相邻目标间的水平角值

将表 1-2-2 中第 9 栏相邻两方向值相减,即得各相邻目标间的水平角值,填入第 10 栏。

任务三　竖直角测量

知识要点:竖直角及其测量原理、竖直角计算公式和竖盘指标差计算公式。

技能要点:能进行竖直角测量的观测、记录和计算及竖盘指标差的计算。

一、竖直角测量原理

竖直角(简称竖角)是同一竖直面内水平方向转向目标方向的夹角。竖直角可用于间接确定点的高程或将斜距化为平距。设在 O 点安置仪器,使望远镜照准某目标得到目标方向,通过望远镜中心有水平方向,其间的夹角 α 就是该目标的竖直角(见图 1-2-9)。目标方向高于水平方向的竖直角称为仰角,α 为正值,取值范围为 0°~+90°;目标方向低于水平方向的竖直角称为俯角,α 为负值,取值范围为 0°~-90°。同一竖直面内由天顶方向(即铅垂线的反方向)转向目标方向的夹角则称为天顶距,其取值范围为 0°~+180°(无负值)。全站仪的角度测量中天顶距测量和竖直角测量可以互相切换。

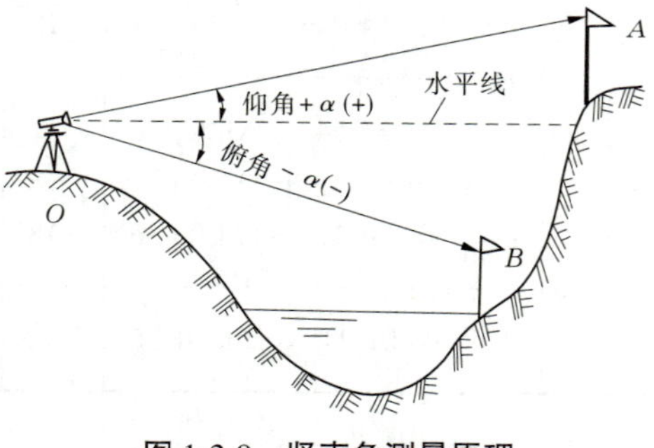

图 1-2-9　竖直角测量原理

经纬仪之所以能用于测量竖直角,是因为在横轴一端装有和望远镜一道转动的竖直度盘(简称竖盘),能对竖直面上的目标方向进行读数。竖盘指标线受竖盘指标水准管控制。过竖盘指标水准管圆弧表面零点的纵向切线称为竖盘指标水准管轴。竖盘指标水准管轴应垂直于竖盘指标线。在此前提下,当指标水准管气泡居中时,水平方向读数盘左为 90°,盘右为 270°(见图 1-2-10)。所以,在竖直角测量时,只要照准目标,读取竖盘读数,就可以通过计算得到目标的竖直角。

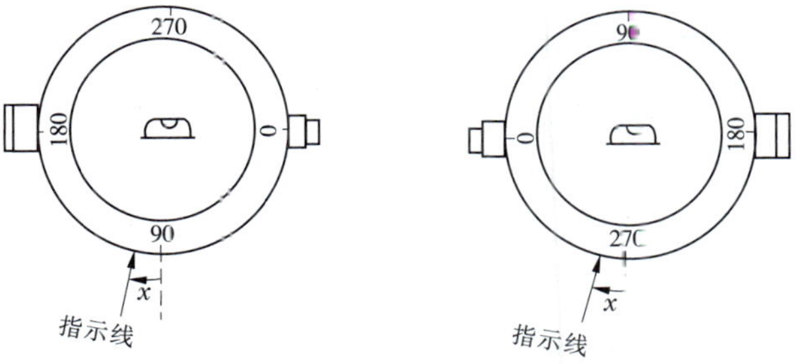

(a)盘左　　(b)盘右

图 1-2-10　望远镜水平时的竖盘读数

二、竖直角计算与观测

(一)竖直角计算

由于竖直角测量只需对目标方向进行观测、读数,而水平方向读数为竖盘所固有,因此就需要通过公式将目标的竖直角值计算出来。

设目标方向在水平方向之上,盘左、盘右的竖盘读数分别为 $L(<90°)$ 和 $R(>270°)$(见图 1-2-11),而水平读数分别为 90°和 270°(见图 1-2-10),由于此时竖直角为仰角(即 $\alpha>0°$),可知其计算公式为:

盘左　　$$\alpha_L = 90° - L \tag{1-2-4}$$

盘右　　$$\alpha_R = R - 270° \tag{1-2-5}$$

其平均值为

$$\alpha = \frac{\alpha_L + \alpha_R}{2} \tag{1-2-6}$$

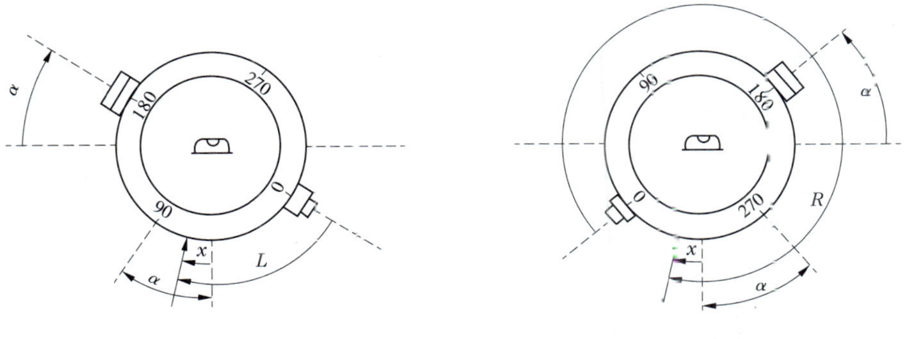

(a)盘左　　(b)盘右

图 1-2-11　竖直角为仰角时的竖盘读数

如目标方向在水平方向之下,盘左、盘右的竖盘读数必然为 $L>90°$ 和 $R<270°$(见图 1-2-12),代入式(1-2-4)~式(1-2-6)算得的竖直角为俯角(即 $\alpha<0°$),因而式(1-2-4)~式(1-2-6)亦适用于俯角的计算。可知式(1-2-4)~式(1-2-6)即为竖直角的计算公式。

(二)竖直角观测

设在 A 点安置经纬仪,测定 B 目标的竖直角,其步骤如下:

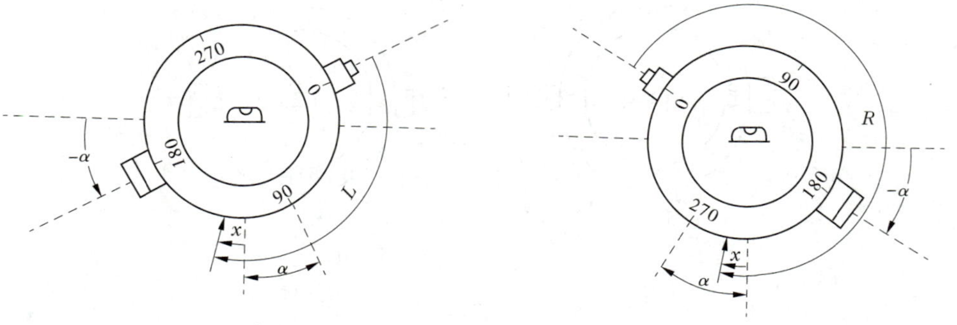

(a)盘左　　　　　　　　(b)盘右

图 1-2-12　竖直角为俯角时的竖盘读数

(1)盘左瞄准目标 B,以十字丝中横丝与目标预定的观测标志(或高度)相切(见图 1-2-5(c))。

(2)旋转竖盘指标水准管微动螺旋,使指标水准管气泡居中,读取盘左的竖盘读数 L(设为 82°37′12″),记入手簿(见表 1-2-4)第 4 栏,按式(1-2-4)算得 $\alpha_L = +7°22'48''$,填入第 5 栏。

(3)松开望远镜制动螺旋,倒转望远镜,以盘右再次瞄准目标 B,使指标水准管气泡居中,读取盘右的竖盘读数 R(设为 277°22′54″),记入手簿第 4 栏,按式(1-2-5)算得 $\alpha_R = +7°22'54''$,填入第 5 栏。

(4)按式(1-2-6)盘左、盘右取平均,得目标 B 一测回的竖直角值+7°22′51″(为仰角),填入第 7 栏。

同法可得表 1-2-4 中所列目标 C 的观测结果(为俯角)。

表 1-2-4　竖直角观测手簿

日期______　天气______　仪器______　地点______　观测______　记录______

测站	目标	竖盘位置	竖盘读数(°　′　″)	半测回竖直角值(°　′　″)	指标差 x(″)	一测回竖直角值(°　′　″)	说明
1	2	3	4	5	6	7	8
A	B	左	82　37　12	+7　22　48	+3	+7　22　51	
		右	277　22　54	+7　22　54			
A	C	左	99　41　12	−9　41　12	−24	−9　41　36	
		右	260　18　00	−9　42　00			

三、竖盘指标差及其计算

当望远镜水平,竖盘指标水准管气泡居中时,竖盘的正确读数应为 90°(盘左)或 270°

(盘右)。如果竖盘指标线偏离正确位置,其读数将与90°或270°之间产生小的偏角,此偏角 x 称为竖盘指标差。

设盘左竖盘指标线向左偏离 x,如图1-2-10~图1-2-12所示,这时无论盘左、盘右,也无论望远镜水平还是仰、俯,均使竖盘读数增加 x(x 有"+"、"-"号,令其盘左时左偏为"+",右偏为"-"),即

盘左 $$L=L_{正}+x \tag{1-2-7}$$

盘右 $$R=R_{正}+x \tag{1-2-8}$$

将式(1-2-7)、式(1-2-8)分别代入式(1-2-4)、式(1-2-5),得:

盘左 $$\alpha_L=90°-(L_{正}+x)=\alpha_{正}-x \tag{1-2-9}$$

盘右 $$\alpha_R=(R_{正}+x)-270°=\alpha_{正}+x \tag{1-2-10}$$

将式(1-2-9)、式(1-2-10)相加除以2,可得

$$\alpha_{正}=\frac{\alpha_L+\alpha_R}{2} \tag{1-2-11}$$

式(1-2-9)~式(1-2-11)说明,指标差 x 对盘左、盘右竖直角的影响大小相同、符号相反,采用盘左、盘右取平均的方法就可以消除指标差对竖直角的影响。

将式(1-2-9)、式(1-2-10)相减除以2,可得

$$x=\frac{\alpha_R-\alpha_L}{2} \tag{1-2-12}$$

由图1-2-10~图1-2-12可见,当竖盘指标线位置正确时,无论望远镜水平还是仰、俯,均有 $L_{正}+R_{正}=360°$,因此将式(1-2-7)、式(1-2-8)取和又可得

$$x=\frac{(L+R)-360°}{2} \tag{1-2-13}$$

可见,竖盘指标差 x 有两种算法:一种是依据盘右和盘左的竖直角计算式(1-2-12),另一种则是直接依据盘左和盘右的竖盘读数计算式(1-2-13),二者的计算结果相同。例如,表1-2-4算例中,经计算目标 B 和 C 的竖盘指标差 x 分别为+3″和-24″,其结果填入第6栏。对于同一架经纬仪而言,观测不同目标算得的竖盘指标差如确系仪器本身的误差,理应大致相同。该例两个指标差值相差较大,说明读数中含有较多的观测误差。

四、竖盘指标的自动归零

采用指标水准管控制竖盘指标线,每次读数前都必须旋转指标水准管微动螺旋,使指标水准管气泡居中,从而使竖盘指标线位于固定位置,一旦疏忽,将造成读数错误。因此,新型经纬仪在竖盘光路中,以竖盘指标自动归零补偿器替代竖盘指标水准管,其作用与自动安平水准仪的自动安平补偿器相类似,使仪器在允许倾斜范围内,直接就能读到与指标水准管气泡居中一样的正确读数。这一功能称为竖盘指标的自动归零。DJ_6 型经纬仪的整平误差约为±1′,而竖盘指标自动归零补偿器的补偿范围(即仪器允许的倾斜范围)为±2′。

任务四　光学经纬仪检验和校正

知识要点:光学经纬仪主要轴线及其应满足的几何条件。

技能要点:能进行光学经纬仪的五项检验和校正。

一、光学经纬仪主要轴线及其应满足的几何条件

光学经纬仪的主要轴线有仪器的旋转轴即竖轴 VV、水准管轴 LL、望远镜视准轴 CC 和望远镜的旋转轴即横轴(又称水平轴)HH(见图 1-2-13)。它们之间应满足以下几何条件:

(1)照准部水准管轴垂直于竖轴,即 $LL \perp / VV$;

(2)视准轴垂直于横轴,即 $CC \perp HH$;

(3)横轴垂直于竖轴,即 $HH \perp VV$;

(4)十字丝竖丝垂直于横轴,即竖丝 $\perp HH$。

此外,在测量竖直角时,还应满足竖盘指标水准管轴垂直于竖盘指标线的条件。

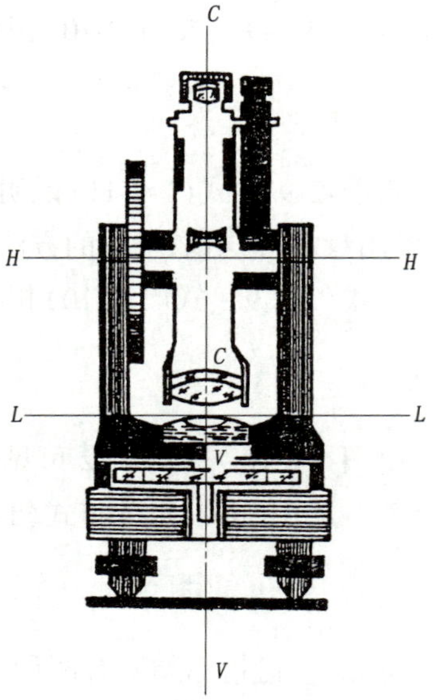

图 1-2-13　经纬仪的主要轴线关系

二、光学经纬仪检验和校正

(一)照准部水准管轴检验和校正

检验目的:使照准部水准管轴 LL 垂直于仪器竖轴 VV。照准部水准管是用来粗略整平仪器的。粗略整平不仅仅是使水准管气泡居中,主要应使仪器的竖轴竖直,这一要求只有在满足 $LL \perp VV$ 的前提下才能达到。

检验方法和校正方法与水准仪的圆水准轴的检验方法和校正方法基本相同(参见图 1-1-20 和图 1-1-21)。首先,转动照准部使水准管与基座上一对脚螺旋的连线相平行,旋转该二脚螺旋,使水准管气泡居中。然后,将照准部旋转 180°,如果气泡仍然居中,说明 VV 与 LL 相垂直;如果气泡不再居中(偏离 1 格以上),说明 VV 与 LL 不垂直。产生的原因是照准部水准管一端的校正螺丝有所松动或磨损,造成水准管两端不等高,致使照准部水准管轴偏移正确位置。校正时,用校正针拨动水准管的上、下校正螺丝,使气泡向居中位置返回偏移量的一半,此时水准管轴与竖轴之间即相互垂直。然后用脚螺旋整平,使水准管气泡居中,竖轴即恢复竖直位置。校正工作一般需反复进行,直到仪器旋转到任何位置,照准部水准管气泡均居中。

(二)视准轴检验和校正

检验目的:使望远镜视准轴 CC 垂直于横轴 HH,从而使视准轴绕横轴转动时划出的照准面为一平面。

检验方法:望远镜视准轴 CC 与横轴 HH 若不相垂直,则二者之间存在偏角 c,这一误

差称为视准轴误差(见图1-2-14)。视准轴误差的存在将使视准轴绕横轴转动时划出的照准面为一圆锥面,从而影响照准精度。

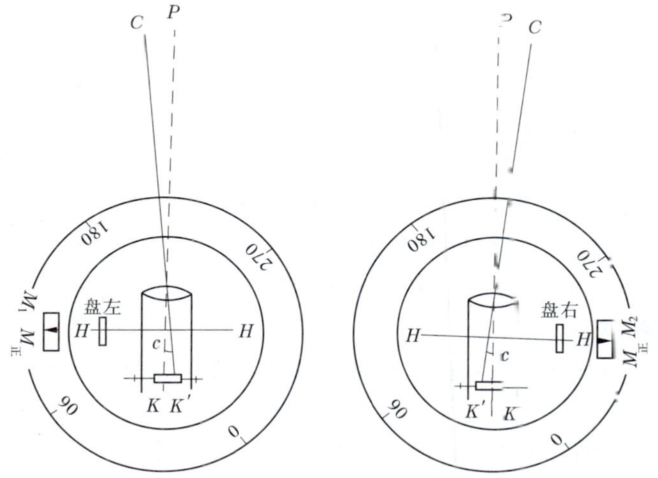

(a)盘左　　(b)盘右

图 1-2-14　视准轴检验

如图1-2-14(a)所示,望远镜先以盘左瞄准目标 P(与仪器大致同高),虚线所指为视准轴正确位置(十字丝交点位于 K 点),水平度盘读数为 $M_{正}$,若存在视准轴误差 c(设十字丝交点位于正确位置 K 点的右面 K' 点,视准轴左偏),为使视准轴(实线所指)照准目标,必须使照准部顺时针转动 c 角,即读数为

$$M_1 = M_{正} + c \tag{1-2-14}$$

再以盘右照准目标 P(见图1-2-14(b)),由于倒转望远镜后十字丝交点所在的 K' 转至正确位置 K 的左面,视准轴变为右偏,为使视准轴照准目标,必须使照准部逆时针转动 c 角,即读数为

$$M_2 = M_{正} - c \tag{1-2-15}$$

将式(1-2-14)、式(1-2-15)相加除以2,可得

$$M_{正} = \frac{M_1 + (M_2 \pm 180°)}{2} \tag{1-2-16}$$

式(1-2-14)~式(1-2-16)说明,视准轴误差 c 对盘左、盘右读数的影响大小相同、符号相反,采用盘左、盘右取平均的方法就可以消除视准轴误差对水平角的影响。

再将式(1-2-14)与式(1-2-15)相减除以2,可得

$$c = \frac{M_1 - (M_2 \pm 180°)}{2} \tag{1-2-17}$$

式(1-2-17)即为视准轴误差的计算公式。

根据上述即得其检验方法:以盘左、盘右观测大致位于水平方向的同一目标 P(为何需照准水平方向目标,见下面横轴的检验和校正),分别得读数 M_1、M_2,代入式(1-2-17),如算得的 c 值超过容许范围(一般为±30″),即说明存在视准轴误差。

校正方法：视准轴和横轴不垂直，主要是由于十字丝环的固定螺丝有所松动或磨损，使十字丝交点偏离正确位置，造成视准轴偏斜。此时，望远镜仍处于盘右位置，校正按以下步骤进行：

(1)将算得的 c 值代入式(1-2-15)，计算盘右的正确读数 $M_{正}=M_2+c$。

(2)旋转照准部微动螺旋使读数变为 $M_{正}$，十字丝交点必然偏离目标 P。

(3)用校正针拨动十字丝环左、右校正螺丝(见图 1-2-15)，一松一紧推动十字丝环左右平移，直至十字丝交点对准目标 P，即由 K' 返回正确位置 K。

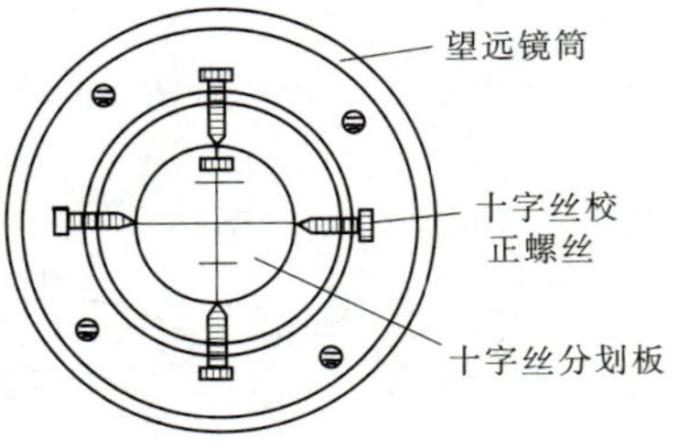

图 1-2-15　十字丝环

(三)横轴检验和校正

检验目的：使望远镜横轴 HH 垂直于竖轴 VV，从而使视准轴绕横轴转动时划出的照准面为一竖直平面。

检验方法：望远镜横轴 HH 与竖轴 VV 如不相垂直，二者之间存在偏角 i，这一误差称为横轴误差(见图 1-2-16)。横轴误差的存在，将使视准轴绕横轴转动时划出的照准面为一倾斜平面，同样会影响照准精度。

如图 1-2-16(a)所示，横轴误差的连带影响是使视准轴产生新的偏斜，对同一 i 角而言：当目标的竖直角为零时，这种偏斜对平盘读数的影响亦为零；而当目标的竖直角增大时，其影响将显著增加(见图 1-2-16(b))。在实际观测中，视准轴误差和横轴误差的影响往往同时存在于盘左读数与盘右读数之差，即 $2c$ 值中。由此可知，上述视准轴误差的检验已包括横轴误差的检验。区分两种误差的方法是：照准水平方向的目标，其结果主要反映视准轴误差(这便是视准轴检验和校正时，需要照准水平方向目标的原因)；照准竖直角大的目标，其结果主要反映横轴误差。

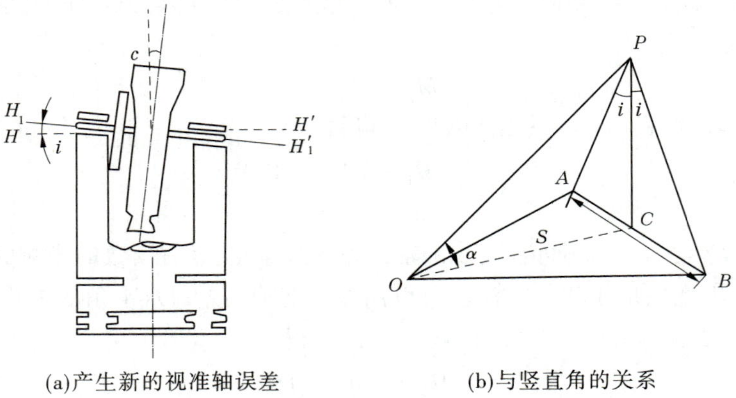

(a)产生新的视准轴误差　　(b)与竖直角的关系

图 1-2-16　横轴误差的影响

和视准轴误差一样，横轴误差对盘左、盘右读数的影响也是大小相同、符号相反，取平均即可消除其影响。

根据上述即得其检验方法：以盘左、盘右观测较高处，即竖直角较大的同一目标 P，分

别得水平度盘读数 M_1、M_2，代入式(1-2-17)，如算得的 c 值超过容许范围(一般为±30″)，即说明存在(或与视准轴误差同时存在)横轴误差。

校正方法：横轴和竖轴不垂直，主要是由于支承横轴的偏心环有所松动或磨损，使横轴两端的高度发生了变化。遇此问题，一般应送工厂修理。

(四)十字丝竖丝检验和校正

检验目的：使十字丝竖丝垂直于横轴 HH，以便于仪器整平后，十字丝竖丝保持竖直，从而提高目标照准的精度。

检验和校正方法与水准仪十字丝横丝的检验和校正基本相同(参见图 1-1-23 和图 1-1-24)。只不过此处是用望远镜竖丝一端对准某固定点 A，使望远镜上下微动。若此时点 A 影像不偏离竖丝，说明条件满足，否则说明条件不满足。校正时轻转分划板座，使点 A 对竖丝的偏离量减少一半，即使竖丝恢复竖直位置。

(五)竖盘指标水准管轴检验和校正

检验目的：使竖盘指标水准管轴垂直于竖盘指标线，即消除竖盘指标差。

检验方法：安置经纬仪，对同一目标盘左、盘右测其竖直角，按式(1-2-12)或式(1-2-13)计算指标差 x。若 $|x|>1'$，应予以校正。

校正方法：指标差的存在，主要是由于竖盘指标水准管一端的上、下校正螺丝有所松动或磨损，造成指标水准管两端不等高，致使指标水准管轴和竖盘指标线不垂直。校正按以下步骤进行：

(1)依旧在盘右位置，照准原目标点，按式(1-2-8)计算盘右的竖盘正确读数 $R_{正}=R-x$。

(2)转动竖盘指标水准管微动螺旋，使竖盘读数由 R 改变为 $R_{正}$。此时，指标水准管气泡将不再居中。

(3)用校正针拨动指标水准管上、下校正螺丝使气泡居中，指标水准管轴和竖盘指标线即相互垂直。

任务五　电子测角

知识要点：电子测角原理。

电子测角是一种运用新型电子经纬仪或全站仪进行自动测角的方法。它采用光电扫描度盘，通过角度值和数码的相互转换，实现角度观测的自动记录、计算、显示、存储和传输。在光电扫描度盘获取电信号测角的方式中，目前应用较多的是光栅度盘测角和光栅动态测角两种，以下介绍它们的原理。

一、光栅度盘测角原理

光学玻璃上均匀地刻有若干细线，就构成光栅(见图 1-2-17(a)、(b))。光栅的基本参数是刻线密度(每毫米的刻线条数)和栅距(相邻两刻线的间距)。设栅线宽度为 a，间隔宽度为 b，栅距即为 $d=a+b$，通常 $a=b$。栅线不透光，间隔透光。刻在圆盘上等角距的称为径向光栅，在电子经纬仪中即为光栅度盘(见图 1-2-17(c))。在光栅度盘上下对应位置装上光源和接收器，并随照准部一道转动(光栅度盘不动)。在转动过程中，将光栅是否透光的信号转变为电信号，由计数器累计其移动的栅距数，即可求得所转动的角值。这种没有绝对度数，而是依据移动栅距的累计数进行测角的系统称为增量式测角系统。

(a)直线光栅　(b)指示光栅　(c)径向光栅

图 1-2-17　光栅度盘与指示光栅

为了提高光栅的读数精度，系统采用叠栅条纹技术。所谓叠栅条纹，就是将两块密度相同的光栅（如图 1-2-17 中的指示光栅和径向光栅）重合，并使它们的刻划线相互倾斜一个小的角度 θ，转动时即可产生明暗相间的条纹（见图 1-2-18）。当指示光栅横向移动一个栅距 d 时，就会造成叠栅条纹上下移动一个纹距 ω。二者之间的关系式为

$$\omega = \frac{d}{\theta'} \times \rho' \qquad (1\text{-}2\text{-}18)$$

式中　$\rho' = 3\ 438'$。

由式（1-2-18）可见，叠栅条纹的纹距比栅距放大了 $\frac{1}{\theta'} \times 3\ 438'$ 倍，如 $\theta = 20'$，则 $\omega = 172 \times d$，即纹距较栅距放大 172 倍，明显可以提高精度。测角时，光栅度盘不动，照准部连同指示光栅和传感器相对于光栅度盘横向移动，所形成的叠栅条纹也随之移动。设栅距对应的角度分划值为 δ，在照准目标的过程中，可累计条纹移动的个数为 n（反方向移动则减去），计数不足整条纹的小数为 $\Delta\delta$，则角度值为

$$\beta = n \cdot \delta + \Delta\delta \qquad (1\text{-}2\text{-}19)$$

二、光栅动态测角原理

装有可旋转光栅度盘的电子经纬仪依据的是动态测角原理。其度盘上刻有 1 024 条栅线，不透光的栅线和透光间隔的宽度之和即为栅距的分划值 ϕ_0（见图 1-2-19）。此外，在度盘外缘装有固定光栏 L_S（相当于光学度盘的零分划线），在度盘内侧装有可动光栏 L_R（相当于光学度盘的指标线），随照准部一道转动，它们之间的夹角即为待测的角值。这种方法称为绝对式测角系统。由图 1-2-19 可见，照准目标与零分划线之间的角值 ϕ 为

$$\phi = n \cdot \phi_0 + \Delta\phi \qquad (1\text{-}2\text{-}20)$$

即 ϕ 角等于 n 个栅距分划值 ϕ_0 和不足整栅距的零分划 $\Delta\phi$ 之和，它们通过光栅度盘快速旋转时产生的电信号及其相应的相位差，分别由粗测和精测的结果转换求得。

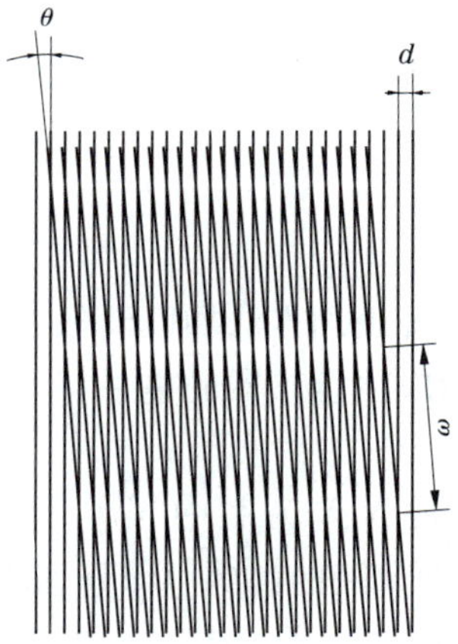

图 1-2-18　叠栅条纹

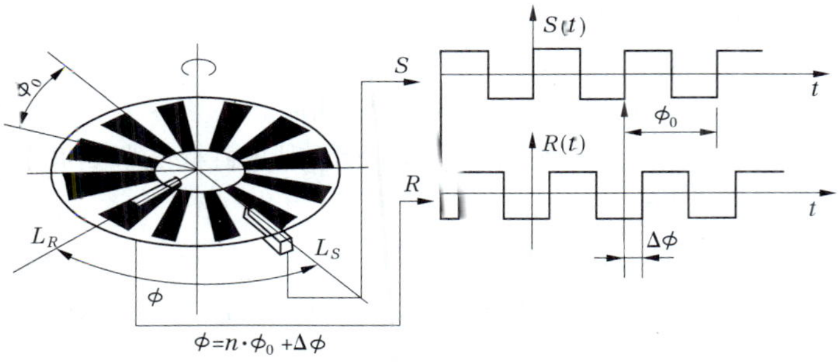

图 1-2-19　动态测角原理

(一)粗测——求 ϕ_0 的个数 n

在度盘同一径向的内外缘上设有两个特殊标记 a 和 b。度盘旋转时,从标记 a 通过 L_S 时起,计数器开始记取整周期 ϕ_0 的个数,当另一标记 b 通过 L_R 时,计数器停止记数。此时,所记数值即为 ϕ_0 的个数 n。

(二)精测——求 $\Delta\phi$

精测开始,度盘旋转。每一条光栅线通过光栏 L_S 和 L_R 会分别产生两个信号 S 和 R(见图 1-2-19 中的方形波),它们的相位差即为 $\Delta\phi$。度盘上共有 1 024 条栅线,即度盘每旋转一周,可获得 1 024 个 $\Delta\phi$,取其平均值就是零周期的相位差,再通过微处理器进行处理,转换为角值。

实际上,光栏 L_S 和 L_R 均按对径设置,即各有一对(图 1-2-19 中 L_S 和 L_R 仅绘出各一个),度盘上的特殊标记 a 和 b 也各有一对,每隔 90°设置一个。其目的是消除度盘的偏心误差。仪器的竖直度盘无活动光栏,仅有一对固定光栏装在指向天顶的对径方向,相当于竖盘的指标线。

目前,采用上述原理制成的电子经纬仪,其一测回方向中误差可达±0. 5″。

任务六　消减角度测量误差的措施

知识要点:水平角测量和竖直角测量的误差来源和分类。

技能要点:采取措施消减角度测量的各种误差。

和水准测量一样,角度测量的误差一般也由仪器误差、观测误差和外界条件影响的误差三方面构成。分析误差产生的原因,寻找消减误差的措施,将有助于提高角度测量的精度。

一、水平角测量误差及消减措施

(一)仪器误差

虽经检验和校正,仪器还会带有某些剩余误差,如视准轴误差、横轴误差、竖盘指标差等,应通过盘左、盘右测角取平均消除其影响。此外,还可能因度盘的旋转中心与照准部的旋转中心不重合而产生度盘偏心差,因受工艺水平的限制而带有度盘刻划误差等,前者应采用盘左、盘右读数取平均,后者则采取测回间变换度盘位置等措施对它们的影响加以限制。

(二)观测误差

1. 整平误差

仪器整平不严格,将导致仪器竖轴倾斜。该误差不能采用某种观测方法加以消除,且影响随目标竖直角的增加而增大,所以观测目标的竖直角越大越应注意仪器的整平。

2. 对中误差

安置仪器不准确,致使仪器中心与测站点偏离 e,所产生的误差为对中误差。如图 1-2-20 所示,O 为测站点,O' 为仪器中心,β 为应有角值,β' 为实测角值,D_1、D_2 分别为测站点至两照准目标的距离,显然由于对中误差的存在,产生角度误差 $\Delta\beta=\beta'-\beta$。由图 1-2-20 可见,角度误差的近似值可按下式计算

$$\Delta\beta = \delta_1 + \delta_2 = e\left(\frac{1}{D_1} + \frac{1}{D_2}\right)\rho''$$

设 $D_1=D_2=D$,则有

$$\Delta\beta = \frac{2e}{D}\rho'' \tag{1-2-21}$$

式中 $\rho''=206\ 265''$。

由式(1-2-21)可知,此项影响与仪器的偏心距 e 的大小成正比,而与测站至目标的距离成反比。当 $e=3$ mm,$D_1=D_2=100$ m 及 50 m 时,$\Delta\beta$ 分别为 12.4″和 24.8″。显然,在短边上测角时,尤其应注意仪器对中。

3. 目标偏心误差

如图 1-2-21 所示,由于目标偏斜,致使目标之照准位置 A' 与目标点 A 偏离 e_1,造成应有角值 β 与实测角值 β' 之间产生目标偏心误差

$$\delta_1 = \beta - \beta' = \frac{e_1}{d_1}\rho'' \tag{1-2-22}$$

式中 $\rho''=206\ 265''$。

由式(1-2-22)可见,此项误差与对中误差相类似,即与目标的偏心距 e_1 的大小成正比,与边长 d_1 成反比。当 $e_1=1$ cm,$d_1=100$ m 及 50 m 时,δ_1 分别为 20″和 40″。所以,应尽量瞄准目标的底部,短边测角时,更应注意减小目标的偏心。

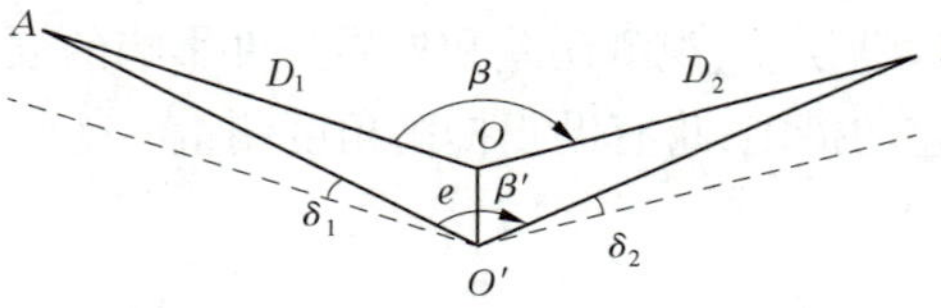

图 1-2-20 对中误差

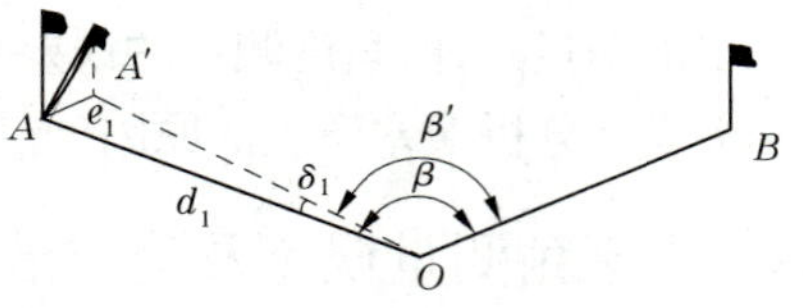

图 1-2-21 目标偏心误差

4. 照准误差

望远镜的放大倍率为 V,人眼的分辨率为 60″,则照准误差为

$$m_V = \pm \frac{60''}{V} \tag{1-2-23}$$

设 $V=30$，则照准误差 $m_V=\pm 2.0''$。

5. 读数误差

光学经纬仪的读数误差一般为测微器最小格值的 $\frac{1}{10}$，如 DJ_6 型经纬仪分微尺测微器格值为 1′，则其读数误差为±6″。

（三）外界条件影响的误差

1. 旁折光影响

阳光照射建筑物或山坡，经反射会使附近的大气产生气温梯度，从而使靠近建筑物或山坡的视线在水平方向产生折射。如图 1-2-22 中由原直线 AC 变为弧线，其夹角 δ 即为旁折光对方向观测值造成的影响。因此，观测时，至少应使视线离开建筑物或山坡 1 m。

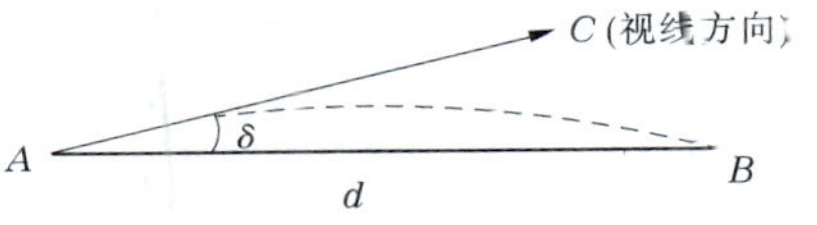

图 1-2-22　旁折光影响

2. 其他因素的影响

大风和土壤的松软影响仪器的稳定，日晒和温度的变化影响水准管气泡的居中，大气层受地面的热辐射引起目标影像跳动，视线通过水域上空受濛气的影响，电子仪器在高压线或变电所附近受电磁波的干扰，这些都会给观测成果带来误差，应尽量选择微风多云、空气清新、成像稳定的天气及良好的作业时间进行观测。

二、竖直角测量误差及消减措施

竖直角测量误差的构成和产生原因与水平角测量的误差基本相同。仪器误差中主要是竖盘指标差，可采用盘左、盘右取平均的方法加以消除。观测误差中的照准误差和读数误差与水平角测量的观测误差相类似。读数前，除应认真进行指标水准管的整平外，还应注意打伞保护仪器，减小指标水准管的整平误差。外界条件的影响和水平角测量误差有所不同的是，大气折光对竖直角测量主要产生垂直折光的影响，故在竖直角观测时，应使视线离开地面 1 m 以上，避免从水域上方通过，并尽可能采用对向观测取平均的方法，以消弱其误差的影响。

小　结

（1）水平角测量的原理。水平角是空间任两方向在水平面上投影之间的夹角。将测站至两个目标的方向投影到水平度盘上，然后用右目标的读数减去左目标的读数，即得两目标之间的水平角。

（2）竖直角测量的原理。竖直角是同一竖直面内水平方向转向目标方向的夹角。竖直度盘上刻有水平方向的正确读数为 90°（盘左）或 270°（盘右），只要读取目标方向的读数，即可运用公式算得目标的竖直角。

(3)普通光学经纬仪的组成及使用。普通光学经纬仪主要由照准部(包括竖轴、望远镜、水准管、读数系统及光学对中器等部件)、水平度盘、竖直度盘和基座组成。DJ_6 型经纬仪采用的是分微尺读数法,使用分对中、整平、照准和读数四个步骤(采用光学对中器,对中和整平可同时进行)。

(4)水平角测量常用的方法有测回法和方向观测法(即全圆测回法)。前者适用于 2~3 个方向,后者适用于 3 个以上方向。一个测回由上、下两个半测回组成。上半测回用盘左,下半测回用盘右。之后盘左、盘右所测角值取平均,目的是消除仪器的多种误差。

(5)竖直角测量时,盘左、盘右均有相应的竖直角计算公式,同时可用公式计算竖盘指标差。盘左、盘右取平均即可消除竖盘指标差对竖直角测量的影响。

(6)普通光学经纬仪的检验和校正。经纬仪应满足的四项几何条件是:照准部水准管轴垂直于竖轴,视准轴垂直于横轴,横轴垂直于竖轴和十字丝竖丝垂直于横轴。视准轴不垂直于横轴产生的误差称为视准轴误差,横轴不垂直于竖轴产生的误差称为横轴误差。盘左、盘右取平均即可消除视准轴误差和横轴误差对水平角测量的影响。在经纬仪的四项检验中,重点应掌握视准轴误差的检验方法。

复习题

1. ______________________________称为水平角,______________________________称为竖直角。竖直角 α 为正时称为__________,为负时称为__________。

2. 使用经纬仪的步骤分为__________、__________、__________、__________。整平的目的是__________,对中的目的是__________。DJ_6 型经纬仪的读数方法是__________,度盘格值__________,分微尺格值__________,估读__________;DJ_2 型经纬仪则采用__________进行读数,度盘格值一般为__________,秒盘格值__________,估读__________。

3. 测回法观测水平角取盘______(上半测回)和盘______(下半测回)的__________作为一测回的角值。方向观测法半测回观测需要__________________,其目的是__________。测回法适用于__________________,方向观测法适用于__________________。

4. DJ_6 型经纬仪的四条主要轴线分别是__________(英文字母____)、__________(英文字母____)、__________(英文字母____)和__________(英文字母____),它们之间应满足以下几何条件:①__________;②__________;③__________。

5. 经纬仪的视准轴误差是指______________________________,横轴误差是指______________________________。这两项误差对水平度盘读数影响的规律是:盘左、盘右__________,采用________的方法,即可消除它们对水平角测量的影响。

6. 测量竖直角在竖盘读数前，应注意使__________，目的是__________。经纬仪的竖盘指标差是指__________，其对竖直角测量影响的规律也是盘左、盘右__________，采用__________的方法，即可消除指标差对竖直角测量的影响。

7. 竖直角测量的计算公式盘左为__________，盘右为__________，平均值为__________。竖盘指标差的计算公式为__________，也可以为__________。

练习题

1. 用 DJ_6 型经纬仪按测回法测水平角，观测数据如图 1-2-23 所示，按表 1-2-5 进行记录和计算，并说明是否符合要求？

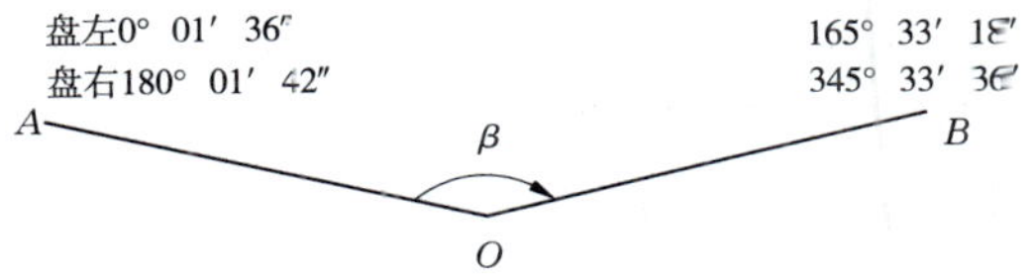

图 1-2-23　练习题 1 图

表 1-2-5　水平角观测手簿（测回法）

测站	目标	竖盘位置	水平度盘读数 (° ′ ″)	半测回角值 (° ′ ″)	一测回角值 (° ′ ″)	备注
		左				
		右				

2. 方向观测法（DJ_2）观测水平角（见图 1-2-24），两个测回的观测数据已填入表 1-2-6 内，试完成所有计算。

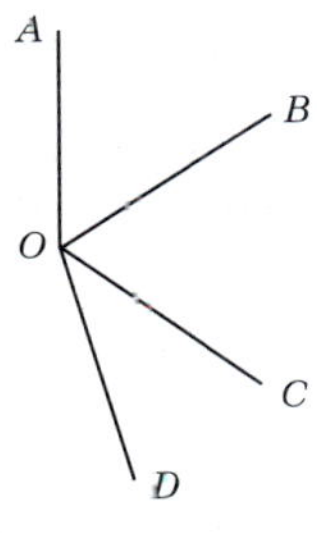

图 1-2-24　练习题 2 图

表 1-2-6　水平角观测手簿(方向观测法)

测回数	测站	照准点	盘左读数 (° ′ ″)	盘右读数 (° ′ ″)	2c (″)	$\frac{L+(R\pm180°)}{2}$ (° ′ ″)	一测回归零方向值 (° ′ ″)	各测回归零方向平均值 (° ′ ″)	角值 (° ′ ″)
1	*O*	*A*	00 00 22	180 00 18					
		B	60 11 16	240 11 09					
		C	131 49 38	311 49 21					
		D	167 34 38	347 34 06					
		A	00 00 27	180 00 13					
2	*O*	*A*	90 02 30	270 02 26					
		B	150 13 26	330 13 18					
		C	221 51 42	41 51 26					
		D	257 36 30	77 36 21					
		A	90 02 36	270 02 15					

3. 用 DJ_6 型经纬仪分别观测目标点 *A*、*B* 的竖直角(见图 1-2-25),读数已填入表 1-2-7 内,试完成其计算。

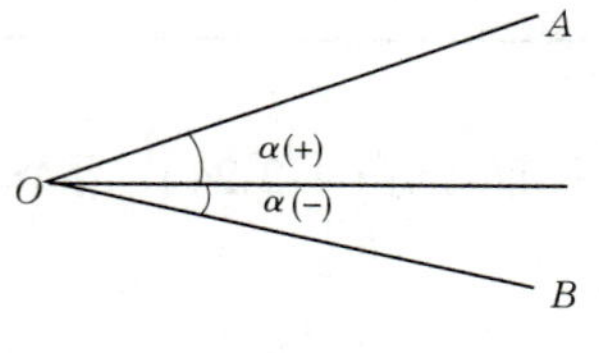

图 1-2-25　练习题 3 图

表 1-2-7　竖直角观测手簿

测站	目标	竖盘位置	竖盘读数 (° ′ ″)	半测回竖直角值 (° ′ ″)	一测回竖直角值 (° ′ ″)	指标差 (″)
O	*A*	左	76 18 18			
		右	283 41 24			
	B	左	92 32 24			
		右	267 27 48			

思考题

1. 水平角测量和竖直角测量有何相同点和不同点？

2. 简述测回法和方向观测法的观测步骤。两种方法各有哪些限差？$2c$ 和 $2c$ 互差有何区别？比较 $2c$ 互差有何作用？进行 n 个测回的水平角测量，应配置各测回水平度盘的起始读数，使其递增多少？其目的是什么？如何配置水平度盘的读数？

3. 经纬仪主要轴线之间应满足的几何条件是什么？各起什么作用？

4. 经纬仪的检验包括哪些内容？视准轴误差的检验如何进行？横轴误差检验和视准轴误差检验有何相同点和不同点？为什么？

5. 竖盘指标差如何检验？竖盘指标自动归零补偿器有何作用？使用时应注意什么？

6. 简述电子光栅度盘测角和光栅动态测角的原理。

7. 角度测量有哪些主要误差？观测过程中要注意哪些事项？

项目三　距离测量

知识目标

边长相对误差、尺长方程式、测距仪标称精度、消减距离测量误差的措施。

技能目标

能使用钢尺或普通经纬仪进行距离测量，能使用全站仪进行水平角、竖直角、距离测量和程序测量。

距离测量也是测量的基本工作之一。距离测量的目的是测量地面两点之间的水平距离。距离测量方法有钢尺量距、视距测量及光电测距等。

任务一　钢尺量距

知识要点：边长相对误差、精密量距的三项改正、尺长方程式、钢尺检定。

技能要点：能使用钢尺进行一般量距和精密量距。

钢尺量距是传统的量距方法，适用于地面比较平坦、边长较短的距离测量，目前一些施工单位仍在使用。

一、钢尺量距的一般方法

（一）钢卷尺

钢卷尺（简称钢尺）一般用薄钢带制成（见图 1-3-1），其长度有 20 m、30 m、50 m 等，基本刻划至毫米。以尺的端点为零点的称为端点尺（见图 1-3-2(a)），以尺的端部某一刻划为零点的称为刻线尺（见图 1-3-2(b)）。使用时，应注意其零点的位置，以免出错。

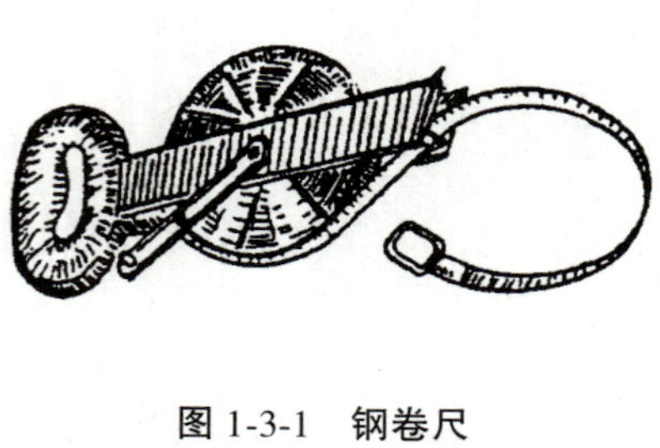

图 1-3-1　钢卷尺

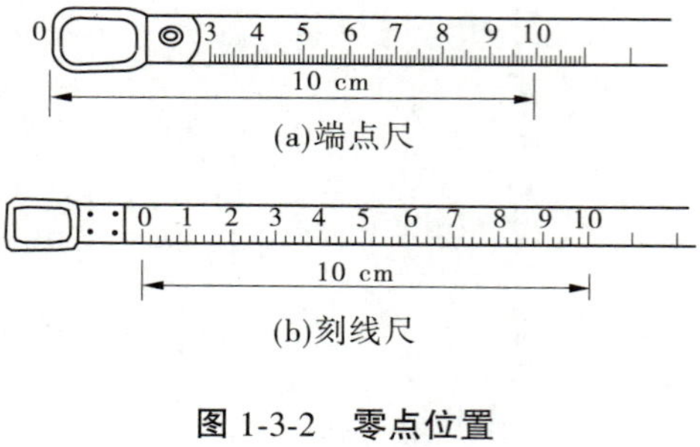

图 1-3-2　零点位置

（二）直线定线

当地面两点间距离较长时，往往以一整尺长为一尺段进行分段丈量。分段丈量首先要做的是将所有分段点标定在待测直线上，这一工作称为直线定线。

在待测距离的两端点 A、B 各竖立一根标杆，由作业员甲站于 A 点标杆后，以目测指挥另一位作业员乙站在距 A 点为整尺段的位置，将所持标杆移动到 A、B 连成的直线上，然后在标杆根部插下测钎（见图 1-3-3），依次类推，直到在所有整尺段的位置插上测钎，并使所有测钎位于 A、B 连成的直线上。

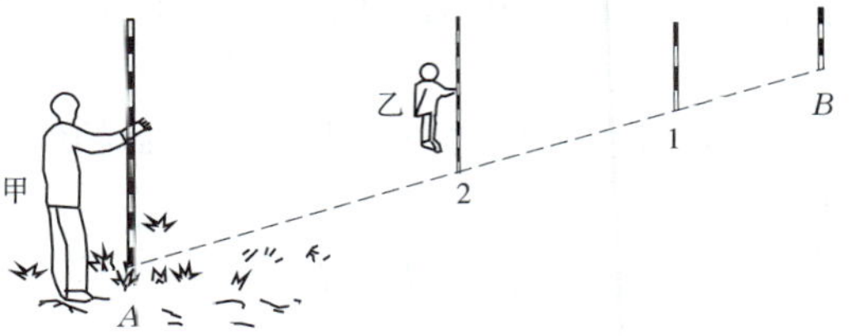

图 1-3-3　**直线定线**

精密量距时，可采用经纬仪定线，即在 A 点标杆处架设经纬仪照准 B 点标杆，以仪器视线指挥定线，从而提高直线定线的精度。

（三）分段量距

平坦地面一般可沿地面用整尺法进行丈量，即在直线定线的基础上（亦可边定线边丈量），依次丈量 $1 \sim n$ 个整尺段，最后量取不足一整尺（零尺段）的距离 q（见图 1-3-4）。被测距离的长度即为

$$D = n \cdot l + q \tag{1-3-1}$$

式中　D——距离总长，m；

l——钢尺长度；

n——整尺段数；

q——零尺段距离。

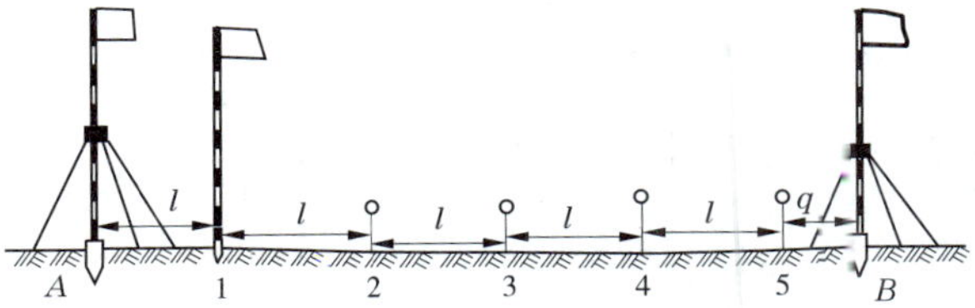

图 1-3-4　**分段量距**

（四）往、返丈量

为了检核和提高精度，一般需要进行往、返丈量，取其平均值作为量距的成果，即

$$D_{均} = \frac{D_{往} + D_{返}}{2} \tag{1-3-2}$$

并以往、返丈量结果的较差除以其平均值得到的相对误差（分子为 1、分母为某整数的分数）K 来衡量其成果的精度（有关相对误差的概念见本书模块一项目五任务一），即

$$K = \frac{|D_{往} - D_{返}|}{D_{均}} = \frac{1}{\dfrac{D_{均}}{|D_{往} - D_{返}|}} \tag{1-3-3}$$

钢尺量距的相对误差一般平地应小于 $\frac{1}{3\,000}$，山地应小于 $\frac{1}{2\,000} \sim \frac{1}{1\,000}$。

二、精密量距三项改正

对精度要求较高的钢尺量距，除应采用经纬仪定线、在钢尺的尺头处用弹簧秤控制拉力（使其等于钢尺检定时的标准力，一般为 10 kg）等措施外，还应对丈量结果进行以下改正。

（一）尺长改正

设钢尺名义长为 l_0，在一定温度和拉力条件下检定得到的实际长为 l_s，二者之差值即为一尺段的尺长改正 Δl_d

$$\Delta l_d = l_s - l_0 \qquad (1\text{-}3\text{-}4)$$

（二）温度改正

受热胀冷缩的影响，当现场作业时的温度 t 与检定时的温度 t_0 不同时，钢尺的长度就会发生变化，因而每尺段需进行温度改正，其表达式为

$$\Delta l_t = \alpha(t - t_0)l_0 \qquad (1\text{-}3\text{-}5)$$

式中 α——钢尺的膨胀系数，α=0. 000 012 5/℃。

钢尺说明书上一般都带有尺长随温度变化的函数式，称为尺长方程式，即

$$l_t = l_0 + \Delta l_d + \alpha(t - t_0)l_0 \qquad (1\text{-}3\text{-}6)$$

式中 l_0——钢尺的名义长度；

Δl_d——钢尺的尺长改正数；

l_t——温度为 t ℃时钢尺的实际长度。

式（1-3-6）右端后两项实际上就是钢尺尺长改正和温度改正的组合。

（三）倾斜改正

设一尺段两端的高差为 h，沿地面量得斜距为 l，将其化为平距 d（见图 1-3-5），应加倾斜改正 Δl_h。

因为 $h^2 = l^2 - d^2 = (l+d)(l-d)$

即有 $\Delta l_h = d - l = -\dfrac{h^2}{l+d}$；又因 Δl_h 甚小，可近似认为 $l = d$，所以有

$$\Delta l_h = -\frac{h^2}{2l} \qquad (1\text{-}3\text{-}7)$$

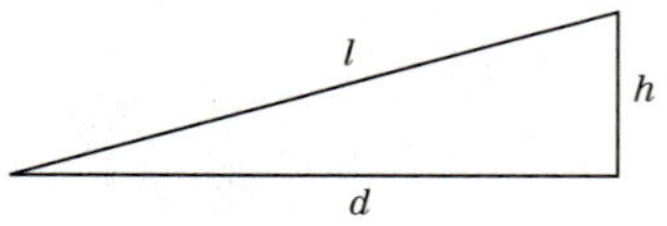

图 1-3-5 倾斜改正

以上三项之和即为一尺段的改正数 Δl，即

$$\Delta l = \Delta l_d + \Delta l_t + \Delta l_h \qquad (1\text{-}3\text{-}8)$$

如果丈量时现场的温度变化不大，场地的坡度变化也比较均匀，则取丈量时的平均温度作为式（1-3-5）中的作业温度 t，取各尺段高差的平均值作为式（1-3-7）中的尺段高差 h，按式（1-3-8）计算尺段的平均改正数 Δl，再按下式计算所量总长 D 的改正数 ΔD

$$\Delta D = \frac{D}{l_0}\Delta l \qquad (1\text{-}3\text{-}9)$$

否则应分尺段量取温度和测定尺段两端高差，分别计算每尺段的改正数 Δl_i，再取所有测段改正数之和[Δl]作为总长 D 的改正数。

【例 1-3-1】 一钢尺名义长 l_0=30 m，实际长 l_s=30. 002 5 m，检定温度 t_0=20 ℃，作

业时的温度和场地坡度变化都不大，平均温度 $t=25.8$ ℃ 尺段两端高差的平均值 $h=+0.272$ m，量得某段距离往测长 $D_{往}=221.756$ m，返测长 $D_{返}=221.704$ m。求其改正后平均长度及其相对误差。

解 一尺段尺长改正 $\Delta l_d=30.0025-30.000=+0.0025(\mathrm{m})$

温度改正 $\Delta l_t=0.0000125\times(25.8-20.0)\times30.0=0.0022(\mathrm{m})$

倾斜改正 $\Delta l_h=-\dfrac{0.272^2}{2\times30.0}=-0.0012(\mathrm{m})$

三项改正之和 $\Delta l=0.0025+0.0022-0.0012=+0.0035(\mathrm{m})$

往测长 $D_{往}$ 的改正数及往测长为

$$\Delta D_{往}=\frac{221.756}{30.0}\times0.0035=+0.026(\mathrm{m})$$

$$D_{往}=221.756+0.026=221.782(\mathrm{m})$$

返测长 $D_{返}$ 的改正数及返测长为

$$\Delta D_{返}=\frac{221.704}{30.0}\times0.0035=+0.026(\mathrm{m})$$

$$D_{返}=221.704+0.026=221.730(\mathrm{m})$$

改正后平均长为

$$D=\frac{221.782+221.730}{2}=221.756(\mathrm{m})$$

相对误差为

$$K=\frac{221.782-221.730}{221.756}=\frac{1}{4\,260}$$

三、钢尺检定

钢尺在出厂时或精密量距前，均应进行检定，从而得出标准温度、标准气压下钢尺的实际长度，建立尺长方程式。

钢尺检定的方法一般采用直接比长法（又称平台法）。用一根标准尺与被检定的钢尺并排放置于水泥平台上，两端用拉力架对钢尺施加标准拉力（如 30 m 钢尺为 10 kg），将钢尺的末端（如 30 m 处）比齐，在零分划线附近读出两尺的差数，同时记录检定时的温度，即可得出钢尺的实际长度和尺长与温度的关系。

【例 1-3-2】 设作为标准尺 1 号钢尺的尺长方程式为

$$l_{t1}=30+0.004+1.25\times10^{-5}\times30(t-20)\quad(\mathrm{m})$$

被检定尺 2 号钢尺名义长亦为 30 m。两尺末端比齐时，2 号尺零分划线对准 1 号尺的 0.007 m 处，比较时的温度为 24 ℃。1 号尺上 7 mm 的长度受温度升高的影响为数甚微，可忽略不计，因而可得

$$l_{t1}=l_{t2}+0.007$$

故有 $l_{t2}=30+0.004+1.25\times10^{-5}\times30\times(24-20)-0.007=30-0.002(\mathrm{m})$

即 2 号尺的尺长方程式为

$$l_{t2} = 30 - 0.002 + 1.25 \times 10^{-5} \times 30 \times (t - 24) \quad (\mathrm{m})$$

通常，以 20 ℃作为检定的标准温度，即还应将上式圆括号中的标准温度由 24 ℃改为 20 ℃，而将受其影响使尺长改变值(−0.001 m)并入尺长改正数，故 2 号尺尺长方程式的最后形式为

$$l_{t2} = 30 - 0.003 + 1.25 \times 10^{-5} \times 30 \times (t - 20) \quad (\mathrm{m})$$

任务二　视距测量

知识要点：视距测量原理。

技能要点：能使用水准仪和经纬仪进行视距测量。

视距测量是使用光学仪器(水准仪、经纬仪)和标尺同时测定两点间的水平距离和高差的一种方法，简便易行，但精度较低，常应用于碎部测量。

一、视距测量原理

(一)视线水平时的视距计算公式

设经纬仪安置于 A 点，照准 B 点竖立的标尺。当望远镜视线水平时，视线与标尺面相互垂直(见图 1-3-6)。根据光学原理可知，相当于自十字丝分划板上、下视距丝(图中 m、g 二点)发出的平行于视准轴的光线，经物镜折射后通过物镜的前交点 F，而交标尺于 M、G 两点。设图中上、下视距丝间隔 $mg=p$，物镜(与对光透镜的组合)焦距 $OF=f$，标尺上 M、G 两点的间隔(相当于上、下视距丝在标尺上的读数之差)为 l，则由相似三角形 GFM 和 $g'F\,m'$ 可得前交点 F 至标尺的距离 $FQ=\dfrac{f}{p}l$。

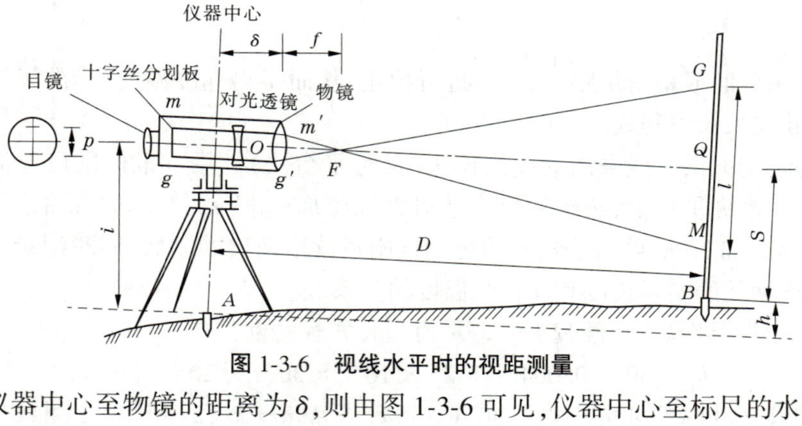

图 1-3-6　视线水平时的视距测量

又设仪器中心至物镜的距离为 δ，则由图 1-3-6 可见，仪器中心至标尺的水平距离为

$$D = \frac{f}{p} \cdot l + (f + \delta) \tag{1-3-10}$$

令乘常数 $K=\dfrac{f}{p}$、加常数 $C=f+\delta$，则式(1-3-10)可写为

$$D = Kl + C \tag{1-3-11}$$

在设计仪器时，选择适宜的物镜和对光透镜的组合焦距 f 及上、下视距丝间隔 p，即可令 $K=100$ 及 $C=0$，则有

$$D = Kl = 100l \tag{1-3-12}$$

设在测站量得地面至经纬仪横轴中心的仪器高为 i、十字丝中丝在标尺上的读数为 S，由图 1-3-6 又可见 A、B 两点间的高差为

$$h = i - S \tag{1-3-13}$$

式(1-3-12)和式(1-3-13)即为视线水平时的视距和高差计算公式。

(二)视线倾斜时的视距计算公式

当地面起伏较大，必须使望远镜视线倾斜方能照准目标时，由于标尺仍然垂直立于地面，即视线和标尺面不再垂直，而相交成($90°\pm\alpha$)的角度(α 为倾斜视线的竖直角)，如图 1-3-7 所示。因此考虑 α 角的影响，视线倾斜时的视距和高差计算公式分别为：

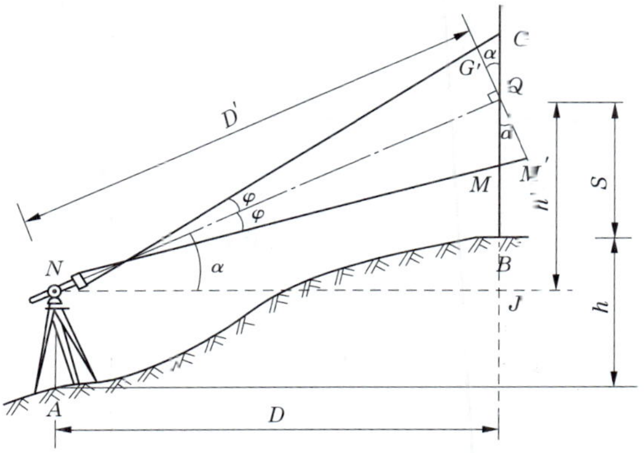

图 1-3-7 视线倾斜时的视距测量

水平距离 D

$$D = D'\cos\alpha = Kl\cos^2\alpha \tag{1-3-14}$$

初算高差(即经纬仪横轴中心到标尺 Q 点的高差)h'

$$h' = D'\sin\alpha = Kl\cos\alpha\sin\alpha = \frac{1}{2}Kl\sin2\alpha \tag{1-3-15}$$

仍设仪器高为 i、十字丝中丝在标尺上的读数为 S，A、B 的高差即为

$$h = h' + i - S = \frac{1}{2}Kl\sin2\alpha + i - S \tag{1-3-16}$$

任务三　光电测距

知识要点：光电测距原理、光电测距仪检验。

技能要点：能使用光电测距仪或全站仪进行距离测量。

随着科学技术的发展，电磁波测距正在逐步取代传统的测距方法。

电磁波测距按载波不同分为微波测距(以微波段的电磁波作为载波)、光电测距(以可见光或红外光的光波作为载波)。

光电测距仪中利用氦氖(He-Ne)气体激光器，其波长为 0.632 8 μm 的红色可见光为

激光测距仪,以砷化镓(GaAs)发光二极管发射红外线波段,其波长为 0.86~0.94 μm 的为红外测距仪。

红外测距仪具有耗电省、寿命长、体积小、抗震强等优点,在工程测量中应用广泛,本任务重点介绍其基本原理和使用方法。

一、光电测距原理

(一)光电测距的两种方法

如图 1-3-8 所示,在 A 点安置测距仪,B 点安置反光镜。已知光波的传播速度 c 为一定值,如果能测出测距仪发射的光波传播至反光镜,再经反射回到测站总共耗费的时间 t,即可按下式计算 A、B 的距离 D

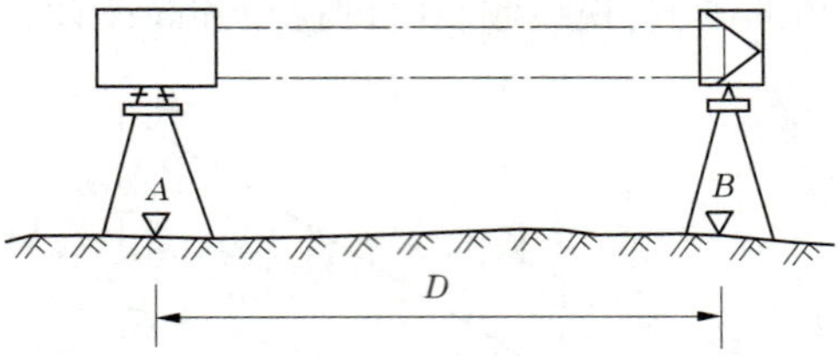

图 1-3-8　光电测距

$$D=\frac{1}{2}ct \tag{1-3-17}$$

$$c=\frac{c_0}{n} \tag{1-3-17'}$$

式中　t——光波往返测程所耗费的时间;

c_0——真空中的光速,根据国际大地测量学与地球物理学联合会 1975 年所推荐的数值,$c_0=(299\ 792\ 458\pm1.2)$ m/s;

n——大气折射率,与测距仪所采用的光波长、测程上大气平均温度、气压和湿度等因素有关。

显然,问题的关键在于如何测定光波往、返测程所耗费的时间 t。

t 的测定方法也就是光电测距的方法,可分为两种:一种是直接测定由测距仪发出的光脉冲自发射到接收所耗费的时间差,称为脉冲法测距;另一种是通过测定测距仪发出的连续调制光波经往、返测程所产生的相位差来间接测定时间,称为相位法测距。

目前,脉冲法测距测定时间的精度一般只能达到 10^{-8}s,相应的测距误差约为±1.5 m,难以满足工程测量的需要,而相位法测距的测距误差则可精确至厘米甚至毫米级,因此工程上使用的红外光电测距仪多为相位式测距仪。

(二)相位法测距的基本原理

如图 1-3-9 所示,测距仪在 A 点发射光波,经 B 点反射后再回到 A 点。将光波往返测程的图形展开,即成一连续的正弦曲线。其中一个周期的光波长度为波长 λ,相位变化为 2π。

设调制光波的频率(即每秒钟光强变化的周期数)为 f,由物理学可知,光波自 A 到 B 再返回 A 的相位移 ϕ 为

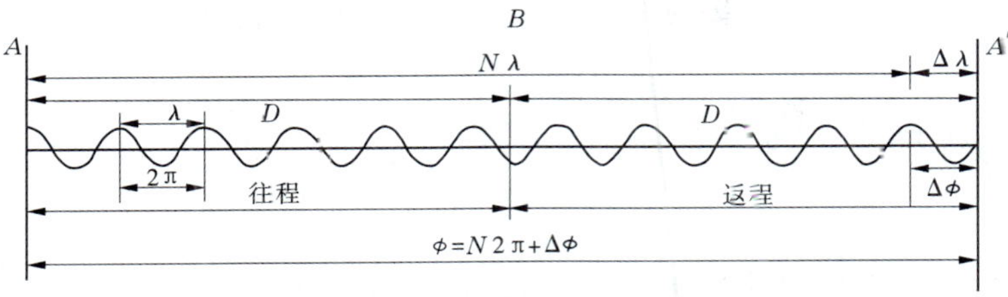

图 1-3-9　相位法测距原理

$$\phi = 2\pi ft \tag{a}$$

式中　t——光波往、返测程所耗费的时间。

由式(a)可得

$$t = \frac{\phi}{2\pi f} \tag{b}$$

将式(b)代入式(1-3-17),则得

$$D = \frac{c}{2f}\frac{\phi}{2\pi} \tag{c}$$

由于波长 $\lambda = \dfrac{c}{f}$,所以有

$$D = \frac{\lambda}{2} \cdot \frac{\phi}{2\pi} \tag{1-3-18}$$

设从发射至接收之间调制波的整周期数为 N,最后不足一个整周期的零周期数为 ΔN,由图 1-3-9 可得

$$\phi = N \cdot 2\pi + \Delta N \cdot 2\pi \tag{d}$$

将式(d)代入式(1-3-18)则得

$$D = \frac{\lambda}{2}(N + \Delta N) \tag{1-3-19}$$

令 $\mu = \dfrac{\lambda}{2}$,则有

$$D = \mu(N + \Delta N) \tag{1-3-20}$$

式(1-3-20)即为相位法测距的基本公式。

如果将 μ 视为一把“光尺”的长度,N 和 ΔN 分别视为其整尺段与零尺段数,可见式(1-3-20)和钢尺量距的式(1-3-1)相类似,在根据设计已知 μ 的情况下,只要测出 N 和 ΔN,即可求得距离 D。

仪器的测相装置一般能精确测定 0～2π 之间的相位变化,对相位的整周期数却难以测定,即仅可以精确测定其相当于零尺段的距离,而对相当于整尺段的距离则难以测准。此外,测相的精度为 10^{-3}～10^{-4},即“光尺”越长,相应的测距误差越大。为此,一般测距仪至少采用两种调制频率的“光尺”,其波长较长的称为“粗尺”,波长较短的称为“精尺”,分别用于测定距离的大数和小数。例如:“粗尺”长为 1 000 m,所测距离为 368. 5 m;“精尺”长为 10 m,对同一距离所测为 8. 542 m,则将二者综合即得显示屏上的精确距离为 368. 542 m。如果该段实际距离是 1 368. 542 m,则应由测量人员根据实际情况判断,加上

应有的整千米数。对于测程较长的中、远程测距仪,往往采用多种调制频率的光波进行测量。

二、光电测距仪的使用

(一)测距仪的组成

早期的测距仪一般由照准头、控制器和装有 1 至数块棱镜的反射镜构成,和经纬仪组合使用。照准头装有发射和接收装置,控制器装有控制电路、相位计及计算器,反射镜主要用于在被测点将测距仪发射来的调制光波反射回接收装置,新型的全站仪则将测距仪和电子经纬仪合为一体,使用更为方便。

(二)测距仪的分类

测距仪按测程长短分为远程(15 km 以上)、中程(5~15 km)和短程(5 km 以下)。

测距仪的测距中误差(又称标称精度)通常表示为

$$m = \pm(A + B \times 10^{-6} \times D) \quad (\text{mm}) \tag{1-3-21}$$

式中 A——固定误差(即与距离无关的误差),mm;

B——与距离成正比的误差系数;

D——被测距离,km;

$B\times10^{-6}\times D$——比例误差(即与距离相关的误差),mm;10^{-6} 又称为 ppm。

测距仪按 1 km 测距中误差 m_D 所表示的测距精度分为一级($m_D \leqslant 5$ mm)、二级(5 mm<$m_D \leqslant 10$ mm)和三级(10 mm<$m_D \leqslant 20$ mm)。

测距仪按合作目标(即反射装置)分为以棱镜为合作目标、以平面反射板为合作目标和无需合作目标(遇被测目标即可产生漫反射)。

(三)测距仪的使用

测距时,将测距仪(或全站仪)与反射镜分别安置于测程两端点。反射镜所用棱镜的块数与测程长短有关。一般单棱镜(见图 1-3-15)测程为 2.5 km,3、7、11 棱镜的测程依次为 3.5 km、4.5 km 和 5.5 km。接通电源后照准反射镜中心(见图 1-3-17),检查经反射镜返回的光强信号,符合要求即可开始测距(若测程小于 100 m,应启用滤光器,以免反射光过强损坏仪器)。每照准一次反射镜,揿动 2~3 次测距按钮,即进行 2~3 次距离读数,称为一测回。为提高测距精度,应按规定增加测回数,取其平均值作为测距成果。

新型测距仪一般均有对温度、气压等影响自动进行改正的功能,即所读距离已消除温度、气压变化所造成的误差。

三、光电测距仪检验

光电测距仪在使用前,应进行全面检验。其项目主要包括:仪器各部分的功能检视,三轴即发射光轴、接收光轴和望远镜视准轴是否一致或平行的检验,发光管相位不均匀引起照准误差的检验,接收信号强弱不均匀引起幅相误差的检验,反射镜不符合标准引起反射误差的检验,温度、气压及工作电压变化对测距影响的适应性能检验,以及仪器的周期误差和加常数、乘常数的测定等。后两项测定均属仪器的主要系统误差检测,较其他检验更为重要,因此简要加以介绍。

(一)周期误差测定

所谓周期误差,是指按一定距离为周期重复出现的误差。周期误差主要是由于相位计测得的相位值受到仪器内部串扰信号的影响,从而使测距产生误差。为克服其影响,应在测距成果中加入周期误差改正数

$$V_i = A\sin(\phi_0 + \theta_i) \tag{1-3-22}$$

式中 V_i——与距离 D_i 相应的周期误差改正数;

A——周期误差的振幅;

ϕ_0——初相角,即与光尺长 μ 之整数倍距离相应的相位角;

θ_i——与待测距离 D_i 除去尺长 μ 之整数倍距离后的尾数相应的相位角。

周期误差的测定就是测定其振幅 A 和初相角 ϕ_0。常用的测定方法为"平台法",即在室内(也可在室外)设置一平台。平台长与仪器的精尺长度 μ 相适应。将测距仪安置在平台延长线的一端 50~100 m 的 O 点处,其高度与反射镜的高度一致(见图 1-3-10)。观测时,由近至远在反射镜各个位置测定距离,反射镜每次移动量 $d=\dfrac{\mu}{n}$,一般取 $n=40$。如有必要,再由远至近返测。最后对观测值进行数据处理,就可得该仪器的周期误差振幅 A 和初相角 ϕ_0。

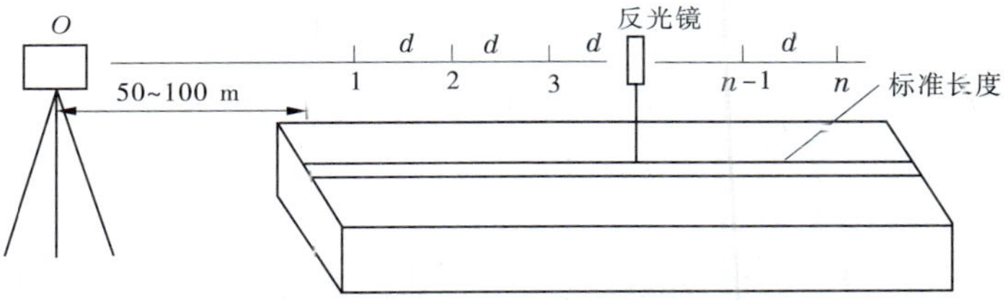

图 1-3-10 平台法测定测距仪的周期误差

(二)仪器常数测定

仪器常数包括仪器的加常数和乘常数。加常数是由于仪器的电子中心及反射镜的光学中心与各自的机械中心不重合而形成的,乘常数则主要是由于测距频率偏移而产生的。

如图 1-3-11 所示,D_0 为 A、B 两点之间的实际距离,D'为其观测值,则得下列关系式

$$D_0 = D' + K_i + K_r = D' + K \tag{1-3-23}$$

式中:$K=K_i+K_r$(图 1-3-11 中 K_i、K_r 均为负值),一般称 K 为仪器加常数,实际上它包含仪器自身加常数 K_i 和反射镜加常数 K_r。

由式(1-3-20)知,距离 D 的测定首先和仪器的光尺长 μ 有关,而

$$\mu = \frac{\lambda}{2} = \frac{c}{2f} \tag{1-3-24}$$

即 μ 和光波的频率 f 成反比。显然,若频率 f 的实际值和标准值之间出现偏差 $\Delta f=f_{实}-f_{标}$,则必定会给距离 D 带来误差,从而需要对此误差进行改正。所谓乘常数,就是由于频率偏差引起的计算改正数的系数。

1. 六段解析法测定加常数

设置直线 AB(其长度大约几百米至 1 km 左右),将其分为 $d_1 \sim d_6$,计 5 段 7 个点,点

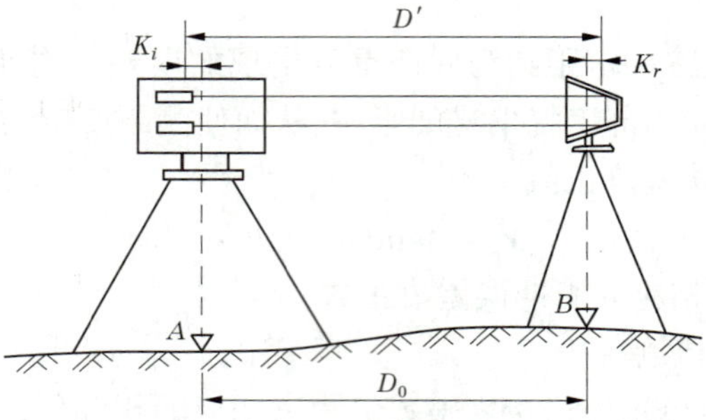

图 1-3-11　测距仪的加常数

号分别为 0,1,⋯,6(见图 1-3-12)。自 0 号点起始,逐一在每点安置仪器,在该点之后的点上依次架设反射镜,测量相应两点间的距离。共可获得 21 个水平距离观测值 D_{ij}($i=0,1,\cdots,5$;$j=i+1,\cdots,6$)。最后对观测值进行数据处理,就可解得 7 个未知数,分别为 6 段距离的平差值和仪器的加常数 K。

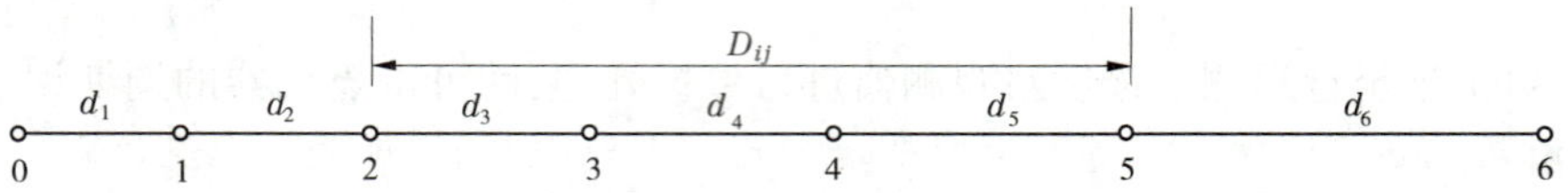

图 1-3-12　六段法测定加常数

六段法不需要预先知道测线上各点之间的精确长度,仅用测距仪的观测成果就可以通过计算求得仪器的加常数,因而应用较广。

2. 比较法同时测定加常数和乘常数

在已知多段(6 段以上)基线值的基线场上分别设置测距仪和反射镜获取各段距离观测值,与已知基线值进行比较,从而同时求得加常数和乘常数。之所以需要 6 段以上是因为增加观测值的个数,可以使求出的加常数和乘常数更为可靠。

比较法需要预先知道各段基线的精确长度,因而其应用受到一定的限制。

任务四　消减光电测距误差的措施

知识要点:光电测距的误差来源和分类。

技能要点:采取措施消减光电测距的各种误差。

光电测距的误差及相应的消减措施如下。

(一)固定误差

1. 仪器和反射镜的对中误差

对中误差的大小将直接影响测距的精度,应用光学对中器进行仪器和反射镜的对中,使对中误差控制在±2 mm 以内,同时保持反射镜的直立。

2. 仪器加常数差

应定期检测仪器的加常数,以便对仪器重新预置加常数,或对测距成果进行加常数改正。

3. 测相误差

测相计的灵敏度降低及大气噪声的干扰，使测相系统受到影响，从而给测距带来误差。仪器显示的距离值都是仪器快速进行千万次测相结果的平均值，能在很大程度上消弱这一误差的影响。

4. 照准误差

仪器发射光束的横截面上各部分的相位有所不同，经反射后也会产生测距误差。为消弱该项影响，应使望远镜照准时与反射镜互为最佳位置。为此，先用望远镜照准反射镜中心，称为“光照准”，再调整仪器的水平、竖直螺旋，同时调节反射镜的朝向和角度，以使信号强度指示到最大值，称为“电照准”，从而达到最佳的照准效果。

5. 幅相误差

接收光强信号的强弱不均匀，引起的测距误差为幅相误差。可通过调节光栏孔径，并根据检测电表将接收信号的强度控制在一定的范围内，以减小该项误差。

(二)比例误差

1. 光波频率测定误差

由于光尺长与光波频率成反比，因此光波频率的测定误差致使光尺长度产生误差，即给测距带来与距离成比例的误差。可通过定期检测频率，以尽量减小该项误差的影响。

2. 大气折射率误差

由式(1-3-17′)可见，光速 c 与大气折射率 n 有关。而影响折射率 n 的因素有气温、气压等。如果温度、气压量测不准，使 n 的数值有误，也会给测距造成比例误差。应尽量沿测程测定温度、气压，从而对测距成果合理地施加气象改正。

任务五　全站仪的组成与使用

知识要点：全站仪的组成。

技能要点：能使用全站仪进行常规测量和程序测量。

随着大规模集成电路的推广应用，单体的测距仪和电子经纬仪已逐步为全站仪所取代。全站仪的全称为全站型电子速测仪。它将光电测距仪、电子经纬仪和微处理器合为一体，具有对测量数据自动进行采集、计算、处理、存储、显示和传输的功能，不仅可全部完成测站上所有的距离测量、角度测量和高程测量以及三维坐标测量、点位测设、施工放样和变形监测，还可用于控制网的加密、地形图的数字化测绘及测绘数据库的建立等。

一、全站仪的组成

(一)四大光电测量系统

全站仪的主要组成部分如图 1-3-13 所示。其四大光电测量系统分别为水平角测量系统、竖直角测量系统、距离测量系统和水平补偿系统。前三种用于角度、高差和距离测量，第四种则用于对仪器的竖轴、横轴(即水平轴)和视准轴的倾斜误差进行补偿。

电子测角系统的原理见本书模块一项目二任务五，光电测距系统的原理见本书模块一项目三任务三。

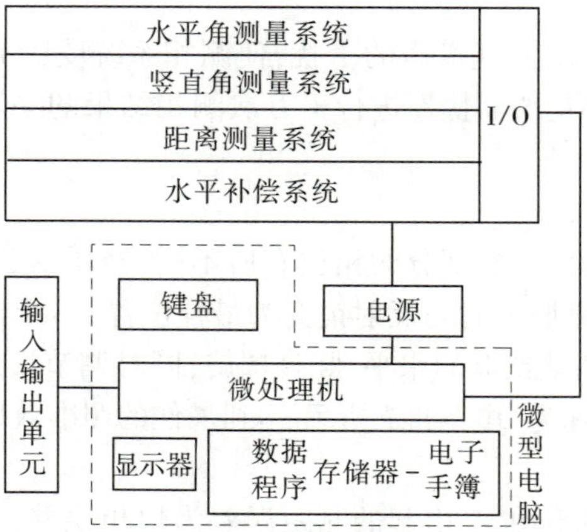

图 1-3-13　全站仪组成框图

（二）微处理器、电子手簿和附属部件

仪器的核心部分是微处理器和电子手簿。根据键盘获得的操作指令，微处理器即调用内部命令，指示仪器进行相关的测量工作和通过电子手簿进行数据的记录、检核、处理、存储及传输。其附属部件有作为电源的可充电电池，供仪器的运转和照明；显示器供数据的显示输出；输入输出单元则是与外部设备相连的接口，用于和计算机的双向通信。电子手簿中还备有数据存储器和程序存储器，前者用于数据的暂时存储，后者便于开发新的测量软件。

（三）同轴望远镜

全站仪的视准轴和光电测距的发射光轴、接收光轴同轴，既可以用于目标照准，又可以发射测距光波，并经同一路径返回接收。其测距头内装有两个光路与视准轴同轴的发射管，提供两种测距方式：一种发射需经棱镜反射进行测距的红外光束；另一种发射红色激光束，不用棱镜，只要遇到被测目标（或其他障碍物）即可反射（但反射光强偏弱，因此测距长度有一定限制）。正因为全站仪装有这样的望远镜，因此一次照准目标，即能同时测定水平角、竖直角（或天顶距）、距离和高差，而且采用不同的测距方式可在有或无反射棱镜（即合作目标）的情况下，都能测距。

二、南方测绘 NTS-312 型全站仪的使用

该型号全站仪光电测距系统采用砷化镓（GaAs）红外发光管，内含两个光尺频率：精测频率为 14 985 437 Hz，光尺长 10 m；粗测频率为 14 985. 440 Hz，光尺长 10 km。电子测角系统采用光栅度盘增量方式，竖直角采用倾斜传感器，自动进行倾斜补偿。补偿范围 ±3′，补偿精度 1″。望远镜成像为正像，放大倍率 30 倍，最短视距 1. 3 m，采用内置式电源。图 1-3-14 为南方测绘 NTS-312 型全站仪的外形，图 1-3-15 为与之配套使用的反射棱镜，为便于观测，仪器双面都有显示窗（见图 1-3-16），采用点阵式液晶显示，共 4 行，每行 20 个字符。

（一）测量模式

（1）角度测量模式：进行零方向或起始方向值配置，同时进行水平角和竖直角（或天

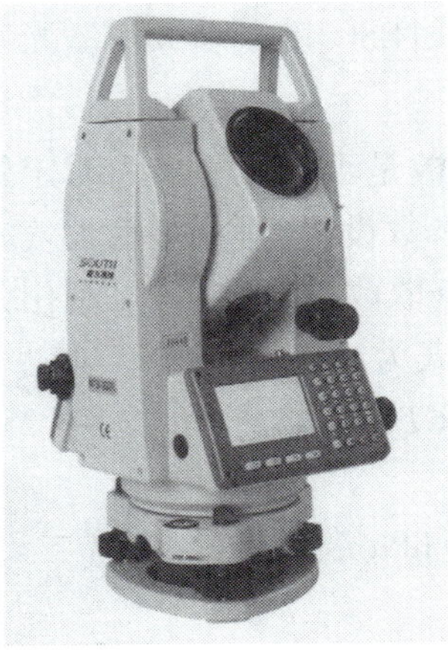

图 1-3-14　南方测绘
NTS-312 型全站仪

图 1-3-15　反射棱镜

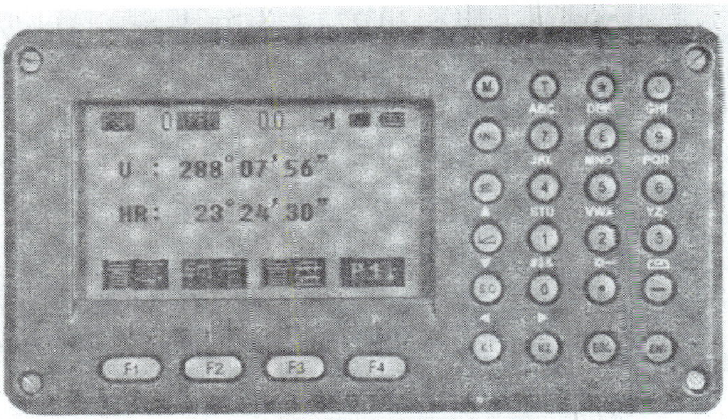

图 1-3-16　显示窗和操作键

顶距）测量。

（2）距离测量模式：设置仪器常数和气象改正，进行距离的单次测量、连续测量或跟踪测量，同时完成水平角、水平距离和高差的测量，用于施工放样时显示测量距离和测设距离之差，还可进行偏心测量等。

（3）坐标测量模式：直接测定未知点三维坐标，还可用于施工中的坐标放样。

（4）放样模式：进行角度、距离和点位的坐标放样。

（5）菜单模式（即程序测量模式）：进行交会、悬高、对边、面积等测量。

（二）基本操作

（1）开机。将全站仪安置于测站，反射镜安置于目标点。打开电源开关键，显示器显示当前的棱镜常数和气象改正数及电源电压。若电压不足，应及时更换电池。

（2）仪器自检。纵向转动望远镜一周，使仪器垂直角过零盘，即使竖直度盘初始化（有的仪器无须初始化）。

（3）对中和整平。新型全站仪具有激光对点功能，其对中方法是：将仪器安置在地面点的上方，大致整平仪器，按★键，开启激光对点器，旋转脚螺旋，使激光对点光斑对准地面测站点的标志，再升降调节脚架的高度使水准器气泡居中，按 ESC 键自动关闭激光对点器功能即可。

(4)参数设置。棱镜常数检查与设置：检查仪器设置的常数是否与仪器出厂时定的常数，或检定后的常数一致，若不一致应予以改正。气象改正参数设置：可直接输入气象参数(环境气温 T 与气压 P)，或从随机所带的气象改正表中查取改正参数，还可利用公式计算，然后输入气象改正参数。该型号全站仪的气象改正公式为

$$PPM = 273.8 - 0.2900P/(1 + 0.00366T) \tag{1-3-25}$$

式中 PPM——气象改正值；

P——气压，hPa，若以 mmHg 为单位，按 1 mmHg = 1.333 hPa 进行换算；

T——温度，℃。

(5)选择角度测量模式。瞄准第 1 目标，设置水平方向起始值 0°00′00″(称为置零)或键入所需配置的方向值(称为置盘)；再瞄准第 2 目标，直接显示该目标的水平方向值 HR 和竖直角 V(或倾斜视线的天顶距)。南方测绘 NTS-312 型全站仪角度测量操作流程如表 1-3-2 所示(参见《工程测量技术实训指导》附录二：南方测绘 NTS-312 型全站仪使用简要说明)。

表 1-3-2　南方测绘 NTS-312 型全站仪角度测量操作流程

确认处于角度测量模式(ANG 键)

操作流程	操作	显示
①照准第一个目标 A	照准 A	PSM -30 PPM 4.6 V : 88° 30′ 55″ HR : 346° 20′ 20″ 置零 锁定 置盘 P1↓
②设置目标 A 的水平角为 0°00′00″	置零	PSM -30 PPM 4.6 V : 88° 30′ 55″ HR : 0° 00′ 00″ 置零 锁定 置盘 P1↓
按 置零 键和 是 键确定	是	PSM -30 PPM 4.6 水平角置零 >OK? [否] [是]
③照准第二个目标 B，显示目标 B 的天顶距或竖直角 V 和水平角 HR	照准目标 B	PSM -30 PPM 4.6 V : 93° 25′ 15″ HR : 168° 32′ 24″ 置零 锁定 置盘 P1↓

注：若关机，当前显示的水平角被保存，下次开机即显示被保存的水平角。

（6）选择距离测量模式。可以选择使用单次测距、连续测距或跟踪测距。

（7）照准、测量。方向观测时照准标杆或觇牌中心，距离测量时瞄准反射棱镜中心（见图1-3-17），按测量键显示水平角、竖直角和斜距，或显示水平角、水平距离和高差。南方测绘NTS-312型全站仪距离测量操作流程如表1-3-3所示（参见《工程测量技术实训指导》附录二：南方测绘NTS-312型全站仪使用简要说明）。

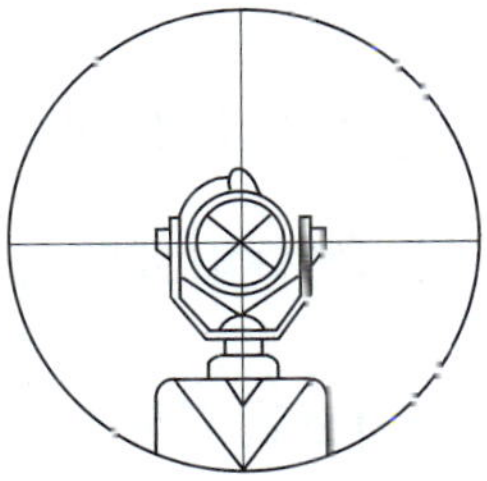

图1-3-17 反射棱镜的照准

（8）测量完毕关机。

表1-3-3 南方测绘NTS-312全站仪距离测量操作流程

确认处于距离测量模式（⊿键）

操作流程	操作	显示
①照准目标处的棱镜中心	照准	PSM -30 PPM 4.6 V : 95° 30′ 55″ HR : 155° 30′ 20″ 置零 锁定 置盘 P1↓
②按⊿键，距离测量开始；显示倾斜距离（SD）	⊿	PSM -30 PPM 4.6 V : 95° 30′ 55″ HR : 155° 30′ 20″ SD : [N] m 测量 模式 S/A P1↓
③再次按⊿键，显示变为水平距离（HD）和高差（VD）	⊿	PSM -30 PPM 4.6 V : 95° 30′ 55″ HR : 155° 30′ 20″ HD : [N] VD: m 测量 模式 S/A P1↓

注：HD [N] 表示测距模式为N次，按[模式]键，自键盘输入“1”，将[N]改为[1]，即使测距模式改为1次。

（三）注意事项

（1）撑伞作业，防止阳光直接照射或雨水浇淋损坏仪器。阳光下作业，应装滤光镜。

（2）避免温度骤变时作业。开箱后，应待箱内温度与环境温度适应后，再使用仪器。

（3）测线两侧或反射棱镜后应避开障碍物体，以免障碍物反射信号进入接收系统产生干扰信号，同时，避开变压器、高压线等强电场源，以免受电磁场干扰。

（4）观测结束及时关机。

（5）运输过程中注意仪器的防潮、防震、防高温。

（6）注意仪器的及时充电。仪器不用时，也应充电后存放。长期不用，应将电池卸下，分开存放。

（7）不要用眼睛直视望远镜物镜，或用望远镜物镜指向别人，以免物镜发出的激光束造成伤害。

三、全站仪程序测量

进入坐标测量模式或菜单测量模式，全站仪即可调用自存的测量程序，进行如下测量工作。

（一）悬高测量

遇目标（如高压电线、桥梁桁架等）无法安置棱镜，需要测量其高度时，可以在正对目标的上面或下面安置棱镜，进行测量，称为悬高测量。如图 1-3-18 所示，为测量高压线垂曲最低点 T 的高度 d_{VD}，在其垂线下方安置反射棱镜，量取棱镜高 h_1，选择菜单模式下的悬高测量程序，输入棱镜高，瞄准棱镜中心 P，按距离测量键，测定平距 d_{HD} 及棱镜中心天顶距 Z_P；瞄准 T 点，仪器自动测定 T 点天顶距 Z_T，即可显示按下式计算的 T 点离棱镜 P 所立地面的高差 d_{VD} 为

$$d_{VD} = h_1 + h_2 = h_1 + d_{HD}(\cot Z_T - \cot Z_P) \quad (1\text{-}3\text{-}26)$$

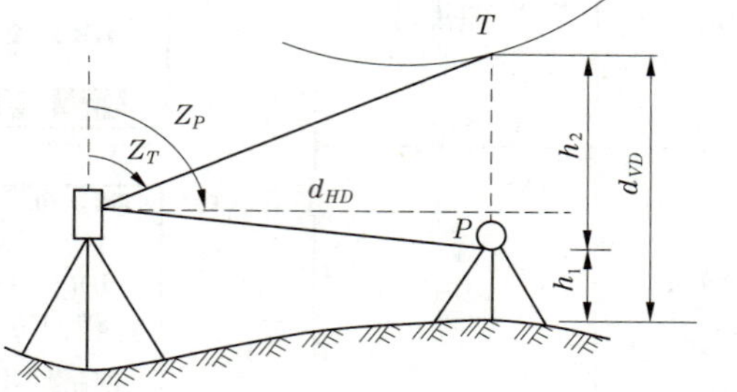

图 1-3-18　悬高测量

（二）对边测量

在测站点 O 上安置仪器，分别对目标点 A 和 B（二点之间是否通视不限）进行观测，从而推算出 AB 之间的平距、斜距和高差，称为对边测量。对边测量有两种模式：辐射式（测量 AB、AC、AD…的平距 d_{HD}、斜距 d_{SD} 和高差 d_{VD}）和连续式（测量 AB、BC、CD…的平距 d_{HD}、斜距 d_{SD} 和高差 d_{VD}），供选择使用（见图 1-3-19）。

操作时，先输入测站 O 的仪器高，选择对边测量程序。输入各目标点的点号和棱镜高，瞄准第一目标点 A，按测量键，再依次瞄准 B、C、D…，每按一次测量键，即分别显示相应的对边测量结果。

（三）面积测量

测量三个或三个以上目标点连线所围成的闭合多边形面积，为面积测量。各点坐标可以现场测得，也可以从内存调用或手工输入，点与点之间只用直线相连，如图 1-3-20 中虚线所示）。操作时，选择面积测量程序，按屏幕提示依次瞄准目标点处所立棱镜，按测量键。测量三个点以上（点与点之间连线不得相互交叉），屏幕即显示由目标点组成的闭合多边形的面积和点数。测量闭合曲线围成的面积时，应尽量选择曲线上方向发生明显变化的“拐点”作为目标点，以提高面积测量的精度。该测量的原理亦为“梯形面积累加法”，参见本书模块二项目三任务二中“图上面积量算”部分。

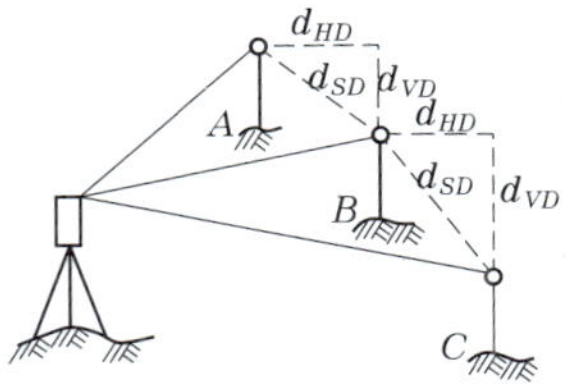

图 1-3-19　连续式对边测量

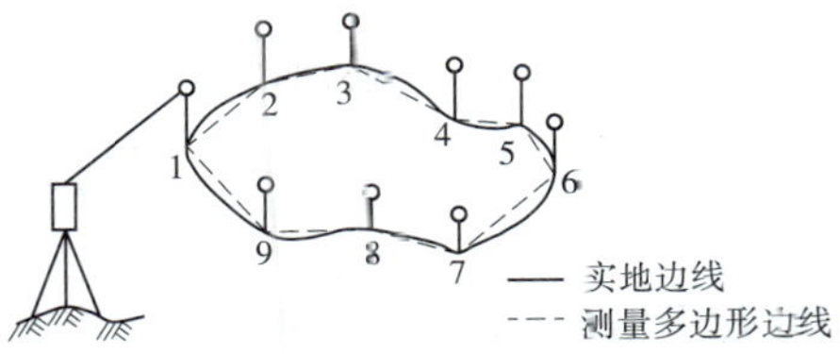

图 1-3-20　面积测量

全站仪的程序测量模式还可用于施工测量的点位坐标放样，有关内容见本书模块二项目四任务三。

(四)三维坐标测量

参见模块一项目四任务四全站仪坐标测量。

该全站仪各测量模式的具体操作步骤参见《工程测量技术实训指导》附录二：南方测绘 NTS-312 型全站仪使用简要说明。

小　结

(1)钢尺量距的作业包括直线定线和分段往、返丈量，精密量距需要施加尺长改正、温度改正和倾斜改正。

(2)视距测量是用光学仪器(水准仪、经纬仪)和标尺同时测定两点间的水平距离和高差的一种方法，用十字丝的上、中、下三丝对标尺进行读数，同时观测中丝所指目标点的竖直角，并量取仪器高，即可通过倾斜视线的视距公式计算出测站至目标点的水平距离和高差。

(3)光电测距常用的是相位式测距仪，其测距原理为通过测定光波往、返测程所产生的相位差，间接测定光波往、返测程所耗费的时间，从而推算测站到目标的水平距离。

(4)全站仪是一种将光电测距仪、电子经纬仪、微处理器和电子手簿合为一体的新型电子测量仪器，既可全部完成测站上所有的距离、角度和高程测量以及点位的测设和施工放样等工作，又可通过调用自存的软件，进行程序测量。

复习题

1. 什么是水平距离？分段进行钢尺量距时，距离的计算公式为__________，往、返丈量距离的平均值为________，相对误差的计算公式为____________________。

2. 精密量距时，尺长改正的计算公式为______________，温度改正的计算公式为________，倾斜改正的计算公式为__________________，钢尺尺长方程式的一般形式为________________________________。

3. 倾斜视线的视距测量计算公式：$D_{平}=$____________，$h_{AB}=$____________，$H_B=$____________。(以上公式均应说明各元素的含义)

4. 光电测距仪的标称精度为 $m_D=\pm(A+B\times10^{-6}\times D)$，式中 A 是____________，意为

________________,B 是________________,意为________________。

练习题

1. 钢尺丈量 AB 的水平距离,往测为 357.23 m,返测为 357.33 m;丈量 CD 的水平距离,往测为 248.73 m,返测为 248.63 m,最后得 D_{AB}、D_{CD} 及它们的相对误差各为多少(注意:相对误差的分母一般取 100 或 10 的整倍数,而不用取到小数)?哪段丈量的结果比较精确?

2. 已知某钢尺尺长方程式为 $l_t=30.0-0.005+1.25\times10^{-5}\times30.0(t-20)$ m,当 $t=30$ ℃时,用该钢尺量得 AB 的倾斜距离为 230.70 m,每尺段两端高差平均值为 0.15 m。求 AB 的水平距离(计算至 mm)。

3. 完成表 1-3-4 中视距测量的有关计算。

表 1-3-4　视距测量手簿

测站高程　32.16 m　　　　仪器高　$i=1.56$ m

点号	上丝读数 下丝读数 (m)	视距间隔 (m)	中丝读数 (m)	竖盘读数 (°　′　″)	竖直角 (°　′　″)	水平距离 (m)	高差 (m)	高程 (m)
1	1.880 1.242		1.56	87　18　00				
2	2.875 1.120		2.00	93　18　00				

思考题

1. 钢尺量距为何要进行直线定线?如果定线不准,或量距时钢尺不水平、中部下垂等,会使丈量的结果大于还是小于正确距离?

2. 简述相位式测距仪的测距原理。一般相位式测距仪为何至少采用两种以上频率的光波进行测距?什么是测距仪的加常数、乘常数和周期误差?可分别采用什么方法加以测定?

3. 简述全站仪的组成、性能指标、测量模式、使用方法和注意事项。全站仪常用的程序测量包括哪些内容?如何进行?

项目四　点位测定

知识目标

直线定向,方位角、相邻边方位角的推算,坐标正算、坐标反算,测定未知点坐标的方法,测定未知点高程的方法。

技能目标

能运用极坐标法、直角坐标法、角度交会法、距离交会法等方法测定未知点的坐标,能运用水准测量和三角高程测量等方法测定未知点的高程,能进行全站仪的坐标测量。

任务一　直线定向和坐标推算

知识要点:方位角、象限角、相邻边方位角的推算,坐标正算、坐标反算。

技能要点:能根据需要,熟练运用普通测量的三个重要公式:相邻边方位角推算公式、坐标正算公式和坐标反算公式。

地面两点之间的方向一般是用方位角表示的。知道两点之间的边长和方位角,即可根据一个点的坐标推算另一个点的坐标。边长用距离测量测定,方位角则可通过直线定向来获得。

一、直线定向

(一)方位角

直线定向就是确定一条直线的方向,直线方向一般用方位角表示。所谓方位角,就是自某标准方向起始,顺时针至一条直线的水平角,取值范围为0°~360°(见图1-4-1)。由于标准方向的不同,方位角可分为真方位角、磁方位角和坐标方位角。

(1)真方位角:以过直线起点和地球南、北极的真子午线指北端为标准方向的方位角,以A表示。

(2)磁方位角:以过直线起点和地球磁场南、北极的磁子午线指北端为标准方向的方位角,以A_m表示。

(3)坐标方位角:以过直线起点的平面坐标纵轴平行线指北端为标准方向的方位角,以α表示。测量中,坐标方位角往往简称为方位角。

1.真方位角与磁方位角之间的关系

地球的南、北极和地球磁场的南、北极是不重合的,因此过地面某点的真子午线与磁子午线不重合,二者之间的夹角为磁偏角,用δ表示(见图1-4-2)。磁子午线北端偏于真子午线以东为东偏,δ为“+”;磁子午线北端偏于真子午线以西为西偏,δ为“-”。不同地方的磁偏角不同,如北京地区δ约为-5°,而南京地区δ约为-3.5°。

同一直线的真方位角 A 和磁方位角 A_m 可用下式换算

$$A = A_m + \delta \tag{1-4-1}$$

2. 真方位角与坐标方位角之间的关系

过平面某点的坐标纵轴平行线与过该点的真子午线也是不平行的，二者之间的夹角为子午线收敛角，用 γ 表示(见图 1-4-3)。坐标纵轴位于真子午线以东，γ 为“+”；坐标纵轴位于真子午线以西，γ 为“-”。同一直线的真方位角 A 和坐标方位角 α 可用下式换算

$$A = \alpha + \gamma \tag{1-4-2}$$

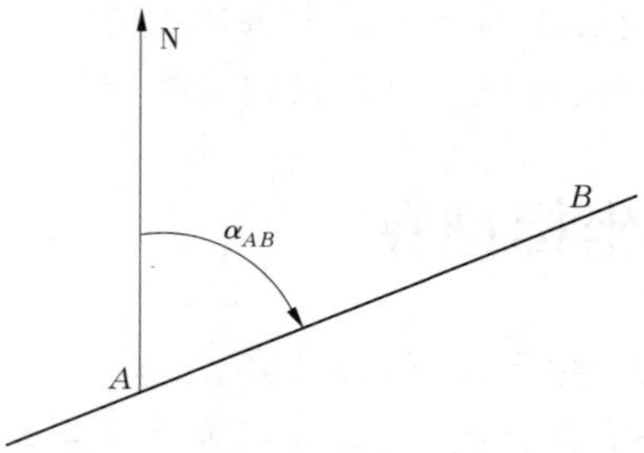

图 1-4-1　方位角

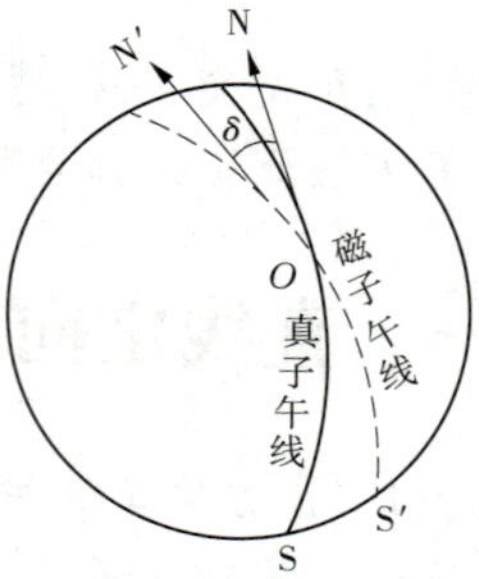

图 1-4-2　磁偏角

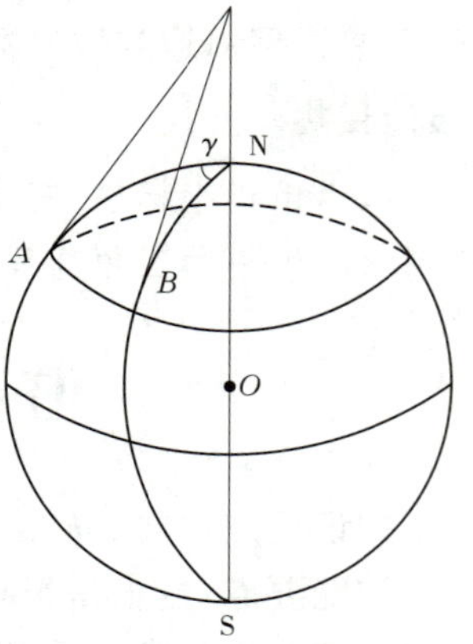

图 1-4-3　子午线收敛角

(二)正、反方位角

对于直线 AB 而言，过始点 A 的坐标纵轴平行线指北端顺时针至直线的夹角 α_{AB} 是 AB 的正方位角，而过端点 B 的坐标纵轴平行线指北端顺时针至直线的夹角 α_{BA} 则是 AB 的反方位角，同一条直线的正、反方位角相差 180°(见图 1-4-4)，即

$$\alpha_{AB} = \alpha_{BA} \pm 180° \tag{1-4-3}$$

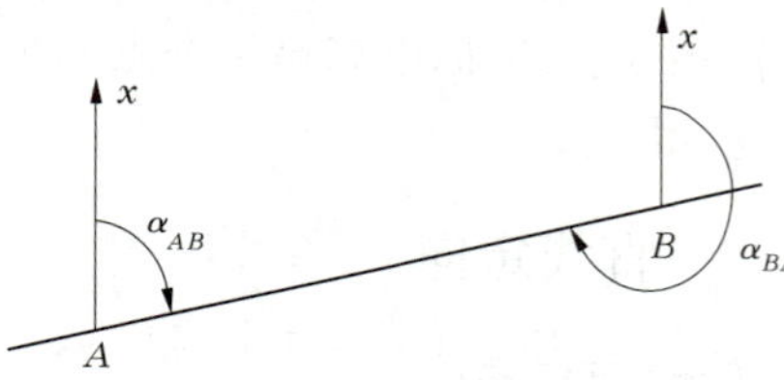

图 1-4-4　同一直线的正、反方位角

式(1-4-3)右端：若 $\alpha_{BA}<180°$，用“+”号；若 $\alpha_{BA} \geqslant 180°$，用“-”号。

(三)象限角

一条直线的方向有时也可用象限角表示。所谓象限角，是指从坐标纵轴的指北端或指南端起始，至直线的锐角，用 R 表示，取值范围为 0°～90°。为了说明直线所在的象限，在 R 前应加注直线所在象限的名称。四个象限的名称分别为北东(NE)、南东(SE)、南西(SW)、北西(NW)(见图 1-4-5)。象限角和坐标方位角之间的换算公式列于表 1-4-1。

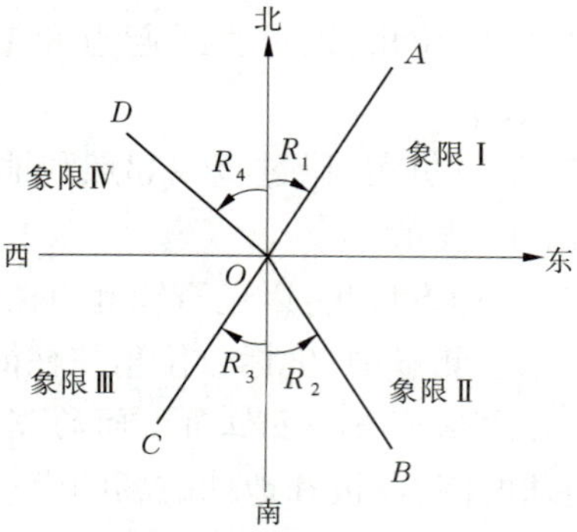

图 1-4-5　象限角

表 1-4-1 象限角与方位角换算关系

象限	象限角 R 与方位角 α 换算公式
第Ⅰ象限(NE)	$\alpha=R$
第Ⅱ象限(SE)	$\alpha=180°-R$
第Ⅲ象限(SW)	$\alpha=180°+R$
第Ⅳ象限(NW)	$\alpha=360°-R$

(四)相邻边方位角推算

测量工作中一般并不直接测定每条边的方向,而是通过与已知方向进行联测,推算出各边的坐标方位角。设地面有相邻的 A、B、C 三点,连成折线(见图 1-4-6),已知 AB 边的方位角 α_{AB},又测定了 AB 和 BC 之间的水平角 β,求 BC 边的方位角 α_{BC},即是相邻边方位角的推算。水平角 β 又有左、右之分,前进方向左侧的水平角为 $\beta_{左}$,前进方向右侧的水平角为 $\beta_{右}$。

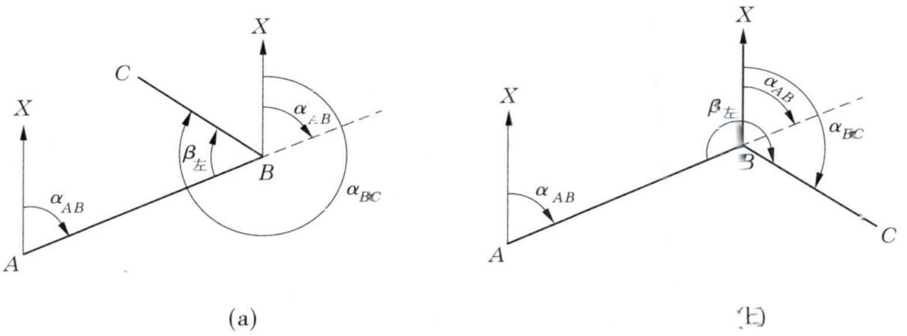

图 1-4-6 相邻边方位角的推算

设三点相关位置如图 1-4-6(a)所示,应有

$$\alpha_{BC}=\alpha_{AB}+\beta_{左}+180° \tag{1-4-4}$$

设三点相关位置如图 1-4-6(b)所示,应有

$$\alpha_{BC}=\alpha_{AB}+\beta_{左}+180°-360°=\alpha_{AB}+\beta_{左}-180° \tag{1-4-5}$$

若按折线前进方向将 AB 视为后边、BC 视为前边,综合式(1-4-4)和式(1-4-5)即得相邻边方位角推算的通式

$$\alpha_{前}=\alpha_{后}+\beta_{左}\pm180° \tag{1-4-6}$$

显然,如果测定的是 AB 和 BC 之间的前进方向右侧水平角 $\beta_{右}$,因为有 $\beta_{左}=360°-\beta_{右}$,代入式(1-4-6)即得通式

$$\alpha_{前}=\alpha_{后}-\beta_{右}\pm180° \tag{1-4-7}$$

式(1-4-6)和式(1-4-7)右端,若前两项计算结果<180°,180°前面用"+"号,否则 180°前面用"-"号。

二、坐标推算

地面点的坐标推算包括坐标正算和坐标反算。

(一)坐标正算

根据 A 点的坐标(X_A,Y_A)和直线 AB 的水平距离 D_{AB} 与坐标方位角 α_{AB},推算 B 点的坐标(X_B,Y_B)为坐标正算。由图 1-4-7 可见,其计算公式为

$$\left.\begin{aligned} X_B &= X_A + \Delta X_{AB} \\ Y_B &= Y_A + \Delta Y_{AB} \end{aligned}\right\} \tag{1-4-8}$$

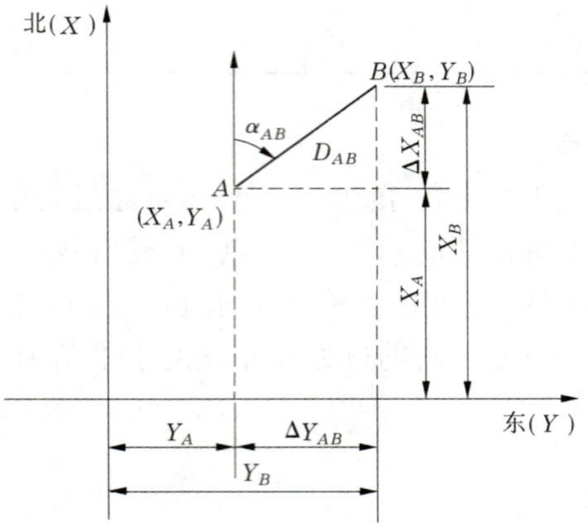

图 1-4-7　坐标正算与反算

其中:ΔX_{AB} 与 ΔY_{AB} 分别称为 $A \sim B$ 的纵、横坐标增量,仍由图 1-4-7 可见,其计算公式为

$$\left.\begin{aligned} \Delta X_{AB} &= X_B - X_A = D_{AB}\cos\alpha_{AB} \\ \Delta Y_{AB} &= Y_B - Y_A = D_{AB}\sin\alpha_{AB} \end{aligned}\right\} \tag{1-4-9}$$

注意,ΔX_{AB} 和 ΔY_{AB} 均有正、负,其符号取决于直线 AB 的坐标方位角所在的象限,参见表 1-4-2。

表 1-4-2　不同象限坐标增量的符号

坐标方位角 α_{AB} 及其所在象限	ΔX_{AB} 的符号	ΔY_{AB} 的符号
0°~90°(第Ⅰ象限)	+	+
90°~180°(第Ⅱ象限)	−	+
180°~270°(第Ⅲ象限)	−	−
270°~360°(第Ⅳ象限)	+	−

(二)坐标反算

根据 A、B 两点的坐标(X_A,Y_A)和(X_B,Y_B),推算直线 AB 的水平距离 D_{AB} 与坐标方位角 α_{AB} 为坐标反算。仍由图 1-4-7 可见,其计算公式为

$$\alpha_{AB} = \arctan\frac{Y_B - Y_A}{X_B - X_A} = \arctan\frac{\Delta Y_{AB}}{\Delta X_{AB}} \tag{1-4-10}$$

$$D_{AB} = \sqrt{(X_B - X_A)^2 + (Y_B - Y_A)^2} = \sqrt{(\Delta X_{AB})^2 + (\Delta Y_{AB})^2} \tag{1-4-11}$$

注意,在用计算器按式(1-4-10)反算 α_{AB} 时,首先计算的是象限角 $\pm R_{AB}$,如果 ΔY_{AB} 与 ΔX_{AB} 的符号相同,在第一或第三象限,R_{AB} 前为"+"号,否则在第二或第四象限,R_{AB} 前为"−"号,必须参照表 1-4-2 与表 1-4-1,先根据 ΔX_{AB}、ΔY_{AB} 的正、负号,确定直线 AB 所在的象

限，再将象限角化为坐标方位角。例如，ΔX_{AB}、ΔY_{AB} 均为-1，这时由式(1-4-10)计算得到的 α_{AB} 数值为45°，但根据 ΔX_{AB}、ΔY_{AB} 的符号判断，直线 AB 应在第三象限。因此，最后得 $\alpha_{AB}=45°+180°=225°$，余类推。

任务二　测定点的坐标

知识要点：极坐标法、直角坐标法、角度交会法、距离交会法、全站仪自由设站法。

技能要点：能根据施工现场特点，灵活选择最佳方法测定未知点坐标。

在已知点上设站测量未知点(加密图根控制点或地形点)坐标的基本方法有以下几种，应根据仪器设备和现场条件等多种因素灵活选择使用。

一、极坐标法

如图1-4-8所示，在已知点 A 上架设仪器，以 A 至另一已知点 B 为起始方向(即极轴，其方位角 α_{AB} 为已知)，测量 AB 和 Aa 之间的水平角 β(极角)以及 Aa 的水平距离 D_{Aa}(极距)，即可按以下步骤计算未知点 a 的坐标：

(1)计算 Aa 边的方位角为

$$\alpha_{Aa}=\alpha_{AB}+\beta \tag{1-4-12}$$

(2)计算 Aa 边的坐标增量为

$$\left.\begin{aligned}\Delta X_{Aa}&=D_{Aa}\cos\alpha_{Aa}\\ \Delta Y_{Aa}&=D_{Aa}\sin\alpha_{Aa}\end{aligned}\right\} \tag{1-4-13}$$

(3)计算 a 点坐标

$$\left.\begin{aligned}X_a&=X_A+\Delta X_{Aa}\\ Y_a&=Y_A+\Delta Y_{Aa}\end{aligned}\right\} \tag{1-4-14}$$

此法应用最广，尤其适用于开阔地区。

二、直角坐标法

在图1-4-9中，将 AB 视为直角坐标系的坐标轴，为测定未知点 b 的位置，先由 b 点向 AB 边作垂线，再分别量取 A 点和 b 点至垂足 b' 的距离 $D_{Ab'}$ 和 $D_{bb'}$，即可按以下步骤计算 b 点的坐标：

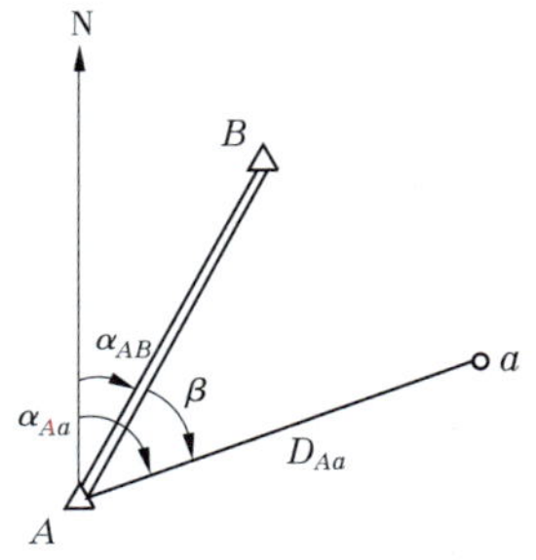

图1-4-8　极坐标法测定点位

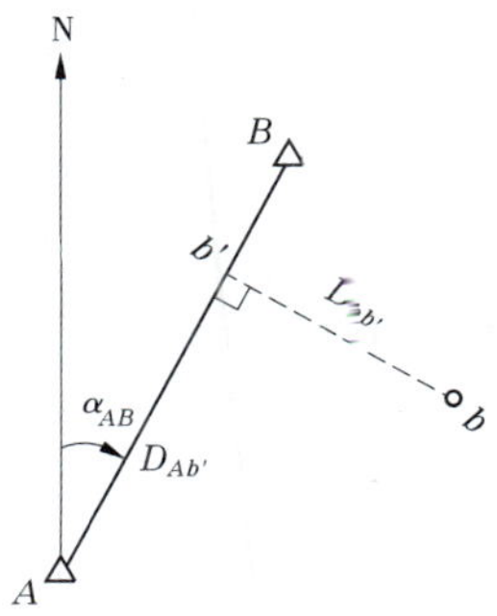

图1-4-9　直角坐标法测定点位

(1)分别计算 Ab'边和 $b'b$ 边的坐标增量

$$\left.\begin{aligned}\Delta X_{Ab'} &= D_{Ab'}\cos\alpha_{AB}\\ \Delta Y_{Ab'} &= D_{Ab'}\sin\alpha_{AB}\end{aligned}\right\} \tag{1-4-15}$$

$$\left.\begin{aligned}\Delta X_{b'b} &= D_{b'b}\cos(\alpha_{AB}+90^\circ)\\ \Delta Y_{b'b} &= D_{b'b}\sin(\alpha_{AB}+90^\circ)\end{aligned}\right\} \tag{1-4-16}$$

(2)计算 b 点坐标

$$\left.\begin{aligned}X_b &= X_A+\Delta X_{Ab'}+\Delta X_{b'b}\\ Y_b &= Y_A+\Delta Y_{Ab'}+\Delta Y_{b'b}\end{aligned}\right\} \tag{1-4-17}$$

此法适用于建筑物较为规整,未知点离已知点较近的地区。

三、角度交会法

角度交会又分前方交会、侧方交会和后方交会等多种形式,适用场合有所不同。

(一)前方交会

如图 1-4-10 所示,在已知点 A、B 上设站,观测 α、β 角,计算待定点 P 的坐标,即为前方交会。计算公式推导如下:

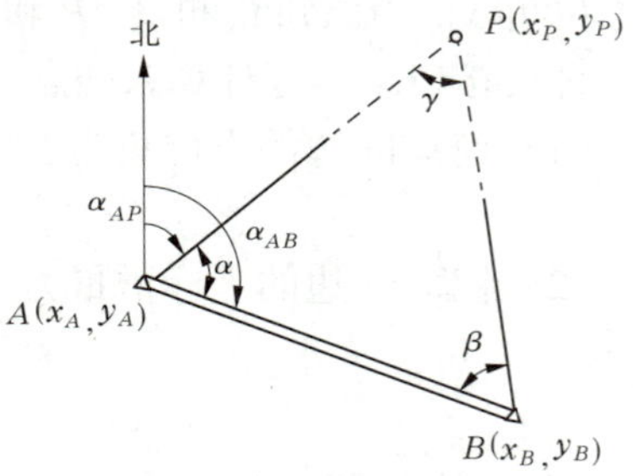

图 1-4-10　测角前方交会

由 A、B 两点已知坐标按式(1-4-10)反算得 α_{AB},于是有

$$\alpha_{AP}=\alpha_{AB}-\alpha \tag{a}$$

按坐标正算可得

$$\left.\begin{aligned}x_P-x_A &= D_{AP}\cos\alpha_{AP}\\ y_P-y_A &= D_{AP}\sin\alpha_{AP}\end{aligned}\right\} \tag{b}$$

将式(a)代入式(b),得

$$\left.\begin{aligned}x_P-x_A &= D_{AP}(\cos\alpha_{AB}\cos\alpha+\sin\alpha_{AB}\sin\alpha)\\ y_P-y_A &= D_{AP}(\sin\alpha_{AB}\cos\alpha-\cos\alpha_{AB}\sin\alpha)\end{aligned}\right\} \tag{c}$$

因有 $\cos\alpha_{AB}=\dfrac{x_B-x_A}{D_{AB}}$,$\sin\alpha_{AB}=\dfrac{y_B-y_A}{D_{AB}}$,代入式(c)可得

$$\left.\begin{aligned}x_P-x_A &= \frac{D_{AP}}{D_{AB}}\sin\alpha[(x_B-x_A)\cot\alpha+(y_B-y_A)]\\ y_P-y_A &= \frac{D_{AP}}{D_{AB}}\sin\alpha[(y_B-y_A)\cot\alpha+(x_B-x_A)]\end{aligned}\right\} \tag{d}$$

式(d)右端第一项据正弦定理可写为

$$\frac{D_{AP}}{D_{AB}}\sin\alpha=\frac{\sin\beta}{\sin(\alpha+\beta)}\sin\alpha=\frac{\sin\beta\sin\alpha}{\sin\alpha\cos\beta+\cos\alpha\sin\beta}=\frac{1}{\cot\alpha+\cot\beta} \tag{e}$$

将式(e)代入式(d),整理可得

$$
\left.\begin{aligned}
x_P &= \frac{x_A\cot\beta + x_B\cot\alpha + (y_B - y_A)}{\cot\alpha + \cot\beta} \\
y_P &= \frac{y_A\cot\beta + y_B\cot\alpha + (x_B - x_A)}{\cot\alpha + \cot\beta}
\end{aligned}\right\} \tag{1-4-18}
$$

式(1-4-18)即为由已知点坐标和观测角直接计算交会点坐标的余切公式。具体算例见表 1-4-3。需要注意的是,推导余切公式时,所用符号与图 1-4-10 中的编号是对应的,因此在使用该式时,两个已知点和两个观测角的编号一定要与图 1-4-10 中的编号相一致,否则会出错。

表 1-4-3　测角前方交会计算表

附图	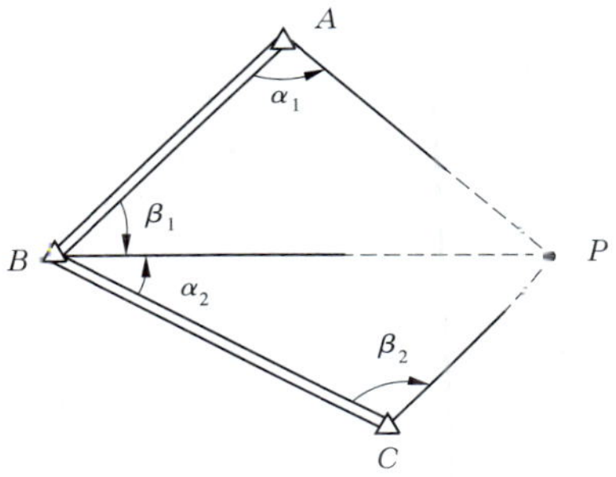					
点名	观测角		x(m)		y(m)	
A	α_1	59°20′59″	x_A	5 522. 01	y_A	1 527. 29
B	β_1	54°09′52″	x_B	5 189. 35	y_B	1 116. 90
P			x_{P1}	5 059. 93	y_{P1}	1 595. 34
cotα	0. 592 583	cotβ	0. 722 167	cotα+cotβ		1. 314 750
B	α_2	61°54′29″	x_B	5 189. 35	y_B	1 116. 90
C	β_2	55°44′54″	x_C	4 671. 79	y_C	1 236. 06
P			x_{P2}	5 060. 02	y_{P2}	1 595. 35
cotα	0. 533 770	cotβ	0. 680 918	cotα+cotβ		1. 214 688
$e=\sqrt{\delta_x^2+\delta_y^2}=\pm 0.09$ m			x_P	5 059. 98	y_P	1 595. 35

为了保证交会的精度,交会角 γ(见图 1-4-10)应大于 30°且小于 120°,最好在 90°左右。同时,为了保证交会的可靠性,最好选择第三个已知点观测相应的角度,其检核方法有两种。

方法一:分别在已知点 A、B、C 上观测角 α_1、β_1 及 α_2、β_2(见表 1-4-3 中算例附图),由两组图形分别计算待定点 P 的坐标(x_{P1},y_{P1})及(x_{P2},y_{P2})。如两组坐标算得的点位较差

$f=\pm\sqrt{(x_{P1}-x_{P2})^2+(y_{P1}-y_{P2})^2}\leq 0.2M\sim 0.3M$ mm（M 为测图比例尺分母），则取其平均值作为 P 点坐标的最后结果。

方法二：观测角度 α_1、β_1，计算 P 的坐标，而以另一方向作为检核。即在 B 点同时观测检查角 $\varepsilon_{测}$（即 α_2）（见表 1-4-3 中算例附图），再由 B、C 点和解得的 P 点坐标先反算方位角 α_{BC}、α_{BP}，再计算检查角 $\varepsilon_{算}=\alpha_{BC}-\alpha_{BP}$，得较差 $\Delta\varepsilon''=\varepsilon_{测}-\varepsilon_{算}$。如 $\Delta\varepsilon''$ 不超过 $\pm\dfrac{(0.15\sim 0.20)M\rho''}{S}$（$M$ 同上，S 为检查方向 BC 的边长），说明成果符合要求。

前方交会除常用于控制点的加密外，尤其适于在水域或其他不便到达处测定（或测设）点位时使用。

（二）侧方交会

如图 1-4-11 所示，在已知点 A（或 B）和待定点上设站，观测 α（或 β）角与 γ 角，计算待定点 P 的坐标，即为侧方交会。因为 α、β、γ 三角之和等于 180°，由 $\beta=180°-\alpha-\gamma$ 即可将 β 角算出，因而侧方交会和前方交会实质相同，仍可用前方交会的方法进行计算。

侧方交会适于在两个已知点中有一个难以到达或不便设站时使用。

（三）后方交会

如图 1-4-12 所示，在待定点 P 上设站，观测三个已知点 A、B、C 之间的夹角 α、β，亦可算得 P 点的坐标，称为后方交会。后方交会有多种解算方法，下面介绍一种常用的辅助角法。

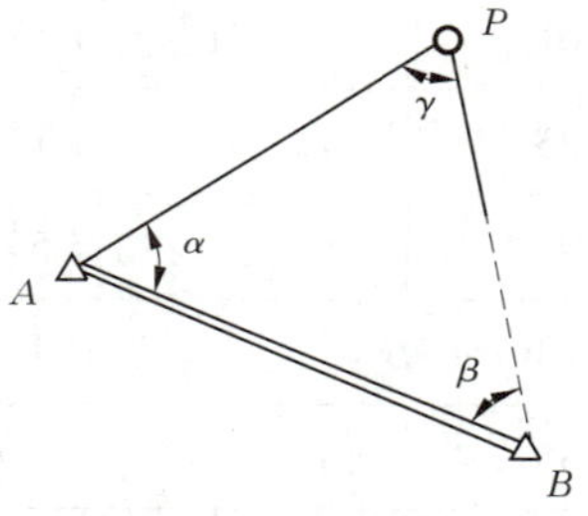

图 1-4-11　测角侧方交会

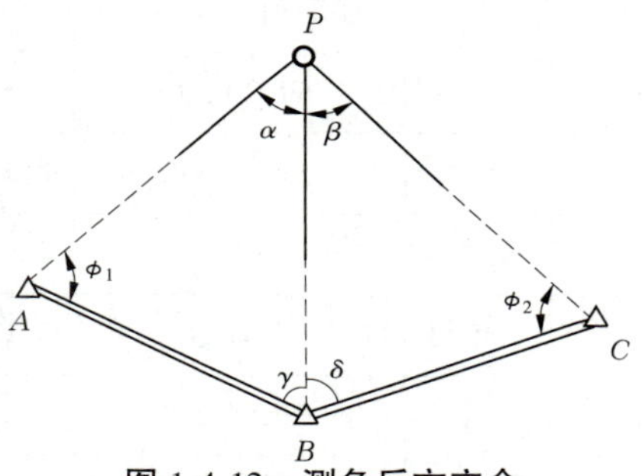

图 1-4-12　测角后方交会

由图 1-4-12 可见，在由已知点和待定点组成的两个三角形中，设 ϕ_1、ϕ_2 两角为辅助角，由于 α、β 已测定，显然，只要求出该两辅助角，就成了两组侧方交会。因此，问题的关键归结于辅助角的解算。

首先，根据三个已知点坐标，按坐标反算得已知方位角 α_{AB}、α_{BC} 和已知边长 D_{AB}、D_{BC}，则 BA、BC 两已知边的夹角 $\angle B$ 为

$$\angle B=\alpha_{BC}-\alpha_{BA}$$

在 $\triangle ABP$ 和 $\triangle BCP$ 中，运用正弦定理可得

$$\frac{D_{AB}}{\sin\alpha}=\frac{BP}{\sin\phi_1}=K_1$$

$$\frac{D_{BC}}{\sin\beta}=\frac{BP}{\sin\phi_2}=K_2$$

因为 D_{AB}、D_{BC} 及 α、β 角已知，所以两式中 K_1、K_2 均为常数。移项即有

$$\frac{\sin\phi_1}{\sin\phi_2}=\frac{K_2}{K_1}$$

又设 $\phi_1+\phi_2=360°-\alpha-\beta-\angle B=\theta$（亦为常数），即有 $\phi_1=\theta-\phi_2$，代入上式并将 $\sin(\theta-\phi_2)$ 展开得

$$\frac{\sin\theta\cos\phi_2-\cos\theta\sin\phi_2}{\sin\phi_2}=\frac{K_2}{K_1}$$

整理即有

同理，可得

$$\left.\begin{aligned}\phi_2&=\operatorname{arccot}\left(\frac{\frac{K_2}{K_1}+\cos\theta}{\sin\theta}\right)\\ \phi_1&=\operatorname{arccot}\left(\frac{\frac{K_1}{K_2}+\cos\theta}{\sin\theta}\right)\end{aligned}\right\}\tag{1-4-19}$$

求出辅助角 ϕ_1、ϕ_2 后，即可按三角形三个角之和等于 180°，分别算得角 γ 及 δ，然后按前方交会计算待定点 P 的坐标。

需要注意的是，在后方交会中，过三个已知点构成的外接圆称为危险圆。因为在这个圆周上不同的点位将有相同的圆周角，因此如果待定点刚好位于该圆上（或位于该圆附近），同一组观测角 α、β 就可以算得无数组解，即 P 点有无数组坐标，实质即无解。所以，在选择已知点时，应尽量使待定点避开危险圆。

后方交会也可参照前方交会的检核方法，另找已知点测定检查角，进行检核。

后方交会仅需设一个测站，就能测定待定点坐标，布点灵活，工作量少，尤其适合在有多个已知点可供照准使用的情况下，直接在作业现场测定待定点坐标时使用。

四、距离交会法

图 1-4-13 中，分别量取控制点 A、B 至点 P 的距离 D_{AP}、D_{BP}，亦可按距离交会的方法确定 P 的点位。

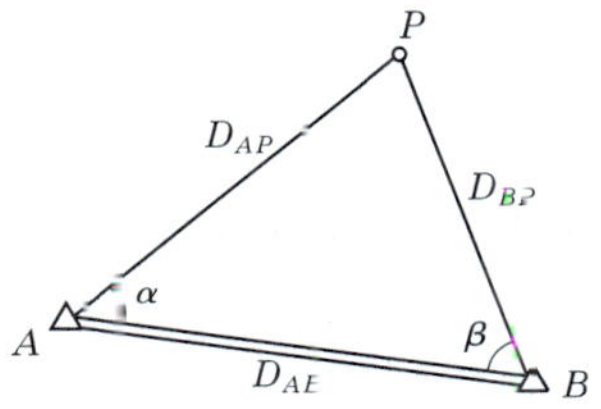

图 1-4-13　距离交会法

首先根据三条边长（包括已知点之间的边长 D_{AB}）按反余弦公式计算 $\angle\alpha$ 和 $\angle\beta$

$$\left.\begin{aligned}\alpha&=\arccos\frac{D_{AB}^2+D_{AP}^2-D_{BP}^2}{2D_{AB}\times D_{AP}}\\ \beta&=\arccos\frac{D_{AB}^2+D_{BP}^2-D_{AP}^2}{2D_{AB}\times D_{BP}}\end{aligned}\right\}\tag{1-4-20}$$

然后将 α、β 和 A、B 点的已知坐标代入上述前方交会坐标计算式（1-4-18），即可计算得交会点 P 的坐标，也可以 $A\sim B$ 为已知方向，用水平角 α 和水平距离 D，适用极坐标法并计算 P 点的坐标。

此法适用于量距方便的地区。

五、自由设站定位

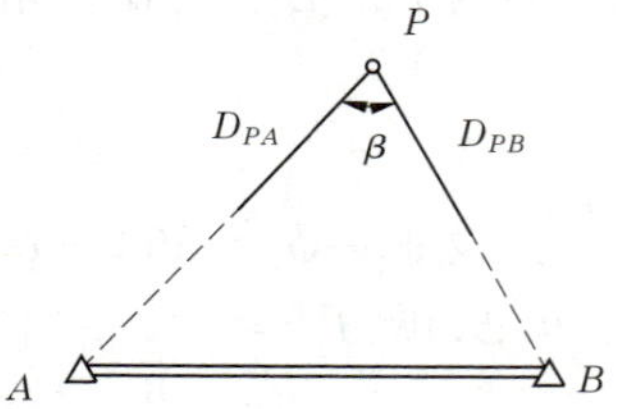

图 1-4-14　自由设站定位

自由设站定位与后方交会相似，也是仅在待定点（如图 1-4-14 中，根据需要在现场自由设定的 P 点）上设站，只是后方交会至少需要 3 个已知点，而自由设站定位至少有 2 个已知点即可，但需同时测量待定点与 2 个已知点之间的夹角和边长（如图 1-4-14 中的夹角 β 和边长 D_{PA}、D_{PB}）。计算时，同样可将待定点 P 和两个已知点组成三角形，运用正弦定理，算出 $\angle PAB$ 和 $\angle PBA$，再用前方交会的方法解算出待定点坐标。

任务三　测定点的高程

知识要点：三角高程测量。

技能要点：能根据施工现场特点，灵活选择最佳方法测定未知点高程。

前已述及，测定未知点的高程可以采用水准测量的方法（见模块一项目一），但水准测量通常适用于平坦地区，而当地势起伏较大时，更适宜采用三角高程测量的方法。

一、三角高程测量原理

所谓三角高程测量，就是用经纬仪或全站仪，通过测定目标的竖直角和测站与目标之间的距离，运用三角函数来求得测站和目标之间的高差。

如图 1-4-15 所示，在已知高程点 A 上安置经纬仪，在 B 点竖立标杆，测定标杆顶点的竖直角 α 和 A、B 两点之间的水平距离 D，同时量取仪器高 i 和标杆高 l，按下式计算 A、B 点之间的高差 h_{AB}

$$h_{AB} = D\tan\alpha + i - l \tag{1-4-21}$$

设 A 点的已知高程为 H_A，则 B 点的高程为

$$H_B = H_A + h_{AB} \tag{1-4-22}$$

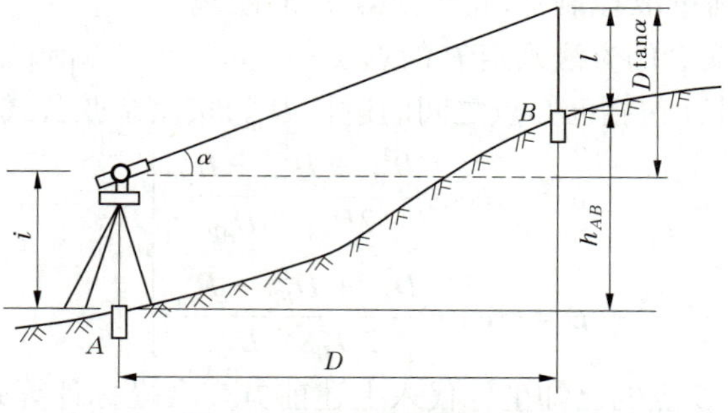

图 1-4-15　三角高程测量

二、地球曲率和大气折光差

在前面分析水准测量误差时曾讨论过地球曲率和大气折光差对水准测量的影响，三

角高程测量同样会受到地球曲率和大气折光差的影响。在单程观测的情况下，测站到目标的距离又较长时，这两项误差的联合影响（称为球气差）f 是三角高程测量误差的重要来源。即在精度要求较高的三角测量中，高差计算应考虑球气差的影响，则有

$$h_{AB} = D\tan\alpha + i - l + f \tag{1-4-23}$$

根据研究，f 值一般可按下式计算

$$f \approx 0.43\frac{D^2}{R} \tag{1-4-24}$$

式中 D——两点间的水平距离，km；

R——地球的曲率半径，km，$R=6\ 371$ km。

为了克服地球曲率与大气折光差的影响，在可能的情况下，三角高程测量应采用对向观测的方法，即由 A 点观测 B 点，再由 B 点观测 A 点，取其高差绝对值的平均数（符号以往测为准）作为 A、B 的高差，同时对观测成果进行检核。

三、三角高程测量观测和计算

随着光电测距和全站仪的推广使用，三角高程测量已普遍用于代替四等水准测量和普通水准测量，并可组成相应等级的附合水准路线或闭合水准路线。

光电测距三角高程测量一个测站上的观测可按以下步骤进行（记录和计算见表 1-4-4）：

(1) 安置仪器，量取仪器高和目标高，精确至 mm，各量两次取平均；

(2) 用测距仪测量距离；

(3) 按中丝法或三丝法（用望远镜十字丝的上、中、下三丝依次照准目标，测其竖直角取平均）测定目标的竖直角；

(4) 往测完毕再返测；

(5) 将观测值填入表 1-4-4 进行每条边往、返测的高差计算，如往、返较差符合要求，取其平均值作为该边的高差，符号与往测相同。

表 1-4-4　三角高程测量计算

测站点	A	B
目标点	B	A
测向	往测	返测
平距 D（或斜距 S）(m)	358.462（此为平距）	358.464（此为平距）
竖直角 α	+2°34′56″	−2°34′26″
$D\tan\alpha$（或 $S\sin\alpha$）(m)	+16.166	−16.114
仪器高 i(m)	1.465	1.455
目标高 l(m)	1.500	1.500
球气差 f(m)	+0.009	+0.009
单向高差 h(m)	+16.140	−16.150
平均高差 $h_{均}$(m)	+16.145	

如果用全站仪测量，先输入仪器高和目标高，照准目标后，仪器可自动测定距离和竖直角，并显示平距和高差。连续测定相邻测站之间的高差，即可组成三角高程测量的附合路线或闭合路线。有关测站观测、对向观测和路线闭合差的技术要求见表 1-4-5（引自《工程测量规范》（GB 50026—93））。

表 1-4-5　光电测距三角高程测量的技术要求

等级	仪器	测回数		指标差较差（″）	竖直角较差（″）	对向观测高差较差（mm）	附合或环线闭合差（mm）
		三丝法	中丝法				
四等	DJ_2		3	≤7	≤7	$40\sqrt{D}$	$20\sqrt{\sum D}$
普通	DJ_6	1	2	≤10	≤10	$60\sqrt{D}$	$30\sqrt{\sum D}$

注：D 为两点间的水平距离，km。

任务四　全站仪坐标测量

知识要点：全站仪坐标测量。

技能要点：能用全站仪直接测定未知点的坐标。

一、全站仪三维坐标测量

如图 1-4-16 所示，在已知点 A 安置仪器，先进入角度测量模式，照准后视点 M，设置水平度盘读数使其等于 AM 的已知方位角 α_{AM} 作为起始方向值，再进入坐标测量模式，输入测站点 A 的三维坐标（即图中 N_A、E_A、Z_A）及仪器高 i 和目标点 B 的棱镜高 l，有的全站仪也可以输入后视点 M 的坐标，即图中 N_0、E_0（不必输入该点的高程），而不用事先输入起始方位角 α_{AM}，然后转动望远镜瞄准 B 点反射棱镜，按测量键即可获得其三维坐标（即图中 N_B、E_B、Z_B）。其中，未知点平面坐标的推算方法为极坐标法（参见模块一项目四任务二），高程的推算方法为三角高程测量（参见模块一项目四任务三）。南方测绘 NTS-312 型全站仪坐标测量的操作流程列于表 1-4-6 中。

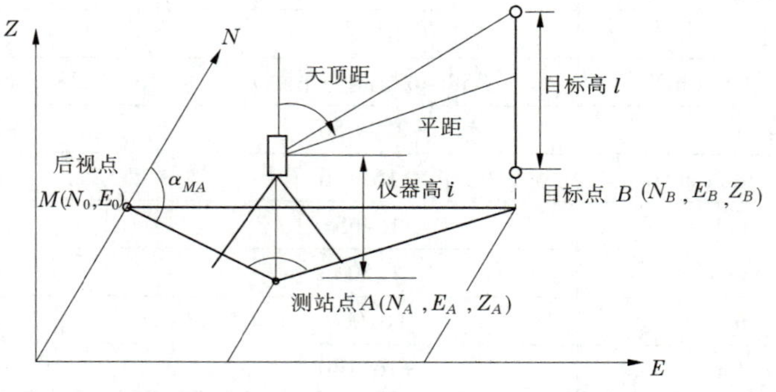

图 1-4-16　坐标测量

表 1-4-6　南方测绘 NTS-312 全站仪坐标测量操作流程

步骤 1:设置测站点三维坐标

操作流程	操作	显示
①在坐标测量模式下,按 P1↓ 键,转到第 2 页功能	P1↓	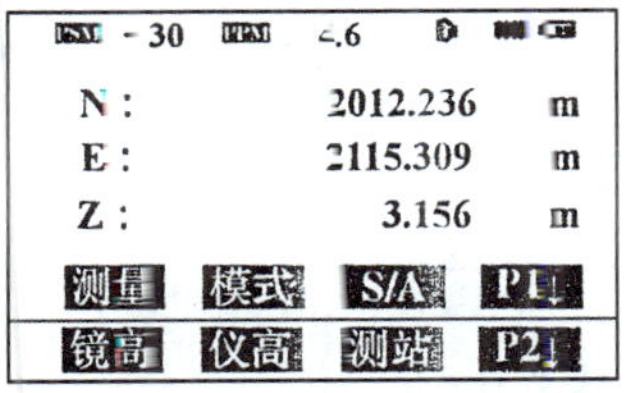
②按 测站 键	测站	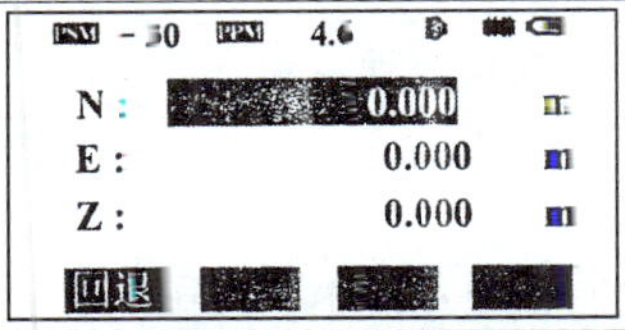
③输入 N 坐标,按 ENT 键确认	输入数据 ENT	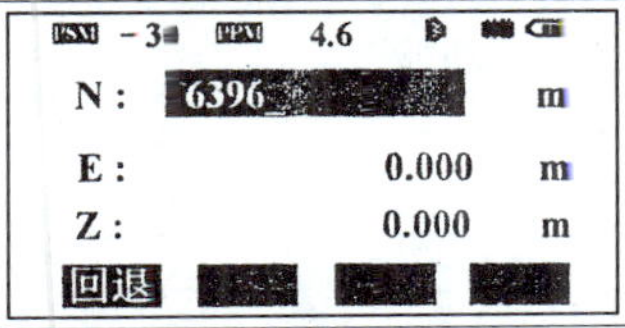
④按同样方法输入测站点 E 和 Z 坐标,输入数据后,显示屏返回坐标测量第 1 页	输入数据 ENT	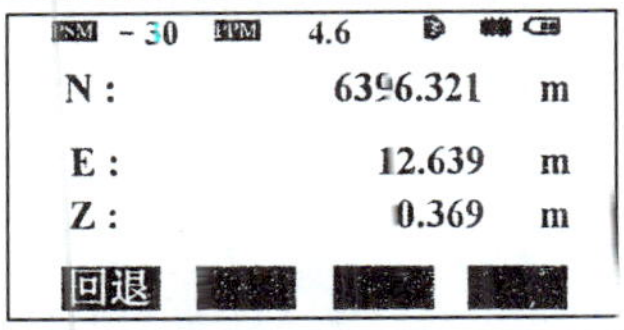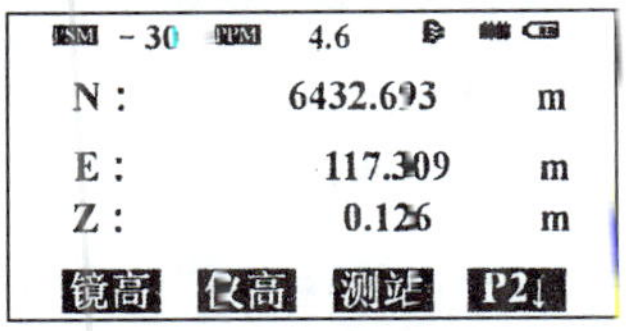

步骤 2:设置仪器高

操作流程	操作	显示
①在坐标测量模式下,按 P1↓ 键,转到第 2 页功能	P1↓	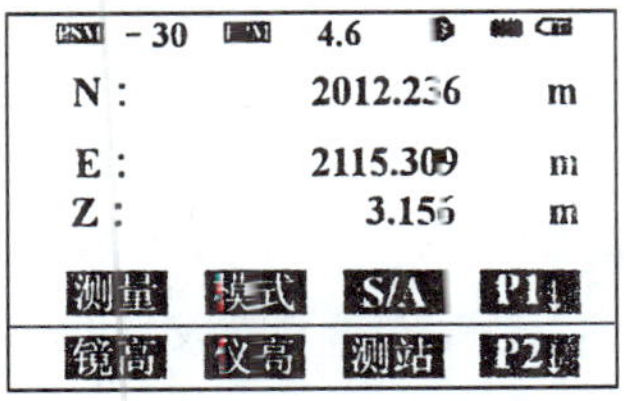
②按 仪高 键,显示当前值	仪高	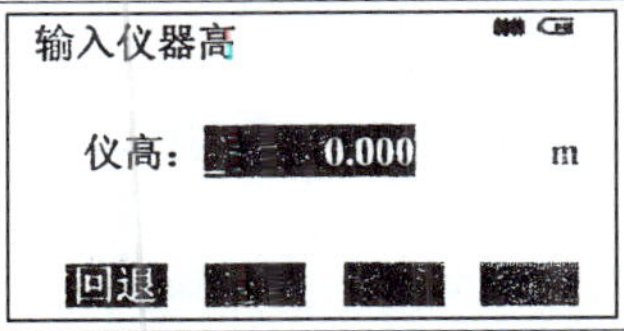

续表 1-4-6

操作流程	操作	显示
③输入仪器高,按 ENT 键确认,返回到坐标测量第 1 页	输入仪器高 ENT	PSM -30 PPM 4.6 N: 12.236 m E: 115.309 m Z: 12.126 m 镜高 仪高 测站 P2↓

步骤 3:设置棱镜高

操作流程	操作	显示
①在坐标测量模式下,按 P1↓ 键,进入第 2 页功能	P1↓	PSM -30 PPM 4.6 N: 2012.236 m E: 1015.309 m Z: 3.156 m 测量 模式 S/A P1↓ 镜高 仪高 测站 P2↓
②按 镜高 键,显示当前值	镜高	输入棱镜高 镜高: 2.000 m 回退
③输入棱镜高,按 ENT 键确认,返回到坐标测量界面第 1 页	输入棱镜高 ENT	PSM -30 PPM 4.6 N: 360.236 m E: 194.309 m Z: 12.126 m 镜高 仪高 测站 P2↓

步骤 4:设置后视点(坐标或方向值),照准后视点

操作流程	操作	显示
① 在坐标测量模式下,按 P1↓、P2↓ 键,进入第 3 页功能	P1↓ P2↓	PSM -30 PPM N: 2012.236 m E: 1015.309 m Z: 3.156 m 测量 模式 S/A P1↓ 偏心 后视 m/ft P3↓
② 在坐标测量第 3 页中按 后视 键	后视	输入后视点 点名 : SOUTH 02 回退 调用 字母 坐标

续表 1-4-6

操作流程	操作	显示
③按[坐标]键*	[坐标]	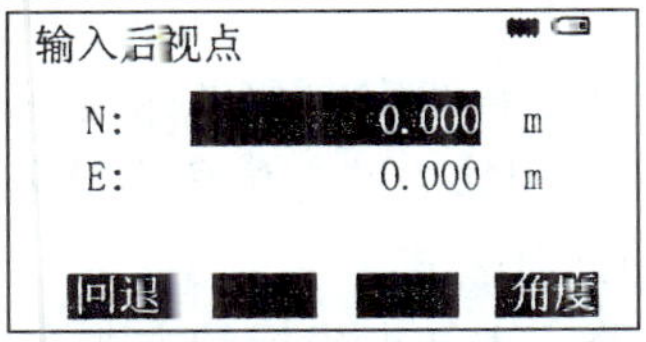
④输入后视点坐标值按[ENT]键确认	输入坐标 [ENT]	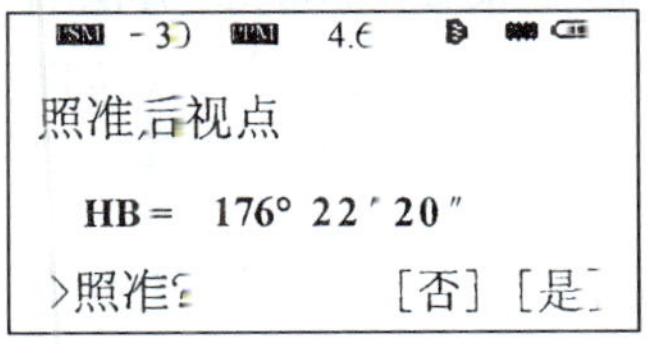
⑤照准后视点,按[是]键完成设置	照准后视点 [是]	

* 表示也可按[角度]键直接输入后视点的方向值

步骤 5:测定未知点三维坐标

操作流程	操作	显示
①照准目标 B 的棱镜中心,按[◢],显示 B 点三维坐标	照准棱镜 [◢]	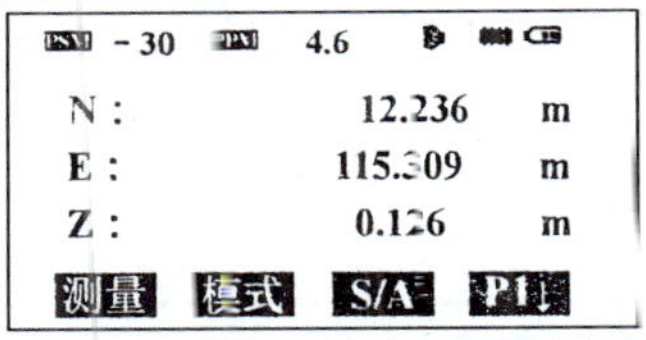

需要注意的是,如果还需在同一测站上测量其他目标点的三维坐标,则应事先改变相应目标点棱镜高 l 的设置;如果还需用盘右进行坐标测量,则应在盘右重新输入后视点坐标,或照准后视点 M 后,将其起始方向值即水平度盘的读数仍设置为 AM 的已知方位角 α_{AM},否则将因起始方向值自行±180°而导致结果出错。

二、全站仪自由设站定位和后方交会测量

在待定点上安置全站仪,输入仪器高,进入菜单测量模式,选择后方交会程序,按屏幕提示依次输入两个已知点的三维坐标和目标的棱镜高,并先后瞄准两个已知点棱镜,按测量键,仪器即按自由设站定位法测定测站点的三维坐标。如需继续观测其他已知点(最多可观测 7 个已知点),可再按提示输入增加的已知点坐标和棱镜高,依次瞄准各已知点棱镜,按测量键,观测完毕仪器即按后方交会法自动计算测站点的三维坐标予以显示,并作为新的测站点坐标予以存储。

此法非常适合用全站仪进行测图或放样需要加密临时性的控制点时使用。

全站仪坐标测量及后方交会测量的详细操作步骤参见《工程测量技术实训指导》附录二:南方测绘 NTS-312 型全站仪使用简要说明。

小　结

（1）有关直线定向和坐标推算的方法。直线以方位角定向，坐标推算分坐标正算和坐标反算。相邻边的方位角推算公式以及相邻点的坐标正算公式与坐标反算公式是测量最基本的计算公式。

（2）测定未知点坐标的方法有极坐标法、直角坐标法、角度交会法、距离交会法、全站仪自由设站法等，测定未知点高程的方法有水准测量和三角高程测量等。

（3）全站仪的三维坐标测量和后方交会测量可以用于直接测量未知点的三维坐标。

复习题

1. 直线定向是指 ____________________。____________________称为直线的坐标方位角，简称方位角，方位角的范围是____________。一条直线的正、反方位角的关系式是____________________。______________________________称为象限角，象限角前面应加____________，象限角的范围是____________。不同象限象限角换算为方位角的计算公式为：第Ⅰ象限____________，第Ⅱ象限____________，第Ⅲ象限____________，第Ⅳ象限____________。

2. 相邻边方位角的推算公式是______________________________，式中±180°项，当____________________时用“+”号，当________________时用“-”号。

3. 坐标正算是指 ______________________________，坐标增量的计算公式是：________________，________________；坐标反算是指____________________，坐标反算的计算公式是：____________________，____________________。

4. 测定未知点的坐标有哪几种方法？每种方法的观测量有哪些？如何计算未知点的坐标？

5. 三角高程测量使用经纬仪或全站仪，其观测值为________、________、________和________，所求值为________。

6. 全站仪坐标测量和后方交会测量如何进行？

练习题

1. 已知 AB、AC 两条边的象限角分别为 $R_{AB}=\text{SE}34°20'$、$R_{AC}=\text{SW}72°40'$，求该两边的方位角 α_{AB}、α_{AC} 以及它们的反方位角 α_{BA}、α_{CA} 各等于多少？

2. 如图 1-4-17 所示，已知 $\alpha_{AB}=126°34'20''$，测得水平角 $\beta_1=138°48'40''$（为左角），$\beta_2=305°26'30''$（为右角），求 α_{BC}、α_{CD} 各等于多少？

3. 已知 A 点坐标 $x_A=2\ 508.465$ m、$y_A=1\ 436.942$ m，$\alpha_{AB}=138°26'45''$、$D_{AB}=265.438$ m，$\alpha_{AC}=246°38'52''$、$D_{AC}=194.576$ m，求 B、C 两点坐标 x_B、y_B 和 x_C、y_C。

4. 已知 A、B、C 三点坐标分别为 $x_A=2\ 186.29$ m、$y_A=1\ 383.97$ m，$x_B=2\ 192.45$ m、

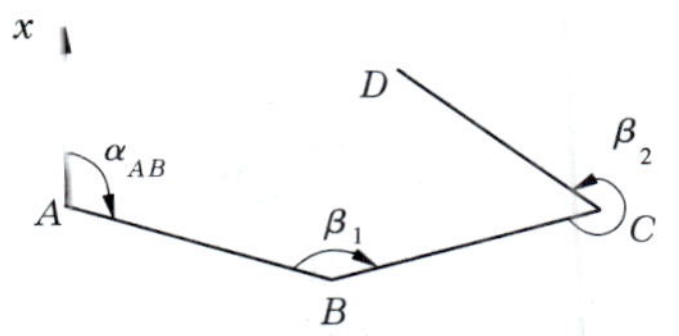

图 1-4-17　练习题 2 图

$y_B = 1\ 556.40$ m,$x_C = 2\ 299.83$ m、$y_C = 1\ 303.80$ m,求 α_{AB}、D_{AB} 和 α_{AC}、D_{AC}。

5. 角度前方交会已知数据和观测数据列于表 1-4-7(参见表内附图),试完成表内各项计算。

表 1-4-7　前方交会计算表

附图	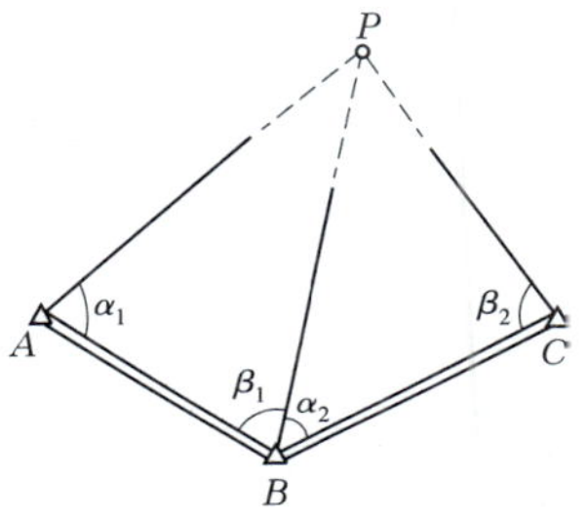					
点名	观测角		x(m)		y(m)	
A	α_1	54°48′00″	x_A	807.04	y_A	719 85
B	β_1	32°51′54″	x_B	646.38	y_B	830.56
P			x_{P1}		y_{P1}	
cotα		cotβ		cotα+cotβ		
B	α_2	56°23′24″	x_B	646.38	y_B	830.56
C	β_2	48°30′54″	x_C	765.50	y_C	998.65
P			x_{P2}		y_{P2}	
cotα		cotβ		cotα+cotβ		
$e=\sqrt{\delta_x^2+\delta_y^2}=$			x_P		y_P	

6. 用经纬仪在 A、B 两点间进行往、返三角高程测量,已知 $H_A = 78.29$ m,水平距离 $D_{AB} = 624.42$ m,从 A 观测 B 时,竖直角 $\alpha_{AB} = +2°38′07″$,A 点仪器高 $i_A = 1.42$ m,B 点目标高 $l_B = 3.50$ m;从 B 观测 A 时,竖直角 $\alpha_{BA} = -2°23′15″$,B 点仪器高 $i_B = 1.51$ m,A 点目标高

$l_A = 2.26$ m。试求 A、B 两点间的高差平均值及 B 点的高程。

思考题

1. 在使用相邻边的方位角推算公式时应注意什么?

2. 在使用坐标正算公式和坐标反算公式时应注意什么?

3. 测定未知点坐标有哪几种方法?各适用于什么场合?自由设站定位的实质是什么?何时适用?

4. 和水准测量相比较,三角高程测量有何优点?适用于什么情况?影响三角高程测量的误差有哪些?如何消弱这些误差的影响?用水准测量和三角高程测量测定未知点的高程各适用于什么场合?

项目五　基本测量最可靠值计算及其精度评定

知识目标

测量误差的分类、评定观测值精度的指标、观测值中误差、观测值函数中误差、测量观测值的最可靠值及其中误差。

技能目标

能运用误差基本理论计算角度、距离等基本测量观测量的最可靠值并评定其精度。

任务一　测量误差基本知识

知识要点：测量误差的来源和分类，评定观测值精度的指标，观测值中误差和观测值函数中误差。

任何测量工作都会受到种种不利因素的影响，致使观测值中含有各种误差。误差是客观存在的，但可以采取相应的措施消弱甚至消除其影响，或通过一定的方法将误差控制在容许的范围以内。

一、测量误差的基本概念

（一）观测值及其误差

如前所述，测量就是采用合适的仪器、工具和方法，对各种地物、地貌的几何要素进行量测，被量测几何要素的真实值称为真值，量测获得的数据称为观测值。观测值 L_i 与真值 X 之差即为观测值的真误差 Δ_i

$$\Delta_i = L_i - X \quad (i = 1,2,3,\cdots,n) \tag{1-5-1}$$

（二）测量误差来源

测量误差的来源有以下三个方面：

（1）测量仪器。受到设计、材料或工艺水平的限制，测量仪器的构造总有欠精密或不完善之处，长期使用，亦会受到磨损或震动，即使经过仔细的检验和校正，也会含有剩余误差。

（2）观测者。受到生理、感官等功能的限制，观测者在仪器的安置、照准和读数等方面总会产生一些误差。

（3）外界条件。测量总是在现场进行的，自然会受到气温、日光、风力等各种外界条件变化的干扰，这些都会给测量成果造成误差。

（三）测量误差分类

由于受到各种因素的影响，测量成果中可能包含误差、粗差，甚至错误。误差通常是指限差以内的差值，是观测所不可避免的。粗差是超过容许范围的误差，也不符合要求，必须通过检核,查找产生粗差的原因,加以剔除,并对成果进行重测。错误如在观测时碰动脚架、读错听错算错等是不允许的,应通过加强责任心,防止其发生。

根据对测量成果影响的性质,可将误差分为以下两类。

1. 系统误差

系统误差是指在相同的观测条件下对某量作一系列的观测,其数值和符号均相同或按一定规律变化的误差。例如,距离测量时钢尺的实际长和名义长不相等引起的尺长误差,每量一尺段,误差的大小和符号都不变,从而使得误差的影响具有累积性;又如,水准仪的 i 角对标尺读数的影响与视距的长短成正比,当水准测量一个测站的前、后视距相差较大时,就可能使高差受到显著影响。

尽管如此,只要采用恰当的方法就可以将系统误差的影响予以消除。如用钢尺定期检定其尺长改正数,据此对测量成果加以改正;水准测量注意使测站的前、后视距相等,从而使测站高差不再含有 i 角误差的影响等。经纬仪的视准轴误差、横轴误差和竖盘指标差也都属于系统误差,测量水平角和竖直角时,只要采用盘左、盘右取平均的方法,就可以较好地消除它们的影响。

2. 偶然误差

偶然误差是指在相同的观测条件下对某量作一系列的观测,其数值和符号均不固定,或看上去没有一定规律的误差。例如,受到人眼分辨率或望远镜放大倍率的限制,水准测量毫米位的估读和角度测量秒位的估读,有可能忽大忽小;因气象条件的变化,造成目标影像忽明忽暗,致使照准目标可能忽左忽右。这些误差,都具有偶然性。在概率论中,称偶然性为随机性,因而偶然误差又称随机误差。偶然误差表面无规律可言,但在相同条件下对某量进行大量重复观测后,即可从统计学的观点看出偶然误差实际上仍然具有一定的规律。概率论就是研究随机误差规律性的理论。

由于受到仪器性能、观测员生理功能的限制及外界条件变化的影响,偶然误差总是不可避免地存在于观测值中。既然系统误差的影响可以采用恰当的方法予以消除,而偶然误差的影响又不可避免,因此这里主要讨论偶然误差的规律(即特性)和对观测值进行简单数学处理的方法,以求出测量成果最接近真值的估值(又称最可靠值),并对含有偶然误差观测成果的精度进行评定。

(四)偶然误差的特性

如上所述,偶然误差的随机性是表面的,运用统计学的方法对大量观测成果进行分析,即可看出偶然误差实际含有的内在规律。

例如,在相同的观测条件下,对某三角形的三个内角重复观测了 217 次。由于观测值中存在偶然误差,三角形的三个内角观测值之和 L 一般不等于其真值 180°,则每次观测后可得三角形的闭合差为

$$\Delta_i = L_i - 180^\circ \quad (i = 1,2,3,\cdots,n)$$

Δ_i 即为每次观测三角形内角和的真误差。现将 217 个真误差按 3″为一区间,以误差值的大小及其正、负号进行排列,统计出各误差区间的个数 k 及相对个数 $k/217$,如表 1-5-1 所示。

表 1-5-1　三角形内角和观测实验误差统计

误差区间 (3″)	正误差		负误差		合计	
	个数 k	相对个数 k/n	个数 k	相对个数 k/n	个数 k	相对个数 k/n
0～ 3	30	0. 138	29	0. 134	59	0. 272
3～ 6	21	0. 097	20	0. 092	41	0. 189
6～ 9	15	0. 069	18	0. 083	33	0. 152
9～12	14	0. 064	16	0. 074	30	0. 138
12～15	12	0. 055	10	0. 046	22	0. 101
15～18	8	0. 037	8	0. 037	16	0. 074
18～21	5	0. 023	6	0. 028	11	0. 051
21～24	2	0. 009	2	0. 009	4	0. 018
24～27	1	0. 005	0	0	1	0. 005
27 以上	0	0	0	0	0	0
总和	108	0. 497	109	0. 503	217	1. 000

由表 1-5-1 可以看出,小误差出现的个数较大误差出现的个数多,绝对值相等的正、负误差出现的个数相近,绝对值最大的误差不超过某一定值（本例为 27″）。由此实验统计结果表明,当观测次数较多时,偶然误差具有以下特性:

(1)在一定的观测条件下,偶然误差的绝对值不会超过一定的限度;

(2)绝对值小的误差比绝对值大的误差出现的机会大;

(3)绝对值相等的正误差和负误差出现的机会相等;

(4)当观测次数无限增多时,偶然误差的算术平均值趋近于零,即

$$\lim_{n\to\infty}\frac{\Delta_1+\Delta_2+\cdots+\Delta_n}{n}=\lim_{n\to\infty}\frac{[\Delta]}{n}=0 \tag{1-5-2}$$

实践表明,一般的测量误差中均存在上述 4 条特性,相同条件下观测次数越多,其特性表现得越明显。

图 1-5-1 是一种误差分布直方图,可以用来更加直观地反映误差分布的情况。其横坐标表示误差 Δ 的大小,纵坐标表示各区间误差出现的相对个数 k/n（即频率）除以误差区间的间隔值 $d\Delta$（本例为 0. 2″）。这样,每个区间上方的长方形面积就代表误差出现在该区间的频率。例如,图中有斜线的长方形面积就代表误差出现在+0. 4″～+0. 6″区间内的频率为 0. 092。

若使观测次数无限增多,即使 $n\to\infty$,并将区间 $d\Delta$ 分得无限小（$d\Delta\to0$）,此时各区间内的频率将趋于稳定而成为概率,直方图的顶端连线将变成一条光滑而又对称的曲线（见图 1-5-2）,称为误差分布曲线。因由高斯提出,所以又称为高斯正态分布曲线。曲线上任一点的纵坐标 y 均为偶然误差 Δ 的函数,其函数形式为

$$y=f(\Delta)=\frac{1}{\sqrt{2\pi}\sigma}e^{-\frac{\Delta^2}{2\sigma^2}} \tag{1-5-3}$$

式中　e——自然对数的底,e=2. 718 3;

σ——观测值的标准差,其平方 σ^2 称为方差。

图 1-5-2 中斜线长方条的面积($f(\Delta_i) \cdot d\Delta$)表示偶然误差出现在微小区间 $(\Delta_i + \frac{1}{2}d\Delta, \Delta_i - \frac{1}{2}d\Delta)$ 内的概率,记为

$$P(\Delta_i) = f(\Delta_i) \cdot d\Delta \tag{1-5-4}$$

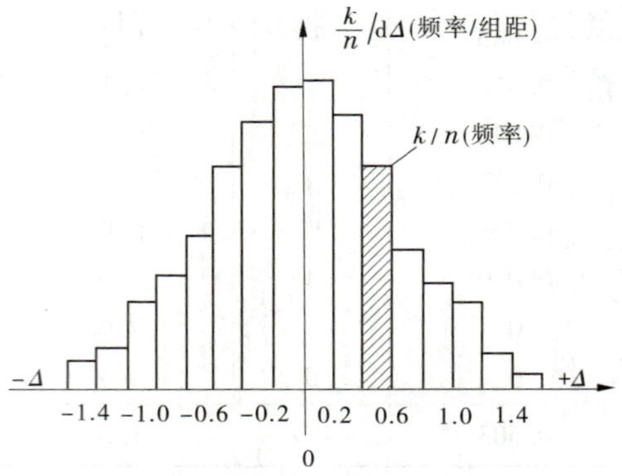

图 1-5-1 误差分布直方图

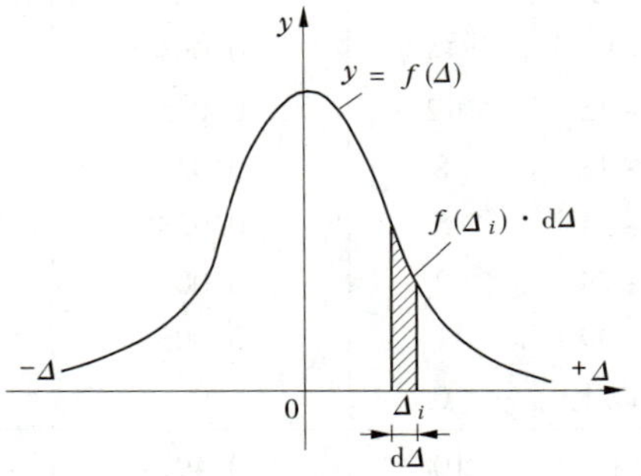

图 1-5-2 误差正态分布曲线

图 1-5-2 中分布曲线与横坐标轴所包围的面积为 $\int_{-\infty}^{+\infty} f(\Delta_i) \cdot d\Delta = 1$(直方图中所有长方形的面积总和也等于 1),即偶然误差出现的概率总和为 1,概率论上称为必然发生的事件,简称必然事件。

偶然误差既然是必然发生的,就不能通过施加改正或采用某种观测方法加以消除,只能在增加观测量的前提下,应用恰当的数学处理方法,消弱偶然误差的影响,以提高测量成果的精度。

二、评定精度的指标

既然测量成果中不可避免地含有偶然误差,就需要一种评定精度的指标,用以评判测量成果的优劣。测量中最常用的评定精度的指标是中误差。

(一)中误差

设在相同条件下,对真值为 X 的量作 n 次观测,每次观测值为 L_i,其真误差 Δ_i 为

$$\Delta_i = L_i - X \quad (i = 1,2,3,\cdots,n) \tag{1-5-5}$$

则中误差 m 的定义公式为

$$m = \pm\sqrt{\frac{[\Delta\Delta]}{n}} \tag{1-5-6}$$

概率论中衡量观测值精度的指标为观测误差的标准差 σ,其定义公式为

$$\sigma^2 = \lim_{n\to\infty}\frac{[\Delta\Delta]}{n} \tag{1-5-7}$$

比较式(1-5-6)和式(1-5-7)可以看出,标准差 σ 与中误差 m 的区别在于观测值的个数不同。标准差是设想根据无限多个观测值计算的理论上的观测精度;而中误差则是由有限个观测值计算的观测精度,实际上是一种观测精度的近似值,统计学上称为估值。n

越大,m 越趋近于 σ。

在使用中误差评定观测值的精度时,需要注意以下几点:

(1)所用的 Δ_i 既可以是同一量观测值的真误差,也可以是不同量观测值的真误差,但观测值的精度必须相等,且个数较多。因为只有等精度观测值才对应同一个误差分布,也才具有相同的中误差,而中误差又是根据统计学的原理来衡量观测值精度的,如果观测值的个数甚少,即不符合统计学的要求,自然也就失去其用以衡量精度的可靠性。

(2)依据式(1-5-6) 计算的中误差,代表一组等精度观测中每一个观测值的精度。一组观测值的真误差有大有小,可正可负,那是偶然误差造成的,但它们是在相同条件(即相同的观测员、相同的仪器、相同的外界环境)下所获得的,精度就可以认为是相等的,即它们中每一个的中误差都相同,等于算得的 m 值。所以,m 一经算出,即代表该组中每个观测值的精度。

(3)中误差数值前应冠以"±"号,一方面表示为方根值,另一方面也体现中误差所表示的精度实际上是误差的某个区间。

例如,甲、乙两组各含 10 个观测值,其真误差分别为

甲组:+3,-2,-4,+2,0,+4,+3,+2,-3,-1

乙组:0,-1,+7,+2,+1,+1,-8,0,+3,-1

则依据式(1-5-6)可计算两组观测值的中误差分别为

$$m_{甲}=\pm\sqrt{\frac{(3^2+2^2+4^2+2^2+0+4^2+3^2+2^2+3^2+1^2)}{10}}=\pm 2.7$$

$$m_{乙}=\pm\sqrt{\frac{(0+1^2+7^2+2^2+1^2+1^2+8^2+0+3^2+1^2)}{10}}=\pm 3.6$$

即知,甲、乙两组中每个观测值的精度可分别以±2.7 和±3.6 表示,而同一组中真误差的差异只是偶然误差的反映。由于 $m_{甲}<m_{乙}$,所以甲组观测值较乙组观测值的精度高,显然这是由于甲组观测值中真误差的离散程度小于乙组观测值中真误差的离散程度。亦可看出,中误差之所以能作为衡量精度的指标,是因为它能充分反映绝对值大的误差的影响。

(二)容许误差

偶然误差的第一特性表明,在一定的条件下,误差的绝对值是有一定限度的。在衡量某一观测值的质量,决定其取舍时,可以该限度作为限差,即容许误差。

由概率论知,在一组等精度观测中,设误差的标准差为 σ,误差落在区间$(-\sigma,+\sigma)$、$(-2\sigma,+2\sigma)$、$(-3\sigma,+3\sigma)$的概率(见图 1-5-3)分别为

$$\left.\begin{aligned}P(-\sigma<\Delta<+\sigma)&\approx 68.3\%\\P(-2\sigma<\Delta<+2\sigma)&\approx 95.4\%\\P(-3\sigma<\Delta<+3\sigma)&\approx 99.7\%\end{aligned}\right\}\qquad(1\text{-}5\text{-}8)$$

式(1-5-8)说明,绝对值大于 2 倍中误差的误差出现的概率仅为 4.6%,而绝对值大于 3 倍中误差的误差出现的概率只有 0.3%,更是属于小概率事件,难以发生。因此,测量规范中,通常规定以 2 倍(要求较严)或 3 倍(要求较宽)中误差作为偶然误差的容许误差或限差,即

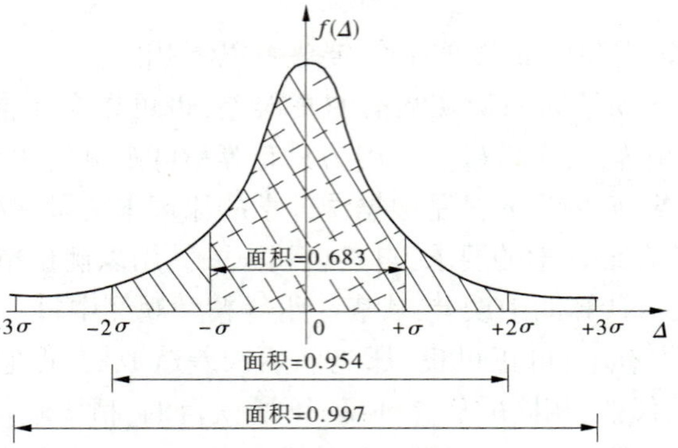

图 1-5-3　不同区间的误差分布概率

$$\Delta_{限} = (2 \sim 3)m \tag{1-5-9}$$

所谓限差,也就是容许范围内的误差和粗差的界限,一旦超限就说明观测值中含有粗差甚至错误,必须舍去,或予重测。

(三)相对误差

并非所有的测量工作都适于用中误差来完全表达成果的精度。例如,对两段长度分别为 100 m 和 1 000 m 的距离进行测量,其中误差均为±0. 1 m,能否说明二者的精度相等? 显然不能,因为后者的精度明显高于前者。而这里就应采用相对中误差作为衡量精度的指标。所谓相对中误差(简称相对误差),就是中误差之绝对值(设为$|m|$)与观测值(设为 D)相除,再将分子化为 1,分母取 100 或 10 的整倍数(不必取至小数)后的比值(常以 K 表示),如下式所示

$$K = \frac{|m|}{D} = \frac{1}{D/|m|} \tag{1-5-10}$$

如该两段距离测量,前者的相对误差为 $K_1 = 0.1/100 = 1/1\,000$,后者的相对误差为 $K_2 = 0.1/1\,000 = 1/10\,000$。显然,后者测量的精度高于前者。

一般,当误差大小与被量测量的大小之间存在比例关系时,适于采用相对误差作为衡量观测值精度的标准,如距离测量。而在角度测量中,测角误差与被测角度的大小不相关,因而就不宜采用相对误差来衡量测角精度。

在距离测量中,容许误差与被量测距离之比也是相对误差,称为相对容许误差。

三、观测值函数中误差

实际测量工作中,有些未知数并不能直接由观测得到,而是观测值的函数。例如,在水准测量中,所求的测站高差 $h = a - b$,就是标尺读数 a 和 b 的函数;而坐标正算所求两点之间的坐标增量 $\Delta x = D\cos\alpha$ 与 $\Delta y = D\sin\alpha$ 就是直接测量的边长和方位角的函数。观测值存在的误差也必然会传播到其函数中,从而产生观测值函数的中误差。

(一)倍数函数

设有函数

$$Z = kx \tag{1-5-11}$$

其中:x 为观测值,k 为常数,Z 即为 x 的倍数函数。已知 x 的中误差为 m_x,求 Z 的中误差 m_Z。

设 x 和 Z 存有真误差分别为 Δx 和 ΔZ,据其函数式,显然有

$$\Delta Z = k\Delta x$$

若 x 观测了 n 次,则有

$$\Delta Z_i = k\Delta x_i \quad (i = 1,2,3,\cdots,n)$$

将上式两端平方得

$$(\Delta Z_i)^2 = k^2(\Delta x_i)^2 \qquad (i = 1,2,3,\cdots,n)$$

按上式求和,并除以 n 得

$$\frac{[(\Delta Z)^2]}{n} = k^2 \frac{[(\Delta x)^2]}{n}$$

根据中误差定义,上式可写为

$$m_Z^2 = k^2 m_x^2$$

或

$$m_Z = \pm k \cdot m_x \tag{1-5-12}$$

即倍数函数的中误差等于观测值中误差与其倍数的乘积。

【例 1-5-1】 在 1:1 000 比例尺地形图上,量得 A、B 两点间的距离 d_{AB} = 134. 6 mm,其中误差 $m_{d_{AB}}$ = ±0. 2 mm,求 A、B 两点间的实地距离 D_{AB} 及其中误差 $m_{D_{AB}}$。

解 $D_{AB} = 1\,000 \times d_{AB} = 1\,000 \times 134.6 = 134\,600(\text{mm}) = 134.6\ \text{m}$

$m_{D_{AB}} = \pm 1\,000 \cdot m_{d_{AB}} = \pm 1\,000 \times 0.2 = \pm 200(\text{mm}) = \pm 0.2\ \text{m}$

则 A、B 两点间的实地距离可表达为

$$D_{AB} = 134.6\ \text{m} \pm 0.2\ \text{m}$$

(二)和差函数

设有函数

$$Z = x \pm y \tag{1-5-13}$$

其中:x、y 为独立观测值,Z 即为 x、y 的和(或差)函数,合称和差函数。已知 x、y 的中误差分别为 m_x、m_y,求 Z 的中误差 m_Z。

设 x、y 和 Z 存有真误差分别为 Δx、Δy 和 ΔZ,据其函数式,显然有

$$\Delta Z = \Delta x \pm \Delta y$$

若 x、y 观测了 n 次,则有

$$\Delta Z_i = \Delta x_i \pm \Delta y_i \quad (i = 1,2,3,\cdots,n)$$

将上式平方得

$$(\Delta Z_i)^2 = (\Delta x_i)^2 + (\Delta y_i)^2 \pm 2\Delta x_i \Delta y_i \quad (i = 1,2,3,\cdots,n)$$

按上式求和,并除以 n 得

$$\frac{[(\Delta Z)^2]}{n} = \frac{[(\Delta x)^2]}{n} + \frac{[(\Delta y)^2]}{n} \pm \frac{2[\Delta x \cdot \Delta y]}{n}$$

因为 Δx、Δy 均为偶然误差,其符号或正或负的机会相同,又因为 Δx、Δy 互为独立误差,它们出现的正、负号互不相关,所以其乘积 $\Delta x \cdot \Delta y$ 也具有偶然性。根据偶然误差第四特性,即有

$$\lim_{n\to\infty} \frac{[\Delta x \cdot \Delta y]}{n} = 0$$

实际上,对于独立观测值而言,即使 n 为有限量,$\frac{[\Delta x \cdot \Delta y]}{n}$的残存值也不大,一般可以忽略其影响。

因此,根据中误差的定义即得

$$m_Z^2 = m_x^2 + m_y^2$$

或

$$m_Z = \pm \sqrt{m_x^2 + m_y^2} \tag{1-5-14}$$

即和差函数的中误差等于观测值中误差平方之和的平方根。

【例 1-5-2】 设对某三角形观测了其中 a、b 两个角,测角中误差分别为 $m_a = \pm 4.3''$,$m_b = \pm 5.4''$,求按公式 $c = 180° - a - b$ 计算的第三角 c 的中误差 m_c。

解 $$m_c = \pm \sqrt{m_a^2 + m_b^2} = \pm \sqrt{4.3^2 + 5.4^2} = \pm 6.9''$$

(三)线性函数

设 Z 是一组独立观测值 $x_1, x_2, \cdots, x_n$ 的线性函数 ,即

$$Z = k_1 x_1 \pm k_2 x_2 \pm k_3 x_3 \pm \cdots \pm k_n x_n \quad (k_1, k_2, \cdots, k_n \text{ 为常数}) \tag{1-5-15}$$

将式(1-5-12) 与式(1-5-14) 加以综合和推广,即可根据观测值的中误差 $m_{x_1}, m_{x_2}, m_{x_3}, \cdots, m_{x_n}$ 求得函数 Z 的中误差 m_Z 为

$$m_Z = \pm \sqrt{k_1^2 m_{x_1}^2 + k_2^2 m_{x_2}^2 + k_3^2 m_{x_3}^2 + \cdots + k_n^2 m_{x_n}^2} \tag{1-5-16}$$

【例 1-5-3】 如图 1-5-4 所示,自 A 点经 B 点至 C 点进行支水准往返测量,设各段往返所测高差及其中误差分别为

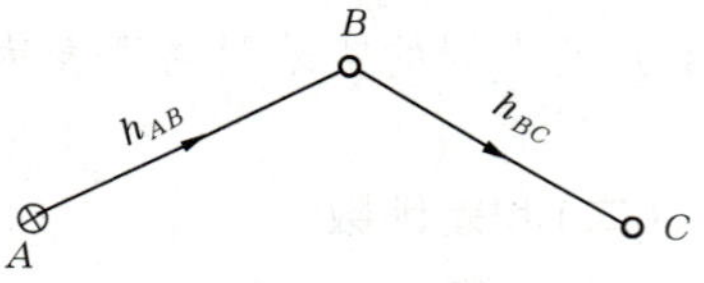

图 1-5-4 支水准测量

往测:$h_{AB} = +2.426\ \text{m} \pm 4\ \text{mm}$,$h_{BC} = -1.574\ \text{m} \pm 6\ \text{mm}$

返测:$h_{CB} = +1.562\ \text{m} \pm 6\ \text{mm}$,$h_{BA} = -2.440\ \text{m} \pm 4\ \text{mm}$

求 A 点至 C 点间的高差 h_{AC} 及其中误差 $m_{h_{AC}}$。

解 $$h_{AC} = \frac{2.426 + 2.440}{2} - \frac{1.574 + 1.562}{2} = +0.865(\text{m})$$

$$m_{h_{AC}} = \pm \sqrt{\frac{1}{4}(4^2 + 4^2) + \frac{1}{4}(6^2 + 6^2)} = \pm \sqrt{8 + 18} = \pm 5.1(\text{mm})$$

A 点至 C 点间的实测高差可表达为 $h_{AC} = +0.865\ \text{m} \pm 5.1\ \text{mm}$。

(四)非线性函数

非线性函数即一般函数,其形式为

$$Z = f(x_1, x_2, \cdots, x_n) \tag{1-5-17}$$

其中:$x_i(i = 1, 2, 3, \cdots, n)$为独立观测值。已知其中误差为 $m_{xi}(i = 1, 2, 3, \cdots, n)$,求 Z 的中误差 m_Z。

对式(1-5-17)进行全微分,即可将其按泰勒级数展开成线性函数形式

$$\mathrm{d}Z = \frac{\partial f}{\partial x_1}\mathrm{d}x_1 + \frac{\partial f}{\partial x_2}\mathrm{d}x_2 + \cdots + \frac{\partial f}{\partial x_n}\mathrm{d}x_n$$

因真误差均很小,可用来代替上式的 $\mathrm{d}Z, \mathrm{d}x_1, \mathrm{d}x_2, \cdots, \mathrm{d}x_n$,得真误差关系式

$$\Delta Z=\frac{\partial f}{\partial x_1}\Delta x_1+\frac{\partial f}{\partial x_2}\Delta x_2+\cdots+\frac{\partial f}{\partial x_n}\Delta x_n$$

其中：$\frac{\partial f}{\partial x_i}$（$i=1,2,3,\cdots,n$）是函数对各变量所取的偏导数，以观测值代入，其值即为常数，因而该式即成为线性函数的真误差关系式，依式（1-5-16）可得一般函数 Z 的中误差 m_Z 为

$$m_Z=\pm\sqrt{\left(\frac{\partial f}{\partial x_1}\right)^2 m_{x_1}^2+\left(\frac{\partial f}{\partial x_2}\right)^2 m_{x_2}^2+\cdots+\left(\frac{\partial f}{\partial x_n}\right)^2 m_{x_n}^2} \tag{1-5-18}$$

【例 1-5-4】 已测 A、B 点间的平距 $D=184.62$ m±5 cm，方位角 $\alpha=146°22'40''\pm20''$，求 A、B 点坐标增量 Δx、Δy 及其中误差 $m_{\Delta x}$、$m_{\Delta y}$ 以及 B 点的点位中误差 m。

解 A、B 点坐标增量 Δx、Δy 分别为

$$\Delta x=D\cos\alpha=184.62\times\cos146°22'40''=-153.73(\text{m})$$

$$\Delta y=D\sin\alpha=184.62\times\sin146°22'40''=+102.23(\text{m})$$

Δx、Δy 分别对 D 和 α 求偏导数，有

$$\frac{\partial(\Delta x)}{\partial D}=\cos\alpha=-0.833\qquad \frac{\partial(\Delta x)}{\partial\alpha}=-D\sin\alpha=-184.62\times0.554=-102.28$$

$$\frac{\partial(\Delta y)}{\partial D}=\sin\alpha=+0.554\qquad \frac{\partial(\Delta y)}{\partial\alpha}=D\cos\alpha=184.62\times(-0.833)=-153.79$$

Δx、Δy 的中误差 $m_{\Delta x}$、$m_{\Delta y}$ 为

$$m_{\Delta x}=\pm\sqrt{\left(\frac{\partial(\Delta x)}{\partial D}\right)^2 m_D^2+\left(\frac{\partial(\Delta x)}{\partial\alpha}\right)^2\left(\frac{m_\alpha}{\rho''}\right)^2}=\pm\sqrt{0.833^2\times5^2+10228^2\times\left(\frac{20}{\rho''}\right)^2}=\pm4.28(\text{cm})$$

$$m_{\Delta y}=\pm\sqrt{\left(\frac{\partial(\Delta y)}{\partial D}\right)^2 m_D^2+\left(\frac{\partial(\Delta y)}{\partial\alpha}\right)^2\left(\frac{m_\alpha}{\rho''}\right)^2}=\pm\sqrt{0.554^2\times5^2+15379^2\times\left(\frac{20}{\rho''}\right)^2}=\pm3.15(\text{cm})$$

B 点的点位中误差 m 为

$$m=\pm\sqrt{m_{\Delta x}^2+m_{\Delta y}^2}=\pm\sqrt{4.28^2+3.15^2}=\pm5.31(\text{cm})$$

注意，计算式中，m_D 及 $\frac{\partial(\Delta x)}{\partial\alpha}$、$\frac{\partial(\Delta y)}{\partial\alpha}$ 的单位均为 cm，$\frac{m_\alpha}{\rho''}$ 是将角值的单位由秒化为弧度，以便根号内两项的单位一致（均为 cm）。

式（1-5-18）为误差传播定律的通式，而式（1-5-12）、式（1-5-14）和式（1-5-16）实际上是该通式的特例。四种函数的误差传播公式归纳见表 1-5-2。

表 1-5-2 观测值函数中误差计算公式表

函数名称	函数式	函数中误差计算式
倍数函数	$Z=kx$	$m_Z=\pm k\cdot m_x$
和差函数	$Z=x\pm y$	$m_Z=\pm\sqrt{m_x^2+m_y^2}$
线性函数	$Z=k_1x_1\pm k_2x_2\pm\cdots\pm k_nx_n$	$m_Z=\pm\sqrt{k_1^2m_{x_1}^2+k_2^2m_{x_2}^2+k_3^2m_{x_3}^2+\cdots+k_n^2m_{x_n}^2}$
一般函数	$Z=f(x_1,x_2,\cdots,x_n)$	$m_Z=\pm\sqrt{\left(\frac{\partial f}{\partial x_1}\right)^2m_{x_1}^2+\left(\frac{\partial f}{\partial x_2}\right)^2m_{x_2}^2+\cdots+\left(\frac{\partial f}{\partial x_n}\right)^2m_{x_n}^2}$

应用误差传播定律求观测值函数的中误差时,首先应按问题的要求写出函数式,而后运用表 1-5-2 中相应的公式来计算。对一般函数,应先对函数式进行全微分,写出函数与观测值的真误差关系式,再按式(1-5-18)计算。

四、观测值函数中误差在测量中的应用示例

(一) DS_3 型水准仪进行普通水准测量,路线高差闭合差限差的依据

1. 水准尺的读数中误差

影响水准尺读数的主要误差有整平误差、照准误差及估读误差。据本模块项目一任务四分析,在用 DS_3 型水准仪进行普通水准观测时,视距为 100 m,整平误差 $m_{平}$ 为±0.73 mm,照准误差 $m_{照}$ 为±1.16 mm,估读误差 $m_{估}$ 为±1.5 mm,综合可得一个读数的中误差 $m_{读}$ 为

$$m_{读} = \pm\sqrt{m_{平}^2 + m_{照}^2 + m_{估}^2} = \pm\sqrt{0.73^2 + 1.16^2 + 1.5^2} = \pm 2.0(\text{mm})$$

2. 测站的高差中误差

测站高差等于后视尺与前视尺读数之差($h=a-b$),属于和差函数,即有

$$m_{站} = \pm\sqrt{m_{读}^2 + m_{读}^2} = \pm\sqrt{2}\cdot m_{读} = \pm\sqrt{2}\times 2.0 \approx \pm 3.0(\text{mm})$$

3. 路线的高差中误差

设一条水准路线共含 n 个测站,总高差为 $h=h_1+h_2+\cdots+h_n$,亦属和差函数,所有测站均可视为等精度观测,测站高差中误差均为 $m_{站}$,即有

$$m_h = \pm\sqrt{m_{h_1}^2 + m_{h_2}^2 + \cdots + m_{h_n}^2} = \pm\sqrt{n}\cdot m_{站} \tag{1-5-19}$$

将 $m_{站}=\pm 3.0$ mm 代入,可得

$$m_h = \pm 3.0\sqrt{n}$$

4. 路线高差的容许误差

同时,考虑其他因素的影响,以约 4 倍中误差取整作为容许误差。如果是山地,有

$$\Delta h_{容} = \pm 4\times 3.0\sqrt{n} = \pm 12\sqrt{n}$$

如果是平地,按 1 km 约 10 个测站计,以(10×总长的千米数 L)代替测站数 n,

$$\Delta h_{容} = \pm(4\times 3.0\sqrt{10\cdot L})\text{mm} \approx \pm 40\sqrt{L}$$

以上即为规范规定用 DS_3 型水准仪进行普通水准测量时,路线高差闭合差限差的依据。

(二) DJ_6 型经纬仪测量水平角,上、下半测回差限差的依据

1. 半测回方向中误差

由经纬仪型号可知,DJ_6 测量水平角一个测回的方向中误差为 $m_{回方}=\pm 6''$,而一个测回方向值是上、下两个半测回方向值(相当于两个方向读数)的平均值,它们的中误差关系式为 $m_{回方}=\pm\frac{1}{\sqrt{2}}m_{半方}$,即 $6''=\pm\frac{1}{\sqrt{2}}m_{半方}$,所以半测回方向中误差为

$$m_{半方} = \pm 6''\sqrt{2} = \pm 8.5''$$

2. 半测回角值中误差

半测回角值等于两个半测回方向值之差,所以半测回角值与半测回方向值的中误差

关系式为 $m_{半\beta} = \pm\sqrt{2} \cdot m_{半方}$，即有

$$m_{半\beta} = \pm\sqrt{2} \times 8.5'' = \pm 12.0''$$

3. 上、下半测回角值之差的中误差

上、下半测回角值之差 $\Delta\beta = \beta_{上} - \beta_{下}$，所以其中误差关系式为 $m_{\Delta\beta} = \pm\sqrt{2} \cdot m_{半\beta}$，即有

$$m_{\Delta\beta} = \pm\sqrt{2} \times 12.0'' = \pm 17.0''$$

4. 上、下半测回角值之差的容许误差

以约 2.4 倍中误差取整，即得上、下半测回角值之差 $\Delta\beta$ 的容许误差为

$$\Delta\beta_{容} = \pm 2.4 \times 17.0'' \approx \pm 40.0''$$

以上即为规范规定用 DJ_6 型经纬仪测量水平角时，上、下半测回角值之差限差的依据。

任务二　算术平均值及其中误差

知识要点：算术平均值、算术平均值中误差。

技能要点：能运用误差基本知识计算角度、距离等测量基本观测量的最可靠值并评定其精度。

在相同条件下对某量进行 n 次观测，通过数据处理，求出唯一的未知数——被观测量真值的最或是值（即最可靠值），同时评定最或是值的精度，即为等精度直接观测平差。对一组等精度观测值而言，算术平均值就是被观测量真值的最或是值，对其进行直接观测平差，就是求算术平均值及其中误差。

一、算术平均值

设对某量进行 n 次等精度观测，观测值为 $L_i(i=1,2,\cdots,n)$，其算术平均值为 x，则有

$$x = \frac{L_1 + L_2 + \cdots + L_n}{n} = \frac{[L]}{n} \tag{1-5-20}$$

一般情况下，被观测量的真值 X（如一个角度或一条边长的真值）是无法得知的，而用 n 次观测值的算术平均值来代替其真值可以认为是很可靠的，理由如下。

如式（1-5-5）所示，每个观测值都含有真误差 Δ_i，即

$$\begin{aligned} \Delta_1 &= L_1 - X \\ \Delta_2 &= L_2 - X \\ &\vdots \\ \Delta_n &= L_n - X \end{aligned}$$

对等式两端取和，有

$$[\Delta] = [L] - nX$$

两端同除以 n，则有

$$\frac{[\Delta]}{n} = \frac{[L]}{n} - X$$

根据偶然误差的第四特性 $\lim\limits_{n\to\infty} \frac{[\Delta]}{n} = 0$ 可知，当观测值个数 n 趋于无穷大时，上式左

端的极限值为 0,而右端的第一项为观测值的算术平均值 x,即有

$$\lim_{n\to\infty} x = X$$

上式说明,当观测值个数 n 趋于无穷大时,观测值的算术平均值就是该量的真值。实际测量中一量的观测次数虽然是有限的,但只要次数较多,求得的算术平均值尽管不是真值,仍然可以认为是很可靠的。因此,对于一组等精度观测值而言,算术平均值就是被观测量真值的最可靠值,即最或是值。

二、观测值中误差

本项目任务一已给出了观测值中误差的定义公式

$$m = \pm\sqrt{\frac{[\Delta\Delta]}{n}}$$

其中:Δ 为观测值的真误差。

$$\Delta_i = L_i - X \quad (i = 1,2,\cdots,n) \tag{1-5-21}$$

如前所述,由于某量的真值 X 一般难以得知,观测值的真误差也就难以计算,因而根据上定义公式求观测值的中误差往往并不可行。由于观测值的算术平均值 x 总是可求的,算术平均值与每个观测值的差值总是可算的,令该差值为观测值改正数 v_i,则有

$$v_i = x - L_i \quad (i = 1,2,\cdots,n) \tag{1-5-22}$$

即有

$$\begin{aligned} v_1 &= x - L_1 \\ v_2 &= x - L_2 \\ &\vdots \\ v_n &= x - L_n \end{aligned}$$

两端取和得

$$[v] = nx - [L] = n\frac{[L]}{n} - [L] = 0 \tag{1-5-23}$$

即观测值改正数具有特性:总和为 0,可用于计算时的检核。由此,可以推导出用改正数计算观测值中误差的实用公式。

将式(1-5-21)和式(1-5-22)两端分别相加并移项得

$$\Delta_i = x - X - v_i \quad (i = 1,2,\cdots,n)$$

即有

$$\begin{aligned} \Delta_1 &= x - X - v_1 \\ \Delta_2 &= x - X - v_2 \\ &\vdots \\ \Delta_n &= x - X - v_n \end{aligned}$$

各式两端自乘后再取和得

$$[\Delta\Delta] = n(x - X)^2 + [vv] - 2(x - X)[v]$$

将式(1-5-23) $[v]=0$ 代入上式得

$$[\Delta\Delta] = n(x - X)^2 + [vv]$$

两端同除以 n，有

$$\frac{[\Delta\Delta]}{n}=(x-X)^2+\frac{[vv]}{n} \tag{1-5-24}$$

式(1-5-24)右端第一项为

$$(x-X)^2=\left(\frac{[L]}{n}-X\right)^2=\left(\frac{[L]-nX}{n}\right)^2=\left(\frac{[\Delta]}{n}\right)^2$$

$$=\frac{1}{n^2}(\Delta_1^2+\Delta_2^2+\cdots+\Delta_n^2+2\Delta_1\Delta_2+2\Delta_2\Delta_3+\cdots)$$

$$=\frac{1}{n^2}[\Delta\Delta]+\frac{2}{n^2}(\Delta_1\Delta_2+\Delta_2\Delta_3+\cdots)$$

由于 $\Delta_1,\Delta_2,\cdots,\Delta_n$ 均为偶然误差，且彼此独立，故 $\Delta_1\Delta_2,\Delta_2\Delta_3,\cdots$ 也具有偶然误差的性质，当 $n\to\infty$ 时，其和$(\Delta_1\Delta_2+\Delta_2\Delta_3+\cdots)$亦趋近于0，于是式(1-5-24)可写为

$$\frac{[\Delta\Delta]}{n}=\frac{[\Delta\Delta]}{n^2}+\frac{[vv]}{n}$$

根据中误差的定义公式又可写为

$$m^2=\frac{m^2}{n}+\frac{[vv]}{n}$$

即得

$$m=\pm\sqrt{\frac{[vv]}{n-1}} \tag{1-5-25}$$

式(1-5-25)即为利用观测值改正数计算观测值中误差的实用公式。

三、算术平均值中误差

根据算术平均值的定义式(1-5-20)知

$$x=\frac{[L]}{n}=\frac{1}{n}L_1+\frac{1}{n}L_2+\cdots+\frac{1}{n}L_n$$

又因 L_i 均为等精度观测，具有相同的中误差 m，运用误差传播定律可得

$$m_x=\pm\sqrt{\left(\frac{1}{n}\right)^2m^2+\left(\frac{1}{n}\right)^2m^2+\cdots+\left(\frac{1}{n}\right)^2m^2}$$

即

$$m_x=\pm\frac{m}{\sqrt{n}} \tag{1-5-26}$$

将式(1-5-25)代入式(1-5-26)，又可得

$$m_x=\pm\sqrt{\frac{[vv]}{n(n-1)}} \tag{1-5-27}$$

由式(1-5-26)和式(1-5-27)可知，算术平均值的中误差与观测次数的平方根成反比，即算术平均值较观测值的精度提高$\sqrt{n}$倍。

四、角度观测值最可靠值的计算及其精度评定

【例 1-5-5】 对某水平角测量了6个测回，观测值列于表1-5-3中，求该角度的最可

靠值及其中误差。

解 (1)计算最或是值即算术平均值 x

$$x = \frac{[\beta]}{6} = 136°10'26''$$

表 1-5-3 角度测量成果计算表

观测次数	观测值 β(° ′ ″)	改正数 v(″)	vv
1	136 10 30	−4	16
2	136 10 26	0	0
3	136 10 28	−2	4
4	136 10 24	+2	4
5	136 10 25	+1	1
6	136 10 23	+3	9
总和	$x=\frac{[\beta]}{6}=136°10'26''$	$[v]=0$	$[vv]=34$

(2)计算观测值改正数 v_i

$$v_i = x - \beta_i \quad (i = 1,2,\cdots,n)$$

检核:计算$[v]$,看其是否为0。如果由于凑整误差使算得的$[v]$为一微小数值,也应视为计算无误。本例计算$[v]=0$,检核通过。再计算各 v_i 的平方,得$[vv]=34$。

(3)计算观测值中误差为

$$m = \pm\sqrt{\frac{[vv]}{n-1}} = \pm\sqrt{\frac{34}{6-1}} = \pm 2.6''$$

(4)计算算术平均值中误差为

$$m_x = \pm\frac{m}{\sqrt{n}} = \pm\frac{2.6}{\sqrt{6}} = \pm 1.1''$$

该例为角度测量,无需计算相对误差。

五、距离观测值最可靠值的计算及其精度评定

【例 1-5-6】 对某段距离进行了6次等精度测量,观测值列于表1-5-4,求该距离的最可靠值及其中误差。

表 1-5-4 距离测量成果计算表

观测次数	观测值 L(m)	v(mm)	vv
1	348.367	−7	49
2	348.359	+1	1
3	348.364	−4	16
4	348.350	+10	100
5	348.366	−6	36
6	348.354	+6	36
总和	$x=\frac{[L]}{6}=348.360$	$[v]=0$	$[vv]=238$

解 (1)计算最或是值即算术平均值 x 为

$$x=\frac{[L]}{6}=348.360(\text{m})$$

(2)计算观测值改正数 v_i 为

$$v_i=x-L_i \quad (i=1,2,\cdots,n)$$

检核:本例计算$[v]=0$,检核通过。再计算各 v_i 的平方,得$[vv]=238$。

(3)计算观测值中误差为

$$m=\pm\sqrt{\frac{[vv]}{n-1}}=\pm\sqrt{\frac{238}{6-1}}=\pm 6.9(\text{mm})$$

(4)计算算术平均值中误差为

$$m_x=\pm\frac{m}{\sqrt{n}}=\pm\frac{6.9}{\sqrt{6}}=\pm 2.8(\text{mm})$$

(5)计算算术平均值的相对中误差为

$$K=\frac{1}{x/|m_x|}=\frac{1}{348.360/0.0028}=\frac{1}{124400}$$

该例为距离测量,所以需进行相对误差的计算。

任务三 加权平均值及其中误差

知识要点:权的概念、测量基本工作中权的确定、加权平均值、加权平均值中误差。

技能要点:能运用误差基本知识计算不等精度观测量的最可靠值并评定其精度。

在不同条件下对某量进行 n 次观测,通过数据处理,求出唯一的未知数——被观测量真值的最或是值,同时评定最或是值的精度,即为不等精度直接观测平差。不等精度直接观测平差,首先需要通过一组比值来确定观测值之间精度不等的程度,这样一组比值称为权,再根据权计算所有观测值的加权平均值(即被观测量的最或是值)及其中误差。

一、权的概念

人们在做一件事之前,首先应当“权衡利弊”,就是说用权来衡量其利弊,三思而行,可见权的概念在日常生活中应用广泛。而在测量中,则可以用权来衡量观测值之间可靠程度的不同。

设观测值 $L_i(i=1,2,\cdots,n)$ 的中误差为 m_i,其权的定义为

$$P_i=\frac{\sigma_0^2}{m_i^2} \tag{1-5-28}$$

式中:σ_0^2 为一正的常数,可以任意假设,但对一组观测值而言,σ_0^2 必须相同。

式(1-5-28)表明,观测值的权与其中误差的平方成反比。

设对某角度在不同条件下进行了 3 次观测,它们的中误差分别为 $m_1=\pm 3''$,$m_2=\pm 4''$,$m_3=\pm 5''$。由式(1-5-28)可定它们的权分别为

$$P_1=\frac{\sigma_0^2}{3^2} \quad P_2=\frac{\sigma_0^2}{4^2} \quad P_3=\frac{\sigma_0^2}{5^2}$$

假设 $\sigma_0^2=1$，则有

$$P_1=\frac{1}{9}=0.11\quad P_2=\frac{1}{16}=0.06\quad P_3=\frac{1}{25}=0.04$$

假设 $\sigma_0^2=3^2$，则有

$$P_1=\frac{9}{9}=1\quad P_2=\frac{9}{16}=0.56\quad P_3=\frac{9}{25}=0.36$$

假设 $\sigma_0^2=4^2$，则有

$$P_1=\frac{16}{9}=1.78\quad P_2=\frac{16}{16}=1\quad P_3=\frac{16}{25}=0.64$$

假设 $\sigma_0^2=5^2$，则有

$$P_1=\frac{25}{9}=2.78\quad P_2=\frac{25}{16}=1.56\quad P_3=\frac{25}{25}=1$$

σ_0^2 的假设值不同，得到各个观测值的权也不同，但是，上面的计算结果显然有

$$P_1:P_2:P_3=0.11:0.06:0.04=1:0.56:0.36=1.78:1:0.64=2.78:1.56:1$$

由此可见，不同精度观测值的权可以视为一组比例数值，在 σ_0^2 假设为不同数值时，观测值权的数值不同，但之间的比例关系不变。比例关系中数值大的权大，说明其精度高；反之，比例关系中数值小的权小，说明其精度低。因此，可以用权来表示不同观测值之间精度的差异。当某个观测值的 $m_i=\sigma_0$ 时，它的权 $P_i=1$。等于 1 的权称为单位权，相应的观测值即为单位权观测值，其中误差为单位权观测值中误差，简称单位权中误差。

二、测量基本工作中权的确定

（一）水准测量中路线高差观测值权的确定

一条水准测量路线（山地）含有 n 个测站，每个测站高差的中误差 $m_{站}$ 相等，由式（1-5-19）得路线高差 h 的中误差为 $m_h=\pm\sqrt{n}\cdot m_{站}$，即其路线高差中误差与测站数平方根$\sqrt{n}$成正比。

依据式（1-5-28），且设 $\sigma_0^2=m_{站}^2$，得

$$P_h=\frac{\sigma_0^2}{m_h^2}=\frac{m_{站}^2}{n\cdot m_{站}^2}=\frac{1}{n}\tag{1-5-29}$$

可见，在山地进行水准测量时路线高差观测值的权与路线的测站数 n 成反比，即不同路线的高差观测值可以路线测站数的倒数$\frac{1}{n}$定权。

同理可知，在平地进行水准测量时路线高差观测值的权与路线的千米数 L 成反比，即不同路线的高差观测值可以路线千米数的倒数$\frac{1}{L}$定权。

（二）距离测量观测值权的确定

对一段长度为 L 千米的距离 D 进行测量，设每千米的测量中误差为 $m_{千米}$，依据误差传播定律，显然有 $m_D=\pm\sqrt{L}\cdot m_{千米}$，再设 $\sigma_0^2=m_{千米}^2$，得

$$P_D=\frac{\sigma_0^2}{m_D^2}=\frac{m_{千米}^2}{L\cdot m_{千米}^2}=\frac{1}{L}\tag{1-5-30}$$

可见，距离测量观测值的权与路线的千米数 L 成反比，即不同路线的距离观测值可以路线千米数的倒数$\frac{1}{L}$定权。

（三）角度测量观测值权的确定

对一角度 β 进行 n 个测回的观测，其算术平均值即为该角的最或是值，设每个测回观测值的中误差为 $m_{回}$，则由式（1-5-26）可知其最或是值的中误差为 $m_\beta=\pm\frac{m_{回}}{\sqrt{n}}$，再设 $\sigma_0^2=m_{回}^2$，得

$$P_\beta=\frac{\sigma_0^2}{m_\beta^2}=\frac{m_{回}^2}{m_{回}^2}\cdot n=n \tag{1-5-31}$$

可见，角度测量观测值的权与测回数 n 成正比，即角度观测值可以其测回数 n 定权。

三、加权平均值及其中误差

（一）加权平均值

设某量的 n 次不等精度观测值为 $L_1, L_2, \cdots, L_n$，它们的权分别为 $P_1, P_2, \cdots, P_n$，则加权平均值即其最或是值为

$$x=\frac{P_1L_1+P_2L_2+\cdots+P_nL_n}{P_1+P_2+\cdots+P_n}=\frac{[PL]}{[P]} \tag{1-5-32}$$

为方便计算，可设 x_0 为最或是值的近似值，且令 $\delta L_i=L_i-x_0$，则加权平均值还可表达为

$$x=x_0+\frac{[P\delta L]}{[P]} \tag{1-5-33}$$

观测值 L_i 的改正数为

$$v_i=x-L_i \tag{1-5-34}$$

其特性为

$$[Pv]=0 \tag{1-5-35}$$

可用于计算时的检核。

（二）单位权中误差

不等精度观测中，对应于权等于 1 的观测值中误差即为单位权中误差，一般以 μ 表示，其计算公式为

$$\mu=\pm\sqrt{\frac{[Pvv]}{n-1}} \tag{1-5-36}$$

其中：v 和 P 分别为各观测值的改正数和相应的权，n 为观测值的个数。

（三）加权平均值中误差

不等精度观测中，最或是值的中误差即加权平均值中误差的计算公式为

$$m_x=\pm\frac{\mu}{\sqrt{[P]}} \tag{1-5-37}$$

其中：μ 为单位权中误差，$[P]$ 为各观测值的权之和。

【例 1-5-7】 如图 1-5-5 所示为具有一个结点的路线水准测量，已知 A、B、C 三点的高程分别为 10.145 m、14.030 m、9.898 m，测得 $h_{AD}=+1.538$ m，$h_{BD}=-2.330$ m，$h_{CD}=+1.782$ m。三条水准路线长度分别为 $L_1=2.5$ km、$L_2=4.0$ km、$L_3=2.0$ km，求结点 D 的高程 H_D、单位权中误差 μ 及 H_D 的中误差。

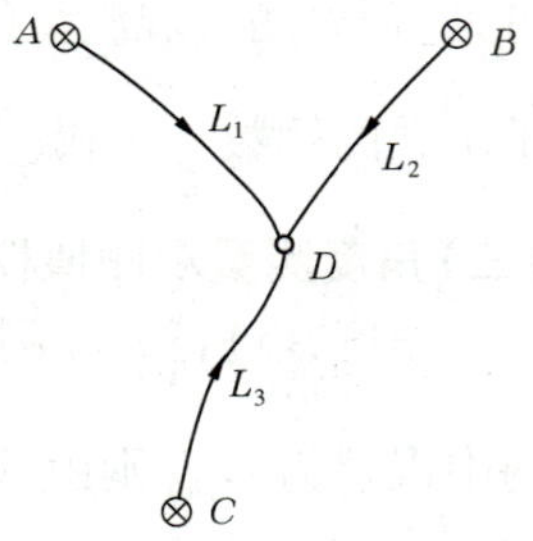

图 1-5-5 单一结点的水准测量路线

解 已知数据（粗体字）、观测数据及有关计算数据列于表 1-5-5。

表 1-5-5 单一结点水准路线平差计算表

路线	已知点	已知点高程（m）	观测高差（m）	D 点高程推算值（m）	δL_i（m）	路线长（km）	权 $P=\frac{1}{L}$	改正数 v（mm）	Pv	Pvv
1	A	**10.145**	+1.538	11.683	1.683	2.5	0.40	+2.4	+0.96	2.30
2	B	**14.030**	−2.330	11.700	1.700	4.0	0.25	−14.6	−3.65	53.29
3	C	**9.898**	+1.782	11.680	1.680	2.0	0.50	+5.4	+2.70	14.58
和				设 $x_0=10.000$ m			1.15		+0.01	70.17

结点 D 高程的加权平均值为

$$H_D=10.000+\frac{0.4\times1.683+0.25\times1.700+0.5\times1.680}{1.15}=10.000+1.6854=11.6854(\text{m})$$

单位权中误差（即长度 $L=1$ km 的观测高差中误差）为

$$\mu=\pm\sqrt{\frac{[Pvv]}{n-1}}=\pm\sqrt{\frac{70.17}{3-1}}=\pm5.9(\text{mm})$$

结点 D 的高程中误差为

$$m_x=\pm\frac{\mu}{\sqrt{[P]}}=\pm\frac{5.9}{\sqrt{1.15}}=\pm5.5(\text{mm})$$

对等精度观测而言，可视 n 个观测值的权均相等，即 $P_1=P_2=\cdots=P_n=1$，$[P]=n$，将此代入式（1-5-32）、式（1-5-36）、式（1-5-37），其结果和式（1-5-20）、式（1-5-25）、式（1-5-26）完全一致，可见，算术平均值及其中误差，实际上就是观测值权均等于 1 时的加权平均值及其中误差。

小 结

（1）测量误差来源于仪器误差、观测者本身及外界条件的影响等，测量误差主要分系统误差和偶然误差。偶然误差具有统计特性。

（2）评定测量精度的指标主要是中误差，距离测量中则为相对误差。

(3)运用误差传播定律，可以根据观测值中误差计算其函数中误差。

(4)等精度直接观测值的最可靠值就是其算术平均值，算术平均值中误差较观测值中误差缩小$\sqrt{n}$倍。

(5)不等精度直接观测平差，首先需要通过一组比值来确定观测值之间精度不等的程度，这样一组比值称为权，再根据权计算所有观测值的加权平均值（即被观测量的最或是值）及其中误差。

复习题

1. 测量误差来源于__________、__________及__________。

2. ______________________________称为系统误差，____称为偶然误差。偶然误差具有以下特性：①___________________________________；②___________________________________；③___________________________________；④___________________________________。

3. 中误差的定义公式是__________，式中Δ_i=__________，称为__________，其中L_i为__________，X为__________，n为__________，中误差数值的前面必须带有__________号。一般以__________作为容许误差。距离测量中用__________评定成果的精度，其理由是____。

4. 倍数函数中误差的计算公式__________，和差函数中误差的计算公式__________，线性函数中误差的计算公式__________，非线性函数中误差的计算公式__________。

5. 算术平均值x=__________，式中L为__________，n为__________。计算观测值中误差的实用公式是__________，式中v=__________，称为__________，其特性为__________。算术平均值中误差m_x=__________，由该式可知，算术平均值的精度较观测值的精度提高__________倍。

练习题

1. 甲、乙两观测员在相同的观测条件下，对同一量各观测10次，各次观测的真误差分别为

甲：-3，0，+2，+3，-2，+1，-1，+2，0，+1

乙：0，-1，+5，0，-6，0，+1，+6，-4，-3

试计算甲、乙的观测中误差，并比较其精度的高低。

2. 在一个n边的多边形中，等精度观测了各内角，每角的测角中误差均为$m_\beta=\pm10''$。求该多边形内角和的中误差。

3. 一正方形建筑物，量其一边长为a，中误差为$m_a=\pm3$ mm，求其周长及中误差。若以相同精度量其四条边为a_1、a_2、a_3、a_4，其中误差均为$m_a=\pm3$ mm，求其周长及中误差。

4. 设有三个函数式：$Z_1=L_1+L_2$，$Z_2=L_1-L_2$，$Z_3=\frac{1}{2}(L_1+L_2)$，式中L_1、L_2为相互独立的

观测值，中误差均为 m。试分别求这三个函数的中误差 m_{Z_1}、m_{Z_2} 和 m_{Z_3}。

5. 用经纬仪观测水平角，一个测回的中误差为±8″，欲使该角值的精度提高一倍，应观测几个测回？

6. 测得一长方形两条边长分别为 $a=15$ m±3 mm、$b=20$ m±4 mm。求该长方形的面积及其中误差。

7. 对某角观测 5 次，观测值列于表 1-5-6，试计算算术平均值及其中误差。

表 1-5-6　角度观测成果计算表

观测次数	观测值 (°　′　″)	v (″)	vv
1	148　46　28		
2	148　46　45		
3	148　46　54		
4	148　46　24		
5	148　46　32		
总和	$x=$	$[v]=$	$[vv]=$

$m=$

$m_x=$

8. 对某段距离等精度丈量 6 次，观测值列于表 1-5-7，试计算其算术平均值和相对误差。

表 1-5-7　距离丈量成果计算表

观测次数	观测值(m)	v(mm)	vv
1	428.243		
2	428.227		
3	428.231		
4	428.235		
5	428.240		
6	428.228		
总和	$x=$	$[v]=$	$[vv]=$

$m=$

$m_x=$

$K=$

思考题

1. 试指出下列误差的类别：

(1)钢尺的尺长误差；

(2)视距测量的乘常数误差；

(3)水准仪的 i 角误差；

(4)水准测量水准气泡符合不准确的误差；

(5)钢尺定线不准、弯曲、不水平等给量距造成的误差；

(6)经纬仪对中不准确给测角造成的误差。

2. 系统误差的影响一般可采取什么样的措施加以消除？偶然误差的影响能消除吗？为什么？

3. 什么情况下进行的观测可以认为是等精度观测？上面的练习题第 1 题中，甲和乙各自的 10 次观测是等精度观测吗？如果是等精度观测，为何甲和乙各 10 次真误差会有大有小，有正有负？计算出的 $m_{甲}$、$m_{乙}$ 各表示什么？中误差前面的“±”号又表示什么？

4. 评定角度测量的精度能用相对误差吗？为什么？

5. 上面的练习题第 3 题中同样求四边形的周长，是量一边所得结果精度高，还是分别量四边所得结果精度高？为何会产生这样的结果？

6. 水平角观测成果的中误差和测回数之间有什么关系？测角的测回数是否越多越好？为什么？

7. 权的定义公式是____________，表明观测值的权和____________成反比。式中 σ_0^2 为__________，当 σ_0^2 假设为不同数值时，观测值权的数值不同，但之间的__________。权可以用来表示不同观测值之间________________。等于 1 的权称为________________，相应的观测值即为________________，其中误差为________________，简称__________。加权平均值的计算公式是__________，单位权中误差的计算公式是__________，加权平均值中误差的计算公式是______________。对于等精度观测而言，算术平均值及其中误差，实际上就是____。

模块二　普通测量技能

项目一　小区域控制测量

知识目标

平面控制测量和高程控制测量的基本概念、导线的形式、四等水准测量的观测方法和精度要求、GPS 定位的基本原理和测量方法。

技能目标

能够进行导线测量和四等水准测量的外业观测和内业计算。

任务一　控制测量基本知识

知识要点：平面和高程测量的分类及控制网必要的起算数据。

如前所述，测量工作必须遵循程序上“从整体到局部”，步骤上“先控制后碎部”，精度上“由高级到低级”的原则进行。即无论是地形测图，还是施工放样，都必须首先进行整体的控制测量。

控制测量包括平面控制测量和高程控制测量，其目的是在测区内通过测定控制点的平面坐标 (x, y) 以建立平面控制网，或通过测定控制点的高程 (H) 以建立高程控制网。

一、控制网分类

根据建网目的和控制范围等的不同，控制网一般可分为以下类型。

（一）国家控制网

在全国范围内建立的控制网为国家控制网，分为国家平面控制网和国家高程控制网。

国家平面控制网从高到低分为四个等级，一般采用三角测量或 GPS 精密定位的方法，逐级加密布设。其中，一、二等是国家平面控制的基础，平均边长分别为 25 km 和 13 km；三、四等是局部地区地形测量和施工测量的依据，平均边长分别为 8 km 和 2～6 km。

国家高程控制网从高到低亦分四个等级，主要采用精密水准测量或精密三角高程测量的方法，逐级加密布设。

（二）城市控制网

城市控制网是大中城市在国家控制网的基础上建立的控制网，采用统一的城市坐标系统和高程系统，为城市规划设计、市政工程建设及工业与民用建筑的大比例尺地形图测绘和施工测量提供依据。一般采用城市导线测量或 GPS 测量的方法布设。

城市各等级光电测距导线测量和水准测量的主要技术要求分列于表 2-1-1 和表 2-1-2（引自国家建设部 1999 年颁布的中华人民共和国行业标准《城市测量规范》（CJJ 8—99））。

表 2-1-1　各等级光电测距导线的主要技术要求

等级	附合导线长度（km）	平均边长（m）	测距中误差（mm）	测角中误差（″）	全长相对闭合差
三等	15	3 000	不超过±18	不超过±1.5	≤1/60 000
四等	10	1 600	不超过±18	不超过±2.5	≤1/40 000
一级	3.6	300	不超过±15	不超过±5	≤1/14 000
二级	2.4	200	不超过±15	不超过±8	≤1/10 000
三级	1.5	120	不超过±15	不超过±12	≤1/6 000

表 2-1-2　各等级水准测量的主要技术要求

等级	测段、路线往返测高差不符值（mm）	附合路线或环线闭合差（mm）	
		平原、丘陵	山区
二等	不超过$\pm4\sqrt{L}$	不超过$\pm4\sqrt{L}$	
三等	不超过$\pm12\sqrt{L}$	不超过$\pm12\sqrt{L}$	不超过$\pm15\sqrt{L}$
四等	不超过$\pm20\sqrt{L}$	不超过$\pm20\sqrt{L}$	不超过$\pm25\sqrt{L}$

注：表中 L 为测段、路线或附合路线、闭合环线长度，均以 km 计。

（三）工程控制网

工程控制网是为某项大型或特种工程的设计、施工和安全监测专门布设的控制网。一般采用和工程设计的需要相一致的坐标和高程系统，而针对不同的工程，在其不同部位定位时，往往会有不同的精度要求。

（四）小区域控制网

小区域控制网则是为满足小区域大比例尺地形图测绘或施工测量的要求而建立的控制网。小区域控制网应尽量与国家控制网或城市控制网进行联测，在特殊情况下，也可采用独立的坐标系或高程系。

（五）图根控制网

图根控制网即直接用于地形测图的控制网。一般控制网在建立时如果面积较大应采用不同的等级。控制整个测区的为首级控制网，图根控制网则是其最低一级。

二、小区域控制网的建立方法

小区域控制网最常用的布设方法是导线测量，根据使用仪器的不同分为光电测距导线和钢尺量距导线，两种导线测量的技术要求分列于表 2-1-3 和表 2-1-4（引自国家建设部 1999 年颁布的中华人民共和国行业标准《城市测量规范》(CJJ 8—99)）。

表 2-1-3　图根光电测距导线测量的技术要求

比例尺	附合导线长度(m)	平均边长(m)	导线相对闭合差	测回数(DJ_6)	方位角闭合差(″)	测距	
						仪器类型	方法与测回数
1∶500	900	80	≤1/4 000	1	不超过 $\pm40\sqrt{n}$	Ⅱ级	单程观测 1 测回
1∶1 000	1 800	150					
1∶2 000	3 000	250					

表 2-1-4　图根钢尺量距导线测量的技术要求

比例尺	附合导线长度(m)	平均边长(m)	导线相对闭合差	测回数(DJ_6)	方位角闭合差(″)
1∶500	500	75	≤1/2 000	1	不超过 $\pm60\sqrt{n}$
1∶1 000	1 000	120			
1∶2 000	2 000	200			

此外，在导线测量的基础上，小区域控制点还可以采用极坐标法、交会测量、全站仪坐标测量及全站仪自由设站等方法进行加密（见本书模块一项目四），高程点的加密仍采用水准测量、三角高程测量或全站仪高程测量的方法。

三、控制网必要的起算数据

在一个区域进行控制测量工作时，至少要有一个已知点的坐标、一条边的已知方位角和一个已知水准点的高程作为必要的起算数据，以便将测区纳入已知的坐标系和高程系。这样的起算数据可以通过与测区附近已有的国家或城市高级测量控制点进行联测的方法获得。若测区附近没有高级测量控制点可以利用，则需要假设一个点的坐标、一条边的方位角及一个点的高程，从而建立测区假定的平面直角坐标系和高程系。假设一边的方位角时，为使该方位角与其真实方向大致相仿，可以用罗盘仪测定该边的磁方位角 A_m，再根据当地的磁偏角 δ 换算得该边的真方位角 A，作为其方位角的假定值。

任务二　导线测量

知识要点：导线的形式及适用场合。

技能要点：能进行导线测量的外业观测和内业计算。

导线测量是城市或小区域平面控制测量中最常用的一种布网形式，具有布设灵活、对通视要求低、施测方便、计算简单等优点，尤其适合建筑区、隐蔽区或道路、河道等狭长地带的控制测量。导线测量一般应有 1～2 套起算数据（一套起算数据包括一个已知点的 x、y 和一条边的已知方位角），按一定形式布设，通过外业观测和内业计算，求出待定点

（即导线点）的平面坐标。

一、导线形式

（一）附合导线

如图 2-1-1～图 2-1-3 所示，从一已知点 B 出发，经导线点 $1,2,\cdots,n$，附合到另一已知点 C 上，称为附合导线。因两端已知点联测已知方向数的不同，附合导线又分为三种形式。图 2-1-1 所示的两端已知点均联测有已知方向（如图中已知方位角 α_{AB} 和已知方位角 α_{CD}），称为双定向附合导线（一般简称附合导线）；图 2-1-2 所示的仅有一端联测了已知方向（如图中已知方位角 α_{AB}），称为单定向附合导线；图 2-1-3 所示的两端已知点均未联测已知方向，则称无定向附合导线。

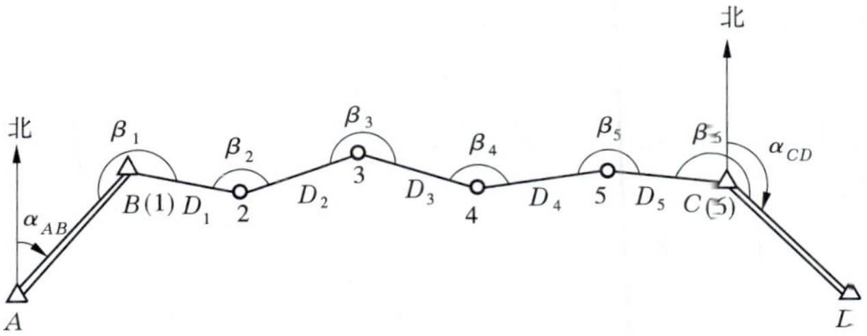

图 2-1-1　双定向附合导线

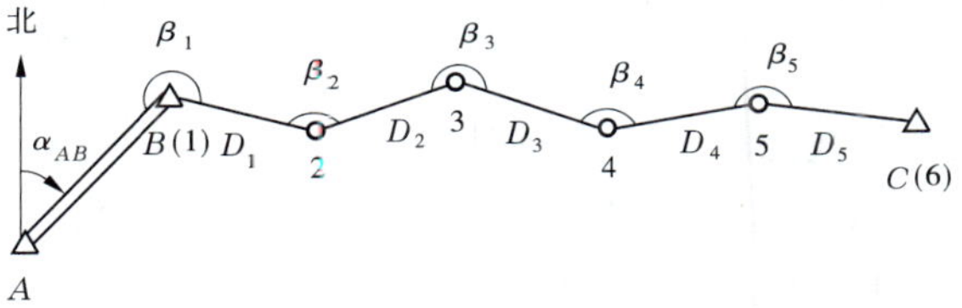

图 2-1-2　单定向附合导线

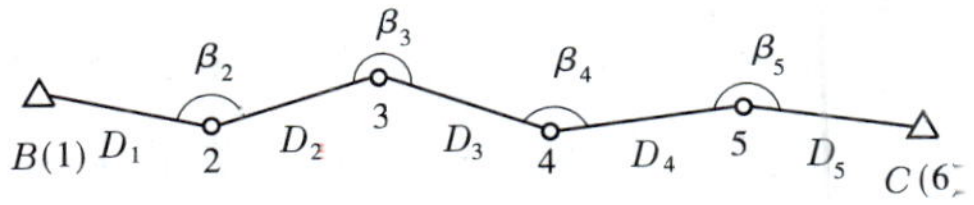

图 2-1-3　无定向附合导线

（二）闭合导线

如图 2-1-4 所示，从一已知点 A 和已知方位角 α_{AB} 出发，经导线点 $1,2,\cdots,n$，再回到原已知点 A 和已知方位角 α_{AB} 上，称为闭合导线。

（三）支导线

若从一个已知点和已知方向出发，经各待定点进行导线测量，既不附合到另一已知点上，也不返回到原已知点上，称为支导线（见图 2-1-4）。

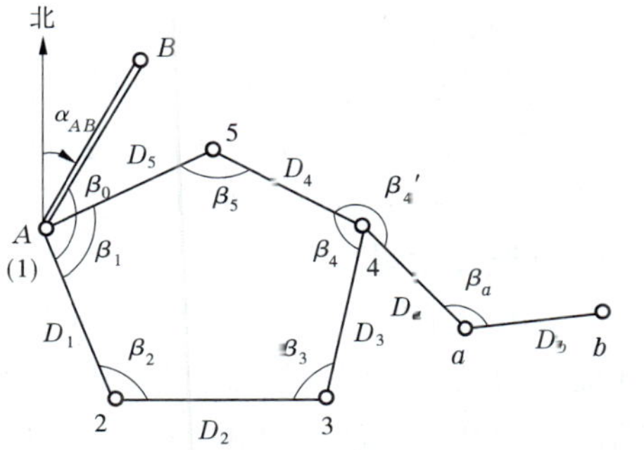

图 2-1-4　闭合导线和支导线

附合导线和闭合导线对测量成果都能进行有效的检核,而支导线由于缺少必要的检核,因此一般只容许支出 1~2 点。

二、导线测量外业

导线测量的外业包括踏勘选点、角度测量、边长测量和连接测量。

(一)踏勘选点

踏勘选点就是根据导线测量的目的、已收集到的测区及已知高级控制点的资料,先在老的地形图上拟定导线点的位置和导线的布设形式,然后到测区勘察,根据现场的实际情况,确定方案,选定导线点的具体位置,并埋设相应的标志。

实地选点时,应考虑以下因素:

(1)导线点在测区内应分布均匀,图根导线的边长应符合表 2-1-3 或表 2-1-4 的要求,相邻边的长度不宜相差过大,以避免测角时因望远镜频繁调焦而造成较大误差。

(2)相邻导线点之间应互相通视,以便于仪器观测。

(3)导线点周围应视野开阔,以利于碎部测量或施工放样。

(4)导线点位的土质应坚实,以便于埋设标志和安置仪器。

点位选好后,除图根导线点可采用木桩外,一般等级导线点都应埋设混凝土标志(见图 2-1-5),并绘制点之记(参见图 1-1-13),以利长期使用。

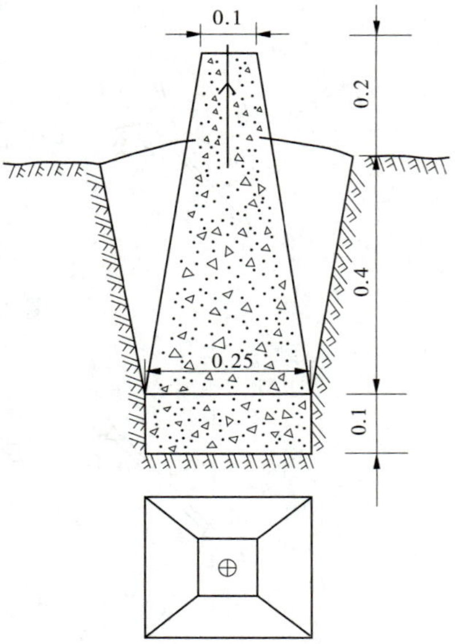

图 2-1-5 混凝土桩 (单位:m)

(二)角度测量

角度测量就是用经纬仪或全站仪在导线点上设站,测量相邻导线边之间的水平角。位于导线前进方向左侧的水平角称为左角,位于导线前进方向右侧的水平角称为右角。为便于计算,通常观测左角。闭合导线以逆时针为前进方向,所测左角即闭合多边形的内角。使用 DJ_6 型经纬仪观测水平角 1 个测回的盘左、盘右角值较差应不超过±40″。

(三)边长测量

导线边的边长(水平距离)可用全站仪光电测距,采用单向多组观测,并对观测值进行相应的气象改正。如条件所限,也可用钢尺丈量,采用往、返取平均的方法,往、返较差的相对误差一般应小于 1/3 000。

(四)连接测量

连接测量是使导线与附近高级控制点相连接所进行的测量,以便将导线并入国家或区域统一的坐标系中。连接测量有时仅需要测定连接角(如图 2-1-1 中的 β_1、β_6 角),有时则需要同时测定连接角和连接边(如图 2-1-6 中的 β'、β''角及 D_0 边)。对于无法和高级控制点进行连接的独立闭合导线,只能假定其第一点的坐标为起始坐标,并用罗盘仪测定其第一条边的磁方位角，经磁偏角改正后，作为起始方位角（参见本项目任务一）。

三、导线测量内业

导线测量的内业就是进行数据处理，消除角度和边长观测值中偶然误差的影响，最终推算出导线点的坐标。计算之前，应认真检查所有外业观测的记录、计算是否正确，成果是否符合限差要求。同时，将已知数据和观测值标注在导线略图上。

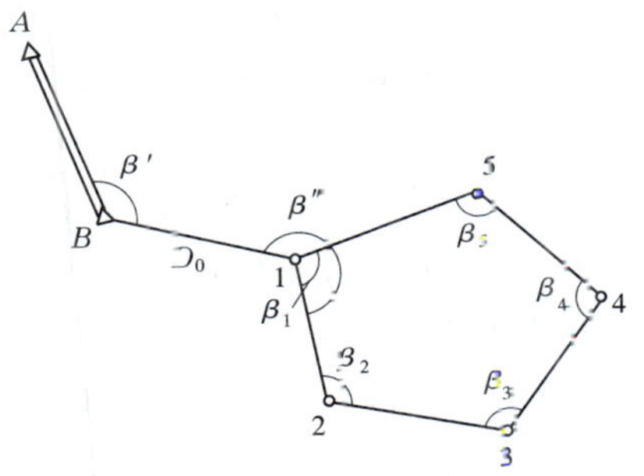

图 2-1-6　连接测量示例

（一）双定向附合导线计算

如图 2-1-1 所示双定向附合导线，以 A、$B(1)$ 和 $C(n)$、D 为两端的已知控制点，2，3，4，…，$n-1$ 为待定导线点，观测了所有的水平角和边长。首先需要按坐标反算公式（式(1-4-10)）反算出两端的坐标方位角 α_{AB} 和 α_{CD}

$$\left.\begin{aligned}\alpha_{AB} &= \arctan\frac{Y_B - Y_A}{X_B - X_A} = \arctan\frac{\Delta Y_{AB}}{\Delta X_{AB}} \\ \alpha_{CD} &= \arctan\frac{Y_D - Y_C}{X_D - X_C} = \arctan\frac{\Delta Y_{CD}}{\Delta X_{CD}}\end{aligned}\right\} \tag{2-1-1}$$

然后按以下步骤进行计算。

1. 角度闭合差计算和调整

依据相邻边方位角的推算公式（式(1-4-6)），可以写出

$$\begin{aligned}\alpha_{12} &= \alpha_{AB} + \beta_1 \pm 180^\circ \\ \alpha_{23} &= \alpha_{12} + \beta_2 \pm 180^\circ \\ &\vdots \\ +)\quad \alpha'_{CD} &= \alpha_{(n-1)n} + \beta_n \pm 180^\circ\end{aligned}$$

$$\alpha'_{CD} = \alpha_{AB} + \sum_{i=1}^{n}\beta_i \pm n \times 180^\circ \tag{2-1-2}$$

由式(2-1-2)算得的方位角应反复减去 360°，直到符合 $0^\circ<\alpha'_{CD}<360^\circ$ 的要求。CD 的方位角计算值 α'_{CD} 与其已知值 α_{CD} 理应相等，但由于角度观测值存在偶然误差，它们之间总会出现差值，该差值即称为角度闭合差 f_β

$$f_\beta = \alpha'_{CD} - \alpha_{CD} = \sum_{i=1}^{n}\beta_i - (\alpha_{CD} - \alpha_{AB}) \pm n \times 180^\circ \tag{2-1-3}$$

角度闭合差的容许值按表 2-1-4 的规定计算。如果 f_β 小于限差，说明观测成果符合要求，但是需要调整，给每个角度观测值计算改正数，即将角度闭合差按相反符号平均分配于各角，其分配值即称原有角度观测值的改正数，按下式计算

$$v_\beta = -\frac{f_\beta}{n} \tag{2-1-4}$$

式中　n——观测角个数。

如果观测的是$\beta_{右}$,除应以下式（即式（1-4-7））

$$\alpha_{前} = \alpha_{后} - \beta_{右} \pm 180°$$

作为相邻边方位角的推算公式外,还应将角度闭合差按相同符号平均分配于各右角。

角度闭合差分配值一般取整至秒,并使其总和与角度闭合差二者绝对值相等,从而消除角度测量偶然误差的影响。

2. 根据改正后的角值,重新计算各边坐标方位角

仍旧依据式(1-4-6),根据改正后的角值,重新计算各边的坐标方位角。最后算得的α'_{CD}和已知值α_{CD}应完全相等,作为检核。

3. 坐标增量闭合差计算和调整

依据坐标正算公式由各边方位角和边长观测值计算各边的坐标增量Δx、Δy

$$\Delta x = D\cos\alpha$$

$$\Delta y = D\sin\alpha$$

所谓坐标增量闭合差,是依据所有边的坐标增量之和计算的末端已知点坐标的计算值x'_C、y'_C和已知值x_C、y_C之差（分别称为纵坐标增量闭合差f_x和横坐标增量闭合差f_y）

$$\left.\begin{aligned} f_x &= x'_C - x_C = \sum_{i=1}^{n-1} \Delta x_i - (x_C - x_B) \\ f_y &= y'_C - y_C = \sum_{i=1}^{n-1} \Delta y_i - (y_C - y_B) \end{aligned}\right\} \tag{2-1-5}$$

根据f_x、f_y计算导线全长闭合差f和全长相对闭合差K

$$f = \pm\sqrt{f_x^2 + f_y^2} \tag{2-1-6}$$

$$K = \frac{|f|}{\sum D} = \frac{1}{\sum D/|f|} \tag{2-1-7}$$

各等级导线全长相对闭合差的限差见表 2-1-1,图根导线的K值一般不应大于1/2 000。如果K值小于限差,说明观测成果符合要求,但亦需要调整,即将纵、横坐标增量闭合差f_x、f_y以相反符号,按与边长成比例分配于各边的坐标增量中,从而消除边长测量偶然误差的影响。其分配值（即原纵、横坐标增量值之改正数）v_{xi}、v_{yi}按下式计算

$$\left.\begin{aligned} v_{xi} &= -\frac{f_x}{\sum D} \cdot D_i \\ v_{yi} &= -\frac{f_y}{\sum D} \cdot D_i \end{aligned}\right\} \tag{2-1-8}$$

式中　D_i——第i条边边长。

纵、横坐标增量改正数的总和应分别等于纵、横坐标增量闭合差,而符号相反,用于检核。

4. 计算待定导线点坐标

坐标增量闭合差调整后,就可根据起始点的已知坐标和经改正后的坐标增量计算各待定导线点的坐标。最后算得的末端点x、y坐标应和其已知值完全相符合,再次检核。

表 2-1-5 为附合导线（双定向）计算示例。首先，将两端已知点坐标 x_B、y_B 和 x_C、y_C 分别填入该表第 10、11 栏的第 1 行和最后 1 行；将按坐标反算得到的两端已知方位角 α_{AB} 和 α_{CD} 分别填入该表第 4 栏的第 1 行和最后 1 行；再将所有角度观测值和边长观测值分别填入第 2 栏和第 5 栏。然后按上述步骤进行计算，并将每步计算结果填入表内相应栏目中。注意计算过程中必须步步检核，只有在一个步骤的检核通过以后，才能进行下一个步骤的计算，以保证计算的准确和可靠（说明：表内加粗字为已知数据）。

表 2-1-5　附合导线（双定向）计算表

点号	观测角 β (° ′ ″)	改正后观测角 (° ′ ″)	方位角 α (° ′ ″)	距离 D (m)	纵增量 $\Delta x'$ (m)	横增量 $\Delta y'$ (m)	改正后 Δx (m)	改正后 Δy (m)	纵坐标 x (m)	横坐标 y (m)
1	2	3	4	5	6	7	8	9	10	11
A										
			237 59 30							
B (1)	+6 99 01 00	99 01 06							**507.69**	**215.63**
			157 00 36	225.85	+5 −207.91	−4 +88.21	−207.86	+88.17		
2	+6 167 45 36	167 45 42							299.83	303.80
			144 46 18	139.03	+3 −113.57	−3 +80.20	−113.54	+80.17		
3	+6 123 11 24	123 11 30							186.29	383.97
			87 57 48	172.57	+3 +6.13	−3 +172.46	+6.16	+172.43		
4	+6 189 20 36	189 20 42							192.45	556.40
			97 18 30	100.07	+2 −12.73	−2 +99.26	−12.71	+99.24		
5	+6 179 59 18	179 59 24							179.74	655.64
			97 17 54	102.48	+2 −13.02	−2 +101.65	13.00	+101.63		
C (6)	+6 129 27 24	129 27 30							**166.74**	**757.27**
			46 45 24							
D										
总和	888 45 18	888 45 54		740.00	−341.10	+541.78				

辅助计算：

$\alpha_{AB} = 237°59'30''$

$+\sum\beta_{测} = +888°45'18''$

$-6\times180° = -1\ 080°$

$-\alpha_{CD} = -46°45'24''$

$f_\beta = -36''$

$f_{\beta允} = \pm60''\sqrt{n} = \pm147''$

$\Delta x'_{BC} = -341.10,\ \Delta y'_{BC} = +541.78$

$\Delta x_{BC} = -340.95,\ \Delta y_{BC} = +541.64$

$f_x = -0.15,\ f_y = +0.14$

$f_D = \pm\sqrt{f_x^2+f_y^2} = \pm0.20$

$K = \dfrac{0.20}{740.00} = \dfrac{1}{3\ 700}$

$K_{允} = \dfrac{1}{2\ 000}$

附图：

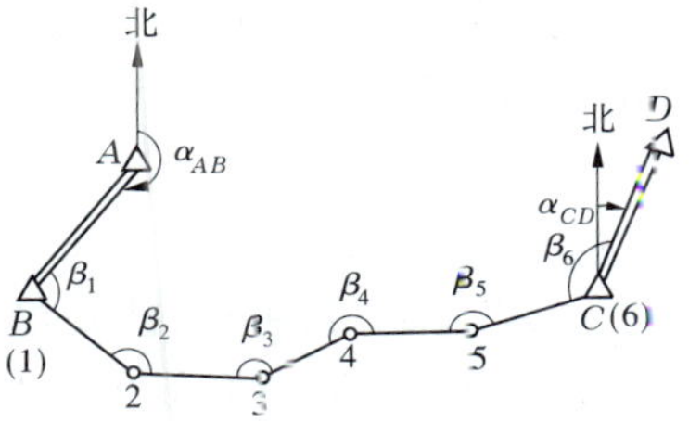

（二）单定向附合导线计算

图 2-1-2 所示为单定向附合导线，由于少连接角 β_6，故该导线不存在角度闭合差，但仍存在坐标增量闭合差，可直接用起始端已知方位角和各点角度观测值推算各边方位角，然后进行坐标增量闭合差计算和调整，最后推算各未知点坐标，即除无需计算 f_β 及调整外，其他计算内容和方法与双定向附合导线相同。

（三）无定向附合导线计算

图 2-1-3 所示为无定向附合导线，由于少连接角 β_1、β_6，即缺少已知方位角，给各边方位角的推算带来困难，因此首先需要设法将第一条导线边应有的方位角解算出来。其方法和步骤如下：

（1）设第一条导线边 B2 的假定坐标方位角为 α'_{B2}（与该边实际坐标方位角相近的某整数），根据各点的角度观测值计算各边的假定方位角。

（2）根据各边的假定方位角和边长观测值计算各边的假定坐标增量，所有边假定坐标增量之和 $\sum\Delta x'$、$\sum\Delta y'$ 即分别为固定边 BC 的假定坐标增量 $\Delta x'_{BC}$、$\Delta y'_{BC}$，并按下式计算固定边 BC 的假定方位角 α'_{BC}

$$\alpha'_{BC} = \arctan\frac{\Delta y'_{BC}}{\Delta x'_{BC}} \tag{2-1-9}$$

（3）设固定边 BC 的已知方位角为 α_{BC}，其与假定方位角 α'_{BC} 之差称为导线的旋转角 δ，可按下式计算

$$\delta = \alpha_{BC} - \alpha'_{BC} \tag{2-1-10}$$

（4）计算第一条边 B2 的应有方位角 α_{B2} 为

$$\alpha_{B2} = \alpha'_{B2} + \delta \tag{2-1-11}$$

由此，根据 α_{B2} 即可推算各边应有方位角和坐标增量，进而计算坐标增量闭合差及其调整，最后计算各未知点坐标，即其后的计算与单定向附合导线相同。

表 2-1-6 为无定向附合导线算例，除少了已知方位角和两端连接角外，其他已知点坐标和观测数据与表 2-1-5 相同。开始令第一条导线边的假定方位角为 150°00′00″。

（四）闭合导线计算

闭合导线和附合导线的实质相同，只是将附合导线两端的起、终点和起始方向合为一个已知点和一个已知方向而已。因此，二者计算的方法和步骤一致，仅两种闭合差的计算有所不同。

1. 角度闭合差计算

闭合导线角度闭合差为所有内角观测值之和与闭合 n 边形内角和理论值 $(n-2)\times 180°$ 之差，即

$$f_\beta = \sum_{i=1}^{n}\beta_i - (n-2)\times 180° \tag{2-1-12}$$

由式（2-1-12）可见，此处角度闭合差是由闭合图形内部观测角之和不满足其几何条件而产生的，与观测角在推算线路的左侧或右侧无关，也与第一边和起始方向之间的连接角无关。因此，调整时，不管观测角是左角还是右角，都应将角度闭合差反号后平均分配于 n 边形的所有内角中，同时也不考虑连接角的改正。但在其后进行相邻边的方位角推

算时,则仍需注意左角和右角的区别,即前者依据式(1-4-6),后者依据式(1-4-7)计算。

表 2-1-6　无定向导线计算表

点号	观测角 β (° ′ ″)	假定方位角 α′ (° ′ ″)	距离 D (m)	假定纵增量 Δx′ (m)	假定横增量 Δy′ (m)	应有方位角 α=α′+δ (° ′ ″)	应有纵增量 Δx (m)	应有横增量 Δy (m)	纵坐标 x (m)	横坐标 y (m)
1	2	3	4	5	6	7	8	9	10	11
B (1)									**507.69**	**215.63**
		150 00 00	225.85	−195.59	+112.92	157 00 29	+3 −207.91	−4 +88.22		
2	167 45 36								299.81	303.81
		137 45 36	139.03	−102.93	+93.46	144 46 05	+2 −113.56	−3 −80.20		
3	123 11 24								186.27	383.98
		80 57 00	172.57	+27.14	+170.42	87 57 29	+2 +6.15	−4 +172.46		
4	189 20 36								192.44	556.40
		90 17 36	100.07	−0.51	+100.07	97 18 05	+1 −12.72	−2 +99.26		
5	179 59 18								179.73	655.64
		90 16 54	102.48	−0.50	+102.48	97 17 23	+1 −13.00	−2 +101.65		
C (6)									**166.74**	**757.27**
总和			740.00	−272.39	+579.35		−341.04	+541.79		

辅助计算:

$\Delta x'_{BC} = -272.39, \Delta y'_{BC} = +579.35$

$\alpha'_{BC} = \arctan \dfrac{579.35}{-272.39} = 115°10'53''$

$\Delta x_{BC} = -340.95, \Delta y_{BC} = +541.64$

$\alpha_{BC} = \arctan \dfrac{541.64}{-340.95} = 122°11'22''$

$\delta = 122°11'22'' - 115°10'53'' = 7°00'29''$

$f_x = -341.04 - (-340.95) = -0.09$

$f_y = 541.79 - 541.64 = +0.15$

$f = \sqrt{0.09^2 + 0.15^2} = \pm 0.18$

附图:

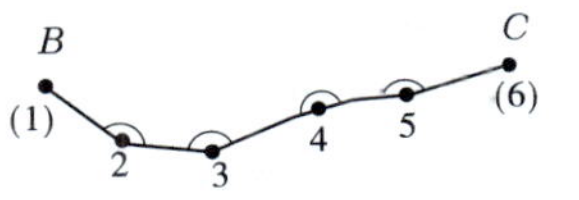

2. 坐标增量闭合差计算

由于闭合导线的起、终点为同一点,因而式(2-1-5)右端之第 2 项均为 0,即得闭合导线的纵、横坐标增量闭合差计算公式为

$$\left.\begin{aligned} f_x &= \sum_{i=1}^{n} \Delta x_i \\ f_y &= \sum_{i=1}^{n} \Delta y_i \end{aligned}\right\} \tag{2-1-13}$$

表 2-1-7 为闭合导线计算示例。

表 2-1-7　闭合导线计算表

点号	观测角 $\beta_{测}$ (° ′ ″)	改正后角值 β (° ′ ″)	方位角 α (° ′ ″)	距离 D (m)	纵坐标增量 $\Delta x'$ (m)	横坐标增量 $\Delta y'$ (m)	改正后 Δx (m)	改正后 Δy (m)	纵坐标 x (m)	横坐标 y (m)
1	2	3	4	5	6	7	8	9	10	11
A									**100.00**	**100.00**
			96 51 36	201.58	−4 −24.08	+4 +200.14	−24.12	+200.18		
B	−12 108 27 00	108 26 48							75.88	300.18
			25 18 24	263.41	−6 +238.13	+5 +112.60	+238.07	+112.65		
C	−12 84 10 30	84 10 18							313.95	412.83
			289 28 42	241.00	−6 +80.36	+5 −227.21	+80.30	−227.16		
D	−12 135 48 00	135 47 48							394.25	185.67
			245 16 30	200.44	−4 −83.84	+4 −182.06	−83.88	−182.02		
E	−12 90 07 30	90 07 18							310.37	3.65
			155 23 48	231.32	−5 −210.32	+4 +96.31	−210.37	+96.35		
A	−12 121 28 00	121 27 48							**100.00**	**100.00**
			(**96 51 36**)							
总和	540 01 00	540 00 00		1 137.75						

辅助计算：

$\sum\beta_{测} = 540°01'00''$

$\sum\beta_{理} = (n-2)\times180° = 540°$

$f_\beta = +01'00''$

$f_{\beta允} = \pm60''\sqrt{n} = \pm134''$

$f_x = +0.25,\ f_y = -0.22$

$f_D = \pm\sqrt{f_x^2+f_y^2} = \pm0.33$

$K = \dfrac{0.33}{1\ 137.75} = \dfrac{1}{3\ 400}$

$K_{允} = \dfrac{1}{2\ 000}$

附图：

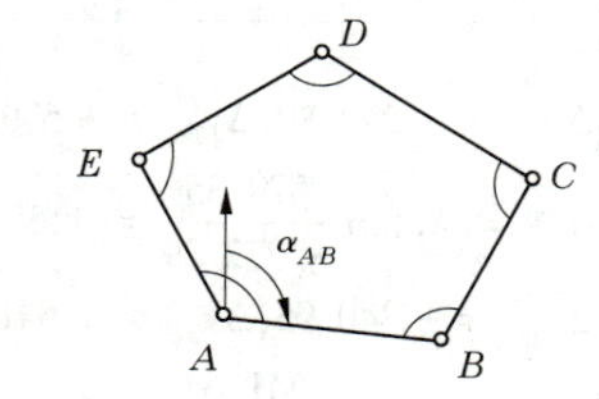

任务三　电算在导线测量近似计算中的应用

知识要点：Visual Basic 程序设计语言的特点和在开发测量程序中的应用。

技能要点：能运用 Visual Basic 电算程序进行单一导线测量的近似计算。

Visual Basic 是一种基于 BASIC 的可视化程序设计语言，采用面向对象的程序设计思想和事件驱动的编程机制，不仅具有功能强大、简单易用、便于扩充的优点，而且适应面广，尤其适用于科学和工程计算应用程序的开发。采用 Visual Basic 编制的测量电算程序，将复杂的测量计算变得方便、快捷、高效，受到测量技术人员的广泛欢迎。本任务结合算例，介绍基于 Visual Basic 语言编写的单一导线近似计算程序及其使用方法。该程序的数据输入窗体设计和程序代码参见《工程测量技术实训指导》附录四：单一导线近似计算的 Visual Basic 程序。

一、数学模型及适用导线形式

本程序主要用于单一导线的近似计算，其数学模型和计算步骤见本项目任务二“导线测量”部分之“导线测量内业”，所不同的是将附合导线（见图 2-1-7）和闭合导线（见图 2-1-8）合二为一，即在图 2-1-8 中，将起点 A 亦视为终点 B，末端方位角 $\alpha_{BB'}$ 视为起始方位角 $\alpha_{A'A}$ 的反方位角（二者相差±180°），且将∠$A'A1$ 和∠$6BB'$ 视为如同附合导线两端的连接角参与近似平差计算，这样不仅有利于提高计算成果的精度，也增强了程序的通用性。

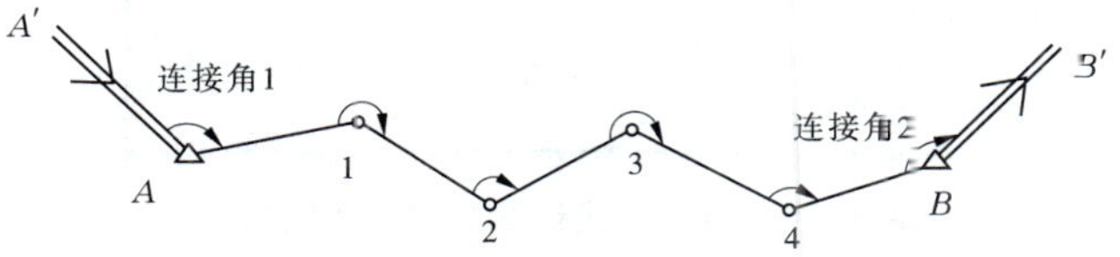

图 2-1-7　单一附合导线

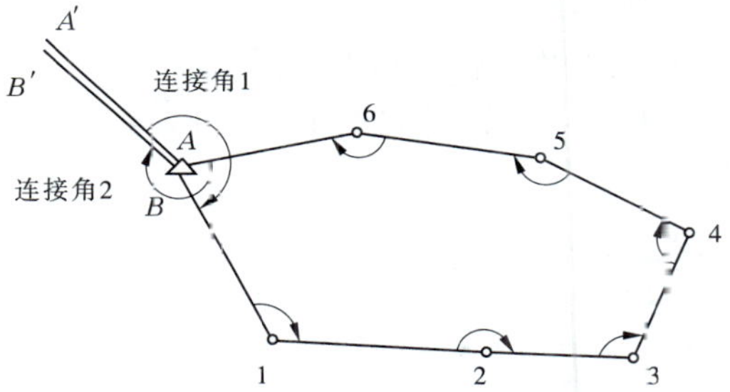

图 2-1-8　单一闭合导线

二、用户界面窗口（数据输入和输出窗口）说明

用 Visual Basic 编制的程序主要由两大部分组成。一是窗体，作为与用户互动的界面，主要用于数据的输入和输出等；二是程序代码，形成面向对象、事件驱动的各种算法，完成特定的电算功能。

在 Visual Basic 单一导线近似计算程序的用户界面窗口输入的基本数据如下：

已知值——A、B 点的 x、y 坐标，方位角 $\alpha_{AA'}$、$\alpha_{BB'}$。

观测值——所有点的左角和边长，以及未知点的个数。

输出的计算成果：通过 Visual Basic 和 Excel 的链接，将电算结果输出到 Excel，从而在 Excel 的工作表输出窗口中列出导线的计算结果，包括所有边的方位角、边长及所有导线点的 x、y 坐标。

三、算例

题目见本书 133 页表 2-1-5 附合导线计算表。

用户的数据输入窗口(窗体),以及由用户在相关文本控件中输入的已知值和观测值如图 2-1-9 所示。

说明:已知值和未知点数采用左对齐输入,观测值采用右对齐输入。观测值每输入 1 个数据回车 1 次,继续下一行输入。观测角和方位角取至秒(″),边长和坐标取至毫米(mm)。

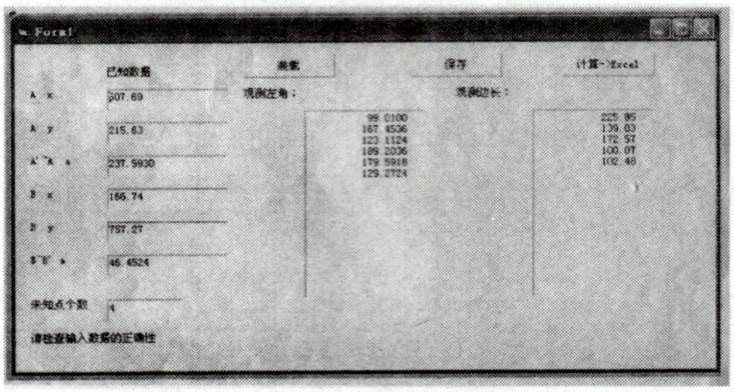

图 2-1-9　单一导线计算数据输入窗口

对所有输入的数据进行检查,正确无误后,按以下顺序操作:

(1) 按“装载”键——将输入数据装入相关数组。

(2) 按“保存”键——将数组数据存入相关数据文件。

(3) 按“计算->Excel”键——计算,并将结果送入 Excel,以工作表的形式显示所有计算结果(见图 2-1-10)。

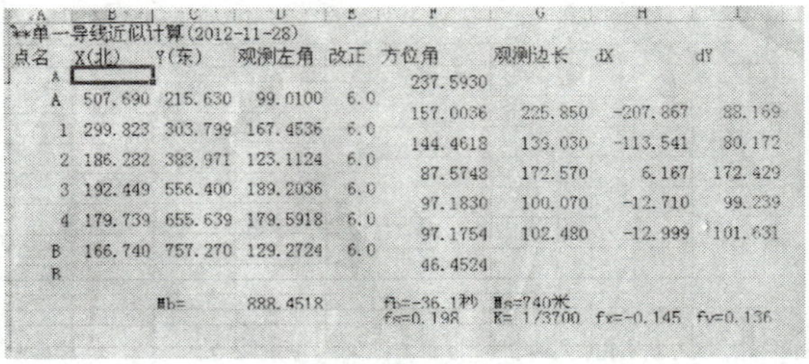

**单一导线近似计算(2012-11-28)

点名	X(北)	Y(东)	观测左角	改正	方位角	观测边长	dX	dY
A								
					237.5930			
A	507.690	215.630	99.0100	6.0				
					157.0036	225.850	-207.867	88.169
1	299.823	303.799	167.4536	6.0				
					144.4618	139.030	-113.541	80.172
2	186.282	383.971	123.1124	6.0				
					87.5748	172.570	6.167	172.429
3	192.449	556.400	189.2036	6.0				
					97.1830	100.070	-12.710	99.239
4	179.739	655.639	179.5918	6.0				
					97.1754	102.480	-12.999	101.631
B	166.740	757.270	129.2724	6.0				
					46.4524			
B								

Σb=　888.4518　fb=-36.1秒　Σs=740米

fx=0.198　K= 1/3700　fx=-0.145　fy=0.136

图 2-1-10　单一导线计算结果输出窗口

任务四　四等水准测量

知识要点:双面尺的特点,四等水准测量的观测方法和精度要求。

技能要点:能进行四等水准测量的外业观测、记录和计算。

小区域的地形测绘和施工测量,一般都以三、四等水准测量作为基本的高程控制。三、四等水准测量的方法与一般水准测量大致相同,只是为了满足更高的精度要求,一方面采用双面尺法进行观测,另一方面为了消弱仪器 i 角误差的影响,增加了视距观测,所需满足的限差也更多、更严。下面首先介绍双面尺的特点，再以四等水准测量为例，介绍其观测和记录、计算方法及其技术要求。

一、双面尺的特点

所谓双面尺，是一对水准尺各有黑、红两面，黑面刻划的起始读数均为 0.000 m，而红面刻划的起始读数分别为 4.687 m 和 4.787 m，即两根水准尺的红面和黑面在同一视线高度的读数含有常数差分别为 $K_1=4.687$ m 和 $K_2=4.787$ m。由此就可以分别对同一根尺同一视线高度的黑、红两面中丝读数和同一测站的黑、红两面高差加以比较，以便检核成果的正确性。

（一）同一根尺的黑、红两面读数之差的检核

甲尺：黑面中丝读数+K_1（或 K_2）−红面中丝读数 < 限差（见后）

乙尺：黑面中丝读数+K_2（或 K_1）−红面中丝读数 < 限差（见后）

（二）同一测站黑、红两面高差之差的检核

设测站的黑面高差 $h_{黑}=a_{黑}-b_{黑}$ 和红面高差 $h_{红}=a_{红}-b_{红}$，由于 $a_{红}$ 与 $b_{红}$ 所含常数差不同，因而相对正确的测站高差会产生 0.100 m 差值，故应将 $h_{红}\pm0.100$ m 之后，再与 $h_{黑}$ 进行比较，即其检核式为

$$\Delta h = h_{黑} - (h_{红} \pm 0.100) < 限差（见后）$$

一个测站后、前二尺的常数差究竟是 4.687 m 还是 4.787 m，应由观测时后视点和前视点实际所立之尺而定。上式中，若后视尺常数差为 4.687 m，前视尺常数差为 4.787 m，括号内应用“+”号；反之，应用“−”号。

二、测站观测方法

一个测站安置并整平仪器后，需按以下顺序对后视尺、前视尺的黑、红面共观测 8 个读数，并记录于手簿（见表 2-1-8，其中（ ）内的数字为观测和计算的顺序）相应栏目中。

（1）后视尺黑面读数：上丝（1）、下丝（2）、中丝（3）；

（2）前视尺黑面读数：上丝（4）、下丝（5）、中丝（6）；

（3）前视尺红面读数：中丝（7）；

（4）后视尺红面读数：中丝（8）。

之所以采用“后—前—前—后”的观测顺序，是为了消弱仪器下沉和水准尺下沉产生的误差，在坚实的道路上进行四等水准测量时，也可采用“后—后—前—前”的观测顺序。注意，使用微倾式水准仪进行观测时，后尺、前尺的黑、红面的中丝读数前都必须使符合气泡居中，否则必然导致读数错误。读数完毕，随之进行以下计算和检核。

三、计算与检核

一个测站共有以下 10 项计算（参见表 2-1-8）：

（1）后视距——（9）=［（1）−（2）］×100；

（2）前视距——（10）=［（4）−（5）］×100；

（3）后、前视距差——（11）=［（9）−（10）］（其限差见表 2-1-9 第 4 栏）；

表 2-1-8　四等水准测量手簿

测自 BM_1 至 BM_2　　观测 李兵　　记录 王刚　　检查 张明

日期 2004 年 10 月 20 日　　天气 多云　　呈像 清晰　　仪器 S3 210055

测站编号	点号	后尺 上 / 下；后视距(m)；后、前视距差(m)	前尺 上 / 下；前视距(m)；累计差(m)	方向及尺号	水准尺读数(m) 黑面	水准尺读数(m) 红面	K + 黑 − 红(mm)	高差中数(m)	说明
		(1)	(4)	后	(3)	(8)	(13)		
		(2)	(5)	前	(6)	(7)	(14)	(18)	K_1 = 4.787 m
		(9)	(10)	后 − 前	(16)	(17)	(15)		K_2 = 4.687 m
		(11)	(12)						
1	BM_1	1.614	0.774	后 1	1.384	6.171	0		
	|	1.156	0.326	前 2	0.551	5.239	− 1	+ 0.832 5	
	|	45.8	44.8	后 − 前	+ 0.833	+ 0.932	+ 1		
	TP_1	+ 1.0	+ 1.0						
2	TP_1	2.188	2.252	后 2	1.934	6.622	− 1		
	|	1.682	1.758	前 1	2.008	6.796	− 1	− 0.074 0	
	|	50.6	49.4	后 − 前	− 0.074	− 0.174	0		
	TP_2	+ 1.2	+ 2.2						
3	TP_2	1.922	2.066	后 1	1.726	6.512	+ 1		
	|	1.529	1.668	前 2	1.866	6.554	− 1	− 0.141 0	
	|	39.3	39.8	后 − 前	− 0.140	− 0.042	+ 2		
	TP_3	− 0.5	+ 1.7						
4	TP_3	2.041	2.220	后 2	1.832	6.520	− 1		
	|	1.622	1.790	前 1	2.007	6.793	+ 1	− 0.174 0	
	|	41.9	43.0	后 − 前	− 0.175	− 0.273	− 2		
	BM_2	− 1.1	+ 0.6						
校核		$\sum(9)$ = 177.6			$\sum(3)$ = 6.876 $\sum(8)$ = 25.825				
		$\sum(10)$ = 177.0			$\sum(6)$ = 6.432 $\sum(7)$ = 25.382				
					$\sum(16)$ = + 0.444			$\sum(18)$ = + 0.443 5	
					$\sum(17)$ = + 0.443				
		(12) 末站 = + 0.6			$\frac{1}{2}\{\sum(16)+[\sum(17)\pm0.100]\}$				
		总距离 = 354.6 m			= + 0.443 5 = $\sum(18)$				

注：表中说明栏的 K_1、K_2 分别为第 1 测站后尺和前尺的黑、红面常数差。由于迁站时，其前尺转为第 2 测站的后尺，其后尺调为第 2 测站的前尺，所以第 2 测站的 K_1、K_2 应与第 1 测站的 K_1、K_2 相对调，余类推。

(4)后、前视距累计差——(12)= 前站(12)+本站(11)(其限差见表 2-1-9 第 5 栏);

(5)后尺黑、红面读数差——(13)=(3)+K_1-(8)(其限差见表 2-1-9 第 6 栏);

(6)前尺黑、红面读数差——(14)=(6)+K_2-(7)(其限差同上);

(7)黑面高差——(16)=(3)-(6);

(8)红面高差——(17)=(8)-(7);

(9)黑、红面高差之差——(15)=(13)-(14)=(16)-[(17)±0.100](其限差见表 2-1-9 第 7 栏);

(10)高差中数——$(18)=\frac{(16)+[(17)\pm 0.100]}{2}$。

由于(16)所示黑面高差 $h_{黑}$ 不含常数差,而(17)所示红面高差 $h_{红}$ 含有因二尺常数差不同产生的 0.100 *m* 差值,故测站的高差中数必须将 $h_{红}\pm 0.100$ *m* 之后,再与 $h_{黑}$ 取平均。

在所有限差都满足后,方可迁站。

当整条路线测量完毕后,还应对每页的计算进行检核。检核的项目有:

(1)该页测站后视、前视距累计差

$$\sum(9)-\sum(10)=\text{本页末站}(12)-\text{前页末站}(12)$$

(2)该页测站高差之和:

测站数为奇数 $$\frac{\sum(16)+[\sum(17)\pm 0.100]}{2}=\sum(18)$$

测站数为偶数 $$\frac{\sum(16)+\sum(17)}{2}=\sum(18)$$

最后计算水准路线的总长度为:

$$L=\sum(9)+\sum(10)$$

四等水准测量的内业计算与普通水准测量相同。

四、主要技术要求

三、四等水准测量的主要技术要求列于表 2-1-9,路线高差闭合差的要求见表 2-1-2。

表 2-1-9 三、四等水准测量的主要技术要求

等级	视线长度(*m*)	视线高度	后、前视距差(*m*)	后、前视距累计差(*m*)	黑、红面读数差(*mm*)	黑、红面高差之差(*mm*)
1	2	3	4	5	6	7
三等	75	三丝能读数	3.0	5.0	2.0	3.0
四等	100	三丝能读数	5.0	10.0	3.0	5.0

由表 2-1-9 可见,三等与四等水准测量的观测和检核方法相同,只是三等水准测量较四等水准测量的技术(即限差)要求更高。

任务五　GNSS 定位及其在测量中的应用

知识要点:GNSS 定位的基本概念、实施方法及其应用。

技能要点:能进行 GNSS 测量静态定位的外业操作和内业数据处理。

一、GNSS 定位概述

GNSS(Global Navigatian Satellite System)是全球卫星定位系统即“授时、测距导航系统/全球定位系统”的简称,利用卫星发射的无线电信号进行三维定位、导航、测速和授时,具有全球性、全天候、速度快、精度高、自动化等优点,已成为当今导航定位技术现代化的重要标志。

(一)GNSS 定位基本原理

GNSS 定位的基本原理是空间测距后方交会。如图 2-1-11 所示,有 24 颗以上卫星在空间运行。由于它们都有各自的运行轨道,因此每个卫星在任何时刻的空间位置(X_{si},Y_{si},Z_{si},$i=1,2,3,4\cdots$属 WGS-84 坐标系)均已知。当它们在某一时刻 t 所发射的无线电信号被地面接收站接收后,即可测定每一卫星至接收站的距离 R_{si},而 R_{si} 和接收站的坐标之间存在以下关系式

$$R_{si}=\sqrt{(X_{si}-X_G)^2+(Y_{si}-Y_G)^2+(Z_{si}-Z_G)^2}\quad (i=1,2,3,4\cdots)\quad (2\text{-}1\text{-}14)$$

其中:X_G、Y_G、Z_G 为地面接收站的三维坐标,是未知数。考虑到卫星发出信号和接收机接收信号由于时钟误差而不完全同步,还需对所测距离加接收机钟差改正 δ_{tG},即共有 4 个未知数。因此,只要接收到 4 个以上卫星发射的信号,按式(2-1-14)建立 4 个以上的方程,即可解算出接收站的三维坐标。

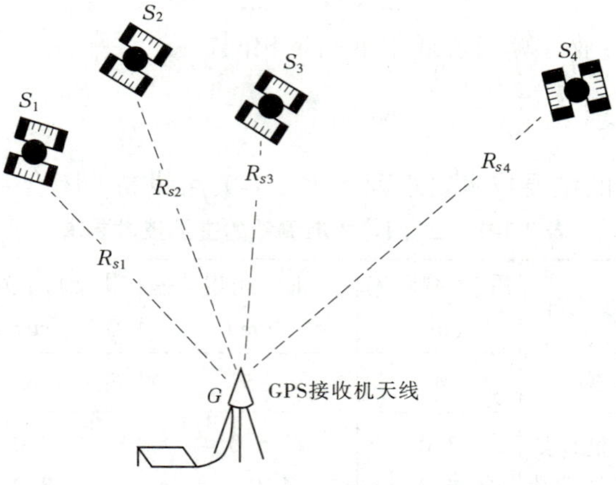

图 2-1-11　GPS 定位的基本原理

(二)GNSS 定位系统的组成

GNSS 定位系统由 GNSS 卫星星座、GNSS 地面监控系统和用户的 GNSS 卫星接收系统三大部分组成(见图 2-1-12)。

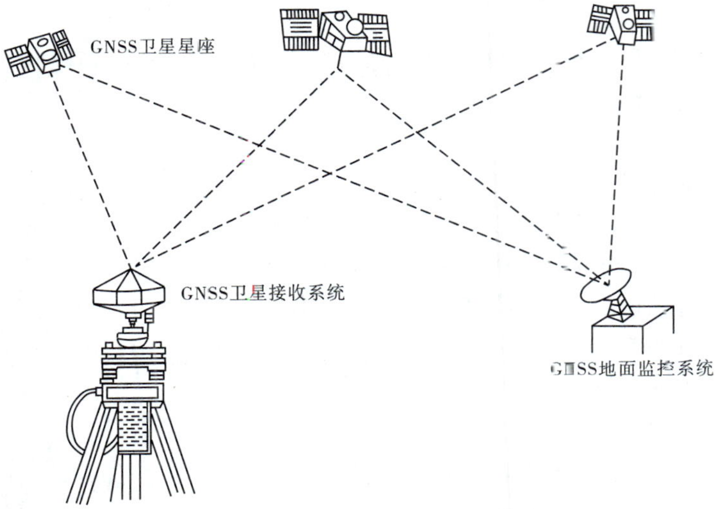

图 2-1-12　GNSS 定位系统的组成

1. GNSS 卫星星座

GNSS 的卫星星座由 24 颗以上的工作卫星组成，其中包括 3 颗可以随时启用的备用卫星，在 6 个相对于赤道成 55°倾角的近似圆形轨道内，每个轨道分布有 4 颗卫星，它们距地球表面的平均高度约为 20 200 km，运行周期为 11 h 58 min 每颗卫星可覆盖地球 38% 的面积（见图 2-1-13）。用户可在全球任何地区、任何时刻，在高度角为 15°以上的天空，都能至少同时接收到最少 4 颗、最多 11 颗卫星发射的信号。

2. GNSS 地面监控系统

GNSS 地面监控系统是支持整个系统正常运行的地面设施，由分布在世界若干地点的 1 个主控站（管理和协调整个地面监控系统的工作）、3 个注入站（在主控站控制下向各 GNSS 卫星发射导航电文和其他命令）、5 个监测站（完成对 GNSS 卫星信号的连续观测，并将收集的资料和当地气象观测资料经处理后传送到主控站）及通信辅助系统（负责系统中数据传输以及提供其他辅助服务）等部分组成（见图 2-1-14）。

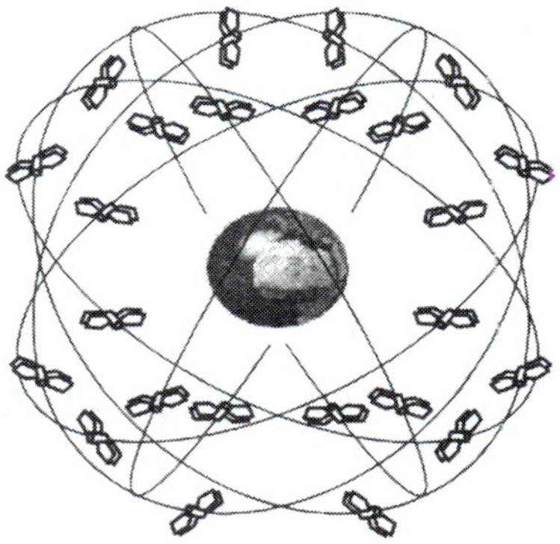

图 2-1-13　GNSS 卫星星座

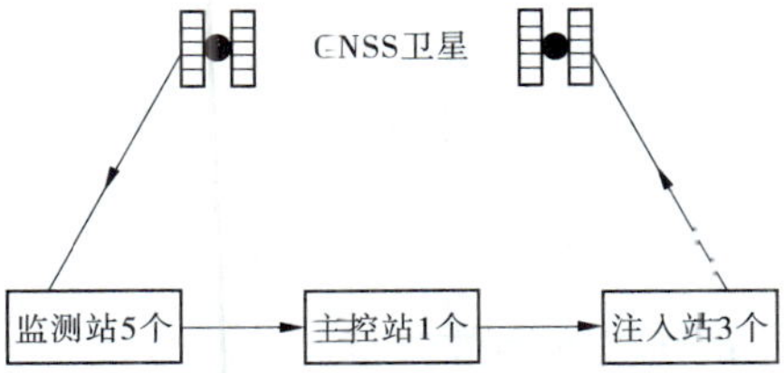

图 2-1-14　CNSS 地面监控系统

3. 用户接收系统

用户接收系统包括 GNSS 接收机（见图 2-1-15）、数据处理软件及相应的终端设备等。

1）GNSS 接收机的结构和功能

GNSS 接收机是用户设备部分的核心，由主机、天线和电源三部分组成。其主要功能是接收和处理 GNSS 卫星发射的信号，测量信号从卫星到接收机天线的传播时间，解译导航电文，从而计算出测站的三维坐标、三维运动速度和时间。

2）GNSS 接收机的分类

GNSS 接收机的种类很多，如按用途不同分为导航型、授时型和测地型，按使用载波频率的多少分为单频接收机和双频接收机等。在精密定位测量中，一般均采用测地型双频接收机或单频接收机，其观测资料需进行后期处理，因此必须配有功能完善的后处理软件，才能求得测站点的三维坐标。

图 2-1-15　GNSS 接收机

（三）GNSS 卫星信号

GNSS 卫星发射的信号主要由测距码、载波和数据码组成。

1. 测距码

测距码是卫星在自身的时钟控制下发射的一种二进制编码，被 GNSS 接收机接收后，接收机会在自己的时钟控制下产生一组结构完全相同的复制码，通过时间延迟器将发射码和接收码的时间加以比较，得出卫星信号传播的时间 Δt，即可用于换算卫星至接收机的距离。

测距码分为 C/A 码和 P 码两种。C/A 码的测距精度仅能达到米级，因而称为粗码，适于一般用户；P 码的测距精度可以达到分米级，因而称为精码，为美国军方所控制。

2. 载波

载波是用于加载的电磁波。将频率较低的信号，通过调制加载到频率较高的载波上，形成调制波，即可提高信号传播的有效性。GNSS 使用的载波是无线电 L 波段中的两种频率不同的电磁波 L_1 和 L_2，前者调制有 C/A 码、P 码和数据码，后者仅调制有 P 码和数据码。

3. 数据码

数据码是卫星的导航电文（即卫星电文），它包含卫星星历、卫星工作状态、时间系统、卫星时钟改正、电离层时延改正、大气层折射改正等信息，是用户用于定位和导航的数据基础。

（四）GNSS 定位方法

GNSS 定位的方法一般可以根据下列情况进行分类。

1. 按定位基本原理分

GNSS 定位是以 GNSS 卫星和用户接收机天线之间的距离（或距离差）为基础，并根据已知的卫星瞬时坐标确定用户接收机的三维坐标（X_G,Y_G,Z_G）。因此,GNSS 定位的关键是测定用户接收机至 GNSS 卫星之间的距离。

（1）伪距测量定位法。接收机测定调制码由卫星传播至接收机的时间,再乘上电磁波传播的速度便直接得出卫星到接收机之间的距离。由于所测距离受到大气延迟和接收机时钟与卫星时钟不同步的影响,它不是真正卫星间的几何距离,因此称为“伪距”。通过对 4 颗以上卫星同时进行“伪距”测量,即可计算出接收机的位置。

（2）载波相位测量定位法。载波相位测量是把接收到的卫星载波信号和接收机本身的基准信号进行混频,通过测量两种信号之间的相位差（$\Delta\phi$）,间接化算出卫星到接收机之间的伪距。由于载波的波长比上述伪距测量法直接接收到的调制码的波长短得多,因而其测得的伪距精度及定位精度较上述伪距测量定位的精度高。

2. 按接收机所处状态分

（1）静态定位。定位时,用户接收机天线（待定点）相对于周围地面点而言,处于静止状态。

（2）动态定位。定位时,接收机天线相对于周围地面点处于运动状态,如用于陆地车辆、海洋舰船、飞机、宇宙飞行器等,其定位结果连续变化。

3. 按定位方式分

（1）绝对定位。绝对定位又称单点定位,是在世界大地坐标系 WGS-84 中,独立确定待定点相对地球质心的绝对位置。其优点是只需要一台 GNSS 接收机就可作业,缺点是定位精度较低（米级）,适用于普通导航。

（2）相对定位。采用两台以上的接收机,分别在不同的测站,同时观测同一组 GNSS 卫星信号,然后计算测点之间的三维坐标差（称为基线向量）,确定待定点之间的相对位置。由于许多误差如大气电离层和对流层的折射误差、星历误差等,对同时观测的测站具有基本相同的影响,在进行数据处理时,大部分被相互抵消,因此能显著地提高定位的相对精度（目前,可达 $D\times10^{-6}$级,D 为待定点之间的距离）。

4. 按实时差分技术分

GNSS 定位的实时差分技术属于相对定位,其基本类型为单基准站差分,就是将一台 GNSS 接收机安置在基准站上进行观测,根据基准站已知的精确坐标计算出基准站到卫星的距离改正数,并由基准站实时地将这一改正数发送给其他同步观测的用户接收机,用于对它们的观测结果加以改正,从而提高其定位精度。单基准站差分一般又分为以下三种：

（1）位置差分。将基准站的已知坐标和根据伪距测量定位得到的坐标之间的坐标改正数传送给用户接收机,以便对用户站测得的坐标进行修正。该法需要基准站和用户接收机同步接收同一组卫星的信号,当用户站与基准站相距超出 100 km 时,难以满足。

（2）伪距差分。将基准站根据已知坐标和卫星星历得到的与卫星之间的应有距离和观测得到的伪距之差值传送给用户接收机,以便对用户站测得的伪距进行修正。该法不需要用户接收机和基准站同步接收相同卫星的信号,只要任意观测到 4 颗以上的卫星信号即可,因而应用较广。

（3）载波相位差分（RTK）。基准站和用户站均根据载波相位测量定位进行观测,且将基准站观测得到的载波相位值和根据位置差分或伪距差分的原理计算的坐标信息通过数据通信设备(电台)实时地传输给移动用户站,以便对用户接收到的载波相位和坐标信息进行修正,进而根据相对定位原理实时地解算并显示用户站的三维坐标及其精度。该法实际上是由相应的数据传输设备、实时差分数据处理软件和 GNSS 接收机组合而成的 RTK GNSS 接收系统(见图 2-1-16),亦需要基准站和用户接收机同步接收同一组卫星的信号。由于该法不仅可以实时解算其定位结果,而且可以及时监测基准站和用户站观测与解算成果的质量,同时也减少了观测时间,显著提高了 GNSS 定位测量的效率和可靠性,因此应用前景良好,但同时也增加了用户的设备投资。

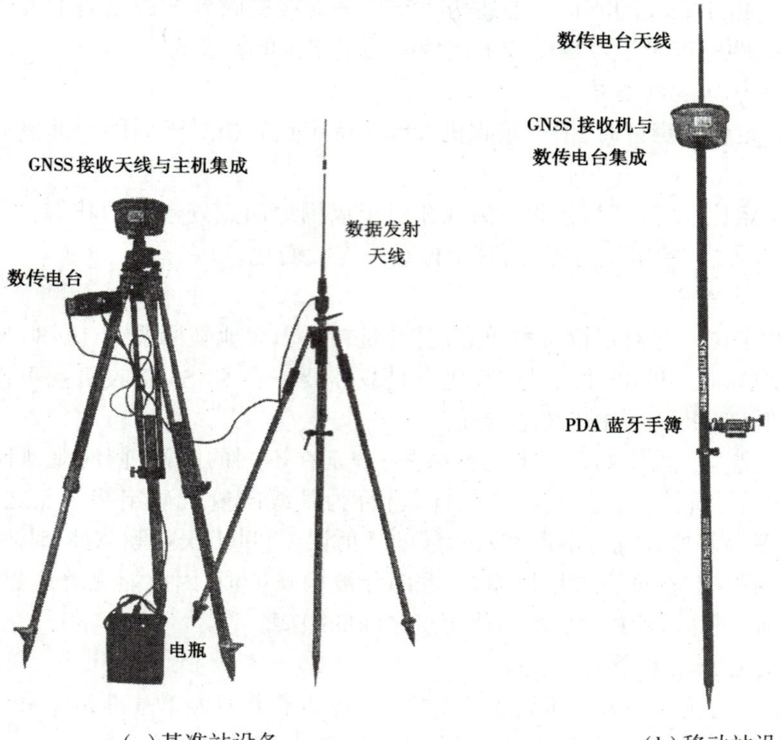

(a)基准站设备　　　　(b)移动站设备

图 2-1-16　RTK GNSS 接收系统

二、GNSS 测量的实施

GNSS 测量的实施包括方案设计、踏勘选点、外业观测、数据处理等。

(一)方案设计

1. GNSS 测量控制网的技术要求

GNSS 测量控制网一般采用载波相位测量相对定位的方法,以计算得到的同步观测相邻点之间的三维坐标差即基线向量作为观测量,因此可以相邻点之间距离的中误差 m_D 作为控制网的精度指标,其表达式为

$$m_D = a + b \times 10^{-6} D \tag{2-1-15}$$

式中　a——距离固定误差 ,mm;

b——比例误差系数，10^{-6}；

D——相邻点间距离，km。

城市及工程 GNSS 测量控制网的主要技术要求列于表 2-1-10（摘自中华人民共和国《全球定位系统城市测量技术规程》（CJJ 73—97））。

表 2-1-10 城市及工程 GNSS 测量控制网主要技术要求

等级	平均距离（km）	a（m）	b（10^{-6}）	最弱边相对中误差
二等	9	≤10	≤2	1:12 万
三等	5	≤10	≤5	1:8万
四等	2	≤10	≤10	1:4.5 万
一级	1	≤10	≤10	1:2万
二级	< 1	≤15	≤20	1:1万

2. GNSS 测量控制网图形构成的基本概念

（1）观测时段。测站上开始接收卫星信号到观测停止，连续工作的时间称为观测时段。

（2）同步观测。2 台或 2 台以上的接收机对同一组卫星同时进行观测称为同步观测。

（3）同步观测环。3 台或 3 台以上接收机同步观测获得的基线向量所构成的闭合环称为同步观测环。

（4）异步观测环。在构成多边形环路的所有基线向量中，只要有非同步观测基线向量，则该多边形环路即称异步观测环。

（5）独立基线。对于 N 台 GNSS 接收机构成的同步观测环，有 J 条同步观测基线，其中独立基线数为 $N-1$，即同步观测基线中有 $N-1$ 条为独立基线。

（6）非独立基线。除独立基线外的其他基线称为非独立基线，总基线数与独立基线数之差即为非独立基线数。

3. GNSS 测量控制网的图形设计

为了确保 GNSS 观测效果的可靠性，有效地发现观测成果中的粗差，必须使 GNSS 测量控制网中的独立边构成一定的几何图形。这种几何图形一般是由数条 GNSS 独立边构成的非同步多边形（亦称非同步闭合环），如三边形、四边形、五边形等。当 GNSS 测量控制网中有若干个起算点时，也可以是由起算点之间的数条 GNSS 独立边构成的附合路线。GNSS 测量控制网的图形设计就是根据用户对所布设的 GNSS 测量控制网的精度要求及经费、时间、人力、可以投入的 GNSS 接收机台数及野外作业条件等因素，设计出由独立 GNSS 边构成的多边形网（亦称环形网）。

常用的 GNSS 测量控制网形有点连式、边连式、点边混合连接式（见图 2-1-17）及网连式等基本类型。

（1）点连式。相邻同步图形之间仅有一个公共点连接，非同步图形之间缺少闭合条件，可靠性很差，一般不单独使用。

（2）边连式。同步图形之间由一条公共基线连接，有较多的复测边和非同步图形闭合条件，可靠性较高，但当仪器台数相同时，观测时段将较点连式大为增加。

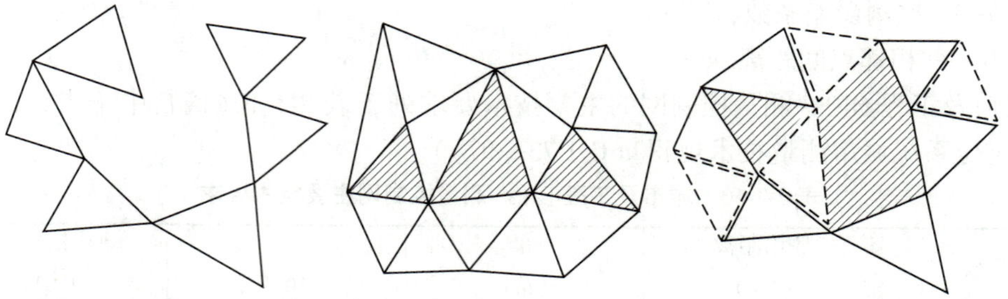

(a)点连式　　(b)边连式　　(c)点边混合连接式

图 2-1-17　常用的 GNSS 测量控制网形

(3)点边混合连接式。系上述两种连接方式的有机结合,既能保证网的图形强度,提高可靠性,又能减少外业工作量,降低成本,是较为理想的布网方法。

(4)网连式。相邻同步图形之间有两个以上的公共点相连接,图形密集,几何强度和可靠性都很高,但至少需要 4 台以上的接收机,所需的费用和时间较多,一般仅适用于精度要求较高的控制测量。

4. GNSS 测量控制网与常规测量控制网的联测

为了使 GNSS 测量控制网和地面常规测量控制网建立必要的联系,应考虑 GNSS 测量控制网至少和 3 个以上相应等级的常规控制点进行联测,如需测定 GNSS 点的高程,还应与国家等级水准点进行联测,平坦地区联测点不应少于 3 个,丘陵山区联测点不应少于 6 个,且分布均匀。

(二)踏勘选点

由于 GNSS 测量同步观测不需要站点之间互相通视,图形结构比较灵活,也不需建立高标,但为了与常规控制网进行联测和加密,每点应有一个以上的通视方向。GNSS 测量控制点应选在交通便利、视野开阔、点位较高、易于安置接收设备的地方,应尽量避开对电磁波有强烈吸收、反射等干扰影响的金属构件或其他障碍物,如高压线、电视发射台及大面积水域等。

点位选好,应按规范要求埋设标石,并绘制点之记。

(三)作业模式

工程上常用的 GNSS 测量作业模式有以下几种。

1. 经典静态定位

采用 2 台或 2 台以上接收机,分别安置在一条或数条基线的两个端点(见图 2-1-18(a)),同步观测 4 颗以上卫星,每时段长 30 min 以上。该法适用于精度要求较高的工程控制测量。

2. 快速静态定位

在测区中部选择一个基准站,安置一台接收机,连续跟踪 5 颗以上卫星,另一台接收机依次到各点流动设站(见图 2-1-18(b)),每点观测数分钟。该法适用于控制网的加密及一般工程测量、地籍测量。

3. 准动态定位

在基准点上安置接收机连续跟踪 5 颗以上卫星,另一台接收机先在 1 号点上静态观测数分钟，在保持对所测卫星连续跟踪并且不失去已锁定卫星的情况下，依次至2、3，4…（见图2-1-18（c））号点，各点观测数秒钟。该法适用于一般工程定位、碎部测量及线路测量等。

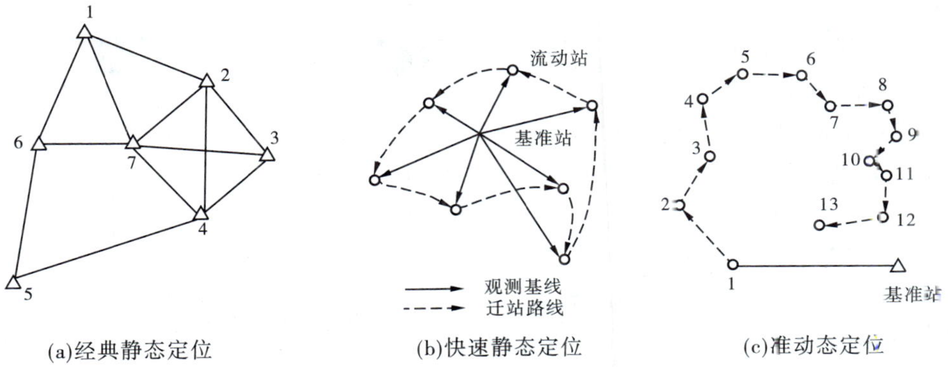

图 2-1-18　常用 GNSS 测量作业模式

（四）外业观测

1. 主要技术要求

GNSS 测量外业一般至少用 2 台或 2 台以上接收机进行同步观测，规范规定城市及工程各等级 GNSS 测量控制网静态测量作业的主要技术要求列于表 2-1-11。

表 2-1-11　城市及工程 GNSS 测量控制网静态测量作业的主要技术要求

等级	二等	三等	四等	一级	二级
卫星高度角	≥15°	≥15°	≥15°	≥15°	≥15°
PDOP	≤6	≤6	≤6	≤6	≤6
有效观测卫星数	≥4	≥4	≥4	≥4	≥4
平均重复设站数	≥2	≥2	≥1.6	≥1.6	≥1.6
时段长度（min）	≥90	≥60	≥45	≥45	≥45
数据采样间隔（s）	10～60	10～60	10～60	10～60	10～60

表 2-1-11 中：卫星高度角是指卫星与接收机天线相对水平面的夹角，太小时不能进行观测；*PDOP* 是反映一组卫星与测站所构成的几何图形形状与定位精度关系的数值，称为点位图形强度因子，其大小与观测卫星高度角的大小及观测卫星在空间的分布有关；有效观测卫星数是指在各观测时段中，观测时间符合规定的卫星数；平均重复设站数≥1.6（或≥2）是指每站观测一时段后，至少 60%（100%）测站再观测一时段。

2. 拟定观测计划

运用卫星预报软件，输入测区中心点的概略坐标、作业日期和时间，根据卫星星历文件,编制 GNSS 卫星的可见性预报图,对观测区域进行合理划分,选择最佳的观测时段,编制合理安排时段、测站和接收机的作业调度表等。

3. 测站观测

1)天线安置

天线一般应固连在三角架上,通过对中、整平,架设在点位上方,离地面高度应在 1 m 以上。天线定向标志线应指向正北,其定向误差一般不应超过±(3°~5°)。天线架设好后,在圆盘天线间隔 120°的 3 个方向分别量取天线高(见图 2-1-19),取至 0.001 m。天线高的量测一般备有专用测高尺,其量测方法有两种:一种是斜高测量,量取天线相位中心至测站点标志中心间的斜距,直接将斜距输入主机设备,可自动换算为铅垂距离;另一种是垂高测量,直接量取天线相位中心至测点标志中心的铅垂距离。三次量测的较差不应超过 3 mm,将其平均值记入手簿。然后在离开天线的适当位置安放接收机,并将天线电缆与接收机进行连接。一般在测站测量结束后还需再量取一次天线高,进行校核。

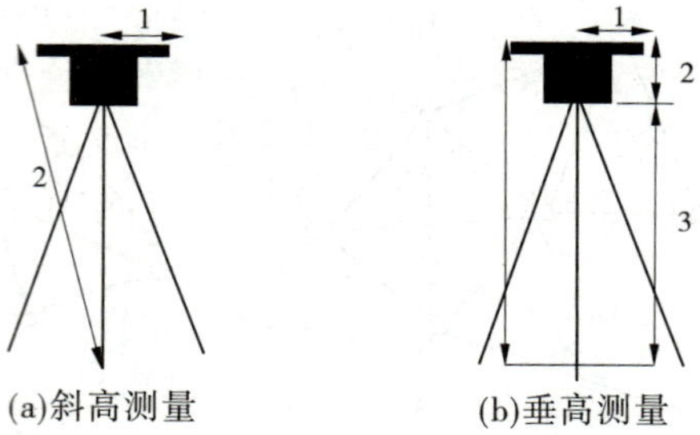

图 2-1-19 天线高量测

2)开机观测

开机通过自检,接收机锁定卫星后,观测员便可按照接收机操作手册进行测站和时段控制等有关信息的输入和观测操作。

观测操作的主要目的是接收 GNSS 卫星信号,并对其进行跟踪处理,以获得所需要的观测数据和定位信息。

观测时接收的卫星信息主要包括 GNSS 卫星星历及卫星时钟差参数、载波相位观测值及相应的历元时刻、同一历元的伪距观测值及 GNSS 实时定位结果等,连同接收机的工作状态等信息一道,将由接收机自动进行记录和存储于电子手簿。此外,观测员还应将测站信息、接收时间、出现的问题和处理情况等及时填写于观测手簿。

(五)GNSS RTK 定位测量的操作流程

下面以天宝 4800 RTK 接收机为例,介绍其定位测量的具体操作流程。

1. 设置基准站

将基准站的 GNSS 接收机安置在已知点(或未知点)上,架设好天线和电台,正确连接后开机,先启动基准站,在手持控制器 TSC1 中按“ON/OFF”键,打开控制器,自动调用主菜单,选择“Files”(文件),建立新的工程(工作项目):

(1)输入新工程名称。

(2)选择“工程管理”(Job management)子菜单,输入新工程名并确认。

(3)在选择坐标系统窗口中选用手工键入参数(Key in parameter)。

(4)在键入参数窗口中选择设置投影参数(Projection)。

(5)在输入椭球参数窗口选择:

①投影方式:横轴墨卡托投影(Transverce Mercator);

②北偏(False northing):0.000 m(北偏为0);

③东偏(False easting):500 000.000 m(东偏为500 km);

④纬度(Origin lat):0°00′00″.000N;

⑤当地中央子午线经度(Central meridian):114°00′00″.000E;

⑥尺度比(Scale):1∶1 000 000;

⑦BJ-54椭球长半轴(Semi_major axis):6 378 245.000 m;

⑧扁率分母(Flattening):298.300 000。

在某一测区椭球参数只需输入一次,若再进入其他测区则需重新输入新测区的中央子午线经度。

(6)在键入参数窗口中再选“输入转换参数”,有三种情况:

①没有转换参数(No transformation):适用于基准站没有WGS-84或BJ-54坐标的情况。

②三参数(Three parameter):适用于基准站有BJ-54坐标的情况,此时将测区的参数输入即可,也可输入0。

③七参数(Seven parameter):一般不考虑。

上述建立新工程项目也可以单独在内业进行。

2. *启动基准站*

在手持控制器TSC1中点击“测量”(Survey)图标,进入“测量工作方式”菜单。

(1)在“测量工作方式”(Survey Styles)菜单中选实时动态(Trimble RTK)。

(2)在“测量”(Survey)菜单中选“启动基准站”(Start base receiver)。

(3)显示连接接收机后,输入基准站的点名和天线高,若控制器中已存有该点点名(及其坐标),直接按F1(Start)键,显示Disconnect controller from receiver(控制器可以离开接收机),若控制器中不存在该点或该点是未知点,则按F3(here)键,求取该点的WGS-84坐标(伪距),显示后连续按回车键,直到高程变化趋于稳定,之后再按F1(Start)键。当显示控制器可以离开接收机时,即启动了基准站,可以将基准站接收机上的电缆插头拔下(可带电插拔),但此时控制器的显示器上并不显示电台的标志,只有启动流动站后,电台的标志才在控制器上显示。

3. *启动流动站*

将手持控制器TSC1上的电缆插入流动站GNSS接收机的插口,在“测量”(Survey)菜单中选“开始测量”(Start Survey),即启动流动站。此时在控制器的下部显示如图2-1-20所示。

图2-1-20中自左至右,电池图标显示电量的多少;4800表示与控制器所连接的GNSS接收机型号;卫星图标显示搜索到的卫星颗数(RTK测量时不能少于5颗);电台图标中若两个小灯交替闪亮,证明无线电数据链已连接;H和V分别代表水平精度和高程精度;PDOP代表空间点位图形强度因子,越小越好;当RTK=fixed(固定解)时,初始化完毕,即可开始测量,而当RTK=float(浮点解)时,表示初始化未成功,必须再等待直到RTK=fixed方可测量。

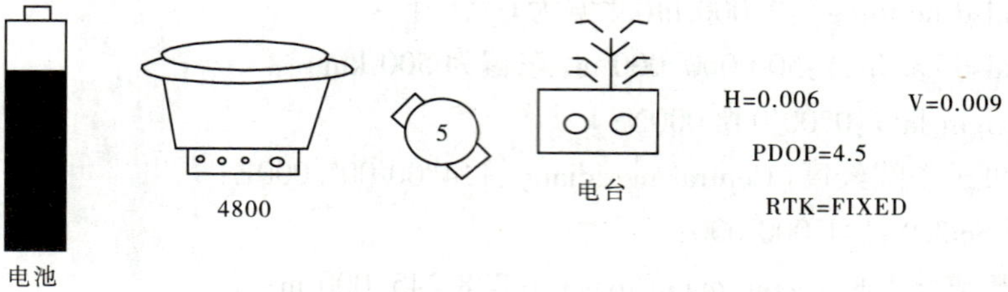

图 2-1-20 手持控制器 TSC1 窗口下部显示的图标

4. 采集数据

1) 开试测量

在“测量”菜单中选择“RTK...”,再选择“开始测量”。开始测量一般分为以下两种形式。

(1) 测量点。

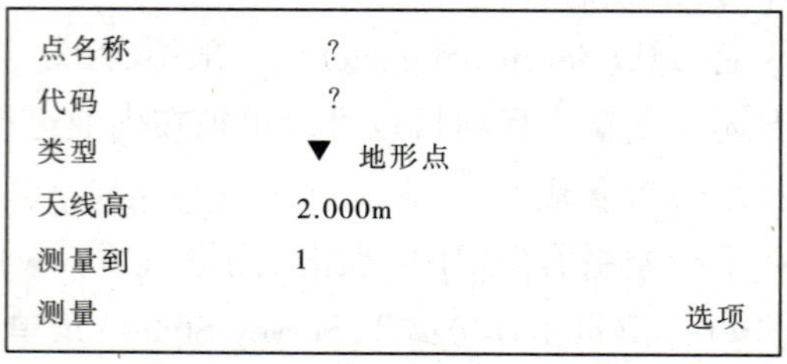

图 2-1-21 测量点的选项设置

为了改变当前测量的某些设置(如点间自动增加的步长、测量的时间等),可以按下“选项”软键(见图 2-1-21),进行有关参数的设置,确信无误后,按下“选项”键,进行测量,单个“控制点”,测量 3 min 后予以存储,再用同法测量其余的点。按“Esc”或“MENU”返回主菜单,进入“文件”中的“查看当前任务”即可对所测点的坐标进行检查。

(2) 连续的碎部点采集。

在“测量”菜单下选“连续地形点”(显示页面见图 2-1-22~图 2-1-24)。

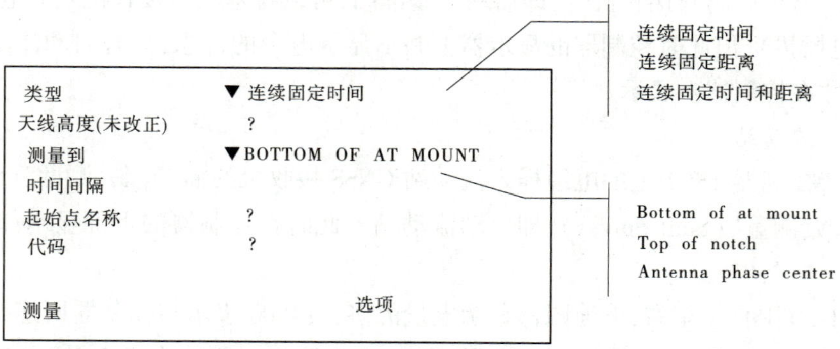

图 2-1-22 连续的碎部点采集(一)

按“测量”软键进行测量 3~5 s,予以存储,在显示屏上可显示流动站的三维坐标。

2) 结束测量

在“测量”菜单中选“End Survey”即结束测量,下载与解算则由电子手簿自动完成,并

类型　　▼ 连续固定距离

天线高度(未改正)　　?

测量到　　▼BOTTOM OF AT MOUNT

水平距离　　?

偏移量　　?

起始点名称　　?

代码　　?

测量　　选项

图 2-1-23　连续的碎部点采集(二)

类型　　▼ 连续固定时间和距离

天线高度(未改正)　　?

测量到　　▼BOTTOM OF AT MOUNT

时间间隔

水平距离

偏移量

起始点名称　　?

代码　　?

测量　　选项

图 2-1-24　连续的碎部点采集(三)

可通过执行有关命令,将所测坐标化算为用户所需坐标系的坐标。

(六)数据处理

GNSS 定位用于控制测量时,还需在外业结束后,将观测数据传输至计算机,运行后处理软件,进行以下数据处理:

(1)数据预处理。对观测数据进行检验,剔除粗差,将各种数据文件加工成标准化文件。

(2)基线向量解算。计算所有同步观测相邻点之间的三维坐标差(即独立基线向量),检核重复边,即同一基线在不同时间段测得的基线边长的较差,以及由基线向量构成的各种同步环和异步环的闭合差是否满足相应等级的限差要求。

(3)GNSS 网无约束平差。以解算的基线向量作为观测值,对 GNSS 网进行无约束平差,从而得到各 GNSS 点之间的相对坐标差值,再以基准点在 WGS-84 坐标系的坐标值为起始数据,即得各 GNSS 点的 WGS-84 坐标,以及所有基线的边长和相应的精度。

(4)GNSS 网约束平差。根据 GNSS 网和国家或城市测量控制网联测的结果,将联测的高级点的坐标、边长、方位角或高程作为强制约束条件,对 GNSS 网进行二维或三维约束平差和坐标转换,使所有 GNSS 点获得与国家或城市测量控制网相一致的二维或三维坐标值。

三、连续运行参考站系统 CORS

随着计算机网络技术的迅速发展,可以将区域内的一个或若干个固定而又连续运行的 GNSS 测量参考站所获得的进行过检验的载波相位与伪距等 GNSS 的观测值或状态信息,经过有效组合,消除电离层、对流层和卫星轨道误差,并进行差分改正,再利用互联网实时地传送给区域内的各种用户,以满足不同类型 GNSS 用户的需求,这样的系统即称为 CORS(Continuously Operating Reference System)。

(一)CORS 系统的组成

CORS 系统主要由以下部分组成:

(1)控制中心,即系统的通信控制中心和数据处理中心,通过通信线路与所有的固定参考站进行通信,又通过无线网络与移动用户进行通信,由计算机控制整个系统的运行。

(2)固定参考站,为分布在整个网络中的 3 个以上、数量不限的 GNSS 接收系统,站间距离可长达 70 km。固定参考站与控制中心之间由通信线路连接,将观测数据实时地传送给控制中心。

(3)数据通信部分,包括固定参考站到控制中心的通信网络,负责将参考站的观测数据实时地传输给用户,以及控制中心到流动用户的通信网络,负责将相应的校正数据发送给用户。

(4) 用户部分,即流动用户的接收机,以及相关的无线通信等设备。

(二)CORS 系统的 VRS 技术

CORS 系统采用的技术主要有 VRS 技术、区域改正参数 FKP 技术及主辅站技术等三种,天宝和南方测绘 CORS 使用的就是 VRS 技术,下面对 VRS 技术做简要介绍。

所谓 VRS 技术,就是一个虚拟的参考站系统。如图 2-1-25 所示,在 VRS 网络中,各固定参考站将接收到的卫星数据通过数据通信线发给控制中心,由控制中心经过处理,将各固定参考站观测数据中的卫星轨道误差,以及电离层、对流层和大气折射产生的误差加以消除。而移动用户也将接收到的观测值通过 GSM 的短信功能发送给控制中心,控制中心根据用户的概略位置,由计算机自动选择最佳的一组固定参考站,将这些参考站消除误差后的观测值和用户发来的观测值加以有效组合,相当于在流动站旁边生成一个虚拟的参考站,然后对虚拟参考站和流动站的数据进行载波相位差分改正,再将改正后的高精度差分信号发给流动站,实现流动站的实时快速定位,从而解决了 RTK 作业距离上的限制问题,可以保证用户流动站达到厘米级的定位精度,并使成果的可靠性、信号的可利用性和精度水平在系统的有效覆盖范围内大致均匀,与离开最近参考站的距离没有明显的相关性,但 VRS 技术对控制中心的数据处理能力和系统的数据双向传输能力均有较高的要求。每个固定参考站的设备见图 2-1-26。

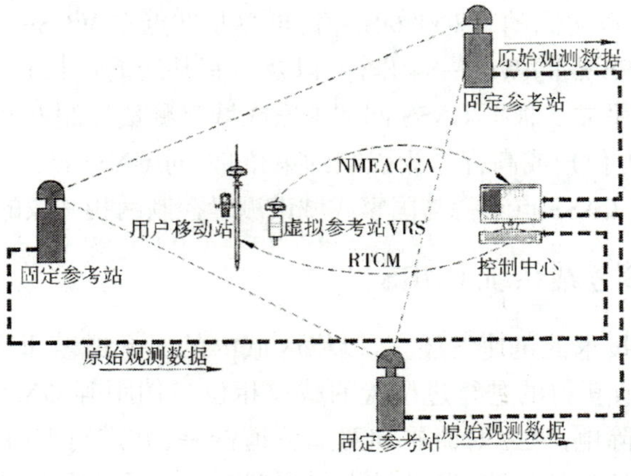

图 2-1-25　VRS 技术的原理

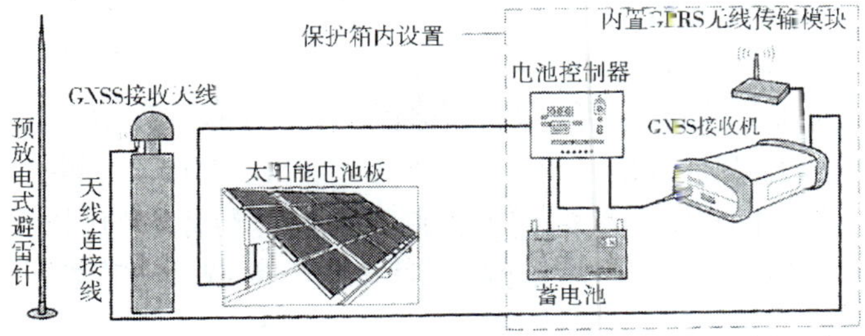

图 2-1-26　固定参考站的设备组成及其连接

(三)使用 S86 进行城市 CORS 测量

如果用户所在城市使用的是南方测绘 CORS，只需将一张手机 SIM 卡插入 S86 接收机背面的“SIM CARD”插槽，将 S86 设置为流动站模式，按开关键正常开机后，进入“设置工作模式”，将数据链选项设置为“GPRS 网络”，并向城市的 CORS 控制中心申请一个 IP 地址即可进行测量。

四、现有的全球卫星定位系统

(一)GPS 卫星定位系统

由美国国防部于 1973 年开始研制，历时 20 年，耗资 300 亿美元，于 1993 年建成的全球定位系统。名为 NAVSTAR/GPS（Navigation System Timingand Ranging/Global Positioning System），中文译为“授时与测距导航系统/全球定位系统”，通常称之为全球定位系统，简称 GPS 系统。该系统至 1994 年共发射 24 颗卫星(其中 21 颗为工作卫星，3 颗为备用卫星，目前的卫星数已超过 32 颗)，均匀分布在 6 个相对于赤道倾角为 55°的近圆形轨道上。卫星距离地球表面的平均高度为 20 200 km，运行速度为 3 800 m/s，运行周期为 11 h 58 min。卫星的分布可保证在地球上任何地点、任何时刻同时至少能观测到 4 颗卫星。该系统开始主要用于军事上的导航、定位或监测等，随着系统的开发应用，现已广泛应用于飞机、船舶等各种运载工具的导航、高精度的大地测量、精密工程测量以及航天发射和卫星回收等高科技领域。

(二)GLONASS 卫星定位系统

由苏联自 1982 年开始研制发射，历时 14 年共发射 24+1 颗 GLONASS 卫星，于 1996 年 1 月系统正式运行。卫星均匀分布在 3 个轨道平面内，轨道倾角为 64. 8°，每个轨道等间隔分布 8 颗卫星。

(三)伽利略(GALILEO)全球卫星导航系统

由欧盟于 1992 年 2 月首次提出伽利略计划，至 2007 年，共发射 30 颗卫星(27 颗工作卫星和 3 颗备用卫星)均匀分布在高度约为 23 616 km，的 3 个中高度圆轨道面上，倾角 56°。该系统，不仅可以用于提供导航、定位、授时、通信等服务，还具有救援等功能。

(四)中国北斗卫星导航系统

我国第一颗“北斗导航定位试验卫星”于 2000 年 11 月 1 日在西昌卫星卫发中心发射成功，至 2019 年 5 月 17 日，先后总共成功发射了 45 颗北斗导航卫星，从而建成了我国自行研制、面向全球的中国北斗卫星导航系统(英文名称 BeiDou Navigation Satellite System，缩写 BDS)。

北斗卫星导航系统不仅可以在全球范围内全天候、全天时为各类用户提供高精度、高可靠定位、导航、授时服务,而且还可以为用户提供联网、短报文通信等信息交流以及数据采集和传输等服务,无需其他通信系统支持。现有定位精度 10 米,测速精度 0.2 米/秒,授时精度 10 纳秒。2014 年 11 月联合国负责制定国际海运标准的国际海事组织海上安全委员会,正式将中国的北斗系统纳入全球无线电导航系统。意味着继美国的 GNSS 和俄罗斯的"格洛纳斯"后,中国的导航系统已成为第三个被联合国认可的海上卫星导航系统。这表明北斗全球导航定位系统已被全世界接受,可媲美美国全球定位系统(GNSS)。

五、GNSS 测量的应用

GNSS 测量的应用包括以下几个方面:

(1)布设精密工程测量控制网。用 GNSS 布设隧道贯通、大坝施工等精密工程测量控制网,其精度比常规方法高出一个数量级。

(2)布设一般测量控制网。用 GNSS 布设一般测量控制网,较常规方法速度快、精度高。

(3)加密测图控制。GNSS 静态测量可用于加密测图控制网,一次布测完成,无须逐级加密和复杂计算。

(4)直接用于地形测量、地籍测量或施工测量。GNSS 采用准动态测量模式,进行地形图、地籍图的测绘或工程的定线、放样,亦将给这些测量工作带来很大方便。

(5)直接用于变形监测。国内外已将 GNSS 广泛应用于油田、矿山地壳的变形监测,城市因过度抽取地下水造成的地面沉降监测,大型水库的大坝变形监测,大型桥梁及高层建筑的变形监测等。

小　结

(1)小区域平面控制测量最常用的方法是导线测量,其形式有附合导线(含单定向附合导线和无定向附合导线)、闭合导线和支导线。导线测量的外业包括踏勘选点、角度测量、边长测量和连接测量,内业计算包括角度闭合差的计算和调整(单定向附合导线无此项计算,无定向导线则需首先计算第一条边应有的方位角)、方位角的推算、坐标增量闭合差的计算和调整及未知点的坐标计算。

(2)小区域高程控制测量最常用的方法是四等水准测量,其原理和一般水准测量相同,只是精度的要求更高。为此,采用双面水准尺法,增加读数和检核的项目,以便使观测的精度有所保证。

(3)GNSS 定位技术的基本原理是根据卫星发射的信号进行空间测距后方交会,从而直接解算出地面点的三维坐标,具有全球性、全天候、速度快、精度高、自动化等优点,在测量中应用广泛。

复习题

1. 控制测量的目的是在测区内通过测定控制点的平面坐标（x，y）以建立__________________，或通过测定控制点的高程（H）以建立__________________。根据建网目的和控制范围等的不同，控制网一般可分以下类型：____________、____________、____________、____________和____________。

2. 导线的形式主要分为____________、____________和____________。导线测量的外业包括____________、____________、____________和____________，内业计算主要包括____________、____________、____________和____________。

3. 四等水准测量采用双面水准尺法，一个测站有 8 项读数，分别是后视尺黑面的________、________、________丝读数和红面的________丝读数，以及前视尺黑面的________、________、________丝读数和红面的________丝读数。有 5 项数据检核，分别是________、________、________、________和________。同一测站的黑面高差和红面高差理论上相差________，高差平均值的计算公式为________。

4. GNSS 定位系统由________、________、________三大部分组成。其定位方法按定位基本原理分为________和________，按接收机所处状态分为________和________，按定位方式分为________和________。GNSS 测量的实施包括________、________、________、________等。

练习题

1. 附合导线已知数据和观测数据已列入表 2-1-12，试完成表内各项计算。

2. 试完成表 2-1-13 四等水准测量的各项计算。

思考题

1. 导线测量有何优点？为何说导线测量是小区域平面控制测量最常用的形式？导线选点应注意什么？闭合导线和附合导线各适用于什么情况？它们的内业计算有何不同点？

2. 什么是单定向附合导线和无定向附合导线，它们的内业计算与双定向附合导线的内业计算有何不同？无定向附合导线第一条导线边应有的方位角如何计算？

3. 同一测站的黑面高差和红面高差在什么情况下会符号相反？举例说明其产生的原因。

4. GNSS 定位的基本原理是什么？采用的是哪一种坐标系？什么是伪距测量定位与载波相位测量定位？什么是静态定位与动态定位？什么是绝对定位与相对定位？相对定位时，根据不同测站同时观测同一组 GNSS 卫星信号，计算什么？确定什么？为何说相对定位比绝对定位的效果好？

5. 什么是 GNSS 测量的载波相位差分定位技术？其优点何在？

表 2-1-12　导线测量计算表

点号	观测角 β (° ′ ″)	改正后观测角 (° ′ ″)	方位角 α (° ′ ″)	距离 D (m)	纵坐标增量 $\Delta x'$ (m)	横坐标增量 $\Delta y'$ (m)	改正后 Δx (m)	改正后 Δy (m)	纵坐标 x (m)	横坐标 y (m)
A										
			192 59 22							
B	173 25 13								**534.570**	**252.462**
				160.593						
1	77 23 19									
				171.857						
2	158 10 46									
				161.505						
3	193 35 13									
				148.658						
C	197 58 03								**506.568**	**691.858**
			93 31 10							
D										
总和										

辅助计算

$f_\beta = \alpha_{AB} - \alpha_{CD} + \sum\beta \pm n \cdot 180° =$

$f_{\beta允} = \pm 60'' \sqrt{n} =$

$f_x =$

$f_y =$

$f_D = \pm\sqrt{f_x^2 + f_y^2} =$

$K = \dfrac{f_D}{\sum D}$

$K_{允} = \dfrac{1}{2\,000}$

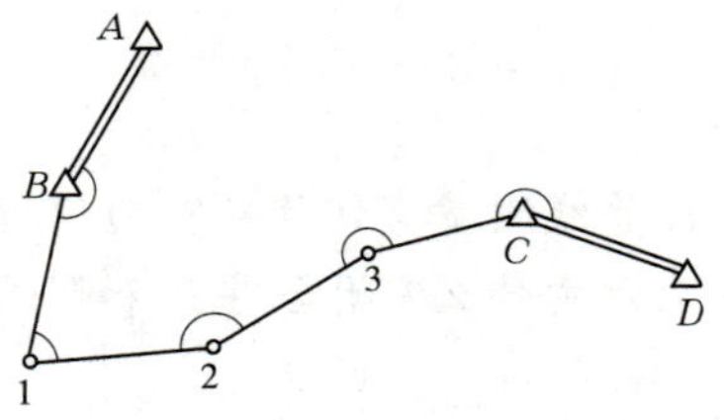

表 2-1-13　四等水准测量手簿

测站编号	点号	后尺 下 / 上	前尺 下 / 上	方向及尺号	水准尺读数(m)		K+黑-红(mm)	高差中数(m)	备注
		后视距(m)	前视距(m)		黑面	红面			
		后、前视距差(m)	累计差(m)						
		(1)	(4)	后	(3)	(8)	(13)	(18)	K_1 = 4.687 m K_2 = 4.787 m
		(2)	(5)	前	(6)	(7)	(14)		
		(9)	(10)	后-前	(16)	(17)	(15)		
		(11)	(12)						
1	BM_1 | T_1	1.842	1.213	后 1	1.628	6.315			
		1.415	0.785	前 2	0.999	5.787			
				后-前					
2	T_1 | T_2	1.645	2.033	后 2	1.364	6.150			
		1.082	1.459	前 1	1.746	6.434			
				后-前					
3	T_2 | T_3	1.918	1.839	后 1	1.620	6.306			
		1.322	1.253	前 2	1.546	6.334			
				后-前					
4	T_3 | BM_2	1.774	0.910	后 2	1.576	6.364			
		1.388	0.526	前 1	0.718	5.405			
				后-前					
校核		$\sum(9)$ =			$\sum(3)$ =　　$\sum(8)$ =			$\sum(18)$ =	
		$\sum(10)$ =			$\sum(6)$ =　　$\sum(7)$ =				
		(12) 末站 = 总距离 =			$\sum(16)$ =　　$\sum(17)$ = $\frac{1}{2}\{\sum(16)+[\sum(17)\pm0.100]\}$ =				

项目二　大比例尺地形图测绘

知识目标

地形图的基本知识,地形图经纬仪测绘法和数字测图的基本原理。

技能目标

能运用经纬仪进行小区域大比例尺地形图的测绘和应用 CASS 软件进行数字测图。

任务一　地形图基本知识

知识要点:有关地形图的基本知识。

技能要点:能熟练阅读地形图。

一、地形、地形图、地形图比例尺和比例尺精度

地面上的房屋、道路、河流、桥梁等自然物体或人工建筑物(构筑物)称为地物,地表的山丘、谷地、平原等高低起伏的形态称为地貌,地物和地貌总称为地形。而地形图就是将一定范围内的地物、地貌沿铅垂线投影到水平面上,再按规定的符号和比例尺,经综合取舍,缩绘成的图纸。地形是三维的空间形体,而图纸仅为二维平面,因此传统的纸质地形图实质上是三维地形在二维平面上的模拟。地形图是普通地图的一种,按成图方式的不同又有线画图、影像图和数字图之分。仅用各种线画符号和注记说明表示的为线画图,在航摄像片的基础上加工而成并保留有地面影像的为影像图,将地物、地貌的三维坐标以数字形式存储在计算机内的为数字图。如果仅有地物的平面位置,而不反映地面的高低起伏,这样的图就是平面图。

地形图的内容可分为数字信息和地表形态两大类。数字信息是指根据地形图的比例尺、图廓、坐标格网等确定的地面点的平面位置和高程,以及地面点之间的水平距离、方位角和高差等。地表形态是指通过各种地物符号和地貌符号反映的地物和地貌的形状和特征等。

地形图的比例尺是图上任意两点间的长度和相应的实地水平长度之比,即 $1:M$,M 称为比例尺分母。如 1:1 000 地形图的图上 1 cm,就代表实地水平距离为 10 m。地形图比例尺按比值的大小可分为不同的类别。如 1:100 万、1:50 万、1:25 万的称为小比例尺地形图,常用于国家以至世界范围的地形图;1:10 万、1:5万、1:2.5 万的称为中比例尺地形图,常用于区域性的勘测规划、方案比选和初步设计;1:10 000、1:5 000、1:2 000、1:1 000、1:500 的称为大比例尺地形图,常用于工程的技术设计、详细设计和施工放样。

人的肉眼能够分辨图上两点之间的最小距离为人眼的分辨率。人眼分辨率在图上都

是0.1 mm,但它所代表的实地距离却因比例尺的不同而异。因而就将人眼分辨率即图上0.1 mm所代表的实地距离视为地形图的比例尺精度。地形图不同比例尺的精度列于表2-2-1。

表2-2-1 地形图不同比例尺的精度

比例尺	1:500	1:1 000	1:2 000	1:5 000	1:10 000
比例尺精度(m)	0.05	0.1	0.2	0.5	1.0

由表2-2-1可见,比例尺越大的地形图,反映的内容越详细,精度也越高。当然,比例尺也并非越大越好,因为测图的成本将随比例尺的增大而成倍增加,关键是应根据工程的实际需要合理选择。例如,要求能将0.1 m宽度的地物在地形图上表示出来,则根据地形图的比例尺精度即知,所选的测图比例尺就不应小于1:1 000,以此作为合理选择测图比例尺的重要依据之一。

二、地物符号

地形图上的地物必须遵照中华人民共和国国家标准《1:500、1:1 000、1:2 000地形图图式》(GB/T 7929—1995),采用统一规范的符号来表示。地形图图式不仅含有规范的地物符号,还包括专门的地貌符号和注记符号(参见表2-2-2),是测绘和应用地形图的重要工具之一。地物符号按特性、大小和在图上描绘方法的不同,可作以下分类。

(一)比例符号

水平轮廓较大的地物,根据其实际大小,按比例尺缩绘成的符号称为比例符号,如房屋、道路、河流等。

(二)半比例符号(线形符号)

呈带状延伸,但宽度较窄的地物,其长度按比例尺缩绘,而不表示其实际宽度的符号称为半比例符号(线形符号),如铁路、通信线路、乡间小路等。

(三)非比例符号

水平轮廓太小的地物,无法按比例尺进行缩绘,仅用于表示其形象的符号称为非比例符号,如测量控制点(符号的几何中心与点位的实地中心相吻合)、纪念碑(符号的底部中心与地物的中心位置相吻合)、独立树(符号底部的直角顶点与地物的中心位置相吻合)等。

(四)注记符号

需要另用文字、数字或特定符号加以说明的称为注记,如河流及湖泊的水位,城镇、厂矿的名称,果园或苗圃等。

三、等高线

地形图上的地貌是用等高线来表示的。等高线是由地面上高程相等的相邻点连接而成的闭合曲线。如图2-2-1所示,设想以若干高度(图中为100 m、95 m、90 m)及相邻之间高差均为整米数的平静水面与某山头相交,再将所有交线依次投影到水平面上,得到一组闭合曲线。显然,每条闭合曲线上点的高程都相等,因而称为等高线,即可用于模拟该山头的形状。

表 2-2-2　地形图图式（1:500,1:1 000）

符号说明	符号	符号说明	符号	符号说明	符号
三角点 横山—点名 95.931—高程	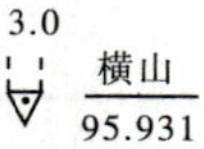	土墙	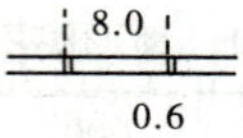	水渠	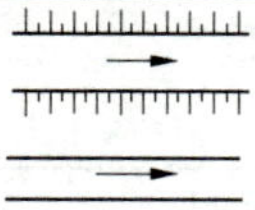
导线点 25—点名 62.74—高程	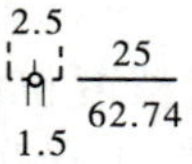	栅栏 栏杆	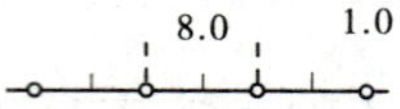	车行桥	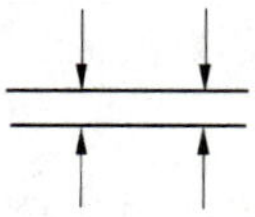
水准点 Ⅱ京石 5—点名 32.804—高程	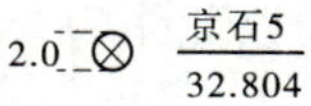	篱笆	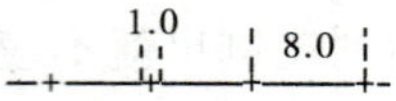	人行桥	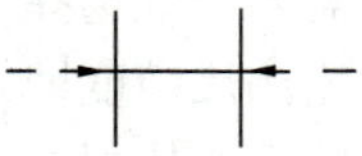
永久性房屋 （四层）		铁丝网		地类界	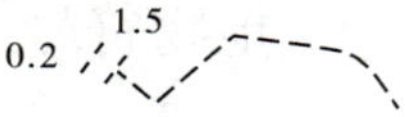
普通房屋	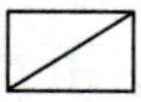	铁路	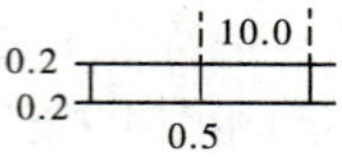	旱地	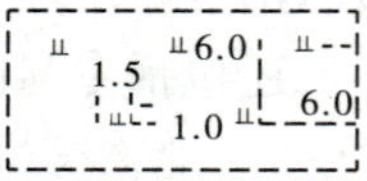
厕所		公路		大面积 的竹林	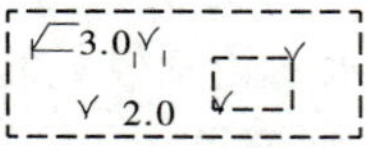
水塔	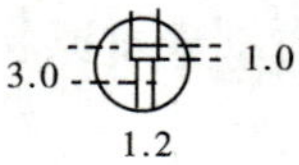	简易公路	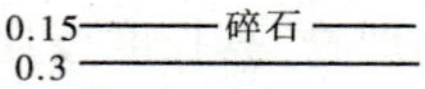	草地	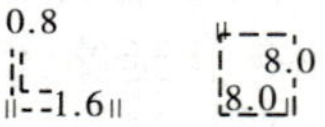
烟囱	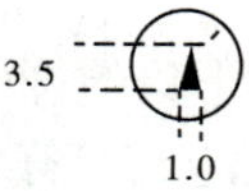	大车路	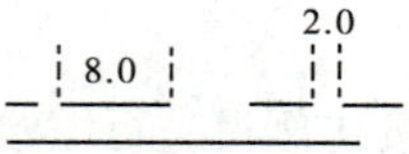	耕田、 水稻田	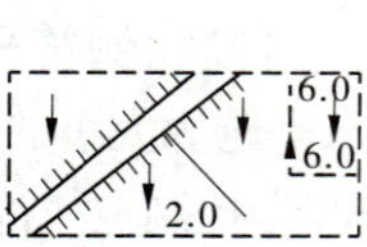
电力线高压	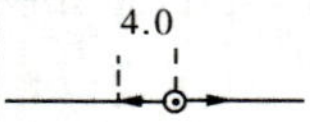	小路	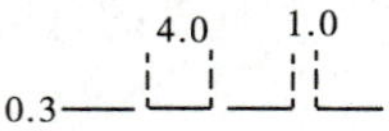	菜地	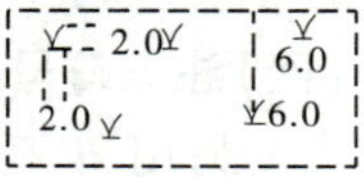
电力线低压	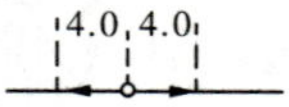	阶梯路	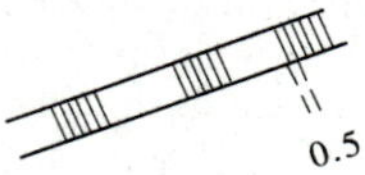	等高线	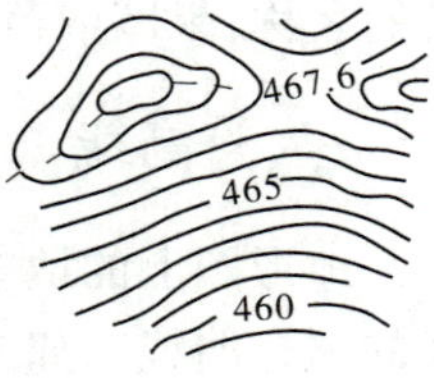
砖石及 混凝土墙	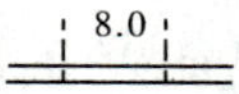	河流、湖泊、 水库、水涯线 及流向			

（一）等高距

相邻等高线之间的高差称为等高距，用 h 表示。一幅地形图上一般只用一种等高距，如图 2-2-1 中等高距为 5 m。等高距的选择应考虑测图比例尺的大小和地势的起伏程度。比例尺越大、地势越平缓,所选等高距应越小。

适于一般地形图选用的基本等高距列于表 2-2-3。

表 2-2-3　地形图基本等高距　　（单位:m）

比例尺	平坦地区	丘陵地区	一般山地	高山地区
1:500	0.5	0.5	0.5（或 1.0）	1.0
1:1 000	0.5	0.5(或 1.0）	1.0	1.0(或 2.0)
1:2 000	0.5(或 1.0)	1.0	2.0	2.0

（二）等高线平距

相邻等高线之间的水平距离称为等高线平距,用 d 表示。等高距 h 与等高线平距 d 之比为地面坡度,即 $i=\frac{h}{d}$。由于一幅地形图上的等高距 h 一般是固定的,因此可以通过等高线平距的大小来反映地面坡度的变化。

（三）等高线分类

（1）首曲线:同一幅地形图上,按规定的等高距勾绘的等高线（如图 2-2-2 中的 9 m、11 m、12 m、13 m 等高线）。

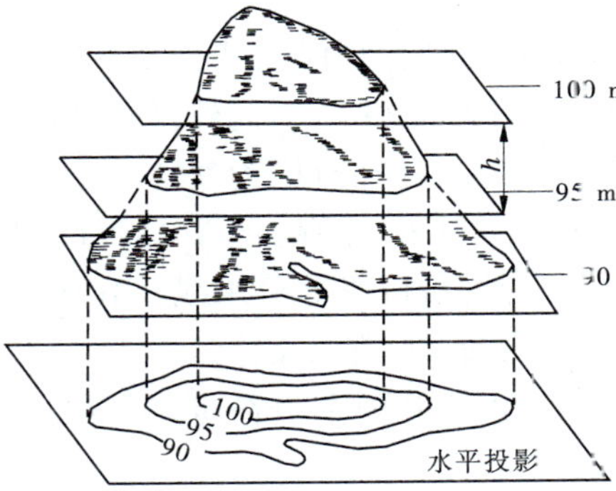

图 2-2-1　等高线的生成

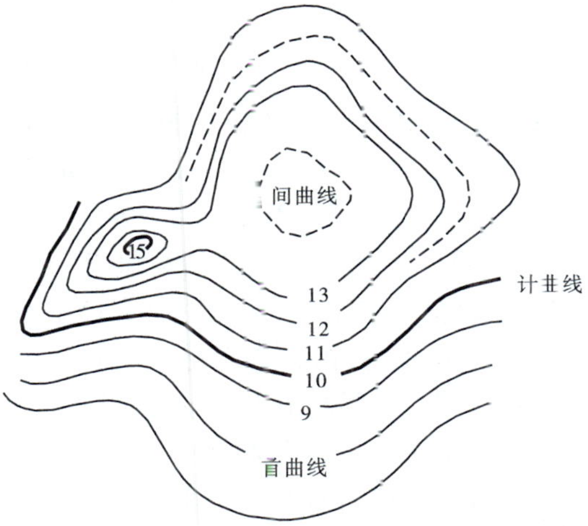

图 2-2-2　等高线的分类

（2）计曲线:每隔 4 条首曲线加粗描绘的一条等高线。例如,在一幅等高距为 1 m 的地形图上,逢 5 m、10 m 之整数倍的等高线均加粗描绘,即为计曲线（如图 2-2-2 中的 10 m、15 m 等高线）。计曲线的醒目表示可使读图更加方便。

（3）间曲线:相邻两条首曲线之间二分之一等高距处,用虚线插绘的等高线。可以不闭合,一般在河滩等地势平缓处使用（如图 2-2-2 中的 11.5 m、13.5 m 等高线）。

（四）典型地貌的等高线表示

典型地貌的等高线表示见图 2-2-3。

（1）山丘与盆地。等高线均由若干圈闭合曲线所组成。在其下坡方向绘有垂直于等高

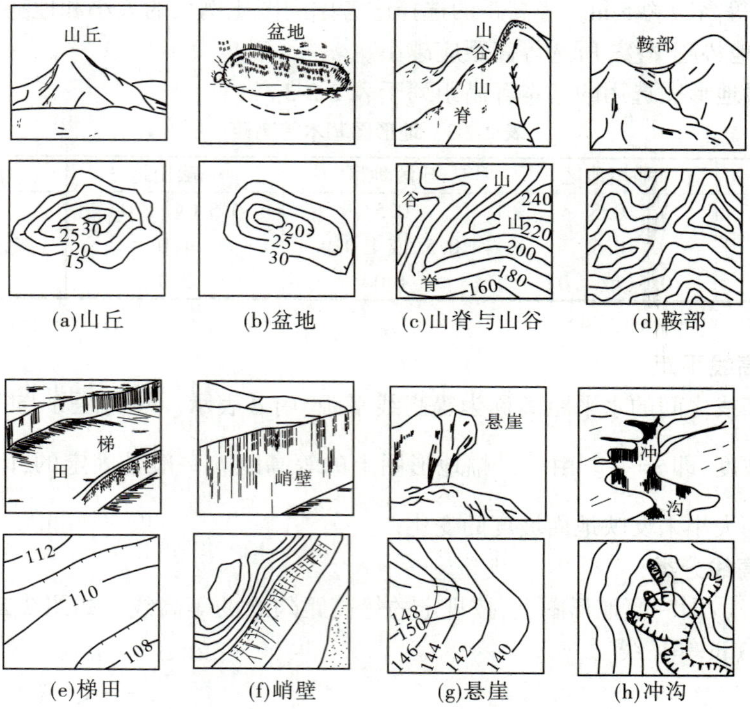

图 2-2-3 典型地貌的等高线表示

线的短线为示坡线。示坡线由内圈指向外圈,说明下坡由内向外,为山丘（见图 2-2-3(a)）;示坡线由外圈指向内圈,说明下坡由外向内,为盆地（见图 2-2-3(b)）。此外,如等高线有高程注记,显然,内圈高程注记大于外圈为山丘,内圈高程注记小于外圈为盆地。

(2)山脊与山谷。等高线均类似于一组抛物线,如图 2-2-3(c)所示。其拐点凸向低处的表示山脊,拐点的连线为山脊线,因雨水分流山脊两侧,所以又称分水线。其拐点凸向高处的表示山谷,拐点的连线为山谷线,因雨水沿山谷线集中,所以又称集水线 。

(3)鞍部。相邻两山头之间呈马鞍形的低地,为两个山头和两个山谷的会合点,其等高线近似于两组双曲线的对称组合,见图 2-2-3(d)。

(4)特殊地貌。梯田（见图 2-2-3(e)）、峭壁(见图 2-2-3(f))、悬崖(见图 2-2-3(g))、冲沟(见图 2-2-3(h))等,常用专门的地貌符号表示。也有用等高线表示时,会出现相邻等高线相交的情况,如悬崖,被覆盖部分的等高线应以虚线描绘。有关特殊地貌的具体表示方法可参见《地形图图式》。

(五)等高线特性

(1)等高性,即同一条等高线上的点高程相等。

(2)闭合性,即等高线为闭合曲线,不在图幅内闭合就在图幅外闭合,因此在图幅内,除遇房屋、道路、河流等地物符号或陡坎、冲沟等地貌符号外,不能中断。

(3)非交性,即除遇悬崖等特殊地貌外,等高线不能相交。

(4)正交性,即等高线遇山脊线或山谷线应垂直相交,并改变方向。

(5)反比性,即在等高距相同的情况下,等高线平距与地面坡度成反比。等高线平距越小，等高线越密，表示地面坡度越大；反之，等高线平距越大，等高线越疏，表示地面坡度越小。

遵循以上特性，将有利于等高线的正确勾绘和地貌的正确判读。

图 2-2-4 是局部的实地地形与其相应地形图的对照示意图。

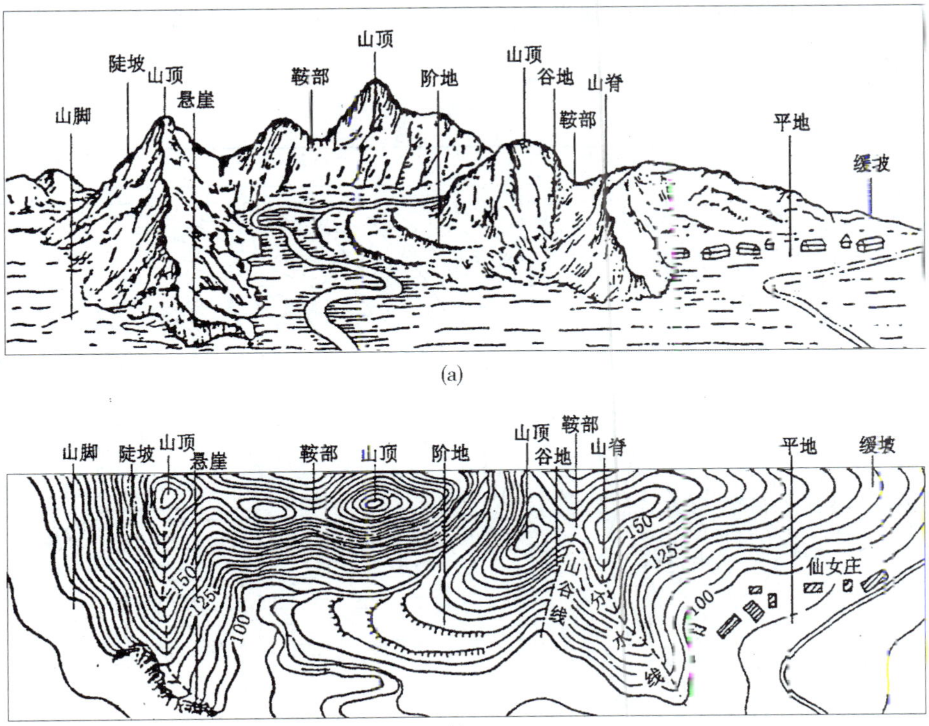

图 2-2-4　实地地形与相应地形图

四、分幅和编号

测区的面积较大时，为了便于地形图的使用和管理，应按统一的规定对地形图进行分幅和编号。小比例尺的国家基本图，以 1∶100 万的地形图作为基础，按一定的经度差和纬度差划分成梯形图幅来进行分幅和编号，称为国际分幅法；区域性的大比例尺地形图，则通常采用正方形图幅进行分幅和编号。不同比例尺的正方形图幅的大小和实地面积列于表 2-2-4。

表 2-2-4　正方形图幅的大小和实地面积

比例尺	图幅大小（cm×cm）	实地面积（km^2）	一幅 1∶5 000 的图包含本图幅的数目
1∶5 000	40×40	4	1
1∶2 000	50×50	1	4
1∶1 000	50×50	0. 25	16
1∶ 500	50×50	0. 062 5	64

宽度较窄的带状地形图还可以采用 40 cm×50 cm 的矩形图幅。

工程上使用的正方形或矩形图幅一般采用图廓西南角千米数编号法,即以图廓西南角坐标的千米数（1∶500 地形图取至 0.01 km,1∶1 000、1∶2 000 地形图取至 0.1 km,x 坐标在前,y 坐标在后,中以“-”号连接）进行编号。如图 2-2-5 所示,该图幅西南角坐标 x=3 355.0 km,y=545.0 km,其编号即为 3 355.0-545.0（该图仅为正规图幅的西南部分）。

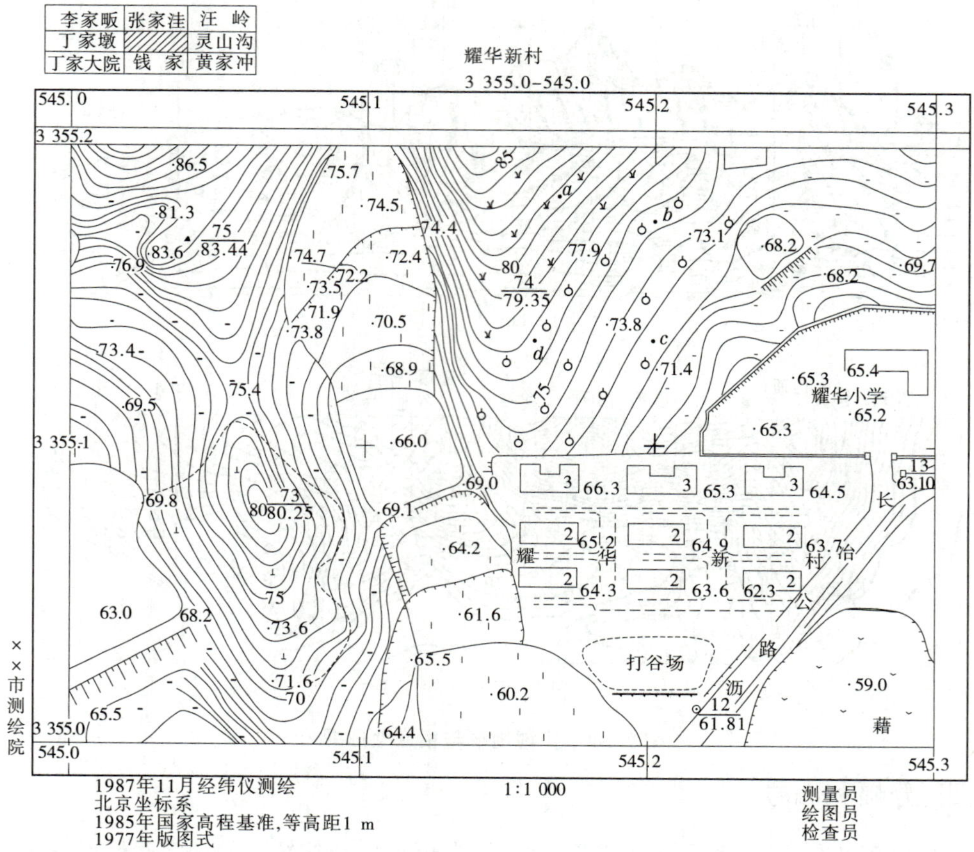

图 2-2-5　正方形图幅的图名、图号及图廓

若测区面积不大,采用假定直角坐标系,则可采用测区与阿拉伯数字或字母相结合的编号法,即先从左至右,再从上至下,以数字（1,2,3…）或字母（A,B,C…）为代码对图幅进行编号（见图 2-2-6）。设测区为××,则带晕线的图幅号即为××-10,更为简便。

图 2-2-6　测区与数字组合编号

五、图廓、坐标格网与注记

地形图一般绘有内外图廓。内图廓为图幅的边界线,也是坐标格网的边线;外图廓是加粗的图廓线。内图廓外四角处注有取至 0.1 km 的纵、横坐标值（见图 2-2-5）,图内绘制

10 cm×10 cm 一格的坐标格网（有的仅在格网交叉点留有纵、横均为 10 mm 长的“+”号，内图廓的内侧留有 5 mm 长的短线）。坐标格网是测图时展绘控制点和用图时图上确定点的坐标的依据。

图廓外的注记一般包括以下内容：

(1)图名与图号。注于图幅上方,一般以图幅内的主要地名作为本幅图的图名,其下方为图号。

(2)图幅接合表。绘于图幅左上方,表明本图幅与东西南北及其斜向八个方向相邻图幅的关系,表内可注图名,亦可注图号。

(3)其他注记。在图幅下方,一般还应注记比例尺、测图日期、测图方法、坐标系统和高程基准、等高距、地形图图式的版本及有关测图负责人员的姓名等,外图廓左侧下方注以测绘单位的全称。

任务二　大比例尺地形图经纬仪测绘

知识要点:大比例尺地形图经纬仪测绘的原理和方法。

技能要点:能运用经纬仪进行地形图测绘。

大比例尺地形图的测绘,就是在控制测量的基础上,采用适宜的测量方法,测定每个控制点周围地形特征点的平面位置和高程,以此为依据,将所测地物、地貌逐一勾绘于图纸上。本节介绍大比例尺地形图经纬仪测绘的原理和方法。

一、大比例尺地形图测绘原理

(一) 地形特征点的选择

地物和地貌投影至平面上总会有各种呈点、线、面的几何形状,无论哪种几何形状,又都可分解为点,这些点就是地物特征点或地貌特征点,统称为地形点,又称碎部点。

(1)地物特征点能反映地物平面外形轮廓的关键点,如房屋的屋角、河岸的拐点、道路的交叉点及独立地物的中心点等。

(2)地貌特征点山头、谷地关键部位的点,如山顶、鞍部、谷底及山脊线、山谷线、坡脚线上坡度、走向变换的点。

当上述地形特征点相互距离较远时,还应在这些点之间适当加密点位,以满足测图精度的需要。图 2-2-7 是测图时合理选择地形点的示意图。图中竖立直尺的位置即应选择的地形点点位。

(二)测定地形点位置的方法

1. 传统方法

在控制点上用经纬仪设站,测量地形点（碎部点）的位置和高程。测量平面位置的方法主要是极坐标法。如图 2-2-8 所示,为测定地形点 a 的位置,在控制点 A 上以 AB 为起始方向,测量 AB 和 Aa 之间的水平角 β 以及 $A \sim a$ 的水平距离，即可确定 a 点的平面位置,其他还有直角坐标法、角度交会法及距离交会法(见图 2-2-9,参见本书模块一项目四任务二)。与此同时,运用水准测量或视距测量的方法测定 a 点的高程。

图 2-2-7　地形点的选择

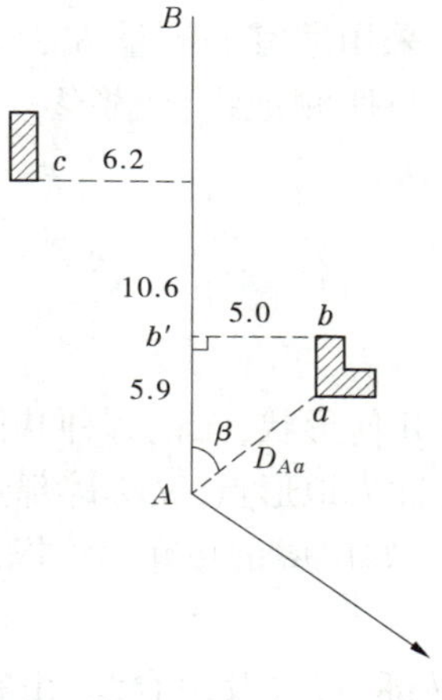

图 2-2-8　极坐标法与直角坐标法测定点位

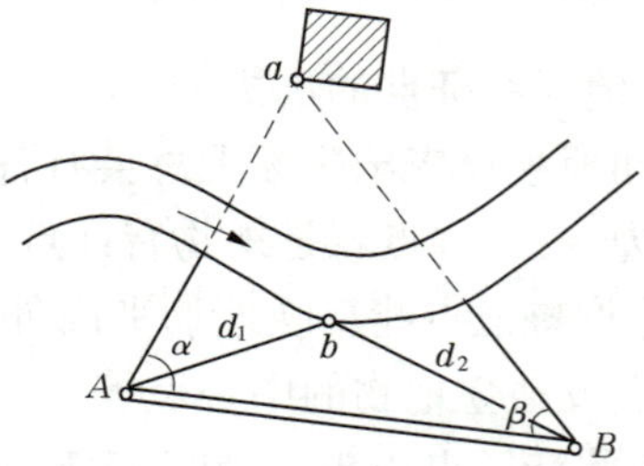

图 2-2-9　角度交会法和距离交会法测定点位

2. 全站仪坐标测量法

在控制点上架设全站仪，碎部点上安置反射棱镜，采用全站仪坐标测量的方法，直接测定碎部点的三维坐标（参见本书模块一项目四任务四）。

3. GNSS RTK 测量法

根据 GNSS RTK 测量的原理，将接收机直接安置在碎部点上，测定碎部点的三维坐标（参见本书模块二项目一任务五）。

二、大比例尺地形图经纬仪测绘法

经纬仪测绘法是一种传统的碎部测量方法，简单易行，在以往的小区域大比例尺地形图测绘中，应用广泛。

(一)准备工作

在完成测区图根控制测量的基础上,需要进行以下测图前的准备工作。

1. 图纸准备

以聚脂薄膜作为图纸,图幅的大小如表 2-2-4 所示。现在的聚酯薄膜图纸上面均用机器绘制有坐标格网,以 10 cm×10 cm 为一格,对于 50 cm×50 cm 的图幅而言,即有 5 行 5 列计 25 个方格。根据地形图分幅的要求(满幅)或图内控制点最大最小坐标值(不满幅),先合理确定坐标格网西南角的坐标,然后再根据测图比例尺在坐标格网的横线和竖线注记相应的坐标值(见图 2-2-10)。

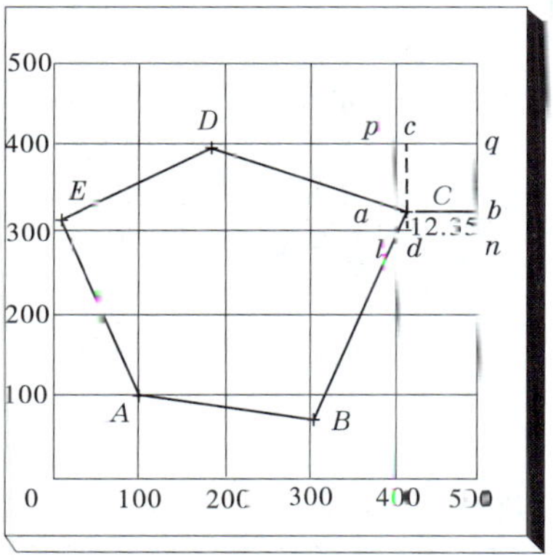

图 2-2-10 坐标格网及控制点展绘

2. 展绘控制点

如图 2-2-10 中所示,根据控制点的 x、y 坐标,按比例尺将其展绘于所在的方格中,接着在点位右侧绘一长 1 cm 的横线,其上注记点的编号,其下注记点的高程。依次类推,将图幅内所有控制点的点位绘制出来。展绘完毕,应予以检查。其方法是量取各相邻控制点间的图上长度,和相应控制点间的实地长度除以测图比例尺的分母进行比较,其差值不得大于图上 0.3 mm。

(二)现场作业

经纬仪测绘法的现场作业,就是在控制点上架设经纬仪,称为测站(如点 A),量取仪器高,再选择一相邻控制点(如点 B)作为零方向,然后就可运用极坐标法依次测定由跑尺员所选定并立尺(如用全站仪,则竖立反射棱镜)的碎部点的平面位置和高程,测站近旁安置图板,按所测的点的平面位置将每个测站周围的碎部点逐一展绘到图板上,根据需要,注记点位的高程,然后勾绘出地物和地貌来(见图 2-2-11(a))。具体的作业内容包括测、记、算、展、绘。

1. 测

照准碎部点上所立标尺,读取平盘读数(精确至分),即为水平角,再用皮尺量距或视距测量的方法,测量测站至碎部点的水平距离。

2. 记

将上述所有观测数据记入碎部测量手簿(见表 2-2-5)。

3. 算

计算测站到该碎部点的水平距离和高差,并根据测站点的高程计算出该碎部点的高程(距离至 dm,高程至 cm)。如用全站仪,则可直接测定水平距离、高差和点的三维坐标而无须计算。

4. 展

用半圆量角器(见图 2-2-11(b))按极坐标法和测图比例尺将碎部点展到图纸上。最后在点位右侧注上该点的高程(地物点),或以点位兼作高程数字的小数点(地貌点)。

(a)测站工作示意图

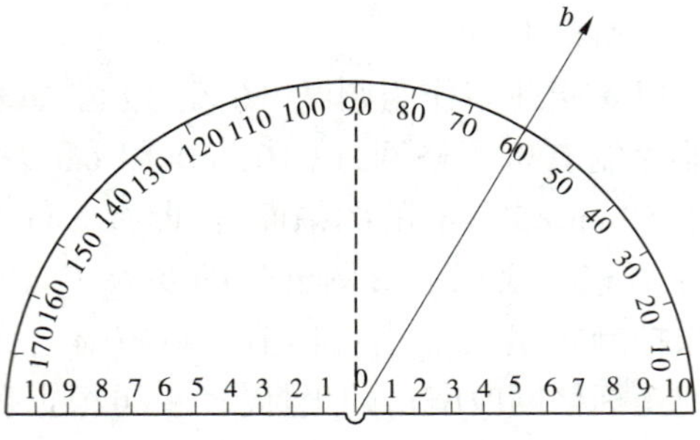

(b)半圆量角器展点

图 2-2-11　经纬仪测绘法

表 2-2-5　碎部测量手簿

仪器高 1.45 m　　指标差 $x=0$　　测站 A　　零方向 B　　测站高程 23.45 m

<table>
<tr><th rowspan="3">测点</th><th rowspan="3">水平角
(° ′)</th><th colspan="2">标尺读数</th><th rowspan="3">视距间距
(m)</th><th rowspan="3">竖盘读数
(° ′)</th><th rowspan="3">竖直角
(° ′)</th><th rowspan="3">高差
(m)</th><th rowspan="3">水平距离
(m)</th><th rowspan="3">测点高程
(m)</th><th rowspan="3">说明</th></tr>
<tr><th rowspan="2">中丝</th><th>下丝</th></tr>
<tr><th>上丝</th></tr>
<tr><td rowspan="2">1</td><td rowspan="2">55 38</td><td rowspan="2">1.450</td><td>1.560</td><td rowspan="2">0.220</td><td rowspan="2">88 06</td><td rowspan="2">+1 54</td><td rowspan="2">+0.73</td><td rowspan="2">22.0</td><td rowspan="2">24.18</td><td rowspan="2"></td></tr>
<tr><td>1.340</td></tr>
<tr><td rowspan="2">2</td><td rowspan="2">74 32</td><td rowspan="2">2.000</td><td>2.871</td><td rowspan="2">1.743</td><td rowspan="2">92 32</td><td rowspan="2">−2 32</td><td rowspan="2">−8.25</td><td rowspan="2">174.0</td><td rowspan="2">15.20</td><td rowspan="2"></td></tr>
<tr><td>1.128</td></tr>
<tr><td rowspan="2">3</td><td rowspan="2">208 45</td><td rowspan="2">1.450</td><td>2.030</td><td rowspan="2">1.160</td><td rowspan="2">82 19</td><td rowspan="2">+7 41</td><td rowspan="2">+15.37</td><td rowspan="2">113.9</td><td rowspan="2">38.82</td><td rowspan="2"></td></tr>
<tr><td>0.870</td></tr>
</table>

5. 绘

参照现场实际地形,勾绘地物和等高线。

(1)地物的勾绘。对照实际地物,将特征点连接成地物平面投影的轮廓线。

(2)等高线的勾绘。首先对照实际地形将地性线(山脊线和山谷线)上的特征点用虚线连起来,然后在两相邻地貌特征点之间内插整米数的等高点。由于所选的地貌特征点都是坡度或走向变换的点,因此相邻点之间的坡度可认为是均匀的,即可按高差与平距成正比的原则进行内插。据此原理,实际作业中一般采用目估内插法(见图 2-2-12(a)),甚为简便。随后,对照实际地形将相邻的等高点依次连接成等高线(见图 2-2-12(b))。

(3)检查。勾绘完毕,应及时检查图上所绘地物及等高线与实际地物和地貌是否相符,如发现有疏漏或矛盾处,应立即进行增补和修改,如矛盾较大,应通过复测加以纠正。

在一个测站工作完成迁至下一测站后,应先对邻近的上一测站所测内容,选择其中少量的地形点再复测其点位和高程,无误后再开始新测站的工作。

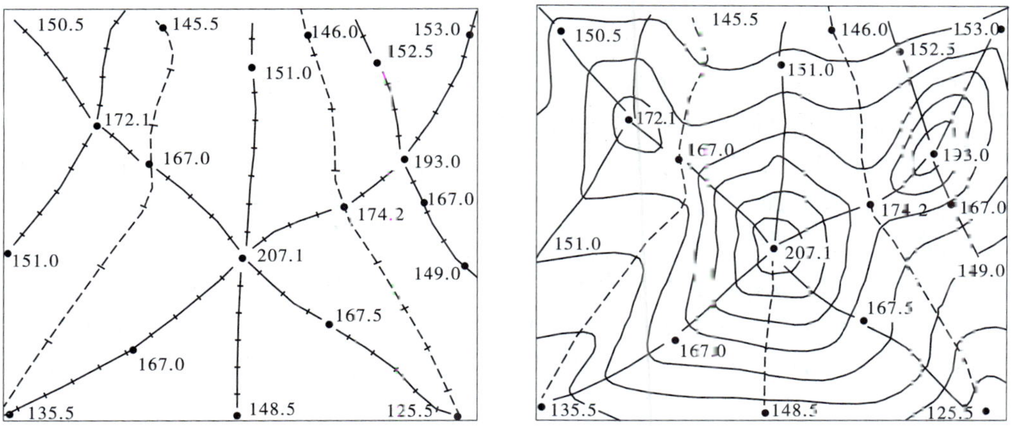

(a)地貌特征点、地性线与等高点内插　　(b)等高线勾绘

图 2-2-12　地貌特征点与等高线勾绘

(三)拼图、整饰、检查与验收

1. 拼图

测区较大有较多图幅时,在完成现场的测图后应进行相邻图幅的拼接,称为拼图。即将相邻图幅衔接边处的图上内容,按坐标格网线拼在一起,检查内图廓两侧地物和等高线的衔接情况(见图 2-2-13),若同一地物的轮廓线相差小于 2 mm,同一根等高线相差小于相邻等高线的平距,即可取二者的平均位置对原图进行调整。如相差过大或发现有误,则应返工重测。

2. 整饰

拼图完毕,将图上多余的线条和注记擦去,对地物轮廓线和等高线进行整理、修饰或加粗(计曲线),并按图式规定注记相应的文字、数字和地物符号。最后完成图廓及图名、图号、比例尺等图廓外所有注记。

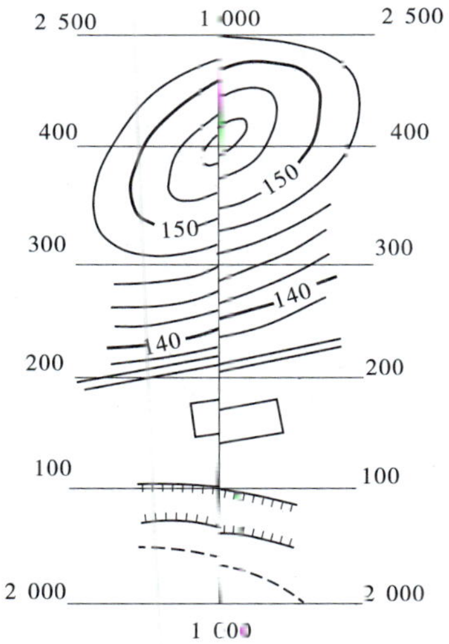

图 2-2-13　图幅的拼接

3. 检查

为了保证测图的质量,应对完成的图纸进行全面检查。首先检查测图时的外业观测资料是否符合要求;然后在室内检查图上内容是否合理,等高线的勾绘是否正确;最后再到室外,将图纸与实地地形相对照,看其内容是否符合实际及有无遗漏,必要时可在现场设站对部分地物、地貌进行实测,以检定图纸的精度。

4. 验收

图纸检查符合要求后上交所有成果,经有关部门审核、评定质量,即可验收。

三、水下地形图测绘简介

在水域建筑或航运工程中往往需要应用水下地形图。与陆上地形图测绘一样,水下地形图测绘也应遵循“由整体到局部”“先控制后碎部”“由高级至低级”的原则,一般事先在河流两岸布设导线网或三角网,同时进行水准测量或三角高程测量,作为测区的平面和高程控制,以此作为水下地形测绘的依据。除此而外,水下地形图测绘还具有如下特点。

(一)高程基准面选择

水下地形图测绘的高程基准面,既有黄海高程面(适于测绘近岸工程用水上、水下地形图),还有航运基准面(适于测绘航道图)。所谓航运基准面,是将航道根据河床的高低或管辖范围分成若干河段,以每河段历年最低枯水位以下 0.5~1.0 m 为 0 点作为该河段的高程基准面。

(二)地貌表示方法

水下地形图若以黄海高程面作基准面,仍用等高线为地貌符号;若以航运基准面为基准面,则用等深线为地貌符号。例如在航道图中,以航运基准面为 0 点,向下为正,向上为负。即以航运基准面至水底的深度勾绘等深线,用以模拟水下地形。

(三)地形点布设

水下地形测绘时,由于无法选择水下地形的特征点,因此采用均匀布设的方法。即首先在河道横向每隔一定间距(一般为图上 1~2 cm)布设断面。然后在断面上等距离(一般为图上 0.6~0.8 cm)地布设水下地形点。断面的布设一般应与河道的流向垂直,河流弯曲处,则通常布设成辐射形(见图 2-2-14)。

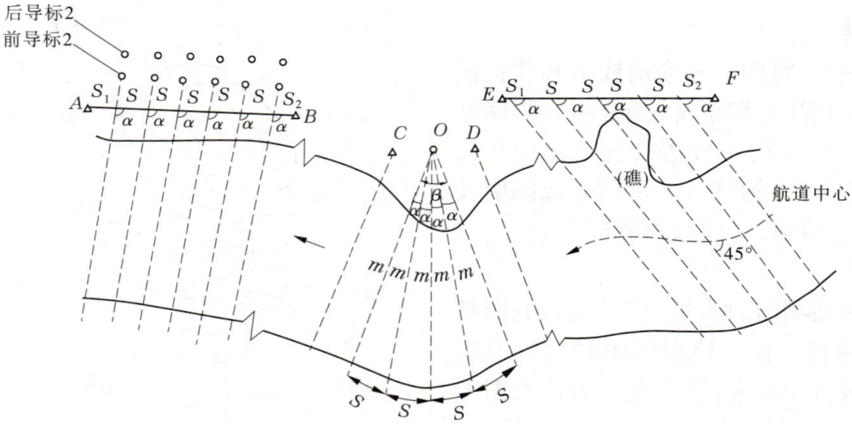

图 2-2-14 水下地形断面布设示意图

四、施测方法

测定水下地形点的点位,传统方法是采用经纬仪前方交会定位(图 2-2-15(a))加回声测深仪测深(见图 2-2-15(b))。目前,先进的测量船上已经装有 GNSS 定位接收设备,配合测深装置,即可同时测定水下地形点的三维坐标,实现测深定位的自动化。需要注意的是，在水下地形测量中，由于受潮汐影响，测深时的河面高程（水位）不断变化，因此应根据当日的水位观测资料，对水深观测数据进行改正，以便将不同时间段观测的水深化为统一基准面以下的深度。

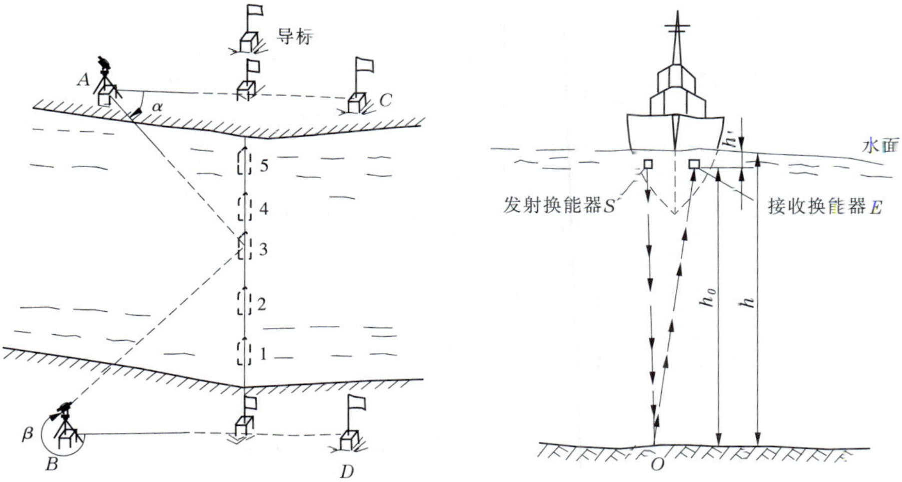

(a)经纬仪前方交会定位　　(b)回声测深仪测深

图 2-2-15　水上测深定位

任务三　大比例尺地形图数字测绘

知识要点： 大比例尺地形图数字测图的基本原理和方法。

技能要点： 能应用 CASS 软件进行数字地形图测绘。

一、地形图数字测绘概述

地形图数字测绘是以计算机为核心，在相关硬件和软件的支撑下，将通过各种手段采集到的地形信息（广义而言，这里的信息既包括一般的数据，也包括图形、影像、字母、文字、编码、注记、符号等）自动进行数据处理、编辑建库和机助绘图的一种先进的测绘科学技术。数字测绘地形图的方式一般有三种：一是利用全站仪、GPS 接收机或其他测量仪器加电子手簿进行的野外数字测图，二是利用现代航测仪器对航空摄影、遥感像片进行的航测数字成图，三是利用数字化仪对已有测绘图纸进行手扶跟踪或扫描的地形原图数字化。其成果根据需要既可以通过绘图仪绘制输出各种二维矢量地形图、三维立体地形图或各种影像图，也可以数字地形模型的形式在计算机内建立三维的数字地形空间，从而为工程的规划设计、各种专题地理信息系统的开发或电子地图的编制提供必要的空间底图，不仅实现了地形图的生成、存储、调用和传输的自动化，而且具有精度高、成图快捷、现势性强、使用方便等优点，从而为地形图的测绘和应用开辟了更好的前景。三种数字测绘成图的工作流程如图 2-2-16 所示。下面主要介绍大比例尺地形图的野外数字测图。

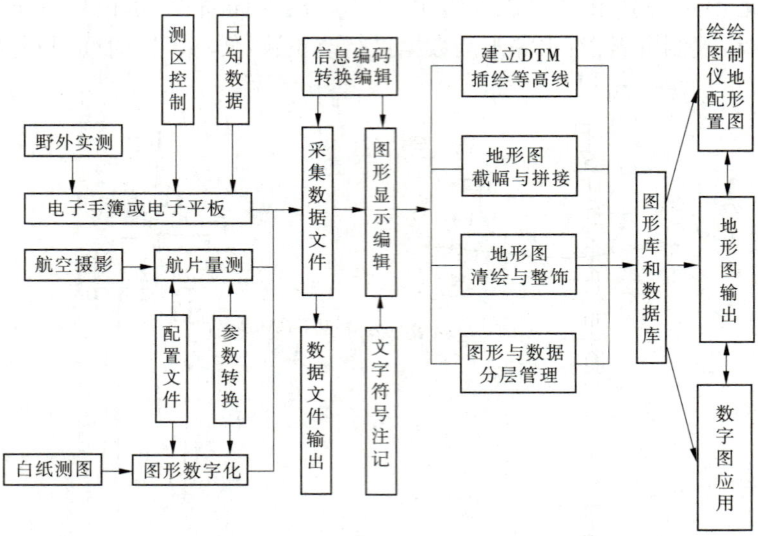

图 2-2-16　三种数字测绘成图的工作流程

二、野外数字测图基础知识

(一)野外数字测图基本原理

野外数字测图的基本原理是首先将使用全站仪或 GPS 接收机采集到的地形点数据(包括其点号、观测值、三维坐标、符号码及与其连接点之间的连线类别码等)转换为二进制的数字形式,进行数据处理(包括数据的检查、修改、删除、增补和内插等)自动生成的所有地形点的点文件,根据与地物有关点的连线码和符号码生成的地物文件,根据与地貌有关点的三维坐标进行等高点的内插、追踪生成的等高线文件,再通过人机交互方式,对各种图件及其有关的符号和注记进行编辑,最终生成数字地形图的图形文件、工作文件和数据库文件存入计算机,根据需要通过绘图仪及时输出各种地形图。

(二)野外数字测图作业模式

野外数字测图的数据采集主要用电子测量仪器(全站仪、GPS 接收机等)现场实测,再通过电子手簿、全站仪数据存储卡、便携机、掌上电脑或 GPS 存储器将测量数据及其编码、属性、连接关系等输入计算机。根据使用的仪器设备、数据记录以及成图方式的不同,其作业模式主要有以下几种:

(1)全站仪野外实测,同时将数据及其对应的编码、地形属性与测点之间的连接关系一同输入计算机,经软件处理自动成图。

(2)全站仪将实测数据记入电子手簿,同时现场绘制工作草图,回室内将草图上的信息和电子手簿一道输入计算机,经人机交互处理成图。

(3)全站仪加掌上电脑或便携机,直接应用电子平板软件根据现场的地形属性和连接关系进行测绘(见图 2-2-17),再回室内作少量编辑成图。

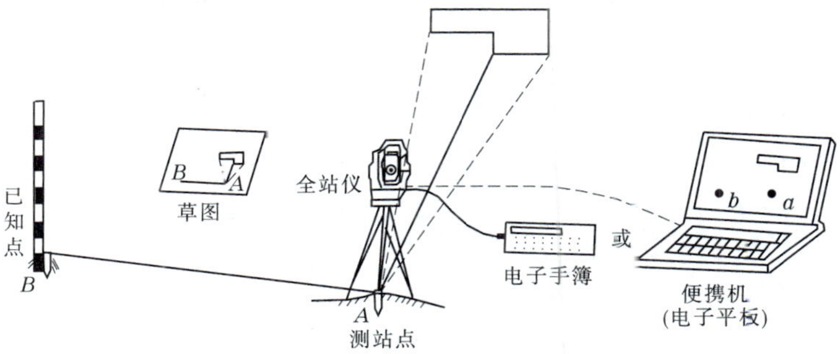

图 2-2-17　全站仪加电子平板野外测图

三、野外数字测图的作业步骤

(一)准备工作

按规范要求对野外测量仪器如全站仪进行检验;对电子手簿(或便携机)及选用的数字测图软件进行调试,确保运行正常;再将测区代号、施测日期、小组编号、仪器类型、仪器误差、测距加常数、乘常数、气象改正,以及测量控制点的点号、类别、等级、坐标(x,y)和高程 H 等数据输入仪器,以便调用。

(二)数据采集

测站安置全站仪,设置测站点、后视点,照准后视点,确定后视方向角,然后依次对地物和地貌特征点(碎部点)进行测量。需要(或可以)采集的数据有:

(1)测站数据,如测站点号、后视点号、仪器高、后视方位角等;

(2)目标观测数据,如某目标的点号、编码、棱镜高、方向值、天顶距和斜距的观测值等;

(3)碎部点观测数据,如某碎部点的点号、连接点号、连接线型、地形要素分类码、方向、天顶距和斜距的观测值及觇标高等,建立碎部点的测量数据文件(*.RAW)。

运用全站仪的坐标测量模式、程序测量模式或其他交会方法,可直接测定碎部点的坐标(x,y)和高程 H(参见模块一项目四任务四)。

此外,有条件时还可以采用 GPS-RTK 技术进行碎部点的数据采集。

(三)绘制草图

碎部测量的同时,应在现场绘制工作草图。工作草图是根据现场采集数据进行室内编辑和作图的重要依据。工作草图可按测站绘制,也可以重要地物为中心绘制,主要反映所测地形点的点号、丈量所得的点间距、地物的相互关系、地性线的大致位置、地貌的大致特征以及地理名称和注记说明等(见图 2-2-18)。

(四)数据传输

用专用电缆将全站仪与计算机连接,将野外测得的各种数据文件输入计算机(见下述“应用 CASS 软件进行野外数字测图”)。

(五)编辑成图

对照工作草图,运用数字测图软件对野外采集的数据进行数据预处理,包括人机交互修改和编辑、碎部点坐标的计算、图形显示,并生成各种绘制地形图所需的文件。

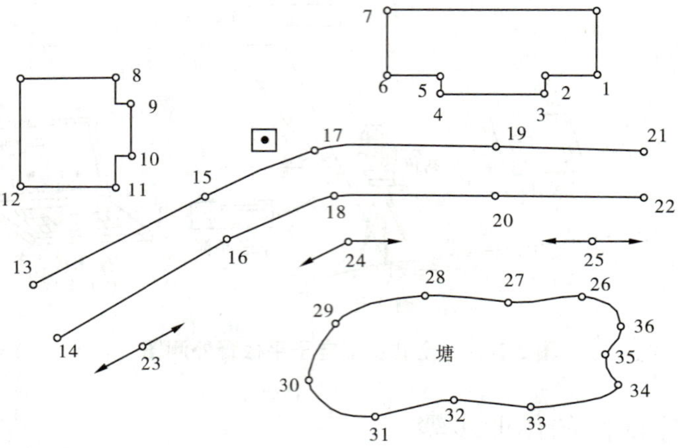

图 2-2-18　现场绘制的工作草图

(六)图件输出

数字地形图的输出一般运用绘图仪绘制成图。绘图仪分为矢量绘图仪和点阵绘图仪。矢量绘图仪是将点的绘图仪坐标转化为绘图仪的步长,以直线连接相邻点绘图;点阵绘图仪是将整幅矢量图转化为点阵图像,以阵列中的不同图像逐行绘图。由于点阵绘图仪的绘图速度较矢量绘图仪快,因此大比例尺地形图多用激光或喷墨式的点阵绘图仪绘制。

运用测图软件制成的测区数字地形图整体存于机内,需要时可以按正规分幅,也可以按指定范围以指定比例尺出图;可以绘制成传统的线画地形图,也可以按各专业需要分层绘制专题图,从而满足不同部门、不同作业的用图需求。此外,数字地形图还可采用数据通信,或直接经由互联网传输的方式,为各种专题信息系统、地理信息系统提供必要的数字空间底图,从而为国家建设事业发展的现代化、科学化发挥更大的作用。

四、应用 CASS 软件进行野外数字测图

由南方测绘仪器公司开发的 CASS 地形地籍成图软件(见图 2-2-19)是基于 Auto CAD 平台的数字化测绘数据采集系统,并且能与地理信息系统 GIS 无缝对接,具有真彩色 XP 风格的人机交互界面,数据管理和系统设置方便快捷,电子测图灵活实用,图幅管理机动规范,断面设计可视直观,广泛应用于地形成图、地籍成图、工程测量应用及 GIS 的前端数据采集。

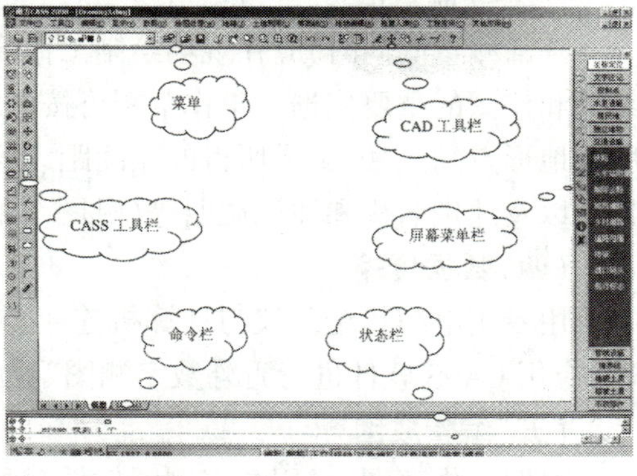

图 2-2-19　CASS2008 软件的操作界面

由南方测绘全站仪+CASS2008 软件进行数字测图的主要步骤如下。

(一)野外碎部测量数据采集

在完成测区控制测量的基础上,首先用全站仪进行野外碎部测量数据采集,以建立碎部点坐标数据文件(*. PTS)。南方测绘

NTS-312 型全站仪数据采集菜单的操作流程如图 2-2-20 所示。其中，测站点、后视点的输入方法与坐标测量时相同，碎部点测量的操作流程如表 2-2-6 所示（参见《工程测量技术实训指导》附录二：南方测绘 NTS-312 型全站仪使用简要说明）。

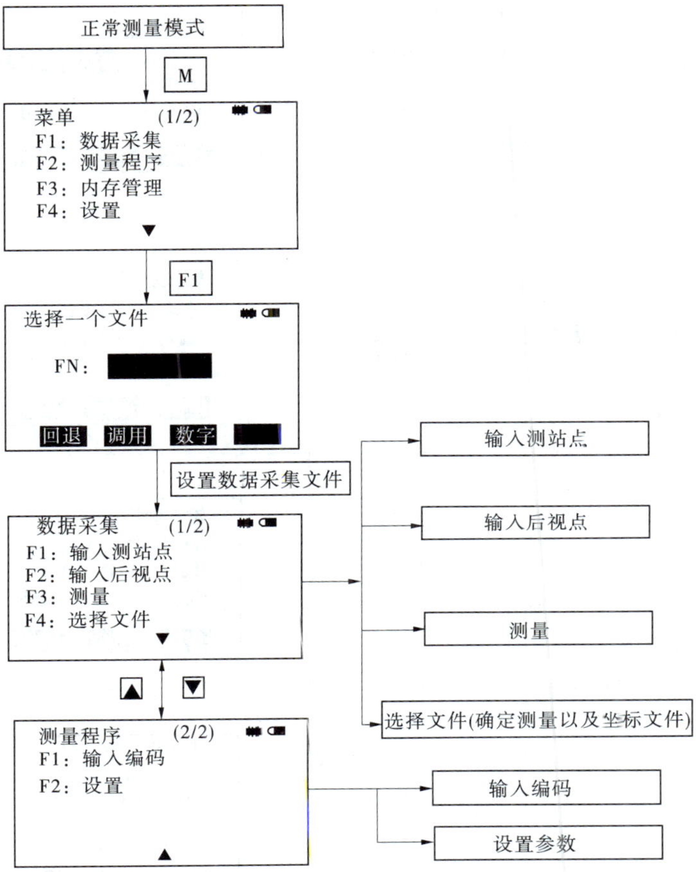

图 2-2-20　碎部点数据采集的操作流程

表 2-2-6　碎部点测量的操作流程

操作过程	操作	显示
①由数据采集菜单 1/2，按[测量]键，进入待测点测量	[测量]	数据采集 (1/2) F1:输入测站点 F2:输入后视点 F3:测量 F4:选择文件 输入观测点 点名→ 编码 : 镜高 : 0.000 m 输入 查找 测量 同前

续表 2-2-6

操作过程	操作	显示
②按[输入]键，输入点名后按[ENT]键确认	[输入] 输入 点名 [ENT]	输入观测点 点名→ DATA 1 编码 : 镜高 : 0.000 m 回退 返回 数字
③按同样方法输入编码、棱镜高	输入编码 [ENT] 输入镜高 [ENT]	输入观测点 点名→DATA 16 编码 : SOUTH 镜高 : 1.265 m 回退 返回 数字
④按[测量]键	[测量]	输入观测点 点名→DATA 16 编码 : SOUTH 镜高 : 1.265 m 角度 斜距 坐标 偏心
⑤照准目标点	照准	- 30 4.6 V : 95° 30′ 55″ HR : 155° 30′ 20″ SD * 122.568 m 测量 停止 记录
⑥按[F1]到[F3]中的一个键，如：按[斜距]键开始测量，按[记录]键数据被存储，显示屏变换到下一个镜点	[F2]	输入观测点 点名→DATA 17 编码 : SOUTH 镜高 : 1.265 m 输入 查找 测量 同前
⑦输入下一个镜点数据并照准该点	照准	输入观测点 点名→DATA 17 编码 : PICD 镜高 : 1.302 m 输入 查找 测量 同前

续表 2-2-6

操作过程	操作	显示
⑧按 同前 键,按照上一个镜点的测量方式进行测量,测量数据被存储,按同样方式继续测量,按 ESC 键即可结束数据采集模式	照准 同前	 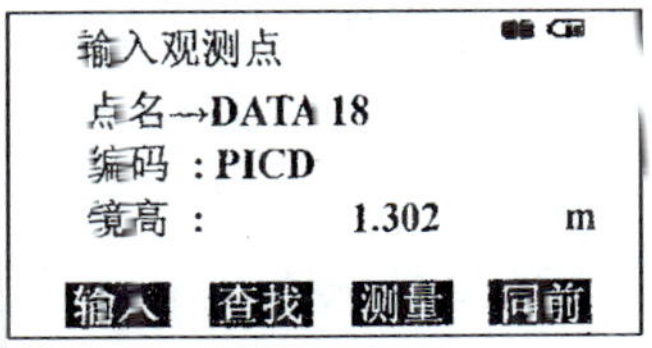

说明:在数据采集过程中,严禁不关机而卸下电池,否则采集的数据将会丢失。

(二)数据传输与转换

数字测图外业完成后,首先应用 CASS 软件,将全站仪采集的野外数据文件通过数据传输输入计算机。

(1)将全站仪通过通信电缆与电脑相连接。连接的方式有两种:

①通过 RS-232 接口以电缆线与电脑连接,进行数据传输。

②通过 USB 接口(如 COM3)以连接线与电脑连接,进行文件转换。

(2)数据传输驱动程序的安装

将驱动程序小光盘装入光驱—我的电脑(右键)—属性—硬件—设备管理器—端口(右键),扫描检测硬件改动—找到新的硬件向导—下一步—设备管理窗口"端口"栏下出现"Prolific UBS to Serial Bridge(COM3)"。

(3)全站仪通讯参数设置:进入菜单模式,按内存管理——数据传输,根据不同型号的仪器设置通讯参数,包括:

波特率——每秒钟传输信号所含的总位数,有 1 200、2 400、4 800、9 600 之分;

数据位——信号中每个字符的二进制数据位数,至多 8 位;

停止位——长度为 1 或 2,其作用相当于一个字符传输的结束号;

奇偶性——用于校验。所谓奇校验、偶校验是指校验位的代码选取使数据位中二进制 1 的数目和校验位的代码之和成为奇数或偶数,无校验则不用校验。

例如设置波特率为 1 200,字符为 8 位,停止位为 1 位,无校验,通讯协议为无应答(即单向)。

(4)CASS 操作:移动鼠标至菜单"数据通讯"项的"读取全站仪数据"项,在"全站仪内存数据转换"对话框中选择仪器型号(如南方测绘 NTS600 系列)、全站仪的通讯接口(如 COM3),其他参数设置和全站仪的通讯参数应当完全一致(见本书 P179,图 2-2-21),"通讯临时文件"名不更改,在"CASS 坐标文件"栏中输入转换后保存的路径和文件名(如"桌面\＊＊＊.dat"),点击"转换",回车。

(5)全站仪操作：返回全站仪“数据传输”页面，按发送数据——坐标数据，选择数据采集的坐标文件名（＊.PTS 文件），回车，即将该坐标文件输入 CASS，并转换为指定路径下指定名称的 CASS 坐标文件（＊.DAT 文件），该文件可以用“记事本”的“打开方式”打开，并显示于屏幕，以便检查。

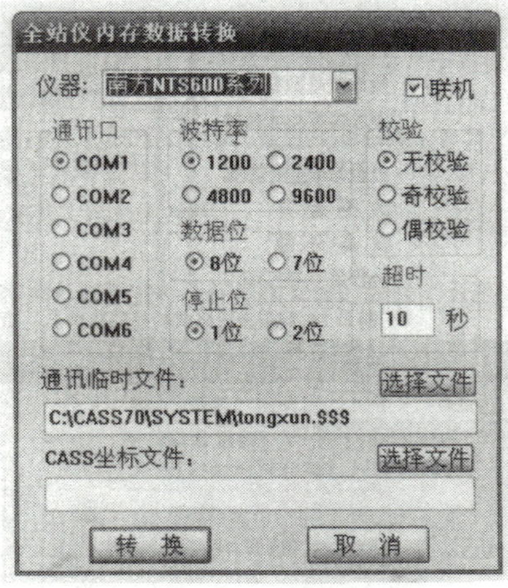

图 2-2-21　全站仪内存数据转换对话框

（三）内业成图

CASS2008 提供有草图法、简码法、电子平板法、数字化仪录入法等多种成图作业方法。所谓草图法，就是外业测量时由专人绘制草图。草图上应标注所测地物的属性和点号，其点号应和全站仪记录的点号一致，而不需要往全站仪输入地物编码。然后根据输入计算机的坐标文件，参照草图，编辑成图。草图法成图又分点号定位、坐标定位、编码引导等作业方法。下面简要介绍“点号定位”的作业流程。

1. 定显示区

定显示区就是根据输入坐标数据文件中的最大、最小坐标定义屏幕窗口的显示范围，以保证所有测点可见。开机，运行 CASS2008 软件，进入 CASS2008 主界面。移动鼠标点击“绘图处理”子菜单，选择“定显示区”，在弹出的对话框中输入碎部点坐标数据文件名（如系统自带点号坐标文件 C：\CASS2008\DEMO\STUDY.DAT）并打开，即在命令区显示坐标文件中的最小和最大坐标值（注意：CASS2008 下方信息栏显示的数学坐标和测量坐标是相反的，即前面数字为东向 Y 坐标，后面数字为北向 X 坐标）。

2. 选择测点点号定位成图法

移动鼠标至屏幕右侧点击菜单区之“坐标定位/点号定位”项，在弹出的对话框中输入坐标数据文件名“STUDY.DAT”并打开，将文件中点的坐标读入，命令区即提示读入坐标点的个数。

3. 展点

移动鼠标至屏幕的顶部菜单点击“绘图处理”，在其下拉菜单中点击“展野外测点点号”，再次输入上述坐标数据文件名并打开，然后输入绘图比例尺 1∶500 回车，便可在屏幕上展出野外测点的点号（见图 2-2-22）。

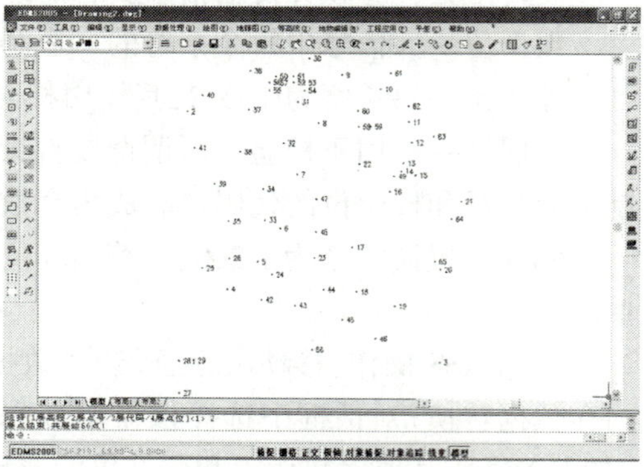

图 2-2-22　STUDY.DAT 展点图

4. 绘平面图

根据野外作业绘制的草图，移动鼠标至屏幕右侧菜单区选择相应的地形图图式符号，然后在屏幕上将所有的地物绘制出来。系统中所有的地形图图式符号都按照图层来划分。

1) 绘平行等外公路

先在工具栏选择 CAD 缩放工具,将图的左上角放大,移动鼠标至屏幕右侧菜单选择“交通设施\公路”,在其弹出的界面(见图 2-2-23)中选择“平行等外公路”图式符号,确定,按命令区提示:

依次输入点号 92、45、46、13、47、48,回车。

拟合线<N>? 输入 Y,回车(将该边拟合成光滑曲线)。

选绘道路方式:1. 边点式/ 2. 边宽式<1>:回车(默认 1,要求输入公路对边上的一个测点;选 2,要求输入公路宽度)。提示:

对面一点,点 P/<点号>输入 19,回车。

即绘出平行等外公路。

2) 绘多点房屋

移动鼠标至屏幕右侧菜单选择“居民地\一般房屋”,在其弹出的图层图例界面(见图 2-2-24)中选择“多点混凝土房屋”图式符号,确定。

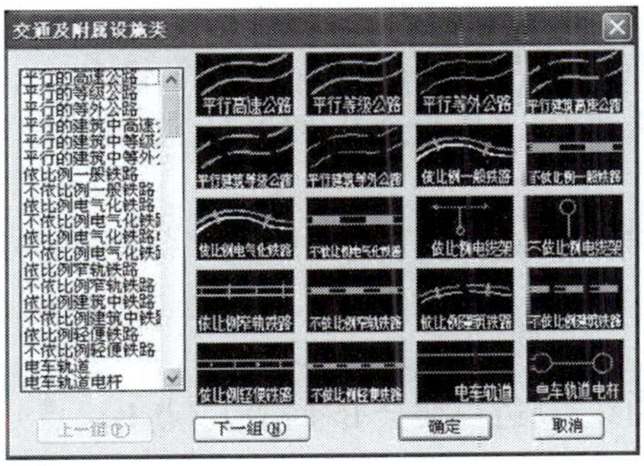

图 2-2-23 “交通设施\公路”图例

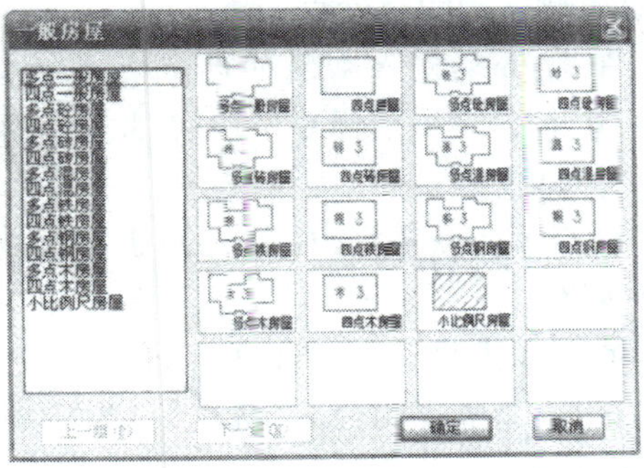

图 2-2-24 “居民地\一般房屋”图例

(1)绘房屋 1,命令区提示:

第一点:

点 P/<点号>输入 49,回车。

指定点:

点 P/<点号>输入 50,回车。

闭合 C/隔一闭合 G/隔一点 J/微导线 A/曲线 Q/边长交会 B/回退 U/点 P/<点号>输入 51,回车。

闭合 C/隔一闭合 G/隔一点 J/微导线 A/曲线 Q/边长交会 B/回退 U/点 P/<点号>输入 J,回车。

点 P/<点号>输入 52,回车。

闭合 C/隔一闭合 G/隔一点 J/微导线 A/曲线 Q/边长交会 B/回退 U/点 P/<点号>输入 53,回车。

闭合 C/隔一闭合 G/隔一点 J/微导线 A/曲线 Q/边长交会 B/回退 U/点 P/<点号>输入 C,回车。

输入层数:<1>回车(默认为 1 层)。

说明：输入 J，为隔一点，即输入一点后系统自动算出另一点，使该点与前一点及输入点的连线构成直角，输入 C 表示闭合。

（2）绘房屋 2，命令区提示：

Command：dd。

输入地物编码：<141111>141111。

第一点：点 P/<点号>输入 60，回车。

指定点：

点 P/<点号>输入 61，回车。

闭合 C/隔一闭合 G/隔一点 J/微导线 A/曲线 Q/边长交会 B/回退 U/点 P/<点号>输入 62，回车。

闭合 C/隔一闭合 G/隔一点 J/微导线 A/曲线 Q/边长交会 B/回退 U/点 P/<点号>输入 a，回车。

微导线-键盘输入角度（K）/<指定方向点（只确定平行和垂直方向）>用鼠标左键在 62 点上侧一定距离处点一下。

距离<m>：输入 4.5，回车。

闭合 C/隔一闭合 G/隔一点 J/微导线 A/曲线 Q/边长交会 B/回退 U/点 P/<点号>输入 63，回车。

闭合 C/隔一闭合 G/隔一点 J/微导线 A/曲线 Q/边长交会 B/回退 U/点 P/<点号>输入 J，回车。

点 P/<点号>输入 64，回车。

闭合 C/隔一闭合 G/隔一点 J/微导线 A/曲线 Q/边长交会 B/回退 U/点 P/<点号>输入 65，回车。

闭合 C/隔一闭合 G/隔一点 J/微导线 A/曲线 Q/边长交会 B/回退 U/点 P/<点号>输入 C，回车。

输入层数：<1>输入 2，回车。

说明：“微导线”功能由用户输入当前点至下一点的左角（°）和距离（m），输入后将自动计算出该点并连线。要求输入角度时若输入 K，可直接输入左向转角，若直接用鼠标点击，只可确定垂直和平行方向。此功能特别适用于知道角度和距离但看不到点位的情况，如房角点被树或路灯等障碍物遮挡的情况。

参考以上操作，分别利用右侧屏幕菜单绘制其他地物：

点击“居民地\普通房屋”菜单，用 3、39、16 三点完成利用三点绘制 2 层砖结构的四点砖房；点击“居民地\一般房屋”菜单，用 76、77、78 三点绘制四点棚房，点击“居民地\垣栅”菜单，用 68、67、66 三点绘制不拟合的依比例围墙（第 66 号点后仍要求输入点号时直接回车）。

点击“交通设施”菜单，用 86、87、88、89、90、91 等点绘制拟合的小路，用 103、104、105、106 等点绘制拟合的不依比例乡村路。

点击“地貌地质”菜单，用 54、55、56、57 等点绘制拟合的坎高为 1 m 的陡坎，用 93、94、95、96 等点绘制不拟合的坎高为 1 m 的加固陡坎。

点击“独立地物”菜单,用69、70、71、72、97、98等点分别绘制单座路灯,用73、74点绘制双柱宣传橱窗,用59点绘制不依比例肥气池。

点击“水系设施\水系要素”菜单,用79点绘制水井。

点击“管线设施”菜单,用75、83、84、85等点绘制地面上输电线(端点绘制电杆)。

点击“市政部件\园林绿化”菜单,用99、100、101、102等点分别绘制独立树。

点击“耕地菜地”菜单,用58、80、81、82等点绘制菜地的区域边界(第82号点后仍要求输入点号时直接回车),要求边界不拟合,并且保留边界。

点击“控制点”菜单,用1、2、4三点分别生成埋石图根点,在提问“点名”、“等级”时分别输入D121、D123、D135。

最后选取“编辑”菜单下“删除”二级菜单下的“删除实体所在图层”,鼠标符号变成一个小方框,用左键点取任何一个点号的数字注记,所展点的注记将被删除。

5. 绘等高线

CASS软件在绘等高线之前,需要先根据野外测的高程点建立数字地面模型(DTM),然后在DTM上生成等高线,此时,会充分考虑等高线通过地性线(即山脊线、山谷线)和断裂线等的情况,并对通过地物、注记、陡坎的等高线自动加以修剪。

(1)展高程点:用鼠标左键点取“绘图处理”菜单下的“展高程点”,弹出数据文件的对话框,选取“C:\CASS2008\DEMO\STUDY. DAT”并“确定”。命令区提示:“注记高程点的距离(米)”:直接回车,表示不对高程点注记进行取舍,全部展出来。

(2)建立数字地面模型。所谓数字地面模型,就是在一个区域的地面建立一个规则的方格网或三角网,所有方格网点或三角网点的坐标和高程根据野外在该区域测得的地形点坐标和高程通过内插得出。

用鼠标左键点取“等高线”菜单下“用数据文件生成DTM”弹出“建立DTM”对话框,选择“由数据文件生成”,点击输入坐标文件名“C:\CASS2008\DEMO\STUDY. DAT”,选择“确定”,并选择是否显示建三角网结果、是否显示建三角网过程、建模过程是否考虑坎高、是否考虑地性线等,确定后即在图上左部区域的点连成三角网(见图2-2-25),其他点在STUDY. DAT数据文件里高程为0,故不参与建立三角网。

(3)绘等高线:用鼠标左键点击“等高线\绘等高线”,在弹出的“绘制等值线”对话框中显示最小高程为:490. 400米,最大高程为:500. 228米。

输入等高距<单位:米>:输入1,回车。

选择是否拟合及拟合方式:选择三次B样条拟合,确定。

屏幕上自动绘出等高线,再选择“等高线\删三角网”菜单,将三角网删去。

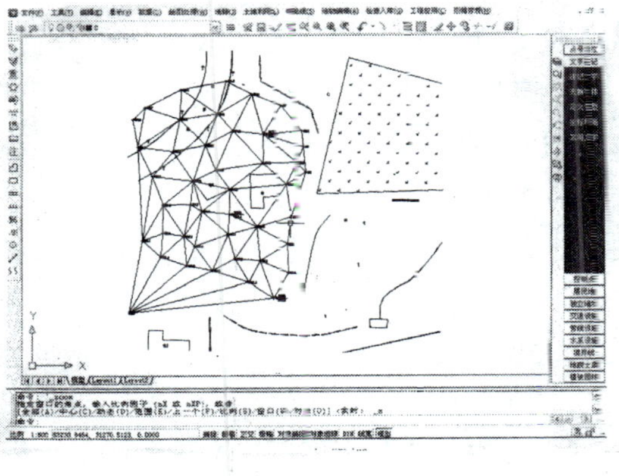

图2-2-25　在有高程点区域建立的DTM模型

(4)等高线修剪。选取“等高线\等高线修剪”菜单,再用鼠标左键点取“批量修剪等高线”,将自动搜寻穿建筑物、穿陡坎、穿围墙及其他指定区域内的等高线并对其进行修剪,点取“切除指定二线间等高线”,按提示依次用鼠标左键选取左上角的道路两边,即自动切除等高线穿过道路的部分,点取“切除穿高程注记等高线”,将自动搜寻,把等高线穿过注记的部分切除。

6. 加注记

例如,在平行等外公路上加“经纬路”三个字。

先在图上需要添加道路名称的道路两边线之间的合适位置绘制一条复合线,用鼠标左键点取屏幕菜单的“文字注记\通用注记”项,在弹出的“文字注记信息”对话框中输入注记内容:“经纬路”,注记排列为“屈曲字列”,再输入图上注记大小 5 mm 和注记类型为“交通设施”等,图上拾取复合线,确定,即在图上完成沿复合线排列的注记,注记完毕在将复合线删去。

7. 加图框

用鼠标左键点击“绘图处理”菜单下的“标准图幅(50×40)”,在弹出的“图幅整饰”对话框中的“图名”栏里输入“建设新村”;在“测量员”、“绘图员”、“检查员”各栏里分别输入“张三”、“李四”、“王五”等姓名;在“左下角坐标”的“东”、“北”栏内分别输入“53070”、“31050”;在“删除图框外实体”栏前打勾,然后按“确认”,即完成如图 2-2-26 例图“STUDY. dwg”所示的地形图绘制,并在 C 盘根目录下创建 DWG 图形文件子目录,将该图定名保存在该子目录中。

8. 图形编辑、分幅与整饰

1)图形编辑

为了克服数字测图过程中的漏测、错测或出现需要更新的情况,CASS2008 能对生成的图形进行屏幕显示和人机交互的修改和编辑,实时对地貌、地物进行增添、修改或删除,并且对道路、河流、厂矿、居民区等加上必要的文字注记。对于图形的修改,则有“编辑”和“地物编辑”两种下拉菜单,分别用于图元的修改、移动、缩放及地物的线型转换、符号填充、批量删改等。此外,点击“绘图处理”菜单项,选择“改变当前图形比例尺”,可改变图件的比例尺,图件中的地物、注记及填充符号等同时按新的比例尺进行转换。

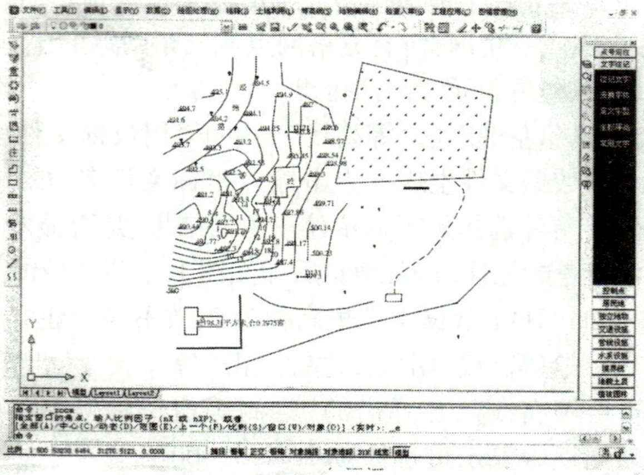

图 2-2-26 例图“STUDY. dwg”

2)图形分幅

图形分幅前应先了解图形文件中的最大坐标和最小坐标(方法见上述“定显示区”),然后按“绘图处理”菜单项,在其下拉菜单中点击“批量分幅\建方格网”,依命令区提示选择所需的图幅尺寸(50 cm×50 cm 或 50 cm×40 cm 等),再输入测区的左下角和右上角(在图形的相应位置点击鼠标），便可生成各分幅图，分幅图将自动以各图幅左下角的东坐标和北坐标组合命名，如“53.00-31.00”表示该图幅的左下角东坐标（即 Y 坐标）为 53.00 千米，北坐标（即 X 坐标）为 31.00 千米，并保存在所设的分幅图目录名下。

3）图幅整饰

选择“文件”菜单，点击“打开已有图形”，输入并打开分幅后的图形文件，再选择“文件”菜单中的“加入 CASS2008 环境”项，点击“绘图处理”中的“标准图幅”对话框，输入图名、测量员等的姓名、接图表中的邻近图名，左下角“东”、“北”向的相应坐标（可使其“取整到 10 m”），在“删除图框外实体”前打勾，删除图框外实体，最后点击“确定”即可得到加上图廓后的各分幅地形图。

9. 图件打印

选择“文件”菜单下的“绘图输出”，进入“打印”对话框，进行打印设备、图纸尺寸与标准、打印比例（1:1 000 为 1 图形单位，1:500 为 0.5 图形单位）等设置，经屏幕预览无误后，便可点击“确定”打印图件。

10. 绘制三维地面模型

在建立 DTM 的基础上，可以生成三维地面模型，用于观测其立体效果。在“等高线”下拉菜单中点击“绘制三维模型”，在命令区依提示输入高程系数<1.0>，如用默认值，建成的三维模型与实际情况一致，如地势较平坦，可以输入较大的数，如 5，可放大其起伏状态，再输入格网间隔（如 8.0），并确定是否需要拟合，确定后即可显示三维地面模型（见图 2-2-27）。利用“显示”菜单下的“三维静态显示”和“三维动态显示”可以对模型进行视点、视角、坐标轴等进行转换，以及显示更生动的三维动态效果。

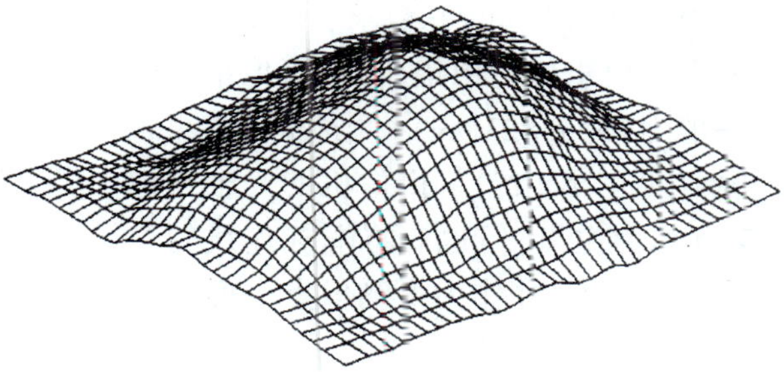

图 2-2-27　三维地面模型

任务四　大比例尺地形图航摄测绘

知识要点：航空摄影测量的基本原理和方法。

技能要点：能进行航摄像片的判读和调绘，了解航摄成图的原理和方法。

一、摄影测量基本概念

摄影测量是利用摄像机拍摄物体的像片，根据像片上的信息来测定被摄物体的形状、大小和空间位置的方法。由于摄影获得的影像能真实而详细地记录摄影瞬间被摄物体的形态，具有良好的判读性能和量测精度，因此在测绘、建筑、医学、考古等学科和工程中，应用广泛。

根据摄像机载体的不同，摄影测量可以分为航天摄影测量、航空摄影测量和地面摄影测量。

航天摄影测量是将摄像机装在卫星或宇宙飞船上对地球进行摄影,用于研究地球、月球和其他天体。

航空摄影测量是将摄像机装在飞机上对地面进行摄影,根据摄得的像片或数字信息,测绘各种比例尺的地形图,也广泛应用于各种国土资源的勘测和调查。

地面摄影测量则是将摄像机直接装在常用测绘仪器,如经纬仪、全站仪上,又分为地面立体摄影测量和近景摄影测量。地面立体摄影测量适用于山区等地形复杂地区的地形图测绘;近景摄影测量主要用于对非地形目标进行摄影并确定其形状、大小、位置,绘制各种等值线图或运动轨迹。地面摄影测量广泛应用于建筑物的形变测量、古建筑的状态测量,以及医学、生物、考古等方面的微观研究。

二、航空摄影与航摄像片

(一)航空摄影

航空摄影时利用安置在飞机底部的摄像机,按一定的飞行高度、飞行方向和规定的摄影时间间隔,对地面进行连续的摄影。

航空摄像机的构造原理与普通照相机基本相同,但在结构上有特殊要求。如感光软片须严格压平,要求像片像幅(像片影像范围的大小,一般为 23 cm×23 cm)4 个边框的中央各有一框标(见图 2-2-28)。摄像机的光轴与像片的交点称为主点,但也有将框标连线的交点 O 视为像主点,并作为量测像点平面坐标系的原点。

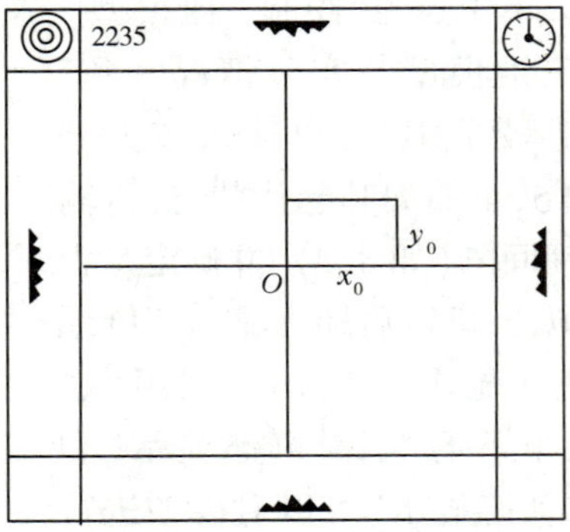

图 2-2-28　航摄像片框标

为了保证测区影像不致遗漏和内业量测的需要,相邻像片必须有一定的重叠度。沿航线方向的重叠称为航向重叠或纵向重叠 q_x,如图 2-2-29 所示,其重叠度一般应达到 60%~70%;相邻航线间的重叠称为旁向重叠或横向重叠 q_y,其重叠度应达到 15%~30%。航摄像片的倾斜角(摄影光轴与铅垂线的夹角)最大不应超过 3°;像片的航偏角(像片边缘与航线方向的夹角)一般不应大于 6°~10°。B 为摄影基线。在第一条航线摄完后,飞机转向 180°,按一定重叠,继续第二条航线的拍摄。

(二)航摄像片比例尺

航摄像片上某两点间的距离和地面上相应两点间水平距离之比称为航摄像片比例尺,用 $1/M$ 表示。

假定地面平坦,像片又水平,则主光轴垂直于像平面与地面。在图 2-2-29 中,根据以摄影中心 S 为顶点组成的相似三角形可以得出

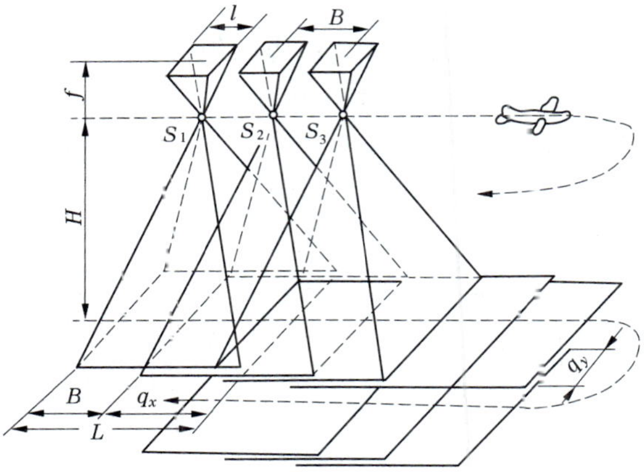

图 2-2-29　航空摄影示意图

$$\frac{1}{M}=\frac{f}{H} \tag{2-2-1}$$

式中　f——摄像机主距(焦距);

H——航高。

因此,当像片和地面水平时,同一张像片上的比例尺为一常数。但当地面有起伏或像片对地面产生倾斜时,像片上各部分的比例尺就不一致。此外,对于一架摄像机而言,f为固定值,要使各像片比例尺一致,就必须保持同一航高。飞机在平静的大气条件下,同一航线的航高差别应保持在±20 m以内,若受到气流波动等影响,一般也不允许超过±50 m。航摄的像片比例尺按成图比例尺而定,一般将地形图的比例尺缩小4倍来选取像片的比例尺。

(三)航摄像片的特性

1.航摄像片与地形图的区别

航空摄影测量的基本任务就是通过外业和内业各项工作来纠正航摄像片上的各种误差消除航摄像片与地形图的差异,从而获得一定比例尺的地形图。航摄像片与地形图相比,在投影和表示等方面都有大的差别。

1)投影方面

地形图是正射投影。所谓正射投影,是利用平行光束将空间物体垂直投影到平面上,从而在平面上获得空间物体的影像。正射投影的特点是投影面上两点间的距离与相应空间两点间的水平距离之比是一个常数,即地形图的比例尺是固定的,如图2-2-30(a)所示。

航空像片是中心投影。它的定义是:空间任一点A'(物点)与一个固定点S(投影中心,一般为摄像机的物镜中心)连成的直线被一平面(像面)所截,则此直线与该平面的交点a'(像点)就叫作A'点的中心投影,如图2-2-30(b)所示。

设某高层建筑有上下铅垂的A、B两点,在图2-2-30(a)上,a点位为该两点在地形图上投影点的位置;而在图2-2-30(b)中,a'、b'两点位为该两点在像片上投影点的位置,$a'b'$的距离即为像片上的投影误差。

假设在同一摄影站,摄得水平像片和倾斜像片,以水平像片为标准,将倾斜像片与之比较,则会发现地面点在倾斜像片上的位置与水平像片上相应点的位置产生了位移,这种像点位移称为倾斜误差。如图 2-2-31 所示,P 为倾斜像片,P_0 为水平像片,SA 为投影光线,地面点在像片 P 和 P_0 上的像点分别为 a 和 a_0,显然,在倾斜像片 P 上可以看出像点平移了 aa_0,其距离即为倾斜误差。

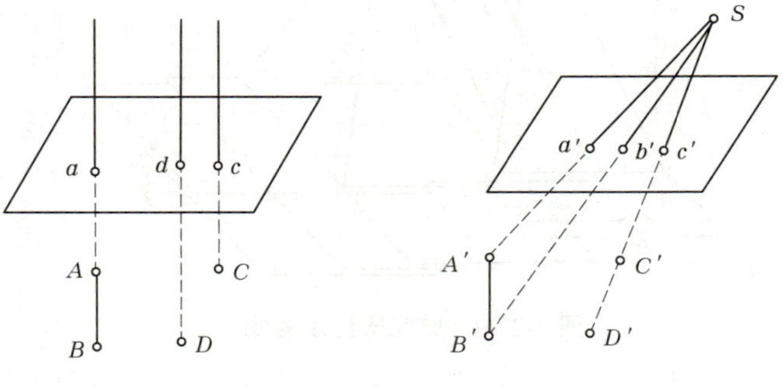

(a)正射投影　　(b)中心投影

图 2-2-30　投影的区别

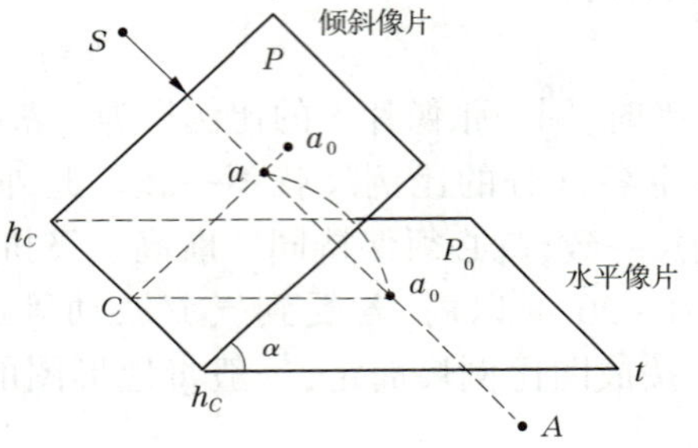

图 2-2-31　像片倾斜引起的像点位移

2)表示方面

地形图是用各种规定的地物符号、文字注记及等高线经综合取舍来表示地物、地貌的,而航摄像片是由影像的大小、形状和色调(影像黑白程度)来反映地物、地貌的。像片图的信息虽然丰富,但它不能表示居民地的名称、房屋的性质、河流的流速、道路的等级以及地面点高程的数值等内容。因此,航摄像片还要通过野外调绘来弥补这些不足。

2. 航摄像片的内外方位元素

摄影测量的主要任务是利用地物的影像来求解地物的坐标(位置),这就需要知道摄像机物镜(投影中心)与像平面的相对位置,以及知道或求解出摄影瞬间摄像机的空间位置。

投影中心和像片面相对位置关系的数据,包括像主点在像片坐标系中的坐标 x_0、y_0 和摄像机焦距 f,称为像片的 3 个内方位元素。投影时,若恢复了像片的内方位元素,就能得到与摄影瞬间完全相似的摄影光束,内方位元素通常已知。

在恢复内方位元素的基础上,投影中心在所取空间直角坐标系中的坐标,摄影方向相对空间坐标轴的两个角度和像片围绕摄影方向旋转的一个角度,称为像片的外方位元素,根据这些外方位元素,就可以确定摄影瞬间摄像机或像片的空间位置,亦即摄影光束的空间位置。

三、像对的立体观察和量测

具有重叠度的相邻两张像片称为立体像对。使用立体像对可进行立体观察和立体量测，并根据前方交会的原理，经相邻像片上同名光线的交会，确定地面点的位置。

（一）立体观察

人用双眼观察物体，不仅能感觉物体的存在，而且能区分物体的远近、高低。这是由于双眼观察同一物体时，在左右两眼视网膜上成像的位置不同，产生生理视差，再由视神经传导到大脑皮层的视觉中心，便产生了物体有远近的感觉（见图 2-2-32）。根据这一原理，若在双眼前放一对玻璃片 P_1 和 P_2，透过它们去看物体，并在其上留下影像 a'_1、b'_1 和 a'_2、b'_2（相当于用摄像机取得的一对重叠像片），然后拿走后面的物体 A、B，只观察其留在玻璃上的影像，则仍然可以得到与观察原物体一样的立体效果，这就是人工立体效应。像片的立体观察，就是人工立体效应的具体应用。

通常可以利用反光立体镜来进行像片的立体观察。反光立体镜由两对平面镜和一对透镜组成，可以将观测员的左右两眼隔开，以便两眼同时各看一张像片上的同名像点。观察时，在立体镜下安置有一定重叠度的像对，左片放左边，右片放右边，使像对主点连成一条直线（见图 2-2-33）；立体镜透镜中心的连线（眼基线）应保持与像对主点连线平行。操作时，用左右手食指分别指在像对的同名像点上，然后左右移动像片，直至两食指重合。此时移开手指即可得到立体效应。如果看到立体模型的凹凸情况与实地完全相反，说明左右像片放反了，或两张像片各旋转了 180°，应予纠正。

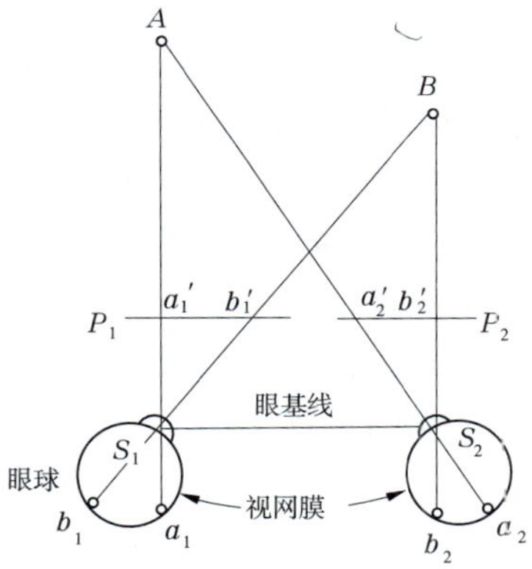

图 2-2-32　立体观察原理示意图

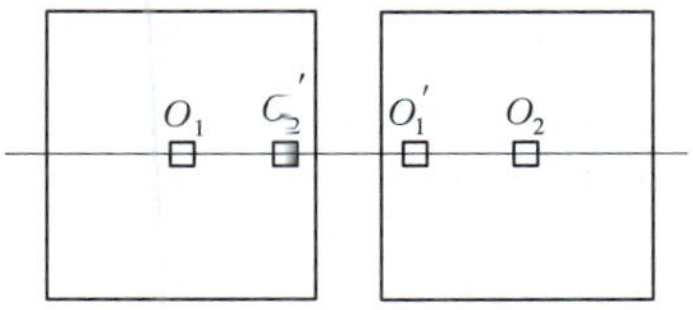

图 2-2-33　用立体镜进行立体观察

（二）立体量测

在立体观察建立立体模型的基础上，对立体模型进行量测称为立体量测。量测工作在立体坐标量测仪上进行。图 2-2-34 为国产 HCZ-1 型 1818 立体坐标量测仪。它是由基座、X 车架、$Y(Z)$ 车架、观测系统和照明系统组成。量测时，用像对建立起立体模型后，则可用浮动测标（相当于经纬仪望远镜的十字丝）做三维运动，从而在模型上寻找并测定地面点在像片上的同名像点及其在像片坐标系中的坐标。根据测标数量的不同，立体量测方法分为单测标法和双测标法两种。单测标法是利用一个光点量测立体模型，再用装在量测台上的笔展绘该点,确定其平面位置,将相互关联的点连接在一起就可以绘制出地物的轮廓线或等高线。双测标法是利用两个独立的测标,在立体观察下形成一个空间测标,切准模型点进行立体量测。

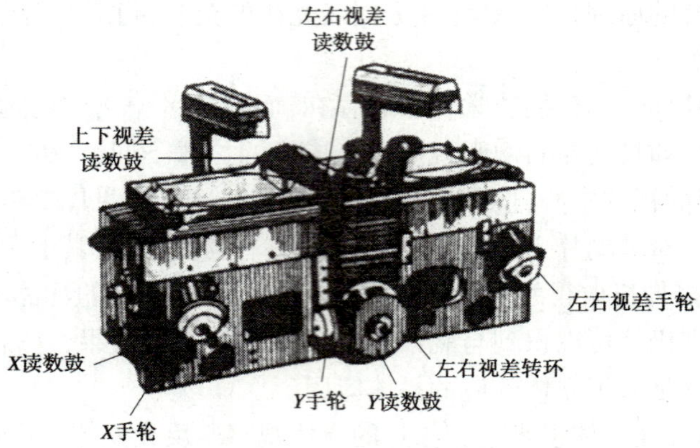

图 2-2-34 HCZ-1 型 1818 立体坐标量测仪

四、像片纠正与像片平面图制作

(一)像片纠正

航空摄影时,在像片水平以及地面为水平面的情况下,航摄像片就相当于该地区比例尺为 $1/M(=f/H)$ 的平面图,但是摄影时,由于飞机受气流、风向等因素的影响,使航高发生变化,并产生航向、侧向的倾角及航向偏角,从而使航摄像片影像产生位移。因此,在利用航摄像片测制地形图时,需要将倾斜像片纠正成水平像片。通过纠正,还将使像片的比例尺符合规定的要求。经过投影变换,使变换后得到的影像相当于航摄机物镜主光轴在垂直位置时摄得的水平像片。这项作业过程称为像片纠正。像片纠正不能消除地面起伏所引起的投影误差,所以它主要适用于平坦地区。当地面高差超过允许范围时,可用分带纠正的办法解决。分带纠正就是对高程不同地区分别采用不同高度的投影面分带进行纠正。这种方法既能消除像片的倾斜误差,还能使投影误差限制在一定范围内。通过分带纠正解决了将中心投影的像片转变为正射投影的地形图的关键问题,从而可以利用中心投影的航摄像片编制像片平面图。

专门用于像片纠正的仪器为纠正仪。图 2-2-35 所示为我国生产的 H-30 大型自动纠正仪。纠正的最大像幅为 30 cm×30 cm。纠正时在纠正仪承影板上安置按成图比例尺绘制的格网图纸,并按坐标值绘有 4 个以上均匀分布于四角的控制点,在航摄负片上辨认出上述控制点位置,并刺以小孔,装入纠正仪的负片玻璃框内压平。当开启聚光灯后,负片的影像投射到承影板的图纸上,通过操作缩放脚盘,上下移动投影器,改变像片比例尺,操作两个倾斜手轮使承影板作航向和侧向倾斜。当负片上控制点的针孔与图纸上地面控制点完全重合时,移去绘图纸,换上感光像纸,重新曝光,就可以得到纠正后符合规定比例尺的地面像片。

(二)像片平面图

将纠正好的像片根据纠正控制点去掉重叠部分,逐张拼接和镶贴成整幅平面图,称为像片平面图。这一作业过程称为镶嵌。镶嵌后的像片平面图还应加绘内外图廓和必要注记。像片平面图是具有规定成图比例尺的水平像片,图上含有地物的平面位置和地性线的影像,用复制的像片平面图到实地补测等高线,同时进行地物的判读调绘工作。

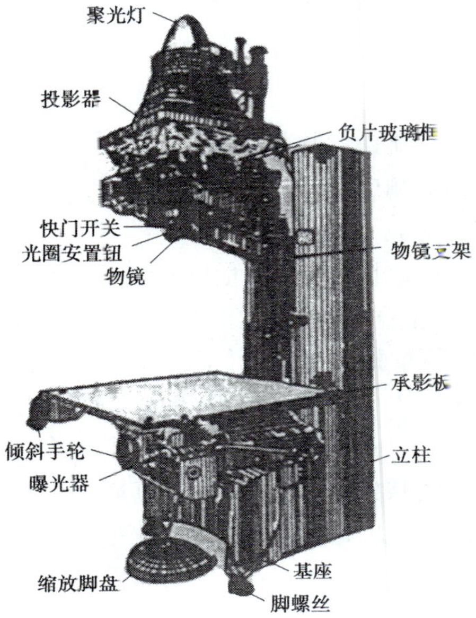

图 2-2-35　H-30 大型自动纠正仪

五、航摄测图的外业工作

航测外业是指在野外进行航测外业控制测量和对像片进行判读调绘。

(一)航测外业控制测量

由于像片摄影时航高变化、像片倾斜及地形起伏而产生各种误差,因此需要根据一定数量的控制点,进行像片纠正。建立控制点的方法是首先在实地选择少量易于辨认的控制点,用常规测量或 GNSS 定位 RTK 测量的方法实测它们的地面坐标和高程,并在像片上精确刺定其位置(刺点),这称为航测外业控制测量,其目的是利用地面控制点把航摄像片与地面联系起来,并且为测区的绝对定向提供保证,又称为像片联测。

像片控制点分为平高点(测定平面坐标和高程的点)、平面点(仅测定平面坐标的点)、高程点(仅测定高程的点)等三种。根据测图比例尺、作业面积及地形特点可采用不同的布点方案。

(二)航摄像片的判读调绘

对航摄像片上的地物影像进行实地调查、描绘和注记,这称为像片调绘。由于像片是中心投影,即使同一地物,由于它的高程、平面位置或对于摄像机镜头相对位置的变化,其在像片上的形状、大小、色调、阴影等影像特征也会各不相同。像片调绘又称像片判读,就是根据像片上各种物体的影像特征、成像规律及相互之间的关系,来识别地面上相应物体的位置、大小和性质,并经过综合取舍,按图式符号在像片上进行相应的描述、标绘和注记。

对地形测量而言，像片调绘的内容主要包括测量控制点、独立地物、居民地、道路、水系、管线与垣栅、境界、地貌、植被、以及行政区划、地理名称等，这些内容调绘的仔细和正确与否，将直接影响测图和制图的准确性，应严肃认真，杜绝差错。

六、航摄测图的内业工作

航摄测图的内业就是根据航摄像片和航测外业成果在室内航测仪器上测绘地形图，主要包括室内加密控制点和航测成图两项工作。

（一）室内加密控制点

为避免外业工作量过大，在外业控制测量中一般仅实测少量必需的控制点，回到室内，再以外业测得的控制点为依据，选用合适的数学模型，在计算机上运用最小二乘法平差，通过解析的方法求解像片的外方位元素并对控制点进行加密，求得更多控制点的地面坐标，以满足成图的需要，这一工作又称为解析空中三角测量，简称空三加密。

（二）内业成图

在立体观察和立体量测的基础上，根据野外实测或室内加密的控制点及外业调绘的成果，确定各种物点的空间坐标，即可在专用的数字控制测图仪上绘制或编辑各种图件。

七、航摄成图的方法

摄影测量迄今的发展经历了三个阶段，即模拟摄影测量、解析摄影测量和数字摄影测量，不同的阶段即产生了不同的成图方法。

（一）模拟测图法

地面上任一点 M 发出的光线，经摄影基线两端的摄像机物镜，在像对上构成同名像点。摄像保持像对摄影位置不动，移去地物点，再用光学投影方法恢复这两条同名光线，则这一对同名光线必交于一点，且正好落在该地面点的原位置上。这个投影过程就是摄影过程的几何反转（见图 2-2-36）。地表面可以认为是由无数的地物点聚合而成，像对重叠部分内，所有像点所投影的同名光线对对相交于原位置，重新得到地标的形态，构成地表缩小了的几何模型。量测几何模型，就完全等同于实地测量。此法称为模拟摄影测量。依此思想设计的立体测图仪称为模拟测图仪，又称为全能仪，即既能测绘地物，又能测绘等高线。

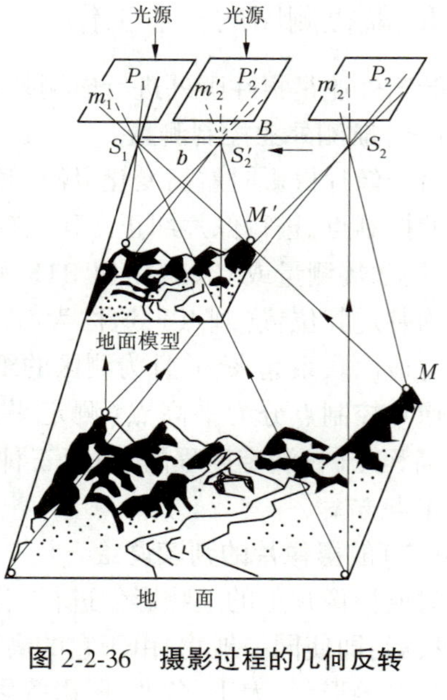

图 2-2-36 摄影过程的几何反转

（二）解析测图法

根据像点与其对应的目标点（亦称模型点）间的数学关系，借助解析测图仪测量模型点的坐标，用计算机解算所求目标点的三维坐标,并以数字显示的测图方法称为解析测图法。解析测图仪的基本原理是在测图软件的控制下,将立体模型上测得的模型点坐标存入计算机中,然后再送到绘图仪上绘制图件。

(三)数字测图法

将模拟的像片经扫描转换成由灰度表示的数字影像,利用计算机代替人眼进行立体观测,实现摄影测量的自动化。数字摄影测量与模拟、解析摄影测量的区别在于,它不再依赖精密而又昂贵的光学或机械仪器,处理的原始资料是数字化影像,处理过程中以计算机视觉代替人眼进行立体观测,且计算机视觉不仅为"双眼"的立体观测,而且可以实现"多眼"视觉,其视觉既不限于影像之间的匹配,也不限于"点的匹配",还具有"识别"之外的其他功能,实现几何信息和物理信息的自动提取。其产品形式为数字式,包括数字地图、数字地面模型、数字正射影像图和数字景观图等。

任务五　大比例尺地形图无人机测绘

知识要点:无人机航摄测图的基本原理和方法。

技能要点:能掌握无人机飞行的操作和航测成图的基本方法。

一、无人机测绘概述

无人机测绘,是利用无人机(无人驾驶航空器,Unmanned Aerial Vehicle,缩写 UAV)进行空中摄影,然后进行航测内业成图的新技术。通过无人机航测设备,搭载航摄相机,采用倾斜摄影技术及三维实景建模技术获取航摄数据,导入地面像控点,再通过空中三角测量加密软件进行拼接与纠正,最后通过专业航测成图软件处理成数字线划地形图,获得所需要的地形图测绘成果。

传统的航空摄影测量通过有人飞机仅从一个垂直角度进行航空摄影的方式获取地球表面的影像信息,再结合外业调绘补测来获取地物地貌,不仅成本昂贵,也受到天气、高度等因素的限制。比较而言,无人机测绘具有如下优点:①无人机体积小、重量轻、油耗少,造价、使用、维护费用低,可以在虚拟的坐舱里面通过操控键盘进行训练;②无人机飞行高度低,可以在云层下飞行,弥补了普通航空摄影经常受云层遮挡获取不到影像的缺陷;③由于低空接近目标,因此获得影像的分辨率更高,成本更低;④能实现适应地形和地物的导航与摄像控制,从而得到多角度、多建筑面的地面景物影像,不仅可以获得测区各种比例尺的地形图,还可以支持构建城市三维景观模型,而不局限于普通航摄的正射影像常规产品;⑤无人机不需要专门的跑道和庞大的地勤保障,起降条件低、灵活机动,作业时间短,减少外业工作量,提高生产效率;⑥无人机通过地面遥控或程序飞行,一人可以同时控制几架甚至数十架的无人机,人员不需要升空,安全风险系数小,避免飞行员人身安全和伤亡的风险;⑦抗风能力较强(目前,一般无人机可抗 4~6 级风力),对环境要求较低,甚至可以在危险环境中完成任务。

无人机航摄测图目前还存在一些缺点,例如:①由于无人机本身重量较轻,操作又比较简便,导致其只能进行低空航摄且速度较慢;②外业工作还是要受天气与环境的一定影响,雨雪或大风天气无法进行;③续航能力差,一次性覆盖面积小,不适合大范围的航测;④无人机的载重有限,搭载的相机性能有的还难以满足测绘专业的需求;⑤在隐蔽地区,如森林覆盖率高的地方无法使用。

随着科学技术的发展,无人机航摄测绘新技术,一定会不断提升优点、克服缺点,逐渐颠覆传统测绘的作业方式,得到更广泛的应用。

二、无人机测绘基础知识

(一)无人机的类型

无人机的种类繁多。按无人机的控制方式可分为程控与遥控复合控制无人机、预编程自主控制无人机和无线电遥控无人机;按照无人机的用途可分为多用途无人机、军用无人机和民用无人机;按照无人机的重量可分为大型无人机、中型无人机和小型无人机;按照无人机的飞行速度可分为超音速无人机、高音速无人机和低速无人机;按无人机的结构可分为伞翼无人机、无人飞艇、无人直升机、多旋翼无人机和固定翼无人机。目前最适于高清航空摄影测量的无人机是固定翼和旋转翼两款类型。

固定翼无人机(见图 2-2-37)的优势是速度较快、续航时间长,所以适合较大面积测绘,包括垂直摄影和倾斜摄影。大型固定翼可以进行上百平方千米以上的测绘,不过需要跑道起降,对场地有一定的要求。小型固定翼可以进行几十平方千米以内的测绘,优势是可以不需要跑道,弹射起飞,回收时采用伞降。旋转翼无人机机身上均匀分布了两个或两个以上螺旋桨(通常是四旋翼、六旋翼及八旋翼等)(见图 2-2-38),其优势是飞行稳定,可以悬停,速度可快可慢,而且在倾斜摄影时更方便采集多角度的图像,但电动旋翼往往续航的时间较短,所以目前较大面积的垂直摄影多数采用固定翼;中等面积(几十平方千米)的垂直摄影常用小型固定翼,体积稍大的多旋翼亦可;而在小范围(如几平方千米)测绘或倾斜摄影方面多旋翼更为合适。

图 2-2-37 固定翼无人机

图 2-2-38 旋转翼无人机

(二)无人机的基本操作

以下为大疆无人机的基本操作。大疆无人机如图 2-2-39 所示。

1. 开机与关机

短按一次电池/遥控器上的电源键,指示灯亮起后,长按电源键 2 s,待所有电量指示灯亮后松手,无人机和遥控器的电源即可顺利打开。关机方法同。

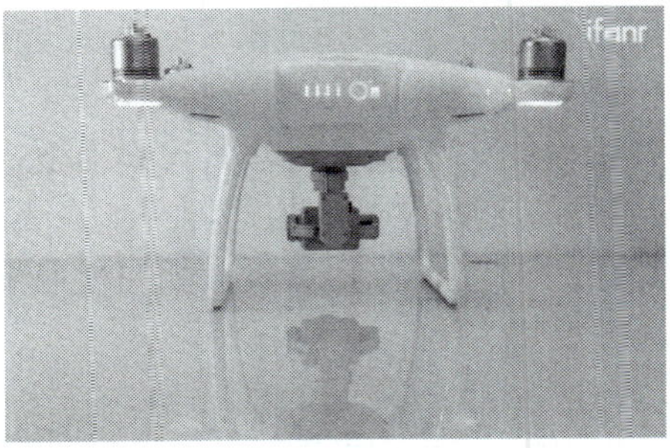

图 2-2-39　大疆无人机

2. 检查

无人机会在电源开启后完成基本的硬件自检工作，惯性测量单元（IMU）、指南针、云台、电机的状态都可以在配套手机客户端（DJIGo）中查看，并按照相应的方法校准。此时，用户需要手动检查以下几项：

（1）飞机剩余电量、电压、电池寿命。

（2）遥控器信号、图传信号，在设置菜单中还可以查看目前图传信号通道的干扰水平，如果干扰严重，需要手动调整信道。

（3）指南针状态。出于安全考虑，每次起飞前手动校准指南针，校准时远离一切金属物体。

（4）存储（SD）卡剩余容量。

3. 起飞

完成所有检查即可启动电机。大疆无人机的电机启动方法是将两个摇杆以"内八字"的方式往遥控器的中线下方拨动。启动后，电机会带动螺旋桨迅速旋转。无人机遥控器默认左边的摇杆负责控制无人机的上升、下降、往左或往右旋转。右边的摇杆负责无人机在水平方向的前后左右移动。起飞时，只需要缓慢将左侧摇杆往上推，当无人机离地时稍微加大油门，让无人机尽快上升至 2 m 以上，然后即可自由飞行。

4. 拍照/录像

遥控器内置拍照和录像按钮，点击即可开始拍照或录像。摄录完成后可以点击"回放"按钮在手机客户端中查看已拍摄的视频和照片。通过手机客户端（DJIGo）按钮，可以选择自动曝光或手动曝光，配合遥控器右上方的设置拨轮，可以直接在遥控器上调整曝光补偿或快门速度。视频素材拍完以后，可以把视频下载到手机里，然后通过手机客户端或者应用程序进行简单的剪辑和发送。

5. 降落

降落和起飞一样，只需要看准降落点，往下拨动左侧摇杆即可。降落速度应控制在合理范围内，不要太快，避免飞机失速跌落。当飞机高度下降到 1~2 m 时，要注意地效反应的存在。具体表现为飞机出现不容易控制的抖动，松开摇杆时高度上升。如果担心降落不稳定，可以随时进行少许手动修正，无人机脚架触地的那一刻，立刻将左侧摇杆拨到最下方，保持 2~3 s，待电机停转后即可松开摇杆。

（三）有关无人机飞行的几个概念

1. 直线飞行

直线飞行就是无人机只在一个方向上直线飞行，比如上下、前后、左右，或者沿斜线飞行。直线飞行非常简单，只要往特定方向拨动摇杆即可。在飞行时，配合云台的稳定旋转，可以让画面聚焦在某个拍摄主体上。当镜头垂直朝向地面拍摄上升或下降画面时，让飞机缓慢旋转也可以提高画面观感。

2. 环绕飞行

环绕飞行简称“刷锅”，指飞机以某个特定拍摄目标为圆心，进行匀速的环绕飞行，飞行期间拍摄目标一直处于画面中央，适合展示对象所处的周边环境，画面立体感较强。环绕飞行可以被拆解为飞机的自转和侧向飞行，将遥控器两个摇杆按特定的速率往相反的方向拨动，即可“刷锅”。

3. 跟踪飞行

直线飞行或环绕飞行的“变种”，以一个运动中的目标作为跟踪对象，增强画面的动感。

4. 俯冲/前进拉高

如果觉得直线飞行太简单，环绕和跟踪又太复杂的话，可以尝试这种复合镜头的拍摄，在水平飞行时拨动左摇杆，让飞机同时上升或下降。这种镜头的拍摄需要操控者有较好的立体空间感。

5. 注意飞行安全

无人机飞行作业时，应尽量保证安全。首先，飞行区域应避免城市高空的气流以及不同地点无线电信号的干扰和具有足够开阔的视野。可以通过手机客户端查看遥控器和图像传输的信号状态，判断周边干扰是否严重。如果飞行线路和起飞地点周边有大型金属设施，会干扰无人机的指南针，也不适宜飞行，还应保证飞机和遥控器间没有任何障碍物的遮挡。除降落外，务必不要在低于 3 m 的高度飞行。此外，飞行时应密切留意电量。虽然无人机可以低电量自动返航，但如果返航时遇上逆风，飞机很可能还没返回就迫降，甚至因为没电而炸机。一般来说，在无人机电量剩余 20%~30%时就应选择降落。

（四）垂直摄影和倾斜摄影

目前，无人机摄影获取影像的方法主要有两种：垂直摄影和倾斜摄影。

高空拍摄采用垂直摄影，中心投影光线近似的被视为相互平行，当地物高低差别引起的正射投影误差可被忽略时，即可对影像进行正射化处理，以便克服可能有的倾斜变形。

倾斜摄影技术是近年来航测领域逐渐发展起来的一项高新技术，它颠覆了以往正射影像只能从垂直角度拍摄的局限，通过在同一飞行平台上搭载多台传感器（目前常用的是两镜头或五镜头相机，见图 2-2-40），同时从一个垂直、四个倾斜等 5 个不同的角度采集影像（见图 2-2-41）。通过同方向的倾斜像对，采集丰富的地物侧面影像及位置信息，即可形成地物侧面的前方交会测量数据，基本消除立体像对同名点的死角，从而能够获取地面物体更为完整

图 2-2-40　五镜头倾斜相机

准确的面貌。

图 2-2-41 倾斜摄影

(五)无人机航摄系统

无人机航摄系统一般由飞行平台、飞行控制装置、地面控制装置、发射与回收装置,以及操作控制软件、图像处理设备及相关软件等组成。

1. 硬件

(1)无人机——飞行平台。

(2)全画幅相机——采集高分辨率的影像数据。

(3)GNSS 接收机——用于像控测量,确定图像位置。

(4)计算机——用于数据处理。

(5)其他——存储设备、交通工具等。

2. 软件

(1)飞行控制软件。

(2)图像处理软件。

(3)实景三维建模软件。

(4)其他辅助软件。

3. 技术路线

采用无人机进行倾斜航空摄影,使用 GNSS 进行像控测量,利用倾斜摄影数据处理软件制作 1:500 DLG、DOM 和实景三维模型。

(六)倾斜三维高精度测图

倾斜三维高精度测图,是基于倾斜摄影技术、实景三维模型技术对地形、地貌数据进行采集,建立实景三维模型进行测图的新技术。它采用低空无人机搭载多方向镜头进行倾斜摄影测量,全方位获取建筑物纹理信息,加入控制点,通过三维建模精确还原建筑物形状,全要素展现地表物体,具有极高的真实度(见图 2-2-42)。在内业测图中,无须戴立体眼镜,裸眼即可清晰地看到建筑群体的分布状况、房屋结构、层数;通过旋转,可以全方位地观察到建筑物的每一个细节,真实、全面,可直接在实景三维模型上勾绘建筑物图斑,测量和记录其属性数值,因而又称为“裸眼测图”。三维实景的精度完全可以满足航空测绘的要求。大量的外业工作在内业实景三维模型上即可完成,高效率、高精度。相对于以前传统建模方式,工期大大缩短、成本大大降低。同时具有强大的兼容性,支持多种数据源,在地形图测绘和 GIS 地理信息采集等方面具有广泛的应用前景。

图 2-2-42　三维实景模型

三、无人机测绘作业流程

无人机航摄测图作业流程主要分为外业测量和内业数据处理两大部分。外业测量包括:①资料收集,确定测区范围;②施测范围航摄参数计算,规划航线;③像控点布设与测量;④无人机影像获取;⑤外业调绘。内业数据处理包括:①空中三角加密;②数字正射影像图(DOM)与数字高程模型(DEM)的生产;③裸眼测图;④数字线划地形图(DLG)的生产;⑤编辑成图;⑥数据检查验收。其工作流程框图如图 2-2-43 所示。

各阶段具体的工作内容如下。

(一) 准备工作

主要准备工作包括资料准备、设备准备、相机检测等。

(1)收集测区基础资料,如基础地形图、卫星影像资料、控制成果,了解测区地理位置及气象情况等。

(2)相机检校,获取准确的相机内方位元素和畸变参数。

(3)飞行平台设备进行检校与常规检查,确保航摄平台各设备主要技术参数符合规范要求。

(4)现场踏勘选择合适的起降场地。

(二)航摄作业

飞行航线(见图 2-2-44)设计一般可以利用专门的软件完成;为满足测图精度要求,提高飞行效率,采用高分辨率相机,镜头为 30~40 mm,航向重叠度为 60%~80%,旁向重叠度设计为 50%~70%,地面分辨率为 5 cm,航高一般为 300~500 m。

(三)控制点布设及测量

在测区范围内均匀布设地面控制点(见图 2-2-45),根据建筑物密集程度及地形地

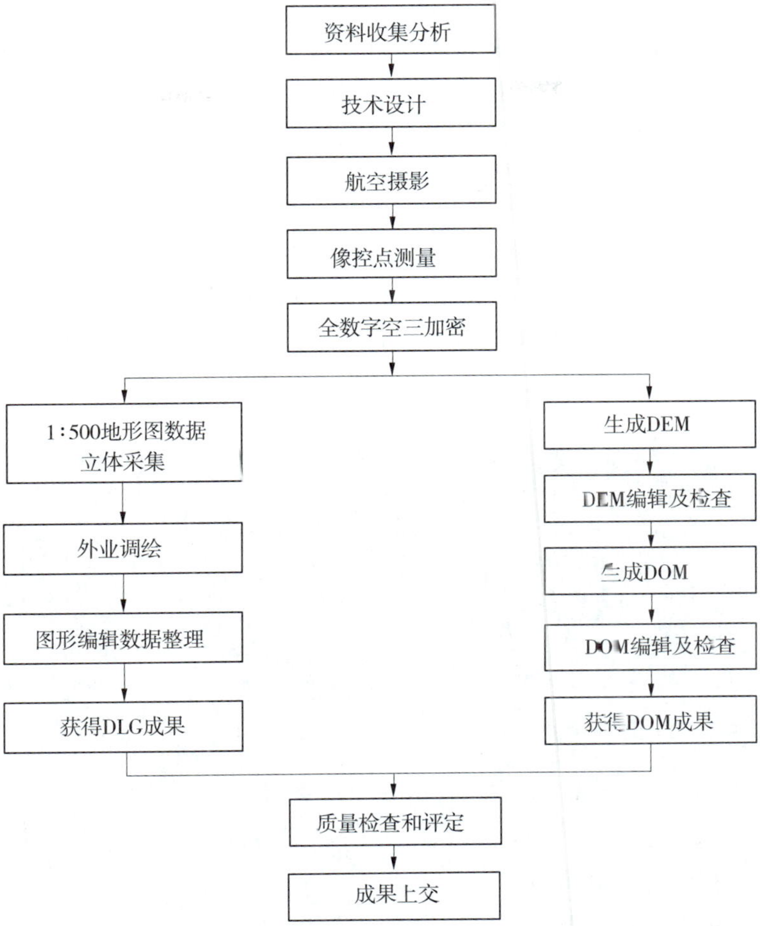

图 2-2-43　无人机测绘主要工作流程

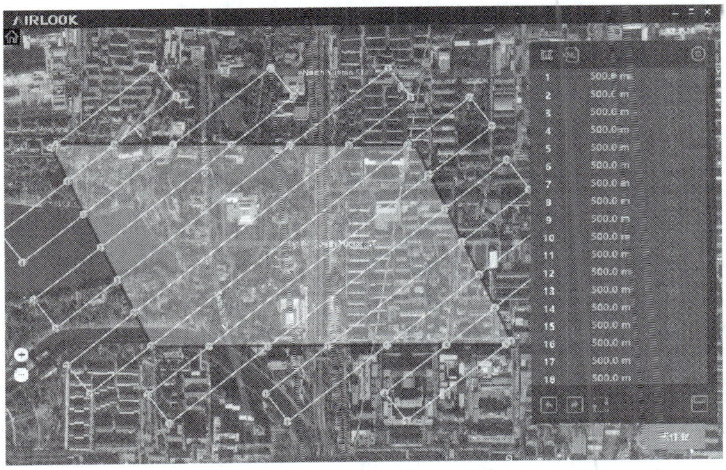

图 2-2-44　无人机航摄的航线规划

貌,如系 1:500 测图,控制点应每 200~300 m 布设一个,且均匀分布,不可布设成直线,应布设于区域四周及中间部位。像控点应选择相关像片上影像清晰、接近正交的细小线状地物交点和直角拐点,如平顶房角、水池角、围墙内外角、花坛角、旱地角,固定的能准确判定几何中心的点状地物等,山区也可选在道路交叉口等处,但不能选在树木或者建筑物的遮挡处、人字顶房角、有草丛的田埂、有弧度的田角等。控制点所处地面应尽量平整,无高低落差,确保刺点时不产生高程异议。选点时还需察看点位地物近期是否会发生变化或遭人为破坏,尽量避开人流量大和人为活动多的地方。平高像控点的实地判刺精度应小于图上 0.1 mm。目标选定后,应设置人工标志,并选择影像最清晰像片野外标注。

像控点测量,可采用已知控制点进行平面坐标和高程联测,也可根据实际作业需要采用 GNSS RTK 卫星定位技术测定控制点的地面坐标,再应用后处理动态差分技术提高定位解算精度。

图 2-2-45　像控点和检查点布设

(四)影像获取

影像获取主要包括起飞前检查、无人机航飞、现场数据整理及检查等。

1. 起飞前检查

为确保无人机航摄安全,飞机通电后需要进行自检及严格的安全检查,具体如下。

(1)gBox(通信盒)状态检查:线缆连接检查、GNSS 天线视野开阔、gBox 正常启动、锁定卫星检查。

(2)相机检查:内存卡 SD 检查、相机设置检查、设置快门速度、清洁相机镜头和滤镜、相机热插拔线路连接、尼龙扣带固定、相机触发器检查、快门反馈检查。

(3)跟踪器检查:确保跟踪器打开,接收器接收信号检查。

(4)升降翼检查:外弦升降翼与内弦升降翼水平检查、升降翼反应检查。

(5)发射架检查:发射架装配、安全插销插入发射架、弹力绳力度检查。

(6)空速反应检查:确保空速反应正常。

(7)飞机定位检查:飞机装配到发射架上,定位螺旋桨位置、飞机位置正确。

完成起飞前检查后,拆除安全插销,启动无人机系统,等待系统正常启动后,即可发射无人机。

2. 无人机航飞

无人机起飞后,按照规划路线升空进行影像数据采集,地面站开始对飞机工作状态进行实时监控,技术员应时刻关注无人机的状态、风速、飞机的高度及速度等指标,如发现异常,应立刻做出判断和处理,如正常,即按预定线路采集完成后返航降落。

3. 数据整理及检查

现场对航飞数据进行整理,核查拍摄照片数量与飞行轨迹参数是否一致,是否出现漏拍现象;检查照片质量,是否有模糊不清等情况;现场对航飞成果质量进行全面、快速检查,计算航向重叠度、旁向重叠度,生成检查结果报表等。检查完成后,如存在质量问题,则需重新补摄飞行。

(五)数据处理与正射影像图(DOM)制作

1. 空中三角加密

数据预处理主要包括原片检查、POS 数据[无人机每个航点拍摄瞬间的三维坐标(经度、纬度、飞行高度)和飞行姿态(航向角、俯仰角和翻滚角)数据]整理、控制点数据整理等。预处理完成后利用相应软件进行空中三角加密处理,包括将影像数据的坐标系由大地坐标转为直角坐标,对影像的畸变进行改正、构建影像模型、连接航带、像控点刺点、平差等。像控点刺点时,在立体像对的点位上选刺控制点,从所有控制点位中选择 3/4 的点作为控制点,其余点位作为检查点,同时为了增加模型连接的强度,避免由于某一个控制点的误差过大引发全局性的负面影响,在立体像片上增加一些模型连接点参与空三平差。经过反复的点位调整、优化,最终满足平面和高程的绝对定向精度要求。

2. DOM(数字正射影像图)制作

根据上述空中三角加密的成果,利用 DEM(数字高程模型)数据对影像进行数字微分纠正和影像采样,制作单片的 DOM,由于无人机飞行高度较低,高层地物同名点视差较大,按照相机中心投影的成像原理,影像边缘投影误差较大,往往会出现接缝和建筑物边缘扭曲的现象,所以,需要对正射影像的镶嵌线进行人工编辑,镶嵌线的选取及修改尽可能避免穿过大型建筑物,选择纹理不丰富的位置,远离影像的边缘,尽量沿道路及地面实体的边缘等。同时,对于不同拍摄角度、位置的照片存在的色差、亮度差进行匀光匀色处理,镶嵌线周边羽化处理,保证照片镶嵌自然,整体影像亮度、色差一致,如图 2-2-46 所示。

3. DLG (数字线划地图)立体测图

应用数字成图软件,进行 DLG 立体测图和获取相关的地理信息。

1)数据准备

准备空三加密平差成果文件及无人机原始影像数据,将必要的文件放到同一文件夹的同级目录下,如影像 ID 文件、外方位元素文件、加密点文件、像点文件等,保持文件前缀名称一致。

2)新建工程

打开 EPS 地理信息基础测绘平台(一种以数据库为核心,将图形和属性数据融为一体的地理信息工作站基础软件),选择航测采编模块,建立工程文件。

图 2-2-46　0.05 m 分辨率的 DOM 成果

3)模型恢复

选择立体测图菜单,应用软件根据外方位元素和影像重叠度自动组合立体像对,实现无缝连接,恢复立体模型,也支持自动/手动切换立体模型。

4)立体采编

连接外接输入设备,设置工作区,应用软件对立体模型进行数据采集工作,包括以下步骤:

(1)矢量采集。用规定的符号提取地物、地貌的平面位置和高程位置等来获取矢量图。

(2)线状物提取。打开矢量测图图层管理器,在左边对话框选择或者搜索出对应的 CASS(南方测绘数字测绘成图软件)编码;双击或者右键选择编辑,使该层处于编辑状态。

(3)点状物提取。打开矢量测图图层管理器,在左边对话框选择或者搜索出点状物对应的 CASS 编码;双击或者右键选择编辑,使该层处于编辑状态。

(4)等高线。提供自动绘制等高线工具,首先确定要绘制等高线的区域,然后利用该功能设定阈值,系统会自动检索并生成高程点。可利用 CASS 绘图功能直接生成等高线。

(5)屋檐改正。传统作业方式的屋檐改正需要通过外业调绘获得结果,而在此处矢量采集同时可以直接根据倾斜影像进行屋檐改正,大大减少外业的工作量。

(6)多角度检查。选择矢量线所有的点,打开垂直辅助线,用左边相机视图,切换四周倾斜影像,观察辅助线与立面相交线是否重合。

(7)矢量导出。全要素矢量提取完毕之后,在矢量测图图层管理器中,选择导出。有三种格式:第一种是 *.dxf 格式,不带属性输出;第二种是 *.cas 格式,带属性输出,线状物、点状物都可以用这个格式导出;第三种是 *.dat 格式,一般是等高线的高程点导出。将导出之后的文件在 CASS 里面打开,可以直接成图。

通过对立体模型可观测到的地貌和地物按照“内业定位、外业定性”的原则进行全要素的数字化跟踪和外业调绘修编等工作,最终生成数字线划地形图。

四、无人机测绘的应用

无人机民用需求的扩大以及无人机航摄技术的逐渐成熟,民用领域的各行各业都已经被该技术渗透,它可以应用于国土资源勘察、数字城市发展建设、通信站的建立、国家地图测绘、城市发展规划、实时监测突发事件、灾害预测和评估、城市街道交通、网线电网铺设、矿产开发、环境管理和生态保护、森林治理、数字化农业等领域。无人机在新农村建设、数字化城市的建设等方面将起到不可代替的作用。

(一)低空测绘

在测绘工程中,无人机主要作用是获取用正射像片编制的平面图和正射影像图。在一些环境条件较为苛刻的工作地点进行作业,例如有高山阻碍、地形复杂不能够实现正常起降,或者云层过低等问题,此时无人机就能够体现出它独特的航摄效果,在任何地形都能够轻松地起飞,进行航空摄影作业,解决在测绘工作中很多技术和环境的难题。

(二)动态监测

无人机进行监测作业中,采用不同航空高度的无人机,既可以实施多架无人机配合工作应对大范围的高空监测,也可以对面积较小的地面范围进行实时监测。快速生成监测区域影像分辨率可达 0.1~0.5 m 的清晰图像和各项数据,对获取的信息及时进行高效处理,最终得到监测区的整体信息。对监测区域情况还可以利用三维仿真模拟技术来进行宏观展示,既提高测绘的现势性,又提高监测的效率和应急服务的能力,在处理和应对紧急事件中供相关部门及时进行分析和做出相应的对策,因而尤其适合于灾害监测、应急监测和军事侦察等用途。

(三)土石方测量

利用航测可以计算出指定区域的土石方量,其原理是无人机在指定区域飞行过程中,设定一个确定的飞行高度(这个飞行高度是指与地面保持一定的高度),因此也就能知道无人机的飞行高度轨迹,自然就可以得出高程值。然后利用相应软件就可以算出土石方量。

(四)地籍测量

无人机航摄测绘在地籍测量中的应用包括:①利用航空摄影图像,由解析空中三角测量的控制加密,得到高精度控制点坐标及宗地界址点坐标;②利用航空摄影图像,通过解析测图仪绘制数字化地籍图;③利用高分辨率的航摄图像,通过正射投影纠正,可得到正射立体影像地籍图;④利用航空摄影图像,可进行地籍权属调查和绘制宗地草图等。此外,运用无人机对国土资源进行监测,既可以全面而准确的掌握国土资源数量、质量、分布和变化趋势,还可以发现违规违法用地、滥占耕地、破坏生态环境等现象,及时加以处理。

(五)为数字城市的发展提供基础底图和地理信息

近年来,在各地智慧城市的建设中,地理信息系统作为城市建设的基础内容,无人机航摄测绘不仅为城市建设系统提供更加实时而又高效的基础底图和地理信息,而且其构建的城市三维数字模型逐渐成为建设智慧城市的重要基石,必将为数字城市、智慧城市建设的全面发展发挥巨大作用。

小　结

(1)地形图就是将一定范围内的地物、地貌沿铅垂线投影到水平面上,再按规定的符号和比例尺,经综合取舍,缩绘成的图纸。地形图的比例尺是图上任意两点间的长度和相应的实地水平长度之比。人眼分辨率即图上 0.1 mm 所代表的实地距离为地形图的比例尺精度。

(2)常用的地物符号有比例符号、半比例符号、非比例符号和注记,地貌则用等高线来表示(见《地形图图式》)。

(3)大比例尺地形图的测绘就是在控制测量的基础上,采用适宜的测量方法,测定每个控制点周围地形特征点的平面位置和高程,以此为依据,将所测地物、地貌逐一勾绘于图纸上,常用的测绘方法为经纬仪测绘法、航空摄影测绘法,应用 CASS 软件进行数字测图及无人机航摄测图等新方法更为先进。

复习题

1. ____________________称为地物,____________________称为地貌,____________________称为地形,____________________________________称为地形图。____________________为地形图的比例尺,地形图的比例尺精度是指____________________________________。

2. 地物符号包括__________、__________、__________和__________。

3. ____________________称为等高线,等高线中____________________称为首曲线,____________________称为计曲线,____________________称为间曲线。等高距是指____________________,等高线平距是指____________________,____________________称为地面两点之间的坡度。

练习题

1. 1:1 000 和 1:2 000 地形图的比例尺精度分别为__________和__________,如果要求地形图上能反映出 10 cm 的地物宽度,测图比例尺至少应为__________。

思考题

1. 地形图按成图方式的不同分为哪几种？地形图和平面图的区别在哪里？地形图含有哪些数字信息和地表形态？

2. 什么是地形图图式？地形图图式包含哪些内容？

3. 等高线有哪些特性？什么是地性线？地性线及山头、谷地、鞍部等地貌在地形图上如何表示？

4. 简述大比例尺地形图测绘的原理。什么是地形特征点？测定地形特征点的常用方法是什么？经纬仪测绘法测绘地形图在一个测站上应做哪些工作？可用哪些方法来检查地形图测绘的质量？

5. 地形图野外数字测绘的基本原理是什么？有哪几种作业模式？简述应用全站仪进行野外数字测图的作业步骤和特点。

6. 简述应用 CASS 软件进行数字测图的步骤和方法。

7. 水下地形图测绘和陆上地形图测绘有何相同点和不同点？

8. 大比例尺地形图一般如何进行分幅和编号？地形图的图廓、坐标格网和注记有何作用？

9. 航空摄影测量的原理和方法有哪些？地形图与航测像片的投影和表示有何差别？航空摄影成图的外业和内业工作包括哪些内容？

10. 无人机航摄测绘有哪些特点？无人机飞行有哪些基本操作方法？无人机航摄测图的作业流程包括哪些内容？

项目三　地形图应用

技能目标

能在工程的施工、管理及工程量的计算中正确运用纸质地形图和数字地形图。

任务一　地形图识读

知识目标：地形图识读的内容。

技能目标：能熟练识读地形图。

地形图的识读是正确应用地形图的前提。识读地形图必须首先掌握《地形图图式》规定的各种地物、地貌的表示方式，然后对图上的数字信息和地表形态等有所了解，以此分析图纸所包含的各种地形特征、地理信息及其精度，从而为正确应用地形图进行工程的规划、设计和施工提供保证。地形图的识读一般包括以下内容：

(1)图廓外注记识读。重点了解测图比例尺、测图方法、坐标系统和高程基准、等高距、地形图图式的版本等成图要素(参见图 2-2-5)。此外，通过测图单位与成图日期等，也可判别图纸的质量及可靠程度。

(2)地貌识读。首先判别图内各部分地貌的类别，属于平原、丘陵还是山地，如系山地、丘陵，则搜寻其山脊线、山谷线即地性线所在位置，以便了解图幅内的山川走向及汇水区域；再从等高线及高程注记，判别各部分地势的落差及坡度的大小等。这些地貌特征对工程规划设计的可行性和施工时的工程量及难易程度都会产生影响。

(3)地物识读。主要是城镇及居民点的分布，道路、河流的级别、走向，以及输电线路、供电设施、水源、热源、气源的位置等，这些对工程建设的房屋拆迁、器材运输、物资供应及能源保障等的统筹规划将起到重要作用。

此外，图上的农田水利、环保设施、森林植被等也是反映工程建设所处环境及其可利用资源的重要信息。

任务二　纸质地形图基本应用

知识目标：面积量算的方法。

技能目标：能在纸质地形图上确定点的坐标、高程，直线的长度、方向及进行面积量算。

一、图上确定点的平面坐标

根据点所在网格的坐标注记，按与距离成比例量出该点至上下左右格网线的坐标增量 Δx、Δy 即可得到该点坐标。例如，图 2-3-1 中量得 A 点至所在网格下边线 27 000 m 的

$\Delta x=739$ m；左边线 5 000 m 的 $\Delta y=300$ m，则 $x_A=27\ 000+739=27\ 739$(m)，$y_A=5\ 000+300=5\ 300$(m)。还应量取 A 点至所在网格上边线的 Δx 和右边线的 Δy 作为校核。同法，可得 B 点坐标。

二、图上确定点的高程

根据等高距 h、该点所在位置相邻等高线的平距 d 及该点与其中一根等高线的平距 d_1，按比例内插出该点至该等高线的高差 $\Delta h=\frac{d_1}{d}h$ 即可得到该点高程。例如，图2-3-2中，等高距 $h=1$ m，量得 c 点处等高线平距 $d=8.0$ mm、c 点与 50 m 等高线平距 $d_1=5.5$ mm，则得 c 点高程为

$$H_c=50+\frac{5.5}{8.0}\times 1=50+0.69=50.69(\text{m})$$

同样，还应量取 c 点至 51 m 等高线的平距，再内插一次 c 点的高程作为检核。

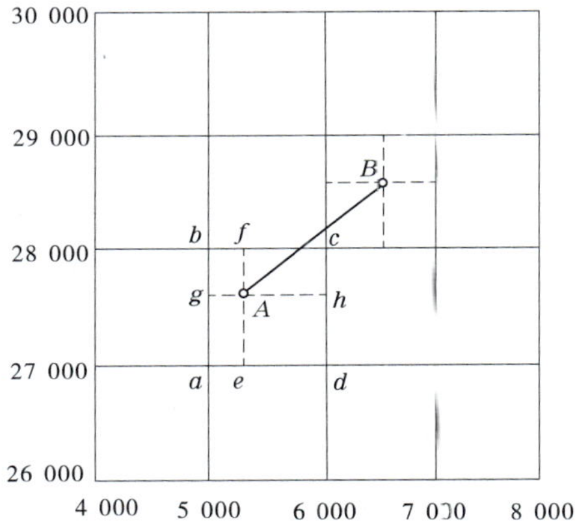

图 2-3-1　图上确定点的平面坐标

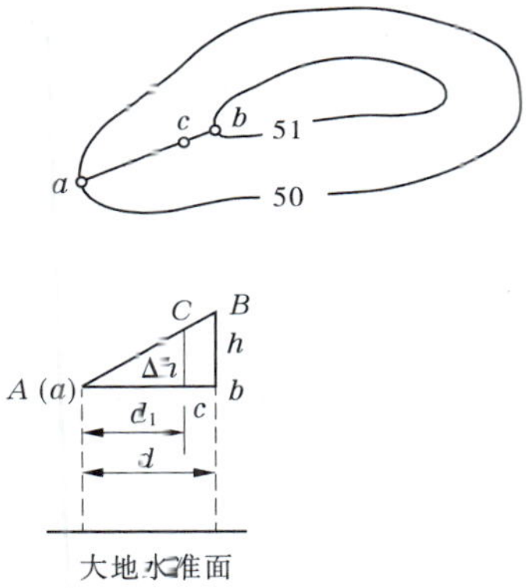

图 2-3-2　图上确定点的高程

三、图上确定直线的长度和方向

图上确定直线的长度和方向可采用直接量取法和坐标反算法。

(一) 直接量取法（即图解法）

用直尺直接在图上量取直线的距离，乘以比例尺分母即得直线的实地长度；过直线的起始点作坐标纵轴的平行线，用半圆量角器自纵轴平行线起始顺时针量取至直线的夹角，即得直线的坐标方位角（见图 2-3-3）。

(二) 坐标反算法（即解析法）

直接在图上量取直线两端点的纵、横坐标，代入坐标反算公式（式(1-4-10)和式(1-4-11)），计算该直线段的方位角和距离。一般而言，解析法的精度高于图解法。

四、图上确定直线的坡度

图上先确定直线两端点的高程，算得两端点之间的高差 h，再量取直线之间的平距 d，

即可按下式计算该直线以百分数表示的坡度 i

$$i = \frac{h}{d} \times 100\% \tag{2-3-1}$$

五、图上面积量算

在图上量算封闭曲线围成图形的面积，有以下方法。

（一）透明格网法

如图 2-3-4 所示，将一绘有毫米格网的透明胶片覆盖于需量算面积的图形上，数出图形所占有的整方格数 n_1 和其边界线上非完整的方格数 n_2，代入下式即可算得该图形的实地面积 A

$$A = A_{方特}\left(n_1 + \frac{n_2}{2}\right) \times \frac{M^2}{10^6} \tag{2-3-2}$$

式中　A——该图形实地面积，m^2；

　　M——地形图比例尺分母。

注意：式(2-3-2)表明将图上面积化为实地面积应扩大 M^2 倍。

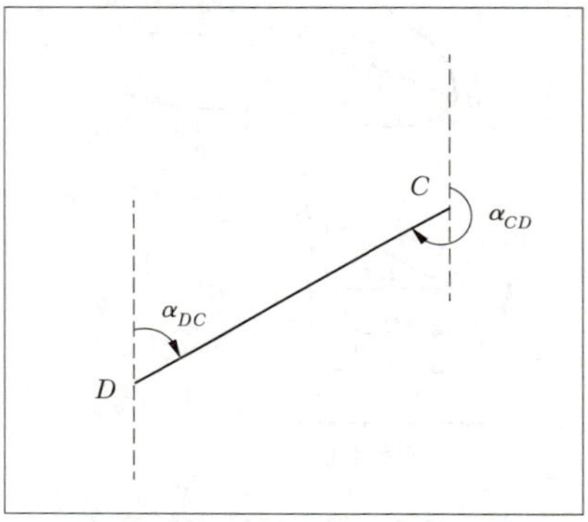

图 2-3-3　图上量取直线方位角

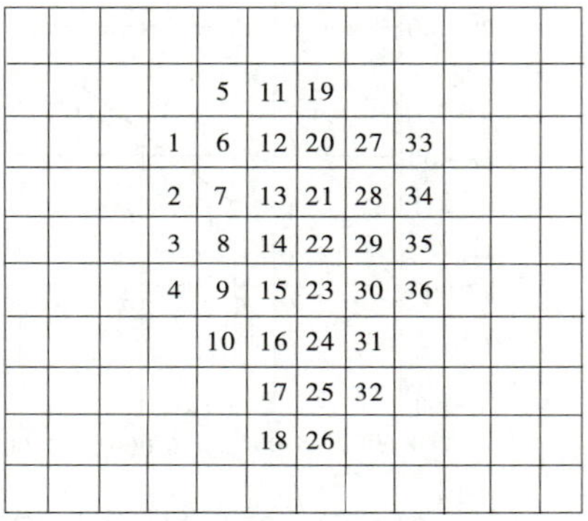

图 2-3-4　透明格网法量算面积

（二）电子求积仪法

电子求积仪是一种专门用于在图上量算面积的电子仪器，如图 2-3-5 所示，主要由主机、动极和动极轴、跟踪臂和跟踪放大镜等组成，跟踪放大镜中心的小红点即跟踪点。作业时，手扶放大镜使跟踪点自图形边界某点起始，沿封闭曲线顺时针转动，动极和主机亦随跟踪放大镜一道移动，回到起点后，根据积分的原理由微处理机自动计算出图形的面积，并在窗口显示出来。电子求积仪量算面积具有以下特点：

（1）实现面积量算的半自动化。

（2）可选择面积的单位制和单位。单位制有公制和英制，单位有 cm^2、m^2、km^2 及 in^2（平方英寸）、ft^2（平方英尺）、acre（英亩）。

（3）可设置比例尺。

（4）对大的图形可分块量测，并对量测结果进行累加。

（5）可对同一图形进行多次面积量测，取其平均值。

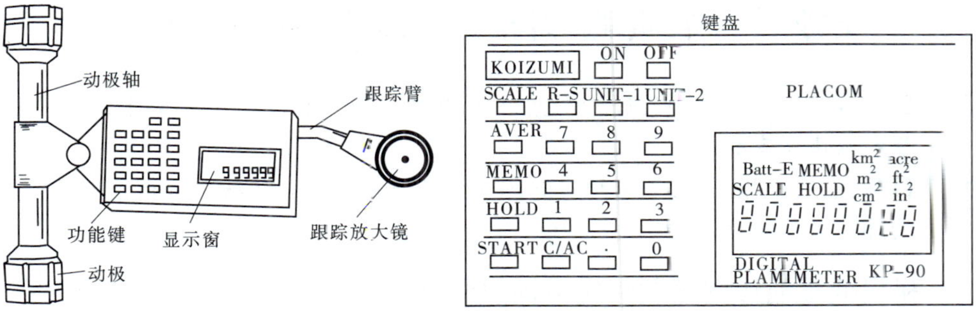

图 2-3-5　电子求积仪

具体仪器的使用方法有说明书可供参考。

(三)数字化仪法

用手扶跟踪的方法将图件上的点、线、面等几何要素转换成坐标数字的仪器称为矢量数字化仪,简称数字化仪。其基本结构由鼠标器、数字化板、微处理器和相应的接口所组成,其外形如图 2-3-6(a) 所示。鼠标器外部装有十字丝及若干操作键。十字丝用于精确对准图纸上的点位,操作键可执行相关操作。数字化仪表面为工作台板,根据其幅面大小,由 A_0 ~ A_4 分为 5 种型号。面板一侧有输出接口与计算机实现联机通信。

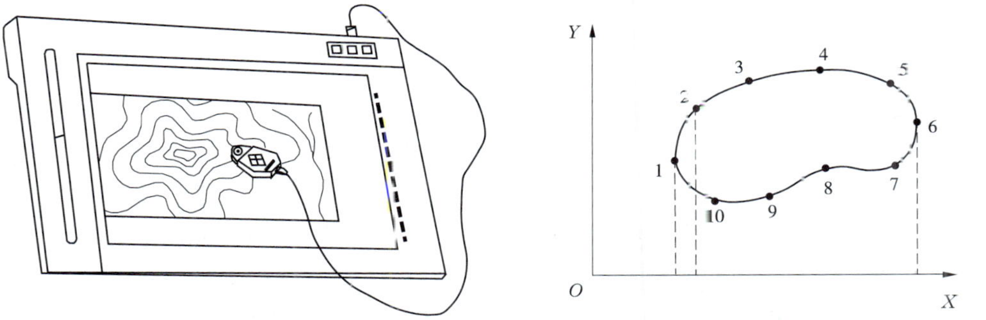

(a)矢量数字化仪　　(b)图形边界拐点

图 2-3-6　数字化仪量算面积

面积量算时,首先在图形的边界线上将方向有明显变化处注为拐点(参见图 2-3-6(b)),然后手扶鼠标器自某点起始,沿封闭曲线顺时针移动,凡遇拐点,按下操作键,直至回到起点。此时,在计算机内即得所有拐点按序排列的在数字化仪面板坐标系统内的 X、Y 坐标(横轴为 X,纵轴为 Y),并且代入以下梯形面积累加公式自动计算图形的面积 S(式中,当 $i = n$ 时,第 $i + 1$ 点即为返回第 1 点)

$$S = \frac{1}{2}\sum_{i=1}^{n}(X_{i+1} - X_i)\cdot(Y_{i+1} + Y_i) \tag{2-3-3}$$

用数字化仪进行面积量算,不仅速度快,而且精度高,与相应的数据处理软件配合使用,还可自动实现不同类别图形面积量算的分类统计。

任务三　纸质地形图在工程施工中的应用

知识目标：纵断面图的绘制、道路图上选线、场地平整设计及其土方量计算等方法，以及汇水面积和水库库容的概念。

技能目标：能在工程的施工、管理中熟练应用纸质地形图和在纸质地形图上进行场地平整等的设计与工程量计算。

一、利用纸质地形图绘制特定方向纵断面图

纵断面图可以更加直观、形象地反映地面某特定方向的高低起伏、地势变化，在道路、水利、输电线路等工程的规划、设计、施工中具有突出的使用价值。在精度要求稍低时，可以直接利用地形图上的有关信息，绘制某特定方向的纵断面图。

如图 2-3-7(a)所示，AB 为某特定方向。为绘制其纵断面图，先在地形图上标出直线 AB 与相关等高线的交点 $b,c,\cdots,i,l,m,\cdots,p$，且沿 AB 方向量取 A 至各交点的水平距离。然后在另一图纸上绘制直角坐标系，横轴代表水平距离 D，纵轴代表高程 H（见图 2-3-7(b)）。按 A 至各等高线交点的水平距离在横轴上据横向比例尺依次展出 $b,c,\cdots,i,l,m,\cdots,p,B$ 各点，再通过这些点作纵轴的平行线，在各平行线上，据纵向比例尺分别截取 $A,b,c,\cdots,i,l,m,\cdots,p,B$ 等点的高程，最后将各高程点用光滑曲线连接，即得 AB 方向的纵断面图。

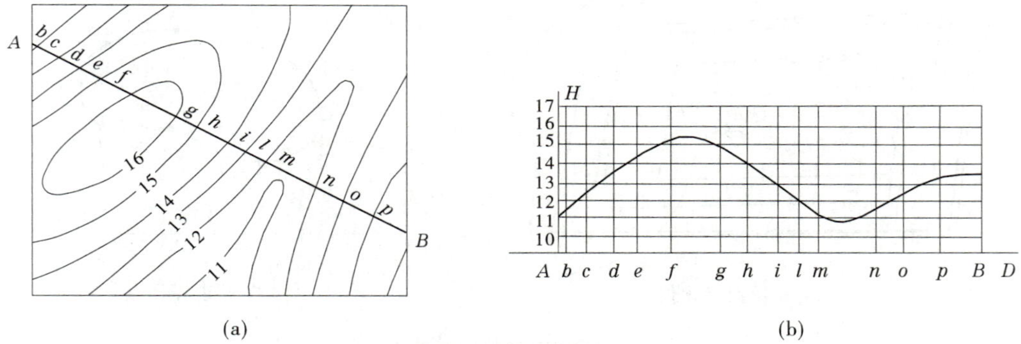

(a)　　(b)

图 2-3-7　利用地形图绘制纵断面图

在绘制纵断面图时，一般将纵向比例尺较横向比例尺放大 10～20 倍，如横向比例尺为 1∶2 000，纵向比例尺则采用 1∶200，这样可以将地势的高低起伏更加突出地表现出来。

二、利用纸质地形图按给定坡度选定路线

道路、管线工程中，往往需要在地形图上按设计坡度选定最佳路线。如图 2-3-8 所示，在等高距为 h，比例尺为 $1:M$ 的地形图上，有 A、B 两点，需在其间确定一条设计坡度等于 i 的最佳路线。最佳的含义首先是最短。为此，计算满足该坡度要求的路线通过图上相邻两条等高线的最短平距 d

$$d=\frac{h}{i\times M} \tag{2-3-4}$$

首先在图上以 A 点为圆心，以 d 为半径画圆弧，交 84 m 等高线于 1 号点，再以 1 号点为圆心，以 d 为半径画圆弧，交 86 m 等高线于 2 号点，依此类推直至 B 点；再自 A 点始，按同法沿另一方向交出 1′，2′…直至 B 点。这样得到的两条线路坡度都等于 i，同时距离也都最短。需要注意的是，若在作图过程中出现圆弧与等高线无法相交的情况，说明该处地面坡度小于设计坡度 i，此时可按相邻等高线之间的最短平距画延伸线。如果两条路线中都有这种情况，各条路线的总长将不相等，应取较短的一条为最佳路线；如果两条路线都不存在这种情况，它们的总长理论上相等，可通过现场踏勘，从中选择一条施工条件较好的线路为最佳路线。

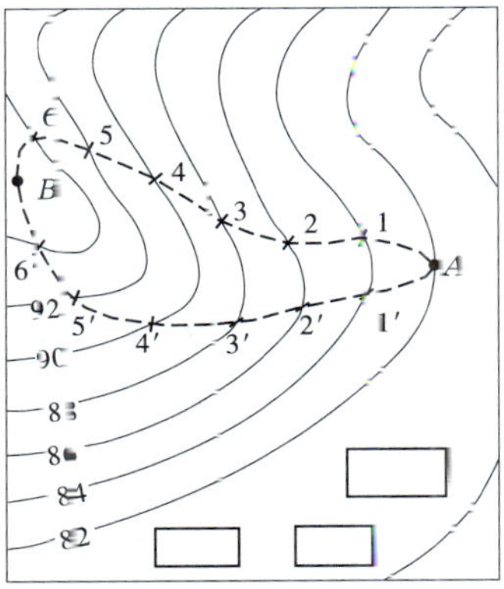

图 2-3-8　利用地形图选择最佳路线

三、利用纸质地形图进行场地平整设计和土方量计算

建筑工程施工必不可少的前期工作之一是场地平整，即按照设计的要求事先将施工场地的原始地貌整治成水平或倾斜的平面。其基本原则一般为平整过程中的挖方和填方基本相等，以节省工程量；或整治后的平面须通过原地面的某些特征点，以满足工程的具体要求。在精度要求稍低时，可以直接利用地形图上的有关信息，对场地平整进行设计和土方量计算。

（一）整治成水平场地的设计和土方量计算

如图 2-3-9 所示，需将地形图上施工场地范围内的原始地貌整治成水平场地，按挖方和填方基本相等的原则设计，应用方格网法，其步骤如下所述。

1. 确定图上网格交点的高程

在图上场地范围内绘制方格网，网格的边长视地形的复杂程度和土方量估算精度的要求而定，一般取实地 10 m 或 20 m（在 1∶1 000 地形图上为 1 cm 或 2 cm）为宜。图 2-3-9 所示格网为 4 行 4 列（网格实地边长为 10 m），但受地形等条件所限，第 4 行仅 3 个方格（第 4 方格设为水塘，不属施工场地范围），即全场计 15 个方格。然后根据等高线内插逐一确定每个方格交点的地面高程，注于各方格交点的右上方。

2. 计算零点高程，图上插绘零线

零点高程，即场地平整后的高程 H_0。为了满足挖方和填方基本相等的原则，零点高程实际上就是场地原始地貌的平均高程。先根据每个方格四个交点的高程计算该方格的平均高程，再根据每个方格的平均高程计算整个场地的平均高程，即为零点高程。零点高程的计算，还可以用所有交点高程的加权平均值来表示。因为在计算中，外围角上的交点（如图中 $A1$、$A5$、$E1$、$E4$、$D5$ 等点，称为角点）各用到 1 次，令其权值均为 0.25；四周边线上的交点（如图中 $A2$、$A3$、$A4$、$B1$、$C1$、$D1$ 等点，称为边点）各用到 2 次，令其权值均为 0.50；边线拐角的交点（如图中 $D4$ 点，称为拐点）各用到 3 次，令其权值均为 0.75；中间部分的交点（如图中 $B2$、$B3$、$B4$、$C2$、$D2$ 等点，称为中点）各用到 4 次，令其权值均为

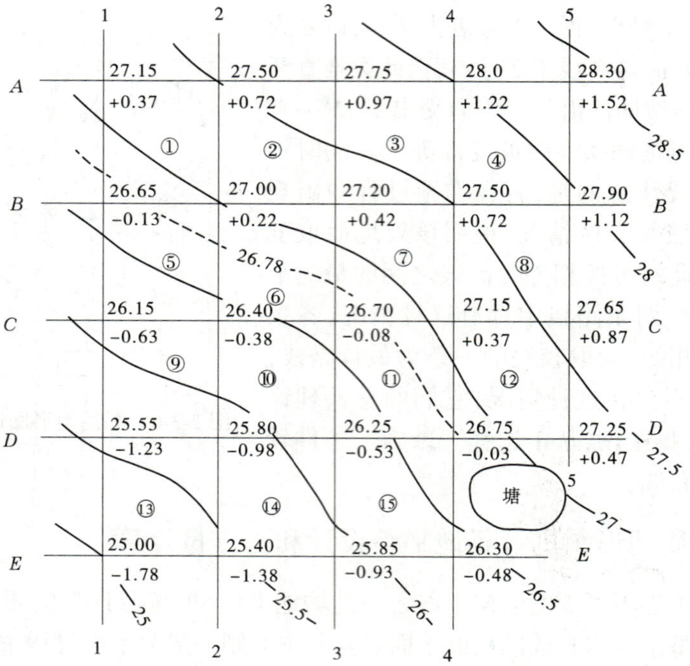

图 2-3-9 平整水平场地设计示意图

1.00,则有

$$零点高程\ H_0=\frac{\sum(P_i\times H_i)}{\sum P_i} \tag{2-3-5}$$

式中 H_i——各交点的地面高程;

P_i——各交点相应的权值。

按式(2-3-5)计算的结果与取各方格平均高程的平均值相同。

随后,在地形图上插绘出高程与零点相同的等高线,称为零线,即挖方、填方的分界线(图 2-3-9 中,虚线即为零线,其高程为算得的零点高程 26.78 m)。

3. 计算网格交点的挖深和填高

将每个方格交点的原有高程减去零点高程,即得该交点的挖深(差值为正)或填高(差值为负),注于图上相应交点的右下方(单位:m)。

4. 计算土方量

土方量的计算方法有方格法和等高线法。

1) 方格法

分别取每个方格交点挖深或填高的平均值与每个方格内需要下挖或上填的实地面积,计算各方格的挖方=下挖面积×平均挖深,填方=上填面积×平均填高,即得该方格的挖方量或填方量;分别取所有方格的挖方量、填方量之和,为全场的总挖方与总填方,汇总即得场地平整的总土方量。

方格法在计算每个方格的平均挖深、下挖面积或平均填高、上填面积时有三种情况：

第一种，无零线通过的全挖方格，如图 2-3-9 中的③、④号等方格，平均挖深就等于四个交点挖深的平均值，下挖面积就等于方格的实地面积。

第二种，无零线通过的全填方格，如图中的⑨、⑩号等方格，平均填高就等于四个交点填高的平均值，上填面积亦等于方格的实地面积。

第三种，有零线通过的方格，如图中的⑤、⑥号等方格，应将该方格分成下挖和上填两部分，分别计算其平均挖深、下挖面积和平均填高、上填面积，而在计算平均挖深和平均填高时应将零线与方格边线的交点视为两个“零点”（即其挖深和填高均为 0 的点）加以考虑。

如⑤号方格：下挖部分的平均挖深为　$+0.22\div 3=+0.07$(m)

上填部分的平均填高为　$-(0.13+0.63+0.38)\div 5=-0.23$(m)

而⑥号方格：下挖部分的平均挖深为　$+(0.22+0.42)\div 4=+0.16$(m)

上填部分的平均填高为　$-(0.38+0.08)\div 4=-0.12$(m)

至于方格内下挖和上填两部分的面积，若精度要求较高，则应对两部分分别进行面积量算；若精度要求较低，则可直接在图上估计两部分各占方格面积之比，如⑥号方格下挖和上填面积大致相等，各占方格面积的 1/2；而⑤号方格下挖部分约占方格面积的 1/8，上填部分约占方格面积的 7/8，再根据方格的实地面积按二者之比分别得出下挖和上填的实地面积。

显然，第一种方格仅计算挖方，第二种方格仅计算填方，第三种方格既有挖方也有填方，应分别计算。

2）等高线法

算得零点高程，并在图上内插零线后，分别量算零线及各条等高线与场地格网边界线所围成的面积（如果零线或等高线在图内闭合，则量算各闭合线所围成的面积），根据零线与相邻等高线的高差及各相邻等高线之间的等高距，分层计算零线与相邻等高线之间的体积及各相邻等高线之间的体积（最上一根等高线到山顶的体积，先计算最上一根等高线所围的实地面积 S，然后以山顶高程减去最上一根等高线的高程得高差 h，再按圆锥体的体积计算公式 $V=\frac{1}{3}Sh$ 计算），即可通过累加，分别计算出总的填方量和挖方量。

需要注意的是，原始地貌开挖并就地回填后，会产生一定的松散性，因此在根据填方和挖方平衡的原则进行平整场地设计时，应考虑将挖方量乘以适当的松散系数。

（二）整治成倾斜场地的设计和土方量计算

如图 2-3-10 所示，需将地形图范围内的原始地貌整治成通过原地面 A、B、C（图上相应为 a、b、c，高程分别为 152.3 m、153.6 m 和 150.4 m）三个特征点的倾斜平面的场地，其步骤如下所述。

1. 图上插绘设计面等高线

设计面的等高线就是整治成倾斜平面后的等高线，应为一组等间距的平行线。由于倾斜平面必须通过 a、b、c 三点，因此首先应在 ab、bc、ca 三条连线中任意一条上按比例内

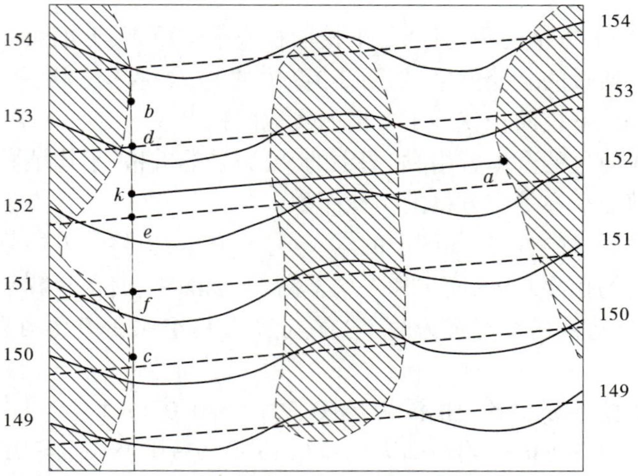

图 2-3-10　平整倾斜场地设计示意图

插出其间整米数的高程点,如在 *bc* 线上插得高程分别为 153 m、152 m 和 151 m 的 *d*、*e* 和 *f* 点。再在 *bc* 线上内插出与 *a* 点高程 (152. 3 m) 相等的点 *k*,连接 *ak* 即成为设计斜面上高程为 152. 3 m 的等高线。然后通过 *d*、*e*、*f* 点作 *ak* 的平行线,即得设计面上整米数的等高线 (图 2-3-10 中以虚线表示)。将 *bc* 线两端点向外延长,分别自 *d*、*f* 点起始截取与 *de* 等长的线段,并作 *ak* 的平行线,同样可得 *bc* 两端点以外的设计面等高线。

2. 绘制零线

找出设计斜平面等高线与原地貌相同高程等高线的交点,用平滑曲线连接起来,即得挖方与填方的分界线——零线 (即填、挖分界线)。

3. 计算图上任一点挖深或填高

先依据图上原等高线内插某点的实地高程,再依据设计斜面上等高线内插同一点的设计面高程,用实地高程减去设计面高程,即得该点的挖深 (差值为正) 或填高 (差值为负)。

4. 计算土方量

根据零线即可在图上绘制填方区 (图 2-3-10 中绘有斜线的部分) 和挖方区 (图 2-3-10 中其余的部分)。分别计算填方区的平均填高和挖方区的平均挖深,并量测填方区和挖方区的面积,即可分别算得总的填方量和挖方量。

四、利用纸质地形图确定汇水面积和计算水库库容

在水利工程的设计和施工中往往需要确定水坝修筑区域的汇水面积和计算水库库容,这些也可在地形图上进行。所谓汇水面积,就是坝址上游雨水汇集的面积,也就是分水线所包围的面积,如图 2-3-11 中虚线所围成的部分。显然,只要在坝址上游勾绘出分水线(即山脊线),然后对其包围的区域进行面积量算即可。因此,关键是分水线的勾绘必须正确,即分水线应通过山顶或鞍部的等高线的拐点、分水线应与等高线正交等,而汇水面积的边界线则由坝的一端起始,沿分水线,最后回到坝的另一端点,形成闭合环线。

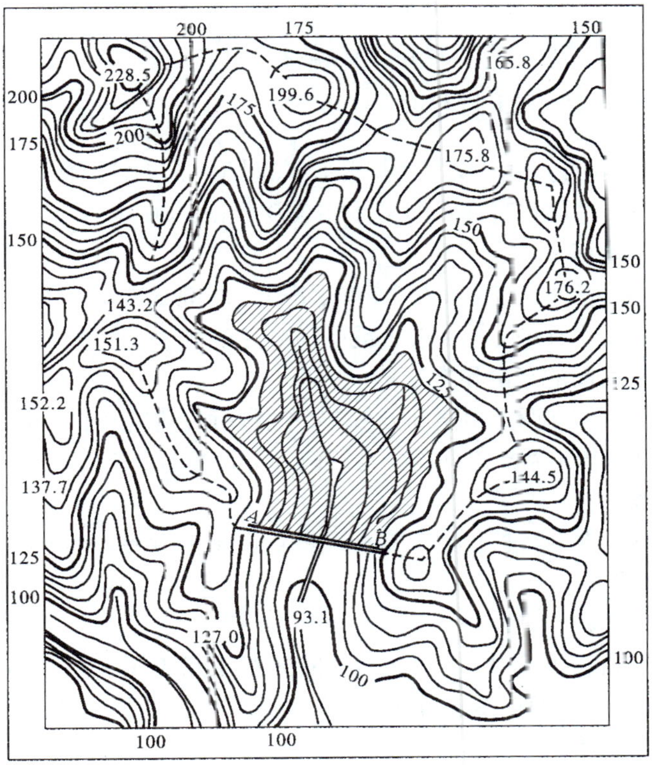

图 2-3-11　在地形图上确定汇水面积和水库库容

计算水库库容应事先知道水坝的溢洪道高程,即水库的设计水位。根据该水位确定水库的淹没线所围成的区域,如图 2-3-11 中的阴影部分,淹没区的蓄水体积即为水库的库容。计算时,应首先在地形图上逐一量算淹没线围成的面积 A_0、淹没线以下各等高线所围成的面积 A_i($i=1,2,3,\cdots,n$,为淹没线以下等高线的编号),然后根据地形图的等高距 h 及淹没线至其下第一根等高线的高差 h' 和最低一根等高线至库底的高差 h'',分别计算:

淹没线至其下第一根等高线之间的体积　　$V'=\dfrac{A_0+A_1}{2}\times h'$

各相邻等高线之间的体积　　$V_i=\dfrac{A_i+A_{i+1}}{2}\times h$　　($i=1,2,3,\cdots,n-1$)

最低一根等高线至库底的体积　　$V''=\dfrac{A_n}{3}\times h''$　　(因近似锥形,所以其分母为 3)

最后将所有体积累加即得水库的库容。

任务四　数字地形图在工程施工中的应用

技能目标:能在工程施工中应用数字地形图。

运行 CASS 软件,还可以将数字地形图应用于工程施工,包括通过数字地形图获取各种地形信息,建立数字地面模型(DTM),绘制纵、横断面图,计算面积,确定场地平整的填、挖边界和土方量计算以及进行道路工程量的计算等。

一、数字地形图基本要素查询

进入CASS主界面,点击"文件\打开已有图形",在"选择文件"对话框中点击"CASS2008\DEMO",选取并打开图形文件"STUDY.dwg"。

(一)查询点的坐标

选取"工程应用\查询指定点坐标"菜单,用鼠标左键点击图上指定点,即在左下角状态栏显示该点的X、Y坐标值 ,再点击右键可以重复查询。

(二)查询两点之间的距离和方位角

选取"工程应用\查询两点距离和方位"菜单,鼠标左键点击图上所要查询的两点,即在左下角状态栏显示指定两点之间的实地距离和方位角。

(三)查询线长

选取"工程应用\查询线长"菜单,鼠标左键点击图上所要查询的线段,即在左下角状态栏显示该线段的长度。

(四)查询实体面积

选取"工程应用\查询实体面积"菜单,鼠标左键点击图上所要查询实体的边界线(实体的边界线应闭合),即在左下角状态栏显示该实体的面积(单位:m^2)。

(五)计算地表面积

先在图上指定区域绘制闭合边界线,选取"工程应用\计算表面积"菜单,选择"根据图上高程点",用拾取框选择该边界线,输入边界插值间隔,默认值为20 m,系统将自动将边界线内的高程点连接并显示为带坡度的三角网(DTM),再通过每个三角形的面积累加,得到并在状态栏显示该指定区域内不规则地貌的面积。

二、纵断面图绘制

纵断面图可以根据高程点数据文件、等高线或三角网等生成。下面介绍由图上等高线绘制断面图的方法。

先在图上用复合线绘制断面方向线,点击"工程应用\绘断面图\根据等高线"指令,用拾取框选择所绘断面方向线,在弹出的对话框中输入横向比例尺(如1:1 000)、纵向比例尺(如1:200),在图上适当处拾取绘纵断面图左下角的位置(框内"断面图位置"处即显示其纵、横坐标),再对其他参数进行设置(如选取默认值),确定后即在屏幕上绘出如图2-3-12所示的纵断面图。

三、土方量计算

(一)方格网法计算土方量

方格网法计算土方量主要用于区域场地平整的土方量计算,即根据实地测定的地面点三维坐标和设计高程,通过生成方格网计算每个方格内的填、挖土方,再累计得到指定范围内总的填、挖方量,并绘制填、挖方分界线。

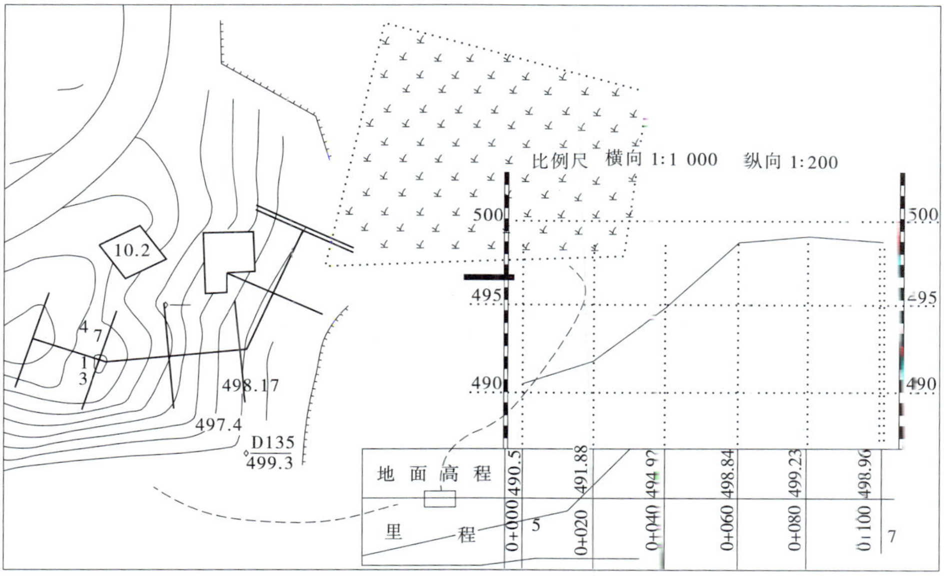

图 2-3-12 指定方向纵断面图

1. 建立高程点数据文件

用方格网法计算土方量时，除数字地形图外，还需要用到图上高程点的数据。此时，如果有与地形图相应的高程点数据文件，可以直接调入使用；如果没有与地形图相应的高程点数据文件，则需要从 CAD 的有关图层上导入高程点数据，建立相应的高程点数据文件，再调入使用。其步骤为：打开地形图文件，点击“工程应用\高程点生成数据文件\无编码高程点”菜单，在弹出的对话框中给新建的高程点数据文件定名并保存，在左下方命令行输入高程点数据所在层名，如“gcd”（凡 CASS 软件绘制的数字地形图的高程数据均置于 gcd 层中），回车后即将高程数据导入上述新建的高程点数据文件中。

2. 场地平整设计面为平面的操作步骤

首先在屏幕上用复合线画出平整场地的区域（应闭合），鼠标点击“工程应用\方格网法土方计算”，图上拾取所绘区域边界线，在弹出的对话框中选择上步建立的数字地形图相应的高程点数据文件，“设计面”选为“平面”，输入场地平整的设计目标高程（如 495 m）、方格的宽度（默认值为 20 m）等，确定后，命令行即显示场地的最小高程和最大高程、总填方量和总挖方量，同时在图上绘出方格网与挖、填方分界线，并给出每个方格填、挖方及每行挖方和每列填方的计算表（见图 2-3-13）。

3. 场地平整设计面为斜面的操作步骤

设计面为斜面时，其操作步骤与平面时的不同在于方格网土方量计算对话框中的“设计面”选择“斜面[基准点]”或“斜面[基准线]”，如果选“斜面[基准点]”，需要确定坡度、基准点，并点取向下方向上的一点（即指定斜坡设计面向下的方向），以及基准点的设计高程；如果选“斜面[基准线]”，需要输入坡度，并点取基准线上的两个点，以及基准线向下方向上的一点（即指定基准线方向两侧低的一边），最后输入基准线上两个点的设计高程即可进行计算。

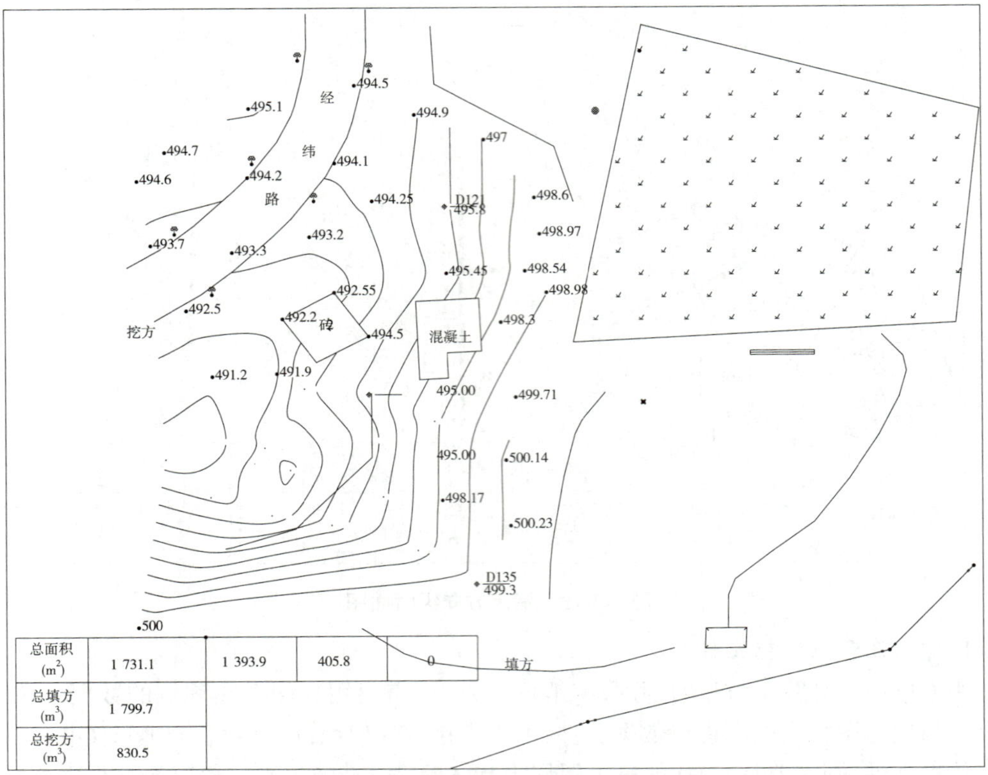

图 2-3-13　方格网法土方量计算成果

(二) DTM 法计算平整场地的土方量

DTM 法计算平整场地的土方量就是首先根据坐标文件或图上高程点在指定范围内建立三角网式的数字地面模型(DTM),再根据平整场地的设计高程,计算每个三棱锥的填、挖方量,最后累计得到指定范围内填、挖的土方量,并绘出填、挖分界线。

在图上操作时首先用复合线绘出需要计算土方的边界线,选取边界线(需闭合,但不要拟合),点取指令"工程应用\DTM 法土方计算\根据图上高程点",根据提示在图上拾取上步所绘边界线,在弹出的对话框中显示该区域面积,并设置平整场地需达到的标高(如为 495 m)、边界采样间距(默认值为 20 m),如选中处理边坡复选框,还要设置放坡的方式(平场高程高于地面高程为向下放坡,反之为向上放坡)及边坡的坡度值等,确定后图上即绘出所分析的三角网和填、挖方的分界线,状态行则显示挖方量和填方量。确定后,鼠标点击图上适当位置,即可在此处出现表格,其内容包括平整场地的面积和标高、最大高程、最小高程、填方量、挖方量和三角网图形(见图 2-3-14)。

(三) 区域平衡法土方量计算

所谓区域平衡法土方量计算,就是平整场地时,以指定范围内的平均高程作为场地平整的设计高程,使填、挖方分界线两侧的总填方与总挖方基本相等,从而大幅减少平整场地的成本。

首先在屏幕上用复合线画出平整场地的区域(应闭合),鼠标点击"工程应用\区域土

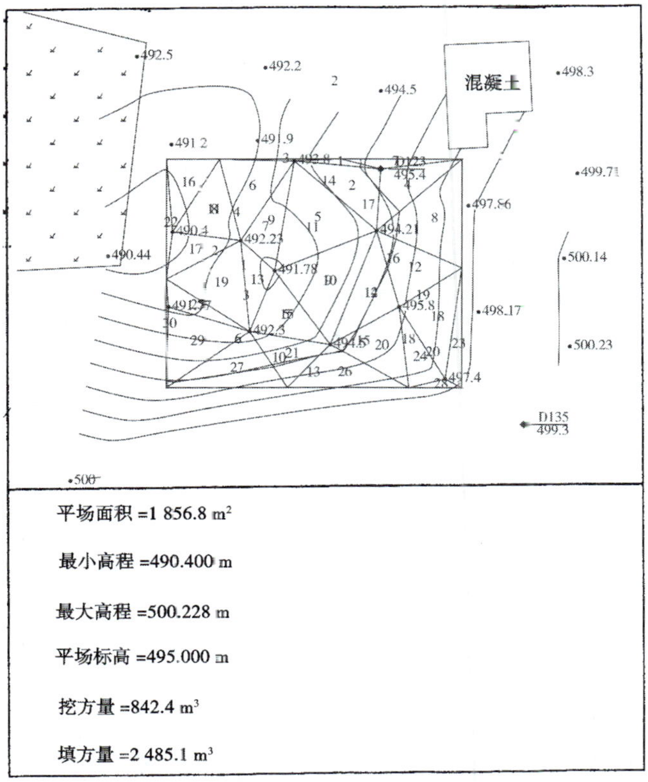

计算日期:2011 年 1 月 8 日　　　　计算人:

图 2-3-14　DTM 法土方量计算结果

方平衡\根据图上高程点”,图上拾取所绘区域边界线,输入边界插值间隔(默认值为 20 m)等,确定后,设置计算表的起始位置,回车即显示平整场地的土方平衡高度、挖方量、填方量的计算成果(见图 2-3-15)。

(四)断面法计算土方量

断面法计算土方量主要用于道路土方量计算,即根据图上指定的道路中心线和同一图件的高程数据文件,生成道路的里程文件,根据道路的纵、横断面和设计高程首先计算每两个相邻横断面之间的填、挖方量,再累计得出整条道路总的填、挖方量,其操作步骤如下。

1. 建立高程点数据文件

用断面法计算土方量时,除数字地形图外,还需要用到图上高程点的数据。此时,如果有与地形图相应的高程点数据文件,可以直接调入使用;如果没有与地形图相应的高程点数据文件,仍需要事先新建相应的高程点数据文件,其数据亦可自相应的图层(如 gcd 层)上导入,方法与上述“方格网法计算土方量”事先建立高程点数据文件相同。

2. 生成里程文件

所谓里程文件,就是由道路中线各里程桩及其横断面方向上的地形信息组成的数据文件,有关道路坡度设计及土方量的计算等工作都需要通过分析里程文件中的数据方可

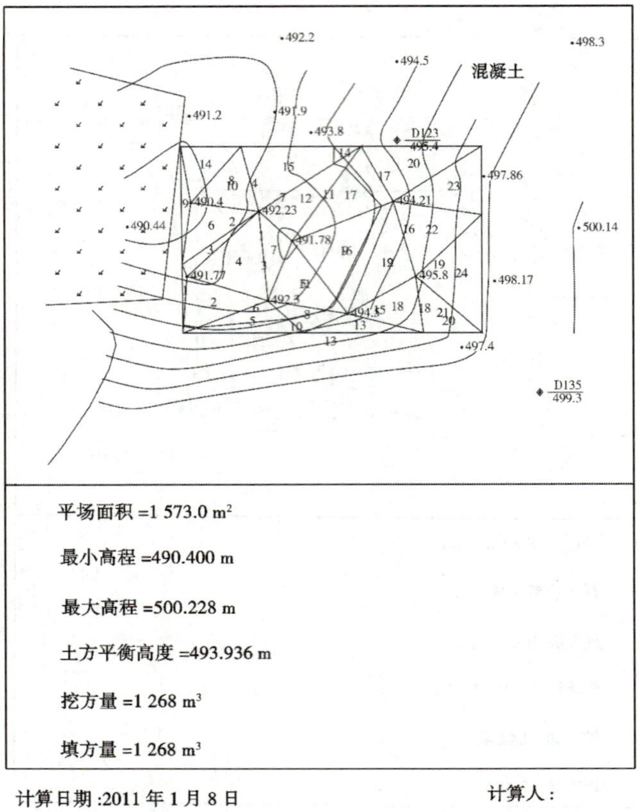

图 2-3-15　区域平衡法土方量计算结果

完成。生成里程文件的方法有多种,包括由纵断面线生成、由等高线生成、由三角网生成和由坐标文件生成。采用由图上纵断面线生成时,首先在图上用复合线绘制道路中心线,即纵断面线,然后点击"工程应用\生成里程文件\由纵断面线生成\新建"指令,用鼠标拾取所绘纵断面线,在弹出的对话框中设置"中桩点获取方式"(如选取"等分")、"横断面间距"(如 20 m)及"横断面左右边长度"(如均为 15 m),再点击"由纵断面线生成\生成",选取高程点数据文件为"DEMO\STUDY. dat",给里程文件定名(如为 DEMO\LI. hdm)和给对应的横断面数据文件定名(如为 DEMO\LI. dat),输入断面线插值间距为 20 m,起始里程为 0,确定后即将设置结果生成里程文件,并在图上沿纵断面线按设计位置绘制横断面线。

3. 选择土方量计算类型

鼠标点击"工程应用\纵断面土方计算\道路断面"指令,即选择道路断面为土方量计算的类型。

4. 设置道路设计参数

在出现的对话框中调入上述生成的里程文件,输入横断面的设计参数,包括"中桩设计高程"(如为 495 m)、"路宽"(如为 20 m)、"断面图比例"(如横向、纵向均为 1∶500)、

“行间距”(如为 40 mm)、“列间距”(如为 100 mm)、“每列断面个数”(如为 2 个),其他参数可用默认值。

横断面的设计参数也可以事先点击“工程应用\断面法土方计算\道路设计参数文件”,在弹出的参数设置表中,依次输入各桩的设计参数,包括各桩事先计算的中桩高程,给其定名并保存后,即可在此对话框中作为“横断面设计文件”调入。

断面参数设计完成后按“确定”,再在接着弹出的对话框中设置绘制纵断面图的纵、横向比例尺(如横向为 1∶1 000,纵向为 1∶200),在图上先后点击绘制纵断面图的起始位置和绘制横断面图的起始位置,其他参数均可用默认值,确定后即可在指定位置绘出道路的纵、横断面图。

5. 修改道路设置参数

按照以上设置的计算参数绘出的道路横断面均为给定的同一设计高程。若根据道路设计不同路段有不同的设计坡度 i 时,需要修改断面的设计参数,其方法是点击“工程应用\断面法土方计算\修改设计参数”指令,依提示逐一选择需要修改的横断面线,选设计线或地面线均可,在弹出的对话框中对“中桩设计高程”等参数进行修改,“确定”后即可对该断面按新的中桩高程重新计算;如果要修改已生成的部分实际断面线,可以点击“工程应用\断面法土方计算\编辑断面线”指令,依提示逐一选择需要修改的横断面线,选设计线或地面线均可(但供修改的参数有所不同),在弹出的对话框中直接对断面参数进行修改;如果还要修改已生成的部分断面线的里程,可以点击“工程应用\断面法土方计算\修改断面里程”指令,依提示逐一选择需要修改的横断面线,选设计线或地面线均可,在其断面号后面输入新的里程即可。

6. 计算工程量

鼠标点击“工程应用\断面法土方计算\图面土方计算”指令,拖框选择所有参与计算的道路横断面图,在屏幕适当位置点击鼠标指定“土石方计算表”左上角位置,回车后屏幕自动绘出土方计算成果表。在数字地形图上加绘纵、横断面图和土方计算的成果如图 2-3-16 所示。

(五)等高线法计算土方量

此功能可根据数字地形图上的等高线计算土方量,但所选等高线必须闭合。由于数字地形图 STUDY. dwg 所含闭合等高线数量太少,不能用于土方量计算,因此下面选择根据系统自带的另一坐标文件“C:\CASS2008\DEMO\DGX. . DAT”,绘制地形图 DGX. dwg(绘制方法参见模块二项目二任务三地形图数字测绘之内业成图),再根据图中的等高线计算土方量,其操作步骤为:

打开图形文件 DGX. dwg(见图 2-3-17(a)),点取“工程应用\等高线法土方计算”,依屏幕提示选择参与计算的闭合等高线(可以逐条等高线点取,也可以按住鼠标左键拖框选取),输入最高点高程(也可以直接回车,不考虑最高点),然后在图上空白区域点击鼠标右键,指定计算表格左上角位置,即可在此处显示根据等高线计算土方量的成果(包括每条等高线围成的面积、两条相邻等高线之间的土方量及总的土方量等(见图 2-3-17(b))。

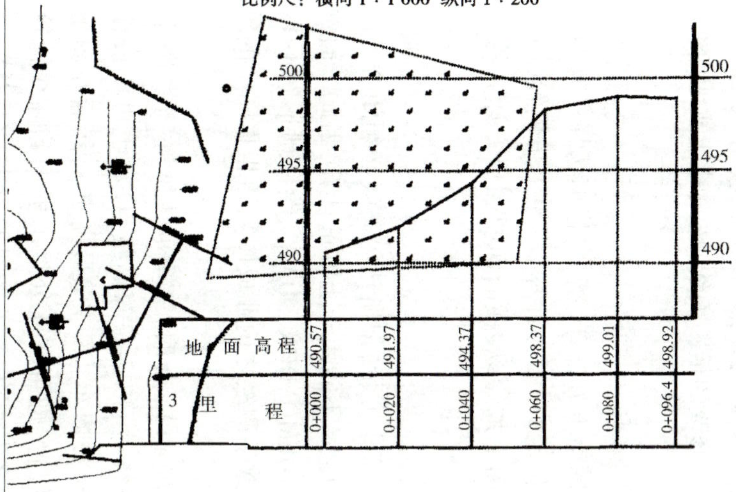

土石方数量计算表

里程	中心高 (m)		横断面面积 (m^2)		平均面积 (m^2)		距离	总数量 (m^2)	
	填	挖	填	挖	填	挖	(m)	填	挖
K0+0.00	4.43		88.80	0.00					
					70.38	0.00	20.00	1 407.72	0.00
K0+20.00	3.03		52.18	0.00					
					28.90	2.06	20.00	578.09	41.25
K0+40.00	0.63		5.63	4.12					
					2.82	46.57	20.00	56.32	931.38
K0+60.00		3.37	0.00	89.01					
合计								2 042.13	972.63

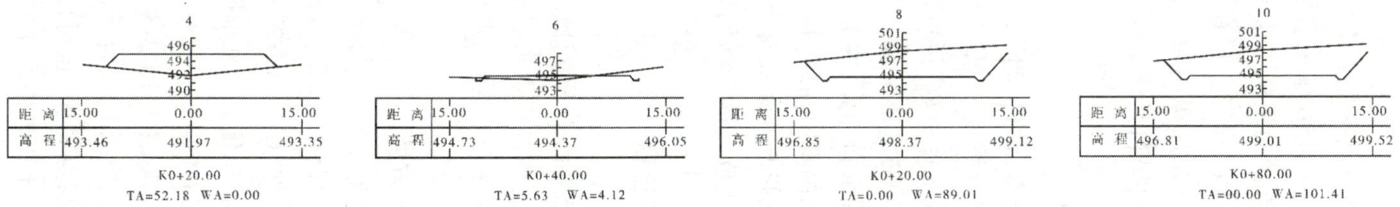

图 2-3-16 在地形图上加绘道路纵、横断面图和土方量计算结果表

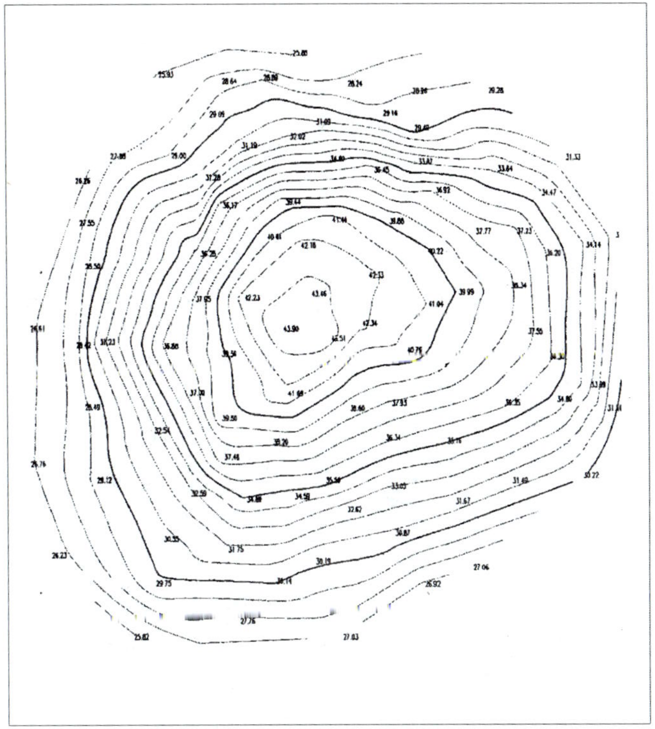

(a)DGX.dwg

计算日期:2011年1月8日　　　　　　　　　　计算:

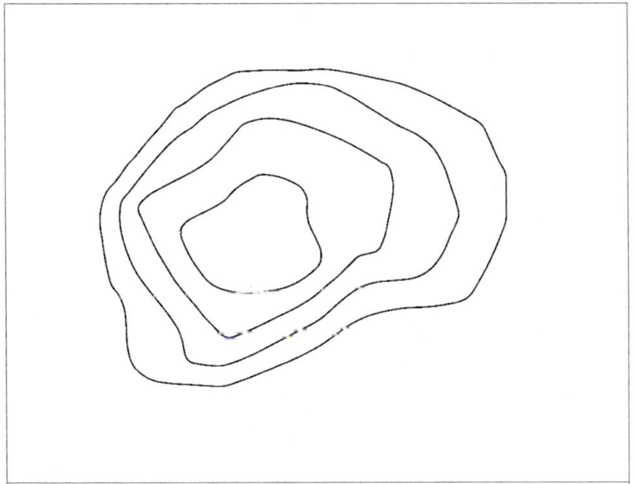

计算公式: $V=(A_1+A_2+\sqrt{A_1A_2})(h_2-h_1)/3$

$A_1(m^2)$	$h_2(m)$	$A_2(m^2)$	$h_1(m)$	$V(m^3)$
5 922.66	10.000	3 958.81	41.000	4 907.9
3 958.81	41.000	2 219.57	42.000	3 047.5
2 219.57	42.000	734.15	43.000	1 410.1
合计				9 365.5

(b)部分等高线土方计算结果

图 2-3-17　等高线法土方量计算结果

小　结

(1)地形图的基本应用包括在地形图上确定点的坐标、高程、直线的长度和方向及面积量算。在施工中的一般应用包括利用地形图绘制特定方向的纵断面图,利用地形图按给定坡度选定路线,利用地形图进行场地平整设计及在地形图上确定汇水面积和计算水库库容等。

(2)运用 CASS 软件在工程施工中应用数字地形图可以通过建立数字地面模型(DTM)绘制纵、横断面图,计算面积,确定场地平整的填、挖边界和土方量计算等。

复习题

1. 地形图上确定两点之间水平距离和方位角的直接量取法(即图解法)是指____,坐标反算法(即解析法)是指________________________________。

2. 地形图上量算面积可采用__________、__________和__________。

3. 施工中平整场地设计和土方量计算的步骤为________、________、________和________,计算土方的方法有________法和________法等。

练习题

1. 已知 1:1 000 地形图上量算得一多边形面积为 256.78 cm^2,可知该多边形的实地面积为________ m^2,合________市亩(m^2 和市亩的换算关系参见本书附录一)。

说明:本项目其他练习题及其解算见《工程测量技术实训指导》习题课三和习题课四。

思考题

1. 地形图应用中,何为解析法?何为图解法?哪一种精度更好?为什么?

2. 什么是纵断面图?和地形图相比较,纵断面图有何优点?绘制纵断面图时为何要将纵向比例尺较横向比例尺放大 10~20 倍?

3. 利用地形图进行整治水平场地的设计时,何为零线?如何计算零线高程?各桩点的挖深或填高如何计算?在按方格法计算其土方量时,各方格平均挖深、下挖面积或平均填高、上填面积及其土方量的计算分哪三种情况?如何分别考虑?等高线法计算土方量又如何进行?

4. 何为汇水面积和水库库容,如何利用地形图确定坝址上游的汇水面积和计算水库的库容?

5. 以工程实践为例,说明地形图在设计和施工中的作用。

6. 以工程实践为例,说明如何运用 CASS 软件在设计和施工中应用数字地形图。

项目四　点位测设

知识目标

施工测量的内容和特点，施工测量的基本测设和点位测设。

技能目标

能够使用普通测量仪器或全站仪，进行一般工程的点位测设和施工放样。

任务一　施工测量基本知识

知识要点：施工测量的特点，不同坐标系统的坐标转换，建筑施工图识读。

工程施工阶段所进行的测量工作称为施工测量。施工测量和地形测量一样，也应遵循程序上“从整体到局部”，步骤上“先控制后碎部”，精度上“由高级到低级”的基本原则，即必须先进行总体的施工控制测量，再以此为依据进行建筑物主轴线和细部的施工放样；二者的主要区别在于地形测量是将地面上地物和地貌的空间位置及几何形状测绘到图纸上，而施工测量则相反，是将图纸上设计建筑物的空间位置和几何形状测设到地面上。

由于各种工程中建筑物和构筑物的种类繁多，形式不同，因此施工测量的内容丰富、特点各异。如工业企业根据其规模大小，常以建筑方格网或建筑基线作为施工控制，而一般的城市建设和道路施工，则以导线测量或新型的 GPS 网建立施工控制；一般的建筑物放样侧重于特征点的平面位置和高程的测设，道路放样偏重于曲线的标定，而矿山、地铁等工程的施工测量则着重于隧洞的贯通等。尽管如此，施工测量所依据的原理、使用的仪器及常用的方法和一般的测量工作基本上都是相同的。如使用的仪器仍是水准仪、经纬仪和全站仪，常用的方法仍是导线测量、极坐标测量和交会测量，施工放样的实质仍是确定点的空间位置，其测量要素仍是角度、距离和高差等，只不过在放样时，确定点的空间位置及其测量要素由测定改为测设，即在实地通过测设角度、距离或高差将建筑物特征点的位置测放出来。

施工测量的精度也应遵循“由高级到低级”的原则，即先建立高精度的控制网，再以此为基础进行一般精度的施工放样。但有些工程放样时要求的相对精度高于绝对精度，如大型建筑的构件吊装和设备安装，其细部放样的精度甚至高于控制网的精度；而有些工程的施工测量在不同方向上的精度要求也有所不同，如桥梁施工中对纵向精度要求较高，以保证钢梁的成功吊装，而隧道施工中则对横向精度有更高的要求，以保证隧洞的准确贯通。

施工测量依据的控制网一般属于统一的测量或地方坐标系，而待测设的建筑物特征点往往属于自身的建筑或设计坐标系，事先必须将它们化为同一坐标系的坐标，才能进行测设数据的计算，否则将导致放样错误。

施工测量前,应做好必要的准备工作。首先应正确识读建筑施工图,熟悉有关建筑物的各种设计图纸和施工图纸,包括总平面图、建筑平面图、基础平面图、基础详图及建筑物的立面图和剖面图等,弄清建筑物有关轴线的平面位置和相互关系,基础的形式、尺寸和标高,以及建筑物细部的具体位置和高程;其次应到现场进行踏勘,根据施工控制网的布网形式和施工场地的地形条件,拟定出各个工程建筑物适宜的测设方案,计算具体的测设数据,并绘制有关的测设草图等。

施工放样是工程施工的指导和依据,施工放样之后大规模的岩土开挖或钢筋混凝土浇筑将随之展开,放样稍有不慎,将给工程质量造成大的危害甚至严重损失。因此,测设数据的反复校核,放样作业的高度认真,以及严格执行规范的精度要求,是保证施工放样准确无误和后续工程顺利实施的前提,必须高度重视。

施工测量不仅贯穿于施工作业的始终,有些放样工作(如道路路基的放样、高层建筑的高程和平面位置的投测等)需反复进行,事前应编制完善的组织计划,以利执行;受施工场地条件和建筑材料堆放等的影响,测量工作会受到种种干扰和限制,应在作业中与施工人员密切配合,既保护好测量标志和测设点位,又保证作业仪器、人员的安全和放样工作的顺利进行。

任务二　基本测设

技能要点:能使用普通测量仪器和全站仪进行水平角、距离、高程、坡度等基本测设。

施工测量的实质就是依据测量控制点,将设计建筑物特征点的空间位置在实地测设出来,而点位的测设一般需要通过角度、距离或高程的测设得以实现。因此,水平角测设、距离测设和高程(包括坡度)的测设为施工测量中的基本测设。

一、水平角测设

水平角测设就是将设计所需的角度在实地标定出来。此时,一般首先需要有一已知边作为起始方向,然后使用经纬仪(或全站仪)在实地标出角度的终边方向。

(一)经纬仪测设水平角

如图 2-4-1(a)所示,要求自控制点 O、A 起始,测设 $\angle AOB=\beta$(已知角值),常用的方法为盘左、盘右取平均法。即在 O 点安置经纬仪,盘左,照准 A 点,置水平度盘读数为 $0°00'00''$,然后转动照准部,使水平度盘读数为角值 β,即可在其视线方向上标定 B'点;倒转望远镜成盘右,照准 A 点,读其平盘读数为 α,再转动照准部,使水平度盘读数为 $\alpha+\beta$,又可在其视线方向上标定 B''点,由于仪器和测量误差的影响,B'、B''两点一般不重合,取其中点 B,$\angle AOB$ 即为所需的 β 角。

经纬仪测设水平角还可以采用单测角度改正法。即先用盘左测设出 B'点,作为概略方向(见图 2-4-1(b)),然后按测回法测量 $\angle AOB'$(测回数视精度要求而定),并计算较差 $\Delta\beta''=\beta-\angle AOB'$,与此同时,用钢尺丈量 OB'的长度 l,得改正数 δ

$$\delta = l\frac{\Delta\beta''}{\rho''} \tag{2-4-1}$$

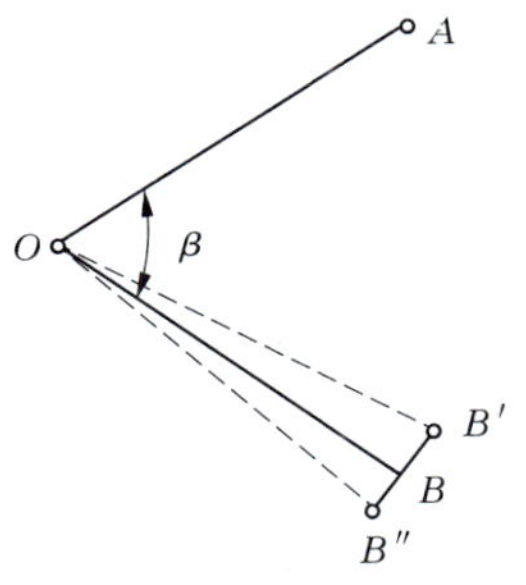

(a)盘左、盘右取平均法

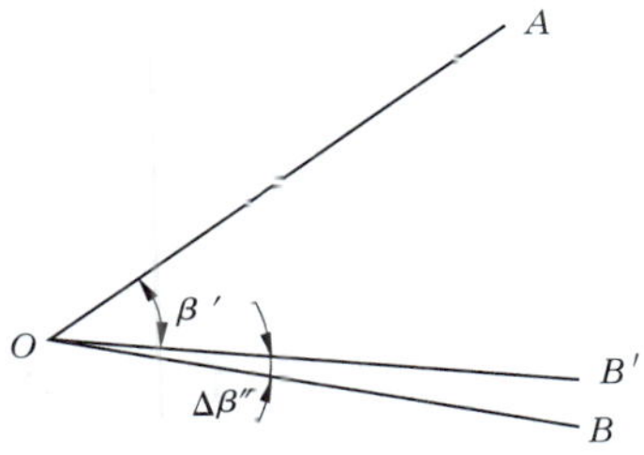

(b)单测角度改正法

图 2-4-1　水平角测设的两种方法

式中　$\rho''=206\ 265''$。

式(2-4-1)中,若 δ 为正,说明 $\angle AOB'$ 偏小,沿 OB' 的垂线方向顺时针量取 δ 定出 B 点;反之,逆时针量取 δ 定出 B 点,$\angle AOB$ 即为经过改正的 β 角。

一般,后一种方法的精度优于前一种方法。

(二)全站仪测设水平角

全站仪测设水平角的方法和经纬仪测设法相同。在已知 O 点安置全站仪,首先使仪器照准后视 A 点（即零方向),将平盘读数置零,然后转动照准部使其显示水平角 HR 为设计角值 β,在此方向上竖立标钎（或棱镜杆),标定出 B 点,$\angle AOB$ 即为设计角度 β。可以测设 2~3 次,取其平均位置,以便使测设结果更为可靠。

全站仪测设水平角还可采用另一种方法,即使其进入放样测量模式,输入所需测设的角值 β,并自零方向始,在大致等于 β 角度的方向上竖立棱镜杆于 B' 点,然后照准后视 A 点使平盘读数置零,转动照准部照准棱镜杆,屏幕即可显示 B' 点所在方向与所需测设的水平角之差 $\mathrm{d}\beta$,再根据该显示差值 $\mathrm{d}\beta$ 沿与 OB' 相垂直的方向向左或向右移动棱镜杆,直至显示差值为零,即可标定测设水平角的所在位置 B 点(见图 2-4-2,参见《工程测量技术实训指导》附录二:南方测绘 NTS-312 型全站仪使用简要说明)。

二、水平距离测设

水平距离测设就是将设计所需的长度在实地标定出来。一般需要从一已知点出发,沿指定方向量出已知距离,从而标定出该距离的另一端点。量距既可用钢尺也可以用全站仪。

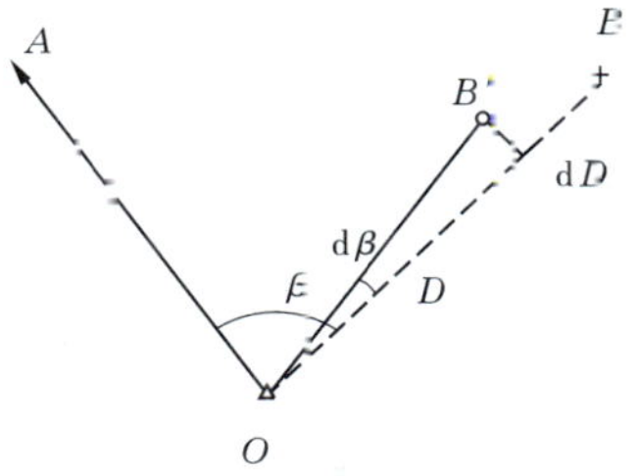

图 2-4-2　全站仪测设水平角和水平距

(一)钢尺测设水平距离

如图 2-4-3(a)所示,设 A 为已知点,需在地面 AB 方向上将设计的水平距离 D 测设出来。其方法是将钢尺的零点对准 A 点,沿 AB 方向拉平钢尺,在尺上读数恰好为 D 处插下测钎或吊垂球,定出 B' 点,再重复测设 2~3 次,取其平均位置 B 点,即得测设距离 AB。

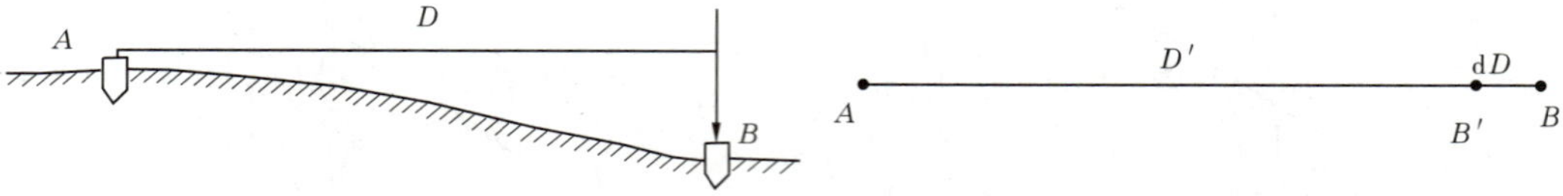

(a)钢尺量距测设　　(b)测设距离改正

图 2-4-3　钢尺量距测设水平距离

若测设距离的精度要求较高,应对钢尺丈量的距离按精密量距的要求,施加尺长、温度和倾斜改正,再将改正后的距离 D' 与所需测设的水平距离 D 进行比较,得较差 $\mathrm{d}D=D'-D$。若 $\mathrm{d}D$ 为正,说明丈量距离长于所需距离,应沿 AB 向内平移 $\mathrm{d}D$;反之,应沿 AB 向外平移 $\mathrm{d}D$,以对测设距离加以改正（见图 2-4-3(b)）。

(二)全站仪测设水平距离

如图 2-4-2 所示,在已知 O 点安置全站仪,使其进入放样测量模式,输入所需测设的水平距离,在 OB 方向上大致为设计水平距离 D 处,竖立棱镜杆,使望远镜照准棱镜中心,按测量键,屏幕即可显示棱镜所在位置与所需测设距离之差 $\mathrm{d}D$,然后根据该显示差值沿 OB 方向向内或向外移动棱镜杆,直至显示差值为零,即可标定测设距离的所在位置（南方测绘 NTS-312 型全站仪距离放样操作流程如表 2-4-1 所示。参见《工程测量技术实训指导》附录二:南方测绘 NTS-312 型全站仪使用简要说明）。

表 2-4-1　南方测绘 NTS-312 型全站仪距离放样操作流程

操作流程	操作	显示
①在距离测量模式下按 P1↓ 键,进入第 2 页功能	P1↓	PSM -30 PPM 4.6 V　:　95° 30′ 55″ HR: 155° 30′ 20″ SD:　　156.320　m 测量　模式　S/A　P1↓ 偏心　放样　m/ft　P2↓
②按 放样 键,显示出上次设置的数据	F2	PSM -30 PPM 4.6 距离放样 HD:　0.000　m 回退　平距　高差　斜距
③通过按 F2 ~ F4 键选择测量模式 F2 :平距(HD), F3 :高差(VD), F4 :斜距(SD) 例:斜距	F4	PSM -30 PPM 4.6 距离放样 SD:　0.000　m 回退　平距　高差　斜距

续表 2-4-1

操作流程	操作	显示
④输入放样距离,回车确认	输入 350 ENT	PSM -30 PPM 4.6 距离放样 HD: 350 m 回退 平距 高差 斜距
⑤照准目标(棱镜)测量开始,显示: dHD=实测距离-放样距离	照准 P	PSM -30 PPM 4.6 V : 95° 30′ 55″ HR: 155° 30′ 20″ dHD: -10.25 m 测量 模式 S/A P1↓
⑥移动目标棱镜,直至距离差 dHD=0 m		PSM -30 PPM 4.6 V : 95° 30′ 55″ HR: 155° 30′ 20″ dHD: 0.000 m 测量 模式 S/A P1↓

三、高程测设

高程测设就是将设计所需的高程在实地标定出来。一般采用的仍是水准测量的方法。

(一)视线高程测设法

如图 2-4-4 所示,为测设 B 点的设计高程 H_B,安置水准仪,以水准点 A 为后视(设其高程为 H_A),由其标尺读数 a,得视线高程 $H_1=H_A+a$,则前视 B 点标尺的读数应为 $b=H_1-H_B$,然后在 B 点木桩侧面上下移动标尺,直至水准仪视线在尺上截取的读数恰好等于 b,在木桩侧面沿尺底画一横线,即为 B 点设计高程 H_B 的位置。若此时 B 点标尺的读数与前视应有读数 b 相差较大,则应实测该木桩顶的高程,然后计算桩顶高程与设计高程 H_B 的差值(若差值为负,相当于桩顶应上填的高度;反之,相当于桩顶应下挖的深度),在木桩上加以标注说明。

(二)上下高程传递法

在需要测设建筑物上部的标高,或测设基坑底部的标高时,就需要进行上下高程的传递。高程传递一般是使用两台水准仪,再借助吊挂的钢尺,在上下部同时进行水准测量。图 2-4-5(a)所示为将地面水准点 A 的高程传递到基坑底面的临时水准点 B 上。在坑边的支架上悬挂经过检定的钢尺,零点在下端,尺端挂有 10 kg 重锤,为减少摆动,将重锤放入盛有废油或水的桶内。在地面和坑内同时安置水准仪,分别对 A、B 两点上的标尺和钢尺读取读数 a_1、b_1、a_2、b_2,则 B 点高程为

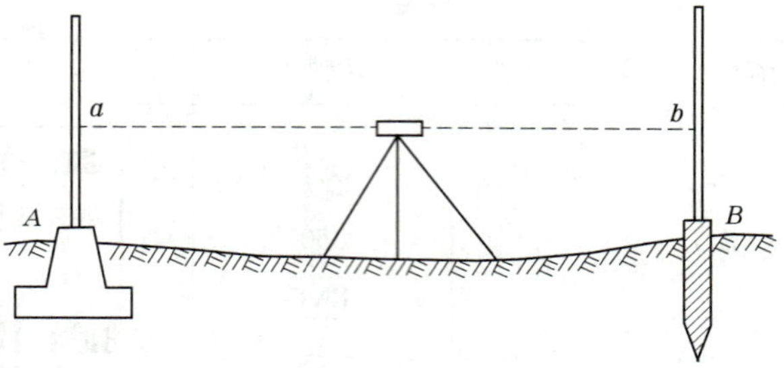

图 2-4-4　高程测设

$$H_B = H_A + a_1 - b_1 + a_2 - b_2 \qquad (2\text{-}4\text{-}2)$$

H_B 测定后，即可以 B 为后视点，测设坑底其他待测高程点的设计高程。

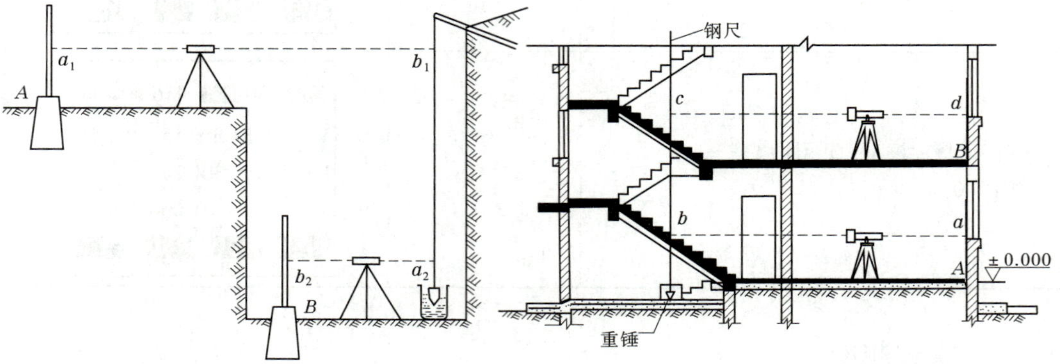

(a)由地面向基坑底面传递　　(b)由地面向高层楼板传递

图 2-4-5　高程传递

图 2-4-5(b)所示为将地面水准点 A 的高程传递到高层建筑物的各层楼板上，方法与上述相似，可在吊挂钢尺长度允许的范围内，同时测定不同层面临时水准点的标高。其第 i 层临时水准点 B_i 的高程为

$$H_{Bi} = H_A + a - b_i + c_i - d \qquad (2\text{-}4\text{-}3)$$

H_{Bi} 测定后，即可再以 B_i 为后视点，测设该层楼面上其他待测高程点的设计高程。

(三)全站仪测设高程

在已知 O 点安置全站仪，使其进入放样测量模式，输入测站点的高程、仪器高、所需测设点的高程和棱镜高，在测设点上竖立棱镜杆，使望远镜照准棱镜中心，按测量键，屏幕即可显示测设点的地面高程与所需测设高程之差 dz，然后根据该差值上下改变棱镜杆底部的高度，直至显示差值为零，即可标定测设点高程的位置（参见《工程测量技术实训指导》附录二：南方测绘 NTS-312 型全站仪使用简要说明）。

四、坡度测设

在道路、管线等工程中，往往需要测设路面或管道底部的设计坡度线。若设计坡度不大，可采用水准仪水平视线法；若设计坡度较大，可采用经纬仪倾斜视线法。

(一)水平视线法

如图 2-4-6 所示,A 为设计坡度线的起始点,其设计高程为 H_A,欲向前测设设计坡度为 i 的坡度线。自 A 点起,每隔一定距离 d(如取 $d=10$ m) 打一木桩。在 A 点附近安置水准仪,读取 A 点标尺读数 a,然后依次在各木桩(桩号 $j=1,2,3\cdots$)立尺,使各点自水准仪水平视线向下的读数分别为 b_j,其计算公式为(注意:设计坡度 i 本身有正或负号)

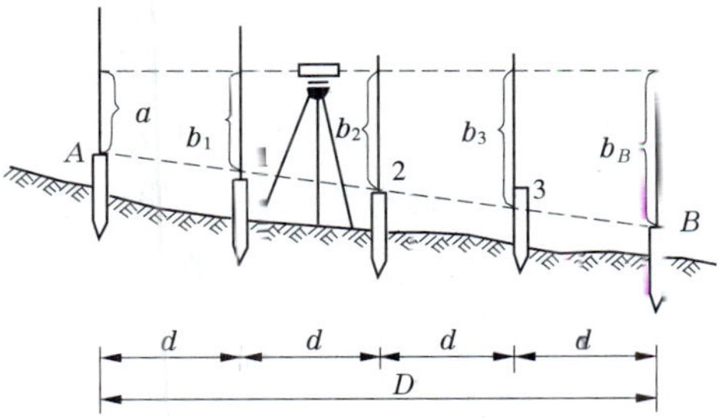

图 2-4-6　水平视线测设坡度线

$$b_j = a - j \times d \times i \tag{2-4-4}$$

然后,在木桩侧面沿标尺底部标注红线,即为设计坡度线的所在位置。各桩红线位置的设计高程分别为

$$H_j = H_A + j \times d \times i \tag{2-4-5}$$

该法具体施测方法和算例参见本教材 P241 练习题第 2 题。

(二)倾斜视线法

如图 2-4-7 所示,由 A 向 B 点测设设计坡度为 i 的坡度线。首先分别按设计坡度 i 在 A、B 两点上测设出设计高程 H_A 和 H_B 的所在位置。其 B 点高程为

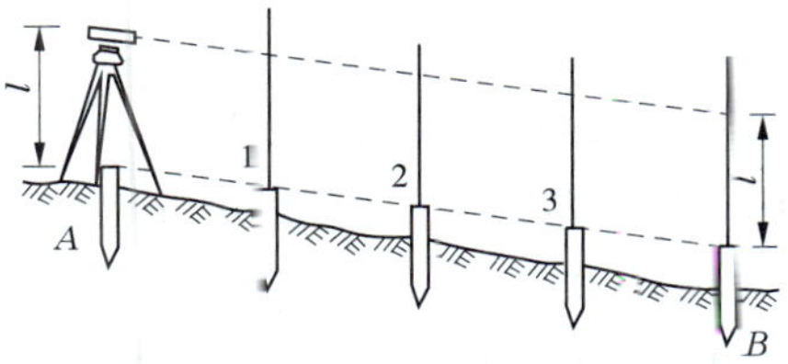

图 2-4-7　倾斜视线测设坡度线

$$H_B = H_A + D_{AB} \times i \tag{2-4-6}$$

式中　D_{AB}——AB 的水平距离。

在 A 点安置经纬仪,量取仪器高 l,然后使仪器的一个脚螺旋位于 AB 的方向上,另两个脚螺旋的连线大致与该方向相垂直。在 B 点立尺,转动经纬仪在 AB 方向上的脚螺旋,使 B 点标尺的读数正好等于仪器高 l,此时经纬仪的视线即与设计坡度线相平行。依次在各木桩(桩号 $j=1,2,3\cdots$,间距均为 d)立尺,使各点自经纬仪倾斜视线向下的读数均为仪器高 l,在木桩侧面沿标尺底部标注红线,即为设计坡度线的所在位置。各桩红线位置的设计高程计算仍见式(2-4-5)。

任务三　点位测设

知识要点:点位测设的常用方法和应用场合,不同坐标系的坐标转换。

技能要点:能使用普通测量仪器和全站仪进行一般建筑物的点位测设。

点位测设包括其三维坐标的测设,而高程测设前面已述,本任务主要介绍测设点的平面位置的常用方法,以及测设点位的检核和测设点位时需要考虑的不同坐标系统的坐标转换。

一、点位测设常用方法

(一)直角坐标法

前已述及,建筑物及其相关位置比较规则的工业企业,常以方格网或建筑基线作为施

工控制,适于用直角坐标法进行建筑物特征点的测设。

如图 2-4-8 所示,A、B、C、D 为某施工方格网或建筑基线内相邻的角点,其坐标均已知,而 1、2、3、4 为某车间的特征点,其设计坐标也已知。以测设 1 点为例,首先计算 1 点相对 B 点的纵、横坐标增量 Δx_{B_1}、Δy_{B_1}

$$\left.\begin{aligned}\Delta x_{B_1} &= x_1 - x_B \\ \Delta y_{B_1} &= y_1 - y_B\end{aligned}\right\} \tag{2-4-7}$$

然后在 B 点安置经纬仪,照准 C 点,沿 BC 方向丈量 Δy_{B_1} 定出 E 点;再在 E 点安置经纬仪,作 BC 的垂线,沿该垂线方向丈量 Δx_{B_1},即可测设出 1 点的位置。为保证测设的精度,距离应往、返丈量,角度(即垂线方向)应用盘左、盘右取平均。

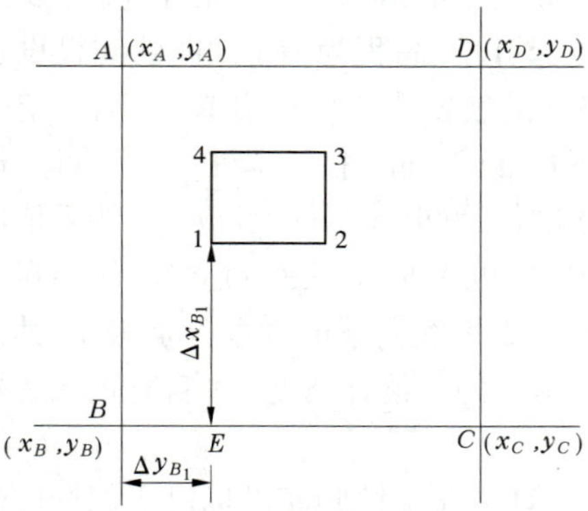

图 2-4-8　直角坐标法测设点位

(二)交会法

在不宜到达的场地适于用交会法进行点位的测设。常用的交会法为角度交会,使用测距仪或全站仪也可采用距离交会。

1. 角度交会

如图 2-4-9 所示为水上建筑施工中的点位测设。由于水上作业不宜到达,因此采用角度交会法。首先计算交会角。根据控制点 A、B、C 的坐标和水上建筑 P 点的设计坐标,通过坐标反算得方位角 α_{AP}、α_{BP} 和 α_{CP},再由控制点之间的已知方位角 α_{AB}、α_{BC}(及其反方位角 α_{BA}、α_{CB})和方位角 α_{AP}、α_{BP} 和 α_{CP} 计算待测设的交会角值

$$\left.\begin{aligned}\alpha_1 &= \alpha_{AB} - \alpha_{AP} \\ \beta_1 &= \alpha_{BP} - \alpha_{BA} \\ \alpha_2 &= \alpha_{BC} - \alpha_{BP} \\ \beta_2 &= \alpha_{CP} - \alpha_{CB}\end{aligned}\right\} \tag{2-4-8}$$

然后,即可在岸上控制点 A、B、C 同时安置经纬仪,分别测设交会角 α_1、β_1(或 α_2)和 β_2,从而在水上建筑施工面板上分别得到三条指向 P 点的方向线。该三条方向线理应交于一点,但由于测量误差,一般会交出一个小三角形,称为误差三角形。如果该三角形的边长不大于 4 cm,内切圆半径不大于 1 cm,则取内切圆的圆心作为 P 点的测设位置。在进行角度测设时,为了消除仪器的误差,均应采用盘左、盘右取平均的方法,而在拟定测设方案时,应注意使交会角 γ_1、γ_2 不得小于 30°或大于 120°。

2. 距离交会

如图 2-4-10 所示,先根据控制点 A、B、C 的坐标和 P 点的设计坐标计算待测设的交会距离

$$\left.\begin{aligned} D_{AP} &= \sqrt{(\Delta x_{AP})^2 + (\Delta y_{AP})^2} \\ D_{BP} &= \sqrt{(\Delta x_{BP})^2 + (\Delta y_{BP})^2} \\ D_{CP} &= \sqrt{(\Delta x_{CP})^2 + (\Delta y_{CP})^2} \end{aligned}\right\} \quad (2\text{-}4\text{-}9)$$

然后,即可在控制点 A、B、C 同时安置测距仪或全站仪,在施工面板上安置反射棱镜,分别测设距离 D_{AP}、D_{BP} 和 D_{CP},交出误差三角形,同样取其内切圆的圆心为 P 点的测设点位。

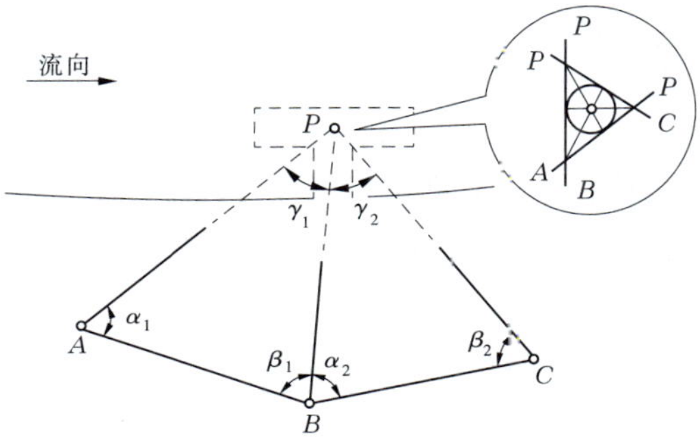

图 2-4-9　角度交会法测设点位

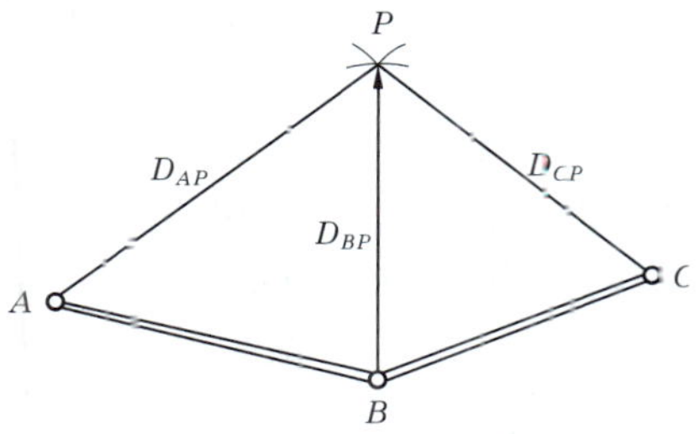

图 2-4-10　距离交会法测设点位

(三)极坐标法

极坐标法就是测设一个水平角和一条水平距离即可确定一个点位。由于控制网的形式可以灵活布置,测设的方法又比较简单,所以对一般施工场地的点位测设均适用。

如图 2-4-11 所示,以控制点 A 为测站、控制点 B 为后视,测设建筑物的特征点 P。同样,首先根据控制点坐标和 P 点的设计坐标,反算方位角,再计算需测设的水平角和水平距离,依据的公式为

$$\left.\begin{aligned} \alpha_{AB} &= \arctan\frac{y_B - y_A}{x_B - x_A} \\ \alpha_{AP} &= \arctan\frac{y_P - y_A}{x_P - x_A} \\ \beta &= \alpha_{AP} - \alpha_{AB} \\ d &= \sqrt{(x_P - x_A)^2 + (y_P - y_A)^2} \end{aligned}\right\} \quad (2\text{-}4\text{-}10)$$

然后,在 A 点安置经纬仪,以 B 点为零方向,测设水平角 β,定出 P 点的方向,再沿 AP 方向线测设水平距离 d,即可定出 P 的点位。

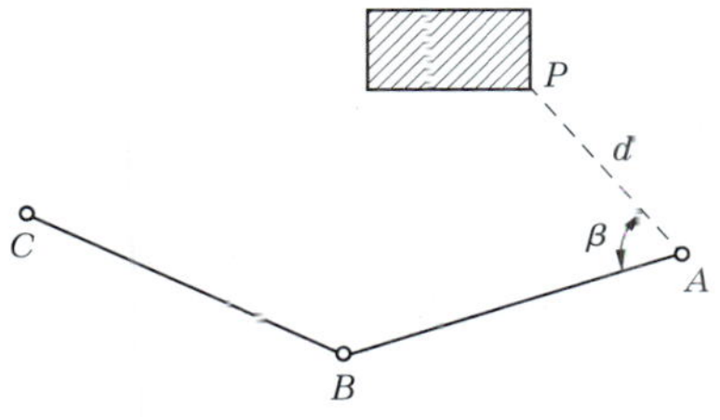

图 2-4-11　极坐标法测设点位

需要注意的是,在测设水平角 β 时,总是先将后视零方向的平盘读数配置为 0°00′00″,然后转动照准部使读数等于 β,由于水平度盘的读数为顺时针刻划,所以 β 角总是自零方向起,顺时针转向待测点位方向的角度,即其计算总是 $\beta=\alpha_{AP}-\alpha_{AB}$,若

算得的 β 角为负值,则应加上 360°。

(四)全站仪坐标法

在已知 A 点安置全站仪,使其进入放样测量模式,输入测站点的三维坐标、仪器高和后视点的三维坐标(也可直接输入后视方位角),同时输入待测设点的三维坐标及棱镜高(即目标高),再照准后视点作为零方向,将其水平度盘读数配置为后视方位角,全站仪会自动计算测设点位所需的水平角、水平距离和高差值,然后在待测设点的大致位置竖立棱镜杆,转动照准部照准棱镜中心,即可按前面介绍的全站仪测设水平角和水平距离的方法自动测设所需的水平角和水平距离,从而定出待定点的平面位置。屏幕上同时还显示棱镜杆的底端与待测设点设计高程之差值,从而据此在点位的木桩上标注出测设点设计高程的位置。

南方测绘 NTS-312 型全站仪坐标放样时的测站点、后视点设置与坐标测量的设置方法相同,放样点输入和测设的操作流程如表 2-4-2 所示(参见《工程测量技术实训指导》附录二:南方测绘 NTS-312 型全站仪使用简要说明)。

表 2-4-2　南方测绘 NTS-312 型全站仪坐标放样操作流程

步骤 1:坐标数据文件的选择

运行放样模式首先要选择一个坐标数据文件,用于测站以及放样数据的调用,同时也可以将新点测量数据存入所选定的坐标数据文件中。当放样模式已运行时,可以按同样方法选择文件。

<table>
<tr><th>操作过程</th><th>操作</th><th>显示</th></tr>
<tr><td>①由坐标放样菜单 2/2 按[F1](选择文件)键</td><td>[F1]</td><td>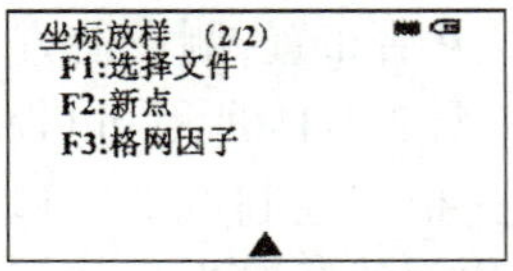

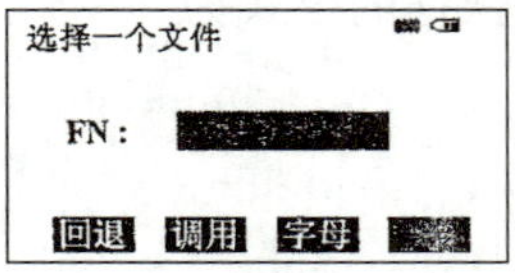
</td></tr>
<tr><td>②按[调用]键,显示坐标数据文件目录*</td><td>[调用]</td><td>
</td></tr>
<tr><td>③按[↑]或[↓]键可使文件表向上或向下滚动,选择一个工作文件**,按[ENT]键确认。返回到放样菜单(2/2)</td><td>[↑]
或
[↓]</td><td>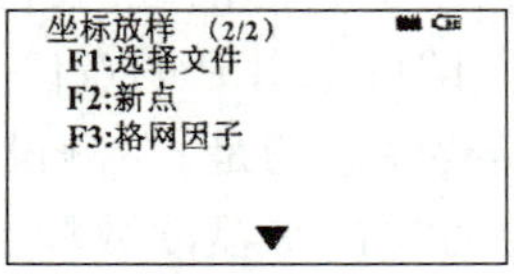
</td></tr>
</table>

* 表示如果要直接输入文件名,则按[输入]键,然后输入文件名。

* * 表示如果菜单文件已被选定,则在该文件名的右边显示一个 & 符号。

续表 2-4-2

步骤 2：设置测站点

设置测站点的方法有如下两种：

（1）调用内存中的坐标设置；

（2）直接键入坐标数据。

＊测站坐标保存在选择的坐标数据文件中。

例：调用已存储的坐标数据设置测站点

操作过程	操作	显示
①由坐标放样菜单（1/2）按 F1（输入测站点）键，即显示原有数据	F1	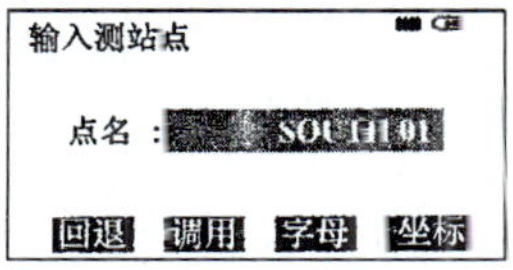
②输入点名，按 ENT 键确认	ENT	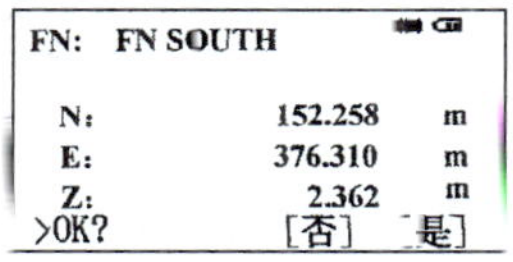
③按 是 键，进入到仪高输入界面	是	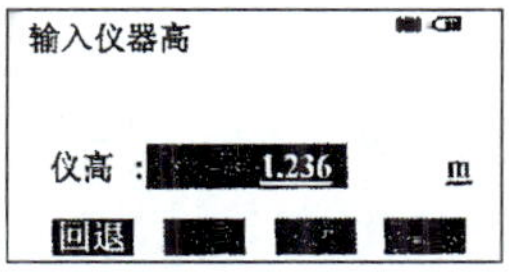
④输入仪器高，显示屏返回到放样菜单（1/2）	输入仪器高 ENT	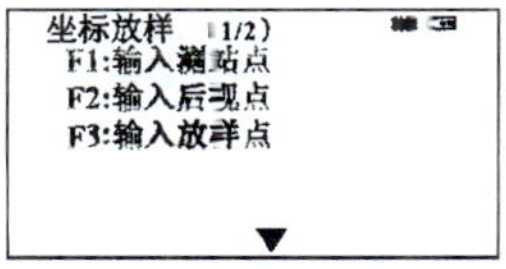

步骤 3：设置后视点

有如下三种后视点设置方法可供选用：

（1）利用内存中的坐标数据文件设置后视点；

（2）直接键入坐标数据；

（3）直接键入设置角。

每按一下 F4 键，输入后视定向角方法与直接键入后视点坐标数据依次变更。

续表 2-4-2

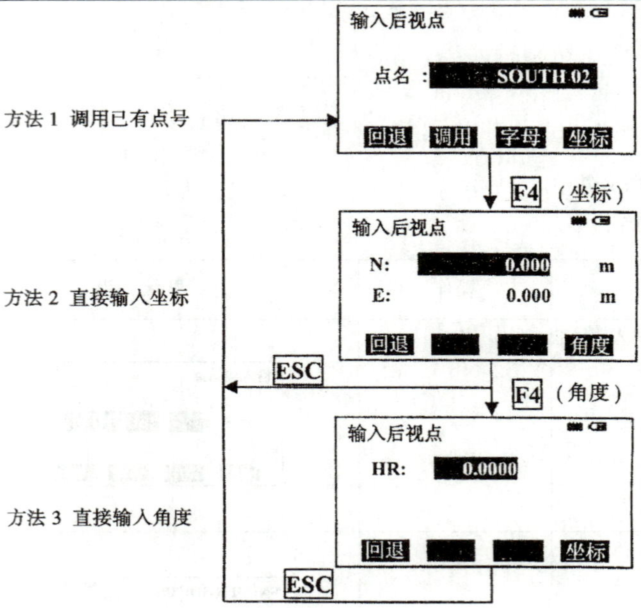

例:利用已存储的坐标数据输入后视点坐标

操作过程	操作	显示
①由坐标放样菜单按[F2](输入后视点)键	[F2]	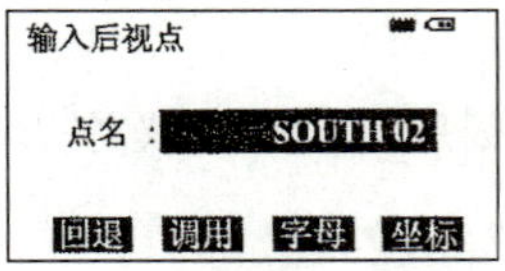
②输入点名,按[ENT]键确认	输入点名 [ENT]	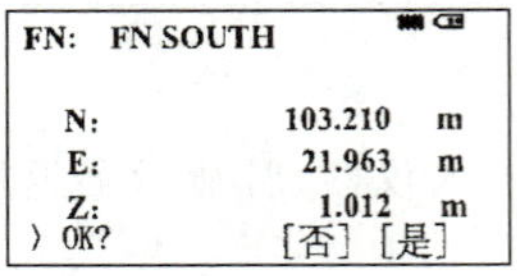
③按[是]键,仪器自动计算,显示后视点设置界面	[是]	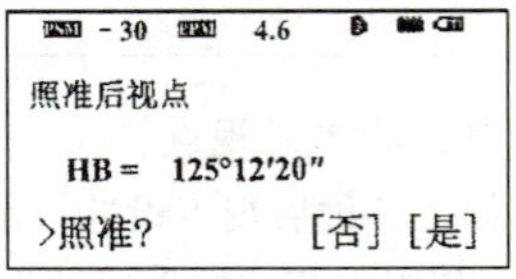
④照准后视点,按[是]键显示屏返回到坐标放样菜单(1/2)	照准后视点 [是]	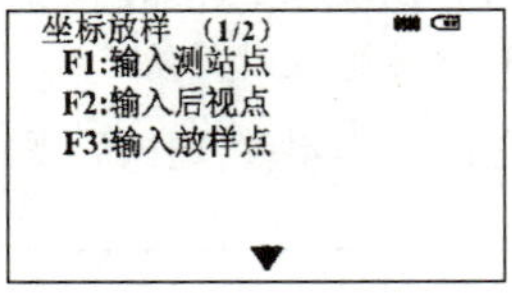

续表 2-4-2

步骤 4:实施放样

放样点位坐标的输入有两种方法可供选择:

(1)通过点号调用内存中的坐标值;

(2)直接键入坐标值。

例:调用内存中的坐标值

操作过程	操作	显示
①由坐标放样菜单(1/2)按[F3](输入放样点)键	[F3]	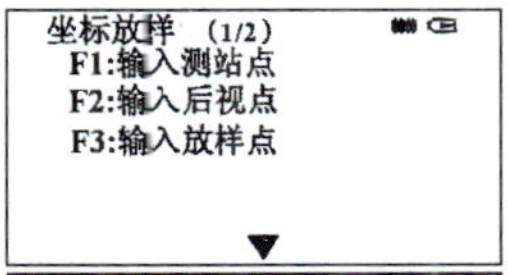 
②输入点名,按[ENT](回车)键,进入棱镜高输入界面	输入点名 [ENT]	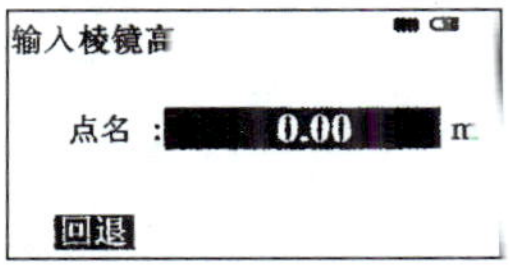
③按同样方法输入反射镜高,当放样点设定后,仪器就进行放样元素的计算。 HR:放样点的方位角计算值 HD:仪器到放样点的水平距离计算值	输入镜高 [ENT]	
④照准棱镜,按[继续]键 HR:放样点方位角 dHR:当前方位角与放样点位的方位角之差=实际水平角-计算的水平角 当 dHR=0°00′00″时,即表明放样方向正确	[继续]	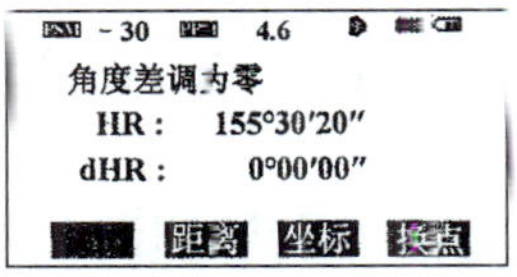
⑤按[距离]键 HD:实测的水平距离 dHD:对准放样点尚差的水平距离 dZ=实测高差-计算高差	[距离]	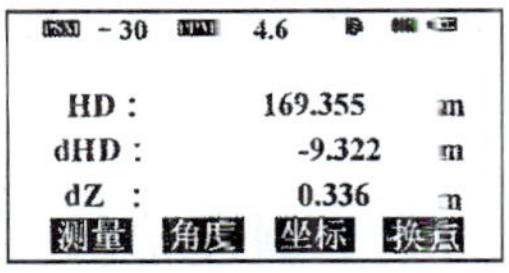
⑥按[测量]键进行精测	[测量]	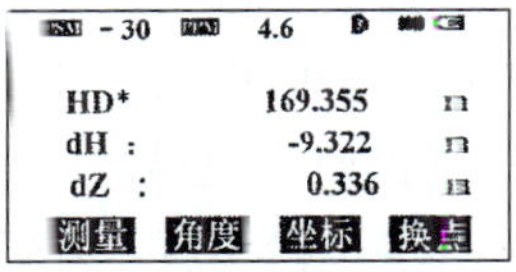

续表 2-4-2

操作过程	操作	显示
⑦当显示值 dHR、dHD 和 dZ 均为 0 时，则放样点的测设已经完成		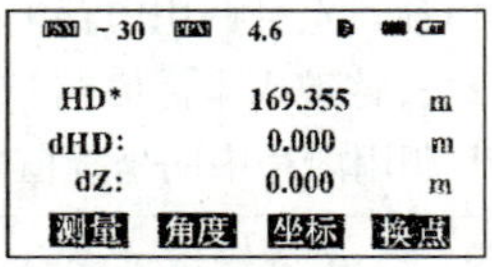 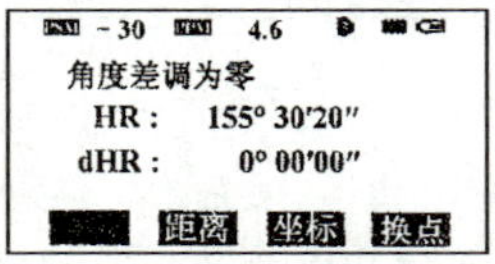
⑧按 坐标 键，即显示坐标值，可以和放样点值进行核对	坐标	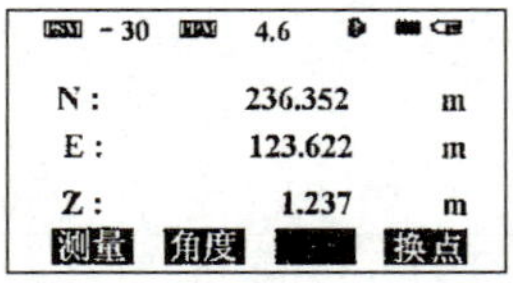
⑨按 换点 键，进入下一个放样点的测设	换点	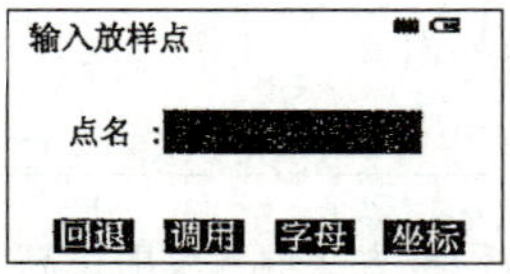

全站仪坐标法测设点位还可以采用自由设站的方法（参见模块一项目四任务四），即在待测设点的附近安置全站仪，首先测量测站点与至少两个控制点之间的水平角、边长和高差，根据控制点的三维坐标，自动解算出测站点的三维坐标，作为临时控制点。然后根据输入的待测设点的三维坐标、仪器高和棱镜高，自动进行点位平面位置和高程的测设。

全站仪坐标法测设点位平面位置的原理仍是极坐标法，测设点位的高程亦是传统的三角高程测量法，但利用全站仪自动、高效的优点，可使点位平面位置和高程的测设更加科学、快速和精确。采用自由设站的方法，可使点位的测设适应施工场地的特点，更加灵活、方便。

二、点位测设检核

为了保证点位测设的可靠性，除在测设前应对测设数据反复校核外，测设时，也应对测设的点位予以现场检核。检核的方法有绝对点位检核和相对点位检核。

（一）绝对点位检核

绝对点位检核就是对已经测设的点位，依据不同的控制点，重新计算测设数据，并进行现场测设，以便对原已测设的点位进行检核。

如图 2-4-11 所示，为检核 P 点测设的结果，可以控制点 B 为测站（前提是与 P 点通视）、控制点 C 为后视，根据控制点坐标和 P 点的设计坐标，重新计算测设数据 β_2 和 d_2（图上未标出），并在现场重新测放出 P 的点位。根据两次测设点位之差，即可对原有测设点位进行检核。

在使用交会法测设点位时（参见图 2-4-9 和图 2-4-10），实际上测设两个角度（或距离）已可交会出点位，而测设三个角度（或距离）其实质也是为了对测设结果进行绝对点位检核。

（二）相对点位检核

相对点位检核就是根据现场测设点位构成的几何图形，用钢尺和经纬仪测量邻点间的边长及邻边间的水平角，看其是否与几何图形边长和内角的设计值相吻合。如图 2-4-8 所示，车间四个角点为墙体主轴线的交点，显然构成矩形，其间的边长依据设计坐标反算可得，而四个内角均应为直角。将经纬仪分别安置在测设的四个角点上，检测四个内角与 90°之差；再用钢尺分别丈量四条边长，测得各边长与设计值之差，同样可对原有测设点位进行检核。

三、不同坐标系统的坐标转换

测设数据的计算在点位测设中具有举足轻重的作用，而依据控制点坐标和待测点坐标计算测设数据的前提是控制点坐标和待测点坐标必须属于同一坐标系统。常有的情况是控制点坐标由统一的测量系统测定，属于地方（或测量）坐标系，而待测点的坐标在建筑设计总图上确定，属于建筑（或设计）坐标系，这时就有必要首先进行坐标换算，将待测点的设计坐标化为测量坐标，方能用于依据控制点进行点位测设。

如图 2-4-12 所示，$AO'B$ 为建筑坐标系，设待测点 P 在其中的设计坐标为(A_P, B_P)；XOY 为地方坐标系，待测点 P 在其中的测量坐标应为(x_P, y_P)。又知建筑坐标系的原点 O'在地方坐标系中的坐标为$(x_{O'}, y_{O'})$（相当于建筑坐标系原点相对于地方坐标系原点的平移值），建筑坐标系的纵坐标轴在地方坐标系中的方位角为 α（相当于建筑坐标系纵轴相对于地方坐标系纵轴的旋转角），则将待测点 P 的设计坐标化为测量坐标的换算公式为

$$\left.\begin{aligned} x_P &= x_{O'} + A_P\cos\alpha - B_P\sin\alpha \\ y_P &= y_{O'} + A_P\sin\alpha + B_P\cos\alpha \end{aligned}\right\} \tag{2-4-11}$$

为检核转换结果的正确性，可反过来再将算得的 P 点的测量坐标化为设计坐标，其换算公式为

$$\left.\begin{aligned} A_P &= (x_P - x_{O'})\cos\alpha + (y_P - y_{O'})\sin\alpha \\ B_P &= -(x_P - x_{O'})\sin\alpha + (y_P - y_{O'})\cos\alpha \end{aligned}\right\} \tag{2-4-12}$$

式(2-4-11)和式(2-4-12)中的 $x_{O'}$、$y_{O'}$和 α 一般可在建筑物的总平面图或相关设计资料中查取。

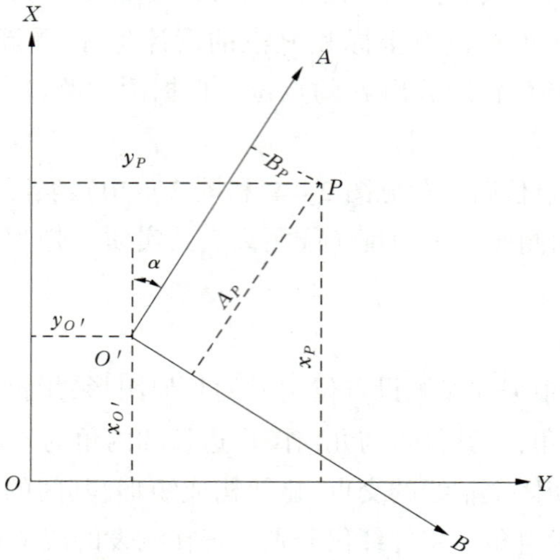

图 2-4-12　不同坐标系的坐标转换

小　结

(1)施工测量是将图纸上设计建筑物的空间位置和几何形状测设到地面上。施工测量和地形测量一样,也应遵循程序上“从整体到局部”,步骤上“先控制后碎部”,精度上“由高级到低级”的基本原则。

(2)施工测量中的基本测设为水平角测设、距离测设和高程(包括坡度)测设。

(3)测设点位的常用方法包括直角坐标法、交会法、极坐标法和全站仪坐标法,测设点位时需要考虑建筑坐标系和测量坐标系的坐标转换。

复习题

1. 施工放样的实质是____________________,其测量要素仍是______、______和______等,只不过在放样时,确定点的空间位置及其测量要素由______改为______。施工测量同样应遵循____的基本原则。

2. 施工测量中的基本测设是指______________、______________和______________。

3. 点位测设的常用方法有:__________,适用于______________________________;__________,适用于______________________________;______________,适用于______________________________。使用全站仪测设点位,可采用____________。

4. 如果建筑物的设计坐标和控制点的测量坐标不一致,必须进行____________,即将____________化为____________。

练习题

1. 已知水准点 A 的高程为 24.678 m，待测设的 B 点设计高程为 24.800 m，在 A、B 之间安置水准仪，读得 A 点上的后视读数为 1.422 m，问 B 点上标尺读数应为多少才能使其尺底位于该点的设计高程？

2. 施工道路上有 A、B、C、D、E 五点，间距均为 25 m（见图 2-4-13），已知 A 点的地面高程 $H_A=21.364$ m、设计高程 $H_{A设}=21.500$ m（见表 2-4-3），欲向 E 点测设一条 $i=-1\%$ 的坡度线，问 B、C、D、E 四点的设计高程是多少？用水准仪以水平视线法测设时，已知后视 A 桩点的标尺读数 a 为 1.458 m，前视各桩点的标尺读数分别为 $b_B=1.623$ m，$b_C=2.584$ m，$b_D=1.369$ m，$b_E=2.257$ m，问包括 A 点在内的五个桩点应下挖或上填的高度各为多少（下挖为+，上填为-）？

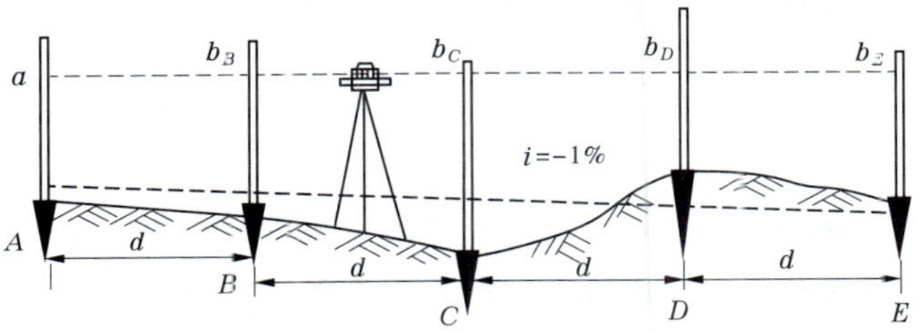

图 2-4-13　练习题 2 图

表 2-4-3　施工道路坡度测量计算

设计坡度　$i=-1\%$　　　点间距　25 m

点名	后视读数 a(m)	视线高 (m)	前视读数 b(m)	地面高程 (m)	设计高程 (m)	下挖(+)/上填(-) (m)
A	1.458			21.364	21.500	
B			1.623			
C			2.584			
D			1.369			
E			2.257			

3. 测设水平角 $\angle AOB$ 后，用经纬仪精确测其角值为 $90°00'48''$，已知 OB 长为 120 m，问 B 点在垂直于 OB 方向上应向内或向外移动多少距离，才能使 $\angle AOB$ 改正为 $90°00'00''$？（$\rho''=206\ 265''$）

4. 已知 A 点坐标 $x_A=285.684$ m、$y_A=162.345$ m，AB 的方位角 $\alpha_{AB}=296°44'30''$，又知

P_1、P_2 两点的设计坐标分别为 $x_1 = 198.324$ m、$y_1 = 86.425$ m，$x_2 = 198.324$ m、$y_2 = 238.265$ m，以 A 点为测站，B 点为后视方向，按极坐标法测设 P_1、P_2 两点，试分别计算测设数据 $\angle BAP_1$、D_{AP_1} 和 $\angle BAP_2$、D_{AP_2}。

5. 设图 2-4-12 中设计坐标系原点 O' 的测量坐标 $x_{O'} = 600$ m、$y_{O'} = 800$ m，设计坐标系相对测量坐标系的旋转角 $\alpha = +30°$，待测点 P 的设计坐标 $A_P = 849.642$ m、$B_P = 667.623$ m，试计算该点的测量坐标。

思考题

1. 施工测量与地形图测绘有何相同点和不同点？

2. 施工测量前应做哪些准备工作？

3. 施工放样时，何为绝对精度？何为相对精度？为什么有些工程放样时要求的相对精度高于绝对精度？为什么有些工程的施工测量在不同方向上的精度要求有所不同？举例说明。

4. 施工测量中的基本测设有哪几种？如何进行？点位测设的常用方法有哪几种？如何进行？

5. 点位测设时的绝对点位检核和相对点位检核各有何作用？如何进行？

6. 举例说明你所熟悉的工程施工中，采用的是哪些点位测设方法和点位检核方法？采用这些方法的理由是什么？

模块三　专业测量技能

项目一　建筑工程施工测量

知识目标

建筑工程施工控制测量的概念、民用建筑与工业建筑施工测量的内容和方法，以及圆弧形、椭圆形、双曲线形、抛物线形或正多边形等复杂形状建筑物的数学模型与放样方法等。

技能目标

能够进行一般工业与民用建筑工程及复杂形状建筑物的施工放样工作，并在建筑工程施工中应用激光测量仪器。

建筑工程施工测量主要是指工业与民用建筑的施工测量。如前所述，建筑工程施工测量必须先进行施工控制测量，然后在此基础上根据设计图纸进行建筑物的定位、放线、基础施工、墙体施工及建筑物的门、柱、窗、楼板等细部的放样测量。如系工业建筑施工，还需进行厂房柱列轴线测设、柱基础施工及预制构件的安装等测量。

任务一　建筑工程施工控制测量

知识要点：建筑平面控制网和高程控制网的分类及其建立的方法。

为了满足建筑施工的需要，首先必须在建筑场地通过施工控制测量建立施工控制网。施工控制网分为平面控制网和高程控制网。根据建筑物类型和特点的不同，平面控制网一般可以采用建筑方格网、建筑基线和导线等不同形式，而高程控制网则通常采用水准网或光电测距三角高程网。

一、平面控制网

(一) 建筑方格网

由正方形或矩形格网组成的施工控制网称为建筑方格网。建筑方格网主要适用于地形平坦的大型工业企业的施工控制。由于大型工业企业主要建筑的形状一般都比较规则，相互之间呈平行或垂直关系，采用建筑方格网，且将其沿工业企业的主轴线（或设计坐标系）布置(见图 3-1-1)，就可以直接根据建筑物细部的设计坐标，按直角坐标法进行放样，计算简单，测设方便。

1. 建筑方格网布置

建筑方格网的布置一般可在工业企业建筑设计的总平面图上进行。首先确定工业企业相互垂直的主轴线（一般在整个建筑场地中央的设计主干道上，大多与东西和南北方向相一致，也有的受地形条件所限，而与周围的地貌走向相一致），令方格网的纵、横主轴线与其相重合或平行。每条主轴线上至少设 3 个以上主点（包括主轴线的交点在内，如图 3-1-1 中的 M、O、N、C、D），主点间的距离应大于 300 m，以保证主轴线具有足够的定向精度，然后根据总平面图上建筑物、道路和主要管线的布置情况在主轴线上设置角点，角点的间距一般为 100~200 m，角点处的转折角严格呈 90°，相邻角点应互相通视，点位便于长期保存。

2. 建筑方格网测设

建筑方格网的测设按以下步骤进行：

(1) 主点坐标换算。根据总平面图上的布置，即可得到方格网主轴线上主点的建筑坐标（即设计坐标），而主点的测设仍需依据场地周围的高级测量控制点进行。因此，首先应将主点的建筑坐标换算为与测量控制点一致的地方坐标（即测量坐标），换算方法参见模块二项目四任务三中的“不同坐标系统的坐标换算”部分。

(2) 主点测设。依据附近的高级测量控制点采用极坐标法在实地逐一放出主点的位置（见图 3-1-2），并用直径不小于 10 cm 的木桩在现场进行标定，然后在测量控制点上实测标定主点的坐标，并与其设计坐标相比较，若相差较大，则对点位进行调整，直至满足限差要求。

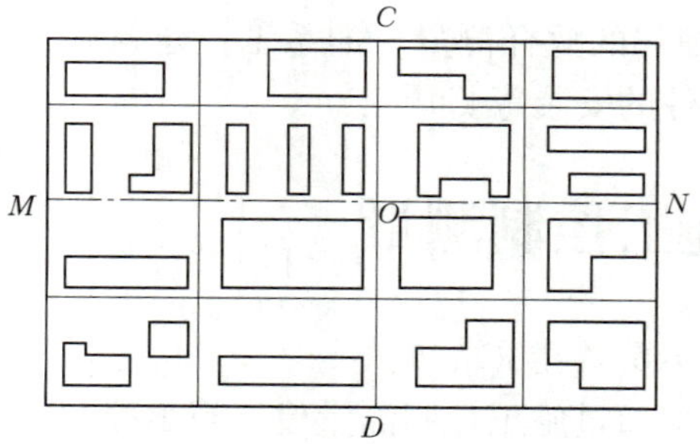

图 3-1-1　建筑方格网的布设

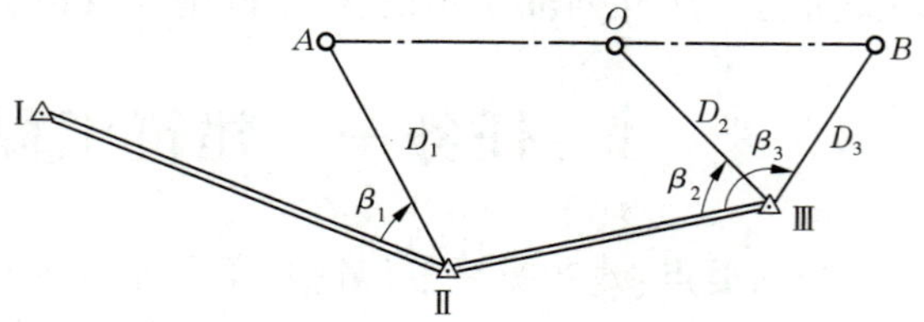

图 3-1-2　主点的测设

(3) 主轴线检测与校正。为了保证同一条主轴线上的主点位于同一条直线上，且主点之间的距离与设计值相符合，在中间的主点上安置仪器，首先检测纵向主轴线（如图 3-1-3 中的 AB），即精确测定纵向两端主点之间的水平角 β（见图 3-1-4），同时测定主点之间的距离。若 β 与 180°之差值 $\Delta\beta$ 超过±10″，则对三个主点沿与主轴线垂直的方向进行调整。设中间主点到两端主点的距离分别为 a、b，其调整量 δ 按下式计算（如图 3-1-3 所示，中间主点与两端主点的调整方向相反）

$$\delta = \frac{ab}{a+b} \times \frac{\Delta\beta}{2\rho''} \tag{3-1-1}$$

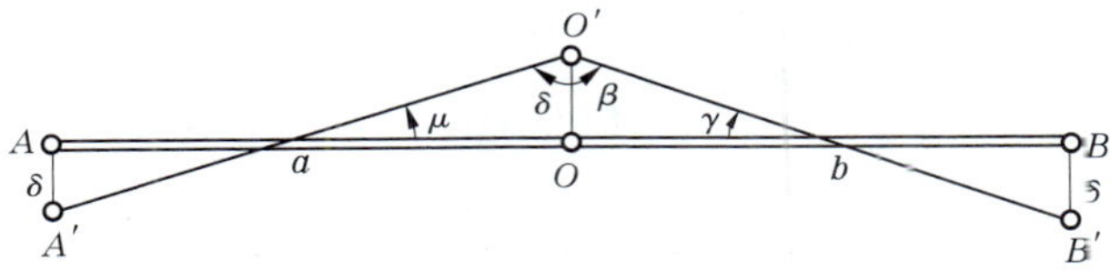

图 3-1-3　纵向主轴线检测与校正

此外，若主点之间距离的测定值与设计值的相对误差超过$\frac{1}{15\ 000}$，亦应对两端的主点沿主轴线方向进行调整，使其满足设计要求。之后再检测横向主轴线（如图 3-1-4 中的 CD），即分别测定横向两端每个主点与纵向主轴线之间的水平角 β_1、β_2 和水平距离 L_i（即图 3-1-4 中的 L_1 和 L_2）。若 β_1、β_2 与 90°的差值较大，则对两端的主点沿与横向主轴线垂直的方向进行调整，其调整量 l_i（即图 3-1-4 中的 l_1 和 l_2）按下式计算

$$l_i = L_i \frac{\beta_1 - \beta_2}{2\rho''} \tag{3-1-2}$$

若测定的距离 L_i 与设计值相差较大，亦应对两端的主点沿横向主轴线方向进行调整，使其满足设计要求。

(4) 主点标石埋设。为便于主点的长期使用，将经过检测和校正的主点点位首先在现场换以混凝土标石，待标石凝固稳定后，再用仪器将其具体的点位精确投测到标石顶部的标板上，注以相应的标记，与此同时，还可在标石顶部埋上水准点标志（见图 3-1-5）。

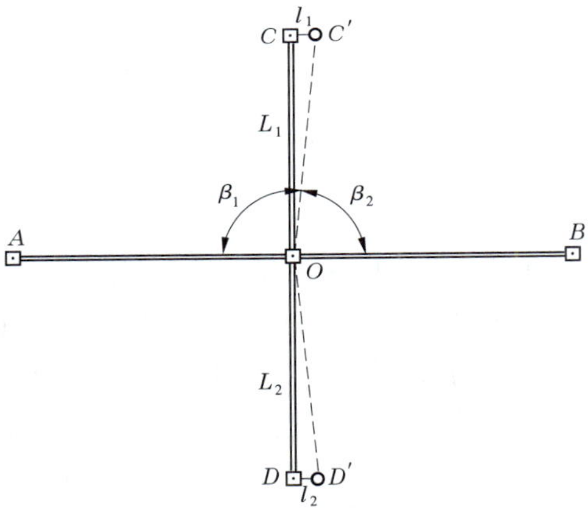

图 3-1-4　横向主轴线检测与校正

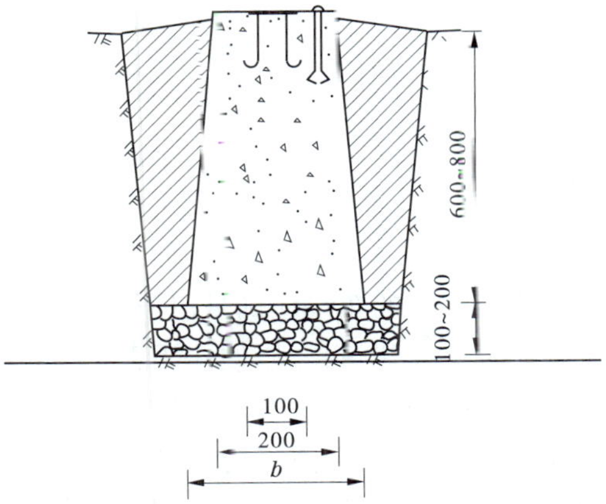

图 3-1-5　混凝土标石　（单位：mm）

(5) 角点测设。在测设好的主点上安置仪器，进一步沿纵、横主轴线方向依次将所有事先布置的角点予以测设和标定，其方法和步骤与主点的测设基本相同。

建筑方格网测设的主要技术要求列于表 3-1-1。

表 3-1-1　建筑方格网测设的主要技术要求

等级	边长(m)	测角中误差	边长相对中误差	测角检测限差	边长检测限差
Ⅰ级	300~500	±5″	1/30 000	±10″	1/15 000
Ⅱ级	100~300	±8″	1/20 000	±16″	1/10 000

(二)建筑基线

对建筑场地范围较小,建筑物的布置较简单的中小型工业企业,可直接设置 1~2 条轴线作为施工控制,称为建筑基线。建筑基线常用的布设形式有三点"一"字形、三点"L"字形、四点"T"字形、五点"十"字形等,如图 3-1-6 所示。

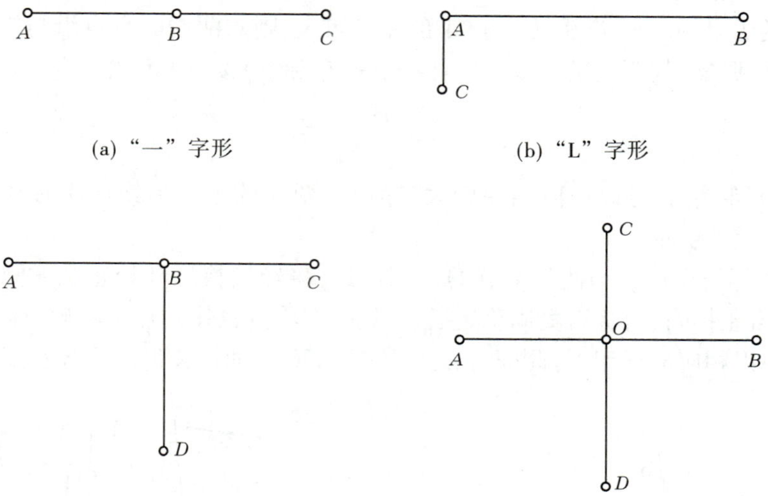

(a)"一"字形　(b)"L"字形　(c)"T"字形　(d)"十"字形

图 3-1-6　建筑基线的布设形式

建筑基线的布设应满足以下要求:与设计主干道和建筑物的主要轴线平行或垂直,且尽量靠近主要建筑物,以便使用直角坐标法进行建筑物的放样;建筑基线的基点个数不应少于 3 个,在场地范围容许的情况下,基点之间应有足够长的距离,以便相互检测和具有较高的定向精度;基点应通视良好,点位不易破坏,以便长期使用。建筑基线可依据附近的高级测量控制点采用极坐标法进行测设(如图 3-1-7 中,A、B 为控制点,1、2、3 为建筑基线点),在可能的情况下也可根据城市规划部门测定的建筑用地界定线(即建筑红线)与建筑基线之间的相互关系进行测设(如图 3-1-8 中,C—A—B 为建筑红线,1、2、3 为建筑基线点,建筑红线与建筑基线相互平行,间距分别为 d_1 和 d_2),以便直接与建筑红线相联系。

(三)导线

当地形条件较复杂、建筑物的布置不很规则时,仍适宜使用导线作为施工控制。对范围大小不同的建筑场地可分别采用单一导线或导线网以灵活控制整个施工区。

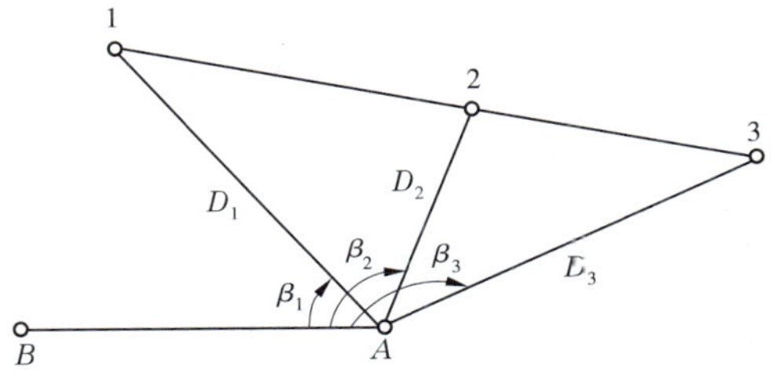

图 3-1-7　根据测量控制点测设建筑基线

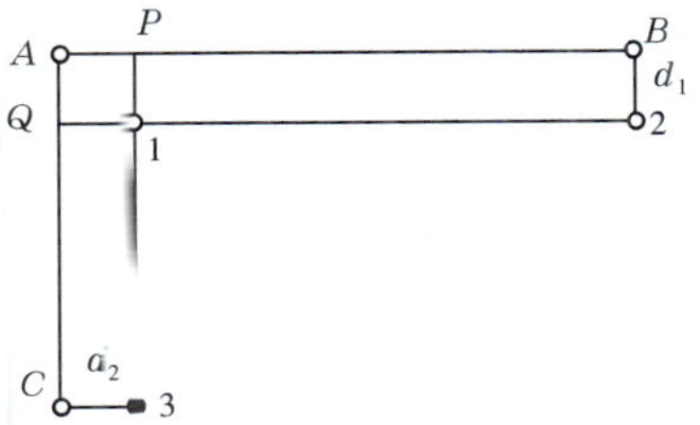

图 3-1-8　根据建筑红线测设建筑基线

二、高程控制网

建筑场地的高程控制网一般由建筑方格网主点、角点或导线点标石上的水准点及在其他便于长期保存的位置增设的水准点组成，根据施工场地范围的大小，分别采用分级布置或不分级的方法。如果分级布置，首级水准点总数应不少于 3 个，水准点之间应构成水准路线；高程通常依据地方高等级水准点分别以三、四等水准测量测定，其密度应尽量满足安置一次仪器即可测设附近建筑物高程的需要。在重要建筑物附近应增设水准点，建筑物外墙侧面或附近往往还应设置其高度与建筑物一层室内地坪设计高程相一致的±0 点标志，以作为该座建筑物其他层次施工的高程控制。需要注意的是，不同建筑物±0 点的高程可能有所不同，应按照设计图纸加以区别。

任务二　民用建筑施工测量

知识要点：民用建筑施工测量的内容和方法。

技能要点：能够进行建筑方格网的测设、建筑物的定位、放线、轴线控制桩的测设、基础施工测量、高层建筑的轴线投测和标高传递。

民用建筑施工测量是指住宅楼、教学楼、医院、商场等建筑物的施工测量，其主要任务就是将图纸上设计建筑物的位置和高程测设到实地上。民用建筑的施工测量主要包括以下内容。

一、建筑物定位

建筑物的定位就是将图纸上建筑物四周的角点（即外墙轴线的交点，其桩位称为角桩，如图 3-1-9 所示建筑物的纵向轴线Ⓐ、Ⓔ和横向轴线①、⑥的交点 M、Q、N、P）测设于实地，作为基础放样和细部测设的依据。

平面施工控制网的形式不同，测设角点的方法也有所不同。如控制网为建筑方格网或建筑基线，可依据方格网点采用直角坐标法进行测设（参见图 2-4-8）。如控制网为导线，可根据导线点采用极坐标法进行测设（参见图 2-4-11）。此外，还可以根据待测点位与附近已有建筑物、道路中心线或建筑红线的关系进行测设，如图 3-1-10（a）中拟建建筑物Ⅱ与已有建筑物Ⅰ外墙边线位于同一直线上，可先自Ⅰ平行量出 l，作Ⅰ的平行线

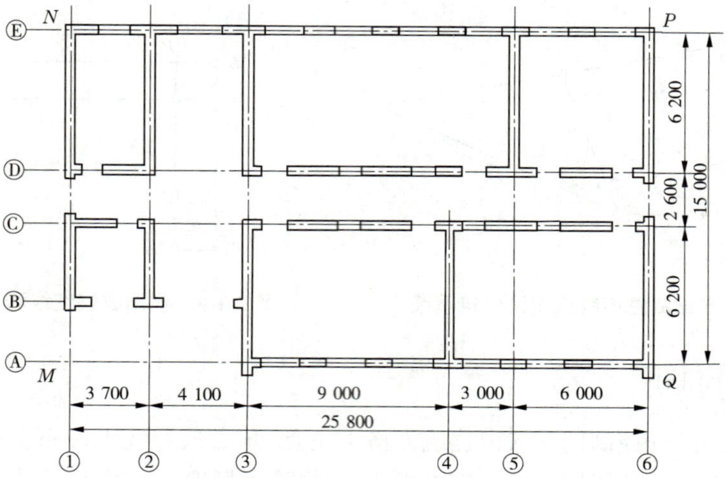

图 3-1-9　建筑物四周的角点　（单位：mm）

ab，延长到 cd，再依直角关系测设出交点建筑物Ⅱ的角点 A、B、C、D；图 3-1-10（b）中拟建建筑物Ⅲ的外墙与道路中心线相平行，可依据与道路中心线的直角关系测设出角点 E、F、G、H；而图 3-1-10（c）中拟建建筑物Ⅳ则根据其与建筑红线之间的距离 l_1，l_2，依建筑红线用直角坐标法测设角点 I、J、K、L。角点测设后应予检核，方法是测量相互之间的距离，与设计长度的相对误差不应大于 1/5 000，同时测定四个角顶的水平角，与 90°之差不应超过±1′。

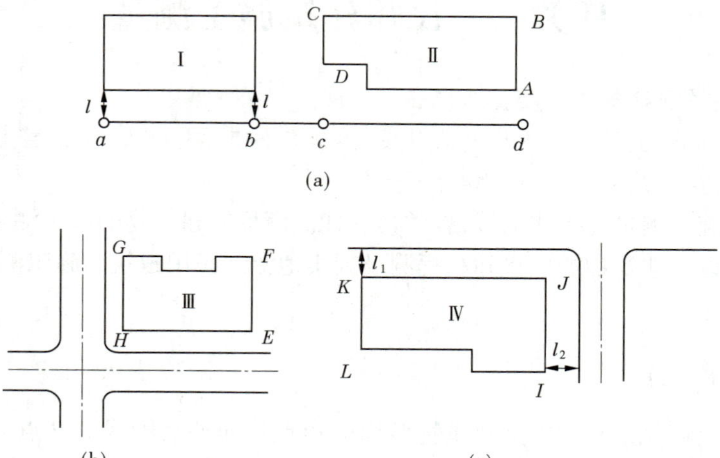

图 3-1-10　测设建筑物角点的多种方法

二、建筑物放线

建筑物的放线就是根据定位所测设的外墙轴线的角点，将图纸上建筑物的其他轴线交点（图 3-1-9 中建筑物除 M、N、P、Q 外的其他轴线交点）全部测设出来。测设方法是在实地已有的外墙轴线角点上安置仪器，以相邻的角点作为照准零方向，根据图纸上建筑物相关轴线之间的设计距离,沿视线方向采用钢尺量距依次将各交点测设于实地。与角点的测设一样,其他交点测设后亦应对相邻交点之间的距离和每个交点处的水平角进行检核。

三、轴线控制桩测设

为进行基础施工而开挖的部分称为基槽。轴线的交点桩均位于基槽的范围内,开挖时将遭到破坏,因此在建筑物定位后,应及时将轴线引测到设置在基槽外的轴线控制桩上,作为随时恢复轴线位置的依据。方法之一是在角点上安置仪器,以同轴线的另一角点为后视,沿轴线方向在两端基槽的外侧 4~5 m 处各打入 2 个控制桩(亦称引桩,可同时用于检查控制桩位有无变动),并在桩顶钉上铁钉作为标志(见图 3-1-11)。2 个控制桩中至少有一个应埋设固定桩位,以便用于恢复轴线时安置仪器;另一控制桩也可引至附近的建筑物或构筑物的外墙上,既便于作为后视方向,又便于保存,但引测时由于距离较远,应采用盘左、盘右取中的方法,以保证引测的精度。方法之二是在轴线延长线上不易遭施工破坏处设置龙门桩,其上钉龙门板,然后在角点上安置仪器,将轴线投测到龙门板上,钉上铁钉标志(见图 3-1-12)。不仅建筑物的外墙轴线需设置引桩或龙门桩,其内墙轴线也应在基槽外适宜处设置相应的引桩或龙门桩,以便对内墙轴线起相应的控制作用。设置龙门板时,还可用水准仪将±0 高程引测到龙门板上,龙门板上边缘最好与±0 同高,以便同时用于控制施工标高。

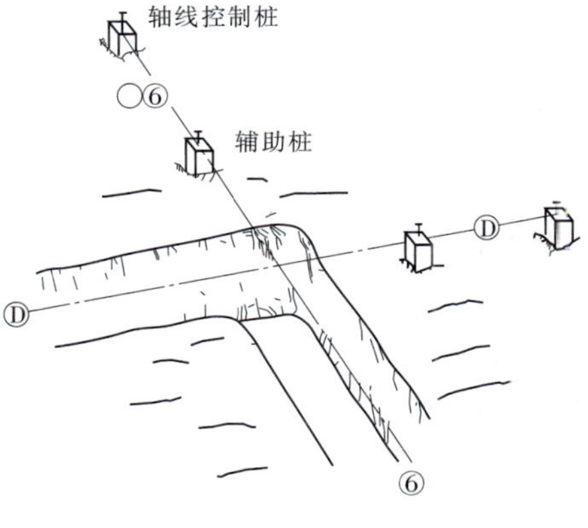

图 3-1-11　轴线控制桩

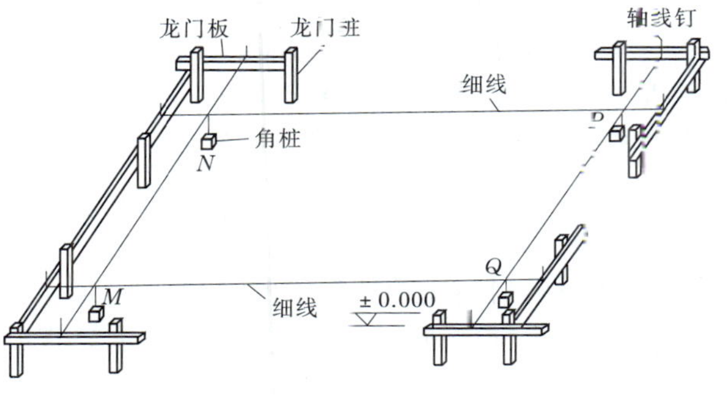

图 3-1-12　龙门桩和龙门板

四、基础施工测量

(一) 基槽开挖边线确定

建筑物放线和控制桩测设完毕,即可确定基槽开挖的边线。设基槽底部的设计宽度为 B、基槽深度为 h、基槽边坡的坡度为 $1:m$,则基槽开挖的宽度 d(见图 3-1-13)为

$$d = B + 2mh \tag{3-1-3}$$

以轴线为中心沿其两侧各以 $d/2$ 宽度画平行的石灰线,即为基槽开挖的边线。

(二) 基槽开挖深度控制

为控制基槽开挖的深度,在其开挖接近槽底的设计标高时,应根据地面上的±0 标志,用水准仪在槽壁上每隔 5~10 m 测设一个水平桩 (又称腰桩),使其标高距槽底设计标高之差为整分米 (如图 3-1-14 所示槽底之上 0.5 m 处,该图假设槽底的设计标高为 -1.800 m),作为修平槽底和基础垫层施工的高程依据。若基槽的底部较宽或为基坑,还可在其底部均匀地打一些木桩,使桩顶的标高与垫层的设计标高相同,以作为底面标高的控制。

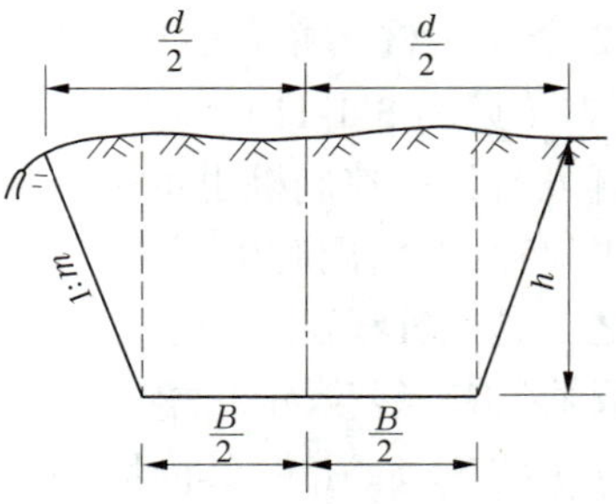

图 3-1-13　基槽开挖的边线

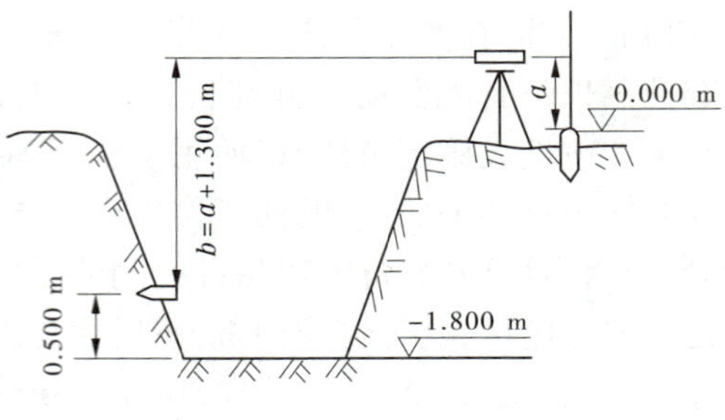

图 3-1-14　基槽开挖深度控制的水平桩设置

(三) 基槽底口和垫层轴线投测

基槽挖至规定标高并清底后,根据轴线控制桩 (引桩或龙门桩) 将轴线投测到槽底,作为确定槽底边线的基准线。垫层完工后,用相同的方法把轴线投测到垫层上 (见图 3-1-15),作为砌筑基础或支模板的依据。

(四) 基础墙轴线和标高控制

房屋±0 以下的砖墙为基础墙。垫层砌筑后即可在其上用墨线弹出基础墙的中心线和基础边线 (见图 3-1-15),基础墙的高度则用基础皮数杆控制。基础皮数杆是一根木制杆 (见图 3-1-16),事先按照设计的砖、灰缝厚度在其上画出线条,并标明±0 和墙体防潮层的标高位置。立皮数杆时,先在立杆处打一木桩,用水准仪在木桩侧面定出一条高于垫层某一数值(如 10 cm) 的水平线,然后将皮数杆上标高相同的线与木桩上该水平线对齐,并用大号铁钉将皮数杆和木桩钉在一起,即可作为基础墙施工的标高依据。基础施工结束后,应用水准仪测定基础面上若干点的高程并与设计高程相比较,其较差不应超过±10 mm。

五、墙体施工测量

(一) 墙体定位

如上所述,仍依据轴线控制桩在基础面上投测出墙轴线和墙边线,检查墙轴线之间的间距是否与设计值相符、外墙轴线交角是否等于 90°,再将墙轴线延伸并画于外墙基础上 (见图 3-1-17),作为向上投测墙体轴线的依据。与此同时,将门窗和其他洞口的边线也在外墙基础上标定出来,然后根据墙轴线和墙厚度在基础上弹出墙体的边线。

(二) 墙体各部位标高控制

墙体施工中各层的各部位标高均用墙体皮数杆控制 (见图 3-1-18)。墙体皮数杆的

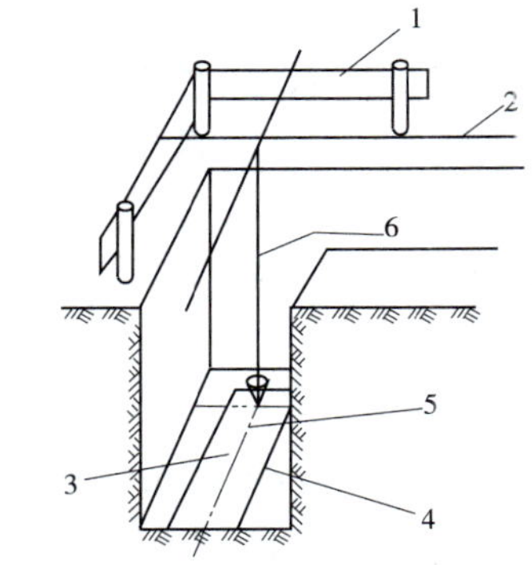

1—龙门板；2—细线；3—垫层；
4—基础边线；5—墙中心线；6—拉绳垂球

图 3-1-15　垫层中线投测

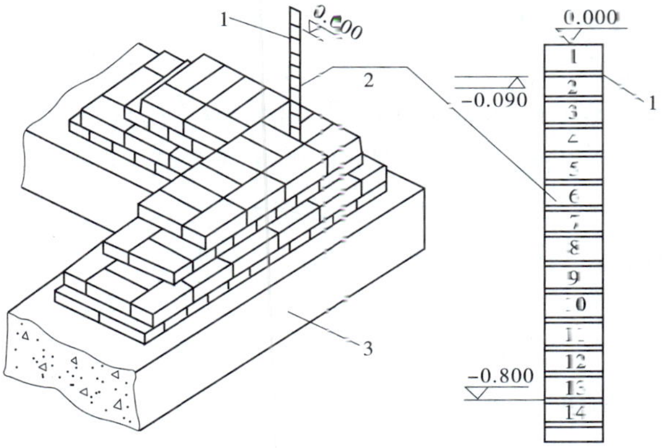

1—防潮层；2—皮数杆；3—垫层

图 3-1-16　基础墙标高控制

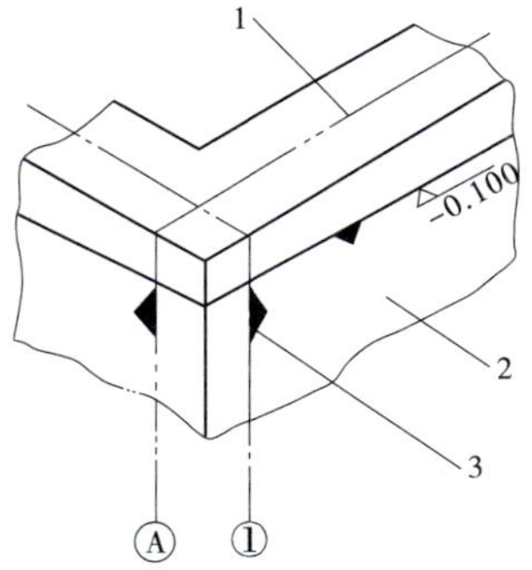

1—墙中心线；2—外墙基础；3—轴线

图 3-1-17　墙体定位

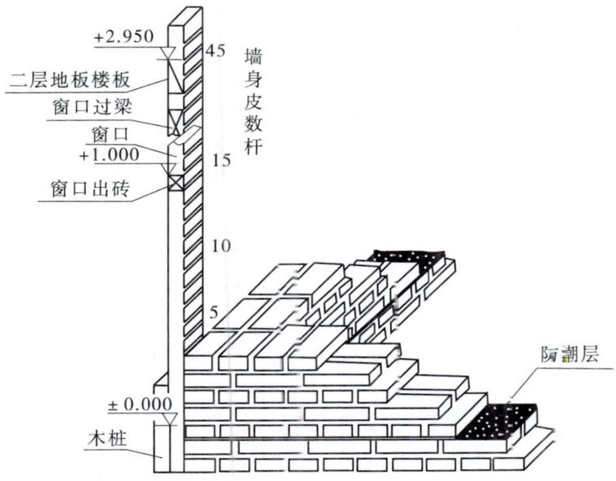

图 3-1-18　墙体标高控制

绘制和设立方法与基础皮数杆相同，只不过增加了门、窗、楼板等的标高位置。设立时，在每层墙的转角和内墙每隔 10～15 m 设置一根皮数杆。为便于施工，若脚手架设在里面，就将皮数杆立在墙外边，否则就将皮数杆立在墙里面，立杆时使其上±0 线位置与房屋相应层的地坪设计标高相吻合（误差应小于 3 mm）。在每层墙身砌起 1 m 后，就可在室内墙身上定出 +0.500 m 的标高线，作为该层地面标高线和室内装修用的基准线。

框架结构的民用建筑，墙体砌筑在框架施工后进行，故可在框架柱面上画线，代替皮数杆。

六、高层建筑轴线投测

多层（4~8 层）或高层（8 层以上）建筑向上砌筑时，必须将平面轴线逐层向上投测到各层楼板或柱顶的侧面，既可作为各层施工的依据，又可保证整个建筑的平面位置和垂直度具有足够的精度。投测可以采用吊垂球法,也可以使用经纬仪法或激光铅直仪法。

(一)吊垂球法

将重的垂球悬吊在楼板或柱顶边缘,移动垂球使其尖端对准基础墙面上的轴线标志,则垂球线在上层楼板或柱顶边缘的位置即为该楼层轴线端点的位置,用红漆加以标注。同法投测该轴线的另一端点,并对其间距用钢尺丈量加以检核,其相对误差应小于1/3 000,符合要求后将两端点连线即为该楼层的轴线。该法不受场地限制,简单易行,但当风力较大或层数较高时,投测误差较大。

(二)经纬仪法

在相互垂直的两个轴线控制桩上(如图 3-1-19 中 A_1 与 A_2)安置经纬仪,分别以另两个轴线控制桩(如图 3-1-19 中 B_1 与 B_2)为后视(也可以先瞄准基础墙面上的轴线标志),然后分别以盘左、盘右抬高望远镜投点取中,即可将轴线投测到正在施工的楼层边缘或柱顶上。同法在大楼另外两侧相互垂直的轴线控制桩安置仪器,向上投测出同楼层轴线的另两个端点,用钢尺量距检核同一轴线端点间的距离,并用经纬仪检核两轴线相交处的水平角是否为 90°,检核无误,便可依据设计图纸和投测的轴线用钢尺逐一放出其他细部轴线的位置。

(三)激光铅直仪法

激光铅直仪法具体见本项目任务五。

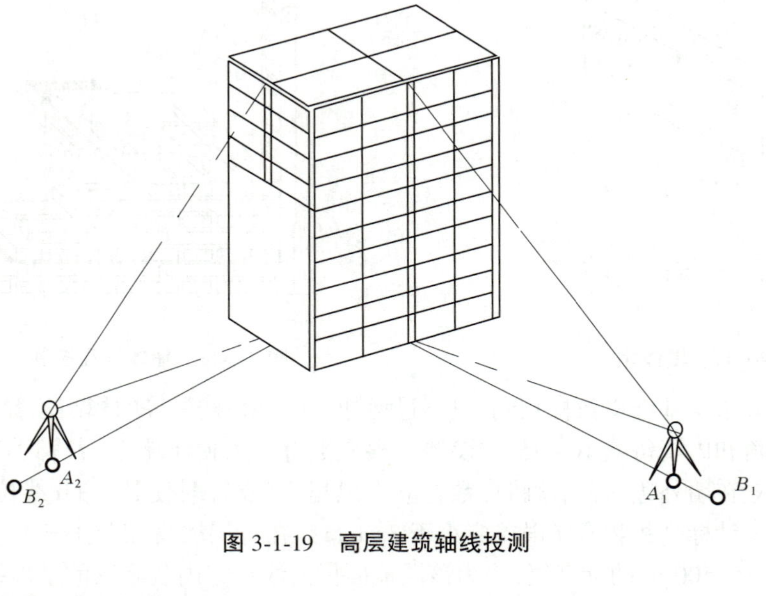

图 3-1-19 高层建筑轴线投测

七、高层建筑标高传递

高层建筑施工的标高传递,可以用水准测量的方法测定各层临时水准点的标高(参见模块二项目四任务二),也可以通过楼梯间或在外墙直接用吊挂钢尺进行测量的方法,根据下层的标高线加上设计层高,得到上层的标高线,将标高逐层向上引测(参见图 2-4-5(b))。

任务三　工业建筑施工测量

知识要点：工业建筑施工测量的内容和方法。

技能要点：能够进行厂房矩形控制网的测设、厂房柱列轴线测设、柱基础施工测量、预制构件安装测量及烟囱施工测量。

工业建筑主要是指工业厂房及其附属设施。工业厂房多为排柱式建筑，跨距大，隔墙少，施工测量主要是测设柱列轴线及柱的基础。对于装配式厂房，通常还需进行厂房构件装配和设备的安装测量，其精度要求高于一般民用建筑。本任务主要介绍单层工业厂房轴线测设、柱基础施工控制、预制构件（如柱子、吊车梁、屋架等）的吊装，以及烟囱、水塔等构筑物施工测量。

一、厂房控制网测设

工业厂房一般在厂区控制测量的基础上建立厂房矩形控制网，以满足厂房柱列轴线等测设的需要。

对于一般中、小型厂房，可依据建筑方格网或建筑基线采用直角坐标法或极坐标法，测设单一的矩形控制网。如图 3-1-20 所示，为测设厂房四角的交点 E、F、G、H，应根据厂区的建筑方格网，在厂房基坑开挖边线以外，布设其边和厂房轴线相平行的矩形控制网 P、Q、R、S，测设时先根据设计图纸上标注的厂房四角点建筑坐标（如图中 F 点的 $A=2\ 260$ m、$B=1\ 615$ m），推算出控制点 P、Q、R、S 的建筑坐标，然后以建筑方格网中 M、N 点为依据，按直角坐标法测设出 P、Q、R、S 点，并予检核，即实测各点之间的距离与设计距离相比较，相对误差应小于 1/10 000。实测各角顶之夹角与 90°相比较，误差应小于±10″。对于大型或有连续生产设备的工业厂房，其厂房控制网应先测设主轴线，再根据主轴线端点测设控制网的角点（见图 3-1-21）。测设主轴线距离的相对误差应小于 1/50 000，夹角限差为±5″。在控制网边线上，还应增设距离等于柱子间距整倍数的距离指标桩，以方便柱子等细部的测设。

二、厂房柱列轴线测设和柱基础施工测量

（一）厂房柱列轴线测设

厂房平面图如图 3-1-22 所示，其中Ⓐ、Ⓑ、Ⓒ为纵向轴线，其间距即厂房的跨度。①，②，…，⑨为横向轴线，其间距即厂房的柱间距。根据柱间距和跨度尺寸，沿厂房控制网各边用钢尺丈量放出各柱列轴线控制桩的位置（见图 3-1-22），并打入木桩，桩顶用铁钉标出点位。丈量时各桩位均应自两侧最近的距离指标桩起始，分别进行，以资检核。

（二）柱基础定位和放线

柱基础的定位和放线，以柱列轴线为基线，依据基础施工图中基础与柱列轴线的相关尺寸进行，其步骤如下：

(1) 柱基定位。在两条相互垂直的柱列轴线控制桩上安置两台经纬仪，沿轴线方向交会出各柱基中心的位置，然后在其轴线上基础开挖边线以外超过基础深度 1.5 倍的地

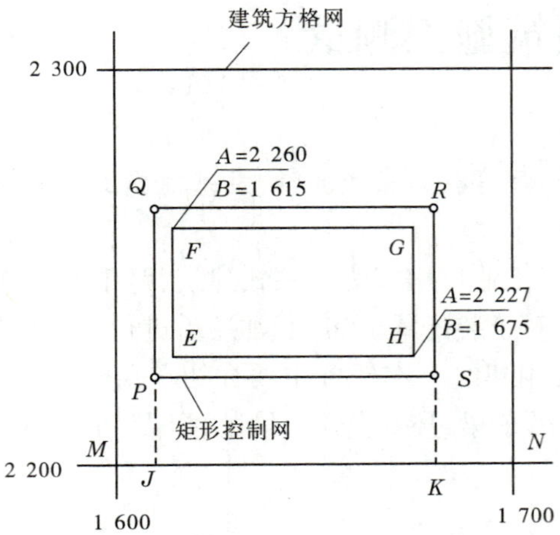

图 3-1-20　矩形厂房控制网　(单位:m)

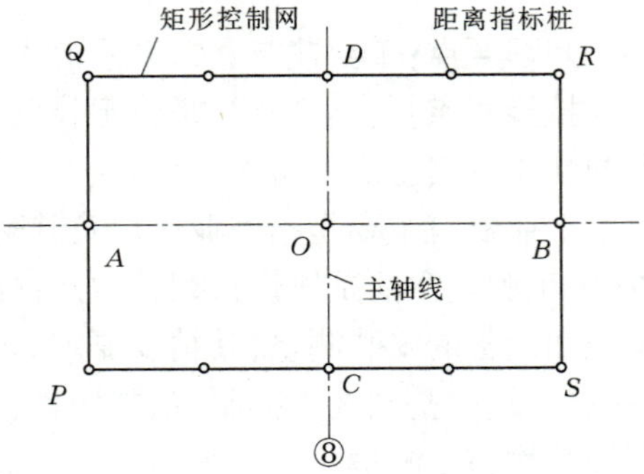

图 3-1-21　大型厂房控制网

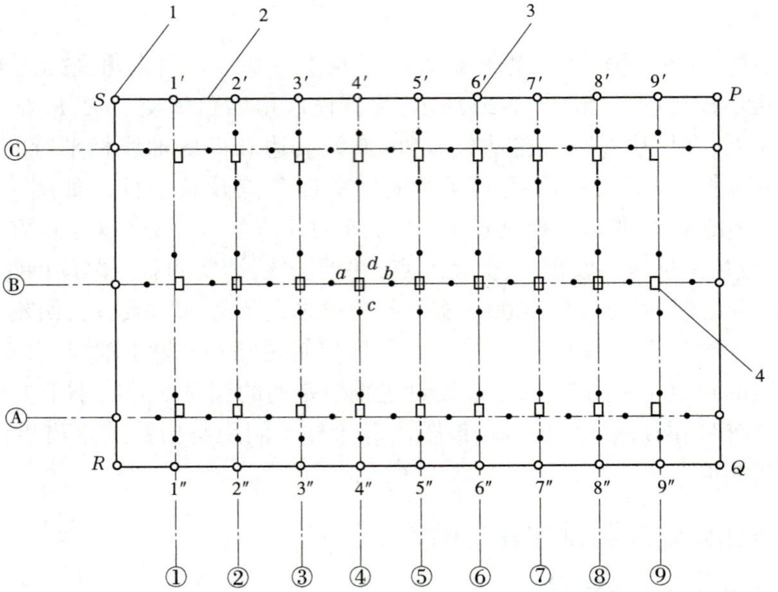

1—厂房控制桩;2—厂房矩形控制网;3—柱列轴线控制桩;4—柱基础

图 3-1-22　厂房柱列轴线和柱基测设

方,打入 4 个定位木桩(如图 3-1-22 中Ⓑ轴线和④号轴线交点四周之 a、b、c、d),作为修坑和立模的依据。

(2)标定柱基中心线。如定位时测设的柱列轴线并非柱基中心线,应将柱列轴线平移,定出柱基中心线,作为立模和吊装的依据。

(3)基坑放线。依照基础详图所标尺寸和基坑坡口宽度,用特制角尺放出基坑开挖边线,并撒上石灰线。

(三)柱基础施工测量

柱基础施工测量的步骤为：

(1)基坑开挖深度控制。与上述基槽开挖相同,当基坑开挖接近坑底时,在基坑四壁离基底设计标高之上0.5 m处打入水平桩(即腰桩),作为修平坑底和基坑垫层施工的高程依据(见图3-1-23)。坑底修好后,再打入垫层标高桩,其桩顶高程应与垫层的设计标高一致。

(2)柱基模板定位测量。基础垫层浇好后,自基坑四周定位桩,拉线吊垂球,将柱基定位线投测到垫层上(见图3-1-24),用红漆标注,作为杯形柱基立模和基础布置钢筋的依据。

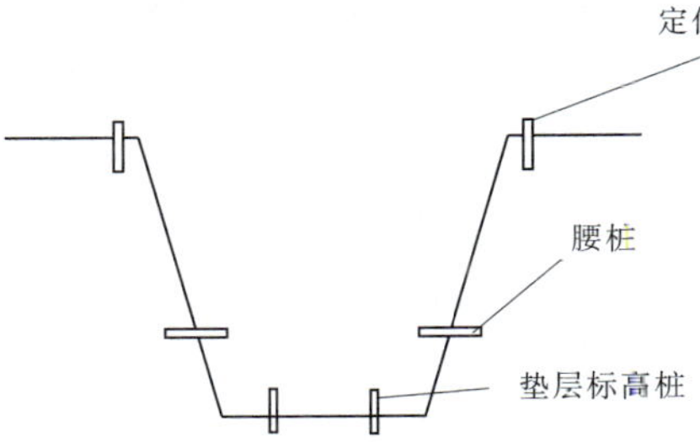

图3-1-23　腰桩和垫层标高桩

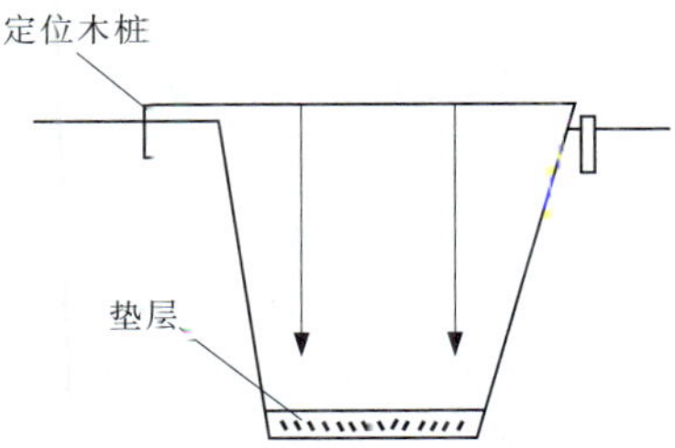

图3-1-24　柱基定位轴线投测

(3)柱基标高控制。模板立好后,用水准仪将柱基顶面的设计标高测设到模板内壁,作为浇筑柱基混凝土高度的依据。

三、厂房预制构件安装测量

(一)柱子安装测量

柱子安装测量就是利用柱身的中心线、标高线和杯形基础顶面的中心定位线、内壁标高线进行柱身的定位,以及对其偏差进行校正。

1. 安装前的准备工作

首先根据轴线控制桩将柱列定位轴线(如果柱子中心与柱列轴线不一致,还应加上柱子中心)投测到杯形柱基的顶面上,弹出墨线,并用红漆画上三角形标志,同时在柱子的三个侧面弹出柱中心线,均用红漆绘三角形加以标注(见图3-1-25)。为了对柱子安装时进行标高控制,还应在杯形柱基内壁适当高度(如-1.00 m)测设一条标高线(即腰线),并根据柱子牛腿顶面的设计标高,在柱身画上±0的标志线(见图3-1-26)。

由于柱子存在预制误差,柱身的实际长度 l 与设计值可能不相等,为使柱子安装时的牛腿面高度等于设计标高,应有意将基础底面的浇筑高度 H_1 降低3~5 cm,再以1:2的水泥砂浆在基底找平。例如,牛腿面的设计标高为11.50 m,柱子的实际长为12.85 m,柱基内壁腰桩的标高为 -1.00 m,则应沿腰桩向下量 $\Delta = 12.85-[11.50-(-1.00)]=0.35$ (m)(见图3-1-26)作为砂浆找平的位置。

2. 柱子安装测量

将柱子吊入柱基的杯口,基本竖直,用水准仪指示柱身±0标志线位于应有高度,使柱脚中心线与柱基定位轴线对齐,用木楔或钢楔初步固定,然后用两台经纬仪分别安置在

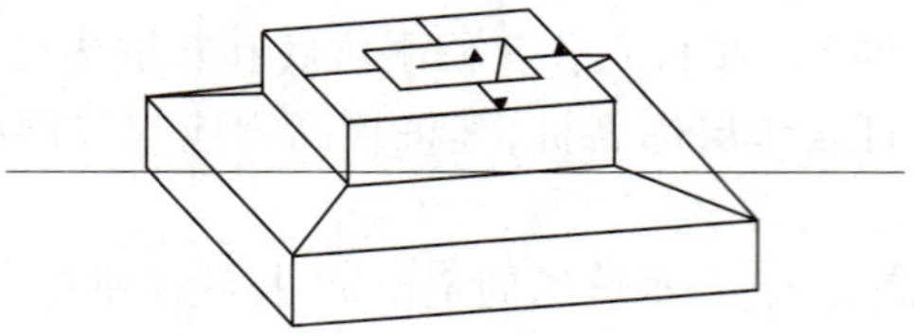

图 3-1-25　柱基杯口定位轴线

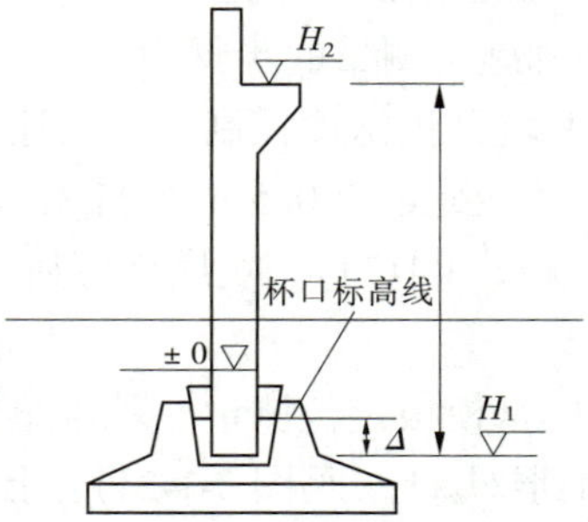

图 3-1-26　柱基底部标高线

纵、横柱列轴线上,与柱距离超过 1.5 倍柱高,照准柱子下部中心线后,抬高望远镜,指挥吊装人员用缆绳或千斤顶,使相互垂直的两个方向上的柱子上部中心线和仪器的视线都重合（见图 3-1-27）,最后用混凝土砂浆填入杯口缝隙,将柱子固定。实际安装时,为了提高速度,可将其中一台经纬仪安置在柱列轴线的一侧,一次同时对多根柱子的吊装进行校正,但应注意此法仪器视线和柱列轴线的夹角 β 不宜超过 15°(见图 3-1-28),并且只适用于相同截面柱子的安装,若不同柱子的截面有变化,则必须将经纬仪安置在轴线上。

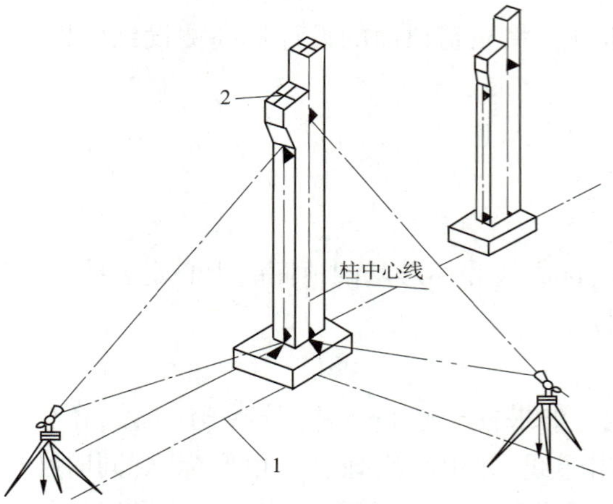

1—定位轴线; 2—梁中心线

图 3-1-27　柱子安装时的垂直度校正

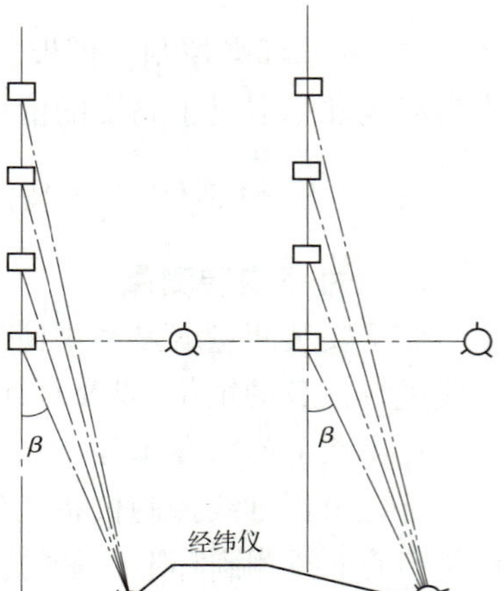

图 3-1-28　多柱安装时的垂直度校正

由于柱子及后面的吊车梁安装测量时望远镜抬高的倾角较大,会使视线方向明显受到仪器误差的影响,为了提高安装的精度,安装前应注意仪器的检验、校正。安装时应注意仪器的严格整平,并采用望远镜正、倒镜取中的方法对柱子的垂直度进行校正,柱子垂直度的容许偏差为柱高的 1/1 000。在柱子上部调整到位后,应再次检查其下部中心线与杯口轴线之间,以及柱身±0 标志线与应有高度之间是否产生偏差,这两项偏差一般均应小于±5 mm。此外,为避免仪器照准受日照阴影的影响,应尽量在早晨或阴天无阳光直射时进行柱子安装。

(二)吊车梁和吊车轨道安装测量

吊车梁安装测量就是使柱子牛腿上吊车梁的平面位置、顶面标高及梁端中心线的垂直度都符合要求。

吊车梁安装前,应先在吊车梁顶面和两端弹出中心线(见图 3-1-29),再在柱子的牛腿面上画出吊车梁中心线的位置。安装时就以该中心线和梁顶面的中心线初步定位,再根据纵向柱列轴线,在地面上设置一条平行于吊车梁中心线的校正轴线(见图 3-1-30)。设两线的水平间距为 d(如为 50 cm),然后将经纬仪安置在校正轴线上,以校正轴线另一端点为后视,抬高望远镜,照准横放在吊车梁顶面的直尺,指挥调整吊车梁的位置,以使吊车梁中心线至经纬仪视线的距离与 d 相一致。与此同时,悬吊垂球检查吊车梁的垂直度,如不满足要求则在吊车梁支座处加垫块予以校正。

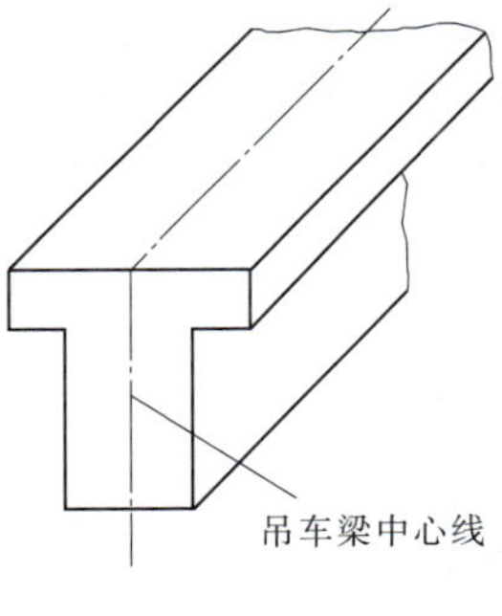

图 3-1-29　吊车梁中心线

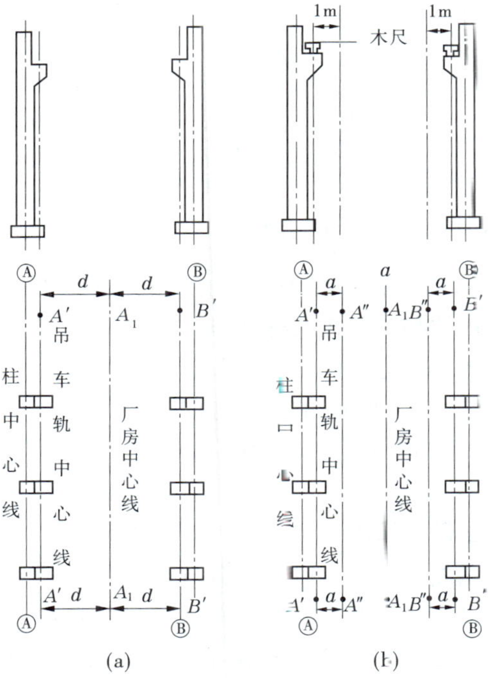

图 3-1-30　吊车梁安装测量

之后,根据柱子上的±0 标志线,在柱面上定出吊车梁设计标高线,以此检查梁面的标高,如有偏差则用抹灰进行调整,而在吊车梁上安装吊车轨道时,则在吊车梁上安置水准仪,每隔一段距离(如 3 m 左右)检测一点轨道面的高程(限差为±3 mm),再用钢尺量距检查轨道间的距离(限差为±5 mm)。

(三)屋架安装测量

屋架安装时,也是先吊装屋架,使屋架的中心线与柱顶面的定位轴线对准,偏差不得超过±5 mm。为了检查屋架的垂直度,在地面上也设置一条和两端柱顶面的定位轴线平行的校正轴线(见图 3-1-31)。设两线的水平距离为 d(如为 50 cm),同时在屋架的两端和中部设置三把卡尺,然后在校正轴线的一端安置经纬仪,以另一端点为后视,抬高望远镜,检查屋架上三把卡尺的读数,看其是否均等于 d。由三个 d 的差值可推算屋架的倾斜度,该项容许偏差:薄腹梁为 5 mm,桁架为屋架高的 1/250。

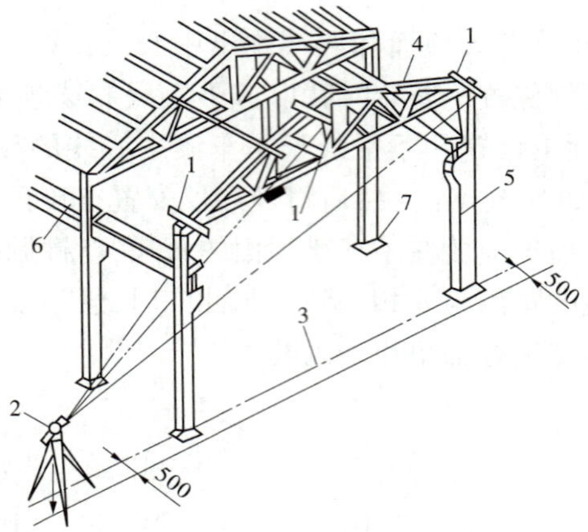

1—卡尺;2—经纬仪;3—定位轴线;4—屋架;5—柱;6—吊车梁;7—柱基

图 3-1-31　屋架安装测量　(单位:mm)

四、烟囱、水塔施工测量

烟囱、水塔都属于高耸构筑物,施工测量应保证其中心定位准确、筒身垂直度满足要求。

(一)定位和轴线控制桩测设

依据施工控制网和烟囱或水塔的设计坐标,将其中心位置 O 测设到实地,然后在 O 点安置仪器,在互成 90°的四个方向上,与 O 点相距超过烟囱或水塔高度 1.5 倍的适宜处各设置 2 个轴线控制桩(如图 3-1-32 中的 A、a、B、b、C、c、D、d),用于修坑和中心位置的恢复。

(二)基础施工测量

以 O 点为圆心,根据基础的设计半径 r 和基坑边坡上口的宽度 s 放出基础的开挖边界(见图 3-1-32)。当基坑开挖到接近设计标高时,在坑壁上测设腰桩,以控制开挖的深度和浇筑混凝土垫层的高度,最后将烟囱或水塔的中心投测到基坑浇筑的混凝土面上,埋设相应的"+"字标志,作为上部施工时控制筒身中心和半径的依据。

(三)筒身施工测量

1. 引测筒身中心位置

烟囱施工中,应分段将筒身中心引至作业面上,方法是每向上升高一步架(砖砌,约 1.2 m)或一模板(混凝土,约 2.5 m),即用钢丝吊挂垂球的方法,依据基坑面上的中心标志,在工作面上引测出筒身的中心位置,且以中心位置为圆心,依据该高度作业面的设计半径用旋转杆尺画圆(见图 3-1-33),放出烟囱壁的位置。

筒身至高度 H' 时的设计半径 $r_{H'}$(见图 3-1-34)计算公式为

$$r_{H'} = R - H'/m \tag{3-1-4}$$

式中　R——筒体底面外侧设计半径;

　　m——筒体外壁的收坡系数。

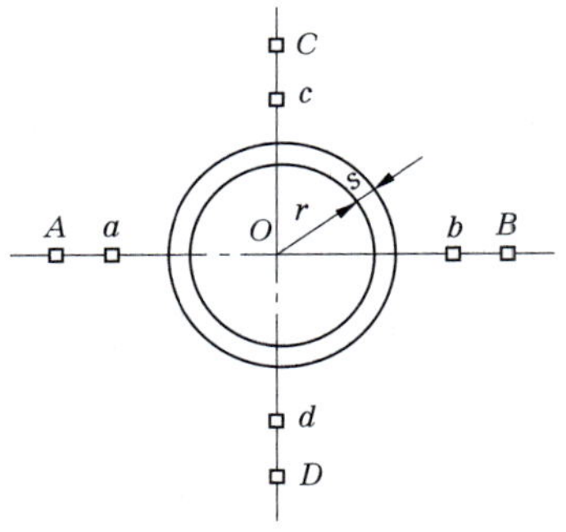

图 3-1-32　烟囱定位轴线控制桩

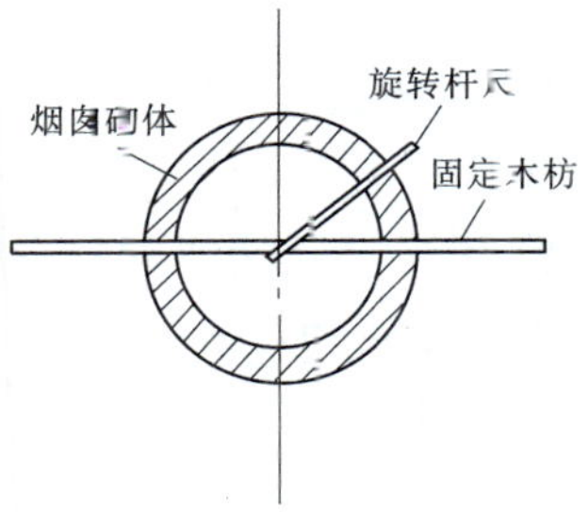

图 3-1-33　旋转杆尺放烟囱外壁位置

设筒体的设计高度为 H，顶面外侧设计半径为 r，则 m 的计算公式为

$$m = \frac{R - r}{H} \tag{3-1-5}$$

筒身每提升 10~20 m 高度后，再用经纬仪安置在互相垂直的两个方向轴线控制桩上，以正、倒镜取中的方法，将轴线投测到工作面上，对筒身的中心位置加以检核，其偏差的限差一般为烟囱高度的 1/1 000，而偏差绝对值不得大于 10 cm。若有偏差，应及时予以纠正。

2. 检查筒身外壁斜度

运用根据筒壁的设计斜度制作的靠尺板，将其斜边紧贴在筒身的外壁上，看其上方中心悬下的垂球线是否通过下方的缺口，以对筒壁的斜度进行检查（见图 3-1-35）。

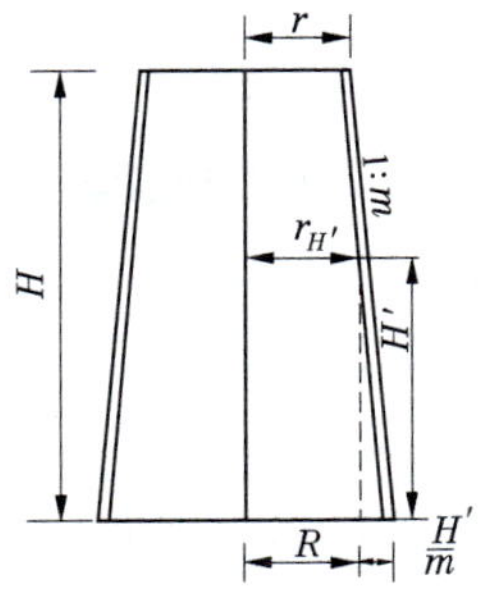

图 3-1-34　筒身至高度 H' 时的设计半径 r_H'

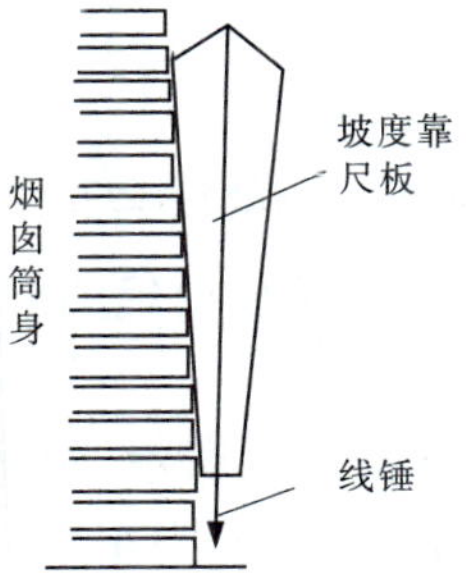

图 3-1-35　用坡度靠尺板检查筒壁斜度

3. 控制筒身标高

先在筒身下部的外壁上用水准仪测设出+0.500 m 或+1.000 m 的标高线，用红漆标注，向上施工时在工作面的外壁吊挂钢尺，根据下部的标高线将标高引测到工作面上，便可对筒身施工的标高进行控制。

任务四　复杂形状建筑物施工放样

知识要点：圆弧形、椭圆形、双曲线形、抛物线形或正多边形等复杂形状建筑物平面形式的数学模型与放样方法。

技能要点：能够进行各种复杂形状建筑物的施工放样。

复杂形状建筑物是指其平面形式为圆弧形、椭圆形、双曲线形、抛物线形或正多边形等的建筑物，其施工放样相对于一般形状的建筑物要复杂。

一、圆弧形建筑物的施工放样

（一）圆弧形平面曲线的数学模型

平面上与一定点（圆心）的距离为定值（半径）的点的轨迹，称为圆。如图 3-1-36 所示，设圆的中心点及其坐标为 $O'(a,b)$，圆的半径为 R，则圆的标准方程为

$$R^2 = (x-a)^2 + (y-b)^2 \tag{3-1-6}$$

特殊情况，当圆的中心 O' 和坐标原点 O 重合，即 $a=0, b=0$ 时（见图 3-1-37），则有

$$R^2 = x^2 + y^2 \tag{3-1-7}$$

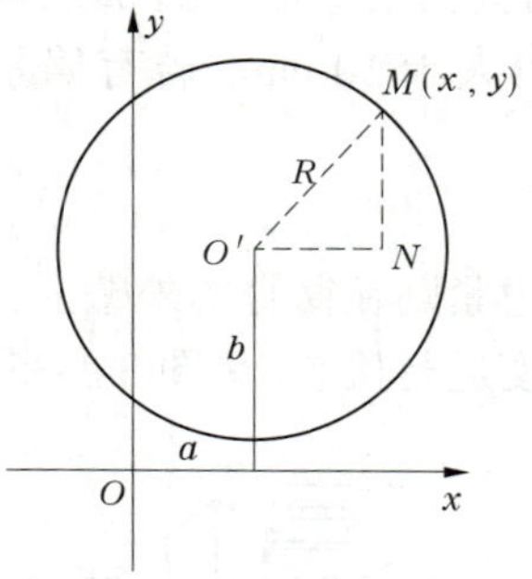

图 3-1-36　圆心与坐标原点不重合

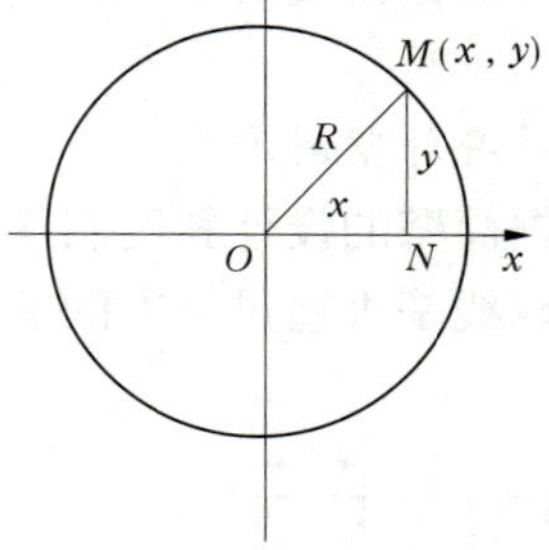

圆 3-1-37　圆心与坐标原点重合

（二）圆弧形平面曲线的放样方法

1. 拉线法

（1）如图 3-1-38 所示，根据设计图上的圆心坐标在现场放出圆弧平面曲线的中心点位，并埋设圆钉或钢筋头作为标志，同时在相互垂直的两个方向的圆周外侧设置辅助桩，以便在中心点遭到破坏时及时加以恢复。

（2）将钢尺的零点（即端点尺的尺头）套在中心点的标志上，以钢尺上等于圆半径 R 的读数为半径，绕中心点旋转一周，即在现场放出圆形曲线。

此法适用于半径较小的圆曲线放样。

2. 坐标法

（1）如图 3-1-39 所示，图上过圆的中心点 O 建立任意直角坐标系。自中心点开始，沿 Ox 轴将圆的半径 R 分为若干等份（视需要，等分点越多精度越高），即得圆曲线上对应等分点的 x_i 坐标，然后依据圆的标准方程，按下式计算相应等分点的 y_i 坐标

$$y_i = \pm\sqrt{R^2 - x_i^2} \tag{3-1-8}$$

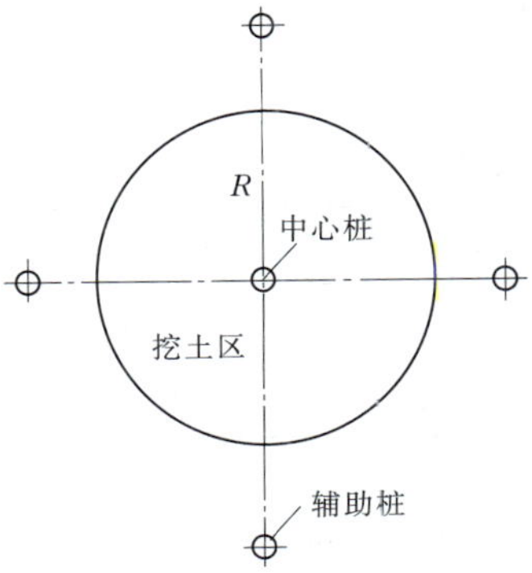

图 3-1-38 中心点的标志及其辅助桩和圆曲线的拉线放样

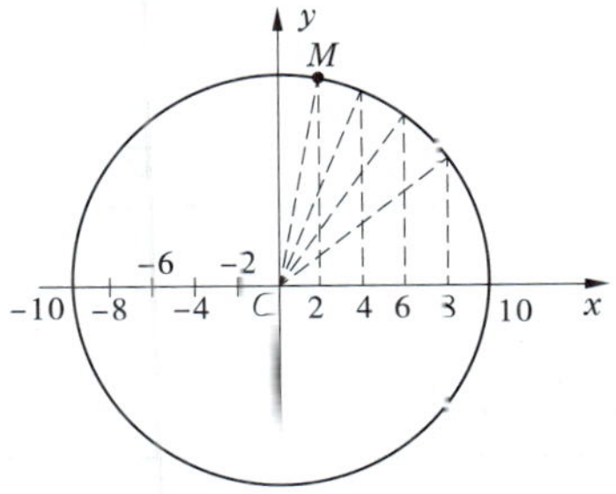

图 3-1-39 圆曲线点坐标计算

【例 3-1-1】 一圆半径 $R=10$ m，沿 Ox 轴将中心点 O 两侧各分为 5 等份，则各等分点的 x_i 和对应在 x 轴上方圆曲线的 y_i 坐标列于表 3-1-2。

表 3-1-2 各等分点坐标

点号	1	2	3	4	5	6	7	8	9	10	11
x(m)	−10	−8	−6	−4	−2	0	+2	+4	+6	+8	+10
y(m)	0	+6	+8	+9.16	+9.80	+10	+9.80	+9.16	+8	+6	0

(2)现场先放出圆的中心点 O，在任意 Ox 轴上按 x_i 定出各等分点，再在各等分点上架设仪器，沿 x 轴的垂线方向，按 $\pm y_i$ 放出各等分点在圆曲线上的对应点(各等分点在 x 轴上、下方圆曲线上的对应点互为对称)。

此法适用于半径较大而又不适于采用拉线法的圆曲线放样。

3. 矢高法

(1)如图 3-1-40 所示，设弧 AB 是以 O 为中心点，R 为半径的圆曲线的一部分圆弧，所对应的圆心角为 α。以 O 为原点，建立直角坐标系，y 轴交 AB 弦于 N，交 AB 弧于 M。将 AB 弦划分若干等份，过每等分点作 y 轴的平行线与圆弧相交，设 y 轴右侧等分点的编号为 $i=1,2,3\cdots$，等分点间距为 d，则等分点和圆弧交点之间的距离 y_i 即为各等分点至圆弧的矢高(y 轴左侧等分点的编号、矢高和右侧等分点的编号、矢高对称)，其计算公式为

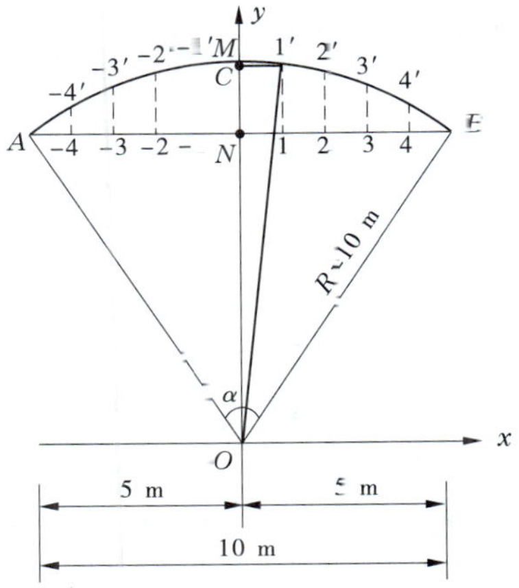

图 3-1-40 圆弧点矢高计算

$$y_i = \sqrt{R^2 - (i \times d)^2} - R \times \cos\frac{\alpha}{2} \tag{3-1-9}$$

【例 3-1-2】 一圆半径为 10 m，圆弧 AB 所对圆心角 $\alpha=60°$，弦长 $AB=2\times10\times\sin\frac{60°}{2}=10(\text{m})$，在 y 轴左、右两侧各分 5 等份，即 $d=1$ m，则计算各等分点的矢高值列于表 3-1-3。

表 3-1-3 各等分点矢高值

点号	5′	4′	3′	2′	1′	0	1	2	3	4	5
x_i(m)	−5	−4	−3	−2	−1	0	1	2	3	4	5
y_i(m)	0	0.505	0.879	1.138	1.290	1.340	1.290	1.138	0.879	0.505	0

（2）现场先放出圆弧两端点 A 和 B，$AB=10$ m，自其中点向左右两侧各定 5 个等分点，再在各等分点上沿 AB 的垂线方向，放出各点的矢高 y_i，即得各等分点在圆弧上的对应点。

此法适用于半径较大的圆弧线放样。

二、椭圆形建筑物的施工放样

（一）椭圆形平面曲线的数学模型

平面上任一点 M 到两定点 F_1、F_2 的距离之和为定值的点的轨迹，称为椭圆。如图 3-1-41 所示，设椭圆的中心点及其坐标为 $O(0,0)$，其长半轴为 a，短半轴为 b，x 轴上原点两侧的 $F_1(-c,0)$、$F_2(c,0)$ 为椭圆的焦点，则有 $MF_1+MF_2=2a$，即二焦点到椭圆上任一点的距离之和与长轴的长度相等，两焦点之间的距离 $2c$ 称为焦距，焦点的 x 坐标和椭圆长、短半轴的关系式为 $c^2=a^2-b^2$，椭圆的标准方程为

$$\frac{x^2}{a^2}+\frac{y^2}{b^2}=1 \quad (a>b) \tag{3-1-10}$$

如果椭圆的焦点在 y 轴上（见图 3-1-42），则椭圆的标准方程为

$$\frac{x^2}{a^2}+\frac{y^2}{b^2}=1 \quad (b>a) \tag{3-1-11}$$

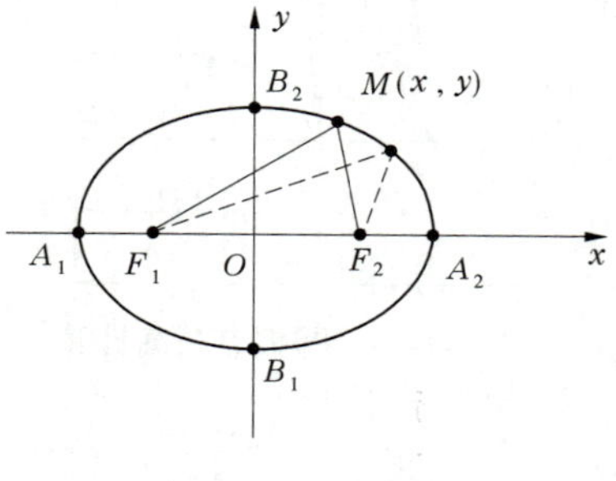

图 3-1-41 焦点在 x 轴上的椭圆

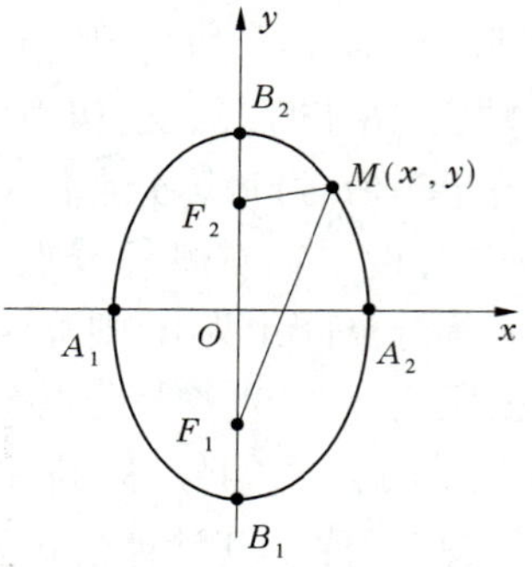

图 3-1-42 焦点在 y 轴上的椭圆

(二)椭圆形平面曲线的放样方法

1. 拉线法

(1)如图 3-1-43 所示,根据设计图上的椭圆点坐标和长、短半轴的方向及长度 a、b,按下式计算二焦点的 x 坐标值

$$c = \pm\sqrt{a^2 - b^2} \tag{3-1-12}$$

在现场放出椭圆的中心点 O 及长、短轴的四个顶点 A、B、C、D,并在长轴的中心点两侧放出二焦点 F_1 和 F_2。

(2)取一细铁丝,使其长度等于 $2a$,将其两端固定在二焦点 F_1 和 F_2 上,然后用铁钎套住细铁丝自 A 经 C 向 B 缓缓移动,即得椭圆的上半部分,再自 A 经 D 向 B 缓缓移动,即得椭圆的下半部分。

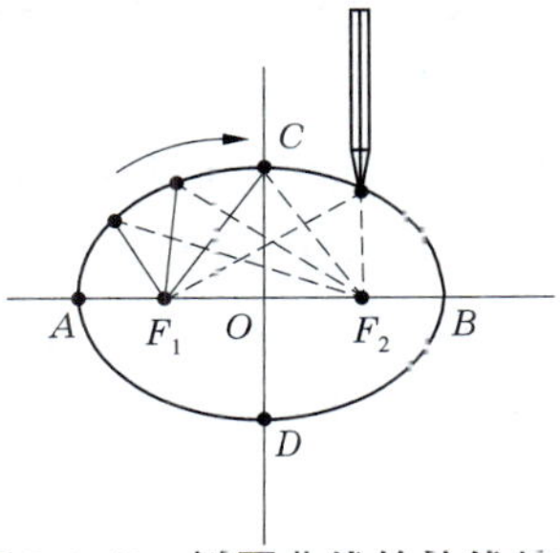

图 3-1-43　椭圆曲线的拉线放样

此法适用于长、短半轴较小的椭圆曲线放样。

2. 坐标法

(1)自椭圆中心点始,将其长轴 $2a$ 与短轴 $2b$ 各分为若干等份(视需要,等分点越多精度越高),根据等分点的 x(或 y)坐标,依据椭圆的标准方程,按下式计算相应等分点 y(或 x)的坐标

$$y = \pm\frac{b}{a}\sqrt{a^2 - x^2} \tag{3-1-13}$$

$$x = \pm\frac{b}{a}\sqrt{b^2 - y^2} \tag{3-1-14}$$

【例 3-1-3】　一椭圆长半轴 $a = 15$ m,短半轴 $b = 9$ m,沿 Ox 轴将中心点 O 右侧分为 15 等份(见图 3-1-44),将各等分点的 x_i 和对应在 x 轴上方、y 轴右方椭圆的 y_i 坐标列于表 3-1-4。

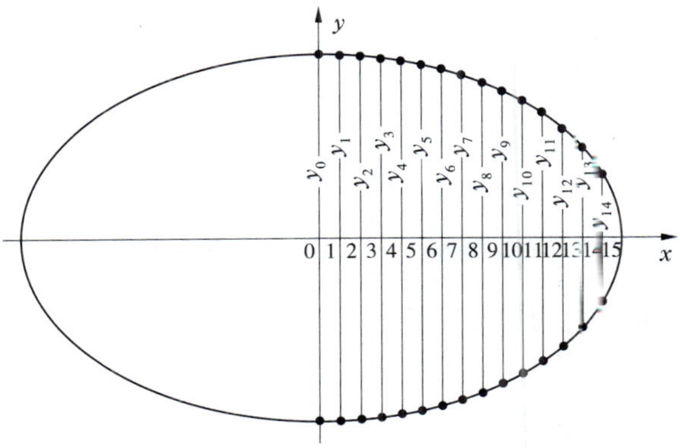

图 3-1-44　椭圆上点的坐标计算

表 3-1-4　椭圆各等分点对应 y 轴坐标

x(m)	0	1	2	3	4	5	6	7	8	9	10	11	12	13	14	15
y(m)	9	8.98	8.92	8.82	8.67	8.49	8.25	7.96	7.61	7.20	6.71	6.12	5.40	4.49	3.23	0

(2)现场根据设计图先放出椭圆的中心点 O 及长、短轴的四个顶点 A、B、C、D,在长轴上按 x_i 定出各等分点,再在各等分点上架设仪器,沿 x 轴的垂线方向,按 $\pm y_i$ 放出各等分点在椭圆曲线上的对应点(各等分点在 x 轴上、下和 y 轴左、右两侧的椭圆曲线上的点互为对称)。

此法适用于长、短轴较长而又不适于采用拉线法的椭圆曲线放样。

三、双曲线形建筑物的施工放样

(一)双曲线形平面曲线的数学模型

平面上任一点 M 到两定点 F_1、F_2 的距离之差为定值的点的轨迹称为双曲线。如图 3-1-45 所示,设双曲线的中心点及其坐标为 $O(0,0)$,与 x 轴的交点及其坐标 $A_1(-a,0)$、$A_2(a,0)$ 称为双曲线的顶点,即 $A_1A_2=2a$,则有 $MF_1-MF_2=2a(a>0)$,即二焦点到双曲线上任一点的距离之差与两顶点之间的距离相等,x 轴上的两个点及其坐标 $F_1(-c,0)$、$F_2(c,0)$ 称为双曲线的焦点,两焦点之间的距离 $2c$ 称为焦距,设有关系式 $b^2=c^2-a^2$,则有双曲线的标准方程

$$\frac{x^2}{a^2}-\frac{y^2}{b^2}=1 \tag{3-1-15}$$

如果双曲线的焦点在 y 轴上(见图 3-1-46),关系式变为 $c^2-b^2=a^2$,则双曲线的标准方程为

$$\frac{y^2}{a^2}-\frac{x^2}{b^2}=1 \tag{3-1-16}$$

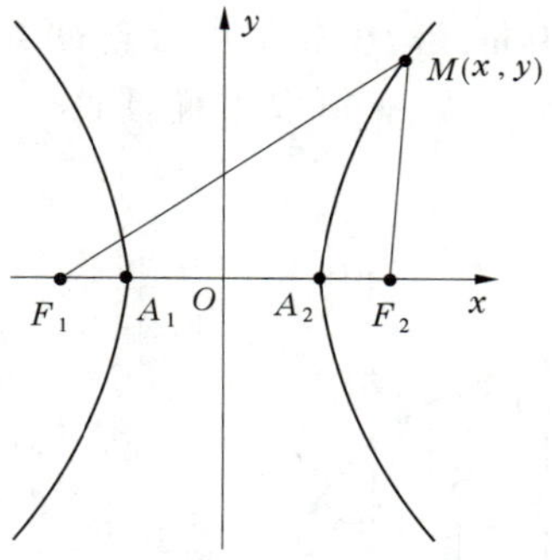

图 3-1-45　焦点在 x 轴上的双曲线

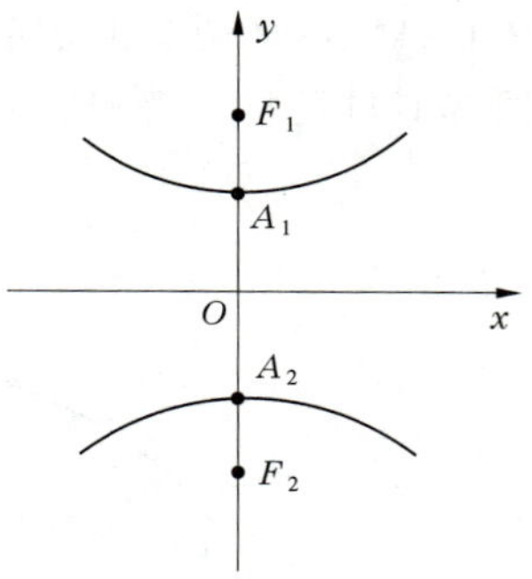

图 3-1-46　焦点在 y 轴上的双曲线

(二)双曲线形平面曲线的放样方法

1. 拉线法

(1) 如图 3-1-47 所示,根据设计图上的双曲线标准方程中的 a、b 值,计算二分之一焦距值

$$c=\sqrt{a^2+b^2} \tag{3-1-17}$$

在现场放出双曲线的中心点 O,并根据 a、c 值在 x 轴的中心点两侧放出二焦点 F_1、F_2 和二顶点 A_1、A_2。

(2)取一直尺和一细铁丝,如图 3-1-47 所示,将细铁丝的一端固定于 F_2 点,另一端固定于直尺上的 N 点;直尺的一端固定于 F_1 点(可以自由转动),使 $NF_1-NF_2=2a$,然后用一铁钎套住细铁丝,且将铁丝拉紧,使直尺先与 x 轴重合,此时铁钎尖应对准双曲线的顶点 A_2,然后缓缓向上移动,将铁钎尖始终紧靠尺边,并拉紧铁丝,则铁钎尖所画出的曲线即为双曲线一条支线在 x 轴上方的部分。

(3)根据对称原则,用同样的方法可得双曲线一条支线在 x 轴下方的部分,以及双曲线在 y 轴另一侧的支线。

此法适用于顶点间距和焦点间距均较小的双曲线放样。

2. 坐标法

(1)如图 3-1-48 所示,自双曲线二顶点始,将其沿 x 轴向两侧(即必须 $|x| \geq a$)各分为若干等份,根据等分点的 x(或 y)坐标,依据双曲线的标准方程,按下式计算相应等分点的 y(或 x)坐标

$$y = \pm \frac{b}{a}\sqrt{x^2 - a^2} \tag{3-1-18}$$

$$x = \pm \frac{a}{b}\sqrt{y^2 + b^2} \tag{3-1-19}$$

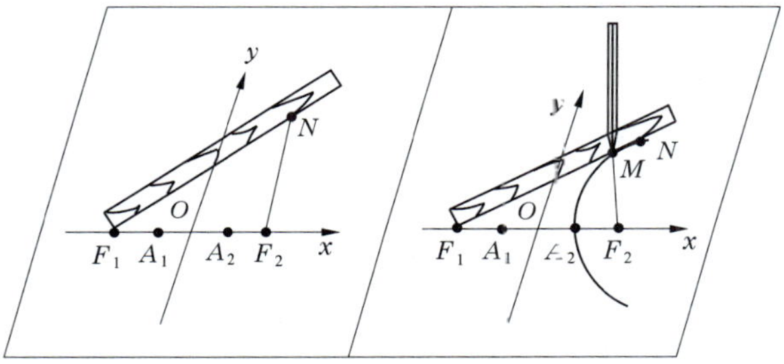

图 3-1-47 双曲线的拉线放样

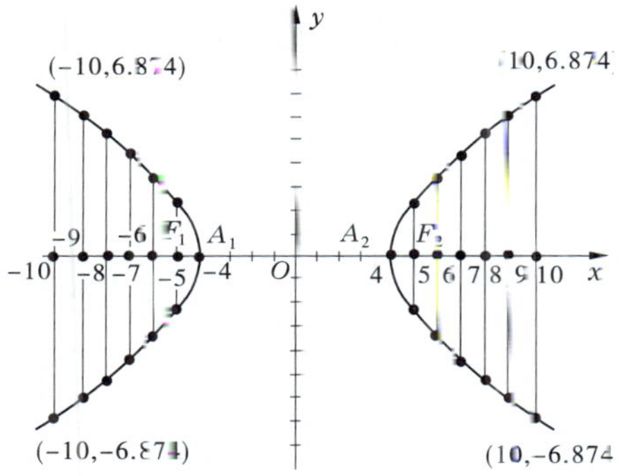

图 3-1-48 双曲线二点的坐标计算

【例 3-1-4】 一双曲线 $\frac{1}{2}$ 顶点距 $a=4$ m,$\frac{1}{2}$ 焦距 $c=5$ m,依式(3-1-17)计算 $b=3$ m,自二顶点始,将其沿 x 轴向两侧在 10 m$\geq|x|\geq$4 m 范围内 1 m 划一等份(见图 3-1-48),则各等分点的 x_i 和对应在 x 轴上方的双曲线 y_i 坐标列于表 3-1-5。

表 3-1-5 双曲线各等分点坐标

x(m)	4	5	6	7	8	9	10
y(m)	0	2.250	3.354	4.308	5.196	6.047	6.874

(2)现场根据设计图先放出双曲线的中心点 O 及在 x 轴的中心点两侧放出二焦点 F_1、F_2 和二顶点 A_1、A_2。

(3)自二顶点始,将其沿 x 轴向两侧按表 3-1-5 中各 x_i 定出所有等分点,再在各等分

点上架设仪器,沿 x 轴的垂线方向按 $\pm y_i$ 放出各等分点在双曲线上的对应点(各等分点在 x 轴上、下和 y 轴左、右两侧的双曲线上的点互为对称)。

此法适用于顶点距和焦距均较长而又不适于采用拉线法的双曲线放样。

四、抛物线形建筑物的施工放样

(一)抛物线形平面曲线的数学模型

平面上任一点 M 到一定点 F(称为焦点)和到一条定直线 L(称为准线)的距离相等的点的轨迹称为抛物线。如图 3-1-49(a) 所示,设抛物线的顶点及其坐标为 $O(0,0)$,顶点沿 x 轴到焦点和到准线 L 的交点 K 之间的距离均等于 $\frac{p}{2}$(p 称为抛物线参数),即焦点的坐标为 $F(\frac{p}{2},0)$,准线方程为 $x=-\frac{p}{2}$,则有抛物线的标准方程为

$$y^2 = 2px \quad (p > 0) \tag{3-1-20}$$

因式中 $x \geqslant 0$,所以该抛物线在 y 轴的右侧,上、下以 x 轴为对称。

标准方程也可以表达为

$$y^2 = -2px \tag{3-1-21}$$

因式中 $x \leqslant 0$,所以该抛物线在 y 轴的左侧,上、下仍以 x 轴为对称(见图 3-1-49(b))。

当抛物线以 y 轴为对称时(见图 3-1-50),则其标准方程表达为

$$x^2 = 2py \tag{3-1-22}$$

或

$$x^2 = -2py \tag{3-1-23}$$

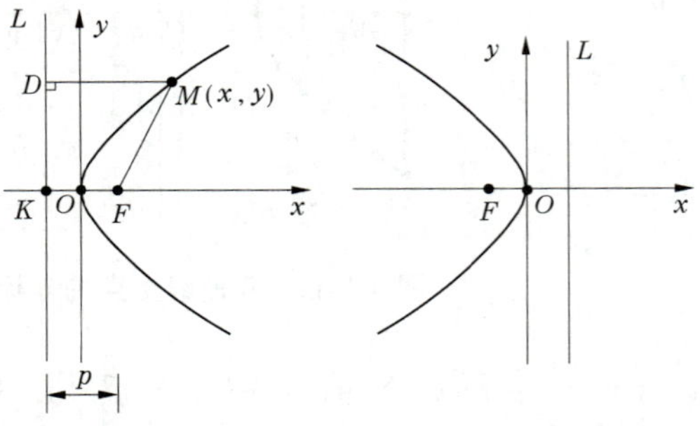

(a) $x \geqslant 0$　　(b) $x \leqslant 0$

图 3-1-49　以 x 轴为对称的抛物线

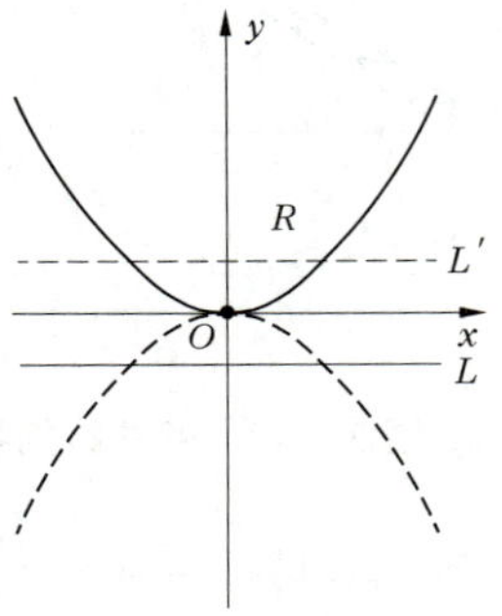

图 3-1-50　以 y 轴为对称的抛物线

(二)抛物线形平面曲线的放样方法

1. 拉线法

(1)如图 3-1-51 所示,在现场放出抛物线的顶点 O,并过 O 点放出 x 轴和 y 轴,在 Ox 轴上 O 点两侧分别取 $OA=OF=\frac{p}{2}$,即得抛物线焦点 F。过点 A 作 Oy 轴的平行线 KL,即得抛物线的准线。

(2)取一直尺紧贴准线,另取一三角板,将其短直角边紧靠直尺,长直角边紧靠 Ox

轴,取一细铁丝,将其一端固定于焦点 F 处,另一端固定于三角板长边的顶端 B 处,使细铁丝的长度等于 $OF+FB$,即三角板长直角边的长度。然后用一铁钎将细铁丝拉紧,使三角板沿直尺向上缓缓移动,而铁钎尖始终紧靠三角板的边,并始终拉紧铁丝,则铁钎尖所画出的曲线即为抛物线在 x 轴上方的部分。

(3)根据对称原则,用同样的方法可得抛物线在 x 轴下方的部分。

此法适用于 p 值较小的抛物线放样。

2. 坐标法

(1)自抛物线顶点始,将 Ox 轴正向分为若干等份,根据等分点的 x 坐标,按抛物线的标准方程即可计算相应等分点的 y 坐标。

【例 3-1-5】 如图 3-1-52 所示,已知抛物线参数 $p=5$,焦点及其坐标为 $F\left(\frac{5}{2},0\right)$,准线 L 的方程为 $x=-\frac{5}{2}$,标准方程为 $y^2=2\times5x$,自抛物线顶点始,在 $0\leqslant x\leqslant10$ 区间划分 10 等份,根据等分点的 x 坐标,按下式计算相应等分点的 y 坐标

$$y=\pm\sqrt{10x}$$

将各等分点的 x_i 和对应的抛物线 y_i 坐标列于表 3-1-6。

表 3-1-6 抛物线各等分点坐标

x	0	1	2	3	4	5	6	7	8	9	10
y	0	3.162	4.472	5.477	6.325	7.071	7.746	8.367	8.944	9.487	10.000

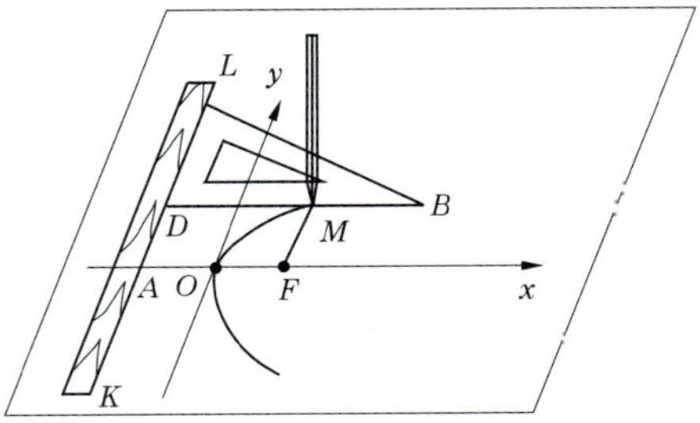

图 3-1-51 抛物线的拉线放样

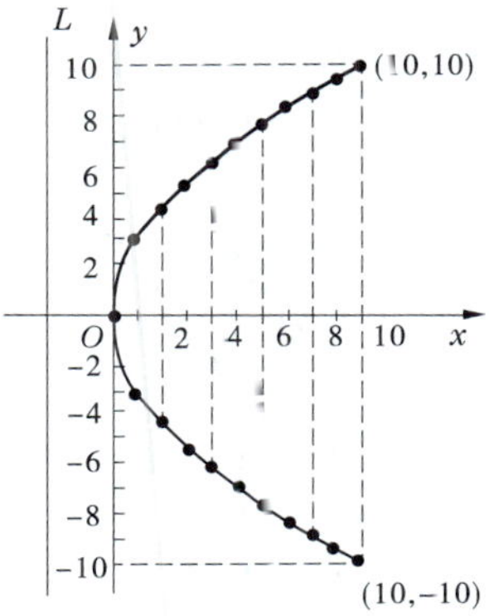

图 3-1-52 抛物线的坐标计算

(2)现场根据设计图先放出抛物线的顶点 O 及 x 轴。自顶点始将其沿 x 轴正向定出各等分点,再在各等分点上架设仪器,沿 x 轴的垂线方向,按 $\pm y_i$ 放出各等分点在抛物线上的对应点(各等分点在 x 轴上、下的抛物线上的点互为对称)。

此法适用于参数 p 值较大而又不适于采用拉线法的抛物线放样。

五、正多边形建筑物的施工放样

正多边形建筑物的平面形式常用的有正三角形、正五边形、正六边形和正八边形等。

无论哪一种正多边形都可绘一外接圆。其外接圆的圆心即为正多边形的中心，外接圆的半径即为正多边形的半径（即中心点到各顶点的距离），各边所对应外接圆的圆心角都相等，即为各边的中心角，对于正 n 边形，其大小等于$\frac{360°}{n}$。正多边形建筑物一般也可以采用拉线法或坐标法进行放样，下面以正五边形为例，予以介绍。

（一）拉线法

如图 3-1-53 所示，长廊端部有一正五角亭，设计其边长 $d=2.8$ m，其放样步骤如下：

（1）首先根据设计图上长廊的位置，在其端部中点两侧各$\frac{d}{2}=1.4$ m 处定 A、B 两点，得其第一条边。

（2）正五边形外接圆的每边中心角为 $\alpha=360°\div5=72°$，外接圆的半径为 $R=\frac{1}{2}d\div\sin\left(\frac{\alpha}{2}\right)=1.4\div\sin36°=2.382$（m）。分别以 A、B 两点为圆心，以 2.382 m 为半径画圆弧相交于 O 点，即为其外接圆圆心，再以 O 为圆心，以 2.382 m 为半径在现场拉线画圆。

（3）自 A 点（或 B 点）以 $d=2.8$ m 为弦长，在圆弧上依次截取 C、D、E 点，即得正五角亭的角顶位置。

此法适用于半径较小的正多边形放样。

（二）坐标法

如图 3-1-54 所示，先根据正五边形中心点的设计坐标（x_O，y_O）在现场定出中心点 O，再根据起始边 OA 的方位角 α_{OA} 与正五边形的半径 R 计算起始点 A 的坐标（x_A，y_A），然后将方位角依次递增 72°，半径 R 不变，逐一计算 B、C、D、E 各点（x，y）坐标，即可在中心点或控制点上架设仪器，用坐标法放出正五边形各顶点。

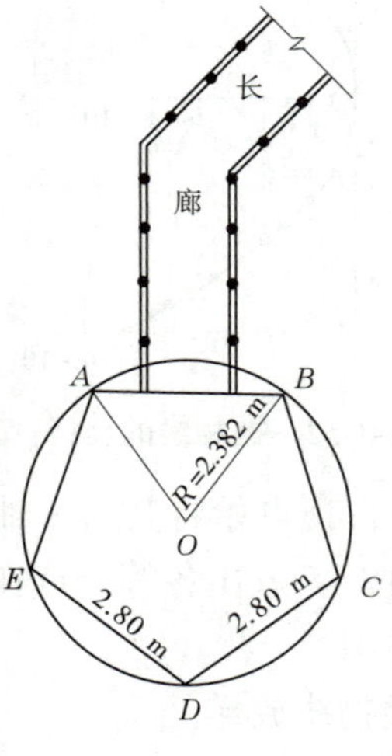

图 3-1-53　正五边形的拉线法放样

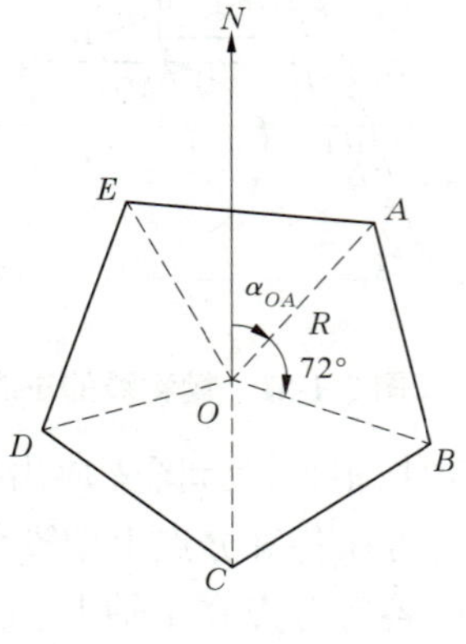

图 3-1-54　正五边形的坐标法放样

此法适用于半径较大的正多边形放样。

六、应用全站仪坐标法进行复杂建筑物的施工放样

在各建筑物的中心点或控制点上架设全站仪，按上述坐标法的原理，事先计算各平面曲线上放样点的坐标，并存入仪器，即可采用全站仪坐标法进行复杂建筑物的施工放样（参见模块二项目四任务三），从而使其放样变得更加快速、方便、灵活，但在放样时需要注意以下几点：

（1）上述各种复杂建筑物平面曲线坐标计算中所用的坐标系为平面曲线本身的直角坐标系，即设计坐标系，其坐标轴往往和测量坐标系的坐标轴相反。

（2）全站仪坐标放样的测站点既可以设在曲线的中心点上（如圆、椭圆、双曲线、正多边形）或顶点上（如抛物线），也可以设在附近的测量控制点上。如果设在测量控制点上，则需事先进行坐标换算，即依据曲线中心点（或顶点）的测量坐标和中心轴的坐标方位角，应用坐标换算公式将所有放样点的设计坐标换算为测量坐标（参见模块二项目四任务三）。

（3）当建筑物放样的点数较多时，应事先将施工场地测量控制点的坐标和所有建筑物放样点的设计坐标及经过换算后的测量坐标分别建立相应的坐标数据文件存于全站仪内，以便作业时，随时调用所需的数据文件进行现场放样。

任务五　激光测量仪器及其在建筑施工测量中的应用

知识要点：激光测量仪器的组成和使用。

技能要点：能在建筑施工测量中应用激光扫平仪、激光经纬仪和激光铅直仪等激光仪器。

激光测量仪器是直接应用可见激光束进行定位、抄平的新型测量仪器，包括激光扫平仪、激光经纬仪和激光铅直仪等，具有精确、直观、高效等特点，尤其适用于室内、井下或夜间作业，在建筑施工测量中应用广泛。

一、激光测量仪器的组成及基本原理

激光测量仪器一般由激光发射器、望远镜及供电装置等组成，可与接收靶配套使用。激光发射器多采用激光波长为 0.632 8 μm 的氦氖激光器，为发射激光的装置。所发射的激光导入望远镜，沿望远镜视准轴方向射出后，其光束的发散角有所收敛。设激光器发射光束的发散角为 θ'，经望远镜射出光束的发散角为 θ，望远镜的放大倍率为 V，其关系式为

$$V = \frac{\theta'}{\theta} \tag{3-1-24}$$

可见，望远镜还具有使激光束的发散角收敛 V 倍的作用。

普通接收靶一般用白色有机玻璃制作，上面刻有等间距的同心圆和十字线，十字线的交点为靶心，根据激光斑中心距离靶心的圆圈数即可得知其偏差的方向和偏差量大小（见图 3-1-55）。光电接收靶则可在其显示器上显示光斑和靶心的相关位置，并通过硅光电池，将光信号转为电信号，在竖向和横向电表上直接读出光斑中心偏离的方向和偏差

量。例如,图 3-1-56 中竖向电表指在“-5”,横向电表指在“+5”,表示光斑中心向下、向右各偏差 5 mm。

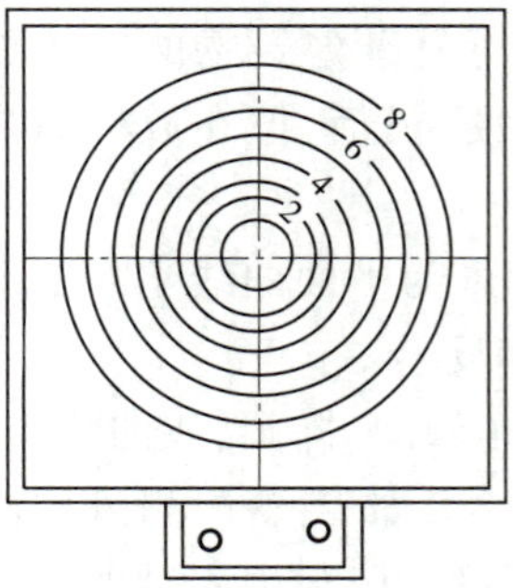

图 3-1-55　普通接收靶

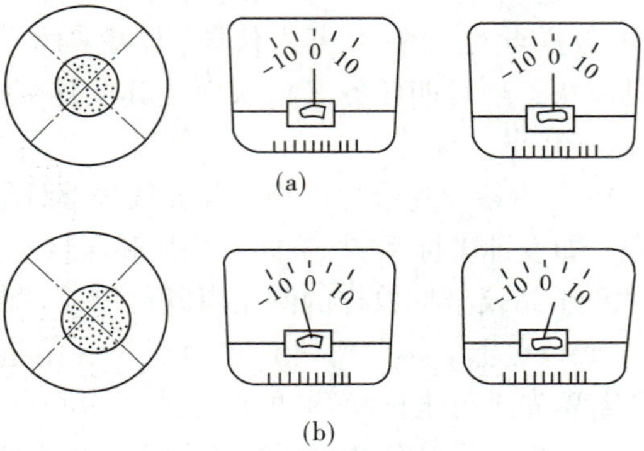

图 3-1-56　光电接收靶及指示电表

二、激光测量仪器及其在建筑施工测量中的应用

(一)激光扫平仪及其应用

激光扫平仪由激光发射装置和水准仪组合而成(见图 3-1-57),仪器的技术性能和操作方法与 DS_3 型水准仪相同,以望远镜射出的红色激光束代替水平视线,且其激光束可以沿与仪器竖轴相垂直的水平面进行连续扫描,从而起到“扫平”的作用,可以用于井下施工或室内装修时的水平或坡度控制。

(二)激光经纬仪及其应用

激光经纬仪由激光发射装置和普通经纬仪组合而成(见图 3-1-58),激光装置可随望

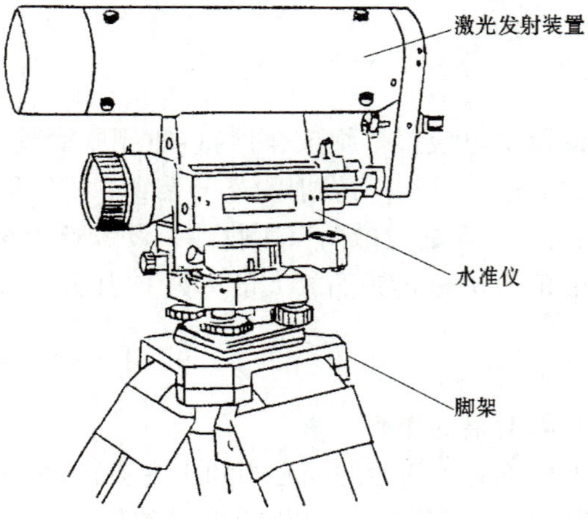

图 3-1-57　激光扫平仪

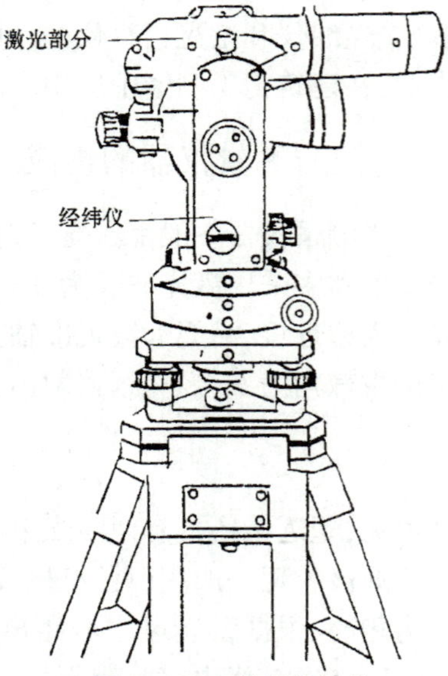

图 3-1-58　激光经纬仪

远镜一道转动，发射的激光束可以用于井下掘进时的动态导向及建筑构件安装时的方向和垂直度控制。

（三）激光铅直仪及其应用

激光铅直仪（见图 3-1-59）发射的激光束可以形成一条竖直方向的基准线，用于高层建筑室内向上的轴线投测或构件安装时的定位指导。

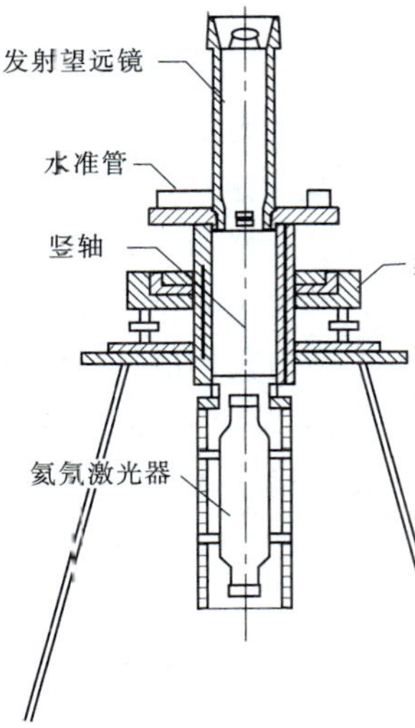

图 3-1-59 激光铅直仪

例如，图 3-1-60 中的Ⓑ、Ⓓ、②、④为高层建筑底层的定位轴线。为了将轴线逐层向上投测，首先在底层地坪四个方向距离轴线 500~800 mm 处各设置一个投测点位，而在每层楼板的四个投测点位正上方，均预留 20 cm×20 cm 的孔洞。投测时，逐一在投测点位上安置铅直仪，向上沿竖直方向发射激光束（见图 3-1-61），而在施工楼板的孔洞上方放置

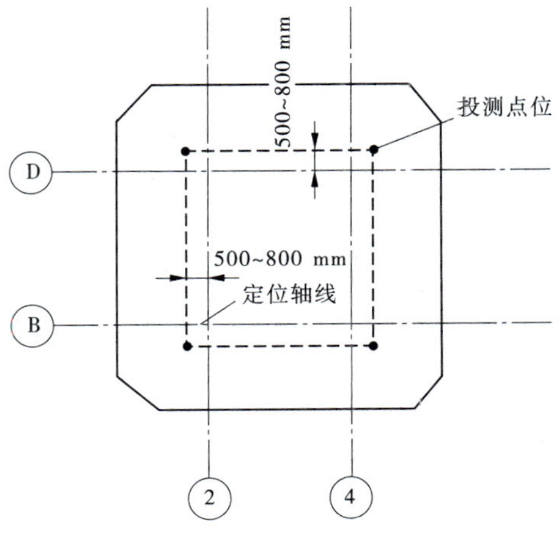

图 3-1-60 定位轴线和投测点位

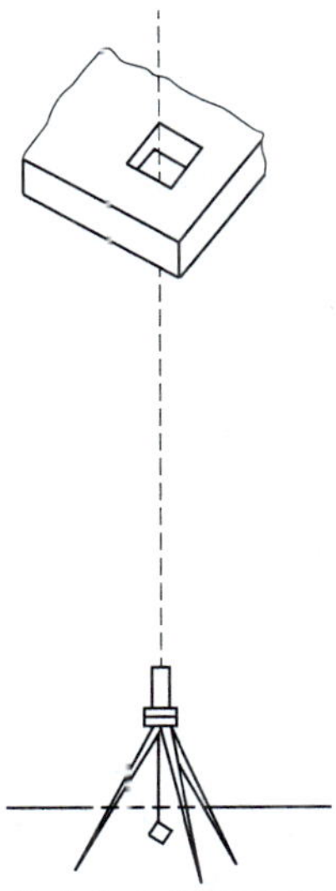

图 3-1-61 激光铅直仪竖直投测

普通接收靶，根据接收到的激光光斑和投测点位与定位轴线的关系，即可依次将定位轴线引至施工楼板上。此外，高层建筑施工时，激光铅直仪还可用于滑升模板系统向上提升时的垂直度偏差及扭转、变形等的控制。

小　结

（1）建筑工程施工平面控制网一般可以采用建筑方格网、建筑基线和导线等不同形式，而高程控制网则通常采用水准网或光电测距三角高程网。

（2）一般民用建筑施工测量包括建筑物定位、放线、轴线控制桩测设、基础施工控制、墙体施工控制、细部放样及高层建筑轴线投测和标高传递。

（3）一般工业厂房施工测量包括厂房矩形控制网测设、厂房轴线测设、柱基础施工控制、预制构件吊装测量，以及烟囱、水塔等构筑物的施工测量。

（4）复杂形状建筑物是指其平面形式为圆弧形、椭圆形、抛物线形、双曲线形或正多边形的建筑物，其施工放样相对于一般形状的建筑物要复杂。

（5）激光测量仪器及其在建筑施工测量中的应用。

复习题

1. 建筑工程施工测量的平面控制对大型企业一般采用__________，中、小企业一般采用____________（分__________、__________、__________、__________等形式），而一般工业企业和民用建筑则可采用__________。高程控制通常采用__________或__________。

2. 民用建筑施工测量中的建筑物定位是指______________________________。建筑物放线是指______________________________。轴线控制桩测设是指______________________________。基础施工控制是指______________________________。

3. 高层建筑施工测量中的轴线投测是指______________________________，通常可以采用______________、______________及______________法。高层建筑标高传递是指______________________________，通常可以采用______________________及______________________法。

4. 工业厂房的矩形控制网测设是指______________________________。厂房的轴线测设是指______________________________。柱基础的施工控制是指______________________。预制件的吊装测量是指______________________________。

5. 烟囱和水塔施工测量主要包括______________________________、______________________、______________________等内容。

6. 复杂形状建筑物是指其平面形式为__________、__________、__________、__________或__________的建筑物，其施工放样相对于一般形状的建筑物要复杂。

练习题

1. 设直线形建筑基线（见图 3-1-62）A'、O'、B' 三点已测设到地面上，经检测 $\beta' = 180°00'42''$，设计 $OA = 150$ m，$OB = 100$ m，试求 A'、O'、B' 三点的调整值 δ，并说明如何调整才能使三点成一直线？

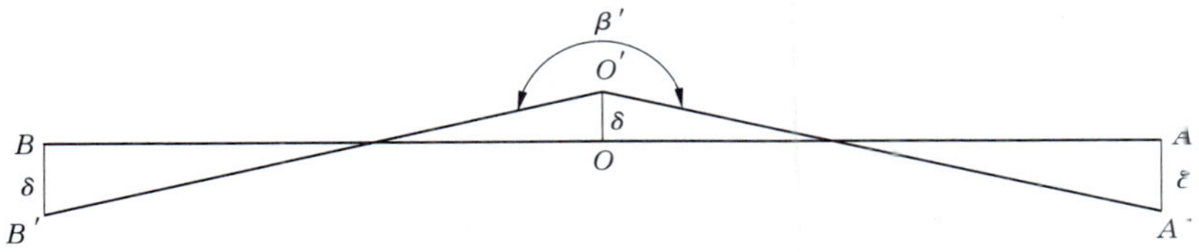

图 3-1-62　练习题 1 图

2. 如图 3-1-63 所示，已标新建筑物的尺寸以及新建筑物与原有建筑物的相对位置尺寸，建筑物轴线距外墙皮 240 mm（轴线偏里），试述根据原有建筑物测设新建筑物的方法和步骤。

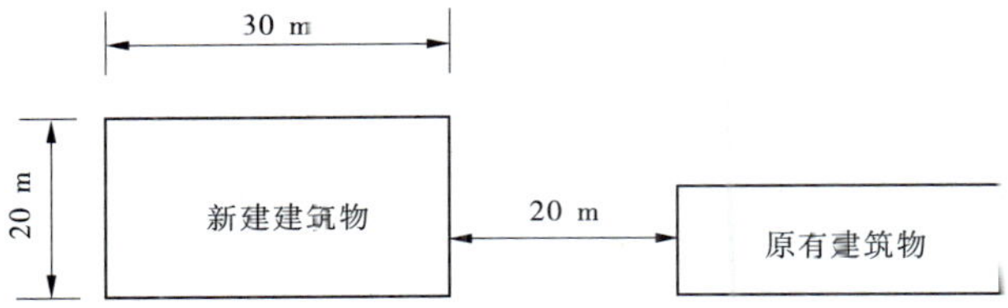

图 3-1-63　练习题 2 图

思考题

1. 试述施工方格网及建筑基线主轴线的测设方法。

2. 轴线控制桩和龙门板的作用是什么？如何设置？

3. 高层建筑施工中，如何将底层平面轴线和高程引测到各层楼面上？

4. 试述工业厂房测设矩形控制网的方法。

5. 工业厂房柱列轴线和柱基础施工测量包括哪些内容？柱子吊装时为何要严格检校经纬仪？

6. 柱子、吊车梁、吊车轨道及屋架安装测量如何进行？有哪些需要注意的地方？

7. 如何控制建筑物的垂直度和砌筑高度？

8. 钢结构施工测量为何精度要求更高?

9. 砖砌烟囱施工测量包括哪些内容? 如何进行? 如何保证烟囱竖直、外壁斜度及筒身标高符合要求?

10. 复杂形状建筑物的施工放样一般可采用哪些方法? 其放样步骤如何? 全站仪坐标法进行复杂建筑的施工放样应有哪些注意点?

11. 常用激光测量仪器有哪几种? 有何优点? 在建筑工程施工中各起什么作用?

项目二　交通工程施工测量

知识目标

交通工程施工控制测量的概念，道路中线测量、曲线测设、纵横断面测量和土石方计算及道路、桥梁施工测量的内容和方法。

技能目标

能够进行一般道路与桥梁建筑工程的施工测量工作。

本项目介绍的交通工程主要指道路工程和桥梁工程。在布设测量控制网的基础上，道路施工测量主要包括道路的中线测量、曲线测设、路基与路面的放样等，桥梁施工测量主要包括桥墩和桥台的轴线测设、定位、细部放样以及上部结构的安装测量等。

任务一　交通工程施工控制测量

知识要点：道路施工控制测量和桥梁施工控制测量的分类及其建立的方法。

为了满足道路和桥梁施工的需要，首先必须通过施工控制测量建立道路或桥梁施工平面控制网和高程控制网。道路施工平面控制一般采用附合导线、导线网或 GPS 控制网，桥梁施工平面控制通常采用三角网、边角网，至于二者的高程控制一般都可采用水准网或 GPS 高程网的方法。

一、道路施工控制测量

（一）道路平面控制网

道路平面控制网主要用于道路中线测量及道路施工时的路基和构筑物放样，作用的范围长而窄，通常采用导线作为控制。对于等级较低的道路可以采用附合导线，而等级较高的道路则可采用导线网，并与 GPS 控制网进行联测。

1. 附合导线

附合导线一般沿道路中线一侧布设，两端均附合到高级的测量控制点上（见图 3-2-1）。其作业内容主要包括以下几点：

（1）踏勘选点。根据事先拟定的线路方案，先在已有的中小比例尺地形图上选择导线点的大致位置，再到现场踏勘，确定导线点的具体位置，其点位应尽可能接近道路中线，且视野开阔便于观测和土质稳定便于保存，边长以 200~400 m 为宜，采用光电测距导线，边长可放宽至 500~1 000 m。

（2）导线观测。导线的水平角观测可使用 DJ_2 型经纬仪或同等型号的全站仪观测 1~2 个测回，边长用光电测距仪或全站仪进行测量。测角和测距的各种限差可根据道路等级的不同，分别按一级或二级光电测距导线的技术要求执行。

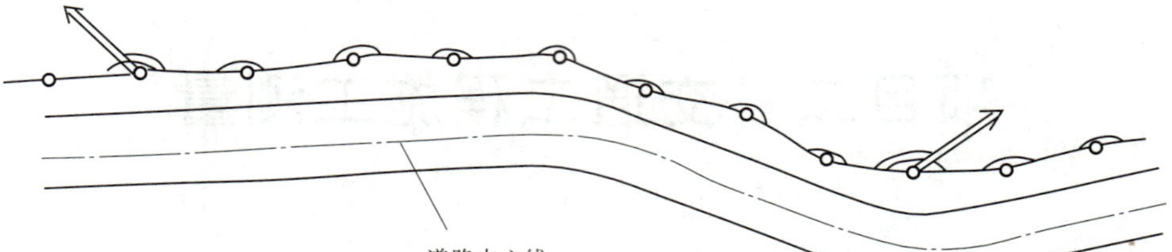

图 3-2-1　道路附合导线

(3)连接测量。导线的两端点或每延伸 20~30 km 处,应与四等以上的高等级测量控制点或 GPS 控制点进行连接测量,既用于测量成果的检核,也便于提高导线的精度。

2. 导线网

对于等级较高的道路,可布设导线网作为控制。导线网一般沿线路两侧布置,每隔 3~5 km,连成环状(见图 3-2-2),从而构成一系列的线形闭合环,以便增加检核的几何条件。导线网尤其适合线路一侧地势较高的高等级道路控制,因为这对道路两侧控制点的联测较为方便。导线网每延伸 20~30 km 处,亦应与高等级测量控制点或 GPS 控制点进行联测,以确保整个道路控制网的精度。需要注意的是,当导线网的范围较长时,联测的一些高等级测量控制点的高斯平面坐标可能属于不同的投影带。遇此情况,在进行数据处理时应首先通过相邻投影带的坐标换算,将用到的测量控制点不同投影带的坐标化为相同投影带的坐标,否则将会造成计算结果的错误。

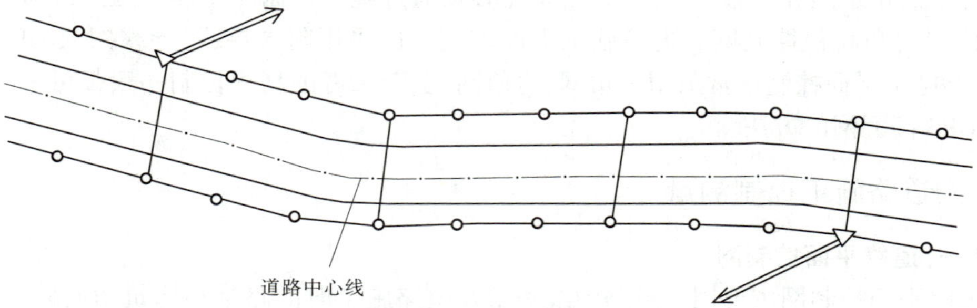

图 3-2-2　道路导线网

(二)道路高程控制网

道路高程控制测量主要是沿道路附近布设一定密度的水准点或 GPS 高程点,作为地形测绘或道路施工的依据。道路水准点应与国家等级水准点联测,构成附合水准路线。附合路线的长度应不大于 30 km,而水准点的间距一般为 2 km 左右,遇重点地段或构筑物附近应予以加密。

测定水准点的方法除用水准测量外,亦可用相应等级的光电测距三角高程测量替代。

二、桥梁施工控制测量

(一)桥梁平面控制网

桥梁平面控制网主要用于桥梁轴线的控制及桥墩、桥台的定位,作用范围比较集中,因此大多采用较简单的三角网(或边角网)。根据桥梁的大小、精度要求和地形条件的不同,三角网（边角网）又可分为以下几种网形：

（1）双三角形（见图3-2-3（a））或大地四边形（见图3-2-3（b）），图中双线边为已知边，适用于大、中型桥梁交会水中墩、台的位置。

（2）双大地四边形（见图3-2-4（a））或单三角形与大地四边形的组合（见图3-2-4（b）），适用于特大型桥梁桥轴线上不同位置的桥墩定位。

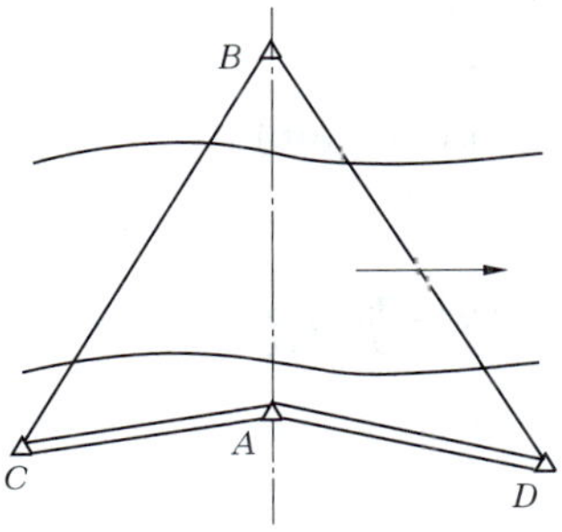

(a)双三角形

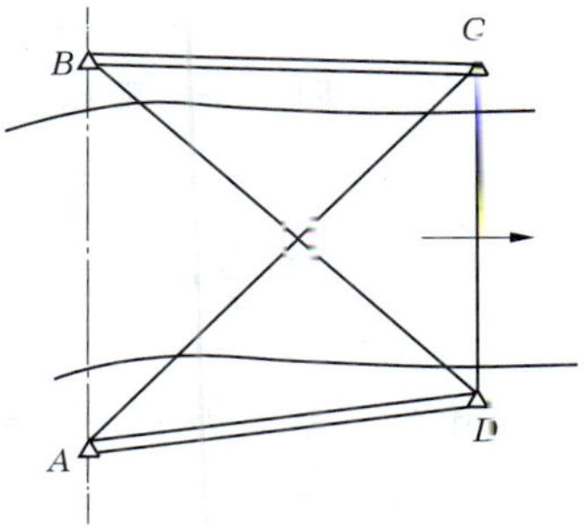

(b)大地四边形

图3-2-3　大、中型桥梁控制网

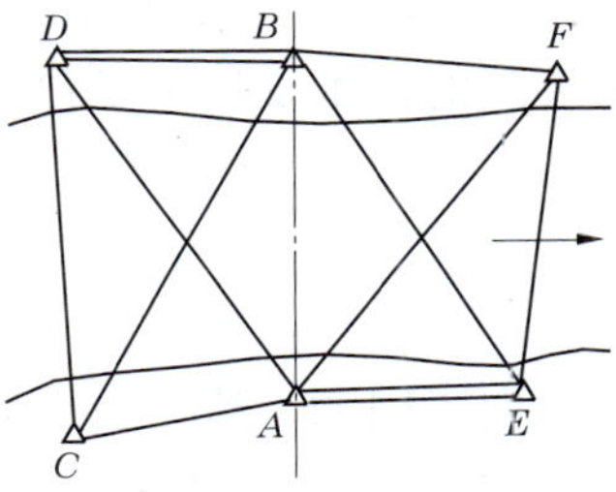

(a)双大地四边形

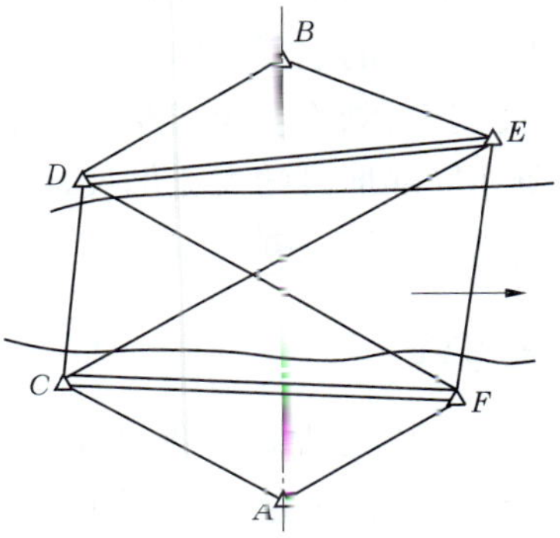

(b)单三角形与大地四边形组合

图3-2-4　特大型桥梁控制网

（3）GPS控制网（见图3-2-5），图中A、B、C、D、E、F均为用等级较高的GPS测量建立的控制点，而A、B又同时是桥梁的轴线点，整个网形仍为双大地四边形，但控制网的测定更加方便。

（二）桥梁高程控制网

桥梁高程控制点应沿桥轴线两侧以400 m左右的间距均匀布设，组成环形网状，可以水准测量或GPS测量的方法建立，并与附近的国家等级水准点进行联测，以保证桥梁与相邻道路高程的正确衔接。在跨河水准测量的作业中，应当采取相应措施，尽量消弱因水域宽阔造成测站前后视距相差过大以及大气折光差和濛气差等的影响。

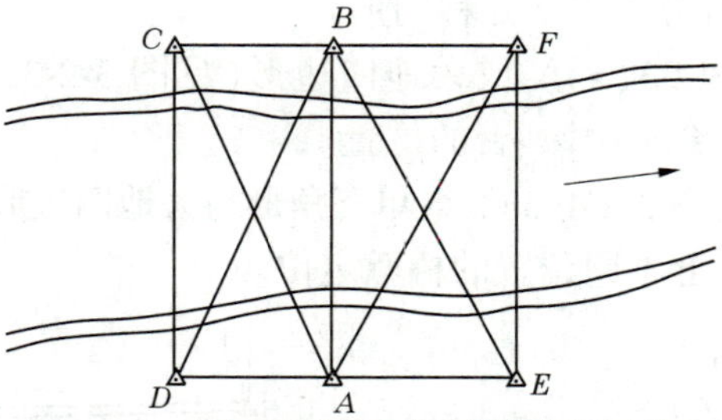

图 3-2-5　用 GPS 测量建立的桥梁控制网

任务二　道路中线测量

知识要点：道路中线测量的内容和方法。

技能要点：能够进行道路的定线测量和中桩测设。

道路工程测量首先需要进行的是勘测设计测量，勘测设计测量一般分为初测和定测两个阶段。初测阶段的主要任务是在已有中小比例尺地形图上规划道路基本走向，实地勘察建立平面和高程控制，根据工程需要，沿线测绘带状地形图，从而为道路的初步设计提供资料。定测阶段的主要任务是在选定的线路上进行中线测量，即先通过定线测量将设计的道路中心线上的主要转向点测设于实地，再进行中桩测设，将中线上的各类点位测设到实地，与此同时，测绘整个线路的纵断面图和有关桩位或特征点处的横断面图，以及设计构筑物所在局部地段的大比例尺地形图，从而为道路的技术设计和工程量计算及其后的道路施工测量提供依据。

一、定线测量

如图 3-2-6 所示，道路的中线在平面上由一系列方向不同的直线段组合而成。为了保证改变方向时行车的平稳性，在方向发生转折的两条直线之间，需用平面曲线相连接。平面曲线又有圆曲线和缓和曲线之分。根据平面设计，即可将道路中线分解为一系列的特征点。这些特征点包括中心线的起点、终点，相邻直线方向发生转折处的交点（JD），以及当相邻交点互不通视时需要在其连线上加测的转点（ZD）（见图 3-2-6）。定线测量就是根据道路的平面设计，将中线上所有这些特征点在实地标定出来，并且实测相邻转折点之间的转向角。

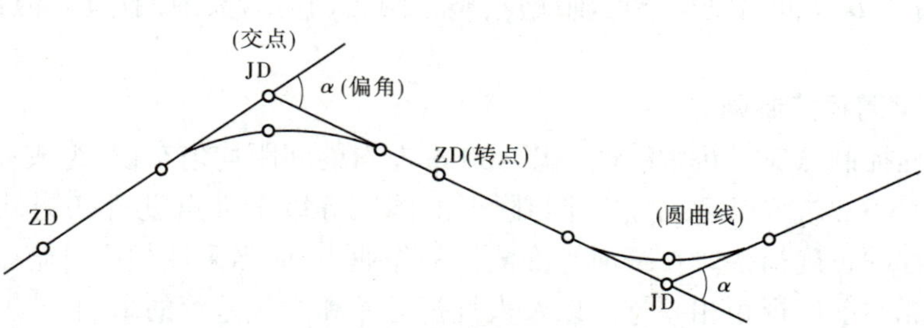

图 3-2-6　道路中线平面图

（一）线路交点测设

交点（JD）是道路中心直线方向发生转折的点（后面再加编号，如 JD_1 表示第 1 号交点），对道路的直线和曲线测设起控制作用。对于等级较低的道路，其交点往往采用一次定测的方法，直接在现场标定和测量其位置；对于等级较高的道路，其交点的位置一般事先在线路设计图上选定，然后随定位条件和现场情况的不同，分别采用以下方法测设：

（1）直接测设法。如道路设计已有交点坐标，则可依据线路附近的平面控制点，事先计算好测设数据，然后至现场，按极坐标法（见图 3-2-7，又称拨角法，图中 5、6、7 为导线点）、角度交会法、距离交会法或全站仪坐标法进行标定。

（2）根据附近地物测设法。如果事先在设计图上已定出交点位置，则可在图上先量出交点至附近地物的距离（见图 3-2-8），再到现场根据相应地物，用距离交会法测设出交点。

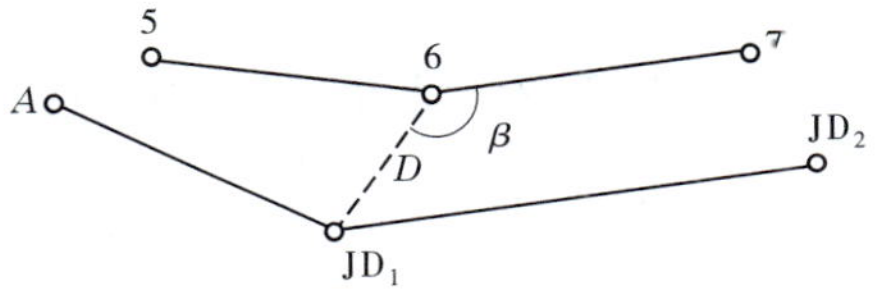

图 3-2-7　根据控制点测设交点

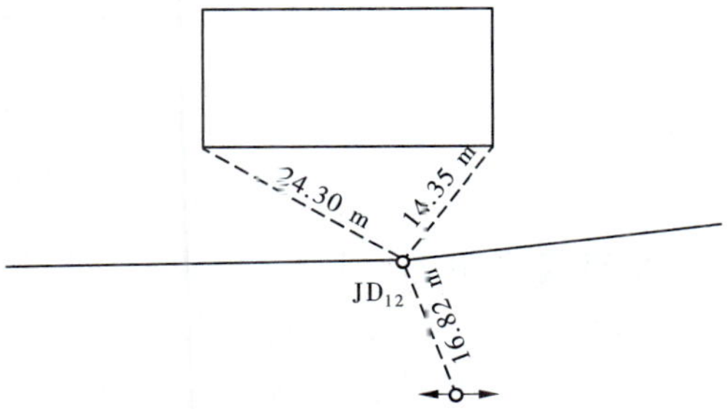

图 3-2-8　根据地物测设交点

（3）直线交会法。先根据线路平面控制点在实地确定中线的两条相邻直线段，然后在两直线段的中线点上安置仪器，将两直线段中线方向延长相交，即得交点（转折点）的位置，再在交点桩的前后以骑马桩予以标定（见图 3-2-9，图中 *a*、*b*、*c*、*d* 为骑马桩）。

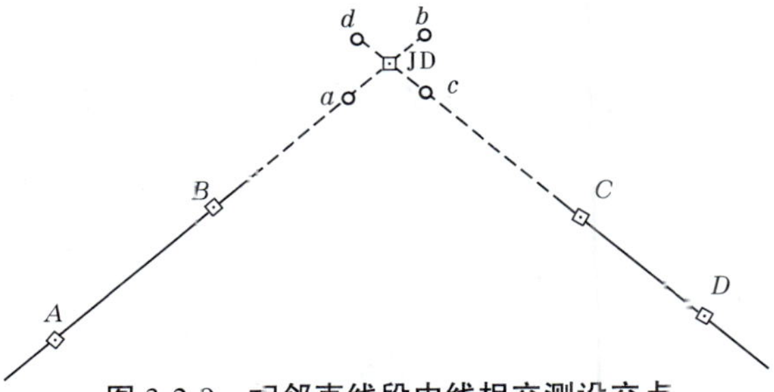

图 3-2-9　相邻直线段中线相交测设交点

（二）线路转点测设

当相邻两交点互不通视时，需要在其连线上加测转点（ZD），以供交点之间量距或照准之用。其测设方法分为以下几种。

1. 交点之间测设转点

如图 3-2-10 所示，JD_5 和 JD_6 为相邻而互不通视的两个交点，在其中间适当位置，先初定转点 ZD′，然后检查 ZD′是否在两交点的连线上。方法是将仪器安置在 ZD′点，以正、倒镜分中法延长直线 JD_5ZD'至 JD'_6，与 JD_6 的偏差为 f，依据 ZD′至 JD_5 与 JD'_6 的大致距离 a 和 b，按下式计算 ZD′应偏移的距离 e

$$e=\frac{a}{a+b}f \tag{3-2-1}$$

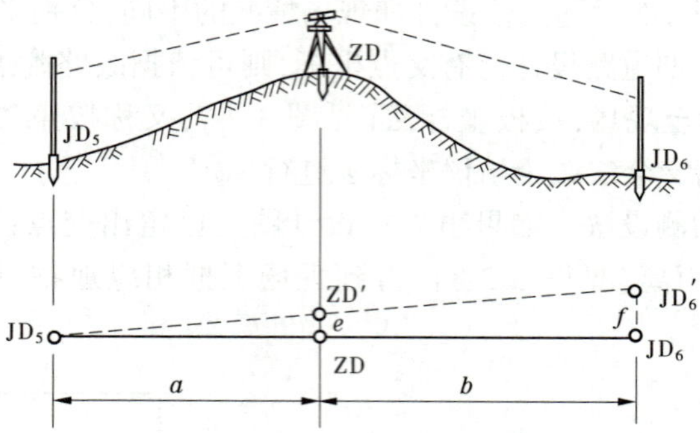

图 3-2-10 两交点之间测设转点

将 ZD′按 e 值移至 ZD 后，再在 ZD 点安置仪器按上法检查 ZD 是否在两交点的连线上，如仍有偏差，再进行调整，直至满足要求。

2. 两交点延长线上测设转点

如图 3-2-11 所示，JD_8 和 JD_9 为相邻而互不通视的两个交点，在其延长线上先初定转点 ZD′，再将仪器安置在 ZD′点，以正、倒镜照准 JD_8 点，以该方向俯视 JD_9 点，盘左、盘右分中后的 JD'_9 点与 JD_9 点的偏差为 f，同样依据 ZD′至 JD_8 与 JD_9 的大致距离 a 和 b 按下式计算 ZD′应偏移的距离 e

$$e=\frac{a}{a-b}f \tag{3-2-2}$$

将 ZD′按 e 值移至 ZD 后，再在 ZD 点安置仪器进行检查，直至满足要求。

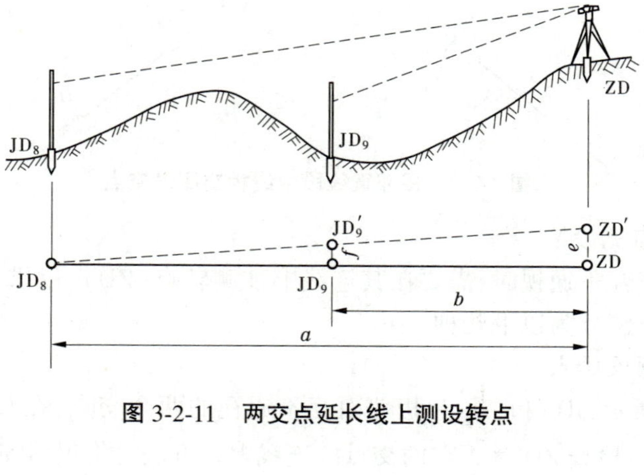

图 3-2-11 两交点延长线上测设转点

(三)转向角测定

在确定交点和转点之后,即可测量各交点的转向角 α(见图 3-2-12)。转向角 α 一般根据线路前进方向右侧的水平角(即右角)β 计算:当 $\beta<180°$ 时线路向右转,α 为右转角;当 $\beta>180°$ 时线路向左转,α 为左转角。它们的计算公式分别为

$$\left.\begin{aligned}\alpha_{左} &= \beta - 180° \\ \alpha_{右} &= 180° - \beta\end{aligned}\right\} \tag{3-2-3}$$

在测定 β 角后,再用仪器定出其分角线方向 C,并以木桩标定,以作日后测设线路曲线中点之用(见图 3-2-13)。

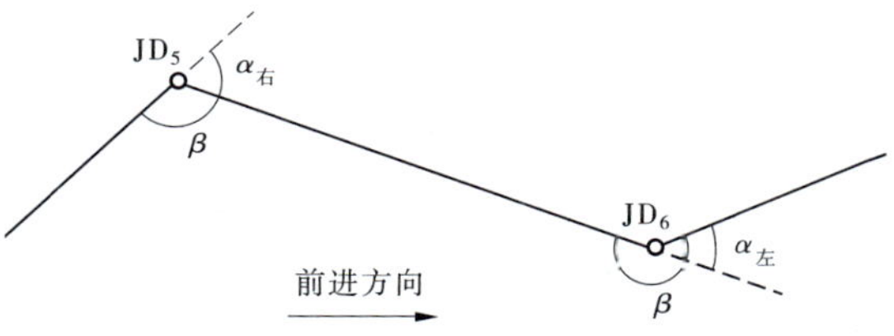

图 3-2-12　线路左转角和右转角

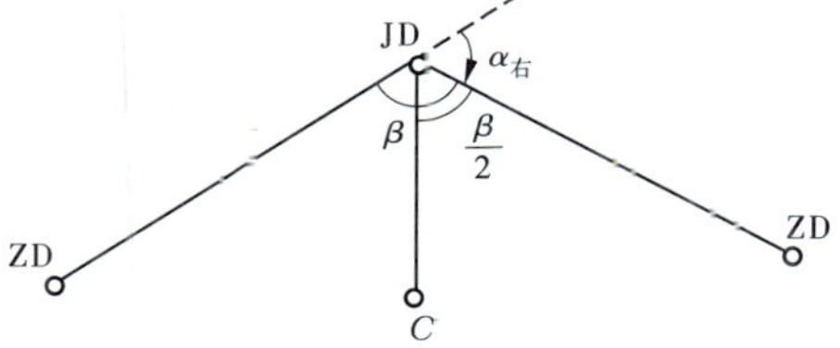

图 3-2-13　线路的分角线

二、中桩测设

中桩测设就是在定线测量之后,从道路的起点开始,沿中线设置里程桩。里程桩不仅可用于表示中线的具体位置,还可用于标注至路线起点的距离。里程桩分为整桩和加桩。自起点始,每隔某一整数(如直线段每隔 20 m、50 m,曲线段每隔 10 m、20 m)设置一桩为整桩,在整桩之间地形特征点处增设的桩称为加桩。加桩又分为地形加桩(如设置于地面坡度或地貌发生明显变化处)、地物加桩(如设置于铁路、公路、河流穿越或预设桥梁、涵洞等构筑物处)、曲线加桩(设置于曲线段的起点、终点、中点及其他细部点处)、关系加桩(设置于交点或转点处)。所有里程桩均按起点至该桩的距离进行编号,并用红油漆标于木桩侧面。如 K2+300. 45("+"号前为千米数),即表示该桩距起点的距离为 2 300. 45 m。关系加桩、重要地物的加桩、曲线主点的加桩等桩号前应加写相关点名或工程名的缩写(见图 3-2-14(a)、(b)、(c)),并以方桩标定(见图 3-2-14(d)),其旁边还应再钉一板桩作为指示桩(见图 3-2-14(e))。交点桩的指示桩应钉在曲线圆心和交点连线外距交点 20 cm 处,字面朝向交点,曲线主点的指示桩字面朝向圆心。其余的里程桩一般都使用板桩,桩号应露出地面,字面一律背向线路前进方向。

道路发生局部地段改线或分段测量,距离衔接有误时,有可能造成道路里程桩的不连续,称为断链,桩号重叠的称长链,桩号间断的称短链。发生断链时,为了不致使全线原有桩号发生改变,除在有关设计、测量文件中予以说明外,还应在实地钉断链桩。断链桩一般不要设在曲线内或建筑物上,桩上应以等式形式注明线路来向里程(等式左端)和去向里程(等式右端),由该等式可计算出该桩处的长链(即前进方向应增加)或短链(即前进方向应减少)的长度,如 1+768. 26=1+800. 00,即表示此处短链(前进方向长度应减少)为 31. 74 m。

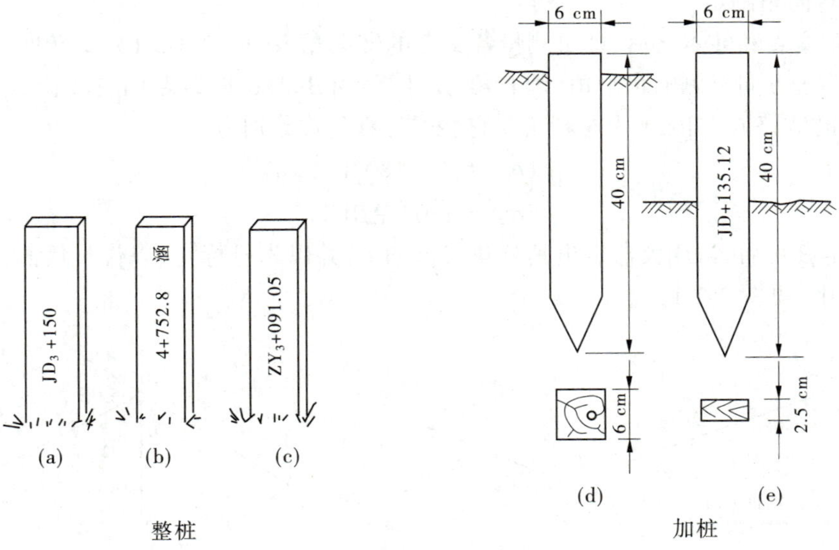

图 3-2-14　里程桩

测设直线段中桩时的方向可用经纬仪或目测法确定，距离则用钢尺往、返丈量或光电测距进行测量，根据道路等级的不同，其纵向精度不应低于 1/1 000~1/3 000，横向偏差不应超过±(2.5~5)cm。

任务三　道路曲线测设

知识要点：道路曲线测设的内容和方法。

技能要点：能够进行道路圆曲线和带有缓和曲线的圆曲线测设。

如前面所述，在方向发生转折的两条直线之间，需用平面曲线相连接。平面曲线一般分为圆曲线和缓和曲线。当曲线的设计半径较大时，可直接以圆曲线相连接。圆曲线是一段圆弧，其曲率半径在该段圆弧中为一定值。当圆曲线的设计半径较小时，则需要在直线和圆曲线之间加设缓和曲线作为过渡。缓和曲线的曲率半径由无穷大逐渐变小，直至等于圆曲线的半径。

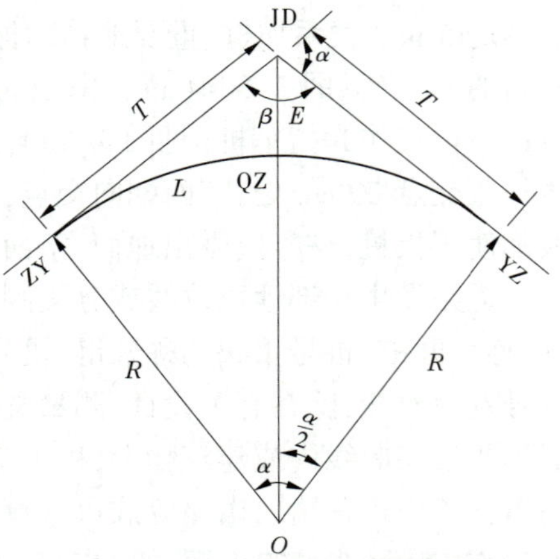

图 3-2-15　圆曲线的曲线要素

一、圆曲线

(一)圆曲线的曲线要素

圆曲线的测设事先应由道路设计根据工程要求和地形条件给定圆曲线的曲率半径 R 和线路的转向角 α，据此计算圆曲线的曲线要素，包括切线长 T、曲线长 L、外矢距 E(见图 3-2-15)及切曲差 q，其计算公式如下

$$\left.\begin{aligned}T &= R\tan\frac{\alpha}{2}\\ L &= R\alpha\frac{\pi}{180^{\circ}}\\ E &= R\left(\sec\frac{\alpha}{2}-1\right)\\ q &= 2T-L\end{aligned}\right\}\tag{3-2-4}$$

具体圆曲线的曲线要素既可按式(3-2-4)计算,也有“公路曲线测设用表”可以查取。

(二)圆曲线上点的桩号

圆曲线上的点分为主点和细部点。圆曲线的起点(即直圆点 ZY)、中点(即曲中点 QZ)和终点(即圆直点 YZ)称为三点;为满足圆曲线施工的需要,在圆曲线上增设的其他等间距点称为细部点,其间距取决于曲线的半径。一般当曲线半径 $R>100$ m 时,间距可取 20 m,而当 R 为 50~100 m 时,应每隔 10 m 测设一点。

根据交点桩号和曲线要素,可逐一推算圆曲线主点的桩号(见图 3-2-15)

$$\left.\begin{aligned}\text{ZY 桩号} &= \text{JD 桩号} - T\\ \text{QZ 桩号} &= \text{ZY 桩号} + \frac{L}{2}\\ \text{YZ 桩号} &= \text{QZ 桩号} + \frac{L}{2}\end{aligned}\right\}\tag{3-2-5}$$

依据切曲差可按下式对桩号的计算进行检核

$$\text{JD 桩号} = \text{YZ 桩号} - T + q \tag{3-2-6}$$

【例 3-2-1】 设某道路交点 JD 桩号为 K2+452.60 m,转向角 $\alpha=32°45'$,圆曲线半径 $R=200$ m,求其圆曲线的曲线要素和桩号。

解 据式(3-2-4)计算圆曲线的曲线要素如下

$$T = R\tan\frac{\alpha}{2} = 200\times\tan\frac{32°45'}{2} = 58.77(\text{m})$$

$$L = R\alpha\frac{\pi}{180^{\circ}} = 200\times 32°45'\times\frac{\pi}{180^{\circ}} = 114.32(\text{m})$$

$$E = R\left(\sec\frac{\alpha}{2}-1\right) = 200\times\left(\sec\frac{32°45'}{2}-1\right) = 8.46(\text{m})$$

$$q = 2T - L = 2\times 58.77 - 114.32 = 3.22(\text{m})$$

据式(3-2-5)、式(3-2-6)计算圆曲线的主点桩号如下:

JD	2 + 452. 60 m
$-T$	58. 77
ZY	2 + 393. 83 m
$+\frac{L}{2}$	57. 16
QZ	2 + 450. 99 m
$+\frac{L}{2}$	57. 16
YZ	2 + 508. 15 m
$-T$	58. 77
$+q$	3. 22
JD	2 + 452. 60 m

检核表明,计算无误。

再根据 ZY 桩号加上圆曲线上某点至 ZY 点的弧长即得该细部点的桩号。

(三)圆曲线上点的切线坐标

以曲线的起点或终点为原点,以过该点的圆曲线切线为 x 轴,过该点的曲线半径为 y 轴,建立假定的坐标系,则圆曲线上任一点在该坐标系中的坐标称为点的切线坐标。

由图 3-2-16 可见,圆曲线上原点至任一点弧长所对应的圆心角 φ_i 和该点的切线坐标计算公式为

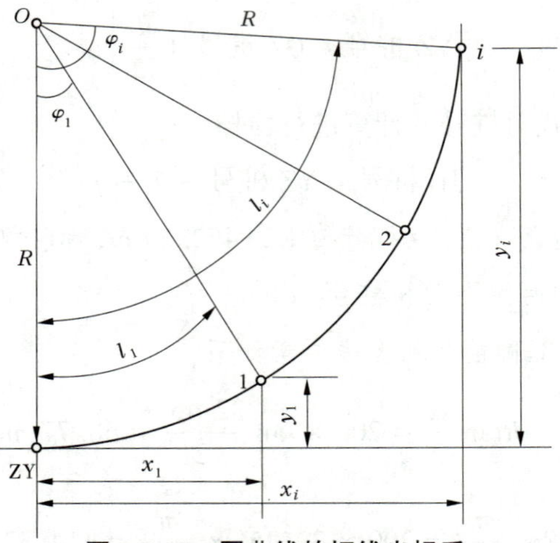

图 3-2-16　圆曲线的切线坐标系

$$\left.\begin{aligned} \varphi_i &= \frac{180^\circ}{\pi} \cdot \frac{l_i}{R} \\ x_i &= R\sin\varphi_i \\ y_i &= R(1-\cos\varphi_i) \end{aligned}\right\} \tag{3-2-7}$$

式中　i——圆曲线上点的序号（$i=1,2,3\cdots$）；

l_i——原点至 i 点的圆弧长；

R——曲线半径。

显然，若以曲线的起点为坐标原点，则该点的切线坐标(x,y)均为0，而将 $l_i=\frac{L}{2}$、L 分别代入式(3-2-7)，所得 x、y 即为圆曲线另两个主点的切线坐标；而以圆曲线上某点至原点的弧长 l_i 代入式(3-2-7)，即得该细部点的切线坐标。

圆曲线上点的切线坐标既可按式(3-2-7)计算，也有"公路曲线测设用表"可以查取。

二、缓和曲线

缓和曲线是当曲线的设计半径较小时，在直线和圆曲线之间加设的一段起过渡作用的螺旋曲线，其曲率半径由无穷大（与直线连接处）逐渐变化为圆曲线的半径 R。我国的公路设计规范对不同等级、不同地形条件下的缓和曲线最小长度的具体规定列于表3-2-1。

表3-2-1　缓和曲线最小长度规定

公路等级	高速公路		一级公路		二级公路		三级公路		四级公路	
地形	平原微丘	山岭重丘	平原微丘	山岭重丘	平原微丘	山岭重丘	平原微丘	山岭重丘	平原微丘	山岭重丘
缓和曲线长(m)	100	70	85	50	70	35	50	25	35	20

（一）缓和曲线参数

缓和曲线具有特性：其上任一点的曲率半径 R' 与起点至该点的曲线长 l 成反比，即

$$R'=\frac{c}{l} \tag{3-2-8}$$

式中　c——缓和曲线的半径变化率，又称缓和曲线参数。

设缓和曲线的全长为 l_0，由于 $l=l_0$ 时，$R'=R$，因而缓和曲线参数可按下式计算

$$c=R'l=Rl_0 \tag{3-2-9}$$

（二）带有缓和曲线的圆曲线要素

带有缓和曲线的圆曲线要素包括带有缓和曲线的曲线切线长 T'、加入缓和曲线后的曲线总长 L'、曲线中点处的外矢距 E'、整个曲线的切曲差 q'，以及此时圆曲线的长度 L（见图3-2-17）。为计算上述缓和曲线要素，需事先根据道路设计给定的圆曲线曲率半径 R、线路的转向角 α，以及缓和曲线长 l_0 计算缓和曲线常数。

1. 缓和曲线常数计算

缓和曲线的常数包括加入缓和曲线后的切线增长值 m（即由移动后的圆心 O_2 向切线作垂线，其垂足至曲线始点ZH或终点HZ的距离，又称切垂距）、圆曲线相对于切线的向内移动量 p（又称内移距）与缓和曲线角度 β_0（即缓和曲线起点切线和终点切线之间的夹角），其计算公式为

$$\left.\begin{aligned} m &= \frac{l_0}{2} - \frac{l_0^3}{240R^2} \\ p &= \frac{l_0^2}{24R} \\ \beta_0 &= \frac{l_0}{2R} \cdot \rho \end{aligned}\right\} \tag{3-2-10}$$

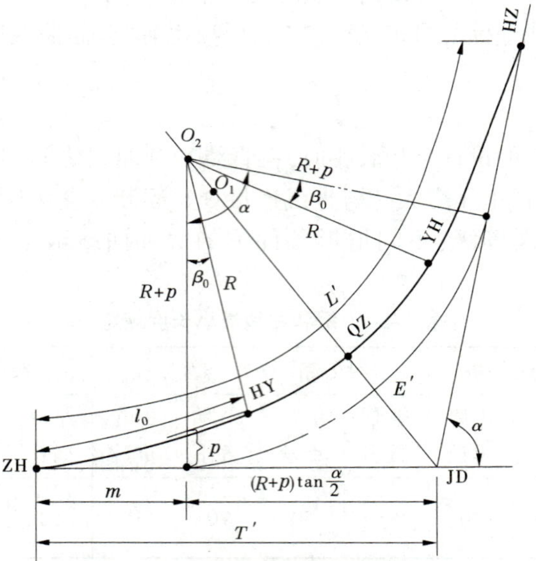

图 3-2-17　带有缓和曲线的圆曲线

2. 带有缓和曲线的圆曲线要素计算

带有缓和曲线的圆曲线要素计算公式为

$$\left.\begin{aligned} &\text{总切线长} && T' = m + (R+p)\tan\frac{\alpha}{2} \\ &\text{总曲线长} && L' = \frac{\pi R(\alpha - 2\beta_0)}{180^\circ} + 2l_0 \\ &\text{外矢距} && E' = (R+p)\sec\frac{\alpha}{2} - R \\ &\text{切曲差} && q' = 2T' - L' \\ &\text{其中圆曲线长} && L = \pi R(\alpha - 2\beta_0)/180^\circ \end{aligned}\right\} \tag{3-2-11}$$

(三)带有缓和曲线的圆曲线上点的桩号

带有缓和曲线的圆曲线上的点亦分为主点和细部点,主点包括直线与缓和曲线的连接点(即直缓点 ZH)、缓和曲线与圆曲线的连接点(即缓圆点 HY)、曲线的中点(即曲中点 QZ)、圆曲线与缓和曲线的连接点(即圆缓点 YH)及缓和曲线与直线的连接点(即缓直点 HZ)(见图 3-2-17);在其上增设的其他等间距点称为细部点,缓和曲线上一般每隔 10 m 设一细部点。

根据交点桩号和曲线要素,可逐一推算带有缓和曲线的圆曲线主点的桩号(参见

图 3-2-17)为

$$\left.\begin{aligned}
&\text{直缓点} && \text{ZH 桩号} = \text{JD 桩号} - T' \\
&\text{缓圆点} && \text{HY 桩号} = \text{ZH 桩号} + l_0 \\
&\text{曲中点} && \text{QZ 桩号} = \text{ZH 桩号} + \frac{L'}{2} \\
&\text{圆缓点} && \text{YH 桩号} = \text{HY 桩号} + L \\
&\text{缓直点} && \text{HZ 桩号} = \text{ZH 桩号} + L'
\end{aligned}\right\} \quad (3\text{-}2\text{-}12)$$

依据切曲差可用式(3-2-13)对桩号的计算进行检核

$$\text{JD 桩号} = \text{HZ 桩号} - T' + q' \quad (3\text{-}2\text{-}13)$$

再根据 ZH 桩号加上曲线上某点至 ZH 点的弧长即得该细部点的桩号。

(四)带有缓和曲线的圆曲线上点的切线坐标

以直缓点 ZH 或缓直点 HZ 为原点,以过该两点的切线为 x 轴,过该两点的半径为 y 轴分别建立前、后半段曲线的假定坐标系,则缓和曲线与圆曲线上任一点在该坐标系中的坐标亦称为切线坐标。

1. 缓和曲线段点的切线坐标

为计算直缓点至缓圆点之间缓和曲线上点的切线坐标,建立以直缓点 ZH 为原点,过 ZH 的缓和曲线切线为 x 轴,ZH 处缓和曲线的半径方向为 y 轴的坐标系(见图 3-2-18),推导可得,其缓和曲线上任一点(包括主点和细部点)的坐标计算公式为

$$\left.\begin{aligned}
x_i &= l_i - \frac{l_i^5}{40R^2 l_0^2} \\
y_i &= \frac{l_i^3}{6Rl_0}
\end{aligned}\right\} \quad (3\text{-}2\text{-}14)$$

将 $l_i = l_0$ 代入式(3-2-14),即可得缓和曲线终点(缓圆点)HY 的坐标计算公式为

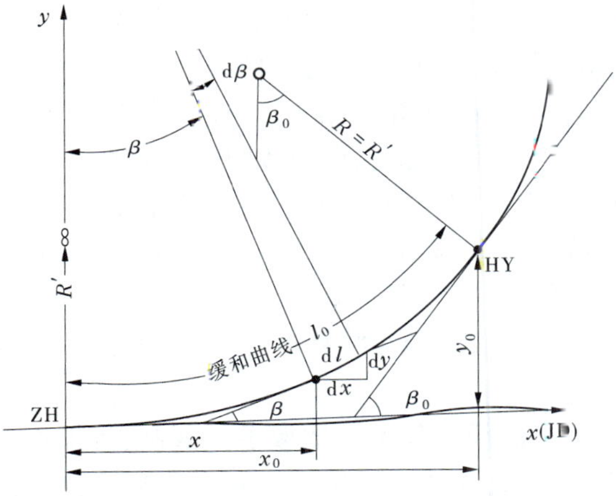

图 3-2-18　带有缓和曲线的圆曲线切线坐标系

$$\left.\begin{aligned} x_0 &= l_0 - \frac{l_0^3}{40R^2} \\ y_0 &= \frac{l_0^2}{6R} \end{aligned}\right\} \tag{3-2-15}$$

该方法起、终两端缓和曲线上的点不能在一个切线坐标系内计算，而必须在两端分别建立切线坐标系分开计算。为此，再建立以缓直点 HZ 为原点，过 HZ 的缓和曲线切线为 x 轴，HZ 处缓和曲线的半径方向为 y 轴的切线坐标系，用于计算缓直点至圆缓点之缓和曲线上任一点及圆缓点 YH 的切线坐标。

2. 圆曲线段点的切线坐标

此时圆曲线上任一点 i 的切线坐标（见图 3-2-18）计算公式为

$$\left.\begin{aligned} x_i &= R\sin\alpha_i + m \\ y_i &= R(1 - \cos\alpha_i) + p \\ \alpha_i &= \frac{180°}{\pi R}(l_i - l_0) + \beta_0 \end{aligned}\right\} \tag{3-2-16}$$

其中：m、p、β_0 为按式（3-2-10）计算的缓和曲线常数。

圆曲线上点的切线坐标，可将圆曲线整段放在起点（或终点）一端的切线坐标系中计算，也可将圆曲线分成前后两半段，放在两端的切线坐标系中分别计算。

三、曲线测设的全站仪坐标法

道路曲线测设的全站仪坐标法（参见模块二项目四任务三）即在测量控制点上安置全站仪按极坐标法同时测设各类曲线的主点和细部点。需要注意的是，此时首先应将按上述切线坐标法计算的主点和细部点的切线坐标换算为测量控制坐标系的坐标，依据公式仍是式（2-4-11）（见模块二项目四任务三），将点的切线坐标代入 A_P、B_P，则算得的 x_P、y_P 即为点的测量坐标，但式中有关参数的数值或符号在不同情况下有所不同，具体为：

（1）以曲线的起点为原点的切线坐标系内，$x_{O'}$、$y_{O'}$ 为曲线起点的测量坐标，α 为起点指向曲线交点 JD 在测量坐标系里的方位角；以曲线的终点为原点的切线坐标系内，$x_{O'}$、$y_{O'}$ 为曲线终点的测量坐标，α 为终点指向曲线交点 JD 在测量坐标系里的方位角。

（2）沿道路前进方向，当曲线右偏时，以曲线的起点为原点的切线坐标系内，A_P、B_P 均为正值，以曲线的终点为原点的切线坐标系内，A_P 为正值，B_P 为负值；当曲线左偏时，以曲线的起点为原点的切线坐标系内，A_P 为正值，B_P 为负值，以曲线的终点为原点的切线坐标系内，A_P、B_P 均为正值。这里“正值”就是将依式（3-2-7）或式（3-2-14）、式（3-2-16）等算得的 x_i、y_i 直接代入，而“负值”就是将算得的 x_i、y_i 反号代入，至于式（2-4-11）中原有的正、负号不变。

全站仪坐标法测设道路曲线不仅不受地形条件限制，且操作更加灵活、快速、方便。如复杂地段曲线测设遇有困难，或某个控制点上视线遇到障碍物的情况，则可根据存入全站仪的控制点坐标和曲线主点及细部点换算后的测量坐标，另行选择其他的控制点，甚至采用自由设站的方法先测定测站的点位（参见模块一项目四任务四），再进行所需曲线点位的测设。但由于所测设点位之间彼此独立，因此应注意数据计算和标定点位的检核。

【例 3-2-2】 设圆曲线半径 $R=1\ 000$ m，线路右转角 $\alpha_{右}=10°18'20''$，缓和曲线长 $l_0=80$ m，已知起点 ZH 的测量坐标为 $X_{ZH}=2\ 456.238$ m，$Y_{ZH}=4\ 598.566$ m，交点 JD 的测量坐标为 $X_{JD}=2\ 579.848$ m，$Y_{JD}=4\ 639.458$ m，试计算曲线要素及每隔 20 m 曲线点的切线坐标和测量坐标。

解 (1)缓和曲线常数计算。

将 l_0 和 R 代入式(3-2-10)，得

$$m=\frac{80}{2}-\frac{80^3}{240\times 1\ 000^2}=39.998(\mathrm{m})$$

$$p=\frac{80^2}{24\times 1\ 000}=0.267(\mathrm{m})$$

$$\beta_0=\frac{80}{2\times 1\ 000}\cdot\frac{180°}{\pi}=2°17'31''$$

(2)带有缓和曲线的圆曲线要素计算。

将 l_0、R 和线路右转角 $\alpha_{右}$ 及上面计算的缓和曲线常数代入式(3-2-11)，得

$$T'=39.998+(1\ 000+0.267)\cdot\tan\frac{10°18'20''}{2}=130.198(\mathrm{m})$$

$$L'=\frac{\pi\cdot 1\ 000\times(10°18'20''-2\times 2°17'31'')}{180°}+2\times 80=259.862(\mathrm{m})$$

$$E'=(1\ 000+0.267)\cdot\sec\frac{10°18'20''}{2}-1\ 000=4.325(\mathrm{m})$$

$$q'=2\times 130.198-259.862=0.534(\mathrm{m})$$

$$L=\pi\times 1\ 000\times(10°18'20''-2\times 2°17'31'')/180°=99.862(\mathrm{m})$$

(3)缓和曲线和圆曲线上点的切线坐标计算。

以曲中点 QZ 为界($L'/2=129.93$ m)将整个曲线分成前后两半段，在曲线两端建立两个切线坐标系，按式(3-2-14)～式(3-2-16)分别计算前后半段曲线上的主点和细部点(点间距 20 m)在各自切线坐标系中的坐标 x_i、y_i，并依据上述规则确定 x_i、y_i 的符号，计算结果列入表 3-2-2。

(4)曲线上点的切线坐标转换为测量坐标的计算。

根据曲线起点 ZH 和交点 JD 的测量坐标、线路的右转角 $\alpha_{右}$ 及曲线的切线长 L'，推算得曲线终点 HZ 的测量坐标和曲线起点与终点的切线在测量坐标系中的方位角分别为：

终点 HZ　　$X_{HZ}=2\ 694.148$ m　　$Y_{HZ}=4\ 701.804$ m

起点～JD　　$\alpha_{起}=18°18'18''$

终点～JD　　$\alpha_{终}=208°36'38''$

依据式(2-4-11)分别将前后半段曲线上点的切线坐标转换为同一测量系中的坐标 X_i、Y_i，在进行前半段曲线换算时，式(2-4-11)中的 $x_{O'}=X_{ZH}$，$y_{O'}=Y_{ZH}$，$\alpha=\alpha_{起}$；在进行后半段曲线换算时，式(2-4-11)中的 $x_{O'}=X_{HZ}$，$y_{O'}=Y_{HZ}$，$\alpha=\alpha_{终}$，计算结果亦列入表 3-2-2。

表 3-2-2　带有缓和曲线的圆曲线上点的坐标计算

点号	弧长(m)	里程(m)	切线 x_i(m)	切线 y_i(m)	测量 X_i(m)	测量 Y_i(m)	主点号
1	0	K3+400.000	0.000	0.000	2 456.238	4 598.566	ZH
2	20	K3+420.000	20.000	0.017	2 475.221	4 604.864	
3	40	K3+440.000	40.000	0.133	2 494.172	4 611.255	
4	60	K3+460.000	59.997	0.450	2 513.058	4 617.837	
5	80	K3+480.000	79.987	1.067	2 531.843	4 624.701	HY
6	100	K3+500.000	99.964	2.066	2 550.493	4 631.923	
7	120	K3+520.000	119.915	3.465	2 568.995	4 639.517	
8	129.93	K3+529.931	129.810	4.308	2 578.126	4 643.426	QZ
9	139.87	K3+539.87	119.915	− 3.465	2 587.216	4 647.424	
10	159.87	K3+559.87	99.964	− 2.066	2 605.401	4 655.750	
11	179.87	K3+579.87	79.987	− 1.067	2 623.417	4 664.439	YH
12	199.87	K3+599.87	59.997	− 0.450	2 641.261	4 673.469	
13	219.87	K3+619.87	40.000	− 0.133	2 658.969	4 682.767	
14	239.87	K3+639.87	20.000	−0.017	2 676.582	4 692.242	
15	259.87	K3+659.87	0.000	0.000	2 694.148	4 701.804	HZ

四、圆曲线测设的弦线偏角法

使用光学经纬仪加钢尺,或在狭窄的场地上（如地下工程中的转向隧道）进行圆曲线测设时可以采用弦线偏角法,详见本书模块三项目三任务三。

任务四　道路纵、横断面测量与土石方计算

知识要点:道路纵、横断面测量和土石方计算的内容及方法。

技能要点:能够进行道路的纵、横断面测量和土石方计算。

道路纵、横断面测量主要是沿道路的中线方向测绘纵断面图和在各中桩位置沿中线的垂线方向测绘各桩位的横断面图,而纵、横断面图是线路（包括道路、河道、管道、输电线路等）设计、施工及工程量计算的基础资料和重要依据。

一、纵断面测量

纵断面测量主要是用水准测量（或光电测距三角高程测量）测定道路中线各里程桩的地面高程,根据里程桩的桩号和地面高程按一定比例绘制整个线路的纵断面图。道路水准测量首先进行的是基平测量,也就是高程控制测量,即测定沿线水准点的高程;然后进行的是中平测量,也就是中桩高程测量,即以沿线水准点为依据,测定中线各里程桩的高程。

（一）基平测量

（1）水准点布设。沿道路两侧 30~50 m 范围内,每隔 2~3 km 或河道、隧洞等重要地

物附近埋设一个永久水准点，作为全线高程的主要控制点，其间每隔 300～500 m 或桥涵、通道附近埋设一个临时水准点，作为断面测量分段附合和施工引测高程的依据。

(2)基平测量。依据道路附近的国家高级水准点，按四等水准测量测定所有水准点的高程。

(二)中平测量

在相邻水准点之间，以附合路线或闭合路线按普通水准测量测定线路所有中桩的高程，路线高差闭合差的限差一般为$\pm 50\sqrt{L}$ mm，L 为附合或闭合路线的长度，以 km 计。中平测量中，由于中桩较多，桩距不长，一般相隔几个桩位设一个测站(见图 3-2-19)，即将直线段和曲线段的主点及每个测站的前、后视，各以 100～150 m 的视距设为转点，也就是高程的传递点，其余中桩为中视点。一般先观测转点，读数应至毫米，再观测中视点，读数至厘米即可。每一测站各项高程按以下公式计算

视线高程=后视点高程+后视读数

转点高程=视线高程-前视读数

中桩高程=视线高程-中视读数

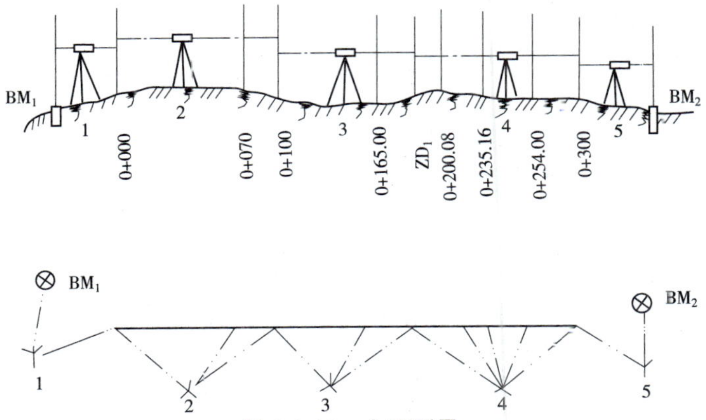

图 3-2-19 中平测量

采用光电测距三角高程测量时，中平测量可与中桩测设同时进行，也可以与基平测量一道进行。

在中平测量过程中，遇线路穿越河流、涵管或架空线时，除应测量交会处的高程外，还应测量河道的宽度、水深及水位，涵管的径宽及架空线至地面的净高等。

(三)纵断面图绘制

线路(包括道路、河道、管道等)工程的纵断面图不仅可以更加形象、直观地反映中线方向的高低起伏，而且可直接在上面进行线路纵向坡度的设计，因而是设计和施工的重要依据之一。

纵断面图一般包括图头、注记、展线和图尾四部分。如图 3-2-20 所示为某一道路工程的纵断面图。图的上半部，从左至右绘有两条贯穿全图的折线，较细的表示中线的地面坡度线，以中桩里程为横坐标、地面高程为纵坐标，根据每个中桩的里程和中平测量测定的地面高程在图上按横向和纵向比例尺依次展出每个中桩点的地面位置，然后用直线相

连;较粗的表示中线的设计坡度线,根据设计的要求绘制。图的下半部在自下而上的栏目中分别注记有关测量和线路纵向坡度设计的资料,包括线路的平面形状(直线或曲线,曲线用直角形折线表示,上凸表示线路向右偏,下凸表示线路向左偏,并注明交点的编号、桩号、转向角 α、半径 R、缓和曲线的长度及其他曲线要素)、各中桩的里程桩号、地面高程、路面设计高程、根据地面高程和设计高程计算的各中桩处的填高或挖深、各段平距和相应的设计坡度(斜线下方为距离,上方为以百分点表示的坡度值,斜线向上表示正坡,向下表示负坡,水平表示平坡,不同的坡度以竖线分开)等,不同线路工程纵断面图所含的注记栏目或内容可能稍有不同。

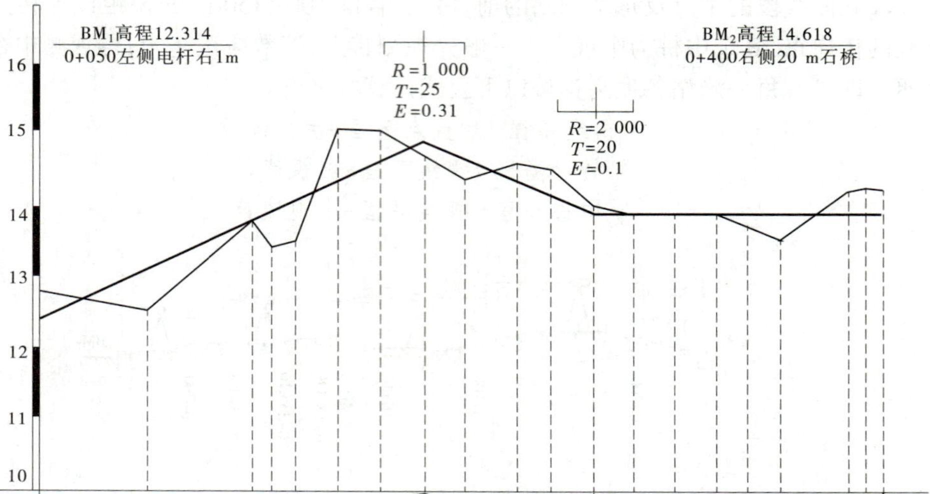

坡度与距离:1.40 / 180;1.25 / 80;0 / 140

桩号	设计高程	地面高程	填	挖
0+000	12.50	12.89		0.39
+050	13.20	12.61	0.59	
+100	13.90	13.89	0.01	
+108	14.01	13.48	0.53	
+120	14.18	13.60	0.58	
+140	14.46	15.16		0.70
+160	14.74	15.14		0.40
+180	15.02	14.84	0.18	
+200	14.77	14.46	0.31	
+221	14.51	14.65		0.14
+240	14.27	14.60		0.33
+260	14.02	14.08		0.06
+280	14.02	14.01	0.01	
+300	14.02	14.00	0.02	
+320	14.02	13.99	0.03	
+335	14.02	13.79	0.23	
+350	14.02	13.59	0.43	
+384	14.02	14.32		0.30
+391	14.02	14.37		0.35
+400	14.02	14.33		0.31

直线与曲线:JD_1 0+221.70 $\alpha=10°50'$(右) $R=1\ 200$ $T=113.78$ $L=226.90$ $E=5.39$

图 3-2-20 道路纵断面图 (单位:m)

线路的纵坡设计应在现有地形条件下,尽量满足各种工程的专业要求。各分段(平距为 D)按百分数表示的设计坡度值 $i_{设}$ 和分段起、终点设计高程之间的关系式为

$$i_{设} = 100 \times (H_{终设} - H_{起设})/D \qquad (3\text{-}2\text{-}17)$$

设某点 A 与分段起点的平距为 $D_{起\sim A}$,则 A 点的设计高程为

$$H_{A设} = H_{起设} + i_{设} D_{起\sim A} \qquad (3\text{-}2\text{-}18)$$

点 A 的填土高(或挖土深)为

$$h_A = H_{A地} - H_{A设} \tag{3-2-19}$$

所得 h_A 为负值表示填土高，为正值表示挖土深，地面线与设计线相交的点为不填不挖点，即"零点"。零点可从图上直接量其桩号，以供施工放样时使用。

为提供设计和施工参考，纵断面图的上部一般还应注有水准点编号、高程及其位置，线路纵向竖曲线示意图及其曲线要素，所跨桥梁的类型、孔径、跨度、长度、里程桩号和设计水位，所跨涵洞的类型、孔径和里程桩号，与其他线路工程交叉点的位置、里程桩号，以及线路中线断链的位置和有关说明。

为了突出反映中线方向的地势起伏，一般将纵向比例尺较横向比例尺放大 10 倍，如横向比例尺为 1∶1 000 或 1∶2 000，则纵向比例尺采用 1∶100 或 1∶200。纵坐标起始高程的选择应使所绘的地面线位于图中适宜的位置。在高差变化较大的地区，为避免纵向展点受到图幅的限制，可在适当地段变更图上高程的起算位置（见图 3-2-21）。纵断面图一般自左至右绘制在透明毫米方格纸的背面，以避免使用橡皮修改时将方格擦去。

二、横断面测量

横断面测量主要是在每个中桩左右两侧一定宽度内垂直于中线的方向上，选择坡度变化明显的地形点，用水准测量或视距测量的方法测定这些地形点与中桩的距离和高差，然后根据所测距离及高差绘制各个桩位处的横断面图。横断面图可以直观地反映每个中桩左右两侧的地形起伏，也是工程设计、土石方计算和边坡施工放样的重要依据之一。视工程的实际需要和地形情况，一般横断面在中线两侧的宽度各为 15～50 m，距离和高差测量分别精确至 0.1 m 和 0.05 m 即可。

（一）横断面方向测设

横断面测量开始时，需测设每个中桩处横断面的方向，即直线段与线路中线相垂直的方向，或曲线段与其切线相垂直的方向（见图 3-2-22）。横断面的方向通常可采用方向架进行测设。

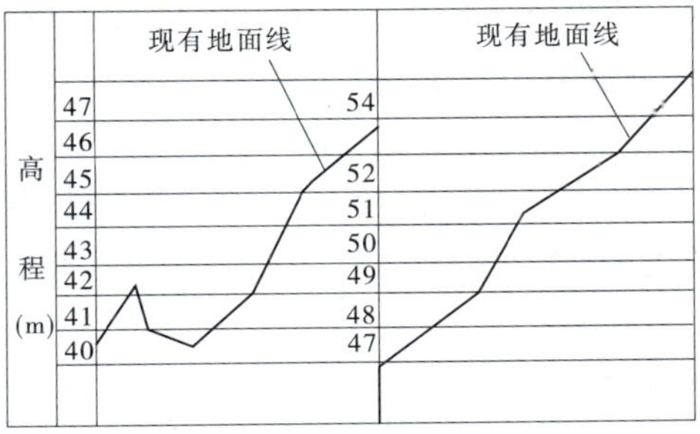

图 3-2-21　纵向坐标高程起算位置的变更

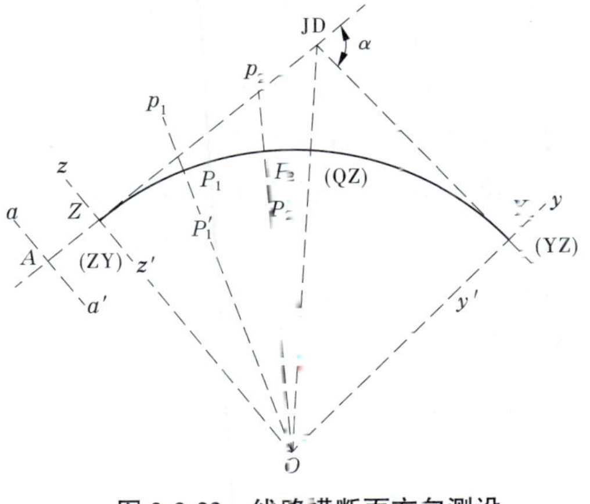

图 3-2-22　线路横断面方向测设

1. 直线段横断面方向测设

如图 3-2-23 所示，在直线段的中桩 A 点直立一根杆头带有十字形木条的方向架，将架上的 1—1′方向对准交点 JD 或直线段上相邻的转点 ZD,则 2—2′所指即为 *A* 点的横断面方向。

2. 曲线段横断面方向测设

曲线段的横断面方向为指向圆心的方向,即与中线在该桩处的切线方向垂直。测设时,可在方向架上加一根可转动的定向杆 3—3′(见图 3-2-24)。如需确定图 3-2-22 中 P_1 点的横断面方向,先将方向架立于 ZY 点上,以 1—1′方向对准交点 JD,转动定向杆 3—3′对准 P_1 点后将其制动,再将方向架移至 P_1 点,以 2—2′对准 ZY,根据同一弧段两端弦切角相等的原理,3—3′所指即为 P_1 点处的横断面方向;此后,仍在 P_1 点上,以 2—2′对准 P_1 点的横断面方向,转动定向杆 3—3′对准 P_2 点后将其制动,再将方向架移至 P_2 点,以 2—2′对准 P_1 点,同理可知 3—3′所指即为 P_2 点处的横断面方向,余类推。

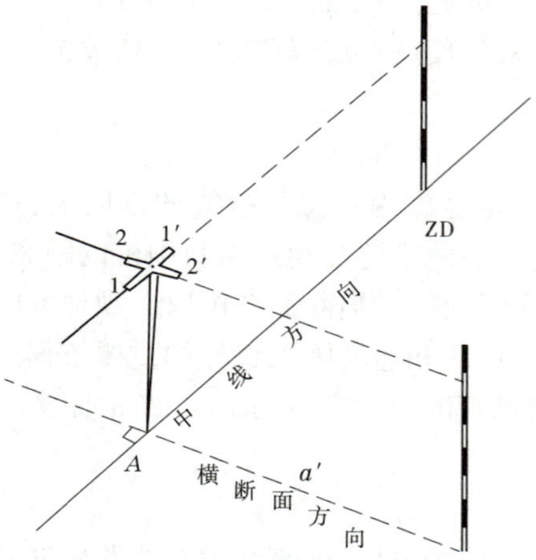

图 3-2-23　用方向架定横断面方向

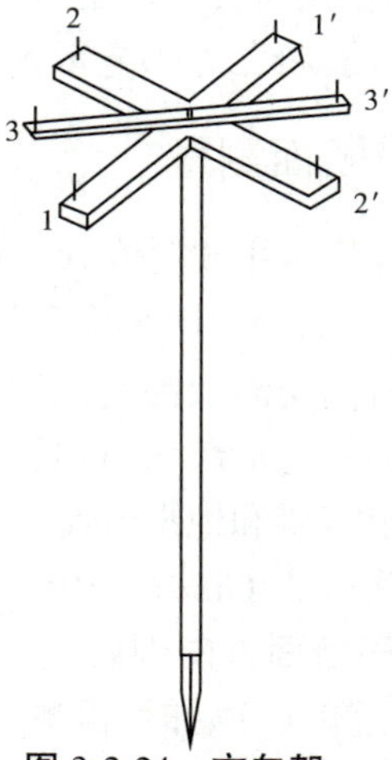

图 3-2-24　方向架

(二)横断面上点位和高差测量

沿横断面方向,测定中线左右两侧地形点的点位和与中桩之间的高差可采用以下方法。

1. 水准测量配合皮尺量距法

如图 3-2-25 所示,在中桩附近(不一定要求在横断面方向上)安置水准仪,以中桩为后视,以两侧横断面上地形点为前视,逐一测定各地形点与中桩之间的高差(读至厘米),再用皮尺丈量中桩到各地形点(一般为地面坡度变换点)的水平距离(量至分米),将测量数据采用分数形式,按线路前进方向的左、右侧分开记录,记录格式见表 3-2-3,由表中的后视读数和前视读数之差,即可算得中桩与各前视点之间的高差。该法适用于地势较为平坦的地区。

表 3-2-3　横断面测量记录表　　(单位:m)

左侧前视读数/水平距离	后视读数/桩号	右侧前视读数/水平距离
2.35/20.0　1.84/12.7　1.81/11.2　1.09/9.1　1.53/6.8	1.68/0+050	0.44/12.2　0.14/20.0

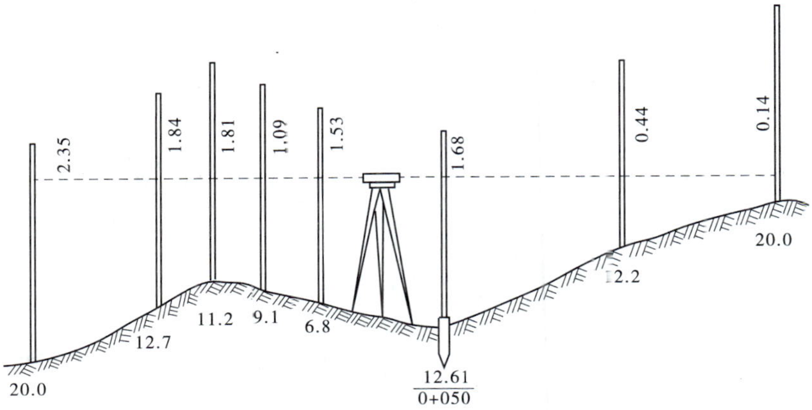

图 3-2-25　水准测量配合皮尺量距法　（单位：m）

2. 经纬仪视距测量法

将经纬仪安置于中桩上，量取仪器高，依次在其横断面方向的地形点上竖立标尺，以视距测量分别测定中桩至各地形点的平距和高差。该法适用于地势较为复杂的地区。

3. 全站仪法

将全站仪安置于中桩上，量取仪器高，依次在其横断面方向的地形点上竖立反射棱镜，直接读取中桩至各地形点的平距和高差，使用更为方便。

（三）横断面图绘制

先在图上标定中桩的位置，根据横断面测量测得的中桩与各地形点之间的平距和高差，以横向为平距、纵向为高差，按一定的比例尺（一般为 1∶100 或 1∶200，纵、横向比例尺相同）将中桩左、右两侧的地形点展绘在图纸上，然后以直线连出地面线，即为该中桩处的横断面图（见图 3-2-26）。

三、土石方计算

根据纵、横断面图，即可进行道路或河道工程设计与施工中的土石方工程量计算。具体步骤如下：

（1）依据该中桩的设计高程，按相同的比例尺将设计的路基或河道标准断面（反映路基或河道设计的宽度、边坡与边沟的尺寸等内容）套绘在横断面图上，即成路基或河道的设计断面图（见图 3-2-27）。

（2）在设计断面图上确定该中桩两侧的填、挖位置及填高和挖深，并分别计算该断面的填土面积和挖土面积（具体方法参见模块二项目三任务二“图上面积量算”部分）。

（3）假定相邻两设计断面之间的填、挖土方均为棱形柱体，分别取两断面填方或挖方面积（设为 A_i 和 A_j）的均值，再由两断面的中桩号查取两断面之间的水平距离（设为 D_{ij}），即可按下式分别计算填方及挖方的体积 V

$$V = \frac{A_i + A_j}{2} \times D_{ij} \tag{3-2-20}$$

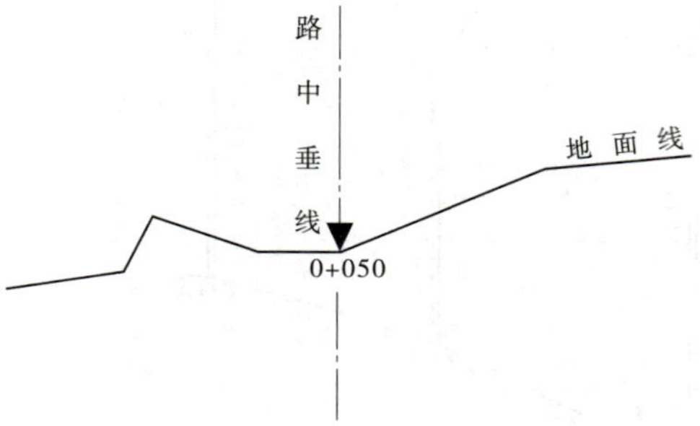

图 3-2-26　横断面图

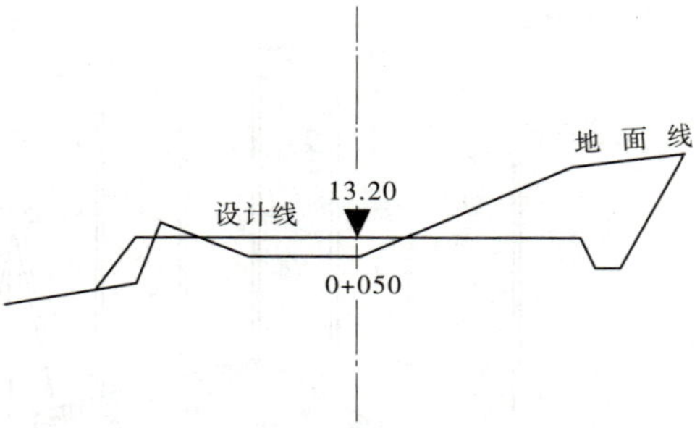

图 3-2-27　路基标准断面和横断面套绘

(4)若相邻两断面一为全填,另一为全挖,此时,应根据两断面处中桩的填高与挖深绝对值之差值及两断面的间距,按比例在两断面之间内插不填不挖的中桩“零点”(即该点处中桩地面高程与设计高程相等,但该点横断面的填方面积和挖方面积不一定为0),然后到实地该“零点”处补测其横断面图,并计算该断面的填方面积或挖方面积。

(5)沿道路纵向将所有相邻的设计断面之间的填方与挖方分别累加即得全线土石方的总工程量。道路工程土石方计算示例见表 3-2-4。

表 3-2-4　道路工程土石方量计算表

桩号 0+000 至 1+000　　　　　　　　　　　　　　　　　　　第 1 页,共　页

桩号	中心桩填、挖(m)		面积(m^2)		平均面积(m^2)		距离(m)	土石方量(m^3)		说明
	挖	填	挖	填	挖	填		挖	填	
0+000	2.85		8.93	4.38						
					8.29	4.05	100	829	405	
100	2.10		7.65	3.72						
					6.00	4.78	100	600	478	
200	1.76		4.36	5.84						
					3.04	6.04	50	152	302	
250	0.12		1.72	6.25						
					0.86	7.44	22.3	19	166	
272.3		0.61	0.00	8.63						
					…	…	…	…		
…	…	…	…	…						
					…	…	…	…		
1+000	1.68		5.36	4.29						
总计							…	…		

任务五　道路施工测量

知识要点：道路施工测量的内容和方法。

技能要点：能够进行道路的控制桩测设、路基边坡桩测设、路基高程及竖曲线测设等。

道路施工测量主要包括中桩核查和恢复、施工控制桩测设、路基边坡桩测设、路基边坡及高程测设和竖曲线测设等。

一、中桩核查和恢复

道路的勘测、设计至施工的时间段内，部分中线桩有可能遭到破坏或丢失，施工前应根据原勘测资料或设计图纸对全线的中桩进行核查，将遭到破坏或丢失的中桩予以恢复，如有部分地段决定改线，则应对其重新定线，并测绘相应的纵、横断面图。

二、施工控制桩测设

在施工过程中，道路的中线桩将被挖去或填埋，为了使中线位置得到有效的控制，应在不易遭受破坏、便于引测的地方测设施工控制桩。测设的方法有以下两种：

(1)平行线法。在路基的设计宽度以外，测设两排与中线平行的施工控制桩(见图 3-2-28)，控制桩的间距一般为 10~20 m。

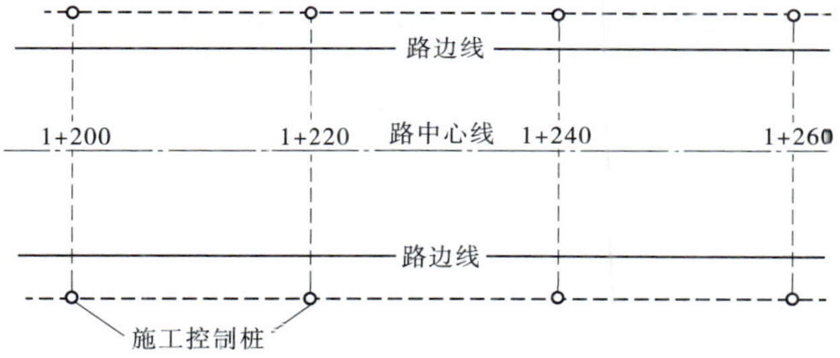

图 3-2-28　测定施工控制桩的平行线法

(2)延长线法。在线路转折处的中线延长线上和曲线中点至交点的延长线上分别测设施工控制桩（见图 3-2-29)，并对控制桩至交点的距离进行测量和记录。

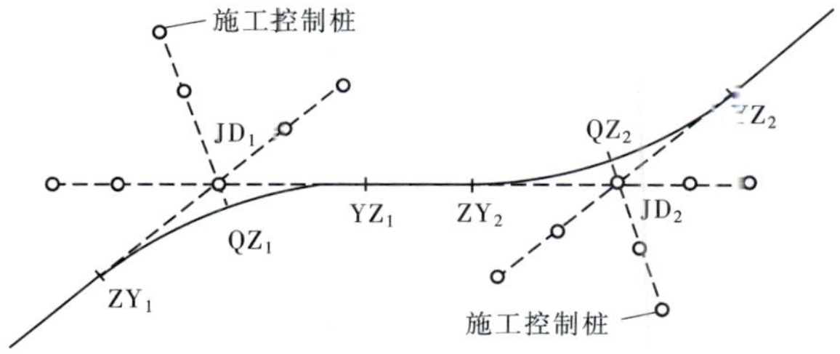

图 3-2-29　测定施工控制桩的延长线法

三、路基边坡桩测设

路基的形式一般分三种，即全部由填方而成的路堤、全部由挖方而成的路堑及半填半挖而成的路基。在平坦地段和山坡地段，不同形式路基的测设方法也有所区别。

（一）平坦地段边坡桩测设

1. 路堤边坡桩测设

路堤边坡桩至中线桩的距离（见图 3-2-30（a））按下式计算

$$l_{左} = l_{右} = \frac{B}{2} + mh \qquad (3\text{-}2\text{-}21)$$

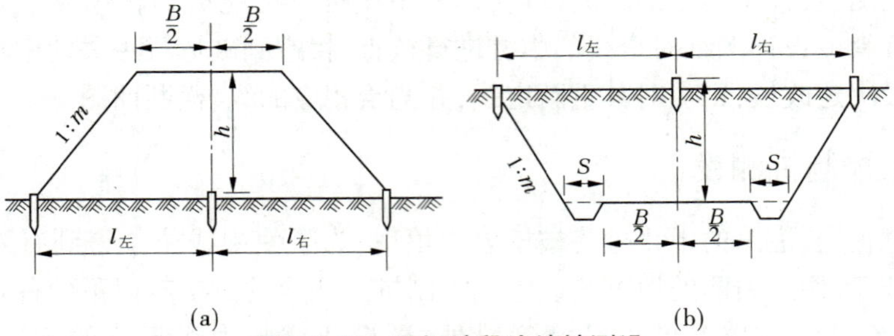

图 3-2-30　平坦地段边坡桩测设

2. 路堑边坡桩测设

路堑边坡桩至中线桩的距离（见图 3-2-30（b））按下式计算

$$l_{左} = l_{右} = \frac{B}{2} + mh + S \qquad (3\text{-}2\text{-}22)$$

（二）山坡地段边坡桩测设

1. 全挖断面边坡桩测设

由于山坡地段路基左右挖深不一致，因而两侧边坡桩至中线桩的距离有所不同（见图 3-2-31（a）），计算式分别为

$$l_{左} = \frac{B}{2} + mh_{左} + S \qquad (3\text{-}2\text{-}23)$$

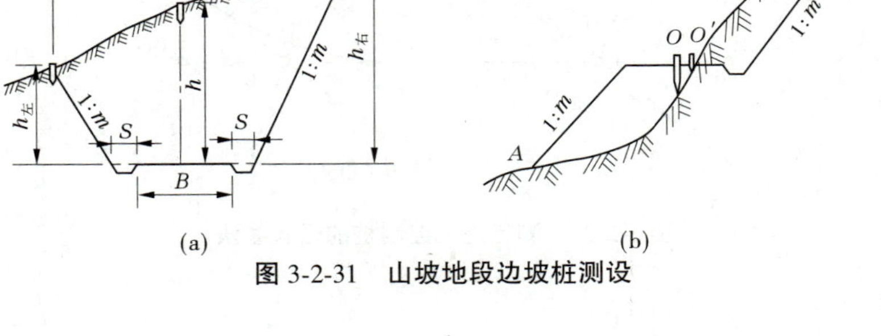

图 3-2-31　山坡地段边坡桩测设

$$l_{右} = \frac{B}{2} + mh_{右} + S \quad (3\text{-}2\text{-}24)$$

式（3-2-21）~式(3-2-24) 中 B——路基的设计宽度；

m——路基边坡的坡度；

h——填土的高度或挖土的深度；

$h_{左}$、$h_{右}$——左、右两侧边坡桩处填土的高度或挖土的深度；

S——路堑排水边沟顶面宽度。

2. 半填半挖断面边坡桩测设

此时，除应用上述方法确定填方坡脚 A 和挖方坡顶 B 的位置外，还应确定不填不挖的“零点”，即设计断面线与地面线的交点（见图 3-2-31(b) 的 O' 点）。可采用图解法根据横断面图上地形横断面与设计路基标准断面的相关位置，直接在图上量取中线桩 O 至 O' 零点桩的距离，以及中线桩处的填土高或挖土深，到实地进行测设和标定桩位。

需要注意的是，在山坡地段边坡桩位置尚未确定时，左、右两侧的高差 $h_{左}$ 和 $h_{右}$ 尚不知道，可首先根据其大致位置测定出 $h_{左}$ 和 $h_{右}$，依据上面的公式计算中线桩至左、右两侧边坡桩的距离，再用逐渐趋近的方法定出边坡桩的确切位置。

四、路基边坡及高程测设

边坡桩位确定后，应根据施工的需要，分层将路基的设计边坡在实地标定出来。

（一）边坡样板法

按设计坡度事先制作边坡样板（见图 3-2-32(a)），在现场令样板顶面水准气泡居中，则其斜边所指示的坡度就是边坡的设计坡度；或在开挖路堑前，于坡顶边桩外侧按设计坡度设立固定的边坡样板（见图 3-2-32(b)），据此指导边坡的施工。

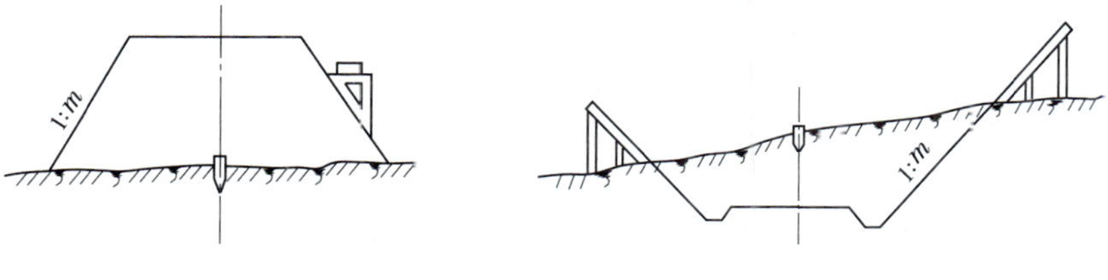

(a) (b)

图 3-2-32 样板法测设边坡

（二）分层拉线法

对填土较高、分层施工的路基，可采用分层拉线法测设边坡。根据边坡的坡度和各层设计的施工高度事先设定某层顶面左右两侧边坡桩在该层底面上的投影点，并在投影点上各竖立一根测杆，在该层设计的施工高度和该层底面边缘之间拉线即可定出路基的设计边坡（见图 3-2-33）。

五、竖曲线测设

为保证行车的平稳和安全，高等级道路在纵向坡度的变化处亦需用曲线加以连接，这种曲线称为竖曲线，其变坡点在曲线上方的称为凸形竖曲线，反之称为凹形竖曲线（见图 3-2-34），常用的竖曲线为圆曲线。

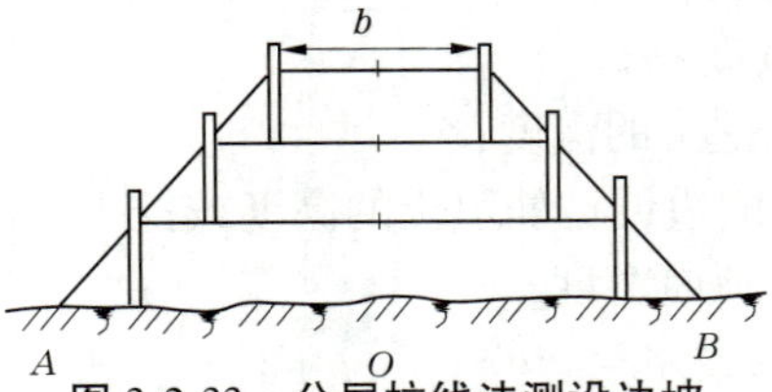

图 3-2-33　分层拉线法测设边坡

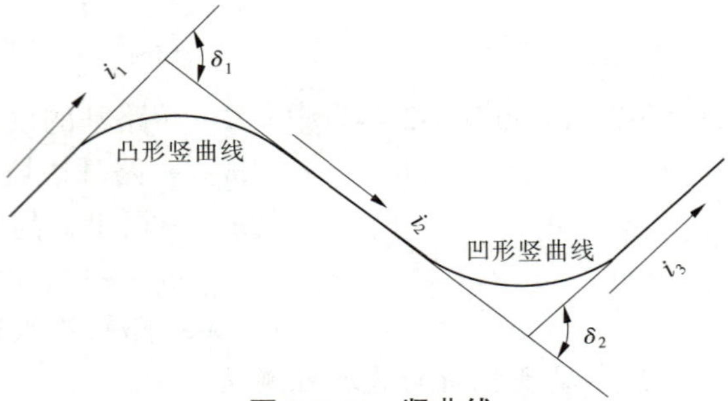

图 3-2-34　竖曲线

(一) 竖曲线元素计算

竖曲线元素包括其切线长 T、曲线长 L 和外矢矩 E,其计算公式与平面圆曲线相同,即

$$\left.\begin{aligned} T &= R\tan\frac{\alpha}{2} \\ L &= R\frac{\alpha}{\rho} \\ E &= R\cdot\left[\frac{1}{\cos\dfrac{\alpha}{2}}-1\right]=R\left(\sec\frac{\alpha}{2}-1\right) \end{aligned}\right\} \tag{3-2-25}$$

式中　R、α——竖曲线的设计半径和变坡角(即竖向转折角)。

设竖曲线上坡的坡度为 i_1(正),下坡的坡度为 i_2(负),因变坡角 α 一般很小,即近似有 $\alpha=(i_1-i_2)\rho$, $\tan\dfrac{\alpha}{2}=\dfrac{1}{2}(i_1-i_2)$,于是式(3-2-25)的前两式可简写为

$$\left.\begin{aligned} T &= \frac{1}{2}R(i_1-i_2) \\ L &= R(i_1-i_2)=2T \end{aligned}\right\} \tag{3-2-26}$$

又在图 3-2-35 中见,外矢距 $E=\overline{CD}\approx\overline{DF}$, $\overline{CF}\approx 2E$,由 $\triangle OAF$ 和 $\triangle ACF$ 知

$$\frac{R}{\overline{AF}}=\frac{\overline{AC}}{2E}$$

即

$$E=\frac{\overline{AC}\cdot\overline{AF}}{2R}$$

又设 $\overline{AC}\approx\overline{AF}$,而 $\overline{AC}=T$,则有

$$E=\frac{T^2}{2R} \tag{3-2-27}$$

设某点离曲线起点或终点的水平距离为 x_i,该点按坡度线中桩的标高改正数为 y_i(凸形竖曲线 y_i 为负,凹形竖曲线 y_i 为正),参照式(3-2-27)可得标高改正数的计算公式为

$$y_i=\frac{x_i^2}{2R} \tag{3-2-28}$$

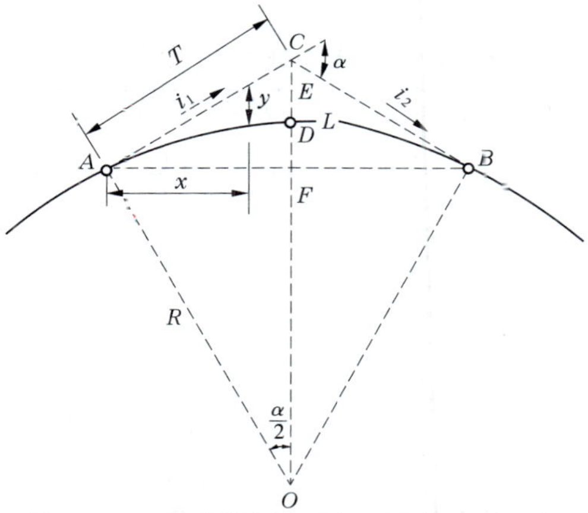

图 3-2-35　竖曲线元素和细部点标高改正数

(二)竖曲线测设

按上述公式计算出竖曲线元素后,竖曲线测设的具体步骤如下:

(1)测设竖曲线的起点和终点。从变坡点沿路线方向向前、向后测设切线长 T,得竖曲线的起点和终点,再根据设计的变坡点桩号按下式推算竖由线上各点的桩号

曲线起点桩号=变坡点桩号−竖曲线切线长

曲线终点桩号=变坡点桩号+竖曲线切线长

(2)测设竖曲线细部点。自竖曲线的起点或终点始,沿切线方向每隔 5 m 定一细部点,根据坡度线上 i 点的设计高程 H_i' 和按式(3-2-28)计算的标高改正数 y_i,计算该点在竖曲线上的高程 H_i

$$H_i = H_i' + y_i \tag{3-2-29}$$

再在该点的桩位上注明地面高程和竖曲线设计高程之差值,据此确定其填高或挖深。

【例 3-2-3】　设竖曲线设计半径 $R=4\ 000$ m,相邻坡段的坡度 $i_1=+3.2\%$,$i_2=+1.2\%$,变坡点的里程桩号为 K10+550,其高程为 284.56 m,现每隔 10 m 设一桩点,试计算各桩在竖曲线上应有的高程。

解　(1)计算竖曲线元素。

$$T=\frac{1}{2}R(i_1-i_2)=\frac{1}{2}\times 4\ 000\times(3.2\%-1.2\%)=40(\text{m})$$

$$L=R(i_1-i_2)=4\ 000\times(3.2\%-1.2\%)=80(\text{m})$$

$$E=\frac{T^2}{2R}=\frac{40^2}{2\times 4\ 000}=0.20(\text{m})$$

(2)计算竖曲线主点桩号和高程。

曲线起点桩号=K10+(550−40) = K10+510

曲线起点高程=284.56−40×3.2% = 283.28(m)

曲线终点桩号=K10+(550+40) = K10+590

曲线终点高程=284.56+40×1.2% = 285.04(m)

(3)计算竖曲线上桩点高程。

根据式(3-2-28)和 式(3-2-29)计算竖曲线上各桩点标高改正数和高程填入表 3-2-5。

表 3-2-5　竖曲线桩点高程计算表

桩号	至竖曲线起点或终点平距 x(m)	高程改正数 y(m)	坡道设计高程(m)	竖曲线高程(m)	说明
K10+510	0	0.00	283.28	283.28	起点
K10+520	10	-0.01	283.60	283.59	
K10+530	20	-0.05	283.92	283.87	
K10+540	30	-0.11	284.24	284.13	
K10+550	40	-0.20	284.56	284.36	变坡点
K10+560	30	-0.11	284.68	284.57	
K10+570	20	-0.05	284.80	284.75	
K10+580	10	-0.01	284.92	284.91	
K10+590	0	0.00	285.04	285.04	终点

注:由于两边坡道的坡度均为正值,且 $i_1>i_2$,故为凸形竖曲线,y 取负号。

任务六　桥梁施工测量

知识要点:桥梁施工测量的内容和方法。

技能要点:能够进行桥梁中线测量、桥墩与桥台定位测量和桥墩与桥台细部放样。

桥梁施工测量包括桥梁中线测量、桥墩与桥台定位测量、桥墩与桥台细部放样以及 T 形梁安装测量等。

一、桥梁中线测量

(一)桥址两端道路中线桩复测

一般桥梁的中线与桥址两端的道路中线相一致(见图 3-2-36),施工前道路中线桩有可能遭到破坏或精度不能满足要求,因此应首先对桥址两端的道路中线桩以高于原道路中线测设的精度进行复测。复测可在附近的导线点或桥梁施工控制点上设站,采用极坐标法或方向交会法进行。如果复测的结果与原道路中线桩的设计坐标偏差不大,则可稍加调整,使其恢复设计位置,以保证桥梁按原设计施工,否则需要对桥梁轴线的设计位置进行适当变更。复测后的中线桩位既可以直接作为桥梁轴线施工的控制桩使用,也可以在两端中线桩的连线上按设计要求,以较高的精度,另行测设新的桥梁轴线控制桩,并予埋设,以便用于桥梁施工中的轴线控制。

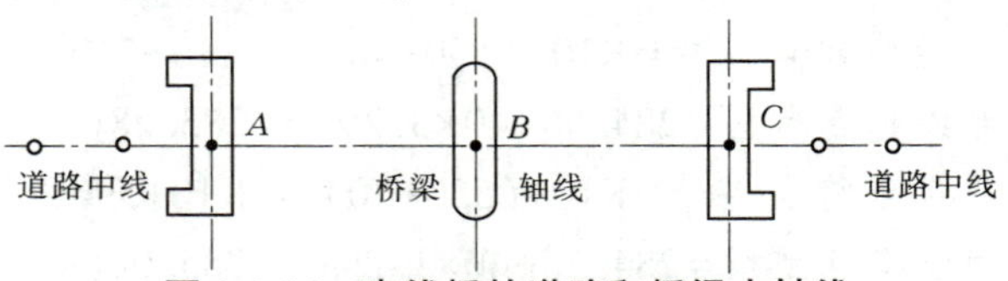

图 3-2-36　直线桥的道路和桥梁中轴线

(二)桥轴线长度复测

桥梁两端轴线控制桩间的连线长即为桥轴线,其长度也需采用直接测量或间接测量的方法进行复测。直接测量法就是使用距离测量仪器(测距仪、全站仪或钢尺)直接测量;间接测量法就是将桥轴线控制桩纳入施工平面控制网,通过平面控制测量间接获得桥轴线的长度。

二、桥墩与桥台定位测量

桥墩、桥台的准确定位是桥梁施工测量的重要内容。桥墩、桥台的定位对于小型桥梁,可采用依据桥端的轴线控制点直接丈量距离的方法;对于大、中型桥梁,应利用桥梁施工控制点采用角度或距离交会的方法进行放样。

(一)直接量距法

如图 3-2-37 所示,根据设计图上各桥墩、桥台中心的里程,计算出桥端轴线控制桩与各墩、台之间的水平距离。沿桥梁轴线方向用钢尺测设各段水平距离,或用全站仪坐标放样直接定出各桥墩、桥台的中心位置,然后在这些点上安置经纬仪,放出墩、台与桥轴线相重合的纵向轴线和与桥轴线相垂直的横向轴线,并将纵、横轴线引测至两端基坑开挖线 5 m 以外的轴线控制桩上,如图 3-2-38 所示。

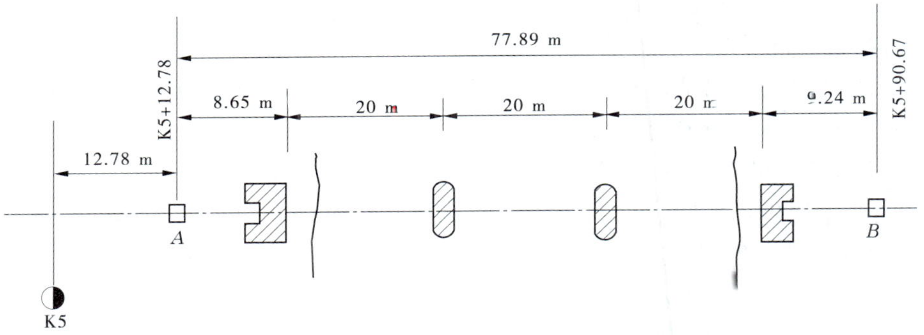

图 3-2-37 直接量距法测设桥墩、桥台的中心位置

(二)交会法

大、中型桥水中桥墩的中心位置一般在同岸的三个桥梁控制点(其中一个必须是桥轴线的控制点)上设站,根据控制点的测量坐标和桥墩中心的设计坐标(应事先转换为测量坐标系的坐标),采用角度或距离前方交会的方法确定(参见模块二项目四任务三)。交会三条方向线构成的误差三角形在桥轴线上的边长,墩底中心定位时应不超过 2.5 cm,墩顶中心定位时应不超过 1.5 cm,若符合要求则取两侧方向线的交点 P' 在桥轴线上的投影作为桥墩、桥台中心位置,如图 3-2-39 所示。

三、桥墩与桥台细部放样

(一)基础施工测量

1. 基坑放样

根据桥墩和桥台纵轴线控制桩,按基坑施工图中的挖深、坡度及土质等条件计算基坑

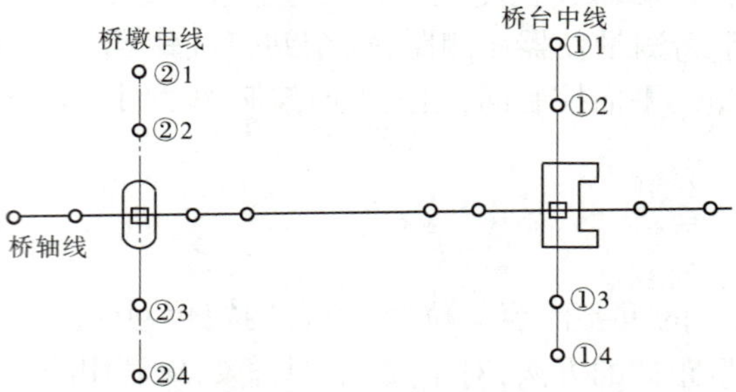

图 3-2-38　桥墩、桥台轴线及其控制桩

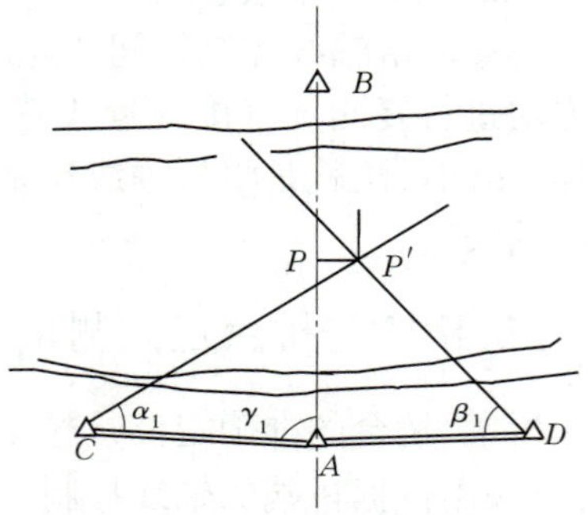

图 3-2-39　交会法测设桥墩、桥台的中心位置

上口尺寸，放出基坑开挖边界线。

2. 测设水平桩

当基坑开挖到一定深度后，应根据水准点高程在坑壁上测设距基底设计面为一定高差（如 1.0 m）的水平桩，作为控制挖深及基础施工高程的依据。

3. 投测桥墩、桥台中心线

基础完工后，应根据桥墩、桥台的纵、横轴线控制桩，用经纬仪在基础面上测设桥墩、桥台中心线，作为砌筑桥墩、桥台的依据。

（二）桥墩、桥台施工测量

在桥墩、桥台砌筑出基础面后，应将基础面上的纵、横轴线投测到桥墩、桥台身上，以控制桥墩、桥台主体的垂直度以及轴线的向上传递。一般砌筑高度不大或无风的情况下，可用吊垂球法，否则应用经纬仪盘左、盘右分中法进行投测。

（三）桥墩、桥台顶部施工测量

1. 桥墩帽、桥台帽位置测设

桥墩、桥台砌筑接近顶部时，应根据水准点在桥墩、桥台身的每侧测设一条距设计高程为一定高差（如 1.0 m）的水平线，以控制砌筑高度；桥墩帽、桥台帽施工时，应采用水准测量控制其高程，偏差应不超过±10 mm，再根据其纵、横轴线桩用经纬仪控制两个方向的平面位置，偏差亦应不超过±10 mm，同时用钢尺或全站仪检查桥墩、桥台间的距离或跨度，相对误差不应超过 1/5 000。

2. T 形梁支座钢垫板位置测设

T 形梁支座钢垫板的中心线与桥墩、桥台纵向轴线相互平行。根据桥墩、桥台中心线与 T 形梁支座钢垫板中心线的设计间距，以及支座钢垫板中心的间距，即可在桥墩、桥台上定出 T 形梁各支座钢垫板的中心位置（见图 3-2-40），其偏差应不超过±2 mm。钢垫板的高程用水准仪校测，其偏差应不超过±5 mm。

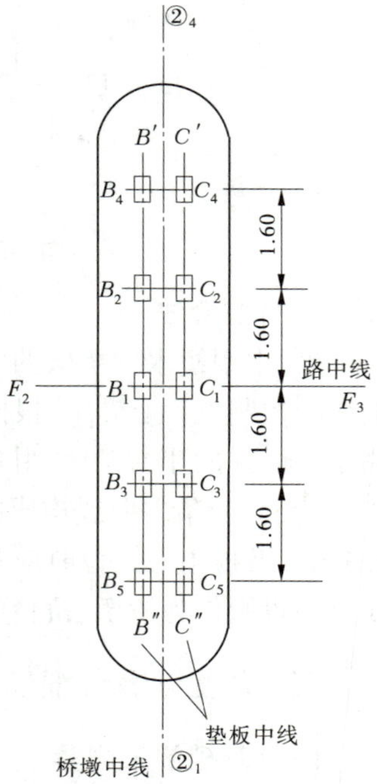

图 3-2-40　T 形梁支座钢垫板位置测设（单位：m）

四、T 形梁安装测量

支座钢垫板埋设和桥墩、桥台顶部混凝土浇筑完成后，即可进行上部结构的 T 形梁安装。安装时，梁两端的中心线与支座中心线应相互吻合，并与钢垫板中心线对准，初步就位后应对 T 形梁的间距及梁两端的高程进行核查。

小　结

(1)道路工程施工平面控制网一般采用附合导线或导线网，桥梁工程施工平面控制网一般采用三角形、大地四边形或 GPS 控制网等形式，而高程控制网则通常采用水准网或 GPS 高程网。

(2)道路中线测量先通过定线测量将设计的道路中心线上的主要转向点测设于实地，再进行中桩测设，将中线上的各类点位测设到实地，与此同时，测绘整个线路的纵断面图和有关桩位或特征点处的横断面图，为道路的技术设计和工程量计算以及其后的道路施工测量提供依据。

(3)道路的平面曲线分为圆曲线和缓和曲线。道路的曲线测设包括曲线的主点测设和细部点测设，其方法是首先根据设计参数计算曲线要素，根据曲线要素计算所有主点和细部点的切线坐标，再将其转换为测量坐标系的坐标，然后采用全站仪坐标法进行测设。

(4)道路纵、横断面测量主要是沿道路的中线方向测绘纵断面图和在各中桩位置沿中线的垂线方向测绘各桩位的横断面图，而纵、横断面图是线路（包括道路、河道、管道、输电线路等）设计、施工及工程量计算的基础资料和重要依据。

(5)道路施工测量主要包括中桩核查和恢复、施工控制桩测设、路基边坡桩测设、路基边坡及高程测设和竖曲线测设。

(6)桥梁施工测量主要包括桥梁中线测量、桥墩与桥台定位测量、桥墩与桥台细部放样以及 T 形梁安装测量等。

复习题

1. 道路工程施工测量的平面控制对等级较低的公路一般采用________________，对等级较高的公路一般采用________________，而桥梁工程的平面控制则主要采用较简单的________________；高程控制通常采用________________或________________。

2. 道路中线测量中的定线测量是指______________________________，主要工作包括__________________、__________________和__________________。中桩测设是指____。

3. 道路平面曲线一般分为圆曲线和缓和曲线。圆曲线的曲率半径__________。圆曲线的测设事先应由道路设计给定____________________和____________________，据此计算圆曲线的曲线要素包括__________、__________、__________及__________。缓和曲线的曲率半径______________________________，缓和曲线的测设事先应由道路设计给定________________、________________和________________,计算缓和曲线的曲线要素包括________________、________________、________________、________________及________________。

4. 圆曲线的主点包括____________、____________和____________,带有缓和曲线的圆曲线主点包括________________、________________、________________、________________及________________;细部点是指________________。应用全站仪测设圆曲线和带有缓和曲线的圆曲线的方法是____________________,其步骤是首先____________________,然后____________________,再____________________,之后到实地____________________。

5. 纵断面测量主要是________________。道路水准测量首先进行的是基平测量,即________________;然后进行的是中平测量,即________________。横断面测量主要是____________________。纵断面图的横轴表示________________,纵轴表示________________,图的下半部分别注记____________、____________、____________、____________、____________、____________等,其纵轴比例尺一般较横轴比例尺__________。横断面图的横轴表示____________________,纵轴表示____________________,其纵轴和横轴比例尺________________。土石方量计算的方法是________________。

6. 道路施工测量主要包括____________、____________、____________、____________及____________等。

7. 桥梁施工的中线测量是指____________________,桥墩、桥台定位测量是指____________________,桥墩、桥台的细部放样包括__________、__________、__________、__________等。

练习题

1. 已知导线点坐标(x_3 = 1 456. 990 m、y_3 = 1 785. 900 m,x_4 = 1 481. 885 m、y_4 = 1 907. 580 m),道路中线交点 JD_1 坐标(x=1 402. 569 m,y=1 747. 079 m),欲在导线点 3 设站,按极坐标法测设 JD_1,试计算测设的角度和距离(见图 3-2-41),并说明测设步骤。

2. 已知线路交点里程为 K12+478. 56,线路转角(右角)$\alpha=28°24'$,设计圆曲线半径 R=300 m,试计算圆曲线要素和各主点里程(见图 3-2-42),并说明主点测设步骤。

3. 已知线路直缓点 ZH 至交点 JD 的方位角 $\alpha_{始}=243°27'18''$,交点坐标 x_{JD} = 2 088. 273 m,y_{JD}=1 535. 011 m,交点里程桩为 K3+617. 86,线路转角(左角)$\alpha=8°46'39''$,设计圆曲线半径 R=1 500 m,缓和曲线长 l_0=100 m(参见图 3-2-17 和图 3-2-18),曲线主点和部分细部点桩号已列于表 3-2-6 内,在附近导线点上用全站仪坐标法同时测设曲线的主点和细部点,试完成表内所有主点和细部点的测量坐标计算(曲线的前半段由直缓点 ZH 安置仪器测设,后半段由缓直点 HZ 安置仪器测设)。

(本题的解算可通过习题课进行练习,见《工程测量技术实训指导》测量习题课指导

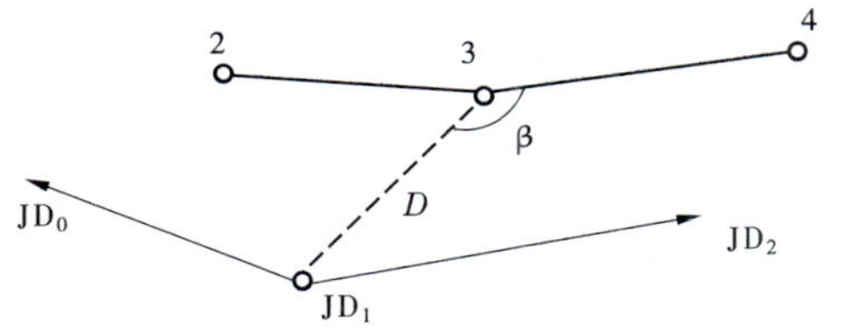

图 3-2-41　练习题 1 图

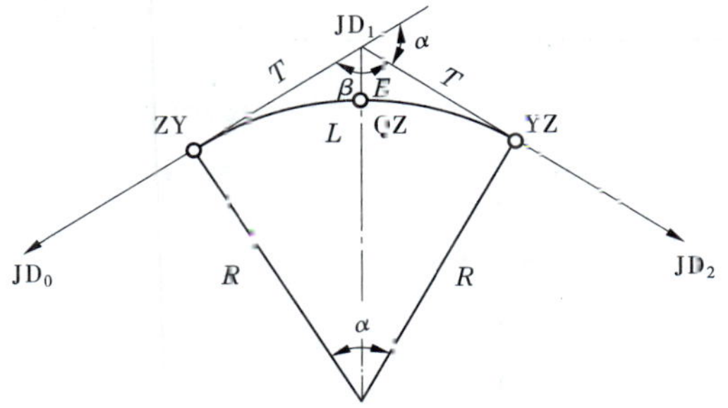

图 3-2-42　练习题 2 图

习题课五:带有缓和曲线的圆曲线放样之细部点坐标计算)

表 3-2-6　带有缓和曲线的圆曲线上点的坐标计算

点号	弧长(m)	里程(m)	切线 x_i(m)	切线 y_i(m)	测量 X_i(m)	测量 Y_i(m)	主点号
1	0	K3+452. 72					ZH
2	47. 28	K3+500. 00					
3	77. 28	K3+530. 00					
4	100. 00	K3+552. 72					HY
5	127. 28	K3+580. 00					
6	147. 28	K3+600. 00					
7	164. 90	K3+617. 62					QZ
8	197. 28	K3+650. 00					
9	229. 80	K3+682. 52					YH
10	247. 28	K3+700. 00					
11	287. 28	K3+740. 00					
12	329. 80	K3+782. 52					HZ

4. 某段线路中平水准测量观测数据列于表 3-2-7,试计算各桩点高程,并按横向比例尺 1:2 000、纵向比例尺 1:100 绘制 K1+000~K1+300 的纵断面图(绘于图 3-2-43)。

表 3-2-7　线路中平水准测量计算

测站	桩号	水准尺读数(m)			视线高程(m)	高程(m)	备 注
		后视	中视	前视			
1	BM_1	2.478				**88.126**	
	K1+000		2.038				
	TP_1			2.165			
2	TP_1	1.637					
	K1+050		1.46				
	K1+100		1.86				
	K1+130		2.58				
	K1+150		0.92				
	TP_2			1.394			
3	TP_2	1.105					
	K1+200		2.23				
	K1+250		1.62				
	K1+280		1.46				
	K1+300		1.88				
	BM_2			1.682			

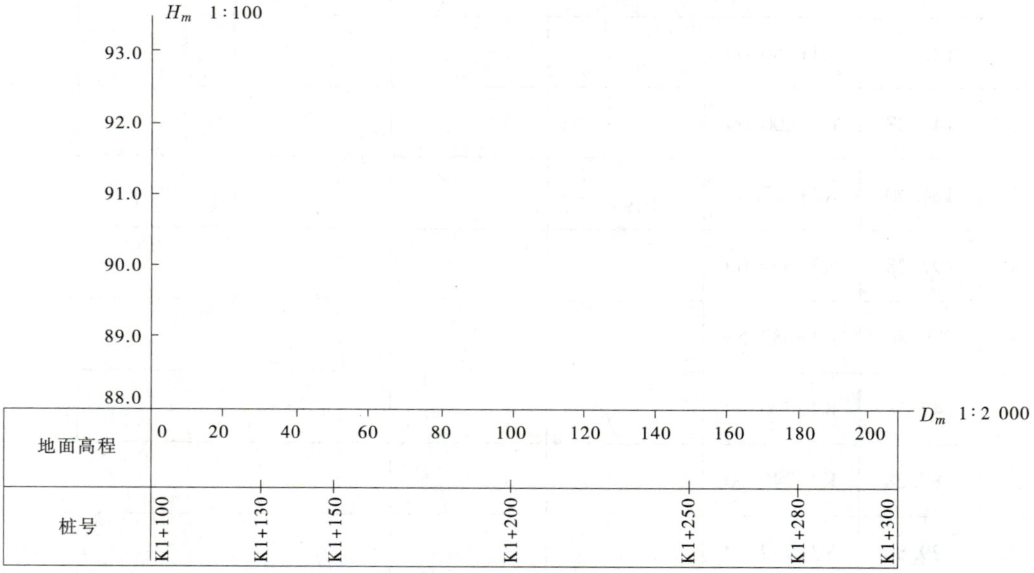

图 3-2-43　练习题 4 图

5. 某变坡点的桩号为 K2+680，高程为 24.88 m，其相邻直线的坡度分别为 $i_1=-1.4\%$，$i_2=+1.6\%$，设计竖曲线 $R=2\ 000$ m，要求每 10 m 设一桩位，试完成表 3-2-8 内该竖曲线要素及其上各桩点的测设高程计算。

表 3-2-8　竖曲线桩位高程计算

桩号	至竖曲线起点或终点平距 x(m)	高程改正数 y(m)	坡道设计高程(m)	竖曲线高程(m)	说明
竖曲线要素					

思考题

1. 道路施工测量和桥梁施工测量各包括哪些内容？

2. 道路中线测量的任务是什么？包括哪些内容？如何进行？

3. 道路直线段的中线测设为何应采用正、倒镜分中延长的方法？

4. 道路中线相邻交点互不通视时如何加测其转点？什么是线路转向角？交点上的水平角和转向角有何关系？

5. 道路纵、横断面测量各有什么作用？包括哪些内容？

6. 何为基平测量？如何进行？何为中平测量？如何进行？

7. 何为纵、横断面图？有什么作用？各包含哪些内容？如何绘制？其纵、横向比例尺有何不同？

8. 怎样计算道路施工中的土石方工程量？

9. 何为道路的竖曲线？如何计算其曲线要素？如何进行竖曲线测设？

10. 如何进行桥墩、桥台中心的中线测量和定位测量？

11. 桥墩、桥台施工的细部放样包括哪些内容？如何进行？

项目三　地下工程施工测量

知识目标

地下工程施工控制测量的概念，地下工程施工测量的隧道联系测量，隧道掘进方向和坡度测设，隧道贯通测量；地下管道中线测设，管道纵、横断面测量，沟槽施工基准标志测设等内容和方法。

技能目标

能够进行一般地铁、隧道与地下管道工程的施工测量工作。

地下工程主要是指隧道工程和地下管道工程。隧道是指道路穿越山岭的地下通道，或地铁、矿山的井下巷道，地下管道则是指开挖施工而后埋设于地下或于地下穿越的给水排水、通信电缆、供气供热等管道网络。在布设测量控制网的基础上，隧道施工测量主要包括隧道的联系测量、隧道掘进方向和坡度的测设、断面的放样及贯通测量等；地下管道施工测量主要包括管道中线测设，管道纵、横断面测量，沟槽施工基准标志测设及顶管施工中的定向和坡度测设等。

任务一　地下工程施工控制测量

知识要点：地下工程施工控制测量的分类及其建立方法。

为了满足隧道施工和准确贯通的需要，首先必须通过施工控制测量建立隧道施工平面控制网和高程控制网。隧道施工平面控制一般采用中线法、导线法、边角锁或 GPS 控制网的方法，高程控制一般仍采用水准网或 GPS 高程网的方法。而管道施工通常可直接利用城市或工业集中区已有的导线网、GPS 控制网及水准网或 GPS 高程网进行其平面和高程控制。

一、隧道施工控制测量

一般隧道多由两端洞口相向开挖，有时为了提高施工进度，还在其中心线上开挖竖井，或在适当的地方向中心线开挖旁洞或斜洞，以增加工作面（见图 3-3-1）。隧道控制网的主要任务就是测设隧道各个洞口的平面位置和高程，并将设计方向和标高导入地下，以便指导各个工作面的掘进方向和坡度，并按所需的精度要求实现贯通。

（一）隧道平面控制网

1. 中线定线法

中线定线法就是首先在地面上标定隧道中线的定向点，作为向洞内引测中线方向的依据。如图 3-3-2 所示，A、B 为直线隧道洞顶地面设计中线上的点位，首先依据 A、B 在洞口地面测设 C、D、E 三点作为隧道中线控制点（如果 A、B 二点互不通视，可参考模块三项

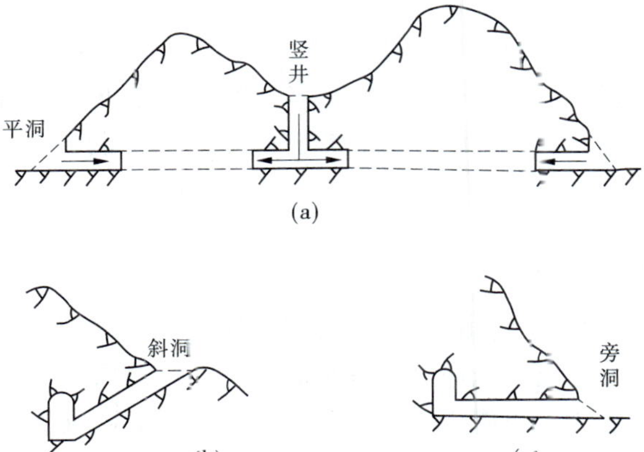

图 3-3-1 隧道洞形示意图

目二任务二中线路转点测设方法进行测设)，则依据 *CA* 和 *EB* 即可将中线方向引入洞内。中线定线法适用于长度较短的直线隧道。

2. 导线法

导线法就是在两隧道口之间布设一条附合导线（见图 3-3-3），或在多个隧道洞口之间布设导线网，角度用经纬仪或全站仪测量，距离则用光电测距施测，且与各洞口设计中线上的点位进行联测，再根据导线和洞口点位的联测方向将设计的隧道中线方向引入洞内。导线法对各种长度的直线、曲线隧道均适用。

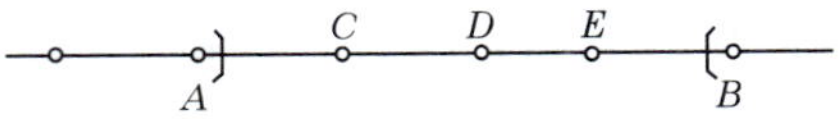

图 3-3-2 隧道控制的中线定线法

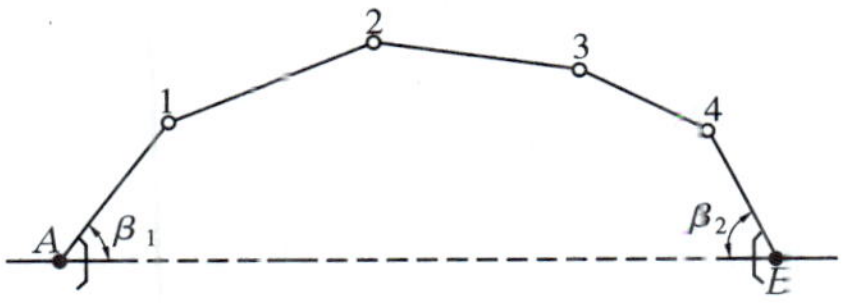

图 3-3-3 隧道控制的导线法

3. 边角锁法

对于丘陵山区较长的隧道，为了加强控制网的精度，也可采用边角锁法（见图 3-3-4），即用全站仪测量三角锁的所有内角和边长，通过严密计算，求得所有控制点的精确坐标。三角锁应将隧道中线上的主要点位包括在内，且尽量布置成直伸形式，以便减小其横向误差，提高隧道的贯通精度。

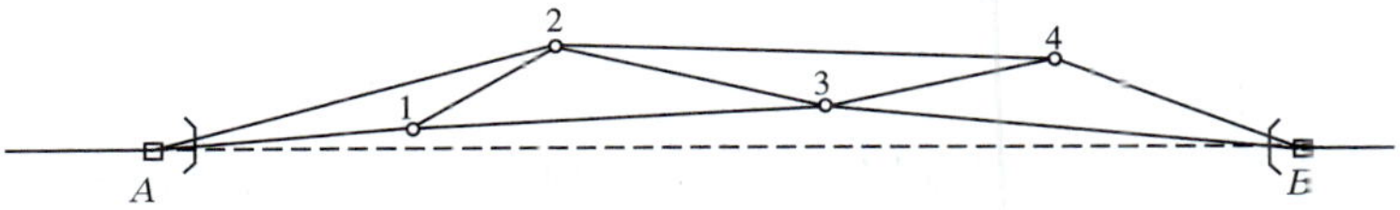

图 3-3-4 隧道控制的边角锁法

4. GPS 法

利用 GPS 定位的方法进行隧道的地面控制，只需要在各洞口布设相互通视的控制点和定向点即可，各洞口之间的控制点无需通视，因此其布置不受地形限制，更为灵活方便。

(二)隧道高程控制网

在隧道各洞口(包括隧道的进出口、竖井口、斜井口、平洞口等)附近埋设水准点(每一洞口埋设的水准点应不少于两个,且要求安置一次水准仪即可进行联测),采用附合水准路线或水准网的方法精确测定它们的高程,作为向各洞口引测高程和保证各隧道面高程贯通的依据。

二、管道施工控制测量

城市或工业集中区的地下管道种类繁多,范围较广,一般都沿道路呈网状布置。由于城市、工业集中区或道路一般事先都已建有平面和高程控制网,因而管道施工时通常可直接利用城市、工业集中区或道路施工已建的导线网、GPS 控制网及水准网或 GPS 高程网进行其平面和高程控制。

任务二 隧道联系测量

知识要点:隧道联系测量的分类和方法。

技能要点:能够进行隧道地上、地下联系测量。

隧道施工时,地上、地下所有的控制点必须属于同一个坐标系统和高程系统,为此需要进行联系测量,其主要任务就是通过平面联系测量将地面上平面控制网的坐标、方位角传递到地下测量控制的起始点和起始边上;通过高程联系测量将地面上高程控制网的高程传递到地下的起始水准点上。

一、联系测量类型

根据隧道洞口类型的不同,其联系测量分为平洞联系测量、斜洞联系测量和竖井联系测量。

(一)平洞联系测量

平洞联系测量是通过平洞的入口或出口进行导线测量或水准测量直接将地面控制的坐标、方位角和高程引入洞内,其作业方法和地面相同,但从一个洞口进入的多为支导线或支水准,必须重视测量成果的复核,以防出错。

(二)斜洞联系测量

斜洞联系测量与平洞联系测量的方法基本相同,只是斜洞带有较大的坡度,应克服斜坡给导线测量和水准测量产生的影响。

(三)竖井联系测量

竖井联系测量首先经竖井将地面点位投测到地下,再根据地面和地下控制点之间的几何关系,通过计算将坐标和方向传递到地下,其中,方位角的传递对隧道施工测量的影响更大,常称为几何定向;再通过高程传递,将地面高程控制网的高程通过竖井引至地下的起始水准点上,常称为导入高程。

竖井联系测量可以通过一个井筒进行,也可以通过两个井筒进行,前者称为单井定向,后者称为双井定向。

二、单井定向

(一)投点

在一井筒内向下投点,即自地面向下挂两根钢丝至定向水平面(见图 3-3-5),选用钢丝的直径通常为 1.0~2.0 mm。先在其下端悬挂 2 kg 左右的垂球将钢丝放入井下,再换上大的垂球,并将垂球置于油桶或水桶内,使其稳定。一般井深小于 100 m 时,垂球的质量以 30~50 kg 为宜,大于 100 m 时可增至 50~100 kg。

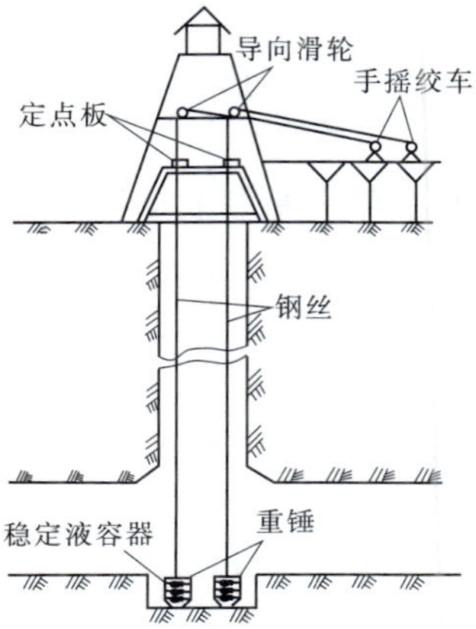

图 3-3-5 竖井的投点

(二)联测

待投点钢丝稳定后,在地上和地下同时进行联测,即在地面根据井口附近的控制点测定两钢丝所在点位的坐标,再在地下将两钢丝的坐标与地下测量的起始点和起始方向进行联测,采用的方法通常为连接三角形法(见图 3-3-6)。

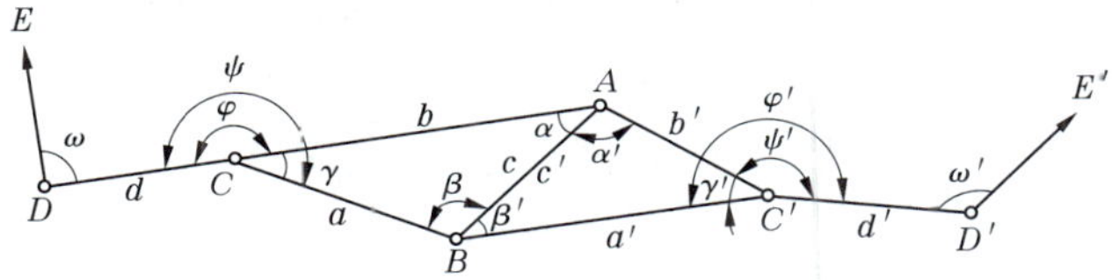

图 3-3-6 单井定向的连接三角形法

图 3-3-6 中,C 点为地上连接点,D 点、E 点为地上控制点(D 点又称为近井点),C'、D'、E'点则为地下导线点,它们之间通过二垂球线所在点 A、B 建立联系。地上在 C、D 两点设站观测角度 ψ、φ、γ 和 ω,并用钢尺丈量边长 a、b、c 和 d;井下在 C'、D'两点设站观测角度 ψ'、φ'、γ'和 ω',并丈量边长 a'、b'、c'和 d'。所谓连接三角形法,就是根据地上、地下具有公共边的$\triangle ABC$ 和$\triangle ABC'$的相互关系,由地上 D 点的坐标和 DE 边的方位角推算出地下 D'点的坐标和 $D'E'$边的方位角。

(三)计算

1. 连接三角形内角的解算

在$\triangle ABC$和$\triangle ABC'$中,由正弦定理可知

$$\left.\begin{aligned}\sin\alpha &= \frac{a}{c}\sin\gamma\\ \sin\beta &= \frac{b}{c}\sin\gamma\\ \sin\alpha' &= \frac{a'}{c}\sin\gamma'\\ \sin\beta' &= \frac{b'}{c}\sin\gamma'\end{aligned}\right\} \tag{3-3-1}$$

当α和β'角均小于$2°$及β和α'角均大于$178°$时,上式可简化为

$$\left.\begin{aligned}\alpha &= \frac{a}{c}\gamma\\ \beta &= \frac{b}{c}\gamma\\ \alpha' &= \frac{a'}{c}\gamma'\\ \beta' &= \frac{b'}{c}\gamma'\end{aligned}\right\} \tag{3-3-2}$$

根据上列诸式即可解算出连接三角形的内角α、β和α'、β'。

2. 连接三角形内角解算的检核

在$\triangle ABC$和$\triangle ABC'$中,解算出的内角α、β和α'、β',应分别满足

$$\left.\begin{aligned}\alpha + \beta + \gamma &= 180°\\ \alpha' + \beta' + \gamma' &= 180°\end{aligned}\right\} \tag{3-3-3}$$

此外,还可根据余弦定理反算公共边AB的长度,与其丈量值进行比较

$$\left.\begin{aligned}c_{算}^2 &= a^2 + b^2 - 2ab\cos\alpha\\ c'^2_{算} &= a'^2 + b'^2 - 2a'b'\cos\alpha'\end{aligned}\right\} \tag{3-3-4}$$

$$\left.\begin{aligned}\Delta c &= c_{测} - c_{算}\\ \Delta c' &= c'_{测} - c'_{算}\end{aligned}\right\} \tag{3-3-5}$$

一般,地面较差Δc应不超过±2 mm,井下较差$\Delta c'$应不超过±4 mm。

3. 地下起始点坐标和起始边方位角的推算

上述检核无误后,即可按导线方法,沿路线$E—D—C—B—A—C'—D'—E'$推算D'点的坐标和$D'E'$边的方位角。

4. 注意事项

(1)地上连接边CD和地下连接边$C'D'$的长度均应大于20 m。

(2)角γ、α、β'、γ'均应小于$2°$,即使两个联系三角形尽量直伸。

(3)$\frac{a}{c}$和$\frac{b'}{c'}$均应小于1.5,即使地上、地下的近井点尽量靠近井筒。

(4)应尽量提高角 γ 的观测精度。

(5)点位投测时,应尽量控制垂球的摆动,使钢丝稳定,如果其摆动幅度大于 0.4 mm,则应取其摆幅的中轴线作为点位,进行观测。

三、双井定向

当已开挖两个竖井,且在地下已有巷道贯通时,可以通过两个竖井进行双井定向,即在两井筒各向下挂一根钢丝,然后通过地上和地下的连接,将其组合在一条环状导线内(见图 3-3-7)。由于此时两井筒下挂钢丝之间的距离 c 较长,设下挂钢丝的投点误差为 $e=\pm1$ mm,而距离 c 为 100 m,则由投点产生的定向误差为

$$\theta = \pm \frac{e}{c} \cdot \rho'' = \pm \frac{1}{100\ 000} \times 206\ 265'' = \pm 2.0''$$

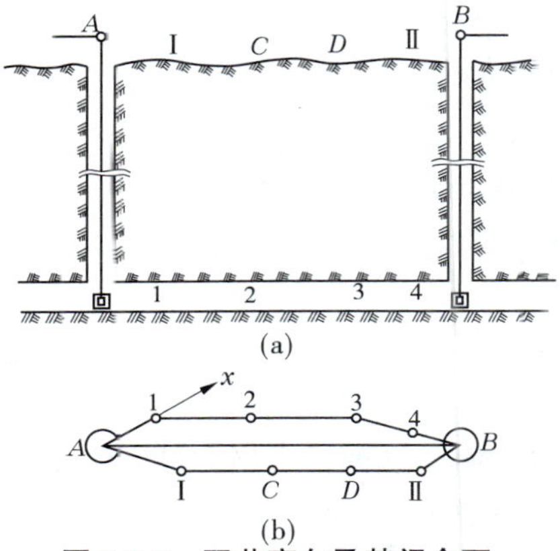

图 3-3-7　双井定向及其闭合环

可见,该项定向误差明显减小。这样,就可用双井定向的成果对单井定向的结果进行修正,从而提高地下导线网的精度。

两井筒投点时,各井筒仅需下挂一根钢丝,其方法和要求与单井定向相同。设两井下挂钢丝所在点位为 A 和 B,地上的连接点分别为Ⅰ、Ⅱ,在它们附近各设立一个近井点 C 及 D(相互通视),根据 C 和 D 的已知坐标和已知方位角,通过连接测量在井下定出 A 和 B 的坐标,以此作为井下导线 A—1—2—3—4—B 两端点的已知数据(见图 3-3-7)。在中间 1~4 点上均按一般导线进行角度和距离测量,而两端 A 和 B 为下挂钢丝点,无法设站观测,因此该井下导线实际上属于两端不设站的无定向导线。具体的计算方法可参见本书模块二项目一任务二。

四、高程导入

高程导入就是将地面高程控制网的高程通过竖井传递至地下的起始水准点上,以获得井下的起始高程。常用的方法为悬挂钢尺法和激光测高仪法。

(一)悬挂钢尺法

悬挂钢尺法导入高程(见图 3-3-8)实际上就是本书模块二项目四任务二介绍的“上下高程传递法”,只不过此时使用的是特制的钢尺,其长度可为 100 m、300 m,甚至 500 m。

测量时还应同时测定井筒内的温度,并对测量的结果施加尺长、温度、拉力和钢尺自重等项改正。设两水准仪分别对地上 A 点和井下 B 点上的标尺和钢尺读数为 a_1、b_1 和 a_2、b_2,尺长改正数 Δl_d 和温度改正数 Δl_t 的计算方法参见本书模块一项目三任务一精密量距的计算,后两项改正计算分别为:

拉力改正

$$\Delta l_P = \frac{l(P - P_0)}{EF} \tag{3-3-6}$$

自重改正

$$\Delta l_c = \frac{\gamma l^2}{2E} \tag{3-3-7}$$

式中 $l = b_1 - a_2$;

P——钢尺下端悬挂垂球的重量;

P_0——钢尺检定时的标准拉力;

E——钢尺的弹性模量,为 2×10^6 kg/cm^2;

F——钢尺的横断面面积,cm^2;

γ——钢尺单位体积的质量,g/cm^3。

最后得地下 B 点高程为

$$H_B = H_A + a_1 - b_1 + a_2 - b_2 + \Delta l_d + \Delta l_t + \Delta l_P + \Delta l_c \tag{3-3-8}$$

(二)激光测高仪法

将激光测高仪安置在井口,使望远镜铅直指向井下水平放置的反射镜,测出井的深度 L,同时在井上、井下安置两架水准仪,分别对地上水准点 A 和地下水准点 B 上的标尺以及竖在井上测高仪中心和井下反射镜中心上的小钢尺进行读数(见图 3-3-9,读数为图中 a_1 和 b_2 及 a_2 和 b_1),同时考虑所测深度的气象改正 ΔL,即可按下式计算地下 B 点的高程为

$$H_B = H_A + a_1 - b_1 + a_2 - b_2 - (L + \Delta L) \tag{3-3-9}$$

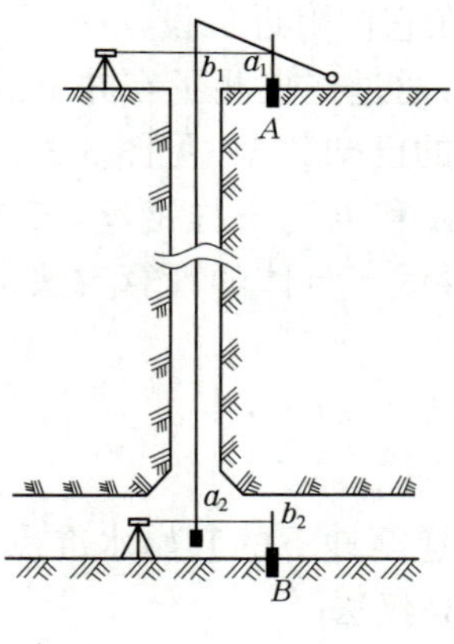

图 3-3-8 悬挂钢尺导入高程

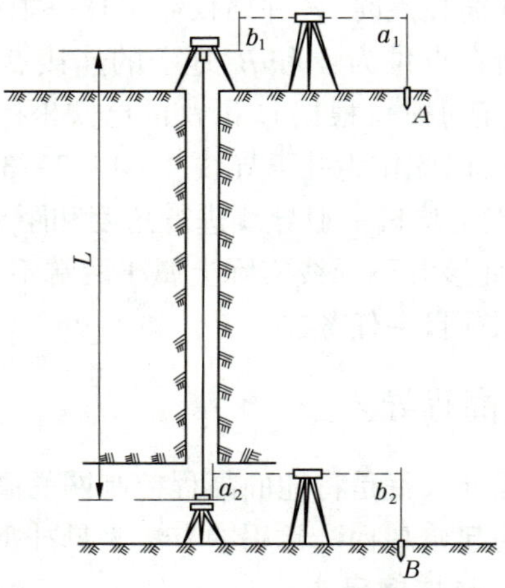

图 3-3-9 激光测高仪导入高程

任务三　隧道施工测量与贯通测量

知识要点：隧道施工测量与贯通测量的内容和方法。

技能要点：能够进行地下导线测量和高程测量，隧道掘进方向、高程和坡度测设、隧道开挖断面放样以及隧道贯通测量。

隧道施工时，随着其长度的不断延伸，为了减小各种测量误差累积的影响，需要逐段进行地下的导线测量和高程测量，以便对隧道中线上点的坐标和高程进行控制；需要根据已有的导线点和水准点随时测设向前掘进的方向和坡度，以及进行隧道开挖断面的放样，以便指导施工。而当同一层隧道的两个工作面相向掘进时，则需要进行贯通测量，以保证隧道两端的方向、高程和里程（尤其是前两项）在贯通面上相互衔接的误差都能符合设计要求。

一、地下导线测量和高程测量

（一）地下导线测量

地下导线测量和地面上的导线测量基本相同，但有其自己的特点。

1. 布设

地下导线自联系测量得到的已知点和已知方位角起始，沿隧道布设。在一段施工隧道中，导线只能随隧道的掘进而向前延伸，所以开始往往都为支导线，但在主隧道的一侧或两侧分段有辅助隧道（如提供安全、工作或安装设施之用的隧道）贯通，以及在主隧道两端工作面贯通后，应及时组成局部或大环的闭合导线（见图 3-3-10），以便对导线测量的成果进行复核和修正。

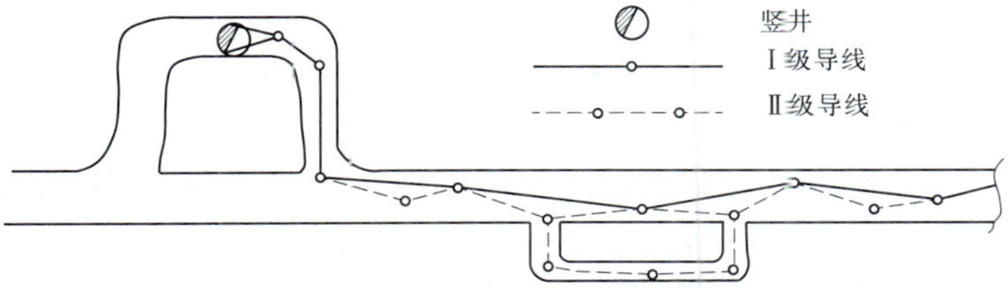

图 3-3-10　隧道中的导线布设

地下导线也分有不同的级别。一般每前进 30～50 m，按Ⅱ级导线布设支导线点（需要复测，以便检核）；每前进 300 m 左右，按Ⅰ级导线对Ⅱ级导线进行复核，或布设局部闭合导线；而在大型地下建筑的主要隧道贯通后，还有必要对沿主隧道布设的导线按高级导线进行复测，以便提高整个地下导线的精度。

2. 测角

地下导线的角度多用光学经纬仪进行观测，如用电子经纬仪或全站仪，则需加防爆装置。由于施工条件的限制，地下导线的点位一般埋设于施工隧道的顶板或已衬砌好的拱碹上，因此安置仪器时，需进行点下对中，即将望远镜水平放置，使其镜上中点与由顶上点位下吊垂球的尖端相吻合，而前视和后视导线点也由其顶上点位下吊垂球线作为照准标志，注意在垂球线后施加灯光照明和尽量减小垂球线的晃动。

3. 量距

地下导线的边长多用钢尺进行悬空丈量。使钢尺的零点对准水平放置的望远镜的镜上中点，另一端则利用照准点的垂球线在钢尺上所指的位置进行读数。水平隧道一般丈量水平距离，因而丈量时可用手控制该端的钢尺在竖向作少许移动，取其最小读数即为水平距离；倾斜隧道一般丈量倾斜距离，则需在照准点的垂球线上注以照准标志，丈量时使钢尺的另一端以该标志为准进行读数，与此同时，测量该标志的竖直角 δ，以便将斜距化为平距（见图 3-3-11）。边长一般都应往、返丈量，同时根据需要，控制钢尺的拉力，并施加相应的尺长和温度改正。如用光电测距仪，同样需加防爆装置。

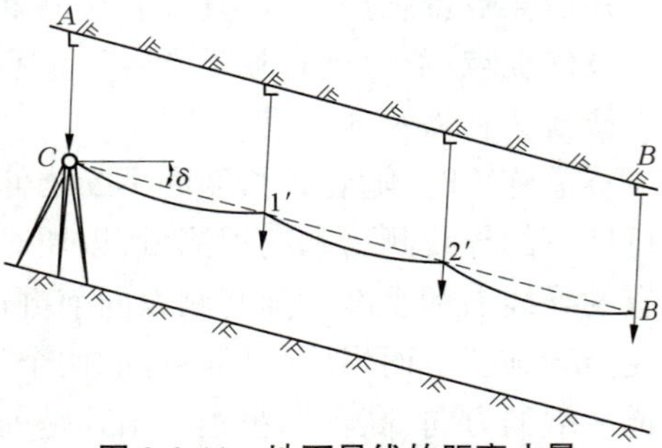

图 3-3-11　地下导线的距离丈量

各级别地下导线测量的有关技术要求列于表 3-3-1。

表 3-3-1　各级别地下导线测量的技术要求

导线级别	测角中误差	平均边长（m）	角度容许闭合差		测回法较差	全长容许相对闭合差	
			闭合（附合）导线	复测支导线		闭合（附合）导线	复测支导线
高级	±15″	90	$\pm30''\sqrt{n}$	$\pm30''\sqrt{n_1+n_2}$	±30″	1/6 000	1/4 000
Ⅰ级	±22″	60	$\pm45''\sqrt{n}$	$\pm45''\sqrt{n_1+n_2}$		1/4 000	1/3 000
Ⅱ级	±45″	30	$\pm90''\sqrt{n}$	$\pm90''\sqrt{n_1+n_2}$		1/2 000	1/1 500

注：n 为闭合（附合）导线测站数，n_1、n_2 为复测支导线第一次、第二次测站数。

（二）地下高程测量

地下高程测量对水平隧道多采用水准测量，而倾斜隧道也可用三角高程测量，它们的方法与地上的水准测量和三角高程测量基本相同，但也有自己的特点。

地下高程测量一般分为两个级别。和地下Ⅱ级导线一样，隧道在施工过程中一般也布设支水准路线，进行Ⅱ级水准测量（需要复测，以便检核），随着隧道的掘进向前延伸；而在辅助隧道或主隧道贯通后，则布设闭合路线，进行Ⅰ级水准测量，以提高地下高程测量的精度。

施工隧道的水准点往往也设置在顶板上，水准尺的长度一般为 1.5 m，观测时转点可设于底板上，而水准点上的标尺则需倒立于点下（见图 3-3-12）。水准测量测站高差的计算公式为

$$h = \pm a - (\pm b) \tag{3-3-10}$$

式中：正立标尺的读数前取正号，而倒立标尺的读数前取负号。

三角高程测量测站至照准点高差的计算公式则为

$$h = D_{斜} \sin\delta \mp i \pm v \tag{3-3-11}$$

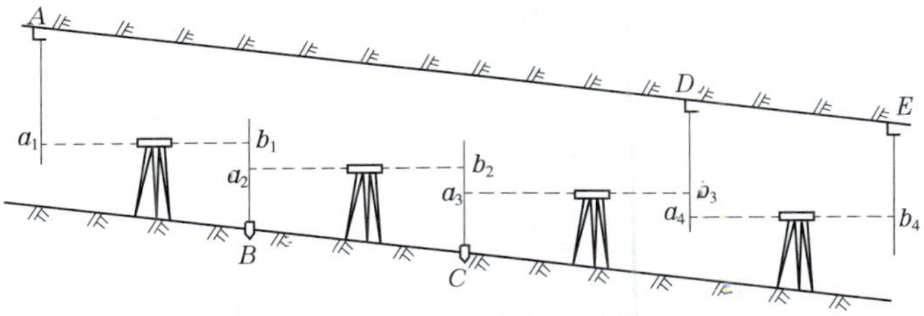

图 3-3-12　隧道水准测量

式中　$D_{斜}$——仪器中心至照准标志的倾斜距离；

δ——竖直角，仰角为正，俯角为负；

i——仪器高，点上取正号，点下取负号；

v——标志高，点上取负号，点下取正号。

各级别地下水准测量的有关技术要求列于表 3-3-2。

表 3-3-2　各级别地下水准测量的技术要求　（单位：mm）

水准级别	两次高差之差或红、黑面高差之差	支水准往、返较差或闭合（附合）高差闭合差
Ⅰ级	±3	$\pm 20\sqrt{L}$
Ⅱ级	±5	$\pm 30\sqrt{L}$

注：L 为水准路线长度，以百米为单位。

三角高程测量需往、返观测，每边往、返高差之差不应超过$\pm(10+0.3l_0)$ mm，式中 l_0 为两点之平距。三角高程测量亦应尽量构成闭合或附合路线，其闭合差的限差为

$$f_{高} = \pm 30\sqrt{L} \quad (\text{mm})$$

其中：L 为路线总长，以百米为单位。

二、隧道中线点位及掘进方向、高程和坡度测设

隧道中线的设计参数包括方位角、里程及底面的高程和坡度等，根据这些参数可以计算巷道中线上任一点位的设计坐标和高程，而施工测量就应根据离掘进工作面较近的导线点、水准点和隧道前进方向上中线点的设计坐标与高程，通过坐标反算和高差计算，进行前进隧道中线上点位和方向、高程和坡度测设，以便指导掘进。

（一）隧道中线点位和方向测设

1. 直线隧道中线点位和方向测设

如图 3-3-13 所示直线隧道中，Ⅰ、Ⅱ为导线点，为了测设中线上的点位和方向，根据中线设计参数，计算直线隧道前方某中线点（离掘进工作面 30~50 m，如图中 A 点）的设计坐标，根据Ⅰ、Ⅱ点的测量坐标和 A 点的设计坐标（这两种坐标事先已化为同一系统）及隧道中线设计的方位角，反算即得水平角 $\beta_{Ⅱ}$、β_A 和平距 D。

在Ⅱ点安置仪器，测设角度 $\beta_{Ⅱ}$ 和距离 D，即得中线上的 A 点（可在顶板上埋设临时性标志），再将仪器迁至 A 点，测设角度 β_A，望远镜所指即为隧道前进的中线方向，然后沿该方向在施工隧道的顶板上埋三个中线桩点（如图 3-3-14 中 D、E、F 点），点间距为 5 m 左

右，再自该三点下挂垂球线，即可用其连线标示隧道掘进的中线方向。

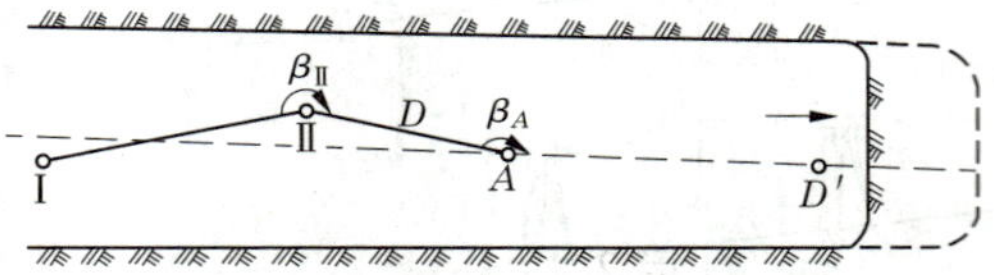

图 3-3-13　隧道中线点位和方向测设

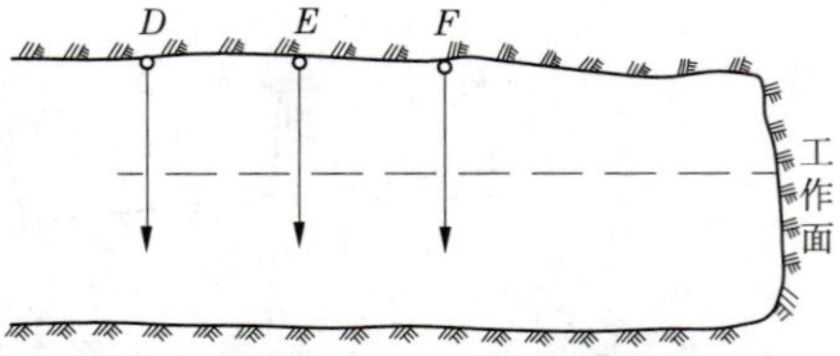

图 3-3-14　隧道中线方向的标示

2. 折线或曲线隧道中线点位和方向测设

如图 3-3-15 所示，折线隧道（即不设曲线而直接改变中线方向的隧道）在掘进至中线转折处时，应及时依据邻近的导线点测设出转向点 J 的点位，然后在 J 点安置仪器，以原隧道中线上的 D 点作为后视，顺时针转动角度 $360°-\alpha$（α 为设计隧道折线的转向角），望远镜所指即为折线前进的中线方向。因过于靠近掘进工作面，可倒转望远镜在其反方向的顶板上测设 2~3 个桩点（如图中的 1、2 连同 J 点），同样可用其连线标示隧道折线掘进的中线方向。

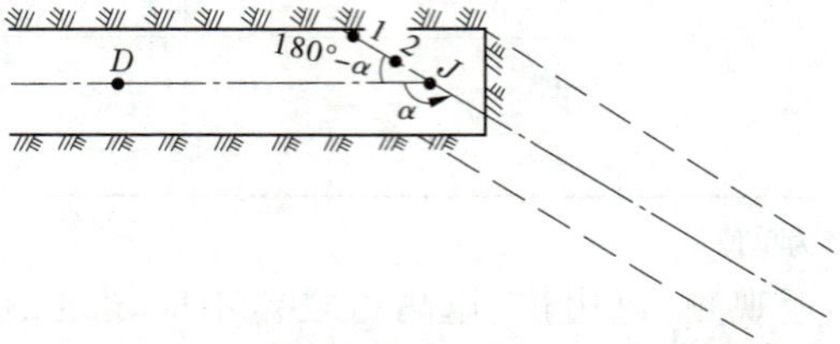

图 3-3-15　折线隧道中线点位和方向测设

对于设置圆曲线的转向隧道，由于掘进场地较狭窄，一般可采用弦线偏角法进行其圆曲线的中线测设。所谓弦线偏角法，就是将曲线分成若干等份，依次在起点和每个等分点（即细部点）上设站，根据每个等分点处的偏角和每等分圆弧所对应的弦长来测设细部点的位置。

如图 3-3-16(a) 所示，Z、Y 分别为圆曲线的起点和终点，J 为转点，转向角 α 和圆曲线半径 R 由设计给定，圆曲线全长 L 按下式计算

$$L = R \cdot \alpha \frac{\pi}{180°} \tag{3-3-12}$$

将其分成 n 等份，则每段弧长 $S=\dfrac{L}{n}$，每段所对圆心角 $\varphi=\dfrac{\alpha}{n}$，第一段偏角（即原直线方向和第一段弦长之间的转角）为

$$\delta = \frac{\varphi}{2} = \frac{\alpha}{2n} \tag{3-3-13}$$

其后自 1 点开始的分段点处的偏角即两边弦长的转向角均为 φ，每段对应的弦长为

$$d = 2R \cdot \sin \frac{\alpha}{2n} \tag{3-3-14}$$

测设时，在掘进至曲线起点处及时依据邻近的导线点测设出 Z 的点位，然后在 Z 点

安置仪器,以原隧道中线上的 A 点作为后视,顺时针转动角度 $\left(180°+\dfrac{\varphi}{2}\right)$,同样倒转望远镜,在其反方向的顶板上测设 2~3 个中线桩点(如图 3-3-16(b)中的 Z_1、Z_2 连同 Z 点),用以标示弦线 $Z1$ 掘进的中线方向;当其掘进略超过弦长 d 之后,自 Z 点起始,沿 $Z1$ 方向用钢尺丈量弦长 d,标定 1 点;再将仪器安置于 1 点,以 Z 点作为后视,顺时针转动角度 $(180°+\varphi)$,即得弦线 1 2 的方向,沿此方向丈量弦长 d,标定 2 点,依此类推,即可将曲线上所有的分段点直至 Y 点标出。为了提高方向测设的精度,所有拨角均应采用盘左、盘右分中的方法。

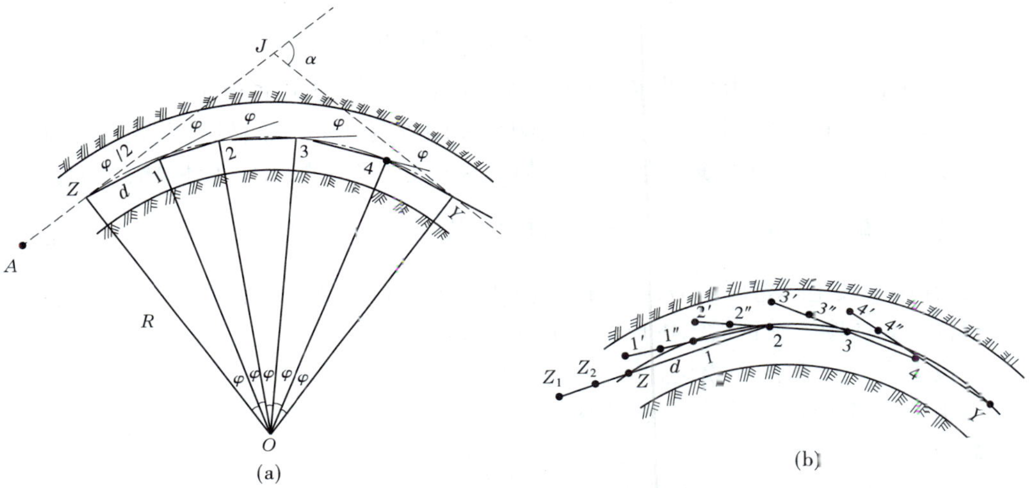

图 3-3-16 按弦线偏角法进行隧道曲线测设

(二)隧道高程和坡度测设

隧道施工除需进行中线点位和方向测设外,还需进行高程和坡度测设。高程和坡度的测设方法与地面道路的高程和坡度测设方法相同,也是依据邻近水准点的高程,水平隧道可采用水准仪的水平视线法(见图 3-3-17(a)),倾斜隧道可采用经纬仪的倾斜视线法(见图 3-3-17(b)),具体方法参见本书模块二项目四任务二,所不同的是测设的高程和坡度用腰线来标示。所谓腰线,是指在隧道底板的设计高程和坡度线之上加高 1.0 m,用红漆或石灰水绘制在施工隧道边帮上的平行线,用以作为掘进的竖向控制。

在大型机械化作业的隧道施工中,往往使用激光准直仪或激光指向仪实行中线方向和高程的控制。先由测量确定仪器安置的位置和激光器发射的方向,然后通过仪器发射的激光束在工作面接收靶上形成的光斑来指导施工。

三、隧道开挖断面放样

隧道开挖时,需要在工作面上标出开挖的范围,以便布置炮眼用于爆破;开挖后还需对断面进行检查,看其是否符合设计要求;如果需要衬砌混凝土拱碹,还应测设其立模位置,这些就是隧道开挖断面放样的任务。

隧道断面通常有圆形、拱形、马蹄形等不同形式,它们的放样工作亦有所不同。如

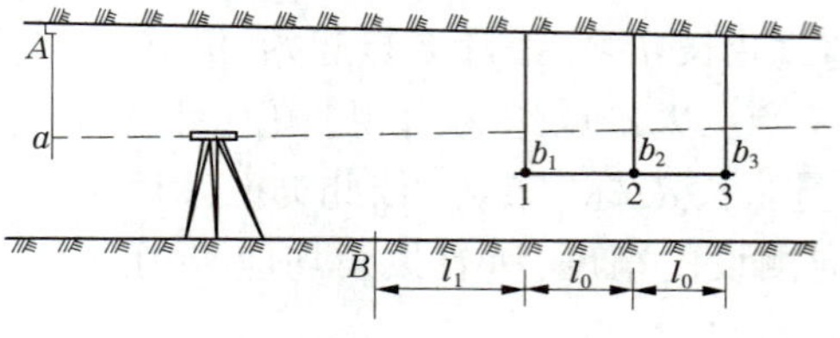

(a)用水准仪测设

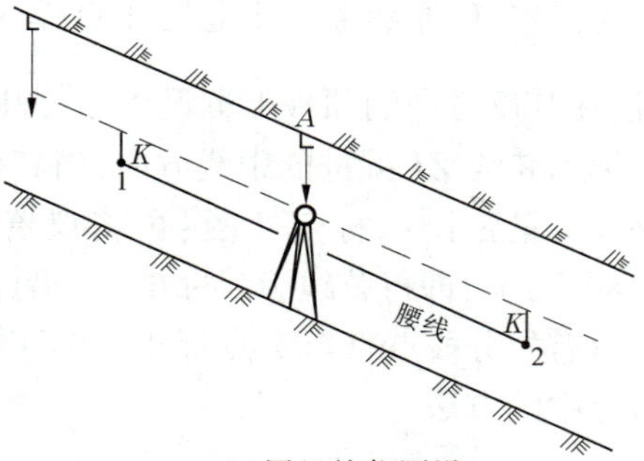

(b)用经纬仪测设

图 3-3-17　隧道的腰线测设

图 3-3-18 所示为一直墙圆拱形断面,设计数据包括断面宽度 S、底板至起拱线的高度 L、拱高 h_0 和拱弧半径 R 等,其放样工作分成侧墙和圆拱两部分。放样时,首先在邻近的中线点上安置仪器,以另一中线点为后视,用望远镜在工作面上标出中垂线 AB,由此向左右各量$\frac{S}{2}$得两边侧墙线;由底板向上量 L 确定起拱线,接着根据邻近水准点和拱弧圆心的设计高程,在中垂线上标定圆心 O,再根据 O 点和拱弧半径 R 在工作面上画出拱形的边线,也可根据计算或图解数据放出拱形圆周上的 a'、b'、c'等点。

测设混凝土拱碹的立模位置时,由于精度要求较高,可采用解析的方法,计算有关放样数据。如图 3-3-18 所示断面,先在起拱线上等间隔(如 1 m)定出 a、b、c 等点,按下式计算各点至拱顶的高度 h_i

$$\left.\begin{aligned} h_1 &= aa' = \sqrt{R^2 - oa^2} - (R - h_0) \\ h_2 &= bb' = \sqrt{R^2 - ob^2} - (R - h_0) \\ h_3 &= cc' = \sqrt{R^2 - oc^2} - (R - h_0) \\ &\vdots \end{aligned}\right\} \quad (3\text{-}3\text{-}15)$$

然后依据直角坐标法,就可以 oa、ob、oc 及相应的垂直高度 h_i 作为相互垂直的两个方向的放样数据,在中垂线两侧对称地放出拱顶上的 a'、b'、c'等点。

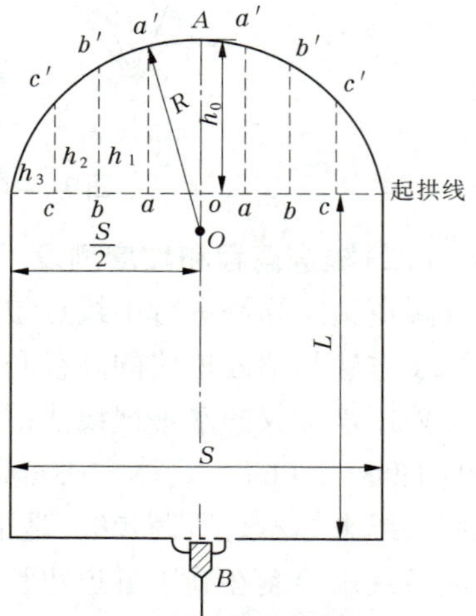

图 3-3-18　直墙圆拱形断面

上述方法同样适用于圆形断面的放样,即先放出断面的中垂线和圆心,再以圆心和设计半径画圆,进而测设出整个断面。

四、隧道贯通测量

当同一层隧道的两个工作面相向掘进时,为保证隧道两端的方向、高程和里程(尤其是前两项)在贯通面上相互衔接的误差都符合设计要求所进行的测量称为贯通测量。贯通面上的贯通误差一般可分解为三个方向的误差,即水平垂直于中线的横向误差 Δu、沿铅垂方向的竖向误差 Δh(见图 3-3-19),以及沿中线方向的纵向误差 Δl,而前两项误差的大小对隧道贯通质量的影响尤其重要。不同长度隧道贯通的容许误差如表 3-3-3 所示。

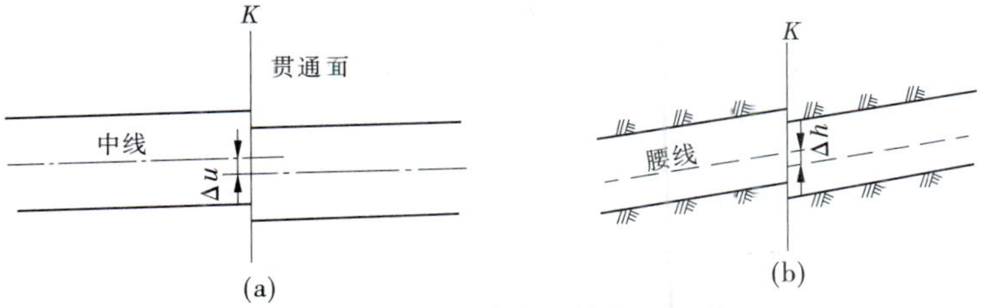

图 3-3-19　两种主要的贯通误差

表 3-3-3　隧道贯通容许误差

两相向开挖洞口间距(km)	4	4~8	8~10	10~13	13~17	17~20
容许横向贯通偏差(mm)	±100	±150	±200	±300	±400	±500
容许竖向贯通偏差(mm)	±50	±50	±50	±50	±50	±50

严格地说,三个方向的贯通误差是地下多种测量误差,包括联系测量、导线测量、水准测量以及工作面施工测设误差综合影响的结果,因此在隧道开始施工时就应对设计中的隧道贯通进行误差分析,根据表 3-3-3 的规定,以及相向开挖隧道中布设导线和水准路线的长度,反求导线和水准测量应采用的等级和应达到的精度,从而制定合理的测量方案,并切实执行。而在接近贯通前,为确保最后段的准确贯通应进行以下测量工作:

(1)地下导线测量和水准测量复测。当待掘进段距离还剩 30~50 m 时,应对隧道两端的导线和水准路线进行复测,甚至提高导线或水准测量的级别,以便对原有的平面和高程控制作进一步复核,或提高其精度。

(2)在两端掘进工作面附近再次测定中线点坐标和底板高程。导线和水准路线复测确认无误或提高精度后,根据两边的导线点、水准点,在两端掘进工作面附近再次分别测定中线点(如图 3-3-20 中的 B 点和 D 点)的坐标和底板高程。

(3)贯通误差测算。根据两端再次测定的中线点坐标和底板高程,反算其间贯通段(即图 3-3-21 中 BD 段)的方位角 $\alpha_{贯}$、距离 $D_{贯}$ 和高差 $h_{贯}$,然后和原设计的贯通段方位角 $\alpha_{设}$、距离 $D_{设}$ 和高差 $h_{设}$ 进行比较,再运用以下公式测算贯通面上三个方向的贯通误差:

$$\left.\begin{aligned} &\text{水平垂直于中线的横向误差} && \Delta u = (\alpha_{贯} - \alpha_{设}) \times D_{贯} \\ &\text{铅垂方向的竖向误差} && \Delta h = h_{贯} - h_{设} \\ &\text{中线方向的纵向误差} && \Delta l = D_{贯} - D_{设} \end{aligned}\right\} \tag{3-3-16}$$

(4)贯通段中线方向和坡度线调整。如果测算得到的前两项贯通误差的绝对值小于表 3-3-3 中所规定的容许值,仍然可以将两端工作面原先测设的中线方向和坡度线继续向前延伸,作为最后贯通段的施工依据;否则,需要对原先测设的中线方向和坡度线进行调整,从而减小实际贯通时的偏差。

调整时,如果贯通段位于直线段,则在 B 点和 D 点重新测设 $\angle ABD$ 和 $\angle CDB$(见图 3-3-21),使 BD 的施工方向线的方位角直接由 $\alpha_{设}$ 变为 $\alpha_{贯}$,以及由 B 点和 D 点重新测设坡度线,使 BD 的施工坡度由 $i_{设}=h_{设}/D_{设}$ 变为 $i_{贯}=h_{贯}/D_{贯}$;如果贯通段位于曲线段,则需要首先根据测算的方位角误差 $\Delta\alpha=\alpha_{贯}-\alpha_{设}$ 对贯通段原先的转向角进行调整,然后依照前面介绍的弦线偏角法，对每一弦线段的偏角进行调整。

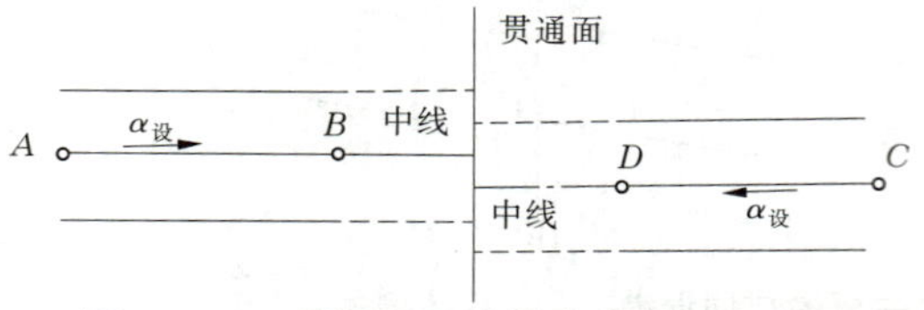

图 3-3-20　**贯通面两端的中线点位和方向测设**

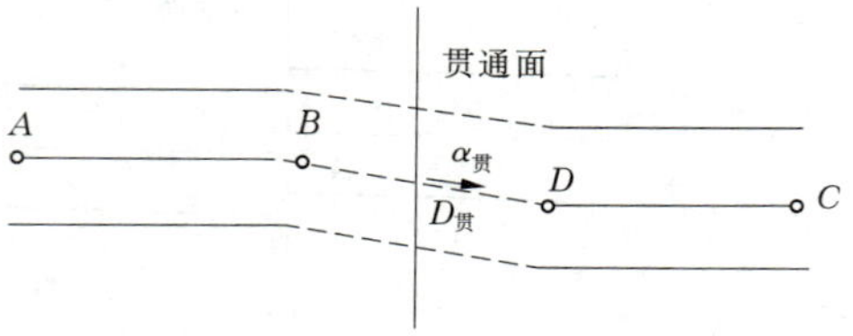

图 3-3-21　**贯通段中线方向的调整**

应该强调的是，在任何一项地下测量工作中，如果含有粗差甚至错误未被发现和未能及时纠正，将给隧道的贯通造成严重的后果，带来不可挽回的损失，因此为保证隧道的准确贯通，不仅要有熟练而高超的技能，还应精心设计测量方案，认真作业多方复测，而这些都必须出于高度的责任感，切不可掉以轻心。

五、盾构法施工测量

盾构法是大型隧道采用机械化施工，将掘进、运输、衬砌和安装等工序组合成一体的现代化施工方法。

盾构的外形一般为圆筒形，也有矩形、半圆形等，以便和施工隧道断面的形状相近。图 3-3-22 为圆筒形盾构及隧道衬砌管片的纵剖面示意图。切口环是盾构掘进的前沿部分，利用沿盾构圆环四周均匀布置的推进千斤顶，顶住已拼装完成的衬砌管片（钢筋混凝土预制），使盾构向前推进。

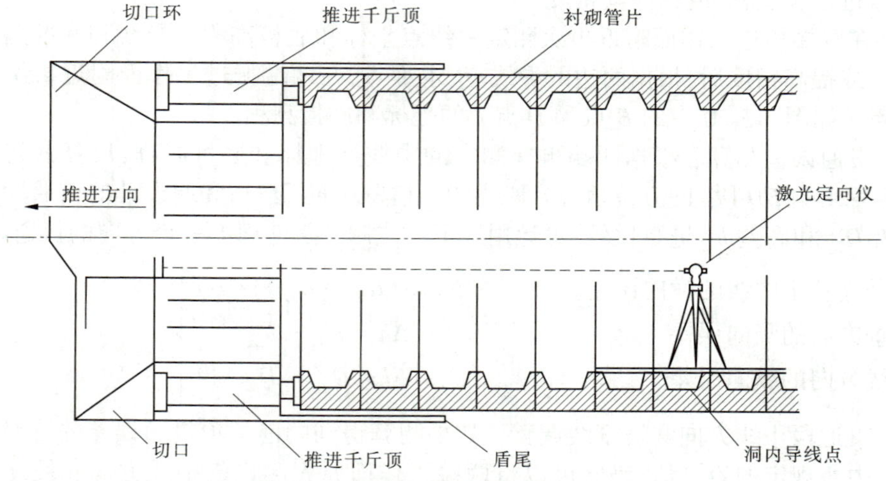

图 3-3-22　**盾构掘进与隧道衬砌示意图**

盾构施工测量主要是利用隧道邻近的导线点和水准点，测定盾构所在位置的坐标、高程及其轴线方向，然后用激光经纬仪或激光指向仪指示推进方向，再用组合千斤顶施以不同的推力进行纠偏，从而调整盾构的位置和推进方向，使隧道施工的位置和掘进方向始终满足设计的要求。

任务四　管道施工测量

知识要点：管道施工测量的内容和方法。

技能要点：能够进行管道中线测量，管道纵、横断面测量，施工控制桩测设及水准点加密，槽口放线，沟槽施工基准标志测设和顶管施工测量。

管道施工测量主要包括管道中线测量，管道纵、横断面测量，施工控制桩测设及水准点加密，槽口放线，沟槽施工基准标志测设以及顶管施工测量等。

一、管道中线测量

管道中线测量的主要任务就是根据管道的平面设计，将管道的中线在实地标定出来，其内容包括测设管道中线上的主点桩、里程桩、加桩和实测交点上的转向角等。

（一）主点测设

管道的主点包括管道的起点、终点和中线上所有的方向转折点即交点。管道的起、终点一般都位于特定的地点，如供水管道的起点在城市水源处，而排水管道的终点在下游出水口；供气、供热管道的起点在城市燃气、热气的主入口；电信、电缆管道的起、终点则位于电信中枢或发电厂、变电站，而管道的交点则一般位于城市道路的交叉口。在管道设计中，一般都标有主点的设计坐标，因此其主点一般都可依据附近的城市测量控制点采用极坐标法或全站仪坐标法进行测设（参见本书模块二项目四任务三）。由于城市与工业集中区的管道中线大多平行于道路或大型建筑物的轴线，也可根据中线转折点与周围道路、建筑物红线或其他地物的相互关系进行测设（见图 3-3-23，测设方法参见本书模块二项目四任务三）。如主点附近还设计有管道检查井或其他附属设施，在测设标定主点的同时，亦应采用相同的方法将检查井和附属设施的位置测设出来，还应及时测定交点上的转向角，以便确定管道弯头的转角。

（二）里程桩和加桩测设

与道路工程施工测量相仿，对直线段较长的管道，一般也需在实地设里程桩（如间距 20 m），而在地形发生明显变化处设加桩。如果沿线的检查井较密，也可以检查井的桩位取代里程桩。

二、管道纵、横断面测量

通过纵、横断面测量绘制管道纵、横断面图，不仅是管道设计和管道施工工程量计算的依据，而且可以充分反映旧有管道和新建管道之间的相互关系，以及作为管道竣工资料的组成部分，对将来城市地下管道的利用和管理起到重要作用。管道纵断面图如图 3-3-24 所示。

管道纵、横断面测量和道路工程纵、横断面测量的方法相同（参见本书模块三项目二任务四），但作业中有其自己的特点。

（一）地下管道断面测量的特点

（1）沿线高程测量应具有更高的精度。因为城市地下管道种类很多，分层布设，所在

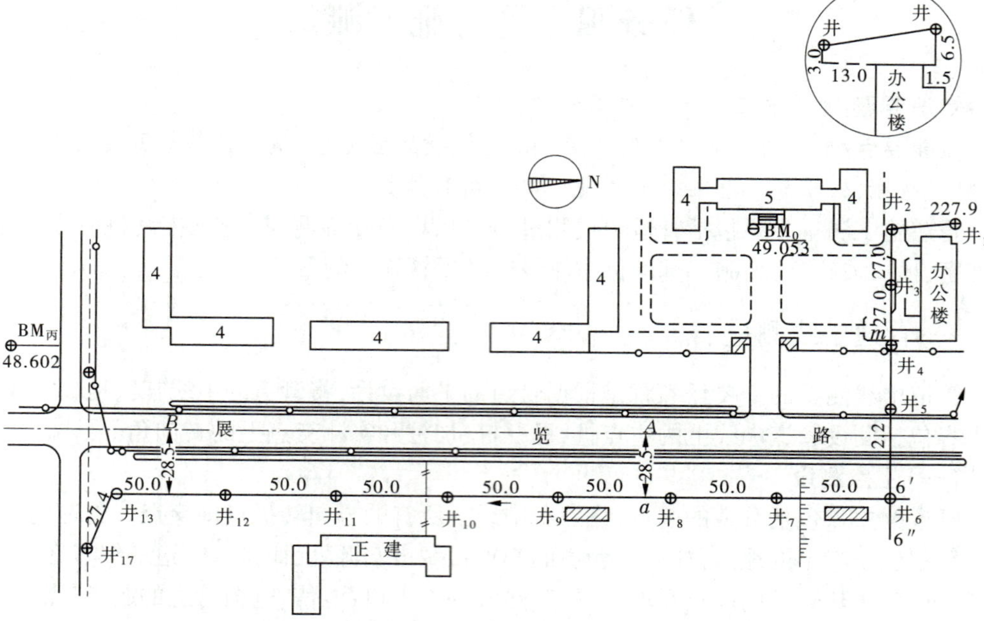

图 3-3-23　管道主点和中线测设　（单位:m）

的空间和调整的余地又相对狭小,而有些管道(如给水排水管道)在坡度上又有较高的要求,如果高程的精度不能满足要求,不仅影响多种地下管道的布设和施工,甚至有可能对整个城市的给水排水系统造成大的失误。

(2)周围原有地下管道应进行仔细的勘察。因为原有的地下管道会对新建管道的设计产生影响,而新建管道的施工也有可能对原有地下管道的安全造成危害。如给水排水、燃气、通信、电缆等管道,一旦遭到破坏,将带来重大损失,必须仔细进行勘察,并将其位置、高程、规格等绘制或标注到纵、横断面图上,以便设计和施工中加以保护。

(二)地下管道勘察的方法

地下管道勘察的方法通常有以下三种。

1. 明显管道的实地勘察

对露出地面的地下管线及其附属设施如接线室、变电室、阀门井、检修井的位置、高程、埋深和偏距(附属设施中心至管道中心线的距离)及其管径大小、材料种类等作详细调查和测量。

2. 隐蔽管道的物探勘察

对埋设于地下的隐蔽管道可使用专门的管线仪或其他物探仪器在地面进行搜索、追踪、定位、定深和定向。重点是搜索和勘察其起终点、交叉点、分支点、变坡点、变径点及附属设施的中心点等管道特征点,直线段长的管道也应分段设置管线点予以勘察。

3. 复杂管道的开挖勘察

对于情况复杂、用物探方法也难以查明的管道,必要时可通过地面开挖,将地下管道的某些特征点或部位暴露出来,直接对其进行测量,以便更准确地掌握地下管道的位置、

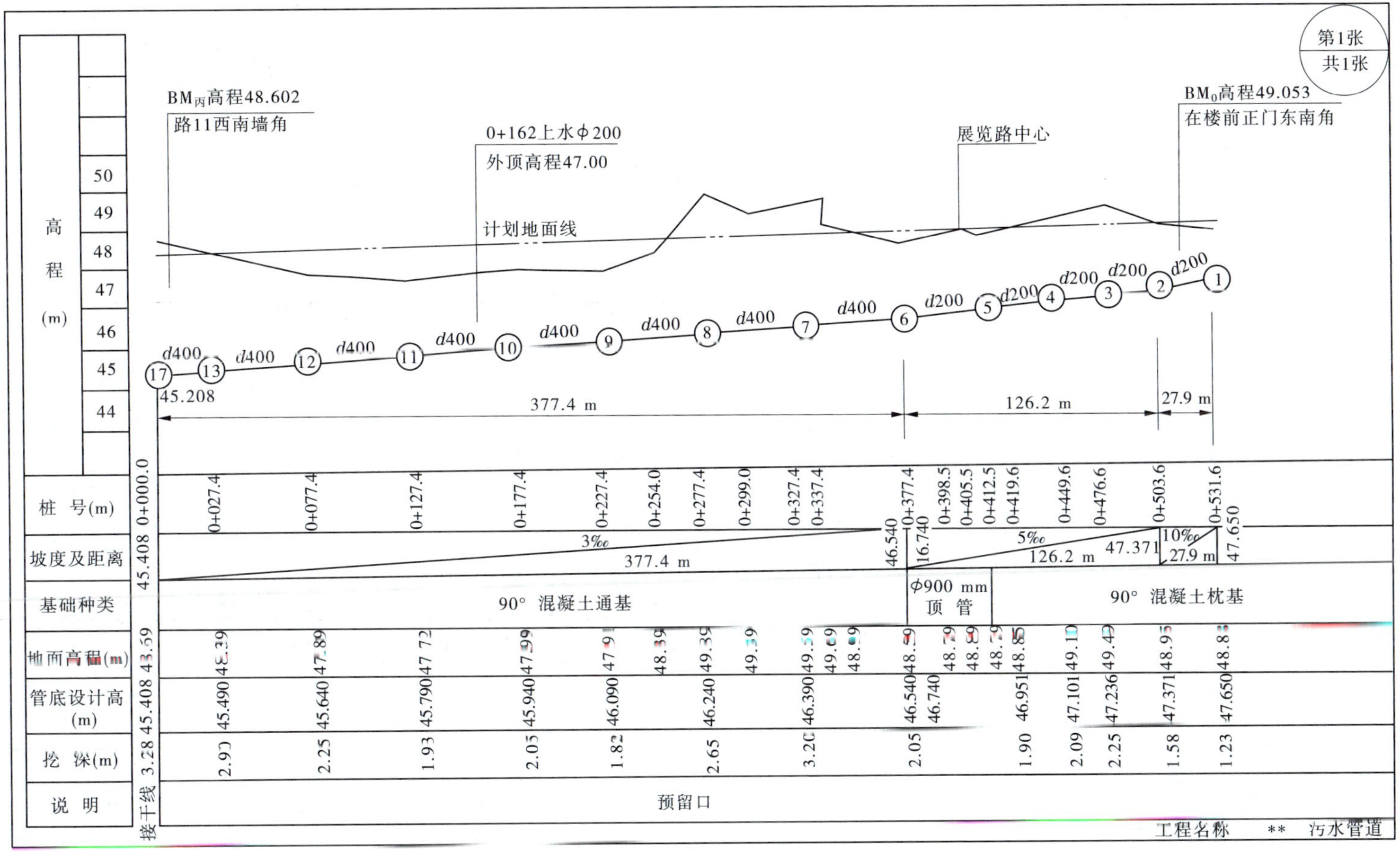

图3-3-21 管道纵断面图

埋深和其他特征。

三、施工控制桩测设及水准点加密

在开挖沟槽时，管道中线桩将被挖去，施工前应予恢复，并在不易遭受破坏的地方测设施工控制桩，以便对施工的中线进行控制。测设一般采用延长线法或平行线法，即在中线的延长线或沟槽宽度以外的平行线上标定两个以上中线控制桩，前者适用于直线段较短的中线，后者适用于直线段较长的中线。对于附属构筑物定位的控制桩则可测设于沟槽外垂直于中线的方向上，而以两控制桩的连线与中线的交点作为恢复构筑物位置的依据（见图 3-3-25）。

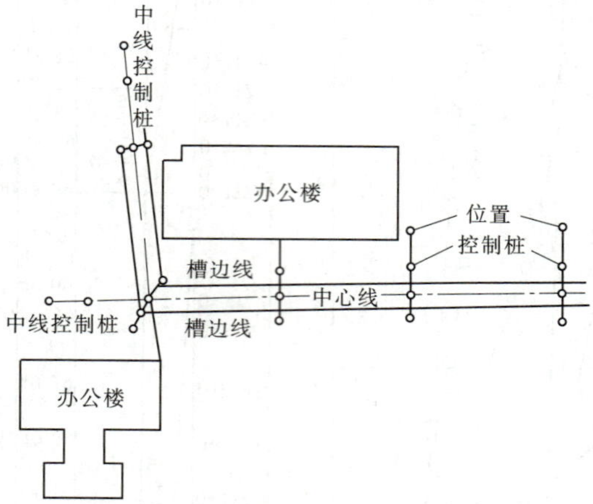

图 3-3-25　管道施工控制桩测设

在管道施工测量中，有些地下管道的高程控制尤其重要，如给水排水管道，与此同时，还应在原有高程控制点之间，加密临时性水准点，其间距为 150 m 左右，以方便管道施工中的高程引测。

四、槽口放线

地下管道的结构有线型、管型与隧道型之分。供电电缆或通信光缆常为线型，外部裹以防水或防腐材料，将电缆放入钢管、塑料管或混凝土多孔管块（见图 3-3-26）；给水排水管道一般为管型，有钢管、铸铁管、预应力钢筋混凝土管等；大城市的多路通信电缆则采用隧道型，即将电缆沿通行式隧道（其横断面如图 3-3-27 所示）铺设，有的大城市排水管道也采用拱顶隧道型。

无论哪种地下管道，施工时均需开挖相应的沟槽，以供管道埋设。槽口放线就是首先根据管道设计的管道类型、管径大小、埋深和土质情况计算槽口的宽度，其方法与道路路基边坡桩至中线桩的距离计算方法相似（参见本书模块三项目二任务五），然后在地面定出槽口边线的位置，以便开挖。

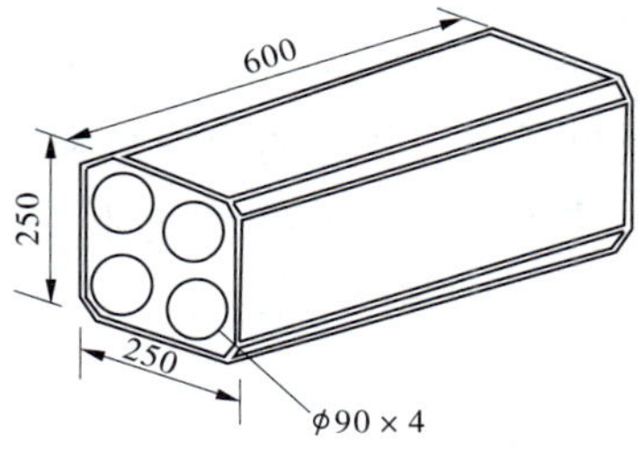

图 3-3-26　四孔混凝土电缆管块　（单位：mm）

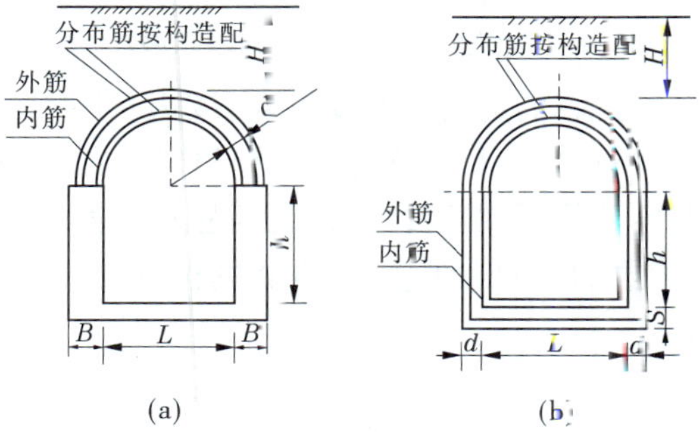

图 3-3-27　通行式电信隧道断面

五、沟槽施工基准标志测设

为了控制沟槽施工时的中线和底板高程使其符合设计要求，一般采用坡度板法，即每隔 20 m 左右跨槽设置一块坡度板，在其上测设管道的中线和坡度钉，作为此处沟槽施工的基准标志。如图 3-3-28 所示，桩号为 0+100 处的坡度横板中间设有一坡度立板，先用经纬仪在其上投测出管道中线，再用水准仪沿其中线垂直向下在立板的侧面测设一高于该桩号管底设计高程整分米位置的坡度钉。如已知该桩号管底的设计高程为 32.500 m，测设坡度钉使其高程为 35.200 m，则知由该钉向下量 2.700 m（该数俗称为下反数）即达管底的设计高程。这样，就可以相邻坡度板上的中线控制管道的平面位置和以坡度钉的连线控制槽底的挖深及管道的埋深。

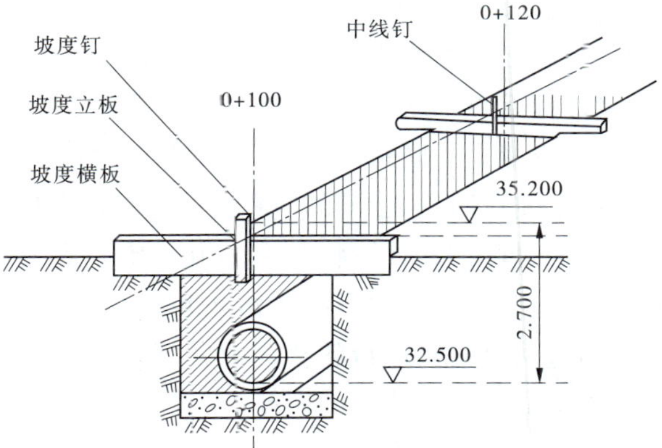

图 3-3-28　坡度板和坡度钉　（单位：m）

六、顶管施工测量

大型地下管道穿越建筑物或水底施工时，由于无法开槽，因而需采用顶管法进行施工。顶管法也是一种机械化的施工方法，先在工作坑内铺设导轨，其上安置管筒，然后用顶镐沿中线方向将管筒顶进土中，而从管中不断挖出泥土，直至达到预定位置。施工测量的任务也是测设顶管应有的位置、中线、高程和坡度。若穿越的建筑物跨度较小,仍可采用由地面上经纬仪向下投测中线(见图3-3-29)和水准仪向坑底传递高程的方法指导其施工;若穿越的建筑物跨度较大,或为长距离水底施工,则可采用和隧道掘进盾构法(参见本书模块三项目三任务三)相类似的方法,其施工测量包括利用邻近的导线点和水准点,测定顶管所在位置的坐标、高程及其轴线方向,然后用激光经纬仪或激光指向仪指示顶管推进的方向和坡度,使顶管的位置和前进方向始终满足设计的要求。

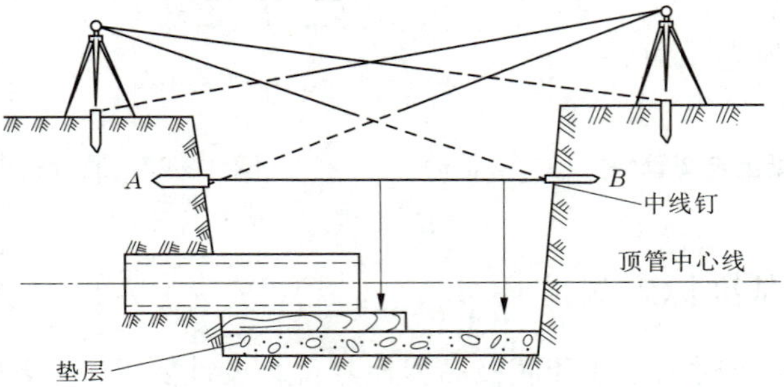

图3-3-29 顶管施工测量示意图

小　结

(1)隧道施工平面控制一般采用中线法、导线法、边角锁或GPS控制网的方法,管道施工通常可直接利用城市或工业集中区已有的导线网或GPS控制网作为平面控制,高程控制一般仍可采用水准网或GPS高程网的方法。

(2)隧道联系测量的主要任务是通过平面联系测量将地面上平面控制网的坐标、方位角传递到地下测量控制的起始点和起始边上;通过高程联系测量将地面上高程控制网的高程传递到地下的起始水准点上。联系测量分为平洞联系测量、斜洞联系测量和竖井联系测量,通过竖井进行联系测量时首先经竖井将地面点位投测到地下,再根据地面和地下控制点之间的几何关系,通过联测和计算将坐标和方向传递到地下,再通过高程传递,将地面高程控制网的高程通过竖井引至地下的起始水准点上。竖井联系测量通过一个井筒进行的称为单井定向,通过两个井筒进行的称为双井定向。双井定向的成果可对单井定向的结果进行修正,从而提高地下导线网的精度。

(3)隧道施工测量除井上、井下联系测量外,还包括逐段进行的地下导线测量和高程测量,根据已有的导线点和水准点,随时测设向前掘进的方向和坡度,进行隧道开挖断面的放样,当同一层隧道的两个工作面相向掘进时,进行贯通测量,以保证隧道两端的方向和高程在贯通面上相互衔接的误差都能符合设计要求。

(4)管道施工测量主要包括管道中线测量,管道纵、横断面测量,施工控制桩测设及水准点加密,槽口放线,沟槽施工基准标志测设以及顶管施工测量等。

复习题

1. 隧道控制网的主要任务是____。其中线定线法是________________________________，适用于____；导线法是____，对________________________________较适用；边角锁法是________________________________，适用于________________________________；GPS法的优点在于____。管道施工通常可________________________________作为平面控制。

2. 竖井联系测量中的几何定向是____，高程导入是________________________________。双井定向的成果优于单井定向，是因为____。

3. 地下导线测量和高程测量的作用在于____。隧道贯通测量的目的在于____。

4. 管道施工测量主要包括________________、________________、________________、________________、________________以及________________等。管道中线测量的任务是________________________________，内容包括________________________________等；纵、横断面测量的主要目的是____；沟槽施工时，通常采用________________控制管道的平面位置和以________________控制槽底的挖深及管道的埋深。

练习题

1. 如图3-3-21所示进行贯通段施工中线方向和坡度线的调整。设两端导线点A、C与实测中线点B、D的坐标和高程列于表3-3-4，试计算需测设的水平角$\angle ABD$和$\angle CDB$，贯通段BD的水平距离及施工坡度。

表 3-3-4　两端导线点 A、C 与实测中线点 B、D 的坐标和高程

点号	x(m)	y(m)	H(m)
A	1 348.596	2 475.634	
B	1 331.391	2 457.496	36.428
C	1 283.309	2 413.846	
D	1 300.879	2 431.630	35.862

2. 已知 BM_1 高程 $H_{BM_1}=74.395$ m,试完成表 3-3-5 中所有计算。

表 3-3-5　管道施工开挖底板高程控制计算

点号桩号	后视读数(m)	视线高程(m)	设计坡度 i	管底设计高程(m)	选定下反数(m)	坡度钉设计高程(m)	板顶实读前视 $b_{实}$(m)	坡度钉应读前视 $b_{应}$(m)	改正数 Δb(m)
BM_1	1.456								
0+000				72.800			0.949		
0+020							1.074		
0+040			−3‰		2.000		1.185		
0+060							1.140		
0+080							1.338		
0+100							1.284		

思考题

1. 隧道控制网有哪些形式？各适用于什么样的隧道施工控制？管道施工控制一般又采用什么方法？

2. 平洞、斜洞、竖井的联系测量有何不同？在竖井联系测量中有了单井定向为何还要双井定向？

3. 隧道开挖断面一般有哪几种形式？如何进行直墙圆拱式和圆形开挖断面的放样？

4. 你认为怎样才能保证隧道的准确贯通？

5. 管道纵、横断面测量有何特点？其方法和道路纵、横断面测量有何相同点和不同点？

项目四　变形监测与竣工测量

知识目标

一般建筑物和软土地基道路施工的变形监测以及一般工程竣工测量的内容和方法。

技能目标

能够进行一般建筑物、构筑物以及软土地基道路施工的变形监测和一般工程的竣工图绘制。

一般工程在整个施工阶段和日后的运营阶段,为确保建（构）筑物的安全施工和运营还必须进行建（构）筑物的沉降、位移、倾斜等变形监测,以及施工完成后绘制竣工总平面图等的竣工测量。

任务一　建筑物的变形监测

知识要点:建筑物变形监测的分类和方法。

技能要点:能够进行一般建筑物和构筑物的沉降、位移和倾斜观测。

大型建筑物或构筑物在其施工过程以至竣工之后,由于荷载的加重和外界条件的不断变化,总会产生沉降、位移、倾斜等变形,如果这种沉降不均匀,或变形量超过了一定的限度,就将给建筑物或构筑物的质量和安全带来大的影响,因此在其整个施工过程以至运营之后,都应当十分重视变形监测工作。变形监测不仅是保证施工质量和安全的重要手段,而且其成果也是验证设计理论正确性的重要依据。

一、变形监测网布设

变形监测网一般可分三级布设。

(1)首级基准网。它由变形监测的基准点组成。基准点一般埋设于施工区外或不受变形影响的稳固基岩、坚实地物上,应稳定可靠、长期保存。一个施工区域的基准网至少应设有 2~3 个基准点,构成闭合路线,精确测定它们的平面坐标或高程,以作为整个工程或施工区变形监测的依据。

(2)二级工作网。它由每次观测时的工作点（直接作为位移观测的设站点,或作为沉降观测的始、终点）组成。工作点一般埋设于离观测点较近、地基比较稳定的地方,构成依附于基准点的闭合或附合路线,定期由基准点检测它们的坐标或高程。

(3)三级观测网。它由变形观测点组成。观测点一般布置于建筑物或构筑物最能反映其变形特征的地方。如沉降观测点布置于建筑物四周的屋角、变形缝两侧、承重墙、柱子的基础处以及地质条件不良的位置(见图 3-4-1),位移观测点一般沿建筑物的基础或基坑支护圈梁布置,有时为监测施工区邻近建筑物受影响的变形情况,也可将观测点设置于邻近建筑物的墙基或上部。观测点应采用专用标志。沉降观测点可埋设于基础面上(见图 3-4-2(a)),亦可埋设于墙根部位(见图 3-4-2(b));而位移观测点可在建筑物上部设定照准标牌(见图 3-4-3(a)),或在建筑物基础上埋设强制对中装置(见图 3-4-3(b)),用于观测时安置标牌,以尽量减小目标的对中误差。每次观测时,以工作网的工作点为依据,直接测量观测点的平面坐标或高程的变化。

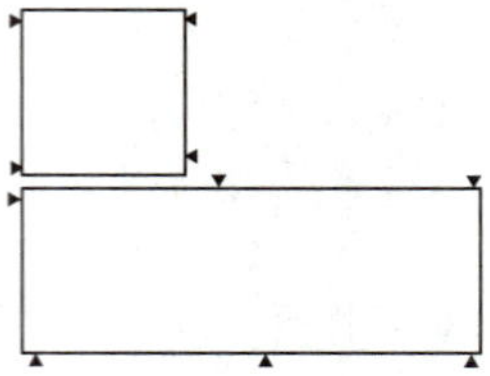

图 3-4-1　沉降观测点布置

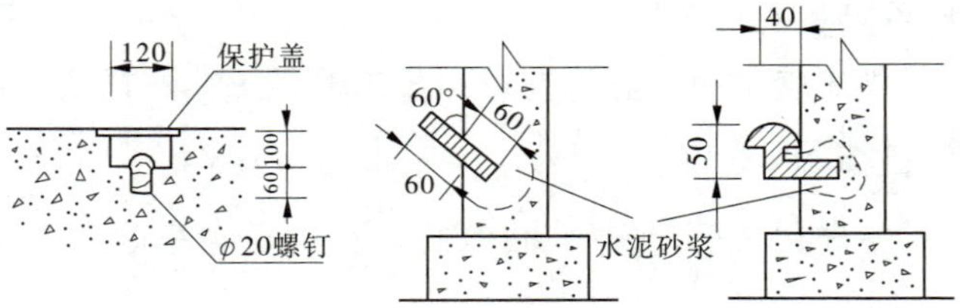

(a)　(b)

图 3-4-2　沉降观测点埋设　(单位:mm)

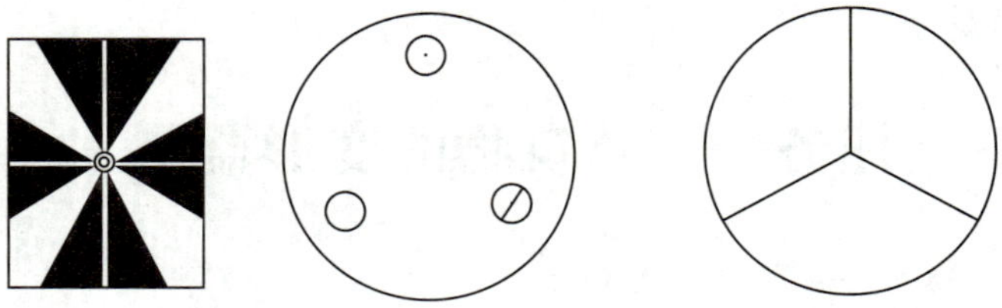

(a)标牌　(b)强制对中装置

图 3-4-3　位移观测时的照准设备

二、变形监测内容和方法

建筑物或构筑物的变形监测主要包括沉降观测、位移观测、倾斜观测等内容。

(一)沉降观测

沉降观测就是通过测定观测点的高程变化来反映建筑物的沉降状态及其沉降规律,使用的方法主要就是精密水准测量。每次观测时一般应首先依据基准点,检测工作点的高程,然后从工作点出发,将附近建筑物的沉降观测点尽可能连成较小的水准环线,测定它们的高程(见图 3-4-4)。

一般高层建筑、大型构筑物或基坑围护墙顶的沉降观测都应使用精密水准仪,按国家二等水准测量的技术要求执行。

(二)位移观测

位移观测就是通过测定观测点坐标的变化来反映建筑物平面位置的移动状态和规律。在依据基准点定期检测工作点坐标的基础上,每次观测在工作点上设站,一般使用精密经纬仪或全站仪进行极坐标测量或交会测量,即可精确测定观测点坐标的变化量。

若仅需测定建筑物沿某特定方向上的位移,如高层建筑的基础或上部指向邻近开挖基坑中心的位移、水工建筑沿水压力方向的位移等,可在精确测定设站点至观测点水平距离的基础上,每次仅测量观测点方向水平角的变化值 $\Delta\beta$(视线与位移方向大致垂直),通过计算得到特定方向的位移值。如图 3-4-5 所示,平距 AM 事先测定,则位移量 MM' 为

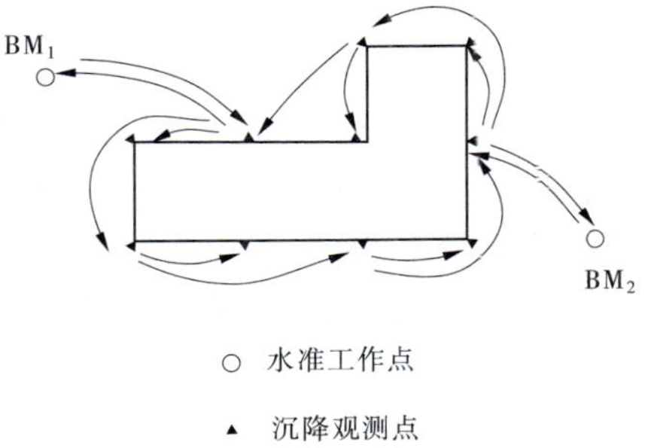

图 3-4-4　沉降观测水准环线

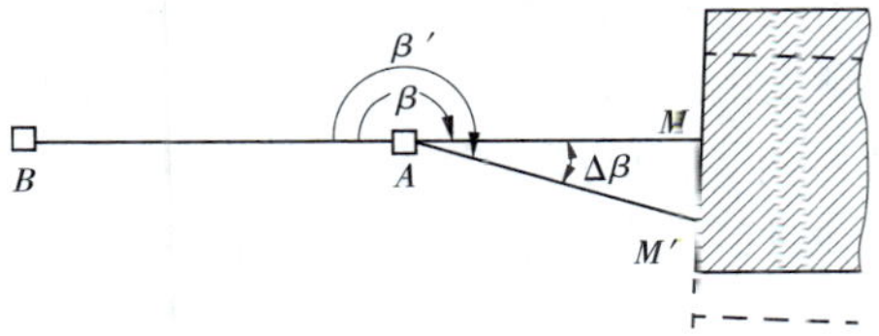

图 3-4-5　通过测定角度变化求位移

$$MM' = AM \times \frac{\Delta\beta''}{206\ 265''} \tag{3-4-1}$$

观测特定方向位移的另一种方法是基准线法，即在与建筑物主轴线平行或垂直于上述方向的两端稳定处，布设基准点或工作点。其上最好砌筑观测墩（见图 3-4-6），埋设强制对中装置（见图 3-4-3(b)）。观测时，一端安置仪器，另一端安置照准标牌，从而建立一条基准线，定期测定观测点至基准线垂直距离 d_i 的变化，或观测点 P 方向与基准线方向之间小角度 β_i 的变化（见图 3-4-7），即可直接得到或计算得到该特定方向的位移量。

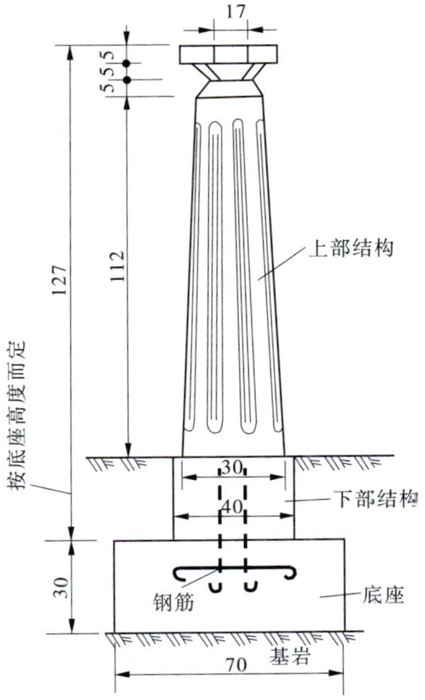

图 3-4-6　观测墩　（单位：cm）

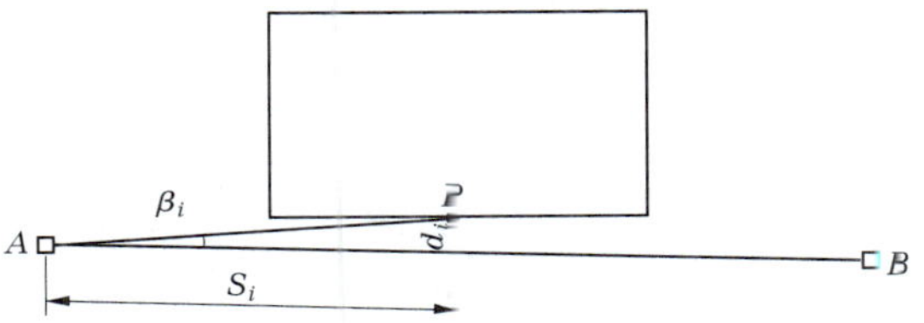

图 3-4-7　基准线法测定位移

一般高层建筑或大型构筑物的位移观测，其测定位移的中误差应小于容许位移量的 $\frac{1}{20}\sim\frac{1}{10}$，如果观测同时还带有分析变形规律的目的，则其对观测精度的要求应更为严格。

(三)倾斜观测

倾斜观测就是通过测定建筑物倾斜度的变化来反映建筑物竖向的倾斜状态和规律。

测定建筑物倾斜的常用方法是通过在建筑物顶部悬吊垂球,或使用经纬仪进行投影,直接测量上部与下部之间的偏差值。如图 3-4-8(a)所示,设 A、B 为高层建筑同一竖直线上的上、下两点,高度差 h 一般已知(若 h 未知,可在离建筑物 $1.5h$ 以上距离处设置经纬仪,量取仪器到建筑物的距离,采用三角高程测量的方法予以测定),根据 A 点相对于 B 点的偏差值 a,即可计算建筑物的倾斜度 i

$$i = \tan\alpha = \frac{a}{h} \tag{3-4-2}$$

烟囱、水塔等高大的圆形建筑,应用经纬仪在互相垂直的两个方向分别测其上、下部的偏差值 a_1 和 a_2(见图 3-4-8(b)),从而算得顶部中心相对于底部中心的偏差值为

$$a = \sqrt{a_1^2 + a_2^2} \tag{3-4-3}$$

当投影不便,或偏差值的观测精度要求较高时,也可采用测量水平角的方法。如图 3-4-9 所示,在互相垂直的两个方向上离烟囱距离均为 50~100 m 处选定两个测站,同时选定两个远方通视良好的固定点作为后视方向,在烟囱上分别固定标志点 1、2、3、4 和 5、6、7、8,然后用经纬仪在测站 1 测量水平角(1)、(2)、(3)、(4),计算"半和角"$\frac{(2)+(3)}{2}$与$\frac{(1)+(4)}{2}$,二者之差即为烟囱上部中心和底部中心的方向差,由此,再根据测站 1 至烟囱中心的距离,即可计算出烟囱该方向的上、下偏差值 a_1,同理,在测站 2 上观测水平角(5)、(6)、(7)、(8),计算可得烟囱在另一方向的上、下偏差值 a_2,再按式(3-4-2)即可得烟囱顶部中心相对于底部中心的偏差值 a。

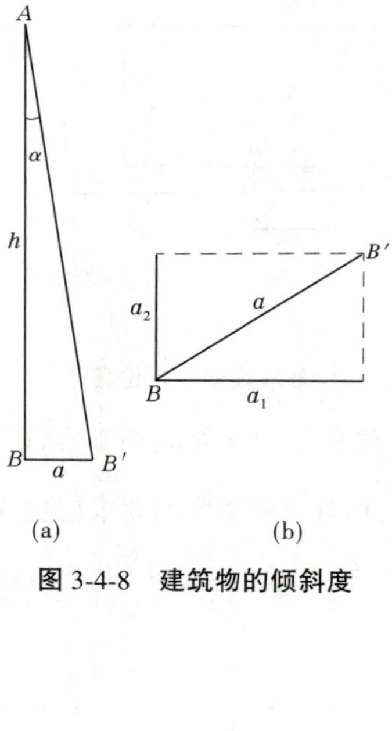

图 3-4-8 建筑物的倾斜度

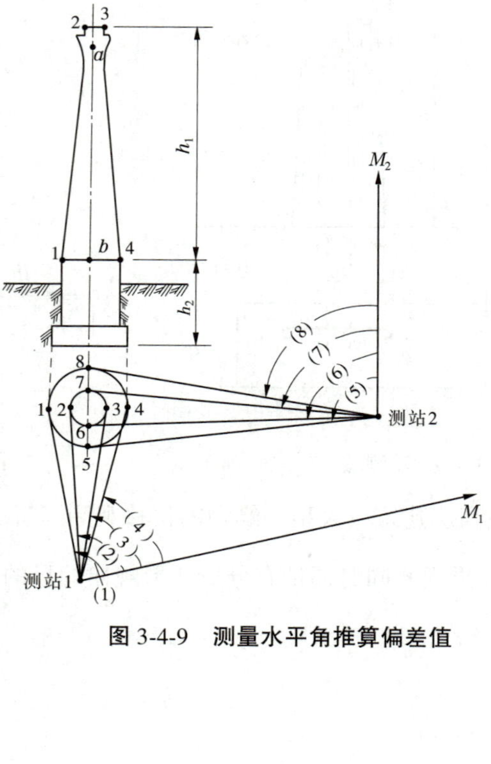

图 3-4-9 测量水平角推算偏差值

高层建筑倾斜测量的中误差一般也应小于容许位移量的$\frac{1}{20}$。

三、变形监测周期

变形监测的周期是指邻期观测所间隔的时间。一般应在基坑开挖测定坑底回弹时，或土建浇筑至建筑物的±0点时，开始第一次观测。随着荷重的增加，如施工每增高一层，或安装屋架及大型设备时，均应进行观测。此外，周期的长短还取决于施工期间变形量的大小和速率，以及变形的状况。沉降观测的周期与沉降量的关系如表3-4-1所示。

表 3-4-1 沉降观测的周期与沉降量的关系

月沉降量(mm)	观测周期
>15	10~20 d
10~15	20~30 d
5~10	1~2个月
3~5	2~5个月
1~3	6~12个月

施工期间，如遇暴风骤雨、场地滑坡或有异常变形情况出现，应及时增加监测。此外，在竣工后即使变形已趋向稳定，仍然需要定期观测其竣工后及运营期间的变形，只不过观测的周期可以加长。

四、变形监测成果

变形监测的成果主要包括各观测周期变形量及变形速率（即日均变形量）的计算，填写每期监测报表，以便及时对变形加以控制；至监测后期，将各观测点变形资料汇总，并绘制相应的曲线图表示变形量和时间及荷载量的关系等，以便对被测建筑物（构筑物）变形的状态和规律加以分析。下面以沉降观测为例，作简要介绍。

(一)沉降观测报表

每次观测的原始记录和平差计算检查无误后，应根据本次测量高程、上次测量高程及首次测量高程分别计算各观测点的本期沉降量和累计沉降量及相应的沉降速率

本期沉降量=本次测量高程-上次测量高程

累计沉降量=本次测量高程-首次测量高程

本期沉降速率=本期沉降量/本期天数

累计沉降速率=累计沉降量/累计天数

然后根据计算结果填写每期沉降报表(见表3-4-2)。

表 3-4-2　沉降观测报表

工程名称______　监测单位______　制表______　校核______　日期______　第______页

观测次数		第 1 次	上(4)次	本(5)次	邻期		累计	
观测日期		2004-07-04	2004-08-12	2004-08-24	沉降量(mm)	沉降速率(mm/d)	沉降量(mm)	沉降速率(mm/d)
施工进展		±0	浇至 4 层	浇至 5 层				
楼号	点号	初始 H(m)	上次 H(m)	本次 H(m)				
1	101	22.598 6	22.591 1	22.589 0	2.1	0.18	9.6	0.19
	102	22.620 8	22.612 9	22.610 4	2.5	0.21	10.4	0.21
	103	22.610 5	22.602 6	22.600 3	2.3	0.19	10.2	0.20
	⋮	…	…	…	…	…	…	…
观测次数		第 1 次	上(3)次	本(4)次	邻期		累计	
观测日期		2004-07-14	2004-08-12	2004-08-24	沉降量(mm)	沉降速率(mm/d)	沉降量(mm)	沉降速率(mm/d)
施工进展		±0	浇至 3 层	浇至 4 层				
楼号	点号	初始 H(m)	上次 H(m)	本次 H(m)				
2	201	22.608 4	22.603 5	22.600 9	2.6	0.22	7.5	0.19
	202	22.622 5	22.617 2	22.614 3	2.9	0.24	8.2	0.20
	203	22.615 8	22.610 6	22.607 9	2.7	0.22	7.9	0.20
	…	…	…	…	…	…	…	…
…		…	…	…	…	…	…	…

(二)沉降观测成果表

将各观测点每期所得的本期沉降量、累计沉降量及相应的沉降速率等汇总编制成表(见表 3-4-3)。

表 3-4-3　沉降观测成果表

工程名称______　监测单位______　制表______　校核______　日期______　第______页　楼号______

观测日期	施工进展(荷重 t/m²)	观测点									
		101					102				
		高程(mm)	本次沉降(mm)	本次速率(mm/d)	累计沉降(mm)	累计速率(mm/d)	高程(m)	本次沉降(mm)	本次速率(mm/d)	累计沉降(mm)	累计速率(mm/d)
2004-07-04	±0	22.598 6	0	0	0	0	22.620 8	0	0	0	0
2004-07-17	至 2 层	22.595 9	2.7	0.21	2.7	0.21	22.618 1	2.7	0.21	2.7	0.21
2004-07-30	至 3 层	22.593 4	2.5	0.19	5.2	0.20	22.615 5	2.6	0.20	5.3	0.20
2004-08-12	至 4 层	22.591 1	2.3	0.18	7.5	0.19	22.612 9	2.6	0.20	7.9	0.20
2004-08-24	至 5 层	22.589 0	2.1	0.18	9.6	0.19	22.610 4	2.5	0.21	10.4	0.20
…	…	…	…	…	…	…	…	…	…	…	…

(三)沉降曲线图

根据沉降观测成果表的数据,绘制相应的沉降曲线图(见图 3-4-10)。曲线图一般以横轴表示时间(T),纵轴的上方表示根据施工进展(如浇筑层高)推算的荷重(P),纵轴的下方图上可以绘出多个观测点(尤其是同一座建筑物或构筑物)的沉降曲线,既反映每个观测点的沉降和时间及荷载量等的关系,又比较不同观测点之间沉降的差异,由此即可对整个建(构)筑物沉降的状态和规律加以分析。

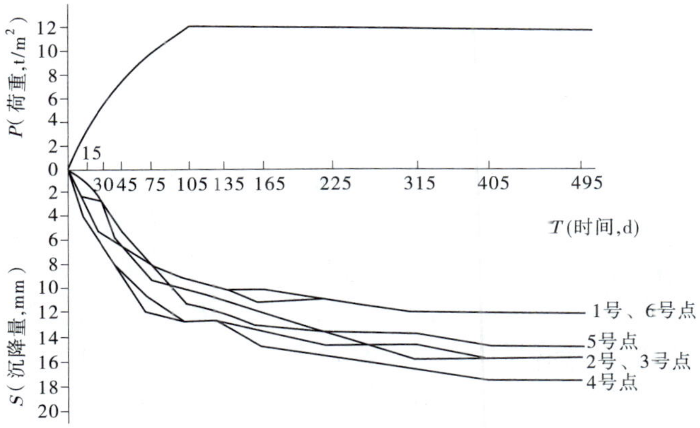

图 3-4-10 沉降—荷重—时间曲线图

任务二 软土地基道路施工变形监测

知识要点:软土地基道路施工变形监测的内容和方法。

技能要点:能够进行一般软土地基道路施工的沉降位移监测。

鉴于软土地基地质条件、路基荷载条件和施工条件的复杂性,为了保证工程的质量,有必要在施工过程中对软土地基道路的变形进行监测。其主要内容包括沉降(分地表沉降、地基深层沉降及地基分层沉降等)监测和水平位移(分地面水平位移、地基土体水平位移等)监测。监测亦应遵循"从控制到碎部"的原则。

一、控制点和观测点的布置

(一)水准点的布设

为了对沉降监测进行控制,应在路基沿线适当位置埋设水准点。水准点分地面水准点、桥上水准点和通道水准点三种。

(1)地面水准点:一般间距 200 m 左右,应设置于土质坚实处,并埋设统一的水准标石。

(2)桥上水准点:路堤填筑至上路床时,适时将地面水准点转移到有灌注桩基础的桥台上。

(3)通道水准点:若两桥相距甚远,也可在通道上选择确已稳定的地点埋设水准点。

（二）监测断面及沉降观测点布置

（1）桥头路基段，一般在桥头踏板的尾部设一观测断面，过渡段自桥头起 50 m 再设一观测断面。

（2）软基路堤一般每隔 100～200 m，非软基路堤每隔 500～1 000 m 设一观测断面，横断面一般仅设中点，必要时可设左、中、右三点。

（3）桥头或路堤大于 5 m 的高填方非软基路段，沿纵向长度每隔 10～50 m 增设一观测点。

二、地表沉降观测

（一）沉降板的制造及埋设

沉降板一般由长为 200 mm，直径为 25.4 mm 的钢管和 600 mm×600 mm×9 mm 的沉降板组成（见图 3-4-11）。底部钢管用互成 120°的撑脚三角钢板焊接在沉降板中心处，节管用管箍连接。节管顶部用护管帽盖住。施工人员按设计的桩号断面将沉降板埋入铺好的砂垫层下。实际操作时，当第一层土压实后，在压实面上挖土坑（深度为 20～30 cm），铺上 5 cm 左右的砂垫层，层面要水平，将沉降板放在砂垫层上，管顶应低于压实面 5～8 cm，随即测量管顶至底板的高差，还土夯实至管顶，并测量管顶标高。当第二层土施工完毕后，在管顶位置接上第二节钢管。循序逐节升高，重复上述工作。

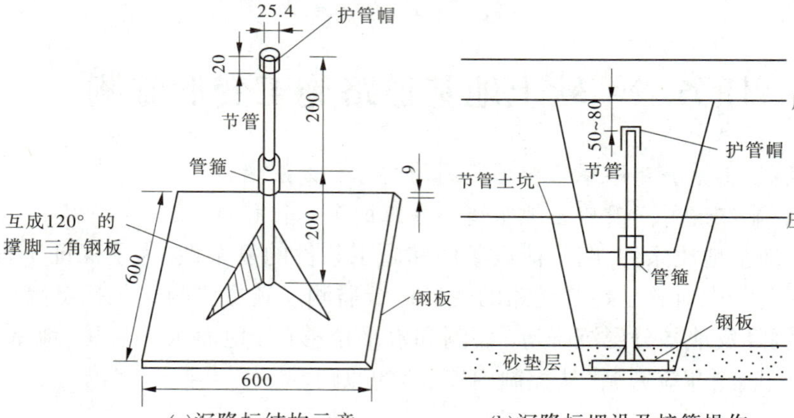

图 3-4-11　路基沉降标埋设示意图　（单位：mm）

路基填筑过程中，在沉降板埋设断面的一侧坡脚处还可以设置若干垂直于路基的位移桩，用于监测由于路基荷重的作用使路堤坡脚处可能产生的水平位移和垂直位移。

（二）路基沉降观测的精度指标及频率

公路施工一般在预压期、路面施工期和运行期沉降观测精度应取 1～2 mm，采用二等水准测量；而在路堤施工阶段，观测精度可适当降低至 2～3 mm，采用三、四等水准测量。

通常要求沉降观测的频率（即次数）能反映沉降变化的过程，又不遗漏变化的时刻。

（三）路基沉降观测的注意事项

（1）每期观测除应固定仪器和标尺外，还应固定测站和转点的位置，以便使每次观测高程所受到的 i 角误差影响相同，从而使其影响可以在两期高程的差值中予以消除。

(2)路基施工阶段,如果沉降量出现较大的“负”值(-3 mm 以上),即不降反升的不正常情况,应首先对近期的结果进行复测,如无问题,说明上一期的结果有问题,应采取措施予以消除。

(四)路基沉降观测的成果整理

每次观测,应将观测数据填入“路基沉降观测记录表”(见表 3-4-4),并计算邻期沉降量和累计沉降量。在施工后期同样应绘制各沉降点的反映时间—填土高度(荷载)—沉降量关系的沉降过程曲线(见图 3-4-12),以便对路基施工进行沉降分析。

表 3-4-4　路基沉降观测记录表

沉降编号:B8-09　　路槽地面标高:8.60 m　　地基处理方式:砂垫层

埋设桩号:K24+360　　原地面标高:7.28 m　　设计总沉降量:350 mm

观测日期	填土顶面标高(m)	累计填土高度(m)	接管顶标高(m)	本次沉降量(mm)	累计沉降量(mm)	荷载名称	说明
2008-06-20	7.62	0	7.587	0	0	路堤底	
2008-07-16	7.92	0.30	7.563 / 7.775	24	24	加载第 1 层	
2008-07-24	8.04	0.42	7.759 / 7.968	16	40	加载第 2 层	
2008-08-01	8.25	0.63	7.961 / 8.185	7	47	加载第 3 层	
2008-08-09	8.64	1.02	8.182 / 8.596	3	50	路槽层	
2008-09-05	8.64	1.02	8.596	0	50	路槽层	
2008-10-18	8.96	1.34	8.592 / 8.924	4	54	底基层	
…	…	…	…	…	…	…	

三、土体内部沉降观测

土体内部沉降一般采用分层沉降仪进行观测。

(一)分层沉降仪的原理和组成

目前,沉降观测使用最多的是电磁式分层沉降仪,其基本原理是在钻孔的不同深度埋

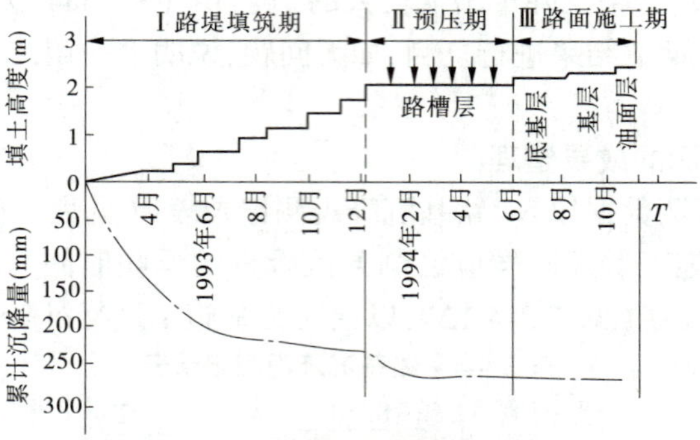

图 3-4-12　路基施工沉降过程曲线

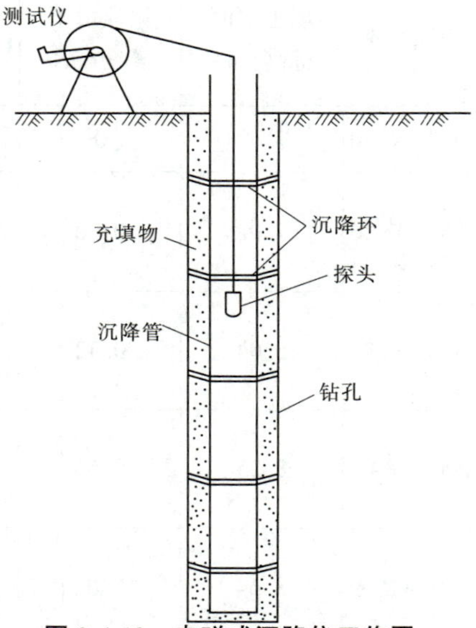

图 3-4-13　电磁式沉降仪工作图

设铁环,当探头(内置电磁振荡线圈)经过铁环时(进、出瞬间),磁场能量变化发出声音,由此确定铁环的位置。现场工作图见图 3-4-13。

电磁式分层沉降仪由两大部分组成:测量系统和跟踪系统。测量系统包括沉降仪、钢卷尺(内置电缆)、探头和三角架。跟踪系统包括沉降管和沉降环。

(二)沉降管的埋设

沉降管埋设的步骤是:在测点钻孔(直径一般为 108~125 mm)后下沉降管,从下往上每间隔 2.0 m 左右放置一个沉降环,用送环器沿管壁下放,到规定深度后放开叉簧片,使其固定于土体中,并及时进行回填。整个钻孔沉降环埋设结束,进行第一次测量,记录下环的初始位置,并及时测量孔口高程。

(三)观测

沉降环每次观测应对每一沉降环重复测量,同时测定孔口标高。

四、地面水平位移监测

软土路基的地面水平位移一般可通过路基两侧边桩的水平位移和地表隆起量进行观测。

(1)测点布置:路基两侧水平位移的观测断面一般与沉降观测断面相重合,观测断面的间距一般为 100~200 m,桥头路段应设置 2~3 个断面,特殊路段或填挖交界的填方端应加设观测点。

(2)位移观测边桩的埋设和观测。

位移观测边桩一般采用钢筋混凝土预制,埋设在因路基失稳而最可能产生隆起的地方,大致在边坡趾部以外 10 m 的范围内。一般在趾部以外的观测断面上设置 3~4 个边桩。

边桩的水平位移,可以在路基两侧的变形影响区外埋设工作基点,通过在工作基点上架设仪器,测定边桩的坐标变化值来确定;边桩的隆起则仍通过水准测量测定其高程变化来确定。

任务三　竣工测量

知识要点:竣工测量的任务和方法。

技能要点:能够进行竣工总平面图的编绘。

工程竣工验收阶段,为了检验工程是否按照设计图纸施工,或施工中对设计进行了哪些变更,同时为工程运营后的管理、维护或改建、扩建提供依据,有必要进行竣工测量。

竣工测量的主要任务是绘制建筑区竣工后的主体工程及其附属设施的总平面图,简称竣工总平面图。

一、竣工总平面图内容

(1)测量控制点(包括平面控制点、高程控制点、建筑场地主轴线点、建筑红线桩点)的坐标或高程。

(2)建筑物、构筑物的地上、地下轴线交点的坐标、高程、几何尺寸、面积、层高等。

(3)建筑区内外联系铁路、公路,区内道路与桥、涵的轴线、曲线及其主点的平面位置和高程。

(4)建筑区的电源、水源、气源、热源和室内外、地上下及架空的各种管线(如电缆、电信、供热、供气、供水、排污)及其附属设施(如污水池、化粪池、窨井)的位置、高程、坡度、管径、管材等。

(5)仓库、货栈、码头、围墙的位置和高程。

(6)建筑区的环境工程(如绿化带、园林、植被的位置、几何尺寸、高程等)。

(7)建筑区内外的其他地物和等高线及其他地貌特征。

对于施工内容多的大型建筑区,其竣工总平面图可以分类表示,如分别绘制竣工道路系统图、竣工管线系统图、竣工给水排水系统图等。

二、竣工总平面图绘制

竣工总平面图一般采用室内编绘和实地测绘相结合的方法绘制。

(一)室内编绘内容

(1)严格按设计图纸施工的建筑物或构筑物,根据设计的坐标、高程和几何尺寸编绘。

(2)根据经过审批的设计变更资料进行施工的按设计变更资料编绘。

(3)相关地物(包括已经埋入地下成隐蔽管线、设施等地物)按设计的位置、高程施工的,根据设计图纸编绘等。

(二)实地测绘内容

(1)无设计坐标而在现场根据相关位置进行施工的地物。

(2)无审批资料而在现场根据需要变更设计施工的地物。

(3)施工放样的位置、高程或几何尺寸与设计图纸出入较大的地物。

(4)设计资料不全或施工放样资料缺失的地物。

(5)现场形状与设计图纸不相符合的地物及其相互关系等。

为了顺利进行竣工测量和竣工总平面图的编绘,自工程施工开始,即应认真保留所有设计资料、放样资料、变更说明、变形监测报表及各分项工程施工完毕后的竣工测量和检查验收资料等,尤其是即将埋入地下、水下的桩基、管线等隐蔽工程,必须在其施工完成后、回填开始前,即时对其进行分项竣工测量,以免造成整体工程验收时的资料缺失。

竣工总平面图的室内编绘部分可以设计总平面图作为参照绘制,实地测绘部分则按局部地区大比例尺地形图的测绘方法进行测绘。比例尺一般根据区域的范围大小和地物的详细程度,在1∶2 000、1∶1 000或1∶500中进行选择。

在绘制竣工总平面图的同时,还应对有些资料,如测量控制点及主要细部点的平面坐标和高程,重要建筑物、构筑物的施工放样数据等,编制成表,作为竣工资料,一并提交。

小　结

(1)变形监测网的布设一般由一级基准点、二级工作点和三级观测点组成,变形监测主要包括建筑物(构筑物)施工期间或运营期间的沉降观测、位移观测和倾斜观测等。

(2)软土地基道路施工变形监测主要内容包括沉降(分地表沉降、地基深层沉降及地基分层沉降等)监测和水平位移(分地面水平位移、地基土体水平位移等)监测。

(3)竣工测量的主要任务是绘制建筑区竣工后的主体工程及其附属设施的总平面图,竣工总平面图一般采用室内编绘和实地测绘相结合的方法绘制。

复习题

1. 施工中的变形监测是________________的重要手段,其成果也是________________的重要依据,主要包括__________、__________和________________等内容。

2. 软土地基道路施工的地表沉降一般通过埋设________进行观测,地基分层沉降一般采用________进行观测,土体水平位移监测一般采用________进行观测。

3. 竣工测量的目的是检验________________,同时为________________或__________提供依据,其主要任务是________________________。

练习题

1. 完成表3-4-5所示沉降观测报表中的计算。

表 3-4-5　沉降观测报表　　　　第　期

观测日期		初始第 1 次 (2004-07-22)	上次第 11 次 (2005-04-16)	本次第 12 次 (2005-05-29)	邻期		累计	
施工进展		至 1 层	封顶后	封顶后	沉降量 (mm)	沉降速率 (mm/d)	沉降量 (mm)	沉降速率 (mm/d)
	点号	初始高程 (m)	上次高程 (m)	本次高程 (m)				
A号楼	A01	19.484 2	19.418 3	19.410 6				
	A02	19.499 8	19.432 6	19.424 5				
	A03	19.495 3	19.426 0	19.417 5				
	A04	19.490 2	19.423 8	19.415 2				
	A05	19.490 8	19.425 7	19.417 4				

2. 自测站 O 对某大楼进行倾斜观测（设 O 点与该大楼底部同高）。已知 O 点至大楼的平距为 120 m，仪器高 $i=1.502$ m，测得楼顶右端 B 点的竖直角为 $+15°28'45''$，又测得楼底右端 A 点和楼顶右端 B 点之间的水平角 $\angle AOB=0°02'52''$，求该大楼的倾斜度。

思考题

1. 建筑物变形监测点一般分哪几种类型？如何布设？沉降观测、位移观测和倾斜观测可分别采用哪些常用方法？变形监测的精度要求一般如何确定？

2. 沉降观测报表和沉降观测曲线图各包括哪些内容？有何作用？

3. 软土地基道路施工中的变形监测和一般建筑物变形监测的特点有何相同点和不同点？其主要内容和方法有哪些？

4. 竣工总平面图包括哪些内容？如何绘制？哪些可在室内编绘，哪些必须到实地测绘？

附录一　测量基础计算须知

一、测量常用计算单位

（一）高程单位

高程（包括高差）的单位为 m（米），高差的改正数一般为 mm（毫米）。

（二）角度单位

水平角、竖直角及方位角的单位为度、分、秒（60 进制），水平角、方位角的范围为 0°~360°，竖直角的范围为−90°~+90°，改正数一般为秒。

有时，为了计算单位统一的需要，角度的单位还可以弧度表示。设角度以度为单位表示为 β°，以分为单位表示为 β'，或以秒为单位表示为 β''，则以弧度为单位表示为

$$\beta(\text{弧度})=\frac{\beta^\circ}{\rho^\circ}=\frac{\beta'}{\rho'}=\frac{\beta''}{\rho''}$$

式中：$\rho^\circ=\dfrac{180^\circ}{\pi}\approx 57.3^\circ$，$\rho'=\dfrac{60'\times180}{\pi}\approx 3\,438'$，$\rho''=\dfrac{3\,600''\times180}{\pi}=206\,265''$。

（三）距离单位

距离的基本单位为 m（米）或 km（公里），改正数一般为 cm（厘米）或 mm（毫米）。其换算式

1 km（公里）= 1 000 m（米）

1 m（米）= 10 dm（分米）= 100 cm（厘米）= 1 000 mm（毫米）

（四）面积单位

面积的基本单位为 m^2（平方米）或 km^2（平方千米），地籍测量中还用到 hm^2（公顷）或（市）亩等。其换算式为

1km^2（平方千米）= 1 000 000 m^2（平方米）= 1 500（市）亩

1hm^2（公顷）= 10 000 m^2（平方米）= 15（市）亩

1（市）亩 = 10（市）分 = 100（市）厘 = 666.6 m^2（平方米）

二、测量常用计算取位

测量常用计算取位如附表 1 所示。

附表 1　测量常用计算取位

名称	高差（m）	高程（m）	距离（m）	水平角	竖直角	方位角	坐标增量（m）	坐标（m）
一般水准测量	0.001	0.001						
四等水准测量	0.001	0.000 5						
三角高程测量	0.01	0.01	0.01		1″			
图根导线测量			0.01	6″		6″	0.01	0.01
视距测量	0.01	0.01	0.1	1′	1′			
碎部测量	0.01 或 0.1	0.01 或 0.1	0.1	1′	1′			

三、计算中的凑整法则

凑整法则为“四舍六入五凑偶”，具体为：

(1)数值被舍去部分大于保留末位的0.5时，则末位加1，如12.336 m，取至厘米，即为12.34 m。

(2)数值被舍去部分小于保留末位的0.5时，则末位不变，如12.344 m，取至厘米，亦为12.34 m。

(3)数值被舍去部分正好等于保留末位的0.5时，则应将末位凑整为偶数(即保留末位是奇数则加1，是偶数则不变)，如12.335 m和12.345 m，取至厘米，均为12.34 m。

四、函数型计算器进行角度运算和坐标转换须知

(一)三种角度单位选择

一般函数计算器中，按[DRG]键([ ]内为键名，下同)依次显示以下三种角度单位供选择使用：

(1)DEG——度分秒制，即圆周角=360°，1°=60′，1′=60″；

(2)RAD——弧度制，即圆周角=2π弧度，1弧度 $\rho^{\circ}=\frac{180^{\circ}}{\pi}=57.2958^{\circ}$，或 $\rho'=3437.7'$，或 $\rho''=206264.8''$；

(3)GRAD——密位制，即圆周角=400 g，1 g=100 c，1 c=100 cc。

角度运算(包括三角函数运算及坐标转换)通常采用度分秒制，因此在角度运算(包括三角函数运算及坐标转换)前应先检查显示屏上端显示的角度单位是否为DEG，如果不是，而是RAD或GRAD，应按[DEG]键(也有计算器按[MODE]或[DEG]键)使之显示为DEG，否则将导致运算出错。

(二)角度60进制与10进制转换

角度的输入输出习惯用60进制，但计算器进行角度运算(包括三角函数运算及坐标转换)用的是10进制，因此在进行角度的输入和输出时应执行60进制与10进制之间的转换。其方法如下：

(1)SH型(含[→DEG]键)的计算器，输入60进制时，以度数为整数、分秒为小数，如输入120°36′48.5″，在DEG角制下，输入120.36485，按[→DEG]键，显示120.6134722，即为已输入的该角10进制的度数值；反之，再按[2ndF][→DEG](或[SHIFT][→DEG])键(相当于[→DMS]键)，则显示120.364850，即已化为该角的60进制的度分秒值。

(2)CA型(含[° ′ ″]键)的计算器，依次按该键，输入度、分、秒。如输入120°36′48.5″，在DEG角制下，需按120[° ′ ″]36[° ′ ″]48.5[° ′ ″]，显示120.6134722，即为已输入的该角10进制度数值；反之，再按[2ndF][° ′ ″](或[SHIFT][° ′ ″])键，则显示120°36′48.5″，即已化为该角的60进制度分秒值。

(3)有新型计算器可以将按 60 进制输入的角值自动化为 10 进制进行运算,但如果运算结果是由反三角函数得到的 10 进制角度值,则仍需按[2ndF][° ′ ″](或[SHIFT][° ′ ″])键将其结果化为 60 进制即度分秒值。

(三)极坐标(γ,θ)转换为直角坐标(x,y)

极坐标(γ,θ)转换为直角坐标(x,y)相当于坐标正算,即根据平距 D 和方位角 α 计算出坐标增量($\Delta x,\Delta y$),其步骤为:

(1)SH 型(含[→DEG]键)的计算器:依次按 D [a] α(需化为 10 进制)[b][2ndF][→xy]显示 Δx [b]显示 Δy。

(2)CA 型(含[° ′ ″]键)的计算器:依次按 D [P→R] α(需化为 10 进制)[=]显示 Δx [→xy]显示 Δy。

(四)直角坐标(x,y)转换为极坐标(γ,θ)

直角坐标(x,y)转换为极坐标(γ,θ)相当于坐标反算,即根据坐标增量($\Delta x,\Delta y$)计算出平距 D 和方位角 α,其步骤为:

(1)SH 型(含[→DEG]键)的计算器:依次按 Δx [a] Δy [b][2ndF][→$\gamma\theta$]显示 D [b]显示 α(为 10 进制)。

(2)CA 型(含[° ′ ″]键)的计算器:依次按 Δx [R→P] Δy [=]显示 D [→xy]显示 α(为 10 进制)。

附录二　各项目练习题参考答案

模块一

项目一

1. $h_{AB}=-0.316$ m，A 点高于 B 点，$H_B=66.113$ m
2. 存在 i 角误差，视准轴向下倾斜。校正时 A 尺正确读数 $\alpha_{正}=1.801$ m
3. $h_{AT_1}=0.577$ m，$h_{T_1T_2}=0.623$ m，$h_{T_2T_3}=-0.374$ m，$h_{T_3B}=0.501$ m
4. $H_1=13.883$ m，$H_2=12.459$ m，$H_3=14.240$ m

项目二

1. $\beta=165°31'48''$，$\Delta\beta=12''$，$\Delta\beta_{容}=\pm40''$
2. 方向值：$0°00'00''$，$60°10'54''$，$131°49'08''$，$167°34'00''$；
   角值：$60°10'54''$，$71°38'14''$，$35°44'52''$
3. $\alpha_A=+13°41'33''$，$x_1=-9''$；$\alpha_B=-2°32'18''$，$x_2=+6''$

项目三

1. $D_{AB}=357.28$ m，$K_{AB}=\dfrac{1}{3\ 570}$；$D_{CD}=248.68$ m，$K_{CD}=\dfrac{1}{2\ 490}$
2. 改正后 $D_{AB}=230.688$ m
3. $D_1=63.66$ m，$h_1=+3.00$ m，$H_1=35.16$ m
   $D_2=174.92$ m，$h_2=-10.53$ m，$H_2=21.63$ m

项目四

1. $\alpha_{AB}=145°40'$，$\alpha_{BA}=325°40'$；$\alpha_{AC}=252°40'$，$\alpha_{CA}=72°40'$
2. $\alpha_{BC}=85°23'00''$，$\alpha_{CD}=319°56'30''$
3. $x_B=2\ 309.830$ m，$y_B=1\ 613.014$ m；$x_C=2\ 431.338$ m，$y_C=1\ 258.305$ m
4. $\alpha_{AB}=87°57'14''$，$D_{AB}=172.540$ m；$\alpha_{AC}=324°46'27''$，$D_{AC}=138.991$ m
5. $x_P=805.94$ m，$y_P=825.84$ m
6. 平均 $h_{AB}=+26.72$ m，$H_B=105.01$ m

项目五

1. $m_{甲}=\pm1.8$，$m_{乙}=\pm3.5$，$m_{甲}<m_{乙}$

2. $m_{[\beta]}=\pm 10''\sqrt{n}$

3. 量一边，周长 $=4a$，$m_{周长}=\pm 12$ mm

量四边，周长 $=a_1+a_2+a_3+a_4$，$m_{周长}=\pm 6$ mm

4. $m_{Z_1}=\pm\sqrt{2}m$，$m_{Z_2}=\pm\sqrt{2}m$，$m_{Z_3}=\pm\frac{\sqrt{2}}{2}m$

5. 应观测 4 个测回

6. 面积 $A=300\ \text{m}^2$，$m_A=\pm 0.085\ \text{m}^2$

7. $x=148°46'37''$，$m=\pm 12.5''$，$m_x=\pm 5.6''$

8. $x=428.234$ m，$m=\pm 6.5$ mm，$m_x=\pm 2.7$ mm，$K=\frac{1}{158\ 600}$

模块二

项目一

1. $x_1=374.987$ m，$y_1=234.528$ m；$x_2=393.575$ m，$y_2=405.364$ m；$x_3=469.478$ m，$y_3=547.912$ m

2. $h_1=+0.628$ m，$h_2=-0.383$ m，$h_3=+0.073$ m，$h_4=+0.858$ m，$\sum h=+1.176$ m

项目二

1. 0.1 m，0.2 m，$\frac{1}{1\ 000}$

项目三

1. 25 678，38.52

项目四

1. 1.300 m

2. $H_{B设}=21.25$ m，$H_{C设}=21.00$ m，$H_{D设}=20.75$ m，$H_{E设}=20.50$ m；

A 点 -0.136 m（填），B 点 -0.051 m，C 点 -0.762 m，D 点 $+0.703$ m（挖），E 点 $+0.065$ m

3. 应向内移 2.8 cm

4. $\angle BAP_1=284°15'02''$，$D_{AP_1}=115.739$ m；$\angle BAP_2=202°15'58''$，$D_{AP_2}=115.739$ m

5. P 点测量坐标 $x_P=1\ 002.000$ m，$y_P=1\ 803.000$ m

模块三

项目一

1. $\delta=6.1$ mm

2. 略

项目二

1. $\beta=137°03'53''$, $D=66.848$ m

2. $T=75.912$ m, $L=148.702$ m, $E=9.455$ m, $q=3.122$ m

桩号 ZY：K12+402.65，QZ：K12+477.00，YZ：K12+551.35

3.

点号	里程(m)	测量 X_i(m)	测量 Y_i(m)	点号	里程(m)	测量 X_i(m)	测量 Y_i(m)
1	K3+452.72	2 162.075	1 682.744	7	K3+617.52	2 083.989	1 537.578
2	K3+500.00	2 140.838	1 640.502	8	K3+650.00	2 067.270	1 509.851
3	K3+530.00	2 127.082	1 613.838	9	K3+682.52	2 049.698	1 482.495
4	K3+552.72	2 116.396	1 593.791	10	K3+700.00	2 039.997	1 467.957
5	K3+580.00	2 103.163	1 569.940	11	K3+740.00	2 017.311	1 435.009
6	K3+600.00	2 093.115	1 552.648	12	K3+782.52	1 992.792	1 400.270

4.

桩号	K1+000	K1+050	K1+100	K1+130	K1+150	K1+200	K1+250	K1+280	K1+300
高程(m)	88.566	88.616	88.216	87.496	89.156	87.557	88.167	88.327	87.907

5.

竖曲线要素		$T=30$ m, $L=60$ m, $E=0.225$ m					
桩号	K2+650	K2+660	K2+670	K2+680	K2+690	K2+700	K2+710
高程(m)	25.300	25.185	25.120	25.105	25.140	25.225	25.350

项目三

1. $\angle ABD = 173°46'37''$, $\angle CDB = 174°56'32''$, $d_{BD} = 40.000$ m, $i_{BD} = -1.4\%$

2.

桩　号	0+000	0+020	0+040	0+060	0+080	0+100
坡度钉设计高程(m)	74.800	74.740	74.680	74.620	74.560	74.500
坡度钉应读前视(m)	1.051	1.111	1.171	1.231	1.291	1.351
改正数(m)	-0.102	-0.037	+0.014	-0.091	+0.047	-0.067

项目四

1.

点号	邻期		累计	
	沉降量(mm)	沉降速率(mm/d)	沉降量(mm)	沉降速率(mm/d)
A01	7.7	0.18	73.6	0.24
A02	8.1	0.19	75.3	0.24
A03	8.5	0.20	77.8	0.25
A04	8.6	0.20	75.0	0.24
A05	8.3	0.19	73.4	0.24

注:邻期以 43 d 计,累计以 312 d 计。

2. 倾斜度 $i=0.27\%$

参考文献

[1] 周国树,陈振杰,章书寿. 测量学教程[M]. 5 版. 北京:测绘出版社,2021.

[2] 程效军,鲍峰,顾孝烈. 测量学[M]. 5 版. 上海:同济大学出版社,2019.

[3] 李青岳. 工程测量学[M]. 2 版. 北京:测绘出版社,1995.

[4] 王依,过静珺. 现代普通测量学[M]. 北京:清华大学出版社,2001.

[5] 潘正风,杨正尧,程效军,等. 数字测图原理与方法[M]. 武汉:武汉大学出版社,2005.

[6] 何习平,陈传胜,卢满堂,等. 测量技术基础[M]. 重庆:重庆大学出版社,2003.

[7] 王书斌,杜群乐. 公路路基施工要点与质量控制[M]. 北京:人民交通出版社,2005.

[8] 徐绍铨,张华海,杨志强,等. GPS 测量原理及应用[M]. 修订版. 武汉:武汉大学出版社,2004.

[9] 邓学才. 复杂建筑施工放线[M]. 北京:中国建筑工业出版社,1988

[10] 国家技术监督局,中华人民共和国建设部. GB 50026—93　工程测量规范[S]. 北京:中国计划出版社,1993.

[11] 中华人民共和国国家质量监督检验检疫总局,中国国家标准化管理委员会. GB/T 12898—2009　国家三、四等水准测量规范[S]. 北京:中国标准出版社,2009.

[12] 中华人民共和国建设部. CJJ 8—99　城市测量规范[S]. 北京:中国建筑工业出版社,1999.

[13] 中华人民共和国建设部. JGJ 8—2007　建筑变形测量规范[S]. 北京:中国建筑工业出版社,2007.

教育部高等学校高职高专测绘类专业教学指导委员会“十二五”规划教材
全国测绘地理信息类职业教育规划教材

工程测量技术实训指导

（第4版）

主　编　潘松庆　朱文军
副主编　曾晨曦　崔红超　田耀永
主　审　苗长伟

学年学期________________________

专　　业________________________

年　　级________________________

班　　级________________________

学　　号________________________

姓　　名________________________

成　　绩________________________

黄河水利出版社
·郑州·

前　言

《工程测量技术实训指导》为《工程测量技术》(第4版)的配套教材，主要由三部分组成。第一部分为测量技术实验课指导，内容涵盖水准仪、经纬仪、全站仪的认识、使用和检校，水准测量、角度测量、全站仪、RTK定位测量等基本测量工作，角度、距离、高程和坐标测设等施工测量的基本方法，使用CASS软件测绘数字地形图、在工程施工中应用CASS软件等17项实验；第二部分为测量习题课指导，内容包括水准测量、导线测量、地形图的应用、施工场地平整设计及土方量计算等四项习题课；第三部分为测量实训指导，包括测量技术实训的性质、任务和基本要求、实训的主要内容、时间场地及人员组织、作业时间分配、领用仪器、具体作业内容和技术要求、注意事项、实训成果、测量新仪器和新技术介绍、操作考核及成绩评定等。

本书的实验课和习题课指导，不仅有每次实验课或习题课的技能目标、内容、安排、步骤及注意事项，还包括需要学生完成的实验报告和思考题，项目完整，内容详细，此外本书还附有国产数字水准仪和全站仪使用简要说明，此外还有测量技术实训作业的各种记录、计算表格和操作考查题选，供实训教学使用，其目的在于加强工程测量课理论和实践教学的可结合性和实验、习题、实训及其考查的可操作性，从而加强对学生的测量外业操作和内业计算能力的全面训练。此次所出为第四版，在原有内容基础上增加了单一导线近似计算的Visual Basic程序。目的是通过该程序的熟悉，提高学生在测量计算中应用电算的能力。

本书由河海大学潘松庆和河南测绘职业学院朱文军担任主编并负责全书的统稿，由自然资源部职业技能鉴定指导中心曾晨曦、湖北国土资源职业学院崔红超和河南省地图院院长田耀永担任副主编，由郑州中核岩土工程有限公司苗长伟总经理担任主审。在本书编写过程中，河海大学章书寿教授和白忠良教授给予了具体指导，南京众集思信息技术(测绘工程)有限公司张成刚总经理提出了宝贵意见。编者谨此向章书寿教授、白忠良教授和张成刚总经理，及其他在本书编写过程中给予了热心帮助的专家表示诚挚谢忱！对于本书中引用参考文献的资料、插图的原作者表示衷心感谢。

本书适用于普通高校、高等专科学校、高职高专院校、成人教育学院和职工大学等院校建筑工程技术、交通工程技术、地下工程技术及相关专业的工程测量技术课程教学和学生自学，也可作为有关技术人员的参考用书。

由于编者水平所限，书中疏漏、错误和不足之处恳请广大师生和读者批评指正。

编　者

2022年2月

目　录

第一部分　测量实验课指导

测量实验须知

工程测量(简称测量)是一门理论和实践并重的技术基础课程,其中一个重要的教学环节就是实验课。通过实验课的实践教学和操作训练,可以更好地理解和掌握有关测量的理论知识和作业技能。因此,对测量实验课应予以足够的重视。

一、课前须知

(1)实验课前应认真复习教材中有关内容,做到对仪器的使用和实验的方法心中有数。

(2)仔细阅读实验指导书,明确实验的技能目标、内容、方法、步骤和要求。

(3)准备好计算器、铅笔、小刀等工具。

二、上课须知

(1)遵守课堂纪律,不得迟到、早退,禁止打闹、玩耍。

(2)按指导书规定步骤操作,发现问题应及时报告指导教师予以解决。

(3)如遇仪器故障,应立即向指导教师汇报,不得随意自行处理。

三、使用仪器须知

(1)认真办理仪器借用手续,借用时仔细登记,用完后逐件验收。

(2)领取仪器时,应认真检查仪器及脚架各部分是否完好、能否正常使用。

(3)自箱内取出仪器前,应先看清仪器在箱内安放的位置和方向,以便仪器用毕后按原位置顺利装箱。

(4)取仪器时,应先放松制动螺旋,以免强行扭转仪器部件而使轴系受到损坏。

(5)用双手将仪器从箱内托出,轻拿轻放,不要单手抓仪器,不要用手触摸或用手绢擦拭仪器的目镜、物镜等光学部分。

(6)安置仪器时,首先应旋紧中心连接螺旋,使仪器和脚架固紧,否则很有可能使仪器自脚架滑落,受到严重损坏。

(7)架设仪器时,三条架腿的分开和高度应适中,既使仪器重心稳定,又便于观测。在松软土地安置仪器时应将架腿脚尖踩实,在水泥等坚实路面上安置仪器时应用细绳等将三条架腿固连,以免架腿滑倒摔坏仪器。

(8)沿道路设站时,测站和安放标尺的转点均应靠近路边,以免往返车辆或行人碰撞仪器。

(9)取出仪器后,应将仪器箱盖好,以免灰沙侵入。仪器箱不能承重,不可坐人。

(10)在使用过程中,应撑伞保护仪器,既免日晒,亦防雨淋。仪器旁应始终有人守护。

(11)观测时,转动仪器前要松开制动螺旋,使用微动螺旋前要旋紧制动螺旋。目镜、物镜的调焦螺旋、基座的脚螺旋及各种微动螺旋都只能用其中间部分,即不可旋至其两端,以免损坏螺旋。

(12)观测时,转动仪器应平稳,用力应均匀,按规定方向旋转,避免盲目转动。

(13)数字水准仪、全站仪作业地点应避开高压线、变压器等强电磁场的干扰,反射棱镜后面不应有反光镜或强光源。操作时,应在熟悉作业程序和操作步骤的基础上,轻转照准部和望远镜,并按仪器说明书依序轻按有关操作键。不要随意改动仪器的常数设置,也不要用望远镜照准太阳或瞄准他人。

(14)仪器用毕应将各制动螺旋松开,装箱后应轻轻试盖,在确认安放正确后再旋紧各制动螺旋,以免仪器在箱内自由转动,受到损坏。

(15)清点箱内附件完好后,将箱盖扣件扣紧,最后将仪器箱锁好,以免再次使用提起仪器时,发生箱盖自动打开摔出仪器的严重事故。

(16)实验结束,应对借用的所有仪器、工具进行清点,不得损坏和遗失,如有损坏或遗失,应予以赔偿。

四、记录须知

(1)所有观测数据必须保证其真实性,即时记入手簿。手簿应事先编好页码或装订成册。不得记在草稿纸上然后转抄,严禁伪造数据。

(2)记录数字应清晰工整,不得涂改、字改字或连环更改,也不能用橡皮擦,如发现有误,可用细线划去,然后在其上方予以更正。

(3)实验过程中应按规定及时对观测数据进行计算,并将计算结果与有关限差进行比较,只有在满足一个步骤的检核后,才能进行下一步观测。

(4)观测数据的取位:水准测量至 mm;角度测量至秒,分和秒都应记满两位,如 1°0′6″应记为 1°00′06″;距离测量至 mm;视距读数至 mm。

五、计算须知与函数型计算器进行角度运算和坐标转换须知

参见《工程测量技术》附录一。

实验一　DS_3 型水准仪认识和使用

一、技能目标

能使用 DS_3 型水准仪。

二、内容

(1)了解 DS_3 型水准仪各部件及有关螺旋的名称和作用。

(2)掌握水准仪的安置和使用方法。

(3)练习用水准仪测定地面两点间高差的方法。

三、安排

(1)时数:课内 2 学时,每小组 2~4 人。

(2)仪器:每组领 DS_3 型水准仪 1 台、测伞 1 把、记录板 1 块。

(3)场地:在一较平整场地不同高度的 3~5 个地面点上分别竖立水准尺,仪器至水准尺的距离不宜超过 50 m。

四、步骤

(一)安置水准仪

松开架腿,调节其长度后将架腿螺旋拧紧;将三角架张开,使其高度大致与胸口齐,架头大致水平,并将架腿的尖部踩入土中(或插在坚硬路面的凹陷处);从仪器箱中取出水准仪,用中心连接螺旋将其固连到脚架上。

(二)认识水准仪

了解仪器各部件及有关螺旋的名称、作用和使用方法,熟悉水准尺的刻划和注记。

(三)粗平

按“左手法则”,用双手同时对向转动一对脚螺旋,使圆水准气泡移至中间,再转动另一脚螺旋使气泡居中。

(四)瞄准

先目镜调焦,以天空或粉墙为背景,转动目镜对光螺旋,使十字丝清晰;后照准目标,转动望远镜,通过其上的准星和缺口照准标尺,固定水平制动螺旋,旋转微动螺旋,使标尺成像在望远镜视场中央;再物镜调焦,旋转物镜对光螺旋,使标尺的影像清晰,同时检查是否存在视差现象,如存在,反复调焦,加以消除。

(五)精平

旋转微倾螺旋,使水准管气泡符合,即使其左右影像下端吻合成半圆状(微倾螺旋的旋转方向应与符合气泡的左侧影像移动方向相一致)。

(六)读数

读取十字丝中丝在水准尺上所指处应有的数字,计四位,以 m 为单位,估读至 mm。

(七)测定高差

先按上述步骤照准 A 点标尺,精平后读数,记为后视读数 a;再照准 B 点标尺,精平后读数,记为前视读数 b。由此计算 A 点至 B 点的高差为

$$h_{AB} = a - b$$

变动仪器高后重复上述步骤,再次计算得 A 点至 B 点的高差,并将有关读数和算得的高差记入表 S1,最后通过较差 Δh 检查练习的效果。

参见《工程测量技术》模块一项目一任务一。

五、注意事项

(1)标尺读数前都应检查是否存在视差,如有视差一定要反复通过物镜调焦,予以消除。
(2)标尺中丝读数前都应旋转微倾螺旋使符合气泡符合,不符合不能读数。

实验一报告

实验名称:DS_3 型水准仪的认识和使用

日期____天气____专业____年级____班级____小组____观测________记录________

一、实验记录

表 S1　水准仪测定高差练习

测站	点号			后视读数(m)	前视读数(m)	高差 h(m)	Δh(mm)	说明
	第1次	后						
		前						
	第2次	后						
		前						

二、实验成果

(1)二次观测高差较差的容许值为________mm,此次实验较差为________mm,说明实验成果________要求。

(2)二次观测 A 点至 B 点高差的平均值为________m,说明 B 点比 A 点________。如果假设 A 点的高程 $H_A = 10.000$ m,则 B 点的高程 $H_B =$________m。

三、实验答题

(1)粗平仪器,使圆水准器气泡居中,应旋转________;转动望远镜,照准目标,使标尺影像位于望远镜视场中央,应旋转________和________;使十字丝清晰,应旋转________;使标尺影像清晰,应旋转________;精平仪器,使符合气泡居中,应旋转________。

(2)粗平仪器时,旋转脚螺旋应遵循________法则;照准目标时,应通过反复________,消除________;中丝读数前,一定要使符合气泡左右两半的影像________,其目的是______________________________。

(3)在测定两点间高差时,当望远镜由后视转向前视时,如发现圆水准器气泡偏离中心,不能再________,这是因为________________;但如发现符合水准气泡偏离中心,则一定要________,这是因为____________________________。

实验二　普通水准测量

一、技能目标

能进行普通水准测量的外业观测和内业计算。

二、内容

每小组完成一条闭合路线水准测量的观测，每人独自完成其内业计算。

三、安排

(1)时数：课内 2 学时（外业 1.5 学时，内业 0.5 学时，如内业时间不够，延至课外计算），每小组 4~5 人。

(2)仪器：每组领 DS_3 型水准仪 1 台、水准尺 1 对、尺垫 2 只、测伞 1 把、记录板 1 块。

(3)场地：在一较平整场地设置一条闭合水准路线，设起始点 *A* 为已知点，中间设二待定点 *B* 和 *C*(*A*、*B*、*C* 均应有地面标志或打有木桩)，闭合路线全长约 300 m(见图 S1)。

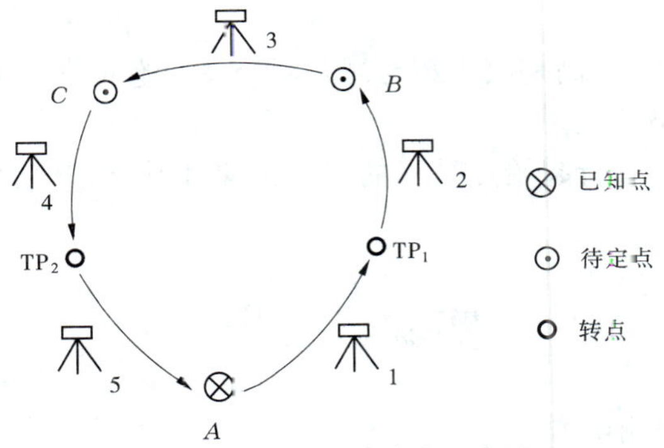

图 S1　闭合水准路线示意图

四、步骤

(一)外业部分

1. 观测方法

从已知 *A* 点出发，以普通水准测量经 *B*、*C* 点，再测回 *A* 点。全线分为 3 个测段，第 1、3 测段各有 1 个转点，第 2 测段无转点，计 5 个测站(见图 S1)。每测站均用变动仪高法测定两次高差进行检核，将有关读数和算得的高差记入表 S2。

2. 注意事项

(1)除已知点 *A* 和待定点 *B*、*C* 外，现场临时设置的立尺点称为转点（用 TP_i 表示），作传递高程用。*A*、*B*、*C* 点上立尺不用尺垫，转点上立尺需用尺垫。

(2)应尽量靠路边设置转点和安置测站。测站安置仪器时，应使前、后视距离大致相等。

(3)每测站变动仪器高前、后所得两次高差的较差应不超过±4 mm。记录员应当场计算高差及其较差,符合要求方能迁站。

(4)迁站时,前视尺（连同尺垫）不动,即变为下一测站的后视尺,而将本站的后视尺调为下一站的前视尺。

(5)观测完毕后,应对整个记录进行计算检核,即所有测站两次观测的后视读数之和$\sum a$减去前视读数之和$\sum b$应等于所有测站高差平均值之和的2倍,即$2\sum h_{均}$。

(6)照准标尺读数前务必注意消除视差和使水准管气泡符合。

(二)内业部分

1.计算待定点的高程

假设A点已知高程$H_A=50.000$ m,将其高程、每测段内的测站数及由各测站观测高差取和得到的测段高差观测值填入表S3,进行高差闭合差的调整和计算待定点B、C的高程。其计算步骤为:

(1)高差闭合差计算与检核,高差闭合差的容许值为$\pm 12\sqrt{n}$ mm(n为测站数)。

(2)高差闭合差调整,即将闭合差反号,按与各测段所含测站数成正比的原则进行分配,得到各测段的高差改正数。

(3)计算待定点高程。参见《工程测量技术》模块一项目一任务二。

2.注意事项

(1)如果由于凑整误差,高差改正数与高差闭合差的绝对值不完全相符,可将其差值凑到距离长的测段高差改正数中。

(2)高程计算栏最后一行起始点高程的计算值应和其已知值完全吻合,否则应检查计算是否有误。

实验二报告

实验名称:普通水准测量

日期____天气____专业____年级____班级____小组______观测______记录______

一、实验记录

表S2　水准测量记录

测站	点号		后视读数 a (m)	前视读数 b (m)	高差 h (m)	平均高差 $h_{均}$ (m)	说明
	仪高(1)						
	仪高(2)						

续表 S2

测站	点号		后视读数 a（m）	前视读数 b（m）	高差 h（m）	平均高差 $h_{均}$（m）	说明
	仪高（1）						
	仪高（2）						
	仪高（1）						
	仪高（2）						
	仪高（1）						
	仪高（2）						
	仪高（1）						
	仪高（2）						
	仪高（1）						
	仪高（2）						
	仪高（1）						
	仪高（2）						
	仪高（1）						
	仪高（2）						
检核	$\sum a-\sum b=$			$2\sum h_{均}=$			

二、内业计算

表 S3　高差闭合差调整及待定点高程计算

计算＿＿＿＿＿＿检查＿＿＿＿＿＿

点号	测站数	实测高差（m）	改正数（mm）	改正后高差（m）	高程（m）
A					
B					
C					
A					
Σ					
辅助计算	$f_h=$ $f_{h容}=\pm 12\sqrt{n}=$　　（mm）或 $f_{h容}=\pm 40\sqrt{L}=$　　（mm）				

三、实验成果

（1）测站两次观测高差较差的容许值为＿＿＿＿mm，此次实验最大测站较差为＿＿＿＿mm；路线高差闭合差容许值为＿＿＿＿mm，此次实验路线高差闭合差为＿＿＿＿mm，说明实验成果＿＿＿＿要求。

（2）A 点的假定高程为 $H_A=$＿＿＿＿m，经高差闭合差调整，算得 B 点的高程 $H_B=$＿＿＿＿m、C 点的高程 $H_C=$＿＿＿＿m。

四、实验答题

（1）水准测量观测时应将仪器脚架和转点上的尺垫踩实，以防止仪器或尺垫下沉，其目的是＿＿＿＿＿＿＿＿＿＿＿＿＿＿＿＿；迁站时，前视尺（连同尺垫）不动，而将本站的后视尺调为下一站的前视尺，其目的是＿＿＿＿＿＿＿＿＿＿＿＿＿＿。

（2）测站安置仪器时，应使前、后视距离大致相等，其目的是＿＿＿＿＿＿＿＿＿＿。

（3）观测中如果标尺偏斜，必然使读数变＿＿＿＿，从而给测站高差带来影响，因此立尺一定要竖直。

（4）在路线水准测量中，如果每测站的检核均通过，但最后的路线高差闭合差不符合要求，其原因可能是＿＿。

（5）在高差闭合差小于容许值的前提下，进行高差闭合差的调整，是为了＿＿＿＿＿＿＿＿＿＿＿＿＿＿＿＿＿＿＿＿＿＿＿＿＿＿＿＿＿＿＿＿＿＿，如果高差闭合差大于容许值,则____。

(6)实验场地平坦,因而高差闭合差按照与测段所含测站数成正比的原则进行调整。如果是在丘陵山区,则高差闭合差调整的原则是________________________________。

实验三　四等水准测量

一、技能目标

能进行四等水准测量的外业观测和内业计算,并熟悉等级水准测量和普通水准测量的异同点。

二、内容

每小组完成一条闭合路线的四等水准测量,每人独自完成其内业计算。

三、安排

(1)时数:课内2学时(内业计算课外完成),每小组4~5人。

(2)仪器:每组领 DS_3 水准仪1台、双面水准尺1对、尺垫2只、测伞1把、记录板1块。

(3)场地:与普通水准测量闭合水准路线相同(参见图S1)。

四、步骤

(1)从已知 A 点出发,以四等水准测量经 B、C 点,再测回 A 点。全线计含6个测站,即每个测段各含2个测站。将有关读数和算得的测站高差记入表S5。

(2)整条路线观测完成后,应计算高差闭合差,其容许值为 $\pm 20\sqrt{L}$ mm(L 为全长千米数)。

(3)若高差闭合差符合要求,则将各测段内的测站高差中数取和成为测段高差观测值。将三个测段的高差观测值和测站数分别填入表S6,进行高差闭合差调整和计算待定点 B、C 的高程。

参见《工程测量技术》模块二项目一任务四。

五、注意事项

(1)A 点和 B、C 点立尺不用尺垫,转点上立尺需用尺垫。

(2)每测站的观测程序为:

①照准后视尺黑面,读取下丝读数、上丝读数、中丝读数;

②照准后视尺红面,读取中丝读数;

③照准前视尺黑面,读取下丝读数、上丝读数、中丝读数;

④照准前视尺红面,读取中丝读数。

以上观测的顺序简称"后—后—前—前",在松软的道路或场地上观测亦可按"后—前—前—后"的顺序进行,凡中丝读数前均应使水准管气泡符合。

(3)每测站根据上述读数,需进行10项计算(见记录表格),所有结果均符合限差要求后方能迁站。其限差如表S4所示。

表S4 测站限差

等级	视线长度(m)	视线高度	后、前视距差(m)	后、前视距累计差(m)	黑、红面读数差(mm)	黑、红面高差之差(mm)
四等	100	三丝能读数	5.0	10.0	3.0	5.0

(4)迁站时,前视尺(连同尺垫)不动,即变为下一测站的后视尺,而将本站的后视尺调为下一测站的前视尺,相邻测站前、后尺的红、黑面起始读数差4.687 m和4.787 m也将随之对调。

(5)观测完毕后,还应对整个记录进行计算检核,计算检核项目见《工程测量技术》模块二项目一任务四。

实验三报告

实验名称:四等水准测量

日期____天气____专业____年级____班级____小组____观测________记录________

一、实验记录

四等水准测量记录见表S5。

二、实验计算

高差闭合差调整及待定点高程计算见表S6。

三、实验成果

(1)此次实验中最大的测站后、前视距差为________mm,后、前视距累计差为____mm,黑、红面读数差为________mm,黑、红面高差之差为________mm,实测路线高差闭合差为________mm,说明实验成果________要求。

(2)假设A点的高程为$H_A=$________m,经高差闭合差调整,算得B点的高程$H_B=$________m,C点的高程$H_C=$________m。

表 S5　四等水准测量记录

测站编号	点号	后尺 上	前尺 上	方向及尺号	水准尺读数（m）		K+黑－红（mm）	高差中数（m）	说明
		下	下		黑面	红面			
		后视距（m）	前视距（m）						
		后、前视距差（m）	累计差（m）						
		（1）	（4）	后	（3）	（8）	（13）	（18）	K_1 = K_2 =
		（2）	（5）	前	（6）	（7）	（14）		
		（9）	（10）	后－前	（16）	（17）	（15）		
		（11）	（12）						
1				后 1					
				前 2					
				后－前					
2				后 2					
				前 1					
				后－前					
3				后 1					
				前 2					
				后－前					
4				后 2					
				前 1					
				后－前					
校核		Σ（9）= Σ（10）= （12）末站 = 总距离 =			Σ（3）=　Σ（8）= Σ（6）=　Σ（7）= Σ（16）=　Σ（17）= $\frac{1}{2}[\Sigma(16)+\Sigma(17)\pm0.100]=$			Σ（18）=	

表 S6　高差闭合差调整及待定点高程计算

点号	测站数	距离（km）	实测高差（m）	改正数（mm）	改正后高差（mm）	高程（m）
A						
B						
C						
A						
Σ						
辅助计算	$f_h =$ $f_{h容} = \pm 20\sqrt{L} =$　　　（mm）					

四、实验答题

（1）测站观测数据计算中，后、前视距差和后、前视距累计差的区别在于__________
____。

（2）一对双面水准尺的红、黑面起始读数差 K_1、K_2 不相同，是为了______
____。在计算一测站的黑、红面高差之差和黑、红面高差平均数时，当__________________
__________________时，应在 $h_{红}$ 前面+0. 100 m；当__________________
__________________时，应在 $h_{红}$ 前面-0. 100 m。

（3）整条线路应尽量安排偶数站，其目的是__________________________
__________________。

（4）通过实验可知四等水准测量和普通水准测量的相同点在于__________
__________________________________，不同点在于__________
__________________________________。

实验四　微倾式水准仪检验和校正

一、技能目标

能进行微倾式水准仪的检验和校正。

二、内容

首先，了解微倾式水准仪主要轴线的名称和所在的位置，并对仪器的各组成部分和相关螺旋的有效性进行一般检查，然后进行水准仪的三项检验校正。

三、安排

(1)时数:课内2学时,每小组4~5人。

(2)仪器:每组领DS_3型水准仪1台、水准尺1对、尺垫2只、校正针1根、测伞1把、记录板1块。

(3)场地:较平整,距离约80 m。

四、步骤

(一)圆水准轴检验和校正

(1)检验:先转动脚螺旋使圆水准器气泡居中,再将望远镜旋转180°,看圆水准器气泡是否仍居中。若仍居中,说明条件满足;若气泡偏离黑圈外,说明条件不满足,需要校正。

(2)校正:稍许松动圆水准器底部固定螺丝,用校正针拨动圆水准器校正螺丝令气泡返回偏离量的一半,使条件满足;再旋转脚螺旋令气泡居中,使仪器整平,最后将底部固定螺丝旋紧。重复该项检校,直至条件满足。

检验和校正情况绘图说明见表S7。

(二)十字丝横丝检验和校正

(1)检验:用望远镜十字丝横丝一端对准某点状标志,固紧制动螺旋,旋转微动螺旋,使望远镜水平微动,看该点状标志是否偏离横丝。若不偏离,说明条件满足;否则说明条件不满足,需要校正。

(2)校正:卸下目镜护罩,松开十字丝分划板的固定螺丝,稍许转动十字丝环,使点状标志相对中横丝的偏离量减少一半,重复该项检校,直至条件满足。最后,将固定螺丝旋紧,装上目镜护罩。

检验和校正情况绘图说明见表S8。

(三)水准管轴检验和校正

1. 检验

地面选J_1、A、B、J_2四点,总长61.8 m,相邻点间距均为20.6 m,其中A、B点放置尺垫并竖立水准尺(见图S2),再实施以下步骤:

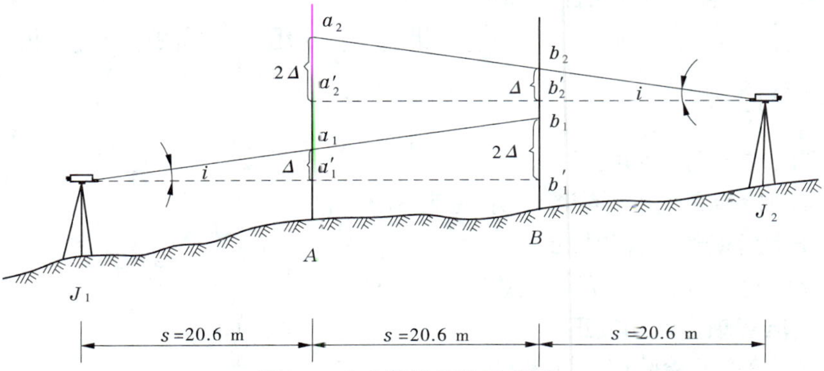

图S2 水准管轴检验示意图

(1)将仪器安置于 J_1 点,照准二尺,分别进行四次读数,取平均得 a_1、b_1,并算得 A、B 的第 1 次高差 $h_{AB}=a_1-b_1$。

(2)将仪器安置于 J_2 点,再次照准二尺,分别进行四次读数,取平均得 a_2、b_2,并算得 A、B 的第 2 次高差 $h'_{AB}=a_2-b_2$。

(3)计算:仪器的 i 角对近端标尺读数的影响值 $\Delta=\dfrac{h'_{AB}-h_{AB}}{2}$(mm),仪器的 i 角为 $i''=10\Delta$。

若 i 超过±20″,即需进行校正。

2. 校正

其步骤为:

(1)计算此时 A 尺的正确读数 $a'_2=a_2-2\Delta$。

(2)旋转微倾螺旋,使十字丝中丝对准 A 尺的正确读数 a'_2,水准管气泡自然不再居中。

(3)用校正针拨动水准管上、下校正螺丝,使气泡左、右影像重新符合。

(4)使仪器照准 B 尺,检查其读数是否变为正确读数 $b'_2=b_2-\Delta$,如不相等,重复该项检校,直至条件满足。

(5)再依上述检验步骤进行第 2 次(校正后)检验,以检查校正第 1 次(校正前)和第 2 次(校正后)的检验记录,见表 S9。

参见《工程测量技术》模块一项目一任务三。

五、注意事项

(1)仪器如需校正,应在老师指导下进行。

(2)三项检验校正依上述顺序进行,不应颠倒。

(3)用校正针拨动校正螺丝时,应先松后紧,稍许用力,以免损坏螺丝。

实验四报告

实验名称:微倾式水准仪检验和校正

日期____天气____专业____年级____班级____小组____观测________记录________

一、实验记录

(一)圆水准轴检验和校正

圆水准轴检验和校正可绘图说明,见表 S7。

(二)十字丝横丝检验和校正

十字丝横丝检验和校正可绘图说明,见表 S8。

(三)水准管轴检验和校正

水准仪 i 角误差检验记录见表 S9。

表 S7　圆水准轴检验和校正绘图说明

项目	整平后圆水准器气泡位置	望远镜转 180°后气泡位置
检验时	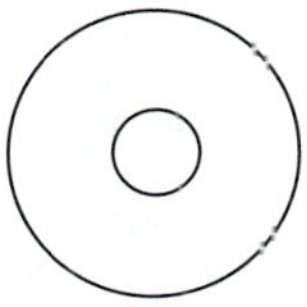	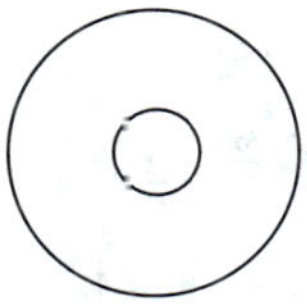
校正后	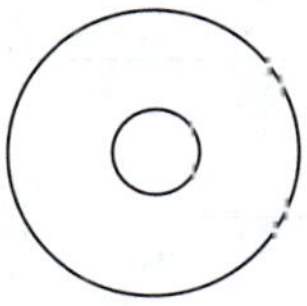	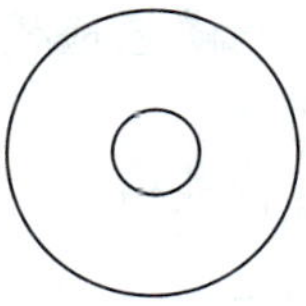

表 S8　十字丝横丝检验和校正绘图说明

项目	检验时	校正后
点状标志偏离中横丝的情况	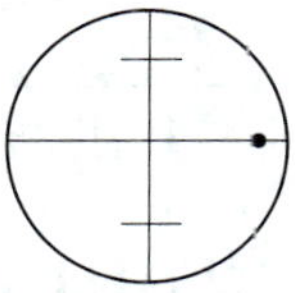	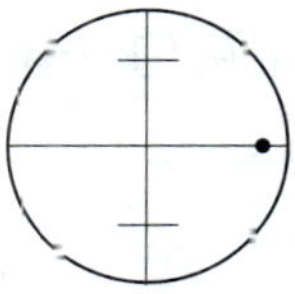

表 S9　水准仪 i 角误差检验记录

<table>
<tr><td colspan="4">第 1 次(校正前)</td><td colspan="4">第 2 次(校正后)</td></tr>
<tr><td>测站</td><td>点号</td><td>读数(m)</td><td>高差(mm)</td><td>测站</td><td>点号</td><td>读数(m)</td><td>高差(mm)</td></tr>
<tr><td rowspan="2">J_1</td><td>A</td><td>$a_1=$</td><td rowspan="2">$h_{AB}=a_1-b_1$
$=$</td><td rowspan="2">J_1</td><td>A</td><td>$a_1=$</td><td rowspan="2">$h_{AB}=a_1-b_1$
$=$</td></tr>
<tr><td>B</td><td>$b_1=$</td><td>B</td><td>$b_1=$</td></tr>
<tr><td rowspan="2">J_2</td><td>A</td><td>$a_2=$</td><td rowspan="2">$h'_{AB}=a_2-b_2$
$=$</td><td rowspan="2">J_2</td><td>A</td><td>$a_2=$</td><td rowspan="2">$h'_{AB}=a_2-b_2$
$=$</td></tr>
<tr><td>B</td><td>$b_2=$</td><td>B</td><td>$b_2=$</td></tr>
<tr><td colspan="3">$\Delta=\dfrac{h'_{AB}-h_{AB}}{2}=$</td><td>$i''=10\Delta$
$=$</td><td colspan="3">$\Delta=\dfrac{h'_{AB}-h_{AB}}{2}=$</td><td>$i''=10\Delta$
$=$</td></tr>
</table>

注: 1. 表内 a_1、b_1、a_2、b_2 应分别为各四次读数的平均值。

2. 如需校正,A 尺的正确读数 $a'_2=a_2-2\Delta=$__________。

二、实验成果

(1)圆水准轴的检校,检验时望远镜转 180°,气泡________,说明________;校正后望远镜转 180°,气泡________,说明________________。

(2)十字丝横丝的检校,检验时点状标志偏离中横丝________,说明________;校正后点状标志偏离中横丝________,说明________________。

(3)水准管轴的检校,检验得 $i=$________,说明________;校正后 $i=$________,说明________________。

三、实验答题

(1)圆水准轴检校,目的是使________________________,如果该条件不满足,其原因是________________________________。

(2)十字丝横丝检校,目的是使________________________,如果该条件不满足,其原因是________________________________。

(3)水准管轴检校,目的是使________________________,如果该条件不满足,其原因是________________________________。

(4)在圆水准轴检校中,只要用校正针拨动圆水准器校正螺丝令气泡返回偏离量的一半,就可使条件满足,其理由是____;如果校正后仍有剩余误差,可通过____来整平仪器。

(5)在水准管轴检校中,四点间距均设为20.6 m,是为了____,由检验所得 $i=$________,表明此时望远镜视准轴为向____倾斜。

(6)如果校正后仍有剩余的 i 角误差,可通过____来消除它对测站高差的影响。

实验五　数字水准仪认识和使用

一、技能目标

能使用DL-202型数字水准仪。

二、内容

(1)了解DL-202型数字水准仪各部件及有关螺旋的名称和作用。

(2)掌握DL-202型数字水准仪的使用方法。

(3)练习用数字水准仪进行高程高差测量和线路高程测量。

三、安排

(1)时数:课内2学时,每小组2~4人。

(2)仪器:每组领DL-202型数字水准仪1台、编码水准尺1根、测伞1把、记录板1块。

(3)场地:与实验二的闭合水准路线相同。

四、步骤

(一)安置仪器

与 DS_3 型水准仪安置相同。

（二）粗平

按“左手法则”旋转脚螺旋，使圆水准器气泡居中。

（三）认识 DL-202 型数字水准仪

了解仪器各部件的名称和作用，开机，熟悉仪器操作键及其功能，以及各级菜单的内容和使用方法。

（四）瞄准

先目镜调焦，以天空或粉墙为背景，转动目镜对光螺旋，使十字丝清晰；后照准目标，转动望远镜，通过其上的准星和缺口照准标尺，固定水平制动螺旋，旋转微动螺旋，使标尺成像在望远镜视场中央；再物镜调焦，旋转物镜对光螺旋，使标尺的影像清晰，同时检查是否存在视差现象，若存在，反复调焦，加以消除。

（五）观测

（1）按[MENU]键—进入标准测量模式—照准标尺—按[MEAS]键测量标尺读数和视距。

（2）按[MENU]键—进入高程高差模式—输入后视点高程—照准后视标尺—按[MEAS]键测量后视尺读数和视距—按[ENT]键确认—照准前视标尺—按[MEAS]键测量前视尺读数和视距—按[↓]键显示前视点高程和后视点、前视点的高差，有关显示结果记入表 S10。

（六）线路测量

线路水准测量示意见图 S3。

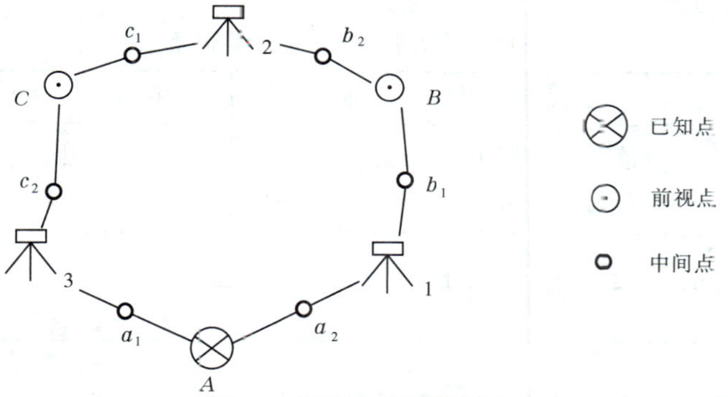

图 S3　线路水准测量示意

从已知点 A 出发，经 B、C 点，再测回 A 点。全线分为 3 段，每段 1 个测站，无转点，但在设站点前、后各增设 1 个“中间点”（见图 S3）。假设 A 点高程 $H_A = 30.000$ m，测定每个测站前视点以及中间点的高程和测站高差，并将最后一站测得的 A 点高程和其已知值进行比较，将其各站有关显示结果记入表 S11。

五、注意事项

参见《工程测量技术》模块一项目一任务五之数字水准仪部分和本书附录一：南方测绘 DL-202 型数字水准仪使用简要说明。

实验五报告

实验名称:DL-202 型数字水准仪认识和使用

日期____天气____专业____年级____班级____小组____观测________记录________

一、实验记录

(一)标准测量模式和高程高差模式

数字水准仪高程高差测量记录如表 S10 所示。

表 S10　数字水准仪高程高差测量记录

作业名__________

测站	点号	后视点		前视点		高差(m)	高程(m)
		读数(m)	视距(m)	读数(m)	视距(m)		

(二)线路测量模式

数字水准仪线路测量记录如表 S11 所示。

表 S11　数字水准仪线路测量记录

测站/本站高差	点号	后视点		中间点		前视点		高程(m)	线路总长(m)
		读数(m)	视距(m)	读数(m)	视距(m)	读数(m)	视距(m)		

二、实验成果

已知 A 点高程 H_A = ________，线路闭合后测得 H_A = ________，二者较差即线路闭合差 = ________ m。

三、实验答题

(1)数字水准仪通过按________键，选择测量模式。测量模式中的标准测量模式是指________________________，高程高差模式是指________________________，线路测量模式是指________________________。

(2)数字水准仪安置时不需要精平仪器，这是因为____，但须粗平，即旋转脚螺旋使圆水准器气泡居中，这是因为____。

(3)线路测量时，后视点是指________的点，中间点是指________的点，前视点是指________的点。

(4)测量数据的记录可用的存储模式有________、________和________，可以通过________查看测量成果。

实验六　DJ_5 型经纬仪认识和使用

一、技能目标

能使用 DJ_6 型光学经纬仪。

二、内容

(1)了解 DJ_6 型经纬仪各部件及有关螺旋的名称和作用。
(2)掌握经纬仪的对中、整平、瞄准和读数方法。
(3)练习用经纬仪盘左位置测量两个方向之间的水平角。

三、安排

(1)时数：课内 2 学时，每小组 2~4 人。
(2)仪器：每组领 DJ_6 型经纬仪 1 台、测伞 1 把、记录板 1 块。
(3)场地：设测站点为 O，远处选择两个背景清晰的直立目标 A 与 B。

四、步骤

(一)认识经纬仪

1. 安置

松开架腿，调节其长度后拧紧架腿螺旋；将三角架张开，使其高度约与胸口平，移动三角架，使其中心大致对准地面测站点标志，架头基本水平，然后将架腿的尖部踩入土中（或插在坚硬路面的凹陷处）；从仪器箱中取出经纬仪，用中心连接螺旋将其固连到脚架上。

2. 认识

了解仪器各部件及有关螺旋的名称、作用和使用方法，熟悉读数窗内度盘和分微尺影像的刻划和注记。

（二）使用经纬仪

1. 对中

先练习使用悬挂在中心连接螺旋挂钩上的垂球进行对中。

2. 整平

安置经纬仪时挪动架腿，使脚架头表面大致水平，旋转脚螺旋使圆水准器气泡居中，使仪器粗略整平；再使照准部水准管与任两脚螺旋的连线平行，按照“左手法则”，旋转该两脚螺旋使照准部水准管气泡居中，将照准部旋转 90°，旋转第三个脚螺旋使气泡居中。反复操作，直至仪器旋转至任意方向，水准管气泡均居中，即使仪器精确整平。

再练习使用光学对中器同时进行仪器的对中和整平，具体方法参见《工程测量技术》模块一项目二任务一。要求：对中误差不超过 1 mm，整平误差即气泡偏离中心不超过 1 格。

3. 照准

先松开照准部和望远镜的制动螺旋，将望远镜指向明亮的背景或天空，旋转目镜调焦螺旋，使十字丝清晰，然后转动照准部，用望远镜上的瞄准器对准目标，再通过望远镜瞄准，使目标影像位于十字丝竖丝附近，旋转对光螺旋，进行物镜调焦，使目标影像清晰，消除视差，最后旋转水平和望远镜微动螺旋，使十字丝竖丝单丝与较细的目标精确重合，或双丝将较粗的目标夹在中央。

4. 读数

打开反光镜，调节反光镜的角度，使读数窗明亮，旋转读数显微镜的目镜，使读数窗内影像清晰。上方注有“H”的小窗为水平度盘影像，下方注有“V”的小窗为竖直度盘影像。采用分微尺读数法，首先读取分微尺所夹的度盘分划线的度数，再读取该度盘分划线在分微尺上所指的小于 1°的分数（估读至 0.1′），二者相加，即得到完整的读数。

（三）测量水平角

以经纬仪的盘左位置（使竖直度盘位于望远镜的左侧为盘左，倒转望远镜使竖直度盘位于望远镜的右侧为盘右）先照准左面的目标 A，令其读数为 a，再照准右面的目标 B，令其读数为 b，然后计算其间的水平角 $\beta=b-a$，将读数和计算值记入表 S12 相应的栏目中。

参见《工程测量技术》模块一项目二任务二。

五、注意事项

（1）用光学对中器同时进行仪器的对中和整平时，最后松开中心连接螺旋使仪器在脚架上面作少量平移，精确对中，其后一定要拧紧连接螺旋，以防仪器脱落。

（2）照准目标时，应尽量照准目标的底部。

（3）计算角值时，总是右目标读数 b 减去左目标读数 a，若 $b<a$，则应加 360°。

实验六报告

实验名称：DJ_6 型经纬仪认识和使用

日期____天气____专业____年级____班级____小组____观测________记录________

一、实验记录

水平角观测记录如表 S12 所示。

表 S12　水平角观测记录

目标	水平度盘读数 (° ′ ″)	水平角值 (° ′ ″)	备注
A			
B			
A			
B			

二、实验成果

此次实验仪器对中相对地面标志点偏离____ mm，整平后照准部水准管气泡偏离中心____格。共观测____个水平角，角值分别为__________、__________。

三、实验答题

(1)用光学对中器同时使仪器对中、整平时，将地面点标志调入对中器小圆圈用________________________的方法，使水准管气泡居中用________________________的方法，其原理是____。

(2)控制照准部水平方向转动用________和________；控制望远镜竖直方向转动用________和________；使十字丝清晰，应旋转____________，使目标影像清晰，应旋转________；配置水平度盘读数，用________________________。

(3)只要目标是竖直的，即使照准目标不同的高度，其间的水平角值________变化，这是因为________________________，但在实际观测时还是应尽量照准目标的底部，这是因为________________________________。

实验七　水平角测量(测回法)

一、技能目标

能用测回法测量水平角。

二、内容

每小组再次练习经纬仪的安置,然后按测回法测量一个水平角,两个测回。

三、安排

(1)时数:课内 2 学时,每小组 2~4 人。

(2)仪器:每组领 DJ_6 经纬仪 1 台、测伞 1 把、记录板 1 块。

(3)场地:设 O 点为测站,远处选择两个背景清晰的竖直目标 A 与 B(见图 S4)。

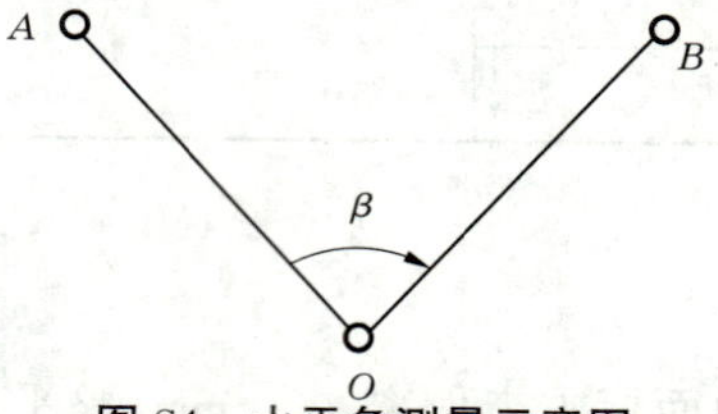

图 S4　水平角测量示意图

四、步骤

(一)安置经纬仪

在测站点上安置经纬仪,对中、整平方法同实验五。

(二)测回法测量水平角(两个测回)

1. 第 1 测回

(1)盘左,瞄准左目标 A,将水平度盘读数配置在 0°00′附近(可稍大若干″),读取水平度盘读数为 a_1,顺时针转动照准部,瞄准右目标 B,读取水平度盘读数为 b_1,计算上半测回角值 $\beta_{左1}=b_1-a_1$。

(2)盘右,瞄准右目标 B,读取水平度盘读数为 b_2,逆时针转动照准部,瞄准左目标 A,读取水平度盘读数为 a_2,计算下半测回角值 $\beta_{右1}=b_2-a_2$。

(3)计算第 1 测回角度平均值 $\beta_1=\dfrac{\beta_{左1}+\beta_{右1}}{2}$。

2. 第 2 测回

仍以盘左开始,瞄准左目标 A,将水平度盘读数配置在 90°00′附近(可稍大若干″),然后以与第 1 测回相同的步骤,测定 $\beta_{左2}$、$\beta_{右2}$,并计算第 2 测回角度平均值 $\beta_2=\dfrac{\beta_{左2}+\beta_{右2}}{2}$。

计算两个测回角度的平均值$\beta_{均}=\dfrac{\beta_1+\beta_2}{2}$。

在上述观测的同时，将读数和计算值记入表 S13 相应的栏目中。

参见《工程测量技术》模块一项目二任务二。

五、注意事项

(1)如需观测 n 个测回，在每个测回开始即盘左的起始方向，应旋转度盘变换手轮配置水平度盘读数，使其递增$\dfrac{180^\circ}{n}$。配置完毕，应将度盘变换手轮的盖罩关上，以免碰动度盘。同测回内由盘左变为盘右时，不得重新配置水平度盘读数。

(2)同测回内两个半测回角值较差应不超过±40″，各测回之间角值较差不超过±24″。

实验七报告

实验名称：水平角测量(测回法)

日期____天气____专业____年级____班级____小组____观测________记录________

一、实验记录

测回法观测手簿如表 S13 所示。

表 S13　测回法观测手簿

测站	目标	竖盘位置	水平度盘读数 (° ′ ″)	半测回角值 (° ′ ″)	一测回角值 (° ′ ″)	各测回平均值 (° ′ ″)
O (1)	A	左				
	B					
	A	右				
	B					
O (2)	A	左				
	B					
	A	右				
	B					

二、实验成果

此次实验共观测____个单角，每个单角观测____个测回。半测回角值较差容许值为________，测回间角值较差容许值为________。此次实验半测回角值最大较差为________，测回间角值最大较差为________，说明实验成果________要求。

三、实验答题

(1)同一方向盘左、盘右水平读数的大数应相差________,否则说明____。

(2)配置水平度盘读数的目的是____,它只能在________________________________时进行,测回内由盘左变为盘右,不得重新配置水平度盘读数,这是因为____。

实验八　竖直角测量和竖盘指标差测定

一、技能目标

能进行竖直角测量和竖盘指标差的测定。

二、内容

(1)了解 DJ_6 型经纬仪与竖盘有关部件及螺旋的名称和作用。

(2)每小组在指定测站测量两个以上目标点的竖直角,各1个测回。

(3)同时计算不同目标点观测的竖盘指标差。

三、安排

(1)时数:课内2学时,每小组2~4人。

(2)仪器:每组领 DJ_6 型经纬仪1台、校正针1根、测伞1把、记录板1块。

(3)场地:设测站点为O,远处选择2个背景清晰,分别为高于测站的目标A和低于测站的目标B(见图S5)。

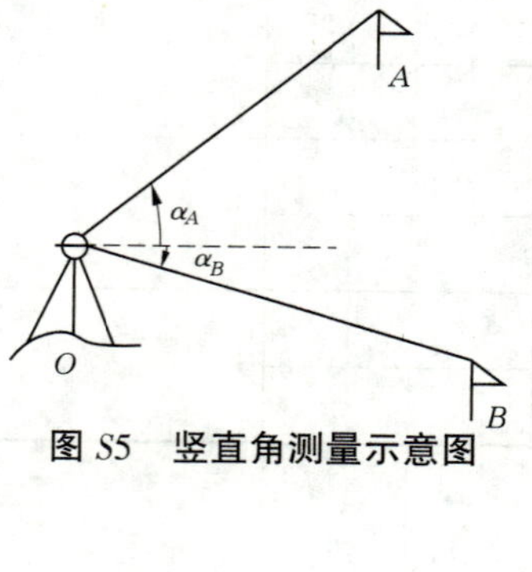

图S5　竖直角测量示意图

四、步骤

(一)认识和使用与竖盘有关的部件及螺旋

1.安置

在场地上安置经纬仪,整平。

2. 认识

了解竖盘特点和竖盘指标水准管及其微动螺旋等的作用和使用方法。

3. 照准

松开照准部和望远镜制动螺旋，通过望远镜瞄准目标，旋转水平，并旋转望远镜微动螺旋，使十字丝中横丝与目标顶端（或需要测量竖直角的部位）精确相切。

4. 读数

旋转竖盘指标水准管微动螺旋，使指标水准管气泡居中，仍采用分微尺读数法，读取读数窗下方注有"V"的竖直度盘读数（估读至0.1′）。

（二）竖直角测量

（1）盘左，瞄准目标 A，以中横丝与目标顶端相切，使指标水准管气泡居中，读取竖盘读数为 L，计算盘左竖直角值 $\alpha_L=90°-L$。

（2）倒转望远镜成盘右，仍以中横丝与目标 A 顶端相切，使指标水准管气泡居中，读取竖盘读数为 R，计算盘右竖直角值 $\alpha_R=R-270°$。

（3）计算一测回角度平均值为

$$\alpha=\frac{\alpha_L+\alpha_R}{2} \tag{1}$$

在上述观测的同时，将读数和计算值记入表S14相应的栏目中。

（4）按相同步骤测定目标 B 的竖直角。

（三）竖盘指标差测定

根据观测所得同一目标盘左、盘右竖直角值，或盘左和盘右的竖盘读数，代入式（2）或式（3）计算竖盘指标差

$$x=\frac{\alpha_R-\alpha_L}{2} \tag{2}$$

或

$$x=\frac{(L+R)-360°}{2} \tag{3}$$

将计算结果记入表S14即为竖盘指标差的测定值。

参见《工程测量技术》模块一项目二任务三。

五、注意事项

（1）照准目标时，盘左、盘右必须均照准目标的顶端或同一部位。

（2）凡装有竖盘指标水准管的经纬仪，必须旋转指标水准管微动螺旋使气泡居中，方能进行竖盘读数。

（3）算得的竖直角和指标差应带有符号，尤其是负值的"-"号不能省略。

（4）如测量两个以上目标（或同一目标多个测回）的竖直角，可以根据各自算得竖盘指标差之间的较差，检查观测成果的质量。DJ_6 型光学经纬仪竖盘指标差之间的较差应不超过±30″。

实验八报告

实验名称：竖直角测量和竖盘指标差测定

日期____天气____专业____年级____班级____小组____观测____记录____

一、实验记录

竖直角观测手簿如表 S14 所示。

表 S14　竖直角观测手簿

测站	目标	竖盘位置	竖盘读数（° ′ ″）	半测回竖直角（° ′ ″）	一测回竖直角（° ′ ″）	$x=\frac{\alpha_R-\alpha_L}{2}$
O	A	左				
		右				
O	B	左				
		右				

二、实验成果

（1）此次实验共观测____个目标的竖直角，每个竖直角观测____个测回，测得的竖直角分别为________和________。

（2）竖盘指标差 x 的较差容许值为________，此次实验竖盘指标差 x 的最大较差为________，说明实验成果________要求。

三、实验答题

（1）竖直角观测时，应先用________和________控制照准部和望远镜的转动，以便用________与目标相切；然后用________使竖盘指标水准管气泡居中，才能进行竖盘读数。

（2）竖直角观测时，只需对目标进行照准和读数，而水平方向是不需要读数的，这是因为________。

（3）同一目标竖盘的盘左、盘右读数之和理论上应等于____，如果不等于该值，原因可能有两点：一是________，二是________。

（4）若测得的竖直角为正值，说明该角为________；为负值，说明该角为________。若算得的竖盘指标差为正值，说明竖盘指标线偏于________；为负值，说明竖盘指标线偏于________。

（5）若测量两个以上目标（或同一目标多个测回）的竖直角，可算得多个竖盘指标差。

如指标差之间的较差很小，说明________________________，如指标差之间的较差偏大，说明__________________________，这是因为______________________。

实验九　光学经纬仪检验和校正

一、技能目标

能进行光学经纬仪的检验和校正。

二、内容

首先，了解 DJ_6 型经纬仪主要轴线名称和所在的位置，并对仪器各组成部分和相关螺旋的有效性进行一般检查，然后进行经纬仪的五项检验和校正。

三、安排

(1)时数：课内2学时，每小组2~4人。

(2)仪器：每组领 DJ_6 型经纬仪1台、校正针1根、测伞1把、记录板1块。

(3)场地：一较平整场地，可观测到远处不同高度的直立目标。

四、步骤

(一)照准部水准管轴检验和校正

(1)检验：先转动照准部，使照准部水准管平行于一对脚螺旋，旋转该对脚螺旋使水准管气泡居中，再将照准部旋转180°，看气泡是否仍居中。如仍居中，说明条件满足；若气泡偏离中心1格以上，说明条件不满足，需要校正。

(2)校正：用校正针拨动照准部水准管上下校正螺丝，令气泡返回偏离量的一半，使条件满足；再旋转脚螺旋令气泡居中，使仪器整平。重复该项检校，直至条件满足。

检验和校正情况绘图说明见表S15。

(二)视准轴检验和校正

(1)检验：以盘左、盘右观测大致位于水平方向的同一目标 P，分别得读数 M_1、M_2，代入式(4)

$$c = \frac{M_1 - (M_2 \pm 180°)}{2} \tag{4}$$

如算得的 c 值超过允许范围（一般为±30″），即说明存在视准轴误差。

(2)校正：此时望远镜仍处于盘右位置，校正按以下步骤进行：

先根据算得的 c 值代入式(5)，计算盘右的正确读数

$$M_{正} = M_2 + c \tag{5}$$

再旋转照准部微动螺旋使平盘读数变为 $M_{正}$，十字丝交点必然偏离目标 P；之后用校

正针拨动十字丝环左、右校正螺丝，一松一紧推动十字丝环左右平移，直至十字丝交点对准原目标 P。

重复该项检校，直至条件满足。检验和校正后的数据记录于表 S16。

（三）横轴检验和校正

检验：以盘左、盘右观测较高处，即竖直角较大的同一目标 P，分别得读数 M_1、M_2，代入上述式(4)，如算得的 c 值超过允许范围（一般为±30″），即说明存在（或和视准轴误差同时存在）横轴误差。

校正：由于需调节支承横轴的偏心环，而偏心环在仪器内部，构造较复杂，因此遇此问题，应送工厂维修。

检验的数据记录于表 S17。

（四）十字丝竖丝检验和校正

(1)检验：用望远镜十字丝竖丝一端对准某点状标志，固紧制动螺旋，旋转望远镜微动螺旋，使望远镜上下微动，看该点状标志是否偏离竖丝。如不偏离，说明条件满足；否则说明条件不满足，需要校正。

(2)校正：卸下目镜护罩，松开十字丝分划板的固定螺丝，稍许转动十字丝环，使点状标志相对竖丝的偏离量减少一半。

重复该项检校，直至条件满足。最后，将固定螺丝旋紧，装上目镜护罩。检验和校正的情况绘图说明见表 S18。

（五）竖盘指标水准管轴检验和校正

检验：如实验七中竖盘指标差的测定，安置经纬仪，盘左、盘右照准同一目标得其竖盘读数 L、R，计算得竖直角 α_L、α_R，按实验七式(2)或式(3)计算指标差 x。若 $|x|>1'$，应予以校正，其步骤为：

(1)依旧在盘右位置，照准原目标点，计算盘右的竖盘正确读数 $R_{正}=R-x$。

(2)转动竖盘指标水准管微动螺旋，使竖盘读数由 R 改变为 $R_{正}$。此时，指标水准管气泡将不再居中。

(3)用校正针拨动指标水准管上、下校正螺丝使气泡居中，指标水准管轴和竖盘指标线即相互垂直。

重复该项检校，直至条件满足。检验和校正后的数据记录见表 S19。

参见《工程测量技术》模块一项目二任务四。

五、注意事项

(1)仪器如需校正，应在老师指导下进行。

(2)前四项检验校正依上述顺序进行，不应颠倒。

(3)用校正针拨动校正螺丝时，应先松后紧，稍许用力，以免损坏螺丝。

实验九报告

实验名称:光学经纬仪检验和校正

日期____天气____专业____年级____班级____小组____观测______记录______

一、实验记录

(一)照准部水准管轴检验和校正

照准部水准管轴检验和校正绘图说明见表 S15。

(二)视准轴检验和校正

视准轴检验和校正记录见表 S16。

表 S15 照准部水准管轴检验和校正绘图说明

项目	整平后水准管气泡位置	照准部转 180°后气泡位置
检验时		
校正后		

表 S16 视准轴检验和校正记录

第 1 次(校正前)					第 2 次(校正后)				
测站	平点目标	盘位	水平度盘读数(° ′ ″)	c(″)	测站	平点目标	盘位	水平度盘读数(° ′ ″)	c(″)
		左					左		
		右					右		
		左					左		
		右					右		

注:1. 表内 $c=\frac{M_1-(M_2\pm180^\circ)}{2}$。

2. 如需校正,盘右的正确读数 $M_{正}=M_2+c=$________。

(三)横轴检验和校正

横轴检验和校正记录见表 S17。

(四)十字丝竖丝检验和校正

十字丝竖丝检验和校正绘图说明见表 S18。

(五)竖盘指标水准管轴检验和校正

竖盘指标水准管轴检验和校正记录见表 S19。

表 S17　横轴检验和校正记录

第 1 次(校正前)					第 2 次(校正后)				
测站	高点目标	盘位	水平度盘读数(° ′ ″)	c(″)	测站	高点目标	盘位	水平度盘读数(° ′ ″)	c(″)
		左					左		
		右					右		
		左					左		
		右					右		

注:表内 $c=\dfrac{M_1-(M_2\pm180^\circ)}{2}$。

表 S18　十字丝竖丝检验和校正绘图说明

项目	检验时	校正后
点状标志偏离竖丝的情况	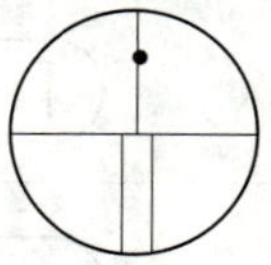	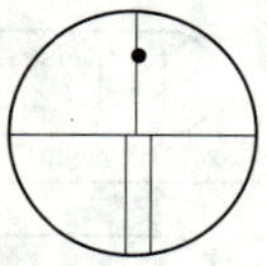

表 S19　竖盘指标水准管轴检验和校正记录

第 1 次(校正前)						第 2 次(校正后)					
测站	目标	盘位	竖盘读数(°′″)	竖角 α(°′″)	x(″)	测站	目标	盘位	竖盘读数(°′″)	竖角 α(°′″)	x(″)
		左						左			
		右						右			
		左						左			
		右						右			

注:表内 $x=\dfrac{\alpha_R-\alpha_L}{2}$或 $x=\dfrac{(L+R)-360^\circ}{2}$。

二、实验成果

(1)照准部水准管轴检校,检验时照准部转 180°,气泡________,说明____________;校正后照准部转 180°,气泡________,说明________________________。

(2)视准轴检校,照准平点得 $c=$________,说明________________;校正后 $c=$__________,说明________________________。

(3)横轴检校,照准高点得 $c=$________,说明________________________。

(4)十字丝竖丝检校,检验时点状标志偏离竖丝________,说明__________;校正后点状标志偏离竖丝________,说明________________________。

(5)竖盘指标水准管轴检校，检验得竖盘指标差 $x=$ ______________，说明________________；校正后 $x=$ ____________________，说明____________________。

三、实验答题

(1)照准部水准管轴检校，目的是使________________________，如果该条件不满足，其原因是________________________________。

(2)视准轴检校，目的是使________________________，如果该条件不满足，其原因是________________________________。

(3)横轴检校，目的是使________________________，如果该条件不满足，其原因是________________________________。

(4)十字丝竖丝的检校目的是使________________________，如果该条件不满足，其原因是________________________________。

(5)竖盘指标水准管轴检校目的是使________________________，如果该条件不满足，其原因是________________________________。

(6)在照准部水准管轴检校中，只要用校正针拨动照准部水准管校正螺丝，令气泡返回偏离量的一半，就可使条件满足，其理由是____________________________________；如果校正后仍有剩余误差，可通过____来整平仪器。

(7)在视准轴检校中，应选择__________作为照准目标，是因为____，而在横轴检校中，应选择________作为照准目标，是因为____。

(8)仪器检验和校正后，仍存在剩余的视准轴误差和横轴误差，可通过____来消除它们对水平角观测的影响。

(9)在竖盘指标水准管轴检校中，由检验得竖盘指标差 x，如是"+"号，说明____；如是"-"号，说明______________________。如果校正后仍有剩余的指标差，可通过____来消除它对竖角观测的影响。

实验十　全站仪角度、距离和高差测量

一、技能目标

能使用全站仪进行角度、距离和高差测量。

二、内容

(1)了解全站仪各部件及键盘按键的名称和作用。

(2)掌握全站仪安置和使用方法。

(3)练习用全站仪进行角度测量、距离测量和高差测量的方法。

三、安排

(1)时数:课内 2 学时。

(2)仪器:全站仪 1 台(包括反射棱镜、棱镜架)、测伞 1 把、记录板 1 块。

(3)场地:设 O 为测站点,远处 A 为后视点,场地另一端选 B 点和 C 点为待测点(见图 S6)。

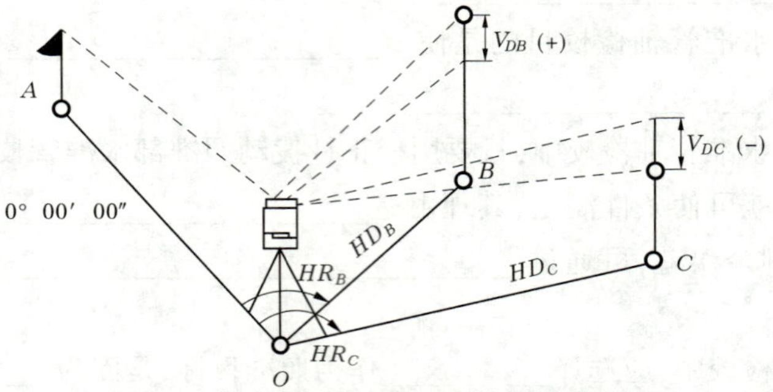

图 S6　全站仪角度、距离、高差测量示意图

四、步骤

(一)安置全站仪及棱镜架(或棱镜杆)

在测站点 O 上安置全站仪,方法与安置经纬仪相同;在目标点 B、C 上安置棱镜。

(二)认识全站仪

了解仪器各部件(包括反射棱镜)及键盘按键的名称、作用和使用方法。

(三)对中、整平

与普通经纬仪相同。

(四)仪器操作

1. 开机自检

打开电源,进入仪器自检(有的全站仪需要纵转望远镜一周,进行竖直度盘初始化,即使竖直度盘指标自动归于零位)。

2. 输入参数

包括棱镜常数、气象参数(温度、气压、湿度)等。

3. 选定模式

包括角度测量模式或距离测量模式。

4. 角度测量

按角度测量键[ANG],进入角度测量模式:

(1)照准后视目标 A,其方向值的配置有以下三种:①直接置零,在测角模式下按[置零]键,使水平度盘设置为 0°00′00″;②锁定配置,转动照准部,再通过旋转水平微动螺旋使水平度盘读数等于所需要的方向值,然后按[锁定]键,再照准后视目标按[ENT]键确认;③键盘输入,照准后视目标后按[置盘]键,依显示屏提示,通过键盘输入所需的方向值。

(2)转动照准部照准 B 目标棱镜中心,显示该目标的水平方向值 HR 及其天顶距 V。

(3)转动照准部照准 C 目标棱镜中心,显示该目标的水平方向值 HR 及其天顶距 V。

5. 距离测量

按距离测量键◢,进入距离测量模式(按[模式]键可对测距模式:单次测量/连续测量/跟踪测量进行转换,一般选择单次测量),即使模式显示为[1]。

(1)照准目标 B 棱镜中心,按[测量]键,测量至 B 点距离,重复按距离测量键◢可以切换显示模式:

(HR,HD,VD)模式,显示水平方向、水平距离、仪器中心至目标棱镜中心高差;

(V,HR,SD)模式,显示天顶距、水平方向、倾斜距离。

(2)照准目标 C 棱镜中心,重复上述步骤测量至 C 点距离。

以上内容可先以盘左位置进行练习,再以盘右位置进行练习,测量数据记录于表 S20。

测量完毕关机。

五、注意事项

参见《工程测量技术》模块一项目三任务五和本书附录二:南方测绘 NTS-312 型全站仪使用简要说明。

实验十报告

实验名称:全站仪角度、距离和高差测量

日期____天气____专业____年级____班级____小组____观测________记录________

一、实验记录

全站仪测量记录见表 S20。

说明:

(1)竖直角和天顶距的测量模式可以在角度测量模式进入其第 3 页,按[竖角]键进行切换,二者的换算公式为

盘左:竖直角 = 90° - 天顶距　　盘右:竖直角 = 天顶距 - 270°

(2)高差为仪器中心至目标棱镜中心高差(参见本书附录二:南方测绘 NTS-312 型全站仪使用简要说明)。

表 S20 全站仪测量记录

测站	目标	盘位	角度（° ′ ″）		距离/高差（m）	
O	<u>*B*</u>	左	水平角		平距	
			竖直角		斜距	
			天顶距		高差	
		右	水平角		平距	
			竖直角		斜距	
			天顶距		高差	
	<u>*C*</u>	左	水平角		平距	
			竖直角		斜距	
			天顶距		高差	
		右	水平角		平距	
			竖直角		斜距	
			天顶距		高差	

二、实验成果

(1)目标________盘左、盘右观测结果：
水平角较差________，平均值为________；高差较差________，平均值为________；
竖直角较差________，平均值为________；*N* 较差________，平均值为________；
平距较差________，平均值为________；*E* 较差________，平均值为________；
斜距较差________，平均值为________；*Z* 较差________，平均值为________。

(2)目标________盘左、盘右观测结果：
水平角较差________，平均值为________；高差较差________，平均值为________；
竖直角较差________，平均值为________；*N* 较差________，平均值为________；
平距较差________，平均值为________；*E* 较差________，平均值为________；
斜距较差________，平均值为________；*Z* 较差________，平均值为________。

三、实验答题

(1)全站仪主要由________________、________________、________________等部分组成，不仅能全部完成测站上所有的________、________和________测量以及________________测量，还能进行________________、________________和________________等工作。

(2)本次实验使用的全站仪型号是________，其测角精度______，测距精度为________________，表示测距时的固定误差为________________，比例误差为________________。

(3)该型号全站仪开机后进行水平度盘和竖直度盘初始化,就是将照准部(横向)和望远镜(纵向)各________,以便使________和________自动置于零位。

(4)该型号全站仪进行角度测量时,进入____________模式,照准零方向,按____________键"置零",然后照准目标点,即可显示________和目标点的________;如需配置零方向的方向值,则应在照准零方向后,按____________键,输入需配置的方向值,再按________键即可,但此后照准目标点显示的是________________________________,水平角则为______________________________,同时还可显示____________________。

(5)该型号全站仪进行距离测量时,进入____________模式,照准目标点棱镜中心,按________键,同时显示________________、________________和__________________;按__________________键,可使距离的显示在________、________和________之间进行转换;显示的高差是指____。

实验十一　全站仪坐标测量

一、技能目标

能使用全站仪调用数据文件进行极坐标测量和后方交会坐标测量。

二、内容

(1)测站点三维坐标、仪器高、棱镜高和后视方位角设置。

(2)全站仪极坐标法测定新点。

(3)全站仪后方交会法测定新点。

(4)全站仪坐标文件建立和调用。

三、安排

(1)时数:课内2学时。

(2)仪器:全站仪1台(包括棱镜与棱镜架)、2 m小钢尺1只、测伞1把、记录板1块。

(3)场地:设O为测站点,远处A为后视点,场地另一端选B、C、D三点分别架设反射棱镜(见图S7)。

四、步骤

(一)安置全站仪及棱镜架

在测站点O上安置全站仪,量仪器高i,在三个目标点B、C、D上安置棱镜架,仪器的开机、对中、整平等基本操作同实验十。

(二)三维坐标测量

1. 在坐标测量模式测定新点坐标

(1)按键进入坐标测量模式,进第3页,按[仪高]键,输入测站仪器高;按[镜高]键,输入B点棱镜高,按[测站]键,输入测站点O坐标(N_O,E_O,Z_O),按[后视]键,输入后

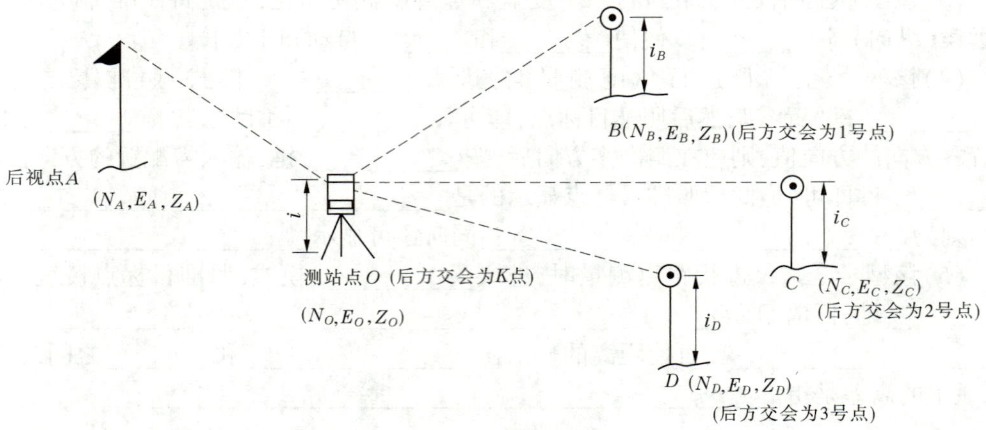

图 S7　全站仪坐标测量示意图

视点 A 坐标(N_A,E_A,Z_A)，回车，照准后视点 A，照准？按[是]键(说明：在坐标测量开始时，也可以按[角度测量]键，进入角度测量模式，转动望远镜照准后视点 A，按[置盘]键，输入后视方位角，亦可完成后视方位角的设置)，按[F4]键进坐标测量第 2 页，照准 B 点棱镜中心，按[F1]键测量，显示 B 点三维坐标(N_B,E_B,Z_B)。

(2)输入 C 点棱镜高(其他已输入的测站坐标、仪器高和后视方向值等无需重新输入)，照准 C 点棱镜中心，按[F1]键测量，显示 C 点三维坐标。

(3)输入 D 点棱镜高，照准 D 点棱镜中心，按[F1]键测量，显示 D 点三维坐标。但坐标测量时，若还需盘右观测，仍应先照准后视点，且将其水平度盘的方向值设置为后视方位角 α_{OA}，否则该方向值将自行±180°，从而导致结果出错。

2. 在放样模式测定新点坐标

1)建立已知点坐标文件

按菜单键[M]；按[F3]键内存管理，进 2/3 页；按[F1]键输入坐标；输新文件名或调用老文件，回车；输入测站点 O 的点名、编码(如无编码，可以跳过)和三维坐标，回车；继续输入后视点 A 的点名和坐标；按[ESC]键结束。

2)在放样模式设置测站点

按放样键[S.O]；选择文件；按[F2]键调用(显示上述坐标文件，予以选择，回车；按[F1]键输入测站点；输入测站点名 O；显示该点坐标，OK？按[是]键；输入仪器高，回车；结束。

3)在放样模式设置后视点

按放样键[S.O]；选择文件；按[F2]键调用(显示上述坐标文件，予以选择，回车)；按[F2]键输入后视点；输入后视点名 A；显示该点坐标，OK？按[是]键；显示后视方位角；照准后视点 A；>照准？按[是]键；结束。

4)极坐标法测定新点

按放样键[S.O]；按[P1↓]键进入 2/2 页；按[F2]键新点；选“F1：极坐标法”；选择文件(输入文件名，或调用上述坐标文件，回车)；输入新点点名 B、编码，回车；输入 B 点棱镜高，回车；照准点 B；按[F1]键测量；记录？按[是]键，B 点坐标存入文件，依次继续

新点 C、D 的点名、编码输入和坐标测量；按[ESC]键结束(说明：各点如无编码，可跳过)。

5)后方交会法测定新点

按放样键[S.O]；按[P1↓]键进入 2/2 页；按[F2]键新点；选“F2：后方交会法”；选择文件(输入文件名，或调用上述坐标文件，回车)；输入新点点名(仍为测站点，但改名为 K，以免覆盖原 O 点坐标)、编码，回车；选“F1：距离后方交会”；输入仪高，回车；输入 1 号已知点 B 点名，回车，显示 B 点坐标，>OK？按[是]键；输入 B 点镜高，回车；照准 B 点；按[F1]键测量；输入 2 号已知点 C 点名、镜高，再对 C 点进行照准、测量，显示残差(已知点间的距离差和由两已知点算得的新点的 Z 坐标差)；按[F1]键下一步；继续对 3 号已知点 D 进行点名、镜高输入、照准、测量(最多可达 7 个已知点)；按[F4]键计算，显示新点 K 坐标；记录？按[是]键，将 K 点坐标存入文件；按[ESC]键结束。

打开坐标文件，调出测站点原点名 O 的坐标和新点名 K 的坐标加以比较，记录其较差。

五、注意事项

参见《工程测量技术》模块一项目四任务四和本书附录二：南方测绘 NTS-312 型全站仪使用简要说明。

实验十一报告

实验名称：全站仪坐标测量

日期____天气____专业____年级____班级____小组____观测________记录________

一、极坐标法测定新点

全站仪测量记录见表 S21。

表 S21　全站仪测量记录

测站点____　N_O =________、E_O =________、Z_O =________　仪器高 i ________

后视点____　N_A =________、E_A =________、Z_A =________　仪器型号________

测站	后视	目标 棱镜高(m)	盘位	坐标 (m)		盘位	坐标 (m)	
O	A	B l_B =	左	N		右	N	
				E			E	
				Z			Z	
		C l_C =	左	N		右	N	
				E			E	
				Z			Z	
		D l_D =	左	N		右	N	
				E			E	
				Z			Z	

二、后方交会法测定新点

后方交会坐标测量成果检核见表 S22。

测站点________ K(即原测站点 A),仪器高 i ________。

后视点 1(B 点),镜高 l_B ________;后视点 2(C 点),镜高 l_C ________;后视点 3(D 点),镜高 l_D ________。

三、实验答题

该型号全站仪进行坐标测量时,先照准后视点,进入__________模式,按______键,输入________________________,再进入____________模式,输入测站点坐标、仪器高和目标点棱镜高,转动照准部照准目标点的棱镜,按________键,即可显示目标点的三维坐标________、________、________。如还需测定其他目标点的三维坐标,则需事先改变相应目标点的__________设置;当从盘左变为盘右进行坐标测量时,仍需先照准后视点,将起始方向值设置为______________。

表 S22　后方交会坐标测量成果检核

点名	盘位	N	E	Z
K(新点)	左			
	右			
	平均			
O(原测站点)				
较差(mm)				

实验十二　GNSS RTK 接收机认识与使用

一、技能目标

能使用 GNSS RTK 接收机进行定位测量的外业操作。

二、内容

(1)了解 GNSS RTK 接收机各部件及有关按键的名称和作用。

(2)掌握 GNSS RTK 接收机天线高的量测方法。

(3)掌握使用 GNSS RTK 接收机进行定位测量的方法。

三、安排

(1)时数:课内 2 学时;小组:2~4 人。

(2)仪器:天宝(Trimble)或南方测绘灵锐相应型号的 RTK 接收机若干台及相关附件。

(3)场地:设置 3 个点,将 1 号点作为已知点(基准站点),2、3 号点作为控制点(流动站点),另选 3~5 个地物特征点作为地形点。

四、步骤

(一)认识 GNSS RTK 接收机

了解仪器及手持控制器的各部件、按键的名称、作用和使用方法。

(二)架设基准站

在 1 号点上安置接收机,量取天线高,同时架设电台及其天线,并与接收机连接——建立新工程,设置坐标系、测区中央子午线经度等相关参数。

(三)启动基准站

手持 1 号点接收机的控制器点击"测量"图标,进入测量方式——测量工作方式,选 RTK"实时动态"——在测量菜单选"启动基准站",输入基准站点名、天线高,及基准点的已知坐标(或假设坐标)等。

(四)设置流动站

在 2、3 号点上同时安置接收机,输入天线高等参数。

(五)启动流动站

将 2、3 号点上接收机的手持控制器插头插入接收机的插口,在测量菜单中选"开始测量"——待屏幕显示 RTK=FIXED 时,初始化完毕,即启动流动站。

(六)开始"控制点"测量

在"测量"菜单选"测量点——控制点",输入 2、3 号点的点名及其他参数,即可将其视为"控制点"进行测量,3 min 后即可完成测量并将数据存储。

(七)进行其他"地形点"测量

在实验场地选择数个地形特征点,手持流动站的 RTK 接收机对中杆,依次立于地形特征点上,在"测量"菜单选"测量点——地形点",输入该点的点名等信息,即可将其视为一般"地形点"进行测量,3~5 s 后即可完成测量并将数据存储。

(八)查阅测量成果

返回主菜单,进入"文件"——"查看当前任务",对所有测得的控制点和地形点坐标进行查阅。

五、注意事项

(1)实验场地应选在地势开阔或广场处。

(2)接收机的参数设置应予以检查,准确无误后方能开始测量。

如接收机属天宝系列,参阅《工程测量技术》模块二项目一任务五。

实验十二报告

实验名称:GNSS RTK 接收机认识与使用

日期____天气____专业____年级____班级____小组____观测________记录________

坐标系________,测区所在中央子午线________,接收机型号________

基准点点名________,$x=$________,$y=$________,$H=$________,天线高=________

一、实验记录

表 S23　GNSS RTK 定位测量记录

点名	天线高(m)	x(m)	y(m)	H(m)	说明

二、实验答题

(1)GNSS RTK 测量采用的是载波相位差分定位的方法,其基本原理是________________

____

____

____。

(2)GNSS RTK 定位测量采用的是 WGS-84 坐标系,本次测量经坐标系设置,观测点的坐标均已转换为________________坐标系的坐标。

(3)开始测量前,设置测区所在中央子午线的经度,其目的是________________

________________,量测天线高的作用是________________。

(4)GNSS RTK 定位测量的流动站点分为控制点和地形点,其区别在于____________

____。

实验十三　使用 CASS 软件绘制数字地形图

一、技能目标

能用 CASS 软件在电脑上绘制数字地形图。

二、内容

(1)熟悉 CASS 软件的界面和菜单。

(2)调用软件自带的示例用坐标数据文件“C:\CASS2008\DEMO\STUDY. DAT”,绘制数字地形图“DEMO\STUDY(X). dwg”。

(3)调用软件自带的示例用坐标数据文件“C:\CASS2008\DEMO\YMSJ. DAT”,绘制数字平面图“DEMO\YMSJ(X). dwg”。

(4)调用软件自带的示例用坐标数据文件“C:\CASS2008\DEMO\DGX. DAT”,绘制数字等高线图“DEMO\DGX(X). dwg”。

三、安排

(1)时数:课内 2 学时。

(2)地点:电脑实验室。每人一台装有网络版 CASS 软件的电脑。

四、步骤

开机,运行 CASS2008 软件,进入 CASS2008 主界面。

(一)绘制数字地形图“DEMO\STUDY(X). dwg”

具体方法和步骤见《工程测量技术》模块二项目二任务三大比例尺地形图数字测绘中内业成图部分。所绘图件以“DEMO\STUDY(X). dwg”定名存盘,括号中的 X 为任意字母或数字,以示与原图件名有所区别。

(二)绘制数字平面图“DEMO\YMSJ(X). dwg”

1. 定显示区

移动鼠标点击“绘图处理”子菜单,在其下拉菜单中选择“定显示区”,按左键在其对话框中选择示例数据文件“C:\CASS2008\DEMO\YMSJ. DAT”并打开。

2. 选择测点点号定位成图法

移动鼠标至屏幕右侧,点击菜单区的“坐标定位\点号定位”项,在其对话框中输入点号坐标数据文件名“YMSJ. DAT”并打开。

3. 展点

移动鼠标至屏幕的顶部菜单,点击“绘图处理”,在其下拉菜单中点击“展野外测点点号”,再次输入坐标数据文件“YMSJ. DAT”并打开,然后输入绘图比例尺 1:500,回车,在屏幕上展出野外测点的点号。

4. 绘平面图

绘外业工作草图见图 S8。

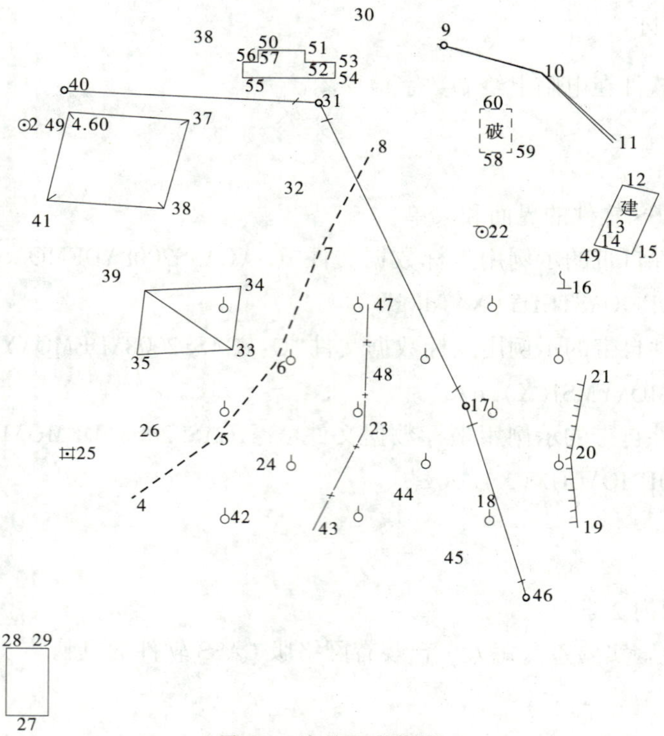

图 S8　外业工作草图

参照图 S8 所示的外业工作草图,由 34、33、35 号点连成一间普通房屋。鼠标点击右侧菜单“居民地\一般房屋”,在弹出的对话框中点击“四点房屋”图标,根据屏幕下方命令区的提示,输入绘图比例尺(如 1:1 000),以及根据草图选择画房屋的类型(如 1. 已知三点/2. 已知两点及宽度/3. 已知四点<1>:输入 1(默认为 1),回车),再依顺时针方向输入草图上该房屋的定位点点号 34、33、35,即绘出该普通房屋的连线。重复上述操作,将 27、28、29 号点绘成四点房屋,50、51、52、53、54、55、56、57 号点绘成多点一般房屋;点击“居民地\普通房屋”,将 37、38、41 号点绘成四点棚房,60、58、59 号点绘成四点破坏房,12、14、15 号点绘成四点建筑中房屋;同样在“居民地\垣栅”层找到“依比例围墙”的图标,需确认是否需要拟合,其作用是对边线进行光滑处理,此处选不拟合,输 N,再输边宽 0.5 m,将 9、10、11 号点绘成依比例围墙的符号;仍在“居民地\垣栅”层找到“篱笆”的图标,将 47、48、23、43 号点绘成篱笆的符号。

再将草图中的 19、20、21 号点连成一段陡坎。其操作方法:先移动鼠标并点击右侧屏幕菜单“地貌土质\人工地貌”,再移动鼠标并点击弹出对话框中未加固陡坎符号的图标,根据下方命令区的提示,依次输入坎高(默认值为 1.0 m)及坎上的点号 19、20、21,再确认是否需要拟合,此处选不拟合,输 N,便可在该三点之间绘出陡坎符号(注意:陡坎上的坎毛生成在绘图方向的左侧)。

对照图 S8 外业工作草图重复上述操作将其他测点用各种相应的地形图图式符号绘制出来,并将所绘图件以“DEMO\YMSJ(X).dwg”定名存盘,括号中的 X 为任意字母或数字。

(三)绘制数字等高线图“DEMO/DGX(X).dwg”

1. 建立数字地面模型

先“定显示区”,其操作与上述“点号定位”的“定显示区”操作相同。

键盘输入碎部点坐标数据文件名(示例高程点文件 C:\CASS2008\DEMO\DGX..DAT)并打开,然后在“绘图处理”下拉菜单中点击“展高程点”选项。再在下方命令区提示“注记高程点距离”(即根据规范要求输入高程点注记距离)时,回车默认为注记全部高程点的高程,即将所有高程点和控制点的高程均展绘到图上。

移动鼠标至屏幕顶部菜单点击“等高线”项,然后点击其下拉菜单的“建立 DTM”项,再在对话框中首先选择建立 DTM 的方式为由数据文件生成,输入上述高程点数据文件名,选择要显示建三角网结果,确定后即生成三角网。

2. 绘制等高线

先输入绘图比例尺(如 1:500),点击“等高线\绘制等高线”菜单,在弹出的对话框中输入绘图等高距(如 1 m),等高线的拟合方式选“三次 B 样条拟合”,确定后便绘出等高线图,再点击“等高线\删除三角网”将三角网删除,所绘图件以“DEMO\DGX(X).dwg”定名存盘,括号中的 X 为任意字母或数字。参见《工程测量技术》图 2-3-17(a)。

3. 绘制三维地面模型

在建立 DTM 的基础上,可以生成三维地面模型,用于观测其立体效果。点击“等高线\绘制三维模型”菜单,在命令区依提示输入高程系数<1.0>,如输入 5,再输入格网间隔(如 8.0),并选择需要拟合,确定后即可显示三维地面模型,参见《工程测量技术》图 2-2-26。利用“显示”菜单下的“三维静态显示”和“三维动态显示”可以对模型视点、视角、坐标轴等进行转换,以便显示更生动的三维动态效果。

五、实验答题

(1)简述应用 CASS 软件绘制数字地形图的方法、步骤和特点。

(2)应用 CASS 软件如何绘制平面图?

(3)应用 CASS 软件如何绘制等高线?

(4)应用 CASS 软件如何加注记和图框?

六、注意事项

(1)在操作过程中应不断存盘,以防操作不慎导致数据丢失。

(2)执行各项命令时应注意看下面命令区的提示,当出现“Command:”时,要求输入新的命令;当出现“Select objects”时,要求选择对象等。

(3)当一个命令未执行完时,最好不要执行另一个命令,若要强行终止,可按键盘左上角的“Esc”键,或按“Ctrl”的同时按“C”键,直到出现“Command:”提示。

(4)有些命令有多种执行途径,可灵活选用快捷工具按钮、下拉菜单或在命令区输入命令。

(5)CASS 软件也在不断升级,不同版本的 CASS 软件的主要功能和使用方法基本相同,但具体的指令、命令、界面或对话框等有所不同,使用时需加以注意。

实验十四　数字地形图测绘

一、技能目标

能用全站仪+CASS 软件测绘数字地形图。

二、内容

每小组在实地 60 m×40 m 范围内完成一小幅比例尺为 1∶500 的数字地形图测绘(视课时充裕与否,不一定满幅)。

三、安排

(1)时数:课内 4 学时,其中外业数据采集和内业电脑绘图各 2 学时;每组 4~5 人。

(2)仪器:全站仪 1 台(包括反射棱镜、棱镜杆)、2 m 小钢尺 1 只、测伞 1 把、记录板 1 块。

(3)场地:在道路一边设测量控制点 *A*、*B*,假设其三维坐标如表 S24 所示。

内业:在电脑实验室,每人一台装有网络版 CASS 软件的电脑。

表 S24　测量控制点三维坐标

点号	*X*(m)	*Y*(m)	*H*(m)	方位角 α	距离 *D*(m)
A	1 000.00	800.00	50.00	270°00′00″	30.00
B	1 000.00	770.00	50.00		

四、步骤

(一)外业数据采集

(1)以 *A* 为测站点,*B* 为后视点,在 *A* 点架设仪器,对点、整平、开机,对测距模式、测量次数、存储形式等参数进行设置、量取仪器高 *i*,将 *A*、*B* 点的三维坐标以坐标文件的形式存入全站仪。

(2)进入数据采集菜单,调用上述坐标文件设置测站点、后视点,输入测站点点名、仪器高,及后视点点名、棱镜高,照准后视点,予以确认。

(3)在测站四周的建筑物、道路、苗圃等,以及坡地或小山丘上选择地物、地貌特征点(即碎部点),按数据采集测定待测点的方法依次对各碎部点进行测量,将各点的观测数据和测定的三维坐标分别存入观测数据文件和坐标数据文件。与此同时,绘制作业草图(见图 S9)。草图上各碎部点的编号应与测量时输入仪器的各点编号相一致。

(二)内业成图

1. 数据传输与转换

(1)将全站仪通过通信电缆与电脑相连接。运行 CASS 软件,移动鼠标至菜单“数据通信”项的“读取全站仪数据”项,根据不同型号的仪器设置通信参数(包括通信口、波特率、奇偶性、数据位、停止位等,全站仪和软件设置的通信参数应当一致)。

(2)选择全站仪待传输的数据文件名与输入并转换后保存的CASS坐标文件的路径和文件名,点“转换”,即将输入的全站仪数据文件格式(＊.RAW或＊.PTS文件)转换为CASS坐标文件格式(＊.DAT或＊.TXT文件)。

2. 电脑绘图

调入碎部点坐标数据文件,在电脑上完成所测地形图的绘制,其步骤如下:

(1)定显示区。移动鼠标点击“绘图处理”子菜单,在其下拉菜单中选择“定显示区”,按左键在其对话框中输入测定的点坐标数据文件名并打开,在命令区显示坐标文件中的最小坐标值和最大坐标值。

(2)选择测点点号定位成图法。移动鼠标至屏幕右侧点击菜单区的“测点点号”项,在其对话框中输入上述坐标数据文件名并打开。

(3)展点。移动鼠标至屏幕的顶部菜单点击“绘图处理”,在其下拉菜单中点击“展野外测点点号”,再次输入上述坐标数据文件名并打开,在屏幕上展出野外测点的点号。

(4)绘平面图。参照实验十三“使用CASS软件绘制数字地形图”的方法,依据作业草图,点击有关地物符号绘制指令,依次绘出所测的道路、房屋、苗圃等地物。

(5)绘等高线。参照实验十三“使用CASS软件绘制数字地形图”的方法,对所测地貌绘制相应的等高线。

(6)加注记和图框,完成地形图绘制。

参见《工程测量技术》模块二项目二任务三。

五、实验答题

(1)数字测图外业工作包括哪些内容?

(2)应用全站仪进行野外测量数据采集的具体步骤如何?

(3)如何进行全站仪向计算机的数据传输?全站仪数据文件和CASS数据文件的格式有何不同?

(4)简述应用 CASS 软件绘制数字地形图的具体方法和步骤。

六、注意事项

注意事项与实验十三注意事项相同。

实验十四报告

实验名称:数字地形图测绘

日期____天气____专业____年级____班级____小组____观测________记录________

一、现场绘制工作草图

现场绘制工作草图于图 S9 中。

图 S9　工作草图

二、内业计算机成图

如果有条件,将在电脑上绘制的数字地形图打印出来,粘贴于后。

实验十五　在工程施工中应用数字地形图

一、技能目标

能在工程施工中应用数字地形图。

二、内容

(1)调用实验十三绘制的地形图件“C:\CASS2008\DEMO\STUDY(X).dwg”,在其上练习地形图基本要素查询和在工程施工中的应用。

(2)调用实验十三绘制的平面图件“C:\CASS2008\DEMO\YMSJ(X).dwg”,在其上练习地形图基本要素查询。

(3)调用实验十三绘制的等高线图件“C:\CASS2008\DEMO\DGX(X).dwg”,在其上练习在工程施工中的应用。

三、安排

(1)时数:课内 2 学时。

(2)地点:电脑实验室。每人一台装有网络版 CASS 软件的电脑。

四、步骤

开机,运行 CASS 软件,进入 CASS 主界面。

(一)地形图基本要素查询和在工程施工中的应用

调用实验十三绘制的地形图件“C:\CASS2008\DEMO\STUDY(X).dwg”并打开,按《工程测量技术》模块二项目三任务四介绍的方法和步骤,在图上进行基本要素查询和在工程中应用项目的练习(道路设计高程取 495 m,路宽取 20 m)。

(二)数字地形图基本要素查询再练习

调用实验十三绘制的平面图件“C:\CASS2008\DEMO\YMSJ(X).dwg”并打开,在其上再次进行数字地形图查询练习,查询内容包括:

(1)查询点的坐标;

(2)查询两点之间的距离和方位角;

(3)查询线长;

(4)查询实体面积;

(5)计算地表面积。

(三)数字地形图在工程上的应用再练习

调用实验十三绘制的等高线图件“C:\CASS2008\DEMO\DGX(X).dwg”并打开,在其上再次进行在工程上的应用练习,应用内容包括:

(1)绘制纵断面图;

(2)方格网法计算平整场地土方量;

(3)DTM 法计算平整场地土方量；

(4)区域平衡法计算土方量；

(5)断面法计算道路施工土方量(道路设计高程取 35 m,路宽取 20 m,其他参数设置与上述在地形图件"C:\CASS2008\DEMO\STUDY(X).dwg"上的练习相同)；

(6)等高线法计算土方量。

具体操作方法和步骤参见《工程测量技术》模块二项目三任务四。

五、实验答题

(1)如何应用数字地形图进行基本要素查询?

(2)如何应用数字地形图绘制纵断面图?

(3)如何在数字地形图上按方格网法计算场地平整土方量?

(4)如何在数字地形图上按 DTM 法计算场地平整土方量?

(5)如何在数字地形图上按区域平衡法计算场地平整土方量?

(6)如何在数字地形图上按断面法计算道路施工土方量?

(7)如何在数字地形图上按等高线法计算土方量?

六、注意事项

与实验十三注意事项相同。

实验十六　测设点的平面位置和高程

一、技能目标

能使用经纬仪、钢尺和普通水准仪进行点的平面位置和高程测设。

二、内容

每个小组依据两个假定的建筑基准线点 A(为测站)、B(为后视方向),采用极坐标法,用经纬仪完成一矩形建筑物四周角点 $P_1 \sim P_4$ 的测设(图 S10,所有点的已知坐标和高程列于实验十六报告表 S25)。先进行内业测设数据计算,再进行外业现场点位测设,并对测设结果进行检核。

三、安排

(1)时数:课内 2 学时(内业计算 0.5 学时,现场测设 1.5 学时),每小组 4~5 人。

(2)仪器:DJ_6 型经纬仪 1 台、DS_3 型水准仪 1 台、钢尺 1 把、水准尺 1 根、花杆和测钎各 1 根、锤子 1 把、木桩和小铁钉各 6 个、测伞 1 把、记录板 1 块。

(3)场地:长约 40 m,宽约 30 m。

四、步骤

(一)内业计算

计算以 A 为测站,以 B 为零方向和以 B 为测站、以 A 为零方向,按极坐标法测设 P_1、P_2 点的水平角 β_{ij} 和水平距离 D_{ij},列于实验十六报告表 S25。

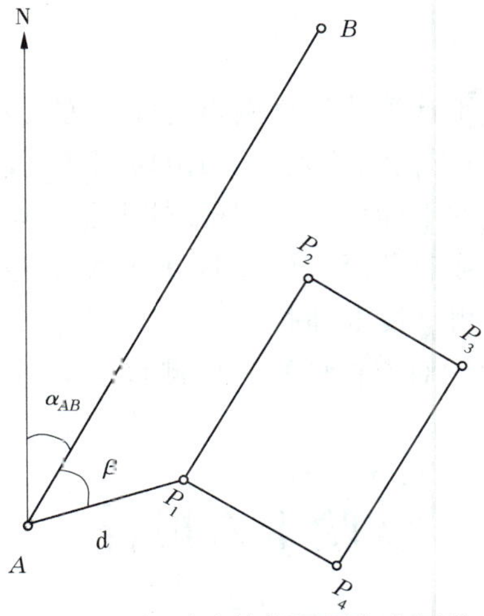

图 S10　矩形建筑物四周角点测设

(二)现场测设

场地上先用钢尺测设一条建筑基线(长 25 m),令其两端分别为 A、B 点。

1. 平面位置测设

(1)在 A 点安置经纬仪,照准零方向 B 点,配置水平度盘为 0°00′00″。

(2)转动照准部使水平度盘读数为 β_{AP_1},自 A 点沿视线方向用钢尺丈量 D_{AP_1},定 P_1 点。

(3)用同样方法定出 $P_2 \sim P_4$ 点。

2. 高程测设

(1)在 A 点和 B 点之间的适宜位置安置水准仪(也可将测站设于别处,只是考虑尽量使水准测量时的前视距离和后视距离大致相等),在 BM_K 点上立尺,读取后视读数 a,根据 BM_K 点的已知高程 H_{BM_K},计算视线高程 H_i。

(2)根据 $P_1 \sim P_4$ 点的设计高程,计算 $P_1 \sim P_4$ 点上标尺的应有读数 $b_1 \sim b_4$,计算数据填入表 S27。

(3)依次在测设的 $P_1 \sim P_4$ 点处立尺,使尺上读数等于 b_i,然后将尺之底边位置用红漆线在各交点木桩上标注出来,即为该两点的设计高程。

(4)检测:重新测定 $P_1 \sim P_4$ 木桩上标注的红漆线高程,检测其与已知设计高程之差,连同测设的 $P_1 \sim P_4$ 之间的距离较差一道记入表 S28。

参见《工程测量技术》模块二项目四任务二和模块二项目四任务三。

3. 点位检测之一(经纬仪加钢尺)

(1)用钢尺对所测设相邻点位之间的水平距离进行实测检核,与表 S25 中的相应水平距离比较,其相对误差应 $\leqslant \frac{1}{4\ 000}$。

(2)用经纬仪对所测设矩形建筑物的四个内角进行实测检核,与 90°相比较,其误差应≤±40″。具体方法参见《工程测量技术》模块二项目四任务三。

五、注意事项

(1)在运用坐标反算公式用计算器计算两点之间的方位角时,应注意根据分子 Δy 和分母 Δx 的符号,判别待定方向所在的象限,从而由象限角正确地换算出方位角。

(2)运用极坐标法测设点的平面位置时,测设的水平角均为左角。

(3)在用计算器进行角度或三角函数计算时,应注意角度单位的选择和角度 60 进制与 10 进制的转换,参见《工程测量技术》附录一。

(4)测设数据计算的正确性对点位和高程的测设至关重要,应反复计算检核,方能用于现场测设。

实验十六报告

实验名称:经纬仪测设点的平面位置和高程

日期____天气____专业____年级____班级____小组____观测______记录______

一、实验记录

(一)极坐标测设数据计算

假设两个建筑基线点的已知坐标和四个角点坐标(为同一坐标系)列于表 S25。

表 S25　矩形建筑物角点测设已知数据和角点坐标表

点号	x(m)	y(m)	边号	平距(m)
A	1 200.000	1 800.000		
B	1 221.651	1 812.500	$A \sim B$	25.000
P_1	1 202.928	1 810.928	$P_1 \sim P_2$	18.000
P_2	1 218.516	1 819.928	$P_2 \sim P_3$	12.000
P_3	1 212.516	1 830.320	$P_3 \sim P_4$	18.000
P_4	1 196.928	1 821.320	$P_4 \sim P_1$	12.000

以 A 点为测站点,B 点为后视方向,计算按极坐标法测设四个角点的水平角和水平距离,并将计算结果填入表 S26。

计算式:

$$\alpha_{i\sim j} = \arctan \frac{Y_j - Y_i}{X_j - X_i} \tag{6}$$

$$\beta_{A\sim j_1} = \alpha_{A\sim j} - \alpha_{A\sim B} \tag{7}$$

$$D_{A\sim j} = \sqrt{(X_j - X_A)^2 + (Y_j - Y_A)^2} \tag{8}$$

表 S26　建筑物四个角点的水平角和水平距离

点号	方向号	方位角	水平角	平距(m)
A	$i \sim j$			
B	$A \sim B$			
P_1	$A \sim P_1$			
P_2	$A \sim P_2$			
P_3	$A \sim P_3$			
P_4	$A \sim P_4$			

(二)高程测量与测设数据计算

表 S27　高程测量记录与测设数据计算　水准点 K 高程 H_{BM_K} ________

点号	后视标尺读数(m)	视线高程(m)	设计高程(m)	前视标尺应有读数(m) $b_{应}$=视线高程-设计高程
K				
P_1				
P_2				
P_3				
P_4				

(三)点位和高程测设的检测

表 S28　点位和高程测设检测记录

水准点高程 H_{BM_K}=________　水准点标尺读数=________　视线高程=________

边号	$P_1 \sim P_2$ 间距(m)			H(m)			
	实测(m)	设计(m)	较差(mm)	标尺读数(m)	实测高程(m)	设计高程(m)	较差(mm)
$P_1 \sim P_2$							
$P_2 \sim P_3$							
$P_3 \sim P_4$							
$P_4 \sim P_1$							

二、实验答题

(1)测设点的平面位置和高程都必须遵循测量工作________________________的基本原则。

(2)点位测设的直角交会法一般适用于________，角度交会法一般适用于________，极坐标法一般适用于________。

(3)测设点位时要求测站至后视控制点的距离尽量长，其目的是________________。

(4)测设点的高程，如果视线高程至桩顶的高度与前视应有读数相差较大时应________________。

(5)安置一次水准仪，同时测设多个点的高程，不同点的前视距离和后视距离难免相差较大，应在测设前仔细进行________。

实验十七　全站仪放样测量

一、技能目标

能用全站仪测设点的三维坐标。

二、内容

(1)以控制点 A 为测站、控制点 B 为零方向，用全站仪按坐标法测设与实验十六同样的矩形建筑物四周角点 $P_1 \sim P_4$ 点的平面位置和高程(见图 S10)。

(2)控制点的已知坐标、待测 $P_1 \sim P_4$ 点的设计坐标及有关测设数据同实验十六。

三、安排

(1)时数：课内 2 学时。

(2)仪器：全站仪 1 台(包括反射棱镜、棱镜架)、2 m 小钢尺 1 只、测伞 1 把、记录板 1 块。

(3)场地：同实验十六。

四、步骤

(一)安置全站仪及棱镜架(或棱镜杆)

在测站 A 上安置全站仪，对中、整平方法与实验十一同，量仪器高 i。

(二)仪器操作

(1)开机，进入坐标放样模式。

(2)由键盘输入测站点的三维坐标(x_A、y_B、H_A)、仪器高。

(3)由键盘输入后视点坐标(x_B、y_B)，转动望远镜照准 B，回车。

(4)由键盘输入 P_1 点的三维坐标(x、y、H)和棱镜高，根据显示屏显示的角差 dHR=实测角度-所需角度，转动望远镜直至显示的 dHR 为 0，即得所测设点的方向；在视线方向竖立棱镜，照准棱镜中心，测量距离，根据显示屏显示的距离差 dHD=实测距离-所需距离 D，前后移动棱镜杆再测量直至显示的距离差为 0，即得所测设 P_1 的位置；根据显示屏显示的高差差值 dZ=实测高差-所需高差 h，上下改变棱镜的高度直至显示的 dZ 为 0，即得所测设点的高程(或记录 dZ 值,“+”值表示该点需下挖深度“-”值表示该点需上填高度)。

(5)重复上述步骤,逐一测设 $P_2 \sim P_4$ 点位。

(6)分别量取所测设的四个点位之间的边长和应有的边长进行比较,得各边较差用于检核;同时将测设的四点高程与实验十六按水准测量测设的该二点高程进行比较,得高程差 ΔH,填入表 S29。

参见《工程测量技术》模块二项目四任务三及本书附录二。

五、注意事项

同实验十一和实验十二。

实验十七报告

实验名称:全站仪放样测量

日期________天气________专业________年级____班级____小组____姓名________

一、实验记录

(一)点位测设数据

已知数据见实验十六表 S25,测设数据见实验十六表 S26。

(二)点位检测记录

(1)用全站仪对所测设相邻点位之间的水平距离进行实测检核,与表 S25 中的相应水平距离比较,其相对误差应 $\leq \frac{1}{4\ 000}$;

(2)用全站仪对所测设矩形建筑物的四个内角进行实测检核,与 90°相比较,其误差应 $\leq \pm 40''$;

(3)重新测定 $P_1 \sim P_4$ 木桩上标注的红漆线高程,检测其与已知设计高程之差,连同测设的 $P_1 \sim P_4$ 间的距离较差,记入表 S29。

表 S29 点位和高程测设检测记录

边号	$P_1 \sim P_2$ 之间距			H(m)		
	实测(m)	设计(m)	较差(mm)	实测高程(m)	设计高程(m)	较差(mm)
$P_1 \sim P_2$						
$P_2 \sim P_3$						
$P_3 \sim P_4$						
$P_4 \sim P_1$						

二、实验答题

(1)通过坐标放样法测设点位,在测设其平面坐标时依据的是________法,而在测设其高程时依据的是____________法。

(2)两种坐标放样方法比较而言,通过测设角度和距离放样点位的优、缺点是____,通过直接测设坐标放样点位的优、缺点是____。

第二部分　测量习题课指导

习题课一　水准测量内业计算

一、技能目标

能进行单一路线水准测量的内业计算。

二、题目

一附合水准路线计包含四个测段，水准点 BM_A 和 BM_B 的已知高程分别为 H_A = 136.742 m、H_B = 137.329 m，各测段距离长和测段高差观测值如图 S11 所示，试在表 S30 内进行高差闭合差的调整和所有未知点高程的计算。

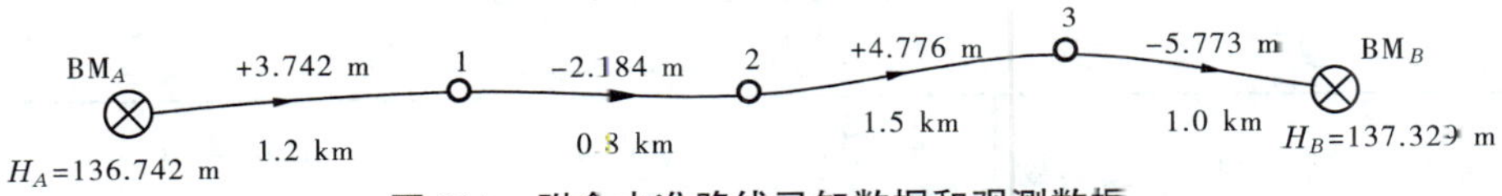

图 S11　附合水准路线已知数据和观测数据

三、安排

课内 1 学时。

四、内容

(1)将已知数据和各测段观测数据填入表 S30。

(2)按下式计算该附合路线的高差闭合差及其容许值，并填入辅助计算栏

$$f_h = \sum h_{测} - (H_{终} - H_{始}) \tag{9}$$

$$f_{h容} = \pm 40\sqrt{L}\ \text{mm} \tag{10}$$

(3)高差闭合差调整。若高差闭合差绝对值小于其容许值，即将高差闭合差反号按与各测段距离 L_i 成正比计算各测段高差改正数(i 为各测段序号)，填入第(4)栏

$$\Delta h_i = -\frac{f_h}{\sum L_i} \cdot L_i \tag{11}$$

(4)计算各未知点高程。将各测段观测高差与高差改正数相加即得该测段改正后高差，再由 H_A 起始，逐一计算各未知点高程，填入第(6)栏。

五、注意事项

(1)本题已知各测段的距离长，说明水准测量在平坦地区进行，将距离填入第(2)栏，若在丘陵地区进行，则应将各测段的测站数 n_i 填入表内第(2)栏，高差闭合差容许值的计算公式亦应改为

$$f_{h容} = \pm 12\sqrt{n}\ \text{mm} \tag{12}$$

(2)第(4)栏最后一行算得的高差改正数之和应与高差闭合差绝对值相等，符号相反，可用于对各测段高差改正数的复核计算；如果由于高差闭合差调整计算中的凑整误差使改正数之和与闭合差的绝对值不完全相等而出现小的差数，可将其差数凑到某测段的改正后高差中，从而使改正数之和与闭合差绝对值完全相等。

(3)第(6)栏最后一行应计算出终端水准点的高程，且与其已知高程值相比较，二者亦应完全相等。

(4)闭合水准路线的计算方法和步骤与附合水准路线相同，但其高差闭合差的计算有所不同，参见《工程测量技术》模块一项目一任务二。

(5)本题未知点高程正确答案为：$H_1 = 140.491$ m，$H_2 = 138.311$ m，$H_3 = 143.096$ m。

表 S30　高差闭合差调整及未知点高程计算表

专业________年级________班级________学号______________姓名______________

点号	距离(km)/测站数	实测高差(m)	改正数(m)	改正后高差(m)	高程(m)
(1)	(2)	(3)	(4)	(5)	(6)
BM_A					
1					
2					
3					
BM_B					
Σ					
辅助计算	$f_h =$ $f_{h容} =$　　　(mm)				

习题课二　导线测量内业计算

一、技能目标

能进行导线测量的内业计算。

二、题目

已知闭合导线 1 点坐标 $x_1 = 500.00$ m，$y_1 = 500.00$ m，方位角 $\alpha_{12} = 125°30'00''$，观测数据如表 S31 中附图所示，试填表计算所有未知导线点坐标。

三、安排

课内 2 学时。

四、内容

(1)将已知数据和观测数据填入表 S31(本次计算已填入)。

(2)按下式计算该闭合导线的角度闭合差及其容许值，填入辅助计算栏

$$f_\beta = \sum_{i=1}^{n} \beta_i - (n-2) \times 180° \tag{13}$$

$$f_{\beta允} = \pm 60'' \sqrt{n} \tag{14}$$

(3)角度闭合差调整。若角度闭合差小于其容许值，计算各角改正数

$$v_\beta = -\frac{f_\beta}{n} \tag{15}$$

即将角度闭合差反号平均分配，填入各观测角右上方，由此算得改正后观测角，填入第(3)栏。

(4)计算各未知边方位角，填入第(4)栏，其公式为

$$\alpha_{前} = \alpha_{后} + \beta_{左} \pm 180° \tag{16}$$

(5)计算各边纵、横坐标增量，填入第(6)、(7)栏，其公式为

$$\left.\begin{aligned} \Delta x' &= D\cos\alpha \\ \Delta y' &= D\sin\alpha \end{aligned}\right\} \tag{17}$$

(6)计算该闭合导线的坐标增量闭合差、全长闭合差和全长相对闭合差，填入辅助计算栏，其公式为

$$\left.\begin{aligned} f_x &= \sum_{i=1}^{n} \Delta x'_i \\ f_y &= \sum_{i=1}^{n} \Delta y'_i \end{aligned}\right\} \tag{18}$$

$$f = \pm\sqrt{f_x^2 + f_y^2} \tag{19}$$

$$K = \frac{|f|}{\sum D} = \frac{1}{\sum D/|f|} \tag{20}$$

(7)坐标增量闭合差的调整。若全长相对闭合差小于其容许值,则将坐标增量闭合差反号,按与各边边长成正比的原则分配,即按式(21)计算各边坐标增量改正数,填入第(6)、(7)栏纵、横坐标增量的右上方,由此计算各边改正后坐标增量填入第(8)、(9)栏

$$\left.\begin{aligned} v_{xi} &= -\frac{f_x}{\sum D} \cdot D_i \\ v_{yi} &= -\frac{f_y}{\sum D} \cdot D_i \end{aligned}\right\} \tag{21}$$

(8)计算各未知点坐标,填入第(10)、(11)栏。

五、注意事项

(1)点号自1、2点开始,按逆时针顺序填入第(1)栏,以使观测角既是内角,又是左角。

(2)由于根据已知方位角 α_{12},从 α_{23} 开始,依次计算各待定边方位角,首先用到的观测角是 β_2,因此观测角由2号点开始往下填。而将 β_1 填入第(2)栏最后一行,可用于对1 2边方位角的复核计算。

(3)方位角计算公式中,若 $\alpha_{后}+\beta_{左}>180°$,±180°前应取"-"号,反之应取"+"号。此外,如果闭合导线的点号和在表内的计算顺序按顺时针排列,闭合环线内的观测角均成为右角,式(16)需以下式代替(参见《工程测量技术》模块二项目一任务二)。

$$\alpha_{前} = \alpha_{后} - \beta_{右} \pm 180°$$

(4)坐标增量的计算中,$\Delta x_i'$、$\Delta y_i'$前面的符号取决于 $\cos\alpha$ 和 $\sin\alpha$ 的符号,因此首先应根据该边方位角 α 所在的象限,确定 $\cos\alpha$ 和 $\sin\alpha$ 的正、负号。

(5)全长相对闭合差不应表示为小数或一般的分数,而应将其计算结果化为分子为1、分母为整数(一般凑整至百位)的分数。

(6)在角度闭合差和坐标增量闭合差的调整中,由于计算凑整误差使改正数之和与闭合差的绝对值不完全相等时,可将其差数凑到某个角的观测值或某条边的坐标增量中,从而使各项改正数之和与相应的闭合差绝对值完全相等。

(7)除上述方位角的计算中,应在第(4)栏最后一行对 α_{12} 进行复核外,在待定点的坐标计算中,还应在第(10)、(11)栏最后一行对起始点的 x、y 进行复核,以验证计算的正确性。

(8)在用计算器进行角度和三角函数的有关计算时,应注意角度单位的选择(必须是DEG,即度分秒制)、角度60进制与10进制的转换(按60进制输入,转换为10进制运算,角度的运算结果再转换为60进制)。

(9)如果需要根据两个已知点坐标进行反算获得起始方位角,计算器上显示的运算结果一般是象限角,应根据两点之间坐标增量 Δx、Δy 的"+""-"号判别所在象限,从而将象限角化为方位角。

（10）附合导线计算的方法和步骤与闭合导线相同，但其角度闭合差和坐标增量闭合差的计算有所不同，参见《工程测量技术》模块二项目一任务二。

（11）本题答案：$x_1=438.88$ m，$y_1=585.68$ m；$x_2=486.76$ m，$y_2=650.00$ m；$x_3=563.34$ m，$y_3=545.81$ m。

表 S31　导线闭合差调整及坐标计算表

专业________年级________班级________学号______________姓名______________

点号	观测角 β (° ′ ″)	改正后角值 β (° ′ ″)	方位角 α (° ′ ″)	距离 D (m)	纵坐标增量 $\Delta x'$ (m)	横坐标增量 $\Delta y'$ (m)	改正后 Δx (m)	改正后 Δy (m)	纵坐标 x (m)	横坐标 y (m)
(1)	(2)	(3)	(4)	(5)	(6)	(7)	(8)	(9)	(10)	(11)
1									**500.00**	**500.00**
			125 30 00	105.22						
2	107 48 30									
				80.18						
3	73 00 20									
				129.34						
4	89 33 50									
				78.16						
1	89 36 30								**500.00**	**500.00**
			125 30 00							
2										
总和										

辅助计算

$\sum\beta_{测}=$

$\sum\beta_{理}=(n-2)\times180°=$

$f_\beta=$

$f_{\beta允}=\pm60''\sqrt{n}=$

$f_x=$　　　，$f_y=$

$f=\pm\sqrt{f_x^2+f_y^2}=$

$K=$

$K_{允}=\frac{1}{2\ 000}$

附图

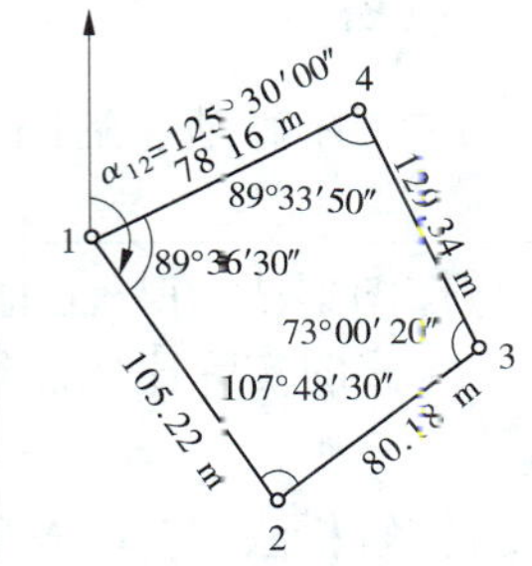

习题课三　纸质地形图应用

一、技能目标

能在工程施工中应用地形图。

二、题目

在局部地形图（见图 S12）中完成有关地形图基本应用和施工应用的练习。

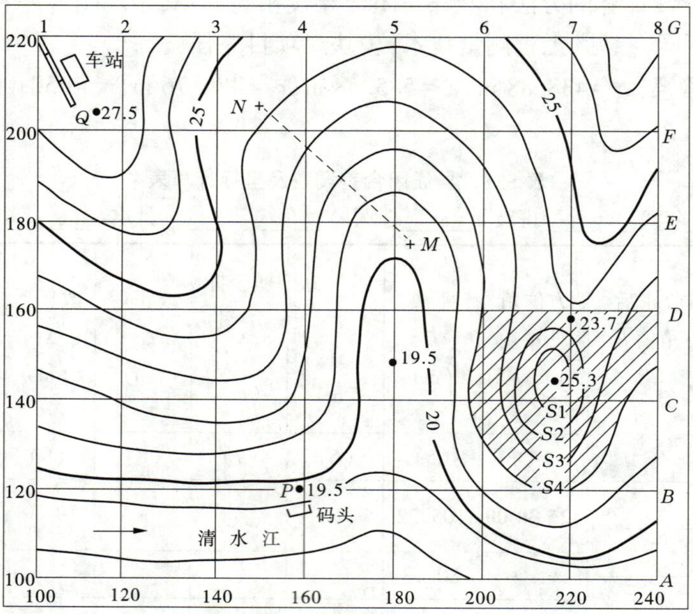

比例尺1:1 000

图 S12　局部地形图

三、时数

课内 2 学时。

四、内容

(1)按图解法,在图上直接量取 M、N 两点的坐标分别为 x_M = ________、y_M = ________,x_N = ________、y_N = ________。

(2)按图解法,在图上直接量取 M、N 之间的方位角 α_{MN} = ________,水平距离 D_{MN} = ________(该图实际比例尺约为 1∶1 700,应根据实际比例尺分母,将图上距离化为实地距离)。

(3)按解析法,将 M、N 的坐标代入以下公式,计算两点之间的水平距离和方位角(对图解法的结果进行检核)

$$\alpha_{MN} = \arctan \frac{y_N - y_M}{x_N - x_M} =$$

$$D_{MN} = \sqrt{(x_N - x_M)^2 + (y_N - y_M)^2} =$$

(4)按内插法,图上按比例内插得 M、N 两点的高程分别为 H_M = ________,H_N = ________,计算得 MN 的地面坡度 $i=(H_N-H_M)/D_{MN}$ = ________%。

(5)试从图上 P 点出发,选定一条设计坡度 i=+8%至火车站 Q 的最佳路线。

首先计算满足该坡度要求的路线通过图上相邻等高线的最短平距

$$d = \frac{h}{i \cdot M} =$$

式中：h 为等高距；i 为设计坡度；M 为该图实际比例尺分母(约为 1 700)。

然后按《工程测量技术》模块二项目三任务三介绍的方法，选择最佳路线。

(6)绘制 $D_1(x=160,y=100)$—$D_8(x=160,y=240)$方向的纵断面图见图 S13。

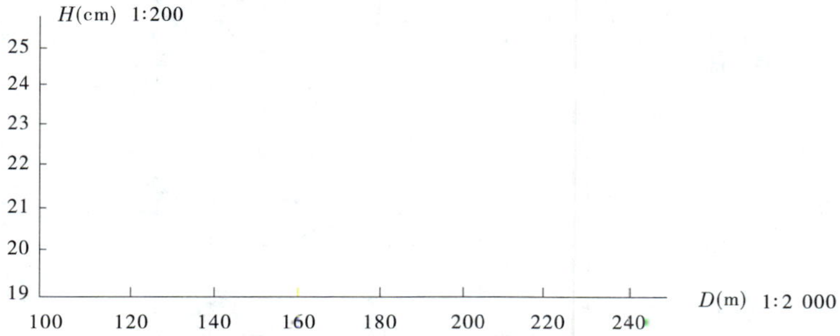

图 S13 D_1—D_8 方向纵断面图

①在地形图上依次量取 D_1—D_8 横向格网线与所穿过等高线交点之间的水平距离，在图 S13 的横向坐标轴上，根据点间距按实际比例尺 1∶1 700，再按横向比例尺 1∶2 000 缩小，在横轴上逐一展出各交点位置。

②自横轴上各点起始，根据各交点所在等高线的高程，沿竖向逐一展出各交点高程所在的位置。

③以光滑曲线连接各交点高程所在点位，即得该 D_1—D_8 方向的纵断面图。

(7)按等高线法计算直线 D_6D_8 与高程为 22 m 等高线所包围的地区(图 S12 中阴影部分，即 22 m 等高线至山丘顶部)的总体积 $V(m^3)$，计算结果填入表 S32。

表 S32 等高线法体积计算表

等高线高程 H	方格数 n	图上面积 (m^2)	实地面积 (m^2)	高差 $h(m)$	体积 (m^3)
合计					

具体解算步骤如下：

①将图上阴影部分放大，并在其上蒙绘小型方格网(10 行×10 列，计 100 个方格，每个方格长、宽的实地长度均为 5 m，即每个方格的实地面积为 5 m×5 m = 25 m^2)，如图 S14 所示。

②按“透明格网法”在图 S14 上逐一求出各条等高线与直线 D_6D_8 所围阴影部分的方格数(完整方格数+边界线上非完整方格凑成完整的方格数)n_{H_i}。

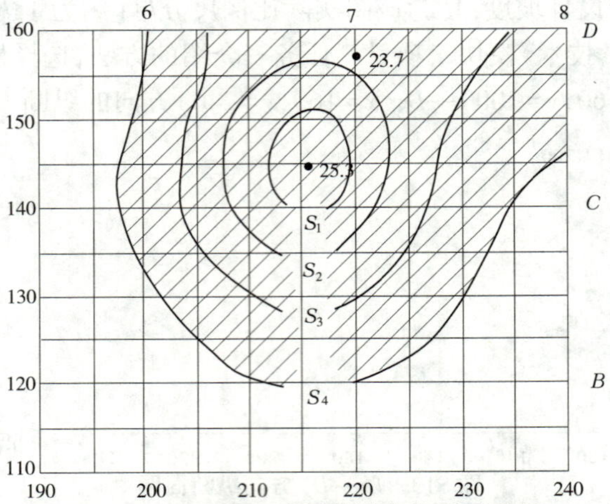

图 S14　透明格网法量算等高线所围面积

③计算各条等高线与直线 D_6D_8 所围阴影部分的实地面积

$$A_{实H_i}=A_{G实}\times n_{H_i}\quad (\mathrm{m}^2) \tag{22}$$

式中：$A_{G实}$是根据图上坐标格网的注记直接得到的每个方格对应的实地面积，由图 S14 可见，本例 $A_{G实}=5\ \mathrm{m}\times5\ \mathrm{m}=25\ \mathrm{m}^2$。

④按下式计算各相邻等高线之间的体积

$$V_i=\frac{A_{实H_i}+A_{实H_{i+1}}}{2}\times h \tag{23}$$

式中：h 为等高距，本例为 1 m。

山丘顶部至 25 m 等高线之间的体积为

$$V'=\frac{A_{实25}}{3}\times h' \tag{24}$$

式中：$A_{实25}$ 为 25 m 等高线所围的实地面积，h'=坡顶高程(25.3)-25.0=0.3(m)，因近似锥形，所以其分母为 3。

⑤累加即得阴影部分总体积 V。

有关计算在表 S31 内完成，参见《工程测量技术》模块二项目三任务二和模块二项目三任务三。

本题答案：阴影部分总体积 $V\approx1\ 670\ \mathrm{m}^3$。

习题课四　方格网法进行施工场地平整设计和土方量计算

一、技能目标

能在地形图上应用方格网法进行施工场地平整设计和土方量计算。

二、题目

在表 S33 内局部地形图上完成方格网所包围施工场地的平整设计和土方量计算练习。

三、时数

课内 2 学时。

四、内容

在表 S33 中首先依据等高线内插各方格角点的高程，再按挖方和填方基本相等的原则，应用方格法（每方格的实地长、宽均为 10 m）进行场地平整设计（计算零点高程和各方格角点的挖深或填高），并计算各方格的挖方和填方及总的挖方量和填方量。其步骤如下所述。

（一）确定图上网格交点的高程

在图上方格网（4 行×4 列计 16 个方格）所围成的场地内，据等高线内插逐一确定每个方格角点的地面高程，注于各方格交点的右上方。

（二）计算零点高程，图上插绘零线

令外围的角点权值为 0.25，四周边线上的边点权值为 0.50，边线拐角的拐点权值为 0.75（本题无拐点），中间部分的中点权值为 1.00，用所有角点高程的加权平均值计算零点高程

$$零点高程\ H_0 = \frac{\sum (P_i \times H_i)}{\sum P_i} \tag{25}$$

式中：H_i 为各角点的地面高程；P_i 为其相应的权值。

随后，在地形图上插绘出高程与零点相同的等高线（零线），即挖、填土方的分界线。

（三）计算网格交点的挖深和填高

将每个方格四个角点的原有高程减去零点高程，即得该角点的挖深（差值为正）或填高（差值为负），注于图上相应角点的右下方，单位为 m。

（四）计算土方量

将每个方格左上、右上、左下、右下四个角点的挖深或填高，依方格编号填入表 S32 相应栏中，再计算各方格的平均挖深、下挖的实地面积与平均填高、上填的实地面积，则各方格的挖方=下挖面积×平均挖深，填方=上填面积×平均填高，即得该方格的挖方量或填方量。分别取所有方格的挖方量之和、填方量之和，为全场的总挖方与总填方，汇总即得场地平整的总土方量，所有计算在表 S33 内完成。

五、注意事项

（1）表 S33 计算部分的（1）~（4）栏分别填每个方格四个角点的挖深或填高，而并非角点的地面高程。

（2）计算每个方格的平均挖深、下挖面积或平均填高、上填面积时有三种情况：

第一种，无零线通过的全挖方格，平均挖深就等于四个角点挖深的平均值，下挖面积就等于方格的实地面积；

第二种，无零线通过的全填方格，平均填高就等于四个角点填高的平均值，上填面积

亦等于方格的实地面积；

第三种，有零线通过的方格，应将该方格分成下挖和上填两部分，分别计算其平均挖深、下挖面积和平均填高、上填面积，而在计算平均挖深和平均填高时应将零线与方格边线的交点视为两个"零点"（即其挖深和填高均为 0 的点）加以考虑。

（3）每个方格内下挖和上填两部分的面积，若精度要求较高，则应对两部分分别进行面积量算，若精度要求较低，则可直接在图上估计两部分各占方格面积之比，再根据方格的实地面积按二者之比分别得出下挖和上填的实地面积。

（4）第一种方格仅计算挖方（（5）~（7）栏），第二种方格仅计算填方（（8）~（10）栏），第三种方格既有挖方也有填方，应分别计算（（5）~（10）栏）。

本题答案：总挖方+总填方≈1 220 m^3。

表 S33　方格网法场地平整设计与土方计算表

零点高程计算	图上零线内插
设权值 P_i： 角点　0.25 边点　0.50 拐点　0.75 中点　1.00 零点高程 $H_0 = \dfrac{\sum(P_iH_i)}{\sum P_i} =$ 说明：图上每方格实地长、宽均为 10 m。每方格实地面积为 100 m^2	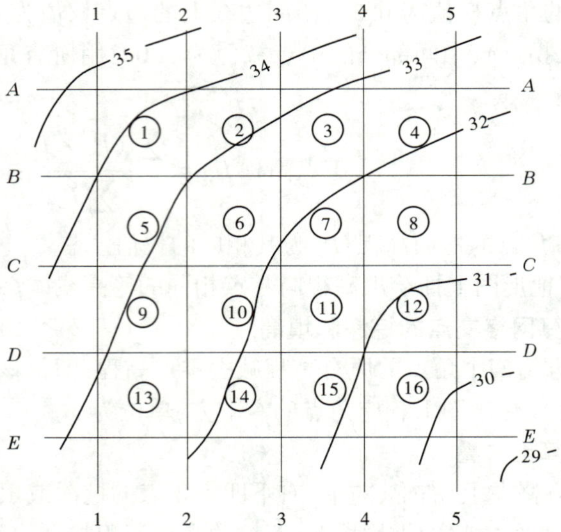

方格号	各点挖深（+）或填高（−）（m）				挖方（m^3）			填方（m^3）			总方量（m^3）
	左上	右上	左下	右下	均深	面积	方量	均高	面积	方量	
	（1）	（2）	（3）	（4）	（5）	（6）	（7）	（8）	（9）	（10）	（11）
①											
②											
③											
④											
⑤											

续表 S33

方格号	各点挖深(+)或填高(-)(m)				挖方(m^3)			填方(m^3)			总方量(m^3)
	左上	右上	左下	右下	均深	面积	方量	均高	面积	方量	
	(1)	(2)	(3)	(4)	(5)	(6)	(7)	(8)	(9)	(10)	(11)
⑥											
⑦											
⑧											
⑨											
⑩											
⑪											
⑫											
⑬											
⑭											
⑮											
⑯											
合计	—	—	—	—	—	—		—	—		

习题课五　带有缓和曲线的圆曲线放样之细部点坐标计算

一、技能目标

能应用全站仪坐标法进行带有缓和曲线的圆曲线细部点坐标的计算和测设。

二、题目

已知线路直缓点 ZH 至交点 JD 的方位角,$\alpha_{始}=243°27'18''$ 交点坐标 $X_{JD}=2\ 088.273$ m、$Y_{JD}=1\ 535.011$ m;交点里程桩为 K3+617.86,线路转角(左角)$\alpha=8°46'39''$,设计圆曲线半径 $R=1\ 500$ m,缓和曲线长 $l_0=100$ m(参见《工程测量技术》模块三项目二任务三图 3-2-17),曲线主点和部分细部点桩号已列于表 S34 内,在附近导线点上用全站仪坐标法同时测设曲线的主点和细部点,试计算所有主点和细部点的测量坐标(曲线的前半段以直缓点 ZH 为测站测设,后半段以缓直点 HZ 为测站测设)。

三、时数

课内 2 学时。

四、内容

(一)缓和曲线常数计算

$$\left.\begin{aligned} m &= \frac{l_0}{2} - \frac{l_0^3}{240R^2} = \\ p &= \frac{l_0^2}{24R} = \\ \beta_0 &= \frac{l_0}{2R} \cdot \rho = \end{aligned}\right\} \tag{26}$$

(二)带有缓和曲线的圆曲线要素计算

$$\left.\begin{aligned} T' &= m + (R + p)\tan\frac{\alpha}{2} = \\ L' &= \frac{\pi R(\alpha - 2\beta_0)}{180^\circ} + 2l_0 = \\ E' &= (R + p)\sec\frac{\alpha}{2} - R = \\ q' &= 2T' - L' = \\ L &= \pi R(\alpha - 2\beta_0)/180^\circ = \end{aligned}\right\} \tag{27}$$

(三)缓和曲线和圆曲线上点的切线坐标计算

以曲线中点 QZ 为界,将整个曲线分成前后两半段,在曲线两端建立两个切线坐标系,按下式分别计算前、后半段曲线上的主点和细部点在各自切线坐标系中的坐标 x_i、y_i。

(1)缓和曲线段点的切线坐标(参见《工程测量技术》模块三项目二任务三图 3-2-18)为

$$\left.\begin{aligned} x_i &= l_i - \frac{l_i^5}{40R^2 l_0^2} = \\ y_i &= \frac{l_i^3}{6Rl_0} = \end{aligned}\right\} \tag{28}$$

将 $l_i = l_0$ 代入式(28),即可得缓和曲线终点(缓圆点 HY)的切线坐标为

$$\left.\begin{aligned} x_0 &= l_0 - \frac{l_0^3}{40R^2} = \\ y_0 &= \frac{l_0^2}{6R} = \end{aligned}\right\} \tag{29}$$

(2)圆曲线段点的切线坐标为

$$\left.\begin{aligned} x_i &= R\sin\alpha_i + m = \\ y_i &= R(1 - \cos\alpha_i) + p = \end{aligned}\right\} \tag{30}$$

式中：$\alpha_i=\dfrac{180°}{\pi R}(l_i-l_0)+\beta_0$，$m$、$p$、$\beta_0$ 为按式(26)计算的缓和曲线常数。

(3)依据《工程测量技术》模块三项目二任务三介绍的规则确定 x_i、y_i 的符号，计算结果列入表 S34。

表 S34 带有缓和曲线的圆曲线上点的坐标计算表

专业________年级________班级________学号________姓名________

点号	弧长(m)	里程(m)	切线 x_i(m)	切线 y_i(m)	测量 X_i(m)	测量 Y_i(m)	主点号
1	0	K3+452.72					ZH
2	47.28	K3+500.00					
3	77.28	K3+530.00					
4	100.00	K3+552.72					HY
5	127.28	K3+580.00					
6	147.28	K3+600.00					
7	164.90	K3+617.62					QZ
8	197.28	K3+650.00					
9	229.80	K3+682.52					YH
10	247.28	K3+700.00					
11	287.28	K3+740.00					
12	329.80	K3+782.52					HZ

(四)曲线上点的切线坐标转换为测量坐标的计算

根据曲线起点 ZH 和交点 JD 的测量坐标、线路的右转角 $\alpha_右$ 及曲线的切线长 L，推算得曲线终点 HZ 的测量坐标和曲线起点与终点的切线在测量坐标系中的方位角分别为：

终点 HZ　　$X_{HZ}=$　　$Y_{HZ}=$

起点～JD　　$\alpha_起=$

终点～JD　　$\alpha_终=$

依据式(31)可得

$$\begin{aligned} x_P &= x_{O'} + A_P\cos\alpha - B_P\sin\alpha \\ y_P &= y_{O'} + A_P\sin\alpha + B_P\cos\alpha \end{aligned} \tag{31}$$

分别将前后半段曲线上点的切线坐标转换为同一测量系中的坐标 X_i、Y_i，在进行前半段曲线换算时，式(31)中的 $x_{O'}=X_{ZH}$、$y_{O'}=Y_{ZH}$、$\alpha=\alpha_起$；在进行后半段曲线换算时，式(31)中的 $x_{O'}=X_{ZH}$、$y_{O'}=Y_{ZH}$、$\alpha=\alpha_终$，计算结果亦列入表 S34。

参见《工程测量技术》模块三项目二任务三，本题的答案见《工程测量技术》附录二，模块三项目二练习题 3 答案。

第三部分 测量实训指导

一、实训性质、任务和基本要求

测量实训是工程测量技术课程的实践教学环节和重要组成部分，其主要任务是使学生加深对课堂所学测量基本理论的理解，系统地掌握常见测量仪器的使用和基本测量、控制测量、地形测量和施工测量的技能，进一步培养学生的实践操作能力和在测量工作中分析问题、解决问题的能力。

学生通过本实训应做到：加深对测量基本理论的理解，进一步掌握或了解一般测量仪器和电子测量仪器的使用、三种基本测量工作的外业观测和内业计算能力、小区域从控制测量到碎部测量的全过程，以及地形图测绘、工程施工测量及变形监测的作业技能和计算方法，与此同时，在实践中培养高度的责任感、认真的作业态度、不怕艰苦的工作作风和良好的团队精神。

二、实训主要内容

实训主要包括三种基本测量工作作业技能的训练，小区域平面和高程控制测量建立的全过程，小地块地形图的测绘，建筑、道路、隧道等工程施工测量和变形监测一般技能的掌握等，具体内容如下：

(1) DS_3 型水准仪的组成和使用；

(2) DJ_6 型光学经纬仪的组成和使用；

(3)全站仪的组成和使用；

(4)闭合水准测量外业观测和内业计算；

(5)闭合导线测量外业观测和内业计算；

(6)小地块地形图测绘（经纬仪测图或全站仪+CASS 软件数字测图）；

(7)一般建筑及特殊形状建筑施工点位测设与检核；

(8)施工场地平整测量和道路坡度测设；

(9)高层建筑施工轴线投测和高程传递；

(10)高层建筑物倾斜观测；

(11)道路中心线圆曲线测设；

(12)模拟隧道贯通段的贯通方向、距离和坡度测设。

三、时间、场地和人员组织

实训 2 学分，两周（10 个工作日），计 36 学时。

场地：测量实训场。

人员组织：每小班分若干小组，每小组5~6人，设正、副组长各1人。

四、作业时间分配

各项目作业内容和时间分配见表S35。

表S35 各项目作业内容和时间分配

序号	作业项目	作业内容	工作日
1	布置任务、选点、领仪器	现场踏勘选点	0.5
2	检验仪器	检验水准仪和经纬仪	0.5
3	闭合水准测量外业	按四等水准施测	0.5
4	闭合导线测量外业	按图根导线施测	1.0
5	内业计算	水准、导线计算	0.5
6	小地块地形图测绘	经纬仪测图或全站仪+CASS软件数字测图	2.0
7	建筑物定位	测设矩形建筑物四周角点点位	0.5
		测设椭圆形建筑物轮廓线特征点点位	0.5
8	平整场地测量	施工场地平整测量	0.5
		平整场地土方量计算	0.5
9	高层轴线投测、高程传递和倾斜观测	向多层楼上投测轴线、传递高程和测定建筑物倾斜度	0.5
10	坡度测设和面积测量	测设道路坡度和测量广场或水域面积	0.5
11	圆曲线测设	弦线偏角法测设道路圆曲线	0.5
12	模拟隧道贯通测量	模拟隧道的贯通方向、距离和坡度测设	0.5
13	测量新仪器、新技术介绍		0.5
14	操作考核、上交成果		0.5
15	合计		10.0

五、领用仪器

实训使用仪器领借与归还要求如下。

各组领借：DS_3型水准仪1台、全站仪1台、棱镜（附棱镜杆）2套，或DJ_6型光学经纬仪1台、钢尺1把、水准尺2根、塔尺1根、标杆1根、测钎2副、皮尺1把、工具包1个、记录板1块、木桩若干。

六、具体作业内容和技术要求

（一）仪器检验

1. DS_3型水准仪检校

（1）圆水准轴检验和校正。

（2）十字丝横丝检验和校正。

(3)水准管轴检验和校正。

具体方法参见《工程测量技术》模块一项目一任务三。

2. DJ_6 型经纬仪检校

(1)照准部水准管轴检验和校正。

(2)视准轴检验和校正。

(3)横轴检验和校正。

(4)十字丝竖丝检验和校正。

(5)竖盘指标水准管轴检验和校正。

仪器检验和校正数据及结果填入相应的仪器检验和校正记录。

具体方法参见《工程测量技术》模块一项目二任务四。

(二)平面控制测量

每小组在一场地四周,按图根导线的技术要求布设一条闭合导线(见图 S15),假设 1 号点为已知点,1 号点至远处某目标 A 的方位角为已知方位角,其坐标 x_1、y_1 和方位角 α_{1A} 可根据实地情况予以设定。

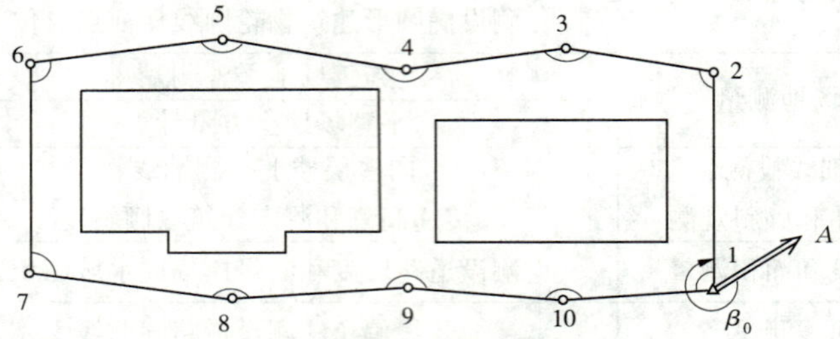

图 S15　闭合导线布设

说明:该场地最好拥有两幢多层建筑,四周有道路所围,而在两幢建筑之间有通道,与两端道路相连,从而可将两个导线点如 4 号点与 9 号点设置于通道与道路的交叉口,以便后面用于施工测量的"模拟隧道贯通测量"。作业的具体步骤为:

(1)踏勘选点。导线沿建筑物四周的道路边线布设,含 8~10 个导线点,边长为 50~100 m,点位一般设在道路交叉口、建筑物外墙拐角或门厅、过道附近,通过实地踏勘选定。

(2)水平角观测。导线的转折角用经纬仪或全站仪按测回法沿导线前进方向观测左角(即闭合导线内角)1 个测回,仪器使用光学对点器或激光对中,误差应小于 1 mm,整平时水准管气泡偏移应不超过 1 格,盘左、盘右两个半测回水平角之差应不超过±40″。

(3)边长测量。导线的边长用钢尺或全站仪进行往、返测量,往、返测量较差的相对误差应不超过 1/3 000。

(4)联接测量。在导线的已知点 1 上同时观测联接已知方向 1A 的连接角 β_0。

(5)内业计算。对外业观测成果予以检查,若符合要求,即进行导线的闭合差调整和坐标计算。导线的角度值及方位角值取至秒,边长取至毫米,最后坐标取至厘米,导线角度闭合差应不超过$\pm 60''\sqrt{n}$(式中 n 为导线转折角个数),导线的全长相对闭合差应不超过 1/2 000。

计算在"导线闭合差调整及坐标计算表"内进行。

具体方法参见《工程测量技术》模块二项目一任务二。

(三)高程控制测量

以闭合导线(见图 S15)的所有导线点作为高程控制点,按四等水准测量的技术要求完成一条闭合路线的水准测量(对地形图测绘而言,其图根高程测量按普通水准测量的精度要求即可,这里主要是为了兼顾四等水准测量技能和方法的训练)。闭合水准路线应与已知水准点相联测,若无水准点,可假设其中 1 个点(如 1 号点)为已知点,其高程可根据实地情况予以设定。

(1)观测。采用双面尺法,每测站 8 项读数,10 项计算,符合限差要求方可搬站。设站时,应将仪器安置在前、后视距大致相等处,凡以中丝对前、后标尺读数前,均应旋转微倾螺旋使符合气泡居中。

(2)计算。对外业观测成果予以检查,若符合要求,即进行水准路线的闭合差调整和高程计算。路线高差闭合差的容许值为 $f_{h容}=\pm20\sqrt{L}$ mm,式中 L 为路线全长千米数。

计算在“高差闭合差调整及待定点高程计算表”内进行,平面控制测量和高程控制测量的结果填入“控制测量成果表”。

具体方法参见《工程测量技术》模块二项目一任务四和模块一项目一任务二。

(四)小块地形图测绘

在上述闭合导线范围内测绘比例尺为 1:500 的小块地形图,若仅有经纬仪+小平板,采用经纬仪测绘法。其主要步骤如下:

(1)绘制坐标格网(见图 S16);

(2)展绘控制点;

(3)以经纬仪+小平板测绘地物和地貌,参见《工程测量技术》模块二项目二任务二。

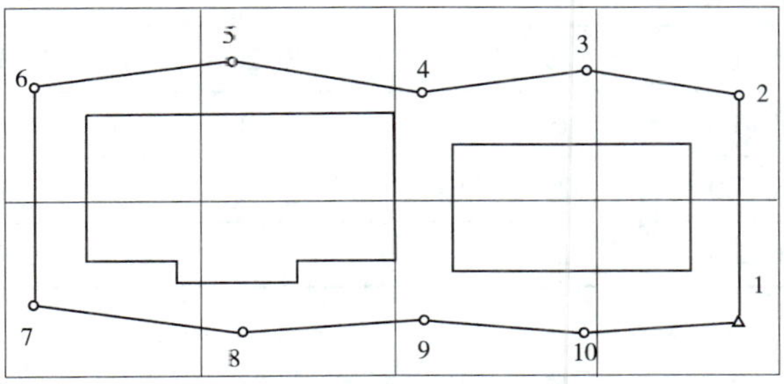

图 S16 测图格网布置示意图

若有全站仪+CASS 软件,采用数字测绘法,其主要步骤如下所述。

1. 外业数据采集

(1)以闭合导线某导线点为测站点、相邻导线点为后视点,在测站点架设仪器,量取仪器高 i,将测站点和后视点的三维坐标以坐标文件的形式存入全站仪。

(2)进入数据采集菜单,调用上述坐标文件设置测站点、后视点、仪高、镜高,照准后视点,予以确认。

(3)按数据采集测定待测点的方法依次对测站四周的地物、地貌特征点进行测量,将测量结果存入观测数据文件和坐标数据文件,与此同时,绘制作业草图(另取白纸手绘)。

2. 内业成图

(1)数据传输与转换。将全站仪通过通信电缆与电脑相连接,运行 CASS 软件将全站仪测量的数据文件(*.RAW 或*.PTS 文件)输入计算机,转换为 CASS 坐标文件(*.DAT 或*.TXT 文件)。

(2)电脑绘图。应用 CASS 软件,调用碎部点坐标数据文件,对照野外作业草图,在计算机上完成所测道路、房屋、苗圃等地物和等高线的绘制,并加注记和图框。

参见《工程测量技术》模块二项目二任务三。

(五)建筑施工测量

1. 建筑物定位

1)矩形建筑物点的测设

(1)实训目的。

通过某办公楼的定位与放线测量,使学生能够掌握建筑物点位测设的方法。

各小组在所测导线上指定一点作为测站点,其相邻点作为后视点(见表 S36),完成一模拟办公楼角点,即外墙轴线 6 个交点的测设(见图 S17:××办公楼建筑平面图),测站点、后视点和 6 个角点假设的已知坐标见表 S36。

表 S36　测站点 M、后视点 N 已知坐标及办公楼角点的设计坐标

点名	X(m)	Y(m)	H(m)	边号	平距(m)
M	100.000	200.000	30.00		
N	100.000	250.000			
E	101.200	197.250	30.20	E~F	1.30
F	102.500	197.250	30.20	F~A	3.90
A	102.500	193.350	30.20	A~B	6.20
B	108.700	193.350	30.20	B~C	12.90
C	108.700	206.250		C~D	7.50
D	101.200	206.250		D~E	9.00

(2)实训方法。

教师现场指导、学生分组完成。

①内业计算——按极坐标法计算 6 个角点的测设数据;

②办公楼主要点位测设(又称“定位”)——现场选择测站点和后视点,按全站仪坐标法测设办公楼 6 个角点;

③办公楼次要点位测设(又称“放线”)——现场在角点测设的基础上进行办公楼次要轴线交点的测设。

(3)具体步骤。

①内业计算。

首先,计算测站点~后视点的方位角 α_{MN};

其次，分别计算测站点至 6 个角点的方位角 $\alpha_{Mi}(i=1\sim6)$。

最后，分别计算测设 6 个角点的水平角和水平距离

$$\beta_i = \alpha_{Mi} - \alpha_{MN} \tag{32}$$

$$d_i = \sqrt{(x_{P_i} - x_M)^2 + (y_{P_i} - y_M)^2} \tag{33}$$

计算在"建筑物主轴线角点测设数据计算表"内进行。

②办公楼主要点位测设（全站仪坐标放样）。

在指定测站安置全站仪，进入坐标放样模式，输入测站点的三维坐标、后视点的坐标与仪器高，照准后视点后，再输入放样点三维坐标及棱镜高，转动望远镜，依次测设 6 个角点的点位及桩位标高的差值 dZ（即每个角点按设计高程应有的下挖深度或上填高度）。

③检核。

测设每个点位时，检核屏幕上显示的放样该点应有的角度差 dR、应有的水平距离 dH 和极坐标法计算该点的放样角度 β_i 和放样距离 d_i 是否一致。

检核测设后相邻点位之间的水平距离和表 S36 中的相应边长是否一致（每条边的长和表 S36 中相应的平距误差不得大于±3 cm）。

A、B、C、D、E、F 点上相应的转角均应等于 90°00′00″，依次在该六点架设全站仪，检测相应的转角与 90°00′00″之差，均不得大于±1′。

④办公楼次要点位测设。

在角点测设的基础上，依据设计图纸（见图 S17），用钢尺将所有次要轴线与主要轴线的交点测设于实地，并用粉笔将办公楼所有轴线在实地标出。

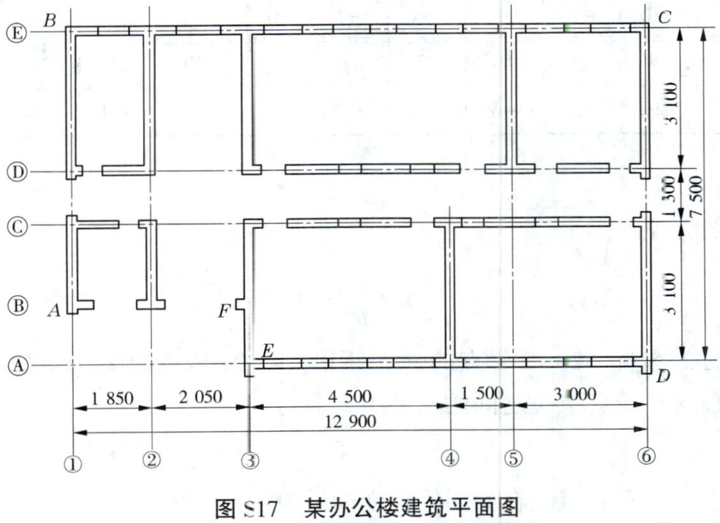

图 S17　某办公楼建筑平面图

具体方法参见《工程测量技术》模块二项目四任务二。

2）椭圆形建筑物轮廓线特征点位测设

方法一：直接在椭圆中心点设测站，测设椭圆轮廓线特征点。

设椭圆形建筑物假定坐标系的竖向 x 轴长半径 $a=15$ m，横向 y 轴短半径 $b=12$ m，以椭圆中心点 O 为测站（设其椭圆坐标系坐标 $x_0=0.000$ m，$y_0=0.000$ m），y 轴左向 1 号

点为后视方向（其方位角 α_{O1}= 270°00′00″），测设 24 个特征点位（见图 S18（a）），其 y_i 坐标如表 S37 所示，先进行内业——各点 x_i 坐标计算和测设数据计算，再进行外业——现场点位测设。

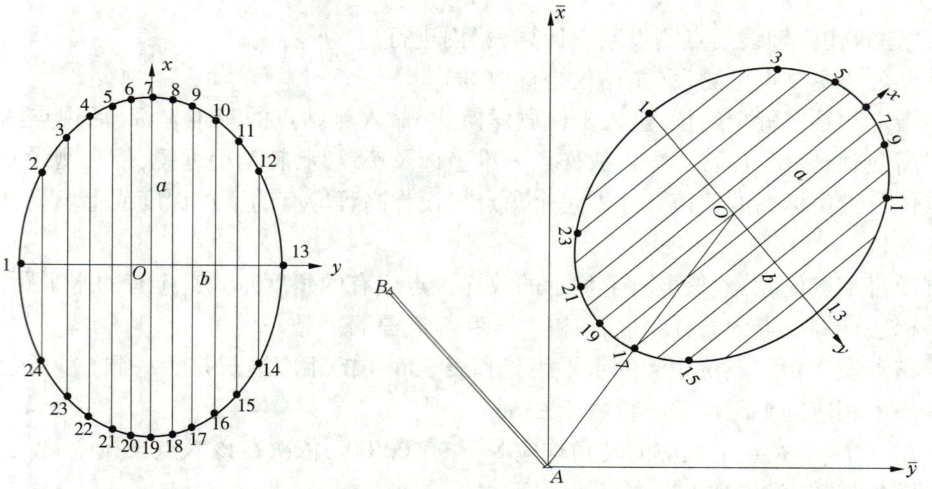

（a）以椭圆中心点为测站，1 号点为后视　　（b）以测量控制点 A 为测站，B 为后视

图 S18　椭圆形建筑物轮廓线特征点位测设示意图

表 S37　椭圆轮廓线特征点 y_i 坐标

点号	1	2	3	4	5	6	7	8	9	10	11	12
y_i(m)	−12	−10	−8	−6	− 4	−2	0	+2	+4	+6	+8	+10
点号	13	14	15	16	17	18	19	20	21	22	23	24
y_i(m)	+12	+10	+8	+6	+ 4	+ 2	0	−2	− 4	−6	−8	−10

（1）内业计算。

①依据椭圆方程

$$\frac{x^2}{a^2} + \frac{y^2}{b^2} = 1 \tag{34}$$

计算各特征点的 x_i 坐标（2~12 号点的 x_i 为正值，14~24 号点的 x_i 为负值）。

②计算中心点 O 至各点位之间的水平距离 D_{Oi}

$$D_{Oi} = \sqrt{x_i^2 + y_i^2} \tag{35}$$

③计算中心点 O 至各点位在椭圆假定坐标系中的方位角 α_{Oi}

$$\alpha_{Oi} = \arctan \frac{y_i}{x_i} \tag{36}$$

④中心点 O 以 Y 轴左向 1 号点为零方向，顺时针至各点位之间的水平角 β_i 为

$$\beta_i = \alpha_{Oi} - \alpha_{O1} \tag{37}$$

将以上计算结果填入“椭圆形建筑物轮廓线特征点位测设计算表”。

(2)现场测设。

先在场地用钢尺测设两条相互垂直的建筑基线(竖向 30 m 作为 x 轴即椭圆的长轴，横向 24 m 作为 y 轴即椭圆的短轴)，假设其中心点 O 为零点。

如果用经纬仪+钢尺，在中心点 O 安置经纬仪，以横向左端 1 号点为后视方向，按极坐标法依次测设所有椭圆轮廓线特征点位。

如果有全站仪，在中心点 O 安置仪器，进入测角模式，照准 1 点，将水平读数设置为起始方位角 $\alpha_{01}=270°00'00''$，再进入坐标放样模式，首先输入测站点(即中心点)坐标 $x_0=0.000$ m，$y_0=0.000$ m，再依次输入各点的 x_i、y_i，按坐标放样法，逐一测设所有椭圆轮廓线各特征点位。

方法二：在假设的测量控制点上设测站，测设椭圆轮廓线特征点。

(1)设测量控制点 A、B 及椭圆中心点 O 的测量坐标及椭圆长半轴在测量坐标系的方位角列于表 S38。

表 S38　测量控制点及椭圆中心点的测量坐标和椭圆长半轴的方位角

点号	X(m)	Y(m)	方位角 α	距离 D(m)
A	1 000	800	306°52′12″	30.000
B	1 018	776		
椭圆中心点 O	1 030	815	长半轴方位角 60°00′00″	15.000
椭圆轮廓 7 号点				

将上述方法一算得的椭圆轮廓线各特征点的椭圆坐标系坐标按《工程测量技术》式(2-4-11)换算为测量坐标系的坐标

$$\left.\begin{aligned} X_P &= X_{O'} + x_P\cos\alpha - y_P\sin\alpha \\ Y_P &= Y_{O'} + x_P\sin\alpha + y_P\cos\alpha \end{aligned}\right\} \tag{38}$$

式中：x_P、y_P 为轮廓特征点的椭圆坐标；X_P、Y_P 为该点相应的测量坐标；$X_{O'}$、$Y_{O'}$ 为椭圆中心点在测量系的坐标；α 为椭圆的长半轴即中心点至轮廓 7 号点在测量坐标系的方位角(参见《工程测量技术》模块二项目四任务三，见图 2-4-12)。

(2)将测量控制点、椭圆中心点和换算得的所有轮廓线特征点的测量坐标以坐标文件的形式存入全站仪。

(3)现场测设。先在场地一边用钢尺测设一条 30 m 的基线，设其右端为 A 点，左端为 B 点。

在 A 点安置全站仪，以 B 点为后视点，进入坐标放样模式，调用上述坐标文件，按全站仪坐标放样法，逐一测设椭圆形轮廓线上各特征点位(见图 S18(b))。

(4)将测设的点位与方法一所放的点位逐一加以比较，测其较差，用于检测。

具体方法参见《工程测量技术》模块二项目四任务三和模块三项目一任务四。

2. 施工场地平整测量

在丘陵山地约 50 m×50 m 的场地上，沿山坡建立一个由 4 行 4 列方格组成的格网(即 4×4 计 16 个方格，方格边长均为 10 m，即每方格的实地面积为 100 m^2，见图 S19)。

在每个网格角点打上木桩（如无山坡可以利用，可在同样范围的平坦场地上打上高度不等的木桩，以模拟一丘陵山地，山地由低至高的高差为 1.0~1.5 m，坡度变化不宜太大），设将该格网范围内按总填方量等于总挖方量的原则整为一水平场地，按以下步骤进行场地平整测量和场地平整土方量的计算。

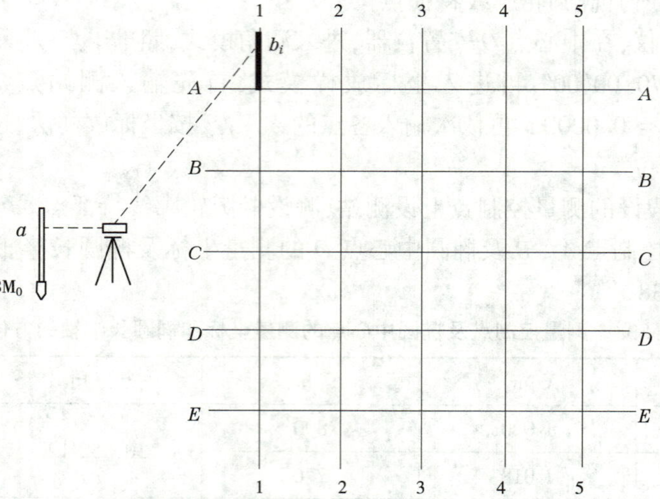

图 S19　平整场地格网布置及水准测量示意图

(1)外业。在场地内适宜位置安置水准仪，以场地外围一假定高程的水准点（例如 $H_{BM_0}=10.000$ m）为后视，依次测定所有桩点的高程。如图 S19 所示，a 为后视读数，b_i 为前视读数，其 $i=1,2,3,\cdots,25$。由于后视和各桩点的前视距离可能相差较多，所以事先应再次对水准仪的水准管轴进行检验和校正，以尽量减小 i 角误差的影响。

外业观测数据及计算所得桩点高程记入“施工场地平整水准测量记录”。

(2)内业。

①将各桩位的高程注于“施工场地平整土方量计算表”附图上相应交点的右上方。

②计算场地平整设计高程，即零点高程 H_0

$$H_0=\frac{\sum(P_i\cdot H_i)}{\sum P_i} \tag{39}$$

式中：H_i 为各交点（即桩点）的实测高程；P_i 为各交点高程相应的权值。

再在该附图上内插高程等于 H_0 的零线。

③计算每个方格角点的挖深（+）或填高（-），注于图上相应网格角点的右下方。

④将所有方格按有无零线通过的情况分为全挖方格、全填方格及半挖半填方格，分别计算每个方格的下挖面积、平均挖深或上填面积、平均填高。

⑤计算各方格的挖方（下挖面积×平均挖深）和填方（上填面积×平均填高），汇总得全场的总挖方、总填方以及总方量。

计算在“施工场地平整土方量计算表”内进行。

具体方法参见《工程测量技术》模块二项目三任务三。

3. 高层建筑轴线投测

用经纬仪将大楼底层的平面轴线投测到大楼各楼层上（参见《工程测量技术》图 3-1-19），其步骤为：

(1)在大楼门厅外面（或可面对楼层过道窗户）场地上呈 90°方向各先设定两个轴线点。

(2)在轴线点 A_1 及 A_2 上安置经纬仪，首先以盘左分别瞄准轴线点 B_1 及 B_2，然后将望远镜倒转，并向上抬高，将轴线投测到大楼 2~5 层相互垂直的两面阳台或过道窗沿上。

(3)再以盘右重复投测，左右取中，注以标记。

具体方法参见《工程测量技术》模块三项目一任务二。

4. 高层建筑高程传递

采用水准测量方法将高程传递到大楼各层的标高点上（参见《工程测量技术》图 2-4-5），其步骤为：

(1)在大楼外面的场地上设置一水准点（设其 $H_{BM_0}=10.000$ m），在大楼 2~5 层上各设一个标高点，自 6 层沿楼梯间向下吊挂 1 根钢尺（下端吊一重量适中的垂球，使其基本稳定）；

(2)先用水准仪以水准点为后视，以大楼底层地坪±0 点为前视，测定该楼±0 点的高程；

(3)在底层门厅安置一架水准仪，再依次在大楼 2~5 层上同时可见该楼层标高点和楼梯间钢尺的位置安置另一架水准仪，用两架水准仪分别对±0 点和各楼层标高点上的水准尺以及下挂钢尺同时进行瞄准、读数，再通过计算，将高程传递到大楼各层的标高点上。

将观测和计算数据填入“高层建筑高程传递计算表”。

具体方法参见《工程测量技术》模块二项目四任务二。

5. 道路坡度测设

用水准仪按水平视线法测设一段道路的坡度（见图 S20），其步骤为：

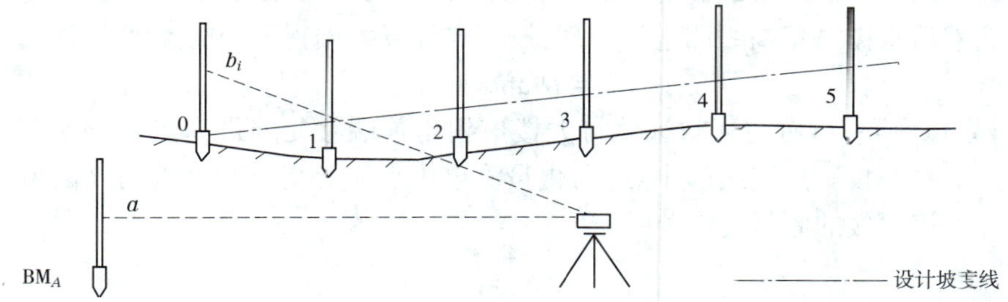

图 S20　道路坡度测设示意图

(1)在一段长为 100 m 的场地边（或道路旁）先设一水准点 BM_A，并假设其高程 $H_{BM_A}=10.000$ m，再沿场地一直线（设为道路中心线），每间隔 $d=20$ m 设一桩位（即 5 段，计 6 个桩位，编号 j 依次为 0，1，2，3，4，5），假设起始桩点的设计高程 $H_0=10.500$ m，以及道路的设计坡度 $i=+0.5\%$，按下式计算各桩位的设计高程 H_i

$$H_i = H_{BM_A} + j \times d \times i \tag{40}$$

(2)在适中位置安置水准仪,以水准点 BM_A 为后视,在起始桩点 0 上测设其设计高程。

(3)根据起始桩点上标尺的读数 a,计算其他桩点上标尺的应有读数 b_i

$$b_i = a - j \times d \times i \tag{41}$$

(4)依次在各桩点的一侧上、下移动标尺,使其读数等于应有读数 b_i,沿标尺底端在木桩上绘红漆线,即为桩位的设计高程,其连线即为道路的设计坡度线。

将观测和计算数据填入"道路桩位高程测量记录与坡度测设计算表"。

具体方法参见《工程测量技术》模块二项目四任务二。

(六)高层建筑倾斜观测

用经纬仪测定某大楼的倾斜度(见图 S21),其步骤如下:

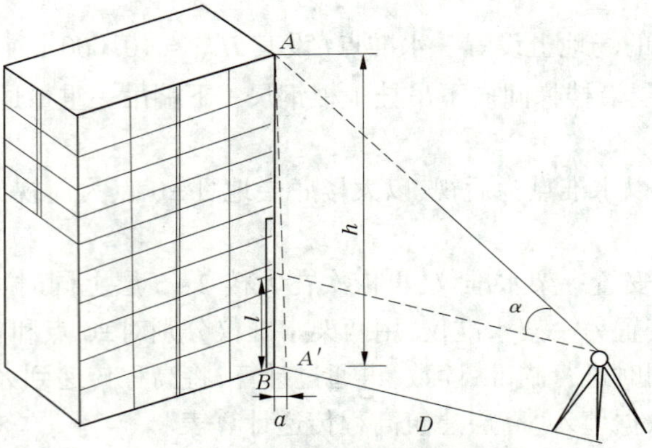

图 S21　高层建筑倾斜观测示意图

(1)设大楼高度为 h,在与大楼距离超过 1.5h 的地方安置经纬仪,用钢尺丈量仪器到大楼一拐角的水平距离 D,同时在该拐角墙脚处竖立 1 根标尺,先用经纬仪(先盘左再盘右)测定大楼该拐角顶端女儿墙最高点 A 的竖直角 α,再将望远镜放水平,读取拐角处标尺的读数 l,然后根据三角高程测量的原理,按下式计算大楼拐角处的高度 h

$$h = D\tan\alpha + l \tag{42}$$

(2)分别以盘左、盘右使用望远镜将大楼该拐角顶端女儿墙最高点 A 向下投影至地面,取盘左、盘右二投影点连线的中点 A',再量测该中点 A' 相对拐角处墙角 B 的偏差值 a,代入下式计算该大楼的倾斜度 i

$$i = \frac{a}{h} \tag{43}$$

观测和计算数据填入"建筑物倾斜观测记录与计算表"。

参见《工程测量技术》模块三项目四任务一中图 3-4-8。

(七)道路圆曲线测设

1. 经纬仪弦线偏角法测设圆曲线

设道路两直线段的右转角 α 为 90°,其间用半径 R=25.465 m 的圆曲线相连接,需将曲线分为 n=10 等份,用经纬仪+钢尺按弦线偏角法测设圆曲线的起点、终点和各等份的细部点（参见《工程测量技术》模块三项目三任务三中图3-3-15）。

1）内业计算

根据设计的转向角α和圆曲线半径R，计算圆曲线的切线长T与曲线长L和分成10等份的每段弧长S、每段所对圆心角φ、曲线起点偏角$\delta_{起}$、其后每等分点偏角$\delta_{分}$及每段弧长对应的弦长d：

切线长 $$T=R\cdot\tan\frac{\alpha}{2} \tag{44}$$

曲线长 $$L=R\alpha\frac{\pi}{180°} \tag{45}$$

每段弧长 $$S=\frac{L}{n} \tag{46}$$

每段所对圆心角 $$\varphi=\frac{\alpha}{n} \tag{47}$$

曲线起点偏角 $$\delta_{起}=\frac{\varphi}{2} \tag{48}$$

其后每等分点偏角 $$\delta_{分}=\varphi \tag{49}$$

每段弧长对应的弦长 $$d=2R\cdot\sin\frac{\alpha}{2n} \tag{50}$$

2）外业测设

（1）在场地（约30 m×30 m）一端用经纬仪放两条互相垂直的基线，令测站点即为圆曲线的交点J，自测站点起始，沿基线用钢尺分别丈量距离等于圆曲线的切线长L，定出曲线的起点Z和终点Y，然后按以下步骤测设圆曲线各等分点。

（2）在Z点安置经纬仪，以交点J为零方向，顺时针拨动偏角$\delta_{起}$，沿视线方向用钢尺丈量距离等于弦长d，测设出1号分点。

（3）在1号点安置经纬仪，照准起点Z（为零方向），倒转望远镜，顺时针拨动偏角$\delta_{分}$，沿视线方向用钢尺丈量距离等于弦长d，测设出2号分点。

（4）依此类推，在i号分点（i=1,2,3,…,10）安置经纬仪，照准i−1号分点（为零方向），顺时针拨动偏角$\delta_{分}$，沿视线方向用钢尺丈量距离等于弦长d，定出i+1号分点，直至测设出曲线终点R（即10号点）。

（5）将测设的10号点与上述第（1）步定出的终点Y加以比较，检测其相差的距离，用于校核。

上述计算和检测结果列入“弦线偏角法测设圆曲线计算和检测”。

参见《工程测量技术》模块三项目三任务三。

2. 全站仪切线坐标法测设圆曲线

设道路两直线段的右转角α为90°，其间用半径R＝25.465 m的圆曲线相连接，需将曲线分为n＝10等份，先计算各点的切线坐标，再用全站仪坐标法测设圆曲线的起点、中点、终点和各等分的细部点（参见《工程测量技术》模块三项目二任务三中图3-2-15）。

1）内业计算

根据设计的转向角α和圆曲线半径R计算圆曲线的切线长T、曲线长L（见式（44）、式(45))和分成10等份的每段弧长 l_i，原点至任一点弧长所对圆心角 φ_i 及该点的切线坐标 x_i、y_i 如下

$$\varphi_i = \frac{180°}{\pi} \cdot \frac{l_i}{R} \tag{51}$$

$$x_i = R\sin\varphi_i \tag{52}$$

$$y_i = R(1 - \cos\varphi_i) \tag{53}$$

式中：i 为圆曲线上点的序号（$i = 1,2,3,\cdots,10$）；l_i 为原点至 i 点的圆弧长；R 为曲线半径。

2)外业测设

(1)将上述圆曲线10个等分点的切线坐标组成坐标文件存入全站仪。

(2)在场地(约30 m×30 m)一端用全站仪测设两条互相垂直的基线,令测站点即为圆曲线的交点 J(参见《工程测量技术》模块三项目二任务三中图3-2-16),自测站点起始,沿基线用全站仪分别测设距离等于圆曲线的切线长 L，定出曲线的起点 Z 和终点 Y，然后按以下步骤测设圆曲线各等分点。

(3)在 Z 点安置全站仪,以交点 J 为后视点,按全站仪坐标法依次测设圆曲线10个等分点(测站点、后视点及放样点的坐标均自坐标文件调入)。

(4)将全站仪坐标法放出曲线上的所有点位与上述按弦线偏角法测设的相应点位加以比较,以资检核。

参见《工程测量技术》模块三项目二任务三。

(八)模拟隧道贯通测量

以实训平面控制测量建立的闭合导线4号点和9号点之间的通道(见图S15),作为模拟隧道的贯通段,假设4号点和9号点就是隧道两端工作面附近的中线点,以4号点和9号点连线的中点为贯通面的中点,根据4号点和9号点的坐标和高程反算贯通方位角、距离和坡度,并至现场进行模拟贯通测量(见图S22)。

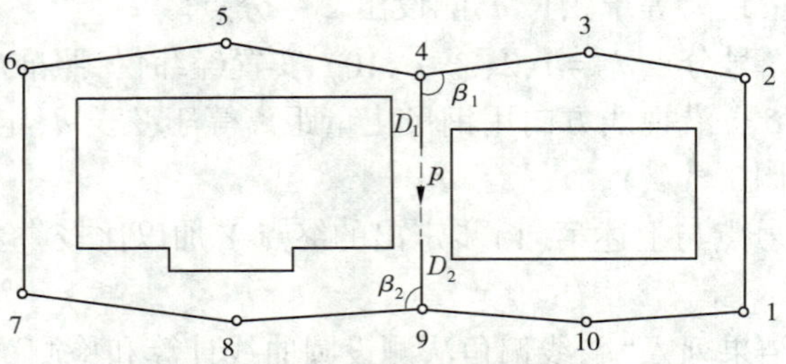

图S22　模拟隧道贯通测量示意图

1. 内业计算

(1)反算4号点(i)和9号点(j)之间贯通段的方位角 $\alpha_{贯}$、距离 $D_{贯}$ 和坡度 $i_{贯}$：

贯通方位角

$$\alpha_{贯} = \arctan\frac{y_j - y_i}{x_j - x_i} \tag{54}$$

贯通距离

$$D_{贯} = \sqrt{(x_j - x_i)^2 + (y_j - y_i)^2} \tag{55}$$

贯通坡度

$$i_{贯} = (H_j - H_i)/D_{贯} \tag{56}$$

(2)分别以4号点和9号点与其相邻的导线点3号点和8号点作为起始方向，计算两端测设贯通方向的水平角β_i，并以贯通距离的1/2作为测设两端各至贯通面的水平距离D_i，方法与按极坐标法测设点的平面位置和高程相同，具体计算公式见本书附录四“模拟隧道贯通测量计算和检测记录”。

2. 现场测设

(1)依次在4号点和9号点同时安置经纬仪，各以相邻导线点3号点和8号点作为起始方向，测设水平角β_1和β_2，沿各自的视线方向测设水平距离D_1和D_2，分别放出贯通点p'和p''，同时自4号点和9号点起始，按$i_{贯}$测设点p'和p''的高程。

(2)检测两端分别放出的p'和p''点位，得两点之间垂直于中线方向的横向误差Δu、沿中线方向的纵向误差Δl和沿竖向的高程之差Δh。

将上述计算和检测结果列入“模拟隧道贯通测量计算和检测记录”。

参见《工程测量技术》模块三项目三任务三。

七、注意事项

(1)测量实训的各项工作以组为单位，组员之间应密切配合，发扬团队精神，以便顺利完成实训任务，达到实训目的。

(2)遵守纪律，不得随意缺席和迟到、早退，有事必须向指导教师请假。

(3)每天作业前，应复习教材，对当天的作业内容和方法做到心中有数。

(4)每项工作观测完成后，应及时整理、计算，超出限差应予返工。

(5)观测记录应真实、工整，不得随意涂改和转抄，并妥善保存。

(6)所有内业计算成果必须个人独立完成(允许在计算过程中相互检核)，严禁抄袭和拷贝他人的成果。

(7)仪器设站、测量作业应不影响交通，不损坏花木，注意安全。

(8)各组每天作业进程按指导书执行，组长应合理分工和对各工种进行轮换，组员应团结协作、发现问题和解决问题，遇有困难及时向指导教师反映。

(9)如遇雨天无法作业，和双休日调换。

(10)各组之间应互相谦让、互相支持，共同圆满完成实训任务。

(11)应认真执行“测量仪器工具使用管理制度”。借领或各组之间交换仪器工具时，应认真清点、检查、登记。作业中，应小心操作，爱护仪器，不得损坏和丢失，严禁持仪器、标尺、工具互相打闹，发现问题应及时向指导教师和实验室汇报，如有丢失或损坏，除需赔偿外还将视情节给予处分。使用仪器和记录的具体要求见本书“测量实验须知”部分。

八、实训成果

(一)小组上交成果

(1)控制网略图。

(2)水准仪和经纬仪检验、校正记录。

(3)水准测量观测记录。

(4)导线测量水平角及距离观测记录。

(5)控制测量成果表。

(6)施工场地水准测量记录。

(二)个人上交成果

1. 实训报告

实训报告是个人完成测量实训时的技术小结,其编写格式和内容如下:

(1)目录。

(2)前言。简述测量实训的时间、地点、目的、任务、场地概况、天气、出勤情况等。

(3)实训内容。实训过程、内容、程序、方法、技术要求、实测结果、计算成果等。

(4)实训体会。叙述实训过程中所遇困难、问题和解决的方法,通过实训所取得的收获和不足、经验和教训及心得体会等。

2. 个人计算资料(作为个人实训报告的附录)

(1)水准测量计算表。

(2)导线测量计算表。

(3)小地块数字地形图打印件。

(4)矩形建筑物四周角点测设数据计算表和测设相对点位检测表。

(5)椭圆形建筑物轮廓线特征点测设计算表。

(6)施工场地平整高程和土方量计算表。

(7)高层建筑高程传递观测与计算表。

(8)道路坡度测设观测记录与计算表。

(9)建筑物倾斜观测记录与计算表。

(10)弦线偏角法测设圆曲线计算和检测。

(11)全站仪切线坐标法测设圆曲线计算和检测。

(12)模拟隧道贯通测量计算和检测。

九、测量新仪器和新技术介绍

请有关单位或测绘仪器公司专家携带全站仪、GPS 接收机、激光测量仪等来实训现场介绍测量新仪器的特点和使用方法,或组织学生去建筑工地参观,并亲身体验测量新仪器在建筑施工中的应用。

十、操作考核

操作考核内容包括四等水准测量(1 测站)、水平角测量(1 测回)、竖直角测量(1 测回)、道路坡度测设、建筑物高度测量等,届时由学生抽签选择其中一项,根据试题要求,在限定时间内现场进行安置仪器、观测、记录和计算,根据操作仪器的熟练程度、观测记录计算的正确程度和所用时间等进行评分。

十一、成绩评定

本实训成绩由实训表现、实训成果和操作能力综合按优秀、良好、中、及格和不及格五等评定。实训表现根据学生的出勤、遵守纪律情况和工作态度计分,实训成果由观测记录、内业计算和绘图等成绩及实训报告的完成情况计分,操作能力主要取决于实训中的操作表现和结束时的操作考核成绩。

附录一　南方测绘 DL-202 型数字水准仪使用简要说明

一、部件名称

数字水准仪各总部件名称如图 S23 所示。

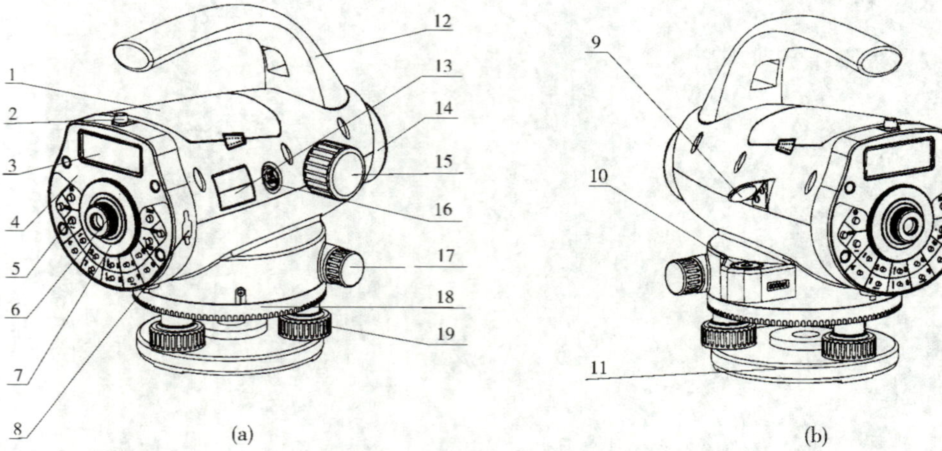

1—电池；2—粗瞄器；3—液晶显示器；4—面板；5—按键；6—目镜(用于调节十字丝的清晰度)；
7—目镜护罩(旋下此护罩可以进行分划板的调整，以调整光学视准线误差)；
8—数据输出插口：用于连接电子手簿或计算机；9—圆水准器反射镜；10—圆水准器；
11—基座；12—提柄；13—型号标贴；14—物镜；15—调焦手轮(用于标尺调焦)；
16—电源开关/测量键(用于开关仪器和测量)；17—水平微动手轮；
18—水平度盘(用于将仪器照准方向的水平方向值设置为零或所需值)；19—脚螺旋

图 S23　数字水准仪各部件名称

二、操作键及其功能

键符	键名	功能
POW/MEAS	电源开关/测量键	开关电源和用于测量 开机：仪器待机时轻按一下 关机：按 2 s 左右
MENU	菜单键	在其他显示模式下，按此键可以回到主菜单
DIST	测距键	在测量状态下按此键测量并显示距离
↑ ↓	选择键	翻页菜单屏幕或数据显示屏幕

续表

键符	键名	功能
→ ←	数字移动键	查询数据时的左右翻页或输入状态时的左右选择
ENT	确认键	用来确认模式参数或输入显示的数据
ESC	退出键	用来退出菜单模式或任一设置模式，也可作输入数据时的后退清除键
0~9	数字键	用来输入数字
—	标尺倒置模式	用来进行倒置标尺输入。首先将设置\测量参数\标尺倒置模式设置为“使用”，然后在按[测量]键之前按此键，屏幕右上角的电池标志和T标志交替显示，此时的测量值即为标尺倒置后的测量值
ŏ	背光灯开关	打开或关闭背光灯
.	小数点键	数据输入时输入小数点

三、功能菜单

<table>
<tr><th>MENU</th><th>一级菜单</th><th>二级菜单</th><th colspan="2">三级菜单</th></tr>
<tr><td rowspan="21">主菜单</td><td rowspan="6">1. 测量</td><td colspan="3">1. 标准测量（仅测量标尺读数和距离）</td></tr>
<tr><td rowspan="3">2. 放样测量</td><td colspan="2">1. 高程放样（通过输入高程进行放样）</td></tr>
<tr><td colspan="2">2. 高差放样（通过输入高差进行放样）</td></tr>
<tr><td colspan="2">3. 视距放样（通过输入视距进行放样）</td></tr>
<tr><td colspan="3">3. 线路测量（用于沿线路根据后视点高程测量中间点或前视点高程）</td></tr>
<tr><td colspan="3">4. 高程高差（用来根据后视点高程测量前视点的高差和高程）</td></tr>
<tr><td>2. 检校</td><td colspan="3">（主要用于仪器视准线误差 i 角的检校）</td></tr>
<tr><td rowspan="10">3. 设置</td><td rowspan="5">测量参数</td><td>测量模式</td><td>N 次测量(取平均值)/连续测量</td></tr>
<tr><td>最小读数</td><td>1 mm/0.5 mm</td></tr>
<tr><td>标尺倒置</td><td>使用/不使用</td></tr>
<tr><td>数据单位</td><td>米/英尺</td></tr>
<tr><td>存储模式</td><td>不存储/自动存储/手动存储</td></tr>
<tr><td rowspan="5">仪器参数</td><td>自动关机</td><td>开/关</td></tr>
<tr><td>对比度</td><td>1/9</td></tr>
<tr><td>背景光</td><td>开/关</td></tr>
<tr><td>仪器信息</td><td>出厂日期/仪器机号</td></tr>
<tr><td>注册信息</td><td></td></tr>
<tr><td rowspan="6">4. 数据管理(用数据文件进行操作)</td><td>1. 输入点</td><td colspan="2"></td></tr>
<tr><td>2. 查找作业</td><td colspan="2">输入点/标准测量/线路测量/高程高差</td></tr>
<tr><td>3. 删除作业</td><td colspan="2">输入点/标准测量/线路测量/高程高差</td></tr>
<tr><td>4. 检查容量</td><td colspan="2">(检查内存使用情况)</td></tr>
<tr><td>5. 文件输出</td><td colspan="2">输入点/标准测量/线路测量/高程高差</td></tr>
<tr><td>6. 格式化</td><td colspan="2">(删除所有文件，对内存进行初始化)</td></tr>
</table>

注：测量前可先设置“平均测量次数”。操作：按[ENT]键，显示主菜单—“3. 设置”，按[ENT]键—“测量参数”，按[ENT]键—按[↑][↓]键—“1. 测量模式”，按[ENT]键—“1. N 次测量”，输入测量次数 N(1~9)，按[ENT]键，则测量结果取 N 次测量的平均值，以提高精度。

四、基本操作

仪器的基本操作与自动安平水准仪大致相同,包括安置、粗平、瞄准、读数、关机等。

(1)安置水准仪:将仪器用连接螺旋固定在架头上,使其高度适宜,按[电源]键开机。

(2)粗平:按“左手法则”旋转脚螺旋,使圆水准器气泡居中,即可使补偿器在补偿范围内使望远镜水平。

(3)安置水准尺:条形码水准尺应使尺上的圆水准器气泡居中,以保证标尺直立。测量时,不应有障碍物或阴影投射在尺面上,也不要以浓密的树荫作为背景,以免妨碍仪器照准或通视,尺面若直对阳光可少许旋转,以免对仪器产生过强的反射光。

(4)瞄准:将望远镜照准标尺,进行目镜和物镜调焦,使十字丝和水准尺影像均非常清晰,并消除视差。

(5)读数:观测和计算数据可以通过“存储模式”选择使用“不存储”(即读数)、“自动存储”或“手动存储”。

(6)关机:按下[电源]键 2 s 左右即可关机。

五、模式操作

(一)标准测量模式

仅用于测量标尺读数和仪器至标尺的距离,而不进行高程测量。

操作步骤:按[ENT]键,显示主菜单—选“1. 测量”,按[ENT]键—选“1. 标准测量”,按[ENT]键— 显示“是否记录数据?”,当测量参数内存模式设置为自动存储或手动存储时,按[ENT]键记录数据—输入作业(文件)名(在显示的英文字母后面输入阿拉伯数字即可),按[ENT]键—瞄准标尺并清晰,按[MEAS]键测量,显示标尺读数和视距,多次测量则最后一次为平均值—显示点号,按[↑][↓]键可查阅点号,存储后点号会自动递增—按[ENT] 键继续测量或按[ESC]键退出,任何过程中连续按[ESC]键可退回主菜单。

(二)高程放样模式

根据后视点和放样点的高程进行放样。

操作步骤:按[ENT]键,显示主菜单—选“1. 测量”,按[ENT]键—选“2. 放样测量”,按[ENT]键—选“1. 高程放样”,按[ENT]键—输入后视点高程,按[ENT]键—输入放样点高程,按[ENT]键—瞄准后视点标尺并清晰,按[MEAS]键测量,显示后视标尺读数和视距,按[ENT]键—瞄准放样点标尺并清晰,按[MEAS]键测量,显示放样点标尺读数和视距,再显示放样点的高程和需填(-)、挖(+)值—按[ENT]键继续放样或按[ESC]键退出。

(三)高差放样模式

根据后视点与放样点的高差进行放样。

操作步骤:按[ENT]键,显示主菜单—选“1. 测量”,按[ENT]键—选“2. 放样测量”,按[ENT]键—选“2. 高差放样”,按[ENT]键—输入后视点高程,按[ENT]键—输入后视点和放样点高差,按[ENT]键—瞄准后视点标尺并清晰,按[MEAS]键测量,显示后视标尺读数和视距，按［ENT］键—瞄准放样点标尺并清晰，按［MEAS］键测量，显示放样点标尺读数和视距，再显示放样点的高程和需填（-）、挖（+）值—按［ENT］键继续放样或按［ESC］键退出。

（四）视距放样模式

根据仪器至放样点的视距进行放样。

操作步骤：按［ENT］键，显示主菜单—选“1. 测量”，按［ENT］键—选“2. 放样测量”，按［ENT］键—选“3. 视距放样”，按［ENT］键—输入放样视距，按［ENT］键—瞄准放样点标尺并清晰，按［MEAS］键测量，显示视距和差值（“+”表示标尺应向仪器方向移，“-”表示标尺应向前移），按［ENT］键继续视距放样或按［ESC］键退出。

（五）线路测量模式

用于测量中间点或前视点的高程，线路水准测量时“存储模式”必须设置为“自动存储”或“手动存储”。

操作步骤：按［ENT］键，显示主菜单—选“1. 测量”，按［ENT］键—选“3. 线路测量”，按［ENT］键—输入作业名，按［ENT］键—输入后视点号（在显示的英文字母后面输入阿拉伯数字即可），按［ENT］键—显示是否“调用记录数据?”，记录数据可以通过“数据管理”中的“输入点”来输入数据，如果不调用，可以手动输入后视点的高程，按［ENT］键—瞄准后视点标尺并清晰，按［MEAS］键测量，显示后视点标尺读数和视距，按［ENT］键—可按［MEAS］键重复测量或按［ENT］键选择测量下一点—按［ENT］键—按［←］键选择测量前视点，输入中间点号，按［ENT］键—瞄准中间标尺并清晰，按［MEAS］键，显示中间标尺读数和视距，按［←］键选择测量前视点，输入前视点号，按［ENT］键—瞄准前视点标尺并清晰，按［MEAS］键，显示前视点标尺读数和视距—按［ENT］键继续测量或按［ESC］键退出。

各点测量完毕显示标尺读数和视距之后，按［↓］键可显示该点的点号和高程；前视点测量完毕，还可显示测站高差和总线路长。仪器搬至下一测站，该前视点自动变为下一测站的后视点，而无须再输入后视点高程。

注意：前视测量之前可更改前视点的点号，点号递增，已用过的点号可以再次使用。

（六）高程高差模式

用于根据后视点高程测量前视点的高程、高差。

操作步骤：按［ENT］键，显示主菜单—选“1. 测量”，按［ENT］键—选“4. 高程高差”，按［ENT］键—显示“是否记录数据?”，按［ENT］键记录数据—输入作业（文件）名，按［ENT］键—如果该作业已存在且在原先作业内存储按［ENT］键，否则按［ESC］键，重新输入文件名—选择是否输入后视点高程？按［ENT］键，输入后视点高程—瞄准后视标尺并清晰，按［MEAS］键测量，显示后视标尺读数和视距，按［ENT］键—可按［MEAS］键重复测量或按［ENT］键选择测量下一点—瞄准前视标尺并清晰，按［MEAS］键，显示前视标尺读数和视距，按［↓］键显示前视点高程高差，按［ENT］键—按［ENT］键继续下一前视点测量—瞄准下一前视点标尺并清晰，按［MEAS］键，显示下一点前视标尺读数和视距及高程高差，按［ENT］键—按［ESC］键重新测量。

六、检校操作

仪器的圆水准器检校方法与一般 DS_3 型水准仪的圆水准器检校相同，此处检校模式主要用于仪器的视准线误差 i 角的检校，其操作步骤为：如图 S24 所示，在相隔 50 m 的标尺 a、b 中间设置 A、B 两点，将 ab 分为三等份。先在 A 点设站，整平仪器，在主菜单屏幕上选择“2. 检校”，按[ENT]键—按[MEAS]键，显示“检校模式：a<—— A —— b”—按[ENT]键—瞄准标尺 a，调焦后按[ENT]键，显示“Aa 标尺读数”—按[MEAS]键，显示“检校模式：a —— A ——>b”—按[ENT]键—瞄准标尺 b，调焦后按[ENT]键，显示“Ab 标尺读数”—关机后移动仪器至 B 点，按[MEAS]键，显示“检校模式：a<—— B —— b”—瞄准标尺 a，调焦后按[ENT]键，显示“Ba 标尺读数”—按[MEAS]键，显示“检校模式：a —— B ——>b”—瞄准标尺 b，调焦后按[ENT]键，显示“Bb 标尺读数”—按[↓][↑]键和[ENT]键，显示 i 角差值—按[ENT]键，选择存储“校准值”—再按[ENT]键，选择“十字丝检校”，显示“Bb 标尺应有校准值”—旋下目镜罩，用拨针旋动十字丝校正螺钉，使十字丝对应的读数和校准值一致，即校正完毕。

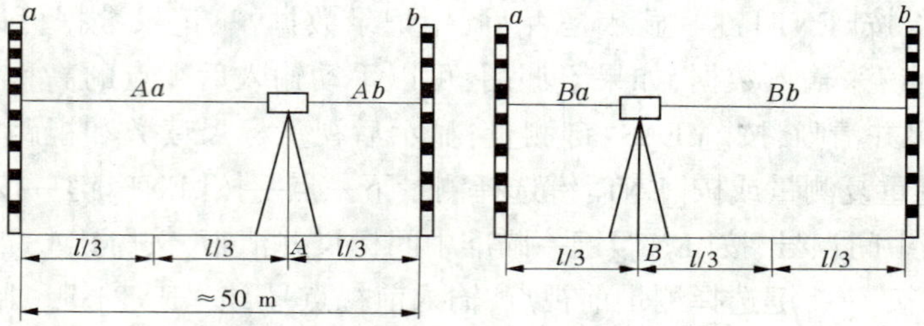

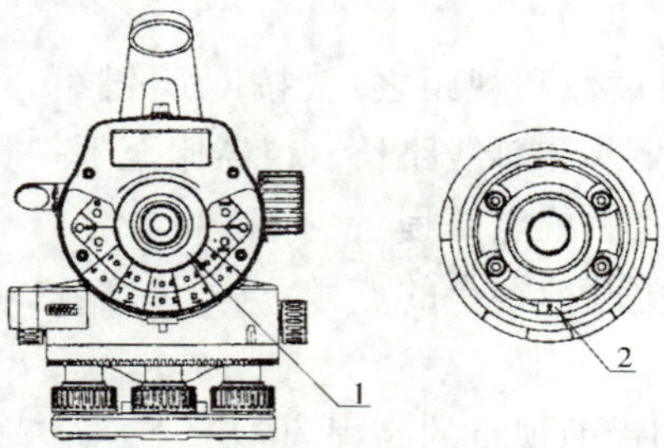

1—目镜罩；2—十字丝校正螺钉

图 S24　视准线误差 i 角的检校

七、数据管理

按[ENT]键，显示主菜单—选“4. 数据管理”，按[ENT]键—“1. 输入点”：用于输入点号和高程，以便作为基准点调用；“2. 查找作业”：用于按类型查找输入点、标准测量、线路测量、高程高差文件的内容；“3. 删除作业”：用于按类型删除输入点、标准测量、线路测量、高程高差文件的内容；“4. 检查容量”：用于检查仪器内存的使用情况；“5. 文件输出”:用于按类型将输入点、标准测量、线路测量、高程高差文件通过 USB 接口发送给计算机。通信格式(波特率:9600,数据位:8,停止位:1,无检校)。根据文件类型,按下列规则自动加上扩展名:.L—线路测量文件;.M—标准测量文件;.H—高程高差文件;.T—输入点文件。

八、主要技术指标

高程测量精度(每千米往、返测中误差):电子读数 1.5 mm,光学读数 2.0 mm。

距离测量精度:电子读数 $D \leqslant 10$ m,10 mm;$D>10$ m,$D \times 0.001$。

测程:电子读数 1.5~100 m。

最小显示:高差 1 mm/0.5 mm,距离 0.1 cm/1 cm。

测量时间:一般条件下小于 3 s。

望远镜:放大倍率 32 倍,视距乘常数 100,视距加常数 0。

补偿器:补偿范围±12′。

自动断电:5 min/OFF。

工作温度:-20~50 ℃。

九、测量注意事项

(1)仪器到标尺的距离不得短于 1.5 m,且精确调焦至影像清晰。

(2)不要有强的亮光或浓的树荫作为背景,也不要有树的枝叶遮挡标尺条码,若标尺处比目镜处灰暗,可用手稍许遮挡一下目镜。

(3)避免通过玻璃窗测量,注意标尺的直立,不要歪斜和俯仰,以免影响测量结果。

(4)长时间存放或长途运输后,测量前应注意仪器电子和光学的视准线(即 i 角)误差检校和圆水准器的检校。

附录二　南方测绘 NTS-312 型全站仪使用简要说明

一、仪器部件

南方测绘全站仪各部件名称如图 S25 所示，显示窗和操作键如图 S26 所示。

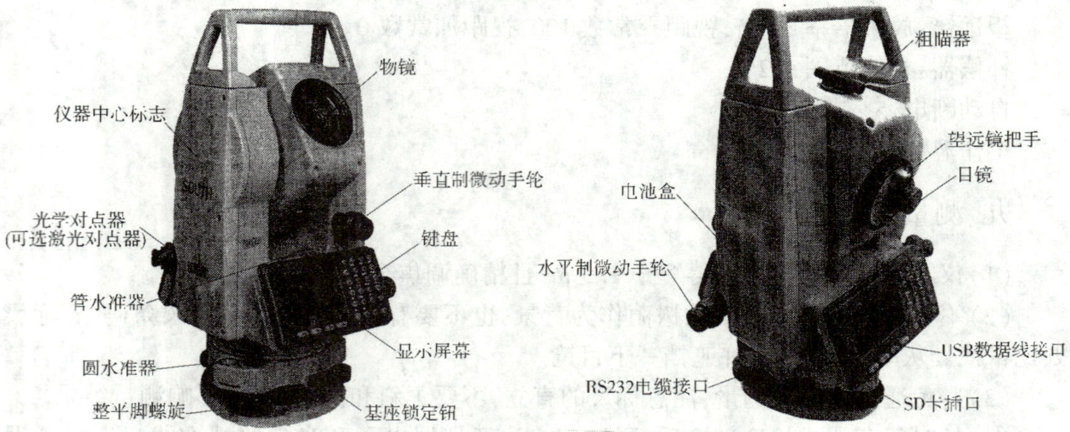

图 S25　南方测绘全站仪部件名称

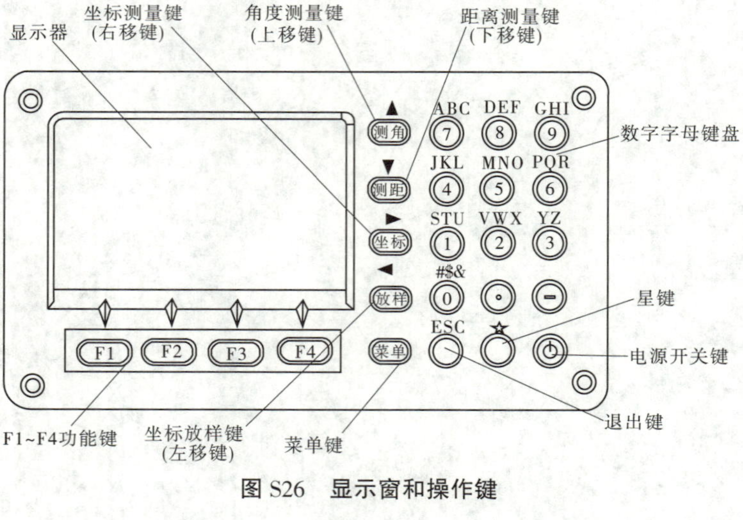

图 S26　显示窗和操作键

二、操作键

按键	名称	功能
ANG	角度测量键	进入角度测量模式
	距离测量键	进入距离测量模式
	坐标测量键	进入坐标测量模式（上移键）
S. O	坐标放样键	进入坐标放样模式（下移键）
K1	快捷键 1	用户自定义快捷键 1（左移键）
K2	快捷键 2	用户自定义快捷键 2（右移键）
ESC	退出键	返回上一级状态或返回测量模式
ENT	回车键	对所做操作进行确认
M	菜单键	进入菜单模式
T	转换键	测距模式转换
★	星键	进入星键模式或直接开启背景光
	电源开关键	开关电源
F1 ~ F4	软键(功能键)	对应于显示的软键中文提示功能
0 ~ 9	数字字母键	输入数字或字母（仪高、镜高、坐标自动按数字输入；点名、编码自动按字母输入，按键 1~3 次依序输入不同字母）
—	负号键	输入负号
.	点号键	开启或关闭激光指向功能，输入小数点

三、显示符号

显示符号	内容
V	垂直角(设置水平为 0)或天顶距(设置天顶为 0)
V%	垂直角（坡度显示）
HR	水平角（右角，即自起始方向顺时针增大的角）
HL	水平角（左角，即自起始方向逆时针增大的角）
HD	水平距离
VD	高差（仪器中心至棱镜中心）
SD	倾斜距离
N	北向坐标（X）
E	东向坐标（Y）
Z	高程（H）
*	EDM(光电测距)正在进行
m/ft	米与英尺之间的转换

续表

显示符号	内容
m	以米为单位
S/A	气象改正与棱镜常数设置
PSM	棱镜常数(以 mm 为单位)
(A)PPM	大气改正值(A 为开启温度气压自动补偿功能,仅适用于 NTS—300R 系列)

四、功能键

(一)角度测量模式(ANG 键)

页数	软键	显示符号	功能
第 1 页(P1)	F1	置零	水平角读数置为 0°00′00″
	F2	锁定	水平角读数锁定
	F3	置盘	通过键盘输入需要设置的水平角读数
	F4	P1↓	进入第 2 页软键功能
第 2 页(P2)	F1	倾斜	设置倾斜改正开/关,若选择开则显示倾斜改正
	F2	……	……
	F3	V%	垂直角显示的格式(垂直角/坡度)的切换
	F4	P2↓	进入第 3 页软键功能
第 3 页(P3)	F1	R/L	水平角(右角/左角)模式的切换
	F2	……	……
	F3	竖角	测量高度角(水平为 0)/天顶距(天顶为 0)的切换
	F4	P3↓	进入第 1 页软键功能

(二)距离测量模式(键)

页数	软键	显示符号	功能
第 1 页(P1)	F1	测量	启动测量
	F2	模式	选择测距模式为单次精测/连续精测/连续跟踪
	F3	S/A	设置温度、气压、棱镜常数等
	F4	P1↓	进入第 2 页软键功能
第 2 页(P2)	F1	偏心	进入偏心测量模式
	F2	放样	进入距离放样模式
	F3	m/ft	单位为米/英尺的切换
	F4	P2↓	进入第 1 页软键功能

(三)坐标测量模式(⊿键)

页数	软键	显示符号	功能
第 1 页（P1）	F1	测量	启动测量
	F2	模式	选择测距模式为单次精测/连续精测/连续跟踪
	F3	S/A	设置温度、气压、棱镜常数等
	F4	P1↓	进入第 2 页软键功能
第 2 页（P2）	F1	镜高	设置棱镜高度
	F2	仪高	设置仪器高度
	F3	测站	设置测站坐标
	F4	P2↓	进入第 3 页软键功能
第 3 页（P3）	F1	偏心	进入偏心测量模式
	F2	后视	设置后视方位角
	F3	m/ft	单位为米/英尺的切换
	F4	P3↓	进入第 1 页软键功能

(四)坐标放样模式([S. O]键)

<table>
<tr><th>页数</th><th>菜单</th><th colspan="2">功能</th></tr>
<tr><td rowspan="3">第 1 页（1/2）</td><td>F1:输入测站点</td><td colspan="2" rowspan="3">可以调用坐标文件中点的坐标,也可以直接由键盘输入点的坐标</td></tr>
<tr><td>F2:输入后视点</td></tr>
<tr><td>F3:输入放样点</td></tr>
<tr><td rowspan="4">第 2 页（2/2）</td><td>F1:选择文件</td><td colspan="2">可以直接调用坐标文件,也可以通过查找文件再选用</td></tr>
<tr><td rowspan="2">F2:新点</td><td>F1:极坐标法</td><td rowspan="2">测量一个新点作为测站点,用于放样</td></tr>
<tr><td>F2:后方交会法</td></tr>
<tr><td>F3:格网因子</td><td colspan="2">设置格网因子（用于坐标格网距离和地面距离的换算）</td></tr>
</table>

(五)菜单模式([M]键)

	一级菜单	二级菜单	三级菜单	
主菜单	1/2 页			
	F1:数据采集	(选择文件)		
		1/2 页		
		F1:输入测站点		
		F2:输入后视点		
		F3:测量		
		F4:选择文件(测量文件/坐标文件)		
		2/2 页		
		F1:输入编码		
		F2:设置	F1:测距模式(精测/跟踪)	
			F2:测距次数(单次/连续)	
			F3:存储设置(是/否)	
			F4:数据采集设置(先输测点/先测量)	
	F2:测量程序	1/2 页		
		F1:悬高测量	F1:输入镜高	
			F2:无需镜高	
		F2:对边测量	F1:MLM1[A~B,A~C]	
			F2:MLM2[A~B,B~C]	
		F3:面积测量	F1:文件数据	
			F2:测量	
		F4:Z 坐标测量	F1:输入测站点	
			F2:基准点测量	
	F3:内存管理	1/3 页		
		F1:存储介质	F1:FLASH(内存)	
			F2:SD CARD(存储卡)	
		F2:内存状态(显示数据文件总数)		
		F3:数据查阅	F1:测量数据	(先输入文件名,再查找)
			F2:坐标数据	
			F3:编码库	
		F4:文件维护	(可进行文件改名或删除文件)	
		2/3 页		
		F1:输入坐标	(输入坐标文件名、点名、编码)	
		F2:删除坐标	(输入坐标文件名、点名、删除)	
		F3:输入编码	(对点的编码进行编辑)	
		3/3 页		
		F1:数据传输	F1:通过 RS-232	F1:发送数据
			F2:通过 USB	F2:接收数据
				F3:设置通信参数
		F2:文件操作	(通过 SD 卡将全站仪的 16 进制存储文件 *. PTS 与 PC 电脑的 ASIC 文件 *. TXT 互换)	
		F3:初始化(清零)	F1:文件数据	(测站点坐标、仪高、棱镜高不会被删除)
			F2:所有文件	
			F3:编码数据	

续表

	一级菜单	二级菜单	三级菜单
主菜单	F4:设置	1/2 页	
		F1:单位设置	F1:角度(360°/400/密位)
			F2:温度(℃/°F)
			F3:气压(hPa/mmHg/inHg)
			F4:距离(m/ft)
		F2:测量参数设置	1/2 页
			F1:倾斜补偿(打开/关闭倾斜补偿)
			F2:折光改正(设置大气改正系数)
			F3:格网因子(设置高程/比例因子)
			F4:最小角度读数(1″/5″)
			2/2 页
			F1:垂直角读数(垂直0/水平0)
			F2:测程选择(0~2 km/0~5 km)
			F3:温度气压自动补偿(关/开)
		F3:开机显示设置	测角模式/测距模式/坐标模式
		F4:快捷键设置	K1/K2(可设置功能:1. 悬高测量,2. 对边测量,3. 面积测量,4. Z 坐标测量,5. 点到直线测量,6. 道路测量,7. 后方交会;8. 无)
		2/2 页	
		其他设置	F1:自动关机(开/关)
			F2:电池类型选择(NB-36/NB-28)
			F3:恢复出厂设置(是/否)
	2/2 页		
	校正模式	1/2 页	
		F1:补偿器零点校正	
		F2:垂直角零基准	
		F3:仪器常数	
		F4:时间日期	
		2/2 页	
		F1:液晶对比度设置	

文件识别符说明:

文件前缀识别符:"＊"为当前测量文件,"&"为当前坐标文件。

文件后缀识别符:". RAW"为测量数据文件,". PTS"为坐标数据文件,". HAL"为水平定线数据文件,". VCL"为垂直定线数据文件。

五、初始设置

(一)设置温度和气压

预先测定测站周围的温度和气压—按◢键(距离测量键)—按[S/A]键进入气象改正设置—按[温度]键输入温度(精确至0.1℃)、气压(精确至0.1 hPa或0.1 mmHg)—按[ENT]键确认,仪器自动计算大气改正值PPM。

(二)直接设置大气改正值

预先测定温度和气压,然后从大气改正图上或根据以下改正公式计算大气改正值 PPM

$$PPM = 273.8 - 0.2900P/(1 + 0.00366T)$$

式中:P 为气压,hPa(毫巴),若使用单位为 mmHg,按 1 mmHg = 1.33 hPa 进行换算;T 为温度,℃。

在距离测量模式或坐标测量模式下,按[F3](S/A)键,进入气象改正设置—按[PPM]键,输入大气改正值 PPM,按[ENT]键确认。

(三)设置反射棱镜常数

该全站仪棱镜常数出厂设置值为-30,若所用棱镜的常数不是-30,应重新设置(NTS-312R 型全站仪若合作目标选择反射镜或无合作目标,则棱镜常数自动设置为 0):

在距离测量模式或坐标测量模式下,按[F3](S/A)键,进入气象改正设置—按[F1](棱镜)键,输入棱镜常数 PSM,按[ENT]键确认。

(四)设置垂直角倾斜改正

在角度测量模式下,进入第 2 页,按[F1](倾斜)键,进入倾斜补偿设置界面—按[F1]键打开倾斜补偿,即可对仪器整平误差引起的垂直角倾斜进行自动补偿(菜单模式下的测量参数设置界面,也有倾斜补偿设置功能)。若屏幕显示"X 补偿超限"即表明仪器倾斜超出补偿范围,必须人工整平。

六、星键模式(按[★]键)

(1)对比度调节:按[↑][↓]键可以调节液晶显示对比度。

(2)照明:按[照明]键,开关背景光与望远镜照明。

(3)倾斜:按[倾斜]键选择开/关倾斜改正,再按[ENT]键确认。

(4)S/A:进入棱镜常数和温度气压设置界面。

(5)对点:如仪器带有激光对点功能,按该键,再按[F1]键或[F2]键选择激光对点器开/关。

说明:NTS-312R 型全站仪按[★]键后,再按[F1](模式)键,可以在三种用于反射电磁波的"合作目标"中进行选择(若要开关背景光,只需再按[★]键):

F1:反射棱镜;

F2:反射片(用反射片代替反射棱镜);

F3:无合作(不用反射棱镜或反射片,激光束遇障碍物即可反射,但测距精度稍低)。

七、角度、距离、坐标及程序测量

(一)开机与垂直角过零

打开电源开关即开机(有的全站仪开机后显示"垂直角过零",需竖向轻转望远镜 1~2 圈,使竖盘指标线恢复零位)。

(二)角度测量

按[角度测量]键,进入测角模式,照准起始目标 A,按[置零]键并按[是]键确认,再照准目标 B,显示 HR 即为 AB 的水平角(右角/左角);显示 V 即为目标 B 的高度角(天顶距(自天顶方向始,顺时针旋转的角值)/垂直角(自水平方向始逆时针旋转的角值为+,顺时针旋转的角值为-)。

(三)距离测量

按[距离测量]键,进入测距模式,照准目标棱镜中心,按[测量]键,显示 HD 为水平距离,VD 为仪器中心至棱镜中心的高差;再按[距离测量]键,显示 SD 为倾斜距离。

(四)在坐标测量模式测定新点坐标

按[坐标测量]键,进入坐标测量模式—按[P1↓]键进入第 2 页—按[镜高]键,输入新点棱镜高—按[仪高]键,输入测站仪器高—按[测站]键,输入测站点坐标 N、E、Z(均须按[ENT]键确认)—按[P2↓]键进入第 3 页,按[后视]键,输入后视点点名—再按[坐标]键,输入后视点坐标值,按[ENT]键确认,提示:"照准后视点?"—转动望远镜照准后视点—按[是]键,完成后视方位角的设置—照准新点棱镜—按[测量]键—显示新点三维坐标。后视方位角的输入,也可以先在角度测量模式下,转动望远镜照准后视点—按[置盘]键,自键盘直接输入后视方位角,确认即可。

(五)在放样模式下测定新点坐标

1. 建立已知点坐标文件

按[M]键,进入菜单模式—按[F3]键内存管理,按[↓]键进入 2/3 页—按[F1]键输入坐标—输新文件名或调用老文件,回车—输入点名、编码,再输入坐标,回车—进入下一点输入显示屏,继续下一点输入(点号自动加 1)—已知点坐标输入完毕,按[ESC]键结束。

2. 在放样模式下设置测站点

按坐标放样键[S. O]进入放样模式—按[P1↓]键进入坐标放样菜单 2/2 页,选"F1:选择文件"—按[F2](调用)键(显示坐标文件,予以选择,回车)—选"F1:输入测站点"—输入测站点名—显示该点坐标,OK? 按[是]键(如果不调用已知点坐标文件,也可以在输入测站点名后,按[坐标]键,直接由键盘输入测站点坐标,回车确认)—输入仪器高,回车—按[ESC]键结束。

3. 在放样模式下设置后视点

按坐标放样键[S. O],进入放样模式—按[P1↓]键进入坐标放样菜单 2/2 页,选"F1:选择文件"—按[F2](调用)键(显示坐标文件,予以选择,回车)—选"F2:输入后视点"—输入后视点名—显示该点坐标,OK? 按[是]键—显示后视方位角(如果不调用已知点坐标文件,也可以在输入后视点名后,按[坐标]键,直接由键盘输入后视点坐标,回车确认;还可以在输入后视点名后,按[角度]键,直接在提示"HR:"后面,由键盘输入后视方位角,确认)—照准后视点—>照准? 按[是]键—按[ESC]键结束。

4. 极坐标法测定新点

按坐标放样键[S. O],进入放样模式—按[P1↓]键进入 2/2 页—选"F2:新点"—选"F1:极坐标法"—选择文件(输入保存新点的文件名,或调用坐标文件,回车)—输入新点名、编码,回车—输入棱镜高,回车—转动望远镜照准新点—按[测量]键—记录? 按[是]键,新点坐标存入坐标数据文件,继续下一个新点的点名、编码输入和测量—测量完毕,按[ESC]键结束。

5. 后方交会法测定新点

按坐标放样键[S. O],进入放样模式—按[P1↓]键进入 2/2 页—按"F2:新点"—选"F2:后方交会法"—选择文件(输入已知点坐标文件名,或调用坐标文件,回车)—输入新点点名、编码,回车—选“F1:距离后方交会”—输入仪高,回车—输入1号已知点点名,回车,显示该点坐标,>OK?按[是]键—输入镜高,回车—转动望远镜照准1号已知点—按[测量]键—输入2号已知点点名,回车,输入镜高,回车—再对2号已知点进行照准、测量,显示残差(已知点间的距离差和由两已知点算得的新点之Z坐标差)—按[下步]键—继续对其他已知点进行输入、照准、测量,最多可达7个已知点—按[计算]键,显示新点坐标—记录?按[是]键,新点坐标存入文件,并将所计算的新点坐标作为新的测站点坐标—按[ESC]键结束。

(六)程序测量

1. 悬高测量

(1)有棱镜高输入形式:按[M]键进入菜单模式—选“F2:测量程序”—按[测量]键选“F1:悬高测量”—选“F1:输入镜高”,输入镜高,回车—转动望远镜照准棱镜—按[测量]键,显示水平距离HD—按[设置]键,确认棱镜位置—照准目标点K,显示高度VD—按[ESC]键结束。

(2)无棱镜高输入形式:按[M]键进入菜单模式—选“F2:测量程序”—选“F1:悬高测量”—选“F2:无需镜高”,回车—转动望远镜照准棱镜—按[测量]键,显示水平距离HD—按[设置]键,确认水平距离,显示垂直角V—照准地面点—按[F4](设置)键,确定棱镜位置—照准目标点K,显示高差VD—按[ESC]键结束。

2. 对边测量

1)辐射式(A—B,A—C,A—D)

直接照准棱镜测量形式:按[M]键进入菜单模式—选“F2:测量程序”—选“F2:对边测量”—输入文件名,按[跳过]键不输入—选“F1:MLM1[A—B,A—C]”(辐射式)—照准棱镜A—按[测量]键,显示仪器至棱镜A的平距HD—按[设置]键,确定棱镜位置—照准棱镜B—按[测量]键,显示仪器至棱镜B的平距HD—按[设置]键,显示棱镜A—B之间的方位角(HR)、平距(dHD)、高差(dVD)、斜距(dSD)—按[下点]键—照准棱镜C—按[测量]键,显示仪器至棱镜C的平距HD—按[设置]键,显示棱镜A—C之间的方位角(HR)、平距(dHD)、高差(dVD)、斜距(dSD)—按[下点]键—照准棱镜D(重复上述测量步骤和显示测量结果)—按[ESC]键返回。

使用数据文件计算形式:按[M]键进入菜单模式—选“F2:测量程序”—选“F2:对边测量”—输入文件名,回车—选“F1:MLM1[A—B,A—C]”(辐射式)—按[坐标]键—输入A点点名(或再按[坐标]键,直接输入A点坐标),回车—按[坐标]键—输入B点点名(或再按[坐标]键,直接输入B点坐标),回车—显示棱镜A—B之间的方位角(HR)、平距(dHD)、高差(dVD)、斜距(dSD)—按[下点]键—按[坐标]键—输入C点点名(或再按[坐标]键,直接输入C点坐标),回车—显示棱镜A—C之间的方位角(HR)、平距(dHD)、高差(dVD)、斜距(dSD)—按[下点]键(重复上述步骤和显示计算结果)—按[ESC]键返回。

2)连续式(A—B,B—C,C—D)

在选“F2:MLM2[A—B,B—C]”后,测量或计算步骤与上述辐射式完全相同。

3. 面积测量

直接测量形式:按[M]键进入菜单模式—选“F2:测量程序”—选“F3:面积测量”—选

“F2:测量”—照准1号点棱镜—按[测量]键—[确认]键—继续下一点的照准、测量,测三个点以上即显示相应点所包围的面积。

使用数据文件计算形式:按[M]键进入菜单模式—选“F2:测量程序”—选“F3:面积测量”—选“F1:文件数据”—输入文件名,回车—显示文件中的第1点点名—按[下点]键,(或按[输入]键,另输入所需要的点号;或按[调用]键,显示文件中的数据表,供调用)第1点被设置—显示第2点点名—重复按[下点]键,设置所需要的点号,当设置3个点以上时,即显示相应点所包围的面积。

八、施工放样

(一)在测角模式下测设水平角

按[角度测量]键,进入角度测量模式—仪器照准后视点,按[置零]键,将平盘读数置零—转动照准部使其显示的水平角为设计角值β—将棱镜杆准确地竖立在望远镜视线上,即得所需要测设的β角。

(二)在测距模式下测设距离

按[距离测量]键,进入距离测量模式—按[P1↓]键进入第2页—按[放样]键—按[平距]键,或[高差]键,或[斜距]键,分别选择“平距HD”“高差VD”“斜距SD”作为放样数据—输入放样距离,回车—转动望远镜照准目标棱镜—按[测量]键—显示dSD=(测量距离-设计距离)—移动棱镜杆,再照准棱镜,按[测量]键,直到显示的dSD=0—在地面标定该点位置,即得所需要测设的水平距离。

(三)在放样模式下进行坐标放样

1.建立已知点和放样点坐标文件(用于设置测站点、后视点和调入放样点的坐标)

按[M]键进入菜单模式—选“F3:内存管理”,进入2/3页—按“F1:输入坐标”—输入新的坐标文件名或调用老文件,回车—输入点名、编码,再输入坐标,回车—继续下一点输入—输入完毕按[ESC]键结束。

2.设置测站点

按坐标放样键[S.O],进入坐标放样菜单第2/2页—选“F1:选择文件”,可直接输入坐标文件名,也可按[调用],显示坐标文件,供选择,回车—进入坐标放样菜单第1/2页—选“F1:输入测站点”—输入测站点名—显示该点坐标,OK?按[是]键(说明:如果不用坐标文件,也可以在输入测站点时按[坐标]键,直接由键盘输入测站点的坐标,回车)—进入“输入仪高”界面,输入仪器高,回车—返回坐标放样菜单第1/2页。

3.设置后视点

进入坐标放样菜单第1/2页—选“F2:输入后视点”—输入后视点名—显示该点坐标,OK?按[是]键—仪器自动计算并显示后视方位角—转动望远镜照准后视点—>照准?按[是]键—返回坐标放样菜单第1/2页。(说明:如果不用坐标文件,可以在输入后视点时按[坐标]键,直接由键盘输入后视点的坐标,回车,或者在测角模式下,先照准后视点,按[置盘]键,直接由键盘输入角度,使HR=后视方位角,回车确认,再按[S.O]键,回到坐标放样菜单第1/2页。)

4.实施放样

进入坐标放样菜单第1/2页—选“F3:输入放样点”—输入放样点名,回车—输入棱镜高,回车—显示计算的放样点方位角 HR 和水平距离 HD—转动望远镜照准棱镜—按[继续]键—显示 dHR=实测方位角-应有方位角—左右移动棱镜杆并再照准,直至 dHR=0°00′00″—再次照准棱镜—按[距离]键—显示 dHD=实测水平距离-应有水平距离,dZ=实测高差-应有高差—前后移动棱镜并再照准—按[测量]键,直至dHR=0°00′00″,dHD=0,dZ=0—按[坐标]键,显示该点坐标,用于检核—按[换点]键,进入下一点的放样—按[ESC]键结束。(说明:如果不用坐标文件,也可以在输入放样点时按[坐标]键,直接由键盘输入放样点的坐标,回车。)

九、数据采集

(一)数据采集文件和坐标文件的选择

按[M]键进入菜单模式—选"F1:数据采集"—输入文件名创建一个测量数据的采集文件,或再按[调用]键,通过查找调用一个测量数据文件(.RAW 文件),如需调用坐标文件作为输入测站点或后视点坐标用,则在选"F1:数据采集"后—再在数据采集菜单第 1/2 页按[F4]键选择坐标文件—输入文件名,创建一个坐标文件或再按[调用]键,调用一个坐标文件(.PTS 文件)。

(二)设置测站点、后视点

进入数据采集菜单第 1/2 页后,调用坐标数据文件的方法与上述"在放样模式下测定新点坐标"相同,按"F1:输入测站点"—输入测站点名—显示测站点已知坐标,按[ENT]键确认—输入测站点编码、仪高—按[记录]键—按[是]键,返回数据采集菜单—按"F2:输入后视点"—输入后视点名—按[确认]键—输入后视点编码、镜高—按[测量]键—转动望远镜照准后视点—选择测量模式,如选择[坐标]键,进行测量—按[是]键,记录数据,返回数据采集菜单第 1/2 页。在数据采集中,测量文件存入的测站数据有点号、标识符和仪器高;而坐标文件中仅存入测站的坐标,若在内存中找不到指定的点,则显示"点名错误"。

(三)进行待测点测量,并存储数据

进入数据采集菜单第 1/2 页后,按"F3:测量"进入待测点测量—按[输入]键,输入待测点点名、编码、棱镜高,按[ENT]键确认—按"F3:测量"—照准目标点—选择测量模式,如选择[坐标]键,开始测量—按[记录]键,数据被存储—进入下一个待测点的数据输入、照准—按[同前]键与上一点相同的方法进行测量和数据存储—所有待测点测量完毕,按[ESC]键结束数据采集。

(四)数据采集参数设置

在数据采集模式下可以进行测距模式、测量次数、存储设置及数据采集设置等参数设置(见主菜单"数据采集"之三级菜单)。

十、数据通信

首先检查通信电缆连接是否正确,微机与全站仪的通信参数设置是否一致。

按[M]键进入菜单模式—选"F3:内存管理"—进入 3/3 页,选"F1:数据传输"—选择数据传输方式:"F1:通过 RS-232"/"F2:通过 USB"—之后执行以下操作。

(一)发送数据

选"F1:发送数据"—选择发送数据类型—"F1:测量数据"/"F2:坐标数据"—输入待发送文件名,按[ENT]键确认—按[是]键,发送数据;按[停止]键,可取消发送。

(二)接收数据

选"F2:接收数据"—选择接收数据类型—"F1:坐标数据"/"F2:编码数据"/"F3:水平定线数据"/"F4:垂直定线数据"—输入待接收新文件名,按[ENT]键确认—按[是]键,接收数据;按[停止]键,可取消接收。

(三)通信参数设置

选"F3:通信参数"—设置通信参数:

F1 波特率,增、减选择项有 1200、2400、4800、9600、19200、38400、57600、115200;

F2 字符校验,选择项有:F1:7 位偶校验,F2:7 位奇校验,F3:8 位无校验;

F3 通信协议,选择项有:F1:有应答,F2:无应答。

按[ESC]键取消设置,关机后设置被保存。

十一、文件操作

(一)将文件从 SD 卡导入当前工作内存

按[M]键进入菜单模式—选"F3:内存管理"—进入 3/3 页,选"F2:文件操作"—选"F1:SD 卡→工作内存"—选择 SD 卡上的一个文件(.TXT),按[ENT]键确认—选择"导入文件类型"("F1:坐标文件"/"F2:水平定线文件"/"F3:垂直定线文件")—输入导入文件名,按[ENT]键确认—进行文件转换—完成后返回文件操作界面。

(二)将文件从当前工作内存导入 SD 卡

按[M]键进入菜单模式—选"F3:内存管理"—进入 3/3 页,选"F2:文件操作"—选"F2:工作内存→SD 卡"—选择内存"输出文件类型"("F1:*.DAT"/"F2:*.TXT)—输入导入文件名,按[ENT]键确认—进行文件转换—完成后返回文件操作界面。

十二、数据初始化(清零)

按[M]键进入菜单模式—选"F3:内存管理"—进入 3/3 页,选"F3:初始化"—选择待初始化的"数据类型"("F1:文件数据"/"F2:所有文件"/"F3:编码数据")—按[是]键进行初始化(测站点坐标、仪器高、棱镜高不会被初始化)。

十三、主要技术指标

角度测量精度:2″级。

距离测量精度:$\pm(3+2\times10^{-6}\times D)$ mm。

测程:单棱镜 1.8 km,三棱镜 2.6 km。

连续测量时间:5~6 h。

望远镜:放大倍率 30 倍,视距乘常数 100,视距加常数 0。

补偿器:补偿范围 ±3′。

工作温度:-20~+45 ℃。

附录三　南方测绘 NTS-3400 系列全站仪使用简要说明

一、仪器部件

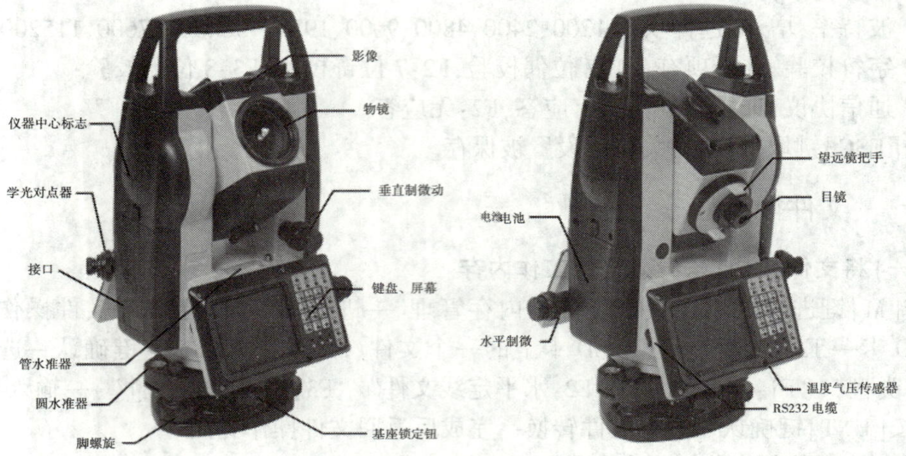

图 S27　　南方测绘 NTS-3400 系列全站仪部件

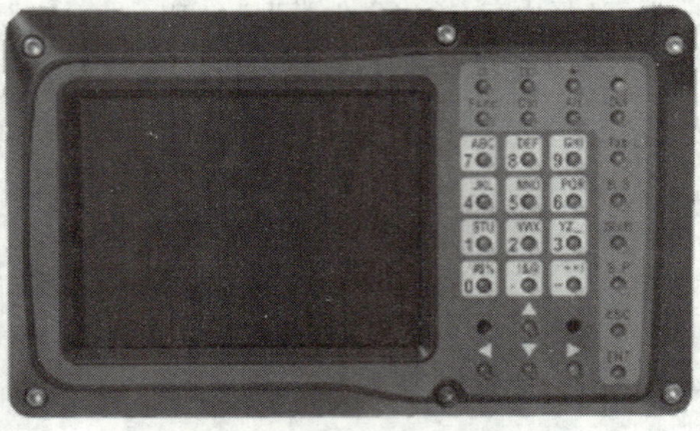

图 S28　显示窗和操作键

二、操作键

按 键	功能
α	输入字符时，在大小写输入之间进行切换
⊡	打开软键盘

按 键	功能
★	打开和关闭快捷功能菜单
⏻	电源开关,短按切换不同标签页,长按开关电源
Func	功能键
Ctrl	控制键
Alt	替换键
Del	删除键
Tab	使屏幕的焦点在不同的控件之间切换
B·S	退格键
Shift	在输入字符和数字之间进行切换
S·P	空格键
ESC	退出键
ENT	确认键
▲▼◀▶	在不同的控件之间进行跳转或移动光标
0—9	输入数字和字母
—	输入负号或其他字母
·	输入小数点

三、显示符号

显示符号	内容
V	垂直角(设置水平为0)或天顶距(设置天顶为0)
V%	垂直角(坡度显示)
HR	水平角(右角,即自起始方向顺时针增大的角)
HL	水平角(左角,即自起始方向逆时针增大的角)
HD	水平距离
VD	高差(仪器中心至棱镜中心)
SD	倾斜距离
N	北向坐标(X)
E	东向坐标(Y)
Z	高程(H)
m	以米为距离单位
ft	以英尺为距离单位

显示符号	内容
dms	以度分秒为角度单位
gon	以哥恩为角度单位
mil	以密为角度单位
PSM	棱镜常数(以 mm 为单位)
PPM	大气改正值
PT	点名

四、项目管理

每个项目对应一个文件,必须先建立一个项目才能进行测量和其他操作,默认系统将建立一个名为 default 的项目,每次开机将默认打开上次关机打开的项目。

项目中将保存测量和输入的数据,可以通过导入或者导出将数据导入到项目或者从项目中导出。

项目管理菜单:

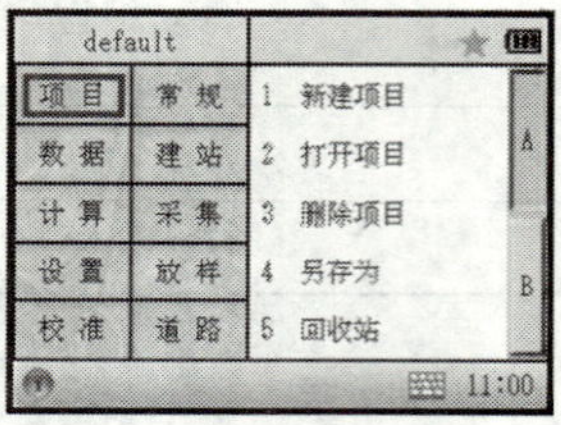

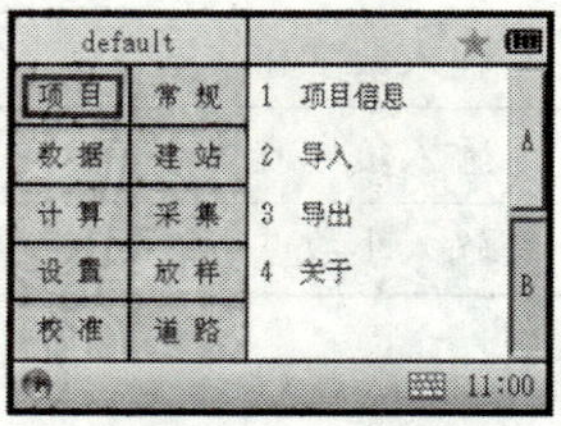

五、数据管理

可以对当前项目中的数据进行查看、添加、删除、编辑等操作。

数据管理菜单:

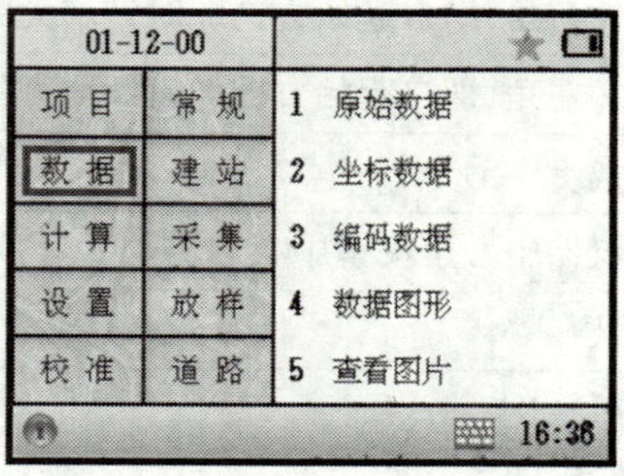

六、计算程序

通过计算程序通用计算和测量,并可对计算结果进行保存。

计算程序菜单：

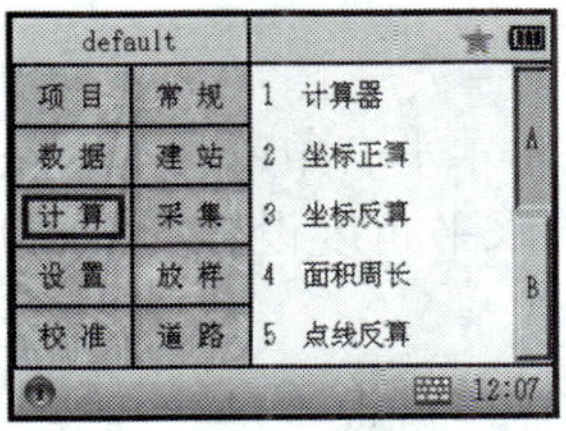

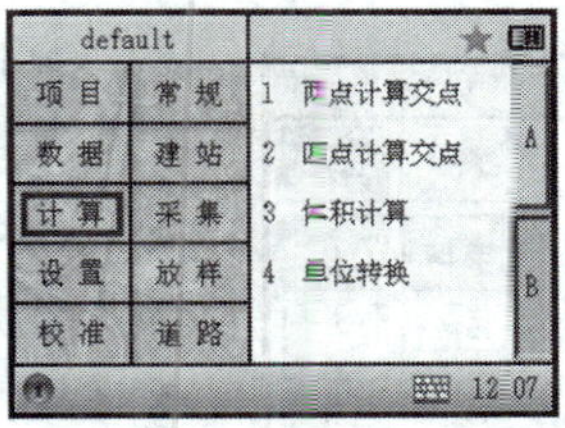

七、设置

设置分为两类：第一类是和项目相关的设置，修改这些设置只会影响到当前的项目。第二类是和项目无关的设置，修改会影响到所有的项目。

设置程序菜单：

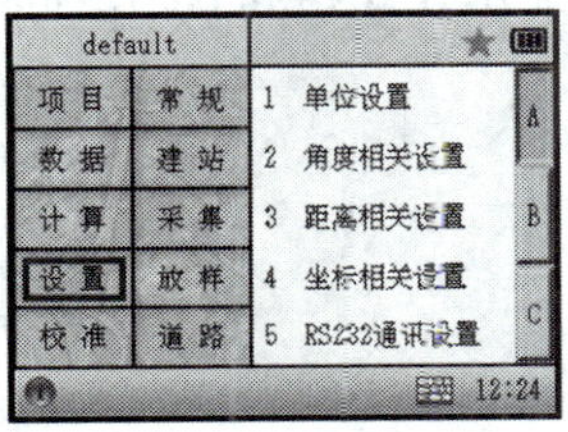

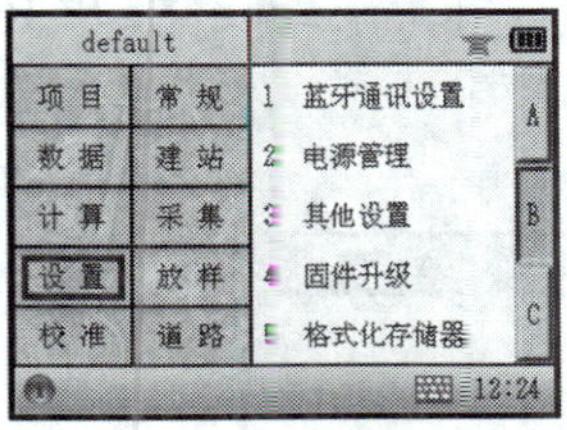

八、仪器校准

仪器校准程序菜单：

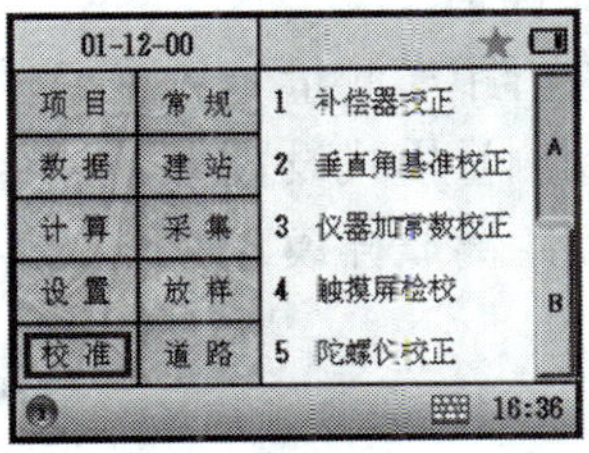

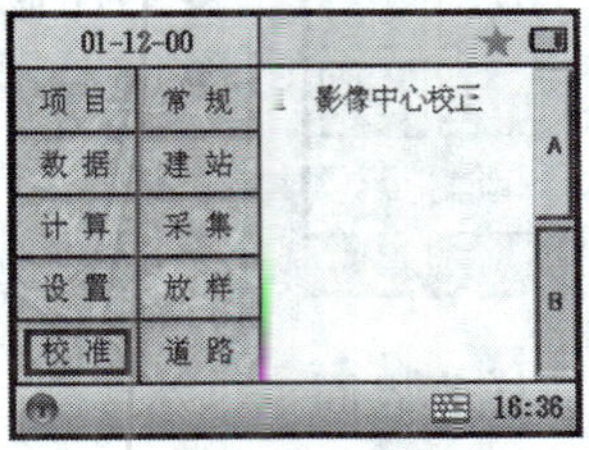

九、常规测量

常规测量包括角度测量、距离测量和坐标测量。

常规测量程序菜单：

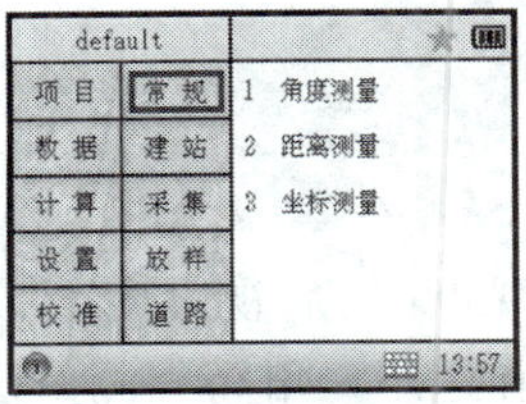

9.1 角度测量

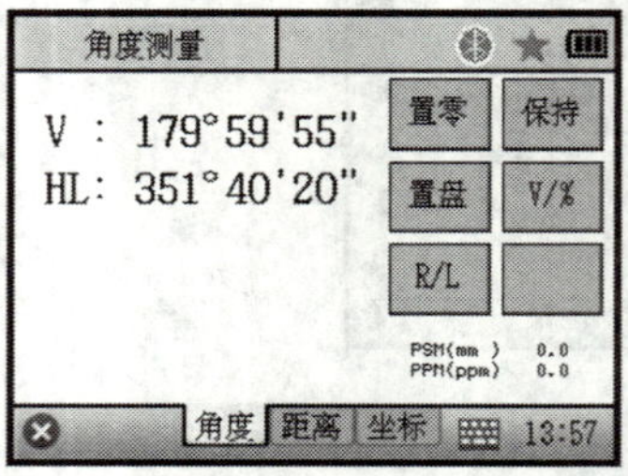

◆V:显示垂直角度

◆HR 或者 HL:显示水平右角或者水平左角

◆[置零]:将当前水平角度设置为零,设置后将需要重新进行后视设置

◆[保持]:保持当前角度不变,直到释放为止

◆[置盘]:通过输入设置当前的角度值,设置后将需要重新设置后视

●置盘界面

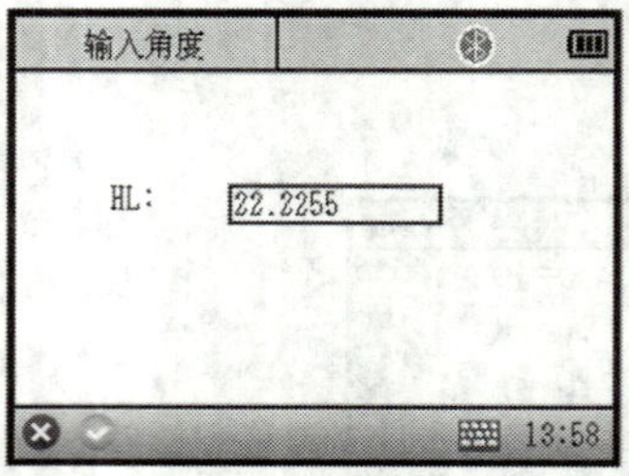

◆HR:输入水平角度值

◆[v/%]:垂直角显示在普通和百分比之间进行切换

◆[R/L]:水平角显示在左角和右角之间转换

9.2 距离测量

●距离测量界面

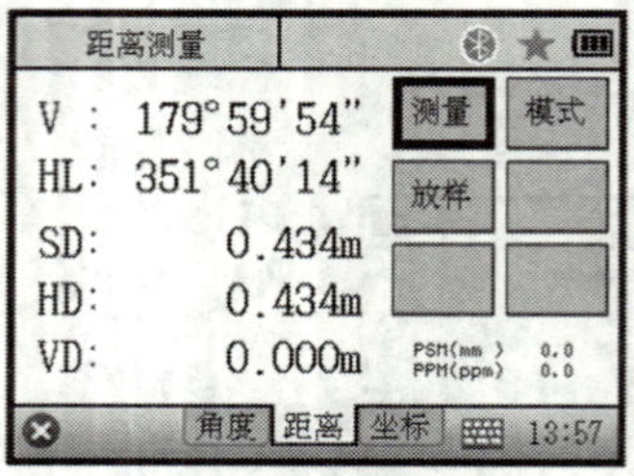

◆SD:显示斜距值

◆HD:显示水平距离值

◆VD:显示垂直距离值

◆[测量]:开始进行距离测量

◆[模式]:进入到测量模式设置(具体操作见设置部分)

◆[放样]:进入到距离放样模式

●输入距离放样值界面

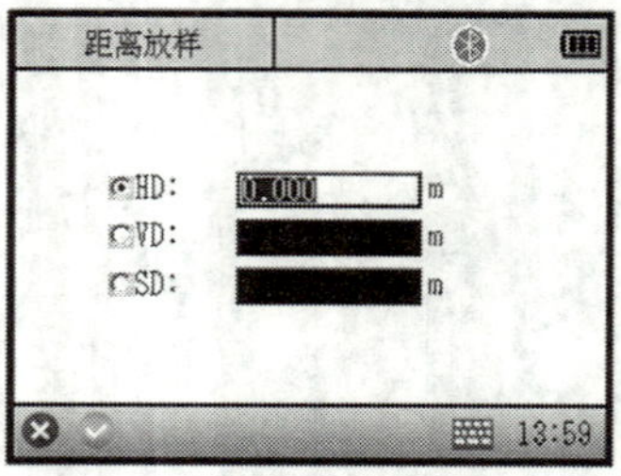

◆[HD]:输入要放样的水平距离

◆[VD]:输入要放样的垂直距离

◆[SD]:输入要放样的倾斜距离

9.3 坐标测量

根据建站设定的测站点和后视点(或后视方向),以及输入的仪器高和目标高,运用极坐标法测定目标点的平面坐标和运用三角高程测量法测定同一目标点的高程,为坐标测量。

●坐标测量界面

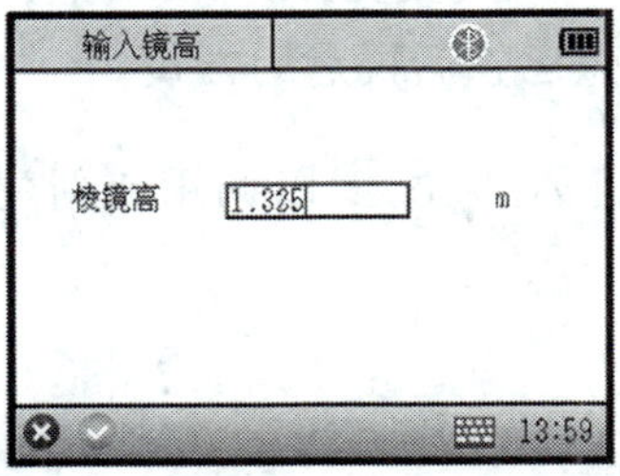

◆棱镜高:输入当前的棱镜高

◆[仪高]:进入输入仪器高度界面,设置后需要重新定后视

●输入仪器高界面

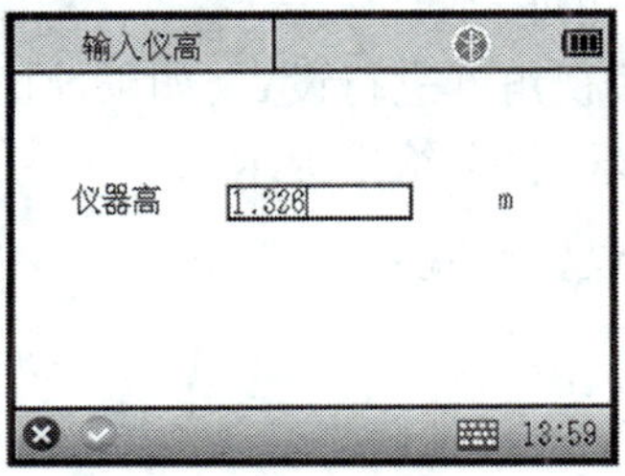

◆仪器高:输入当前的仪器高

◆[测站]:进入到输入测站坐标的界面,设置后需要重新定后视

●输入测站坐标界面

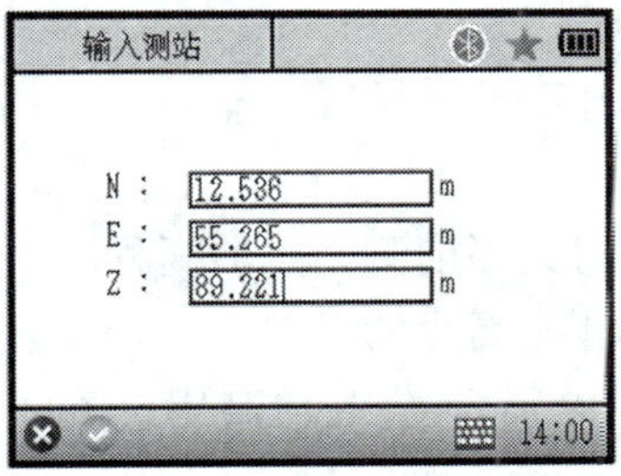

◆N:输入测站 N 坐标

◆E:输入测站 E 坐标

◆Z:输入测站高程

十、建站

在进行测量和放样之前都要进行已知点的建站工作。

建站程序菜单:

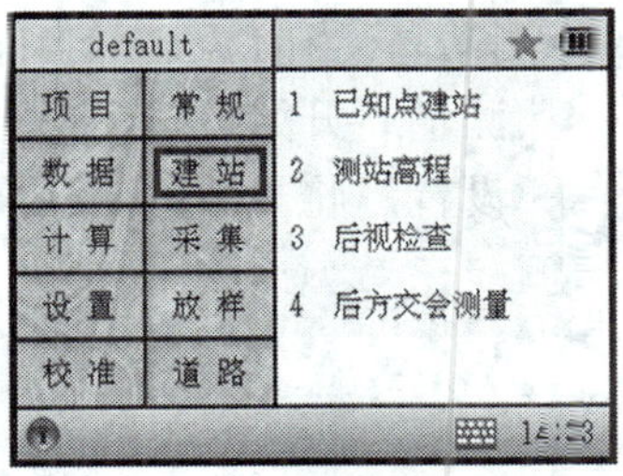

10.1 已知点建站

●通过已知点进行后视的设置，设置后视有两种方式，一种是通过已知的后视点，一种是通过已知的后视方位角，在其后按▼符号即可切换为输入已知后视点的方式。

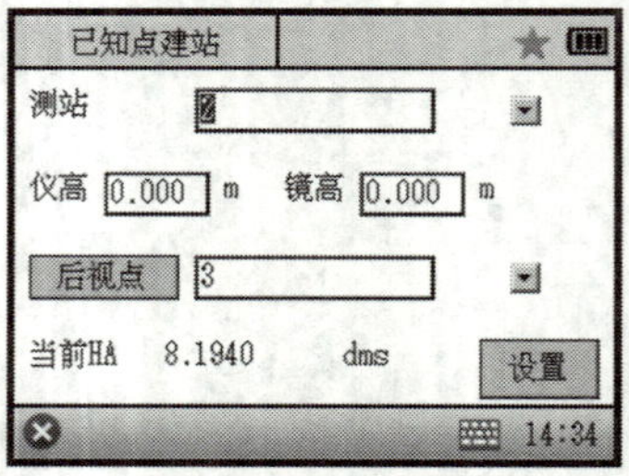

◆测站：输入已知测站点的名称，通过▼以调用或新建一个已知点做为测站点

◆仪高：输入当前的仪器高

◆镜高：输入当前的棱镜高

◆后视点：输入已知后视点的名称，通过▼可以调用或新建一个已知点做为后视点

◆当前 HA：显示当前的水平角度

◆设置：根据当前的输入对后视角度进行设置，如果前面的输入不满足计算或设置要求，将会给出提示

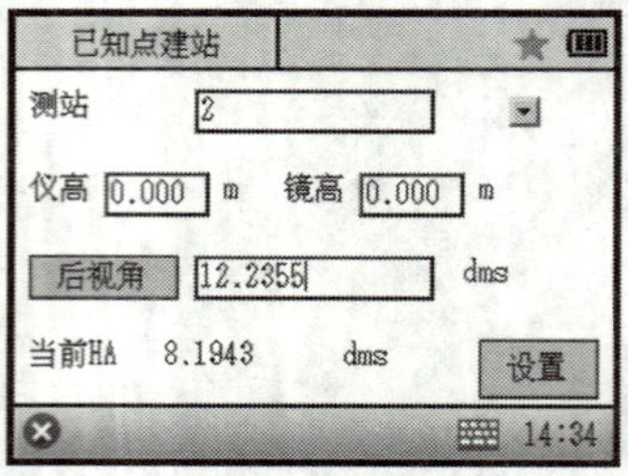

●通过直接输入后视角度来设置后视

◆后视角：输入后视角度值

所需数据输入后，转动望远镜照准后视点，按设置。

10.2 测站高程

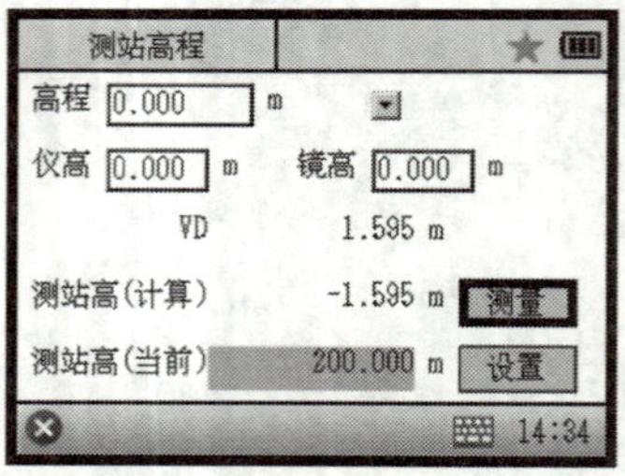

●通过测量一已知高程点来得到当前测站点的高程

●必须先进行设站才能进行测站高程的设置

◆高程：输入已知点高程，可以通过▼得到调用已知点的高程

◆镜高：当前棱镜的高度

◆仪高：当前仪器的高度

◆VD：显示当前的垂直角

◆测站高(计算)：显示根据测量结果计算得到的测站高

◆测站高(当前)：显示当前的测站高

◆[测量]：开始进行测量，并且会自动计算测站高

◆[设置]：将当前的测站高设置为测量计算得出的测站高

10.3　后视检查

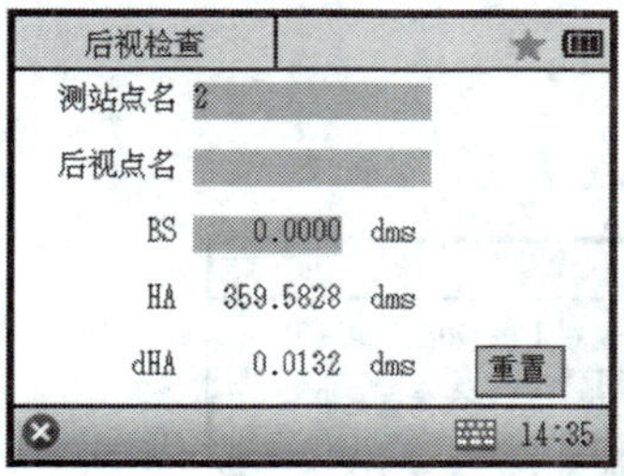

●检查当前的角度值与设站时的方位角是否一致

●必须先进行设站才能进行后视检查

◆测站点名：显示测站点名

◆后视点名：显示后视点的点名，如果通过输入后视角度的方式得到的点名此处将显示为空

◆BS：显示设置的后视点名

◆HA：显示当前的水平角

◆dHA：显示 BS 和 HA 两个角度的差值

◆[重置]：将当前的水平角重新设置为后视角度值

10.4　后方交会测量

瞄准 3 个以上的已知点，进行角度测量，或者瞄准两个以上的已知点进行距离测量，由仪器自动计算得到测站点的坐标，称为后方交会测量。

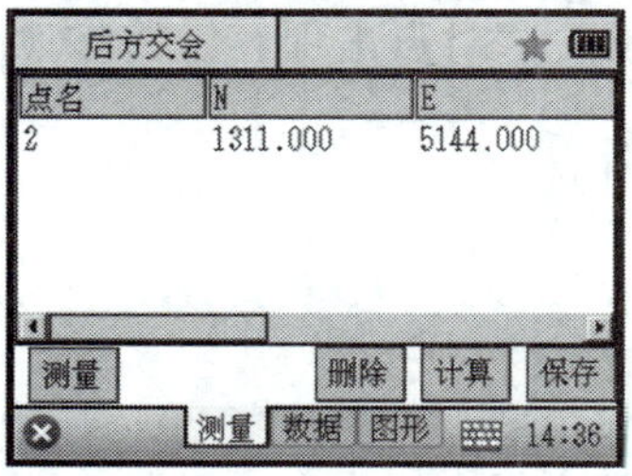

●如果测量的第一个点与第二个点之间的角太小或太大，其计算成果的几何精度会较差，所以要选择已知点与站点之间构成较好的几何图形

●对于后方交会最少的数据为三个角度观测或两个距离观测

●基本上，测站点高程是由测距数据计算的，但是如果没有进行距离测量，则高程仅由对已知坐标点的测角所定

◆列表：显示当前已经测量的已知点结果

◆[测量]：进入到测量已知点的界面

◆[删除]：删除一个选定的已测已知点

◆[计算]：对当前已经测量的已知点进行计算，得出测站点的坐标

◆[保存]：将计算结果进行保存，用于建站

◆{数据}：显示计算的结果

◆{图形}：对当前列表内的测量结果进行显示

●测量已知点的界面

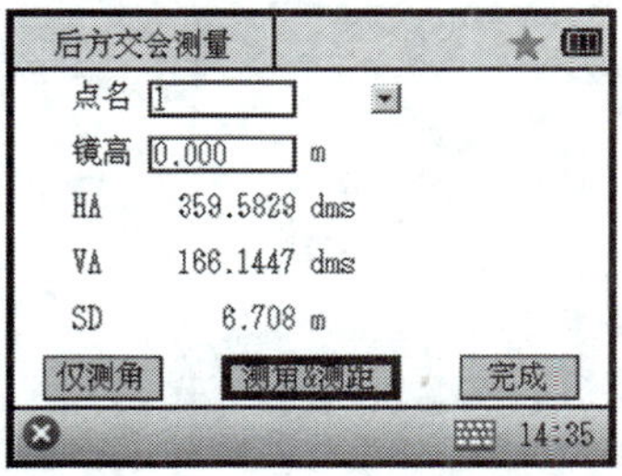

◆点名：输入一个已知点的点名

◆镜高：输入当前棱镜的镜高

◆HA：显示测量的角度结果

◆VA：显示测量的垂直角度值

◆SD：显示测量的斜距值

◆[仅测角]：只测量角度

◆[测角 & 测距]：测角并测距

◆[完成]：完成测量，保存当前的测量结果，返回到上一界面

十一、数据采集

设站后，通过数据采集程序即可进行数据采集测量。

数据采集菜单 A、B：

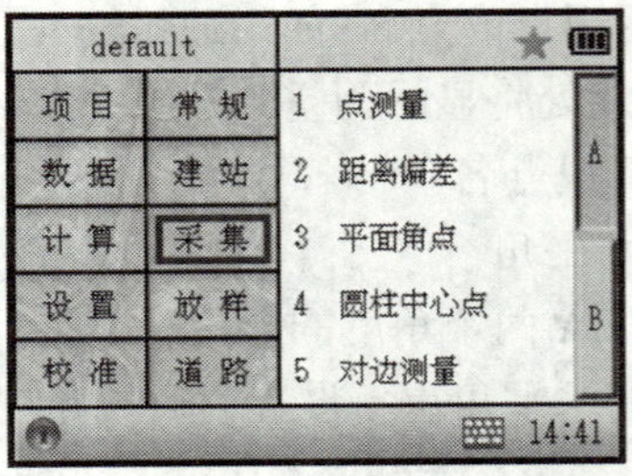

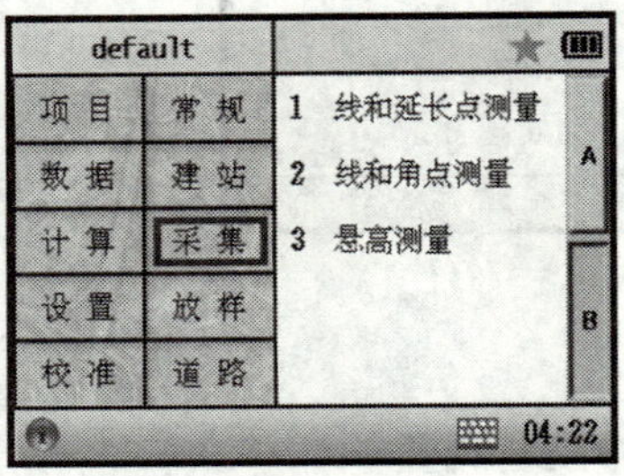

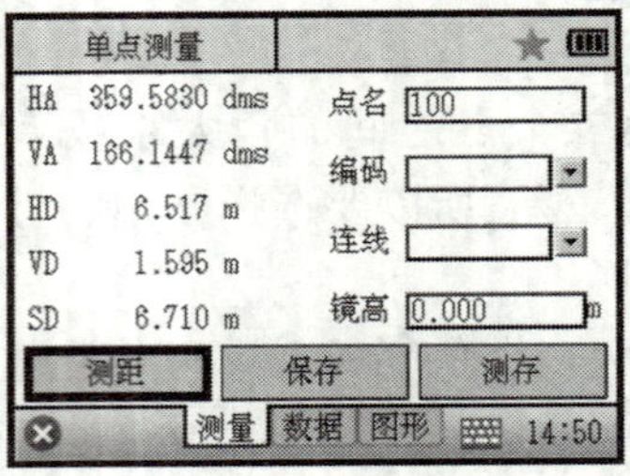

●点击测距键后，改变垂直角中仪器将按照测量的水平距离及垂直角重新计算 VD 及 Z 坐标，改变水平角将根据水平距离重新计算 N、E 坐标，这时点击保存键将按照重新计算的结果进行保存

◆HA：显示当前的水平角度值

◆VA：显示当前的垂直角度值

◆HD：显示测量的水平距离值

◆VD：显示测量的垂直距离值

◆SD：显示测量的斜距

◆点名：输入测量点的点名，每次保存后点名自动加 1

◆编码：输入或调用测量点的编码

◆连线：输入一个已知点的点名，程序将把当前点与该点连线，并在图形界面中显示，每次改变编码后，将自动显示前几个相同编码的点

◆镜高：显示当前的棱镜高度

◆[测距]：开始进行测距

◆[保存]：对上一次的测量结果进行保存，如果没有测距，则只保存当前的角度值

◆[测存]：测距并保存

◆{数据}：显示上一次的测量结果

◆{图形}：显示当前坐标点的图形

十二、放样

放样之前需进行设站，放样界面菜单：

放样界面菜单：

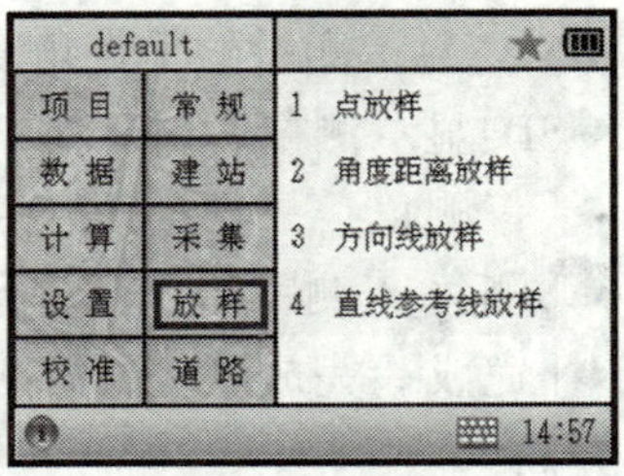

12.1 点放样

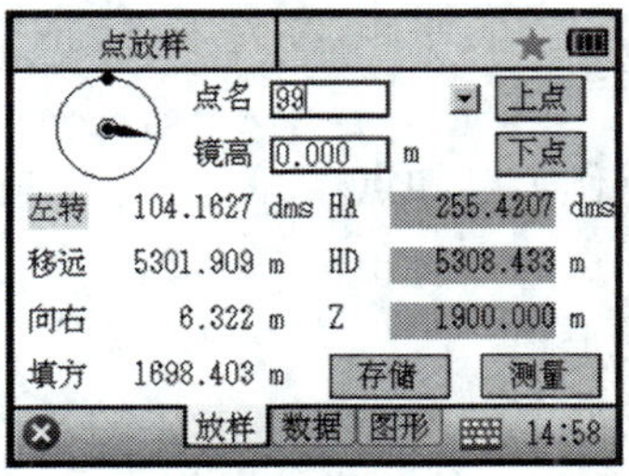

●调用一个已知点进行放样

◆点名:放样点的点名

◆镜高:当前的棱镜高

◆▼:调用或者新建一个放样点

◆[上点]:当前放样点的上一点,当是第一个点时将没有变化

◆[下点]:当前放样点的下一点,当是最后一个点时将没有变化

◆正确:当前值为正确值

◆左转、右转:仪器水平角应该向左或者向右旋转的角度

◆移近、移远:棱镜相对仪器移近或者移远的距离

◆向右、向左:棱镜向左或者向右移动的距离

◆挖方、填方:棱镜向上或者向下移动的距离

◆HA:放样的水平角度

◆HD:放样的水平距离

◆Z:放样点的高程

◆[存储]:存储前一次的测量值

◆[测量]:进行测量

◆{数据}:显示测量的结果

◆{图形}:显示放样点、测站点、测量点的图形关系

12.2 角度距离放样

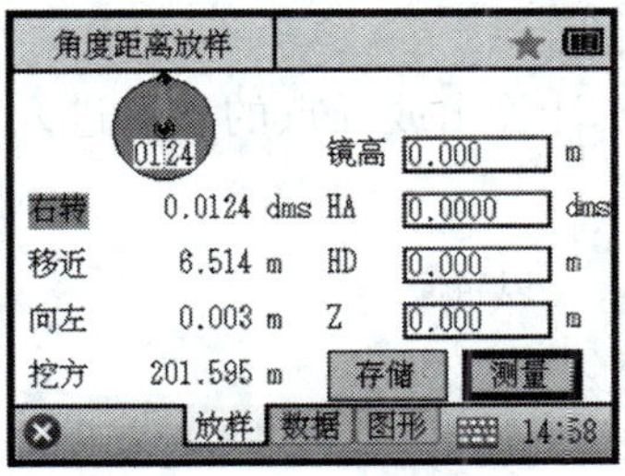

●通过输入测站与待放样点间的距离、角度及高程值进行放样

◆镜高:当前的棱镜高

◆正确:当前值为正确值

◆左转、右转:仪器水平角应该向左或者向右旋转的角度

◆移近、移远:棱镜相对仪器移近或者移远的距离

◆向右、向左:棱镜向左或者向右移动的距离

◆挖方、填方:棱镜向上或者向下移动的距离

◆HA:输入放样的水平角度

◆HD:输入放样的水平距离

◆Z:放样点的高程

◆[存储]:存储前一次的测量值

◆[测量]:进行测量

◆{数据}:显示测量的结果

◆{图形}:显示放样点、测站点、测量点的图形关系

12.3 方向线放样

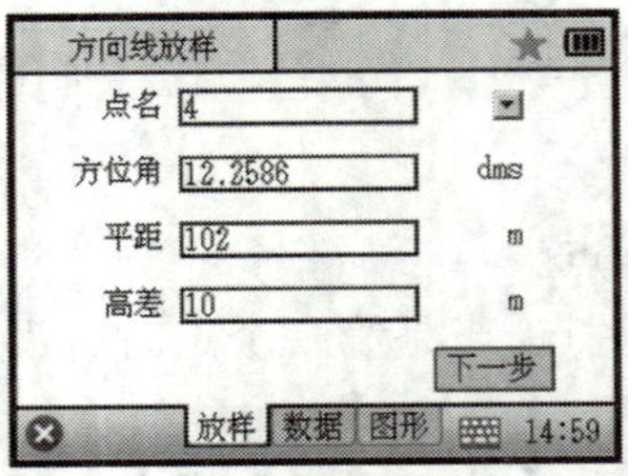

●通过输入和一个已知点的方位角、平距、高差来得到一个放样点的坐标进行放样

◆点名:输入或者调用一个点作为已知点

◆方位角:从已知点到待放样点的方位角

◆平距:待放样点与已知点的平距

◆高差:待放样点与已知点的高差

◆[下一步]:完成输入,进入下一步的放样的操作

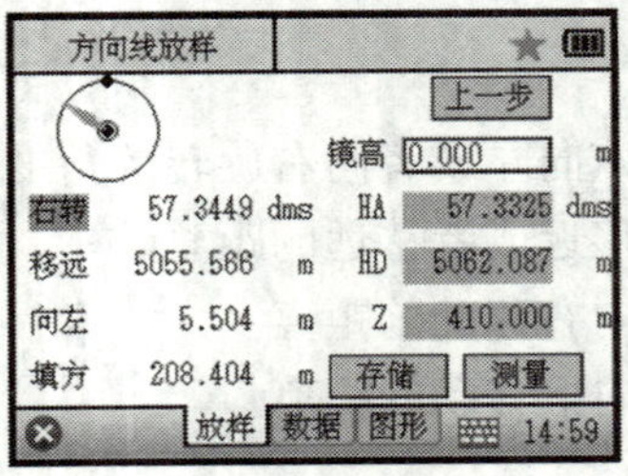

◆[上一步]:返回上一步中输入界面

●其他见点放样中的说明

12.4 直线参考线放样

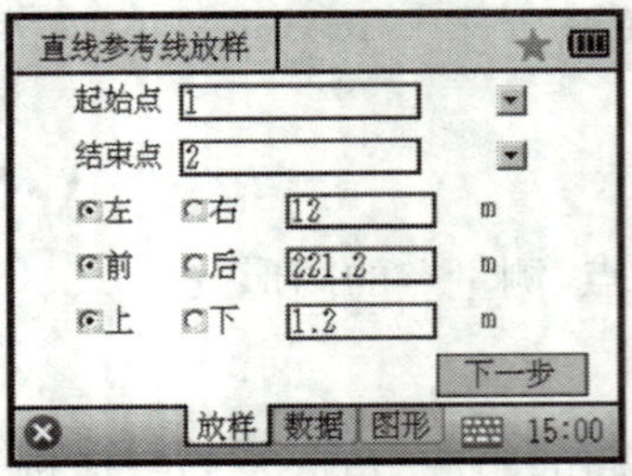

●通过两个已知点,及输入与这两个点形成的直线的三个偏差距离来计算得到待放样点的坐标

◆起始点:输入或者调用一个已知点作为起始点

◆结束点:输入或者调用一个已知点作为结束点

◆左、右:向左或者向右偏差的距离

◆前、后:向前或者向后偏差的距离

◆上、下:向上或者向下偏差的距离

◆[下一步]:根据上面的输入计算出放样点的坐标进入下一步的放样界面

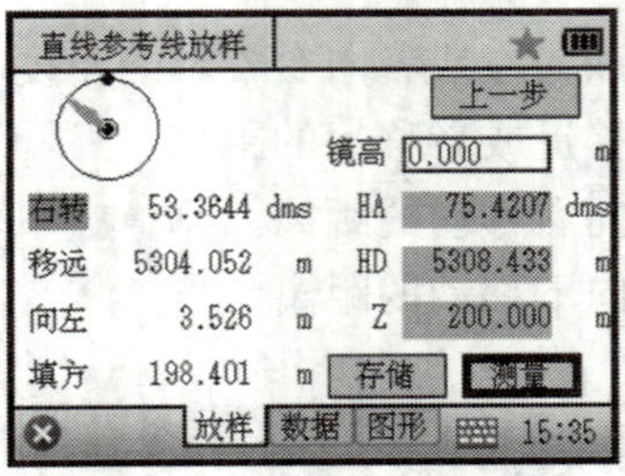

◆[上一步]:返回上一步中输入界面

●其他见点放样中的说明

十三、注意事项

(1)仪器可以采用光学对电器对中,也可以点击★键,打开激光对点器对中,按 ESC 键,激光器自动关闭。

(2)屏幕如显示电子气泡,说明仪器竖轴倾斜已超出±4′,应重新整平仪器。

(3)距离测量和坐标测量时,可以采用棱镜、发射片及无棱镜三种反射形式,但无棱镜反射的测距精度较差。

(4)测量垂直角时,V 可设置为垂直角(设置水平为0)或天顶距 S(设置天顶为0),垂直角和天顶距的关系式为:盘左 $V=90°-S$,盘右 $V=S-270°$。

(5)可以通过触摸笔对控件进行点击操作,ESC 键对应屏幕中的×按钮,按下即返回到上一页面,ENT 键对应屏幕中的√按钮,按下即保存当前页面的设置及修改。

(6)数据输入时,需要按 ENT 键进行确认;建站时,输入后视点坐标或后视方向值并照准后视点之后,需按设置,予以确认。

(7)除了在常规测量界面下,其他角度的显示和输入格式为度、分、秒。

(8)输入数据时按 Shift 键,可以在字符和数字之间进行切换。

(9)进行数据采集过程中,不应不关机就拔下电池,否则测量数据将会丢失。当显示"电池电量不足"时,应及时更换电池或对电池进行充电。

(10)不要用眼睛盯住激光束或将激光束直接指向他人,应防止激光束或强烈的反射光射入眼睛,以免造成伤害。

附录四　单一导线近似计算的 Visual Basic 程序

一、数据输入窗口(用户界面)设计

数据输入窗口(用户界面)设计见图 S29。

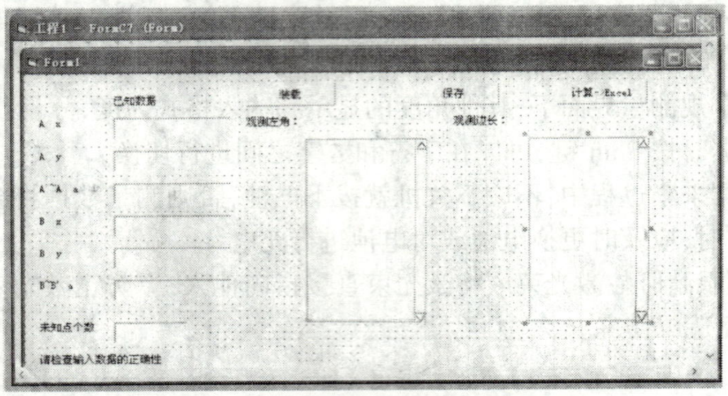

图 S29　数据输入窗口(用户界面)设计

二、数据输入窗口控件及其标题、名称属性和作用设计说明

对象	标题	Caption（名称）	作用	说明
窗体	Form1	单一导线数据输入	用户输入界面	
标签	Label1	已知数据		
	Label2	观测左角		
	Label3	观测边长		
	Label4	A(点)x		
	Label5	A(点)y		
	Label6	A'—A(方位角)角 a		
	Label7	B(点)x		
	Label8	B(点)y		
	Label9	B—B'(方位角)角 a		
	Label10	未知点个数		
	Label11	请检查输入数据正确性		
文本框	Text1～Text6		输入已知数据	单行左对齐输入
	TDS		输入未知点个数	单行左对齐输入
	TSS		输入观测左角	多行左对齐输入
	TBB		输入边长	多行左对齐输入
命令	Command1	装载	将数据装入数组	
	Command2	保存	将数据存入文件	
	Command3	计算->Excel	计算并送 Excel	

三、程序代码

```
Dim gsl As String, gs2 As String
Const pi As Double = 3.1415926535
Private Sub Form_Load()
celgs1 = "0.###": gs2 = "0.#####"
End Sub
Private Sub Command2_Click()
ff$ = "C:\Documents and Settings\AdminisTrator\桌面\DD.txt"
n1 = FreeFile: Open ff For Output As #n1
Print #n1, tDS.Text
Print #n1, Text1(0).Text; ",";
Print #n1, Text1(1).Text; ",";
Print #n1, Text1(2).Text
Print #n1, Text1(3).Text; ",";
Print #n1, Text1(4).Text; ",";
Print #n1, Text1(5).Text
s1 = Replace(tBB.Text, " ", "")
s1 = Replace(s1, vbCrLf, " ")
s1 = Replace(Trim$(s1), " ", ",")
Print #n1, s1
s1 = Replace(tSS.Text, " ", "")
s1 = Replace(s1, vbCrLf, " ")
s1 = Replace(Trim$(s1), " ", ",")
Print #n1, s1
Close #n1
Label12.Caption = "输入数据已保存于 DD.txt 文件中"
End Sub
Private Sub Command1_Click()
ff = "C:\Documents and Settings\AdminisTrator\桌面\DD.txt"
n1 = FreeFile: Open ff For Input As #n1
Input #n1, ds
tDS.Text = ds
Input #n1, xA, yA, aA
Text1(0).Text = xA
Text1(1).Text = yA
Text1(2).Text = aA
Input #n1, xB, yB, aB
Text1(3).Text = xB
Text1(4).Text = yB
Text1(5).Text = aB
Line Input #n1, s$
s = Replace(s$, " ", "")
s = Replace(s$, ",", vbCrLf)
tBB.Text = s
Line Input #n1, s$
```

```
s = Replace(s$, " ", "")
s = Replace(s$, ",", vbCrLf)
tSS.Text = s
'Line Input #n1, S$
If Not EOF(n1) Then MsgBox "数据文件格式有误!"
Close #n1
End Sub
Private Sub Command3_Click()
ds = Val(tDS.Text) + 2
If ds < 2 Then MsgBox "未知点数目有误", vbExclamation: Exit Sub
ReDim dx(0 To ds - 1) As Double, dy(0 To ds - 1) As Double
ReDim a(0 To ds - 1) As Double
'ReDim bi(0 To ds) As Double
'ReDim si(0 To ds - 2) As Double
s1 = Replace(tSS.Text, " ", "")
s1 = Replace(s1, vbCrLf, " "): s1 = Trim$(s1)
bi = Split(s1, " ")
If UBound(bi) <> ds - 1 Then
MsgBox "观测角数有误", vbExclamation: Exit Sub
End If
s1 = Replace(tBB.Text, " ", "")
s1 = Replace(s1, vbCrLf, " "): s1 = Trim$(s1)
si = Split(s1, " ")
If UBound(si) <> ds - 2 Then
MsgBox "观测边数有误", vbExclamation: Exit Sub
End If
xA = Val(Text1(0).Text)
yA = Val(Text1(1).Text)
aA = Val(Text1(2).Text)
xB = Val(Text1(3).Text)
yB = Val(Text1(4).Text)
aB = Val(Text1(5).Text)
hb = 0
fw = DEG(aA)
For ir = 0 To ds - 1
b1 = DEG(Val(bi(ir)))
hb = hb + b1
fw = fw + b1 - pi
If fw > 2 * pi Then
fw = fw - 2 * pi
ElseIf fw < 0 Then
fw = fw + 2 * pi
End If
Next
```

```
fb = fw - DEG(aB)
fb = Int(fb * 180# * 36000 / pi) / 10
fen = -fb / ds
fw = DEG(aA)
For ir = 0 To ds - 1
b1 = DEG(bi(ir)) + fen / 206265
fw = fw + b1 - pi
If fw > 2 * pi Then
fw = fw - 2 * pi
ElseIf fw < 0 Then
fw = fw + 2 * pi
End If
a(ir) = DMS(fw)
Next ir
hx = 0: hy = 0: hs = 0
For ir = 0 To ds - 2
a1 = DEG(a(ir))
dx(ir) = si(ir) * Cos(a1)
dy(ir) = si(ir) * Sin(a1)
hs = hs + si(ir)
hx = hx + dx(ir): hy = hy + dy(ir)
Next ir
fx = xA + hx - xB
fy = yA + hy - yB
fs = Sqr(fx * fx + fy * fy)
If fs < 0.000001 Then fs = 0.000001
For ir = 0 To ds - 2
dx(ir) = dx(ir) - fx * si(ir) / hs
dy(ir) = dy(ir) - fy * si(ir) / hs
Next
x = xA: y = yA
For ir = 1 To ds - 2
x = x + dx(ir - 1)
y = y + dy(ir - 1)
Debug.Print ir; ","; " x="; Format(x, "######.####"); ","; " y="; Format(y, "######.####")
Next ir
Debug.Print "角度闭合差  fb="; Int(fb + 0.5); "秒"
Debug.Print "坐标增量闭合差  fx="; Format(fx * 1000, "####"); "毫米"
Debug.Print "                fy="; Format(fy * 1000, "####"); "毫米"
Debug.Print "全长闭合差      fs="; Format(fs * 1000, "####"); "毫米"
Debug.Print "导线全长        DD="; Format(hs, "#####.#"); "米"
Debug.Print "全长相对闭合差  K= 1/"; Int(hs / fs / 100) * 100
Debug.Print "End"
p = MsgBox("是否要将计算结果送往 Excel?", 4, "->Excel")
```

```
If p = 7 Then Debug.Print "计算结束!": End
Dim xlApp As Object
Dim xlBook As Object
Dim xls As Object
On Local Error Resume Next
Set xlApp = CreateObject("Excel.Application")
Set xlBook = Nothing
Set xls = Nothing
Set xlBook = xlApp.Workbooks().Add
Set xls = xlBook.Sheets(1)
xls.Name = "单一导线"
With xls
.Range("A1:I1").Merge
.Cells(1, 1).Value = "**单一导线近似计算(" & Date & ")"
.Cells(1, 1).Font.ColorIndex = 5
.Cells(2, 1).Value = "点名"
.Cells(2, 2).Value = "X(北)"
.Cells(2, 3).Value = "Y(东)"
.Cells(2, 4).Value = "观测左角"
.Cells(2, 5).Value = "改正"
.Cells(2, 6).Value = "方位角"
.Cells(2, 7).Value = "观测边长"
.Cells(2, 8).Value = "dX"
.Cells(2, 9).Value = "dY"
cc = 1
.Cells(3, cc).Value = "        A"
.Cells(4, cc).Value = "        A"
For ir = 1 To ds - 2
.Cells(2 * ir + 4, cc).Value = ir
Next
.Cells(2 * ir + 5, cc).Value = "        B"
.Cells(2 * ir + 6, cc).Value = "        B"
For cc = 1 To 5
For ir = 1 To ds
.Range(.Cells(2 * ir + 2, cc), .Cells(2 * ir + 3, cc)).Merge
Next
Next
For cc = 6 To 9
For ir = 0 To ds
.Range(.Cells(2 * ir + 3, cc), .Cells(2 * ir + 4, cc)).Merge
Next
Next
.Rows("3:" & 2 * ir + 5).RowHeight = 10
.Range(.Cells(5, 7), .Cells(2 * ds + 5, 9)).NumberFormatLocal = "0.000"
```

```
.Range(.Cells(4, 2), .Cells(2 * ds + 7, 3)).NumberFormatLocal = "0.000"
.Range(.Cells(4, 4), .Cells(2 * ds + 15, 4)).NumberFormatLocal = "0.0000"
.Range(.Cells(3, 5), .Cells(2 * ds + 7, 5)).NumberFormatLocal = "0.0"
.Range(.Cells(3, 6), .Cells(2 * ds + 9, 6)).NumberFormatLocal = "0.0000"
cc = 4
For ir = 1 To ds
.Cells(2 * ir + 2, cc).Value = Format$(bi(ir - 1), gs1)
Next
cc = 5
For ir = 1 To ds
.Cells(2 * ir + 2, cc).Value = fen
Next
cc = 6
For ir = 1 To ds - 1
.Cells(2 * ir + 3, cc).Value = a(ir - 1)
Next
.Cells(3, cc).Value = aA
.Cells(2 * ir + 3, cc).Value = aB
cc = 7
For ir = 1 To ds - 1
.Cells(2 * ir + 3, cc).Value = si(ir - 1)
Next
cc = 8
For ir = 1 To ds - 1
.Cells(2 * ir + 3, cc).Value = dx(ir - 1)
Next
cc = 9
For ir = 1 To ds - 1
.Cells(2 * ir + 3, cc).Value = dy(ir - 1)
Next
cc = 2: x = xA
For ir = 1 To ds - 2
x = x + dx(ir - 1)
.Cells(2 * ir + 4, cc).Value = x
Next
.Cells(4, cc).Value = xA
.Cells(2 * ir + 4, cc).Value = xB
cc = 3: y = yA
For ir = 1 To ds - 2
y = y + dy(ir - 1)
.Cells(2 * ir + 4, cc).Value = y
Next
.Cells(4, cc).Value = yA
.Cells(2 * ir + 4, cc).Value = yB
```

```
ir = 2 * ds + 5
.Range("A" & ir & ":I" & ir).Merge
ir = ir + 1
.Cells(ir, 3).Value = "Mb="
.Cells(ir, 3).HorizontalAlignment = xlRight
.Cells(ir, 4).Value = DMS(hb)
.Cells(ir, 6).Value = "fb=" & fb & "秒"
.Cells(ir, 7).Value = "Ms=" & hs & "米"
ir = ir + 1
hk = Int(hs / fs / 100) * 100
.Cells(ir, 8).Value = "fx=" & Format(fx, "0.###")
.Cells(ir, 9).Value = "fy=" & Format(fy, "0.###")
.Cells(ir, 6).Value = "fs=" & Format(fs, "0.###")
.Cells(ir, 7).Value = "K= 1/" & Format(hk, "0")
.Cells.HorizontalAlignment = xlRight
.Cells.VerticalAlignment = xlCenter
.Cells.EntireColumn.AutoFit
.PageSetup.Orientation = xlLandscape
.PageSetup.PaperSize = xiPaperA4
.PageSetup.Zoom = False
.PageSetup.FitToPagesWide = 1
.PageSetup.PitToPagesTall = False
.PageSetup.PrintGridlines = True
.PageSetup.CenterHorizontally = True
On Local Error GoTo 0
.Range("B3").Select
End With
xlApp.Application.Visible = True
'xlapp.ActiveWindow.SelectedSheets.PrintPreview
Set xlBook = Nothing
Set xls = Nothing
Set xlApp = Nothing
End Sub
Function DEG(ByVal dfm As Single) As Double
If dfm < 0 Then
'...
End If
x# = dfm + 0.000001
Duo% = Int(x)
fen% = Int((x# - Duo%) * 100)
mm# = (x# - Duo%) * 100 - fen% - 0.0001
mm# = Duo% + fen% / 60 + mm# / 36
DEG = mm# * pi / 180
End Function
```

```
Function DMS(ByVal a As Single) As Double
myd# = a * 180 / pi
Duo% = Int(myd#)
x = (myd# - Duo%) * 60
fen% = Int(x)
m = (x - fen%) * 60
DMS = Format$(((Duo% + fen% / 100 + m / 10000)), "#.00000")
End Function
```

附录五　测量实训作业记录与计算表格

一、水准仪检验和校正记录

日期____天气____专业____年级____班级____小组____观测______记录______检查______第__页

圆水准轴检验和校正绘图说明

项目	整平后圆水准器气泡位置	望远镜转 180°后气泡位置
检验时	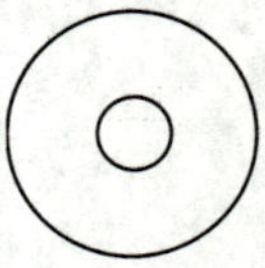	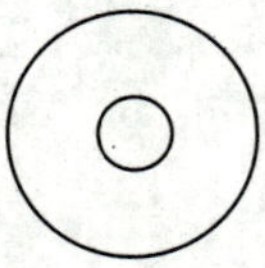
校正后	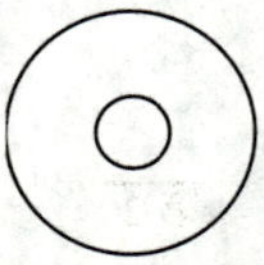	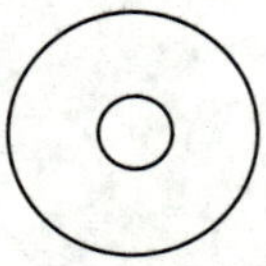

十字丝横丝检验和校正绘图说明

项目	检验时	校正后
点状标志偏离中横丝的情况	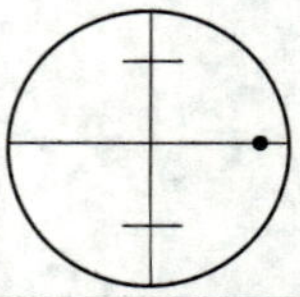	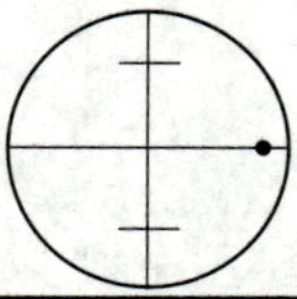

水准管轴检验和校正记录

第 1 次(校正前)				第 2 次(校正后)			
测站	点号	读数(m)	高差(mm)	测站	点号	读数(m)	高差(mm)
		$a_1=$	$a_1-b_1=$			$a_1=$	$a_1-b_1=$
		$b_1=$				$b_1=$	
		$a_2=$	$a_2-b_2=$			$a_2=$	$a_2-b_2=$
		$b_2=$				$b_2=$	
$\Delta=\frac{(a_2-b_2)-(a_1-b_1)}{2}$ $=$			$i''=10\times\Delta$ $=$	$\Delta=\frac{(a_2-b_2)-(a_1-b_1)}{2}$ $=$			$i''=10\times\Delta$ $=$

注: 表内 a_1、b_1、a_2、b_2 分别为各四次读数的平均数,水准管轴检验示意图参见本书第一部分实验三中图 S2。

二、光学经纬仪检验和校正记录

日期____天气____专业____年级____班级____小组____观测______记录______检查______第__页

照准部水准管轴检验和校正绘图说明

项目	整平后水准管气泡位置	照准部转 180°后气泡位置
检验时		
校正后		

视准轴检验和校正记录

第 1 次(校正前)					第 2 次(校正后)				
测站	平点目标	盘位	水平度盘读数(°　′　″)	c(″)	测站	平点目标	盘位	水平度盘读数(°　′　″)	c(″)
		左					左		
		右					右		
		左					左		
		右					右		

注：表内 $c=\dfrac{M_1-(M_2\pm180^\circ)}{2}$。

横轴检验和校正记录

第 1 次(校正前)					第 2 次(校正后)				
测站	高点目标	盘位	水平度盘读数(°　′　″)	c(″)	测站	高点目标	盘位	水平度盘读数(°　′　″)	c(″)
		左					左		
		右					右		
		左					左		
		右					右		

注：表内 $c=\dfrac{M_1-(M_2\pm180^\circ)}{2}$。

十字丝竖丝检验和校正绘图说明

项目	检验时	校正后
点状标志偏离竖丝的情况		

竖盘指标水准管轴检验和校正记录

第 1 次(校正前)						第 2 次(校正后)					
测站	目标	盘位	竖盘读数(°　′　″)	竖角(°　′　″)	x(″)	测站	目标	盘位	竖盘读数(°　′　″)	竖角(°　′　″)	x(″)
		左						左			
		右						右			
		左						左			
		右						右			

注：表内 $x=\dfrac{\alpha_R-\alpha_L}{2}$　或　$x=\dfrac{(L+R)-360^\circ}{2}$。

三、普通水准测量记录

普通水准测量记录

日期____天气____专业____年级____班级____小组____观测____记录____检查____第__页

测站	点号		后视读数 a（m）	前视读数 b（m）	高差 h（m）	平均高差 $h_{均}$（m）	说明
	仪高（1）						
	仪高（2）						
	仪高（1）						
	仪高（2）						
	仪高（1）						
	仪高（2）						
	仪高（1）						
	仪高（2）						
	仪高（1）						
	仪高（2）						
	仪高（1）						
	仪高（2）						
	仪高（1）						
	仪高（2）						
	仪高（1）						
	仪高（2）						
检核	$\sum a=$		$\sum b=$	$\sum h=$	$\sum a-\sum b=$	$2\sum h_{均}=$	

四、四等水准测量手簿

四等水准测量手簿

日期____天气____专业____年级____班级____小组____观测______记录______检查____第____页

测站编号	点号	后尺 上 / 下	前尺 上 / 下	方向及尺号	水准尺读数（m） 黑面	红面	K+黑-红（mm）	高差中数（m）	说明
		后视距（m）	前视距（m）						
		后、前视距差（m）	累计差（m）						
		（1）	（4）	后	（3）	（8）	（13）	（18）	K_1 =
		（2）	（5）	前	（6）	（7）	（14）		K_2 =
		（9）	（10）	后-前	（16）	（17）	（15）		
		（11）	（12）						
				后 1					
				前 2					
				后-前					
				后 2					
				前 1					
				后-前					
				后 1					
				前 2					
				后-前					
				后 2					
				前 1					
				后-前					
				后 1					
				前 2					
				后-前					
				后 2					
				前 1					
				后-前					
校核		Σ（9）= Σ（10）= （12）末站= 总距离=		Σ（3）=　Σ（8）=　Σ（6）=　Σ（7）= Σ（16）=　Σ（17）=　Σ（18）= $\frac{1}{2}[\Sigma(16)+\Sigma(17)\pm 0.100]$ =					

五、高差闭合差调整及待定点高程计算表

高差闭合差调整及待定点高程计算表

日期____天气____专业____年级____班级____小组____观测____计算____检查____第____页

点号	测站数	距离（km）	实测高差（m）	改正数（m）	改正后高差（m）	高程（m）
辅助计算	f_h = $f_{h容}$ = （mm）					

六、水平角(测回法)(含全站仪测高差)测量记录

水平角(测回法)测量记录

日期____天气____专业____年级____班级____小组____观测______记录______检查____第____页

测站 仪高 i	目标	镜高 l	竖盘 位置	水平度盘读数 (° ′ ″)	半测回角值 (° ′ ″)	一测回角值 (° ′ ″)	高差(m) VD	 h	 平均 h
			左						
i =			右						
			左						
i =			右						
			左						
i =			右						
			左						
i =			右						
			左						
i =			右						
			左						
i =			右						
			左						
i =			右						
			左						
i =			右						
			左						
i =			右						

注:测站点至目标点高差 h=仪器中心至棱镜中心高差 VD+仪高 i-镜高 l(单位:m)。

七、距离测量记录

距离测量记录

日期____天气____专业____年级____班级____小组____观测______记录______检查____第____页

测线		往测		返测		往返平均距离(m)	往返差值(m)	往返相对误差 K
起点号	终点号	钢尺尺段数 余数	D_i (m)	钢尺尺段数 余数	D_i (m)			

注:如用全站仪光电测距,则表内“钢尺尺段数”和“余数”两栏均不填。

八、导线闭合差调整及坐标计算表

导线闭合差调整及坐标计算

日期____天气____专业____年级____班级____小组____观测____计算____检查______第____页

点号	观测角 β (° ′ ″)	改正后 β (° ′ ″)	方位角 α (° ′ ″)	距离 D (m)	纵坐标增量 $\Delta x'$ (m)	横坐标增量 $\Delta y'$ (m)	改正后 Δx (m)	改正后 Δy (m)	纵坐标 x (m)	横坐标 y (m)
(1)	(2)	(3)	(4)	(5)	(6)	(7)	(8)	(9)	(10)	(11)

辅助计算		
	$f_\beta =$ $f_{\beta允} = \pm 60'' \sqrt{n} =$	$f_x =$　　$f_y =$ $f_D = \pm\sqrt{f_x^2 - f_y^2} =$ $K =$　　$K_{允} =$

九、控制测量成果表

控制测量成果表

日期____天气____专业____年级____班级____小组____学号____计算____检查________第____页

点号	X(m)	Y(m)	H(m)	点号~点号	平距(m)	方位角	说明

十、矩形建筑物角点测设数据计算表

矩形建筑物角点测设数据计算

日期____天气____专业____年级____班级____小组____学号____计算____检查____第____页

测站点____后视点____

点号	X(m)	Y(m)	方向号	方位角 (°　′　″)	水平角 (°　′　″)	平距 (m)
A	1 200.000	1 800.000	ij			
B	1 221.651	1 812.500	AB			
P_1	1 202.928	1 810.928	AP_1			
P_2	1 218.516	1 819.928	AP_2			
P_3	1 212.516	1 830.320	AP_3			
P_4	1 196.928	1 821.320	AP_4			

计算式：

$$\alpha_{ij}=\arctan\frac{Y_j-Y_i}{X_j-X_i}=$$

$$\beta_{Aj}=\alpha_{Aj}-\alpha_{AB}=$$

$$D_{Aj}=\sqrt{(X_j-X_A)^2+(Y_j-Y_A)^2}=$$

十一、矩形建筑物角点测设相对点位检测表

矩形建筑物角点测设相对点位检测表

日期____天气____专业____年级____班级____小组____观测______记录______检查______第__页

点号	β_i			D_{Ai}			
	测设	实测 (°　′　″)	较差 (″)	边号	测设 (m)	实测 (m)	较差 (mm)
P_1	90°			P_1P_2			
P_2	90°			P_2P_3			
P_3	90°			P_3P_4			
P_4	90°			P_4P_1			

十二、椭圆形建筑物轮廓线特征点位测设计算表

椭圆形建筑物轮廓线特征点位测设计算表

日期____天气____专业____年级____班级____小组____计算____检查________第____页

测站点________ x_0 =________ y_0 =________后视点________ α_{O1} =________

点号	1	2	3	4	5	6	7	8	9	10	11	12
y_i(m)	−12	−10	−8	−6	−4	−2	0	+2	+4	+6	+8	+10
x_i(m)												
点 O 至各点平距 D_{Oi}(m)												
点 O 至各点假定方位角 α_{Oi} (° ′ ″)												
点 O 自零方向始顺时针至各点水平角 β_i(° ′ ″)												

点号	13	14	15	16	17	18	19	20	21	22	23	24
y_i(m)	+12	+10	+8	+6	+4	+2	0	−2	−4	−6	−8	−10
x_i(m)												
点 O 至各点平距 D_{Oi}(m)												
点 O 至各点假定方位角 α_{Oi} (° ′ ″)												
点 O 自后视点始顺时针至各点水平角 β_i(° ′ ″)												

(1)依据椭圆方程计算各特征点 x_i 坐标(2~12 号点的 x_i 为正值,14~24 号点的 x_i 为负值)

$$\frac{x^2}{a^2} + \frac{y^2}{b^2} = 1$$

(2)计算中心点 O 至各点位之间的水平距离 D_{Oi}

$$D_{Oi} = \sqrt{x_i^2 + y_i^2}$$

(3)计算中心点 O 至各点位在椭圆假定坐标系中的方位角 α_{Oi}

$$\alpha_{Oi} = \arctan \frac{y_i}{x_i}$$

(4)中心点 O 以 Y 轴左向 1 号点为后视方向,顺时针至各点位之间的水平角 β_i 为

$$\beta_i = \alpha_{Oi} - \alpha_{O1} = \alpha_{Oi} - 270°00'00''$$

(5)按坐标换算公式将上述椭圆轮廓线各特征点的椭圆坐标系坐标 x_P、y_P 换算为测量坐标系的坐标 X_P、Y_P(式中 $X_{O'}$、$Y_{O'}$为椭圆中心点在测量坐标系中的坐标,α 为椭圆的长半轴在测量坐标系中的方位角)

$$X_P = X_{O'} + x_P\cos\alpha - y_P\sin\alpha$$
$$Y_P = Y_{O'} + x_P\sin\alpha + y_P\cos\alpha$$

计算结果列入下表。

椭圆各特征点号坐标

点号	1	2	3	4	5	6	7	8
x								
y								
X								
Y								
点号	9	10	11	12	13	14	15	16
x								
y								
X								
Y								
点号	17	18	19	20	21	22	23	24
x								
y								
X								
Y								

十三、施工场地平整水准测量记录

施工场地平整水准测量记录

日期____天气____专业____年级____班级____小组____观测____记录____检查____第____页

测站	点号	第一次观测				第二次观测				平均高程 H_i(m)
		后视读数(m)	视线高(m)	前视读数(m)	高程(m)	后视读数(m)	视线高(m)	前视读数(m)	高程(m)	

十四、施工场地平整土方量计算表

施工场地平整土方量计算表

日期____天气____专业____年级____班级____小组____学号____计算____检查____第____页

零点高程计算	图上零线内插
设：权值 P_i 角点 0.25 边点 0.50 拐点 0.75 中点 1.00 零点高程 $H_0=\dfrac{\sum(P_i\cdot H_i)}{\sum P_i}$ = 说明：每方格实地长、宽为 10 m×10 m	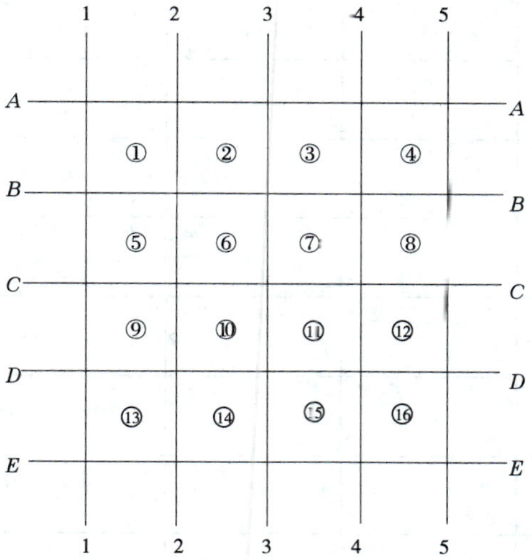

方格号	各点挖深(+)或填高(-)(m)				挖方(m^3)			填方(m^3)			说明
	左上	右上	左下	右下	均深	面积	方量	均高	面积	方量	
合计											

十五、高层建筑高程传递计算表

高层建筑高程传递计算表

日期____天气____专业____年级____班级____小组____学号____计算____检查____第____页

后视水准点 A________高程 H_A =____________建筑物名称______________

点号	楼层 i	后视尺读数 a（m）	钢尺下读数 b_i（m）	钢尺上读数 c_i（m）	前视尺读数 d（m）	高差 h（m）	高程 H_{B_i}（m）

注：$H_{B_i}=H_A+a-b_i+c_i-d$。

十六、建筑物倾斜观测记录与计算表

三角高程测量建筑物高度计算表

测站________高程________ 仪器高________

日期____天气____专业____年级____班级____小组____观测____记录____检查________第____页

点号	竖盘位置	竖盘读数(° ′ ″)	半测回竖直角(° ′ ″)	一测回竖直角 α(° ′ ″)	指标差 x(″)	平距 D(m)	$D\cdot\tan\alpha$(m)	标尺中丝读数 l(m)	建筑物高度 h(m)
	左								
	右								
	左								
	右								

注：$h=D\cdot\tan\alpha+l$。

建筑物倾斜度计算表

建筑物名称____________________

点号	测点位置	上下偏斜量 a(m)	建筑物高度 h(m)	倾斜度 $i=a/h$

十七、面积测量记录

第 1 次测量面积=____ m^2，第 2 次测量面积=____ m^2，两次测量平均面积=____ m^2，两次测量较差=____ m^2。

十八、道路桩位高程测量记录与坡度测设计算表

道路桩位高程测量记录

日期____天气____专业____年级____班级____小组____观测____记录____检查________第____页

测站	点号	第一次观测				第二次观测				平均高差 h_i(m)	高程 H_i(m)
		后视读数(m)	中丝读数(m)	前视读数(m)	高差(m)	后视读数(m)	中丝读数(m)	前视读数(m)	高差(m)		

坡度测设计算表

H_{BM_A}=____ m,起始桩设计高程 H_0=____ m,起始桩标尺读数 a=____ m,设计坡度 i=____% ,桩位间隔 d=____ m

桩号 j	1	2	3	4	5	6
桩顶高程						
设计高程						
标尺应有读数 b						
填(挖)高度						
距离 d(m)						

各桩位设计高程 H_i 计算式

$$H_i = H_{\text{BM}_A} + j \times d \times i$$

其他桩位上标尺应有读数 b_i 计算式

$$b_i = a - j \times d \times i$$

十九、弦线偏角法测设圆曲线计算和检测

已知道路两直线段的右转角 α 为________,圆曲线半径 R=________ m,将曲线分为 n=____等份,按弦线偏角法测设圆曲线的起点、终点和各等份细部点的计算如下:

切线长 $T=R\cdot\tan\dfrac{\alpha}{2}=$ 曲线长 $L=R\alpha\dfrac{\pi}{180^\circ}=$

每段弧长 $l=\dfrac{L}{n}=$ 每段所对圆心角 $\varphi=\dfrac{\alpha}{n}=$

曲线起点偏角 $\delta_{起}=\dfrac{\varphi}{2}=$ 其后每等分点偏角 $\delta_{分}=\varphi=$

每段弧长对应的弦长 $d=2R\cdot\sin\dfrac{\alpha}{2n}$

说明:经检测,弦线偏角法测设的________号点与开始测设的圆曲线终点点位的较差为________

二十、全站仪切线坐标法测设圆曲线计算和检测

已知道路两直线段的右转角 α 为________,圆曲线半径 R=________ m,将曲线分为 n=____等份,切线坐标法测设圆曲线的起点、终点和各等份细部点的计算如下:

切线长 $T=R\cdot\tan\dfrac{\alpha}{2}=$ 曲线长 $L=R\alpha\dfrac{\pi}{180^\circ}=$

每段弧长 $l=\dfrac{L}{n}=$

原点至任一点弧长所对圆心角 φ_i 及该点的切线坐标 x_i、y_i 为

$$\varphi_i = \frac{180°}{\pi} \cdot \frac{l_i}{R} =$$

$$x_i = R\sin\varphi_i = \qquad y_i = R(1 - \cos\varphi_i) =$$

式中：i 为圆曲线上点的序号（$i = 1,2,3,\cdots,n$）；l_i 为原点至 i 点的圆弧长；R 为曲线半径。

圆曲线点切线坐标

点号	1	2	3	4	5	6	7	8	9	10
x（m）										
y（m）										

全站仪切线坐标法与弦线偏角法测设的点位较差表

点号	1	2	3	4	5	6	7	8	9	10
Δx(cm)										
Δy(cm)										

二十一、模拟隧道贯通测量计算和检测记录

已知两端导线点(设为中线点)坐标列于下表(记录自本次实训闭合导线计算成果)。

点号	x(m)	y(m)	H(m)	方位角 α
i				$\alpha_{i\sim i-1} =$
$i-1$				
j				$\alpha_{j\sim j-1} =$
$j-1$				

贯通方位角

$$\alpha_{i\sim j} = \arctan\frac{y_j - y_i}{x_j - x_i} = \qquad , \quad \alpha_{j\sim i} = \alpha_{i\sim j} \pm 180° =$$

测设水平角

4 号点端 $\qquad \beta_1 = \alpha_{i\sim j} - \alpha_{i\sim i-1} =$

9 号点端 $\qquad \beta_2 = \alpha_{j\sim i} - \alpha_{j\sim j-1} =$

贯通距离

$$D_{i\sim j} = \sqrt{(x_j - x_i)^2 + (y_j - y_i)^2} =$$

两端测设距离

$$D_1 = D_2 = \frac{1}{2}D_{i\sim j} =$$

贯通坡度

$$i_{贯}=(H_j-H_i)/D_{i\sim j}=\qquad\%$$

贯通面中线点高程：

4 号点端测设 $H_{中}=H_i+i_{贯}\times D_1=$

9 号点端测设 $H_{中}=H_j-i_{贯}\times D_2=$

说明：经检测，由两端测设的 p' 和 p'' 点位较差得贯通时两点之间：

垂直于中线方向的横向误差 $\Delta u=$

沿中线方向的纵向误差 $\Delta l=$

沿竖向的高程之差 $\Delta h=$

附录六　测量实训操作考查题选

一、测量实训操作考查题之一——四等水准测量

日期____天气____专业____年级____班级____小组____学号____姓名____成绩____
开始时间________结束时间________

(一)内容及评分标准

四等水准测量——用 DS_3 型水准仪完成一个测站上的观测、记录和计算。

时间要求:8 min 内完成为 100 分,每增加 1 min 扣 5 分。

精度要求:每标尺红、黑面读数差不超过±3 mm,每超过 1 mm 扣 1 分。

两标尺之间的红、黑面高差之差不超过±5 mm,每超过 1 mm 扣 1 分。

测站高差中数与该测站高差的正确值相比较,每超过 1 mm 扣 1 分。

记录书写和计算错误扣 5~10 分。

(二)观测、记录与计算

<table>
<tr><td rowspan="3">点 号</td><td>后尺 上/下</td><td>前尺 上/下</td><td rowspan="3">方向及尺号</td><td colspan="2">水准尺读数(m)</td><td rowspan="3">K+黑-红(mm)</td><td rowspan="3">高差中数(m)</td><td rowspan="3">说明</td></tr>
<tr><td>后视距(m)</td><td>前视距(m)</td><td rowspan="2">黑面</td><td rowspan="2">红面</td></tr>
<tr><td>后、前视距差(m)</td><td>累计差(m)</td></tr>
<tr><td rowspan="4"></td><td>(1)</td><td>(4)</td><td>后</td><td>(3)</td><td>(8)</td><td>(13)</td><td rowspan="4">(18)</td><td rowspan="4">$K_1=4.687$
$K_2=4.787$</td></tr>
<tr><td>(2)</td><td>(5)</td><td>前</td><td>(6)</td><td>(7)</td><td>(14)</td></tr>
<tr><td>(9)</td><td>(10)</td><td>后-前</td><td>(16)</td><td>(17)</td><td>(15)</td></tr>
<tr><td>(11)</td><td>(12)</td><td></td><td></td><td></td><td></td></tr>
<tr><td rowspan="4">后 1
|
前 2</td><td></td><td></td><td>后 2</td><td></td><td></td><td></td><td></td><td></td></tr>
<tr><td></td><td></td><td>前 1</td><td></td><td></td><td></td><td></td><td></td></tr>
<tr><td></td><td></td><td>后-前</td><td></td><td></td><td></td><td></td><td></td></tr>
<tr><td></td><td></td><td></td><td></td><td></td><td></td><td></td><td></td></tr>
<tr><td rowspan="4">后 2
|
前 1</td><td></td><td></td><td>后 2</td><td></td><td></td><td></td><td></td><td></td></tr>
<tr><td></td><td></td><td>前 1</td><td></td><td></td><td></td><td></td><td></td></tr>
<tr><td></td><td></td><td>后-前</td><td></td><td></td><td></td><td></td><td></td></tr>
<tr><td></td><td></td><td></td><td></td><td></td><td></td><td></td><td></td></tr>
</table>

(三)成绩评定

标准高差(m)	差值(mm)	扣分	完成时间	扣分	其他	扣分	得分

二、测量实训操作考查题之二——水平角测量(测回法)

日期____天气____专业____年级____班级____小组____学号____姓名____成绩____

开始时间________结束时间________

(一)内容及评分标准

普通水平角测量——用 DJ_6 型经纬仪在指定测站整平仪器,对中,然后对指定目标进行 1 个测回水平角的观测、记录和计算。

时间要求:10 min 内完成为 100 分,每增加 1 min 扣 5 分。

精度要求:$|\beta_{左}-\beta_{右}|$不超过 40″,每超过 6″扣 2 分。

一测回角值与该角值的正确值相比较,每超过 6″扣 2 分。

记录书写和计算错误扣 5~10 分 。

(二)观测、记录与计算

测站(点 号)	目标	竖盘位置	水平度盘读数(° ′ ″)	半测回角值(° ′ ″)	一测回角值(° ′ ″)	说明
	A	左				
	B					
	A	右				
	B					
	A	左				
	B					
	A	右				
	B					

(三)成绩评定

标准角值	差值(″)	扣分	完成时间	扣分	其他	扣分	得分

三、测量实训操作考查题之三——竖直角测量(测回法)

日期____天气____专业____年级____班级____小组____学号____姓名____成绩____

开始时间________结束时间________

(一)内容及评分标准

普通竖直角测量——在指定 O 点安置经纬仪,整平仪器 测量指定目标 A 点的竖直角,1 个测回,同时完成其观测、记录和竖直角与指标差计算。

时间要求:8 min 内完成为 100 分,每增加 1 min 扣 5 分。

精度要求:与竖直角正确值相比较,每超过 6″扣 2 分。

记录书写和计算错误扣 5~10 分。

(二)观测、记录与计算

测站	目标	竖盘位置	竖盘读数 (° ′ ″)	半测回竖角 (° ′ ″)	一测回竖角 (° ′ ″)	$x=\frac{\alpha_R-\alpha_L}{2}$
		左				
		右				
		左				
		右				

(三)成绩评定

标准角值	差值(″)	扣分	完成时间	扣分	其他	扣分	得分

四、测量实训操作考查题之四——道路坡度测设

日期____天气____专业____年级____班级____小组____学号____姓名____成绩____

开始时间________结束时间________

(一)内容及评分标准

道路坡度测设——设沿道路边缘有 A、B、C、D、E 五个桩点,相邻点之间距离均为 10 m,假设 A 点桩顶高程及其设计高程均为 $H_A=10.00$ m,在指定位置安置水准仪,整平仪器,首先测量其他四个桩顶的高程,再按-1%的坡度测设道路的坡度,同时完成其观测、记录,并计算四点的桩顶高程、设计高程和各桩位应有的标尺读数。

时间要求:8 min 内完成为 100 分,每增加 1 min 扣 5 分。

精度要求:与各桩点的桩顶高程、设计高程的正确值相比较,每项超过 1 cm 扣 2 分。

记录书写和计算错误扣5~10分。

(二)观测、记录与计算

道路桩位高程观测记录

测站	点号	后视读数(m)	中丝读数(m)	前视读数(m)	高差(m)	高程 H_i(m)

坡度测设计算表

坡度 $i=-1\%$

点号	*A*	*B*	*C*	*D*	*E*		
桩顶高程(m)							
设计高程(m)							
填(挖)高度(m)							
距离(m)							

(三)成绩评定

观测误差	计算误差	扣分	完成时间	扣分	其他	扣分	得分

五、测量实训操作考查题之五——建筑物高度测量

日期____天气____专业____年级____班级____小组____学号____姓名____成绩____

开始时间________结束时间________

(一)内容及评分标准

建筑物高度测量——在指定 *O* 点安置经纬仪,整平仪器,用视距测量测定测站至建筑物某墙角(地面竖立标尺)的水平距离,再用三角高程测量以盘左(半个测回)测量建筑物该墙角顶端点的竖直角和标尺中丝的读数,同时完成其观测、记录和建筑物高度计算。

时间要求:8 min 内完成为100分,每增加1 min 扣5分。

精度要求:与该建筑物高度的正确值相比较,每超过1 dm 扣2分。

记录书写和计算错误扣5~10分。

(二)观测、记录与计算

建筑物高度测量记录、计算表

测站____________ 建筑物名称____________

点号	上丝 下丝 (m)	视距间隔 l(m)	水平距离 D(m)	竖盘读数 (° ′ ″)	竖直角 α (° ′ ″)	$D\cdot\tan\alpha$ (m)	中丝读数 (m)	建筑物 高度(m)

(三)成绩评定

标准高度	差值(m)	扣分	完成时间	扣分	其他	扣分	得分